1917—2017

中国林学会百年史

A Hundred-Year History of Chinese Society of Forestry

中国林学会 ◆ 编著

中国林业出版社

图书在版编目(CIP)数据

中国林学会百年史：1917-2017 / 中国林学会编著.
-- 北京：中国林业出版社, 2017.5
ISBN 978-7-5038-8992-9

Ⅰ.①中… Ⅱ.①中… Ⅲ.①林学－学会－历史－中国－1917-2017
Ⅳ.①S7-262

中国版本图书馆CIP数据核字(2017)第077678号

中国林学会百年史

出　版	中国林业出版社（100009 北京市西城区德胜门内大街刘海胡同 7 号）
网　址	www.lycb.forestry.gov.cn
电　话	(010) 83143575
发　行	中国林业出版社
印　刷	北京卡乐富印刷有限公司
版　次	2017 年 5 月第 1 版
印　次	2017 年 5 月第 1 次
开　本	787mm × 1092mm　1/16
印　张	36
字　数	605 千字
定　价	189.00 元

1917—2017
中国林学会百年史
编委会

主　　任：赵树丛

副 主 任：彭有冬　谭光明　尹伟伦

成　　员：张守攻　吴　斌　杨传平　曹福亮　陈幸良　费本华

主　　编：陈幸良

副 主 编：刘合胜　李冬生

编写人员：刘合胜　郭丽萍　马　莎　林昆伦　曾祥谓　何　英

　　　　　李　彦　王　妍　郭建斌　李　平　秦向华　秦　仲

　　　　　张　锐　王　枫　官秀玲　郭文霞　朱乾坤　徐　红

一百年前，中国森林自然生态如同深陷于半殖民地半封建的中国社会一样，百般凋敝。中国近代林业林学的先驱凌道扬等人，深知"中国木荒之痛"，深知"林业之兴废，关系国家之兴废"，深知"振兴林业为中国今日之急务"，于1917年2月12日在上海惠中西饭店成立了中华森林会，以"集合同志共谋森林发展"为宗旨，以提倡造林保林为任务，以"提倡森林演讲，筹办森林杂志，提倡林业咨询，建设模范林厂"为载体，"提倡人民爱护国家天然富源之公德，启迪人民审美养性之观念，培养人民深谋远虑之识见。"其后，中华森林会于1928年更名为中华林学会，于1951年重建为中国林学会。

中国林学会是我国第一个全国性的林业科技社团。林学会的诞生，为中国的森林事业增添了勃勃生机，中国林业的若干第一也由此产生：中国第一份林业期刊《森林》及其后继者《林学》《林业科学》；关于森林与水灾旱灾关系的第一篇论文；第一个中国植树节；第一个在台湾省设立分会；第一次统一全国的林学名词；第一届梁希奖、劲松奖、陈嵘奖；会员中第一批产生了院士。林学会还是第一个推荐院士候选人和国家科技奖的林业社团；举办了第一届林业学术大会、青年学术年会、现代林业高层论坛；林学会一建立就把面向青少年的科普教育工作视为己任，后来还举办了第一届青少年林学夏令营，第一次林业科普全国巡展；创办了第一份高端林业科普杂志《森林与人类》；建立了第一个林业专家智库，第一届海峡两岸林业论坛；等等。中国林学会伴随着中国林业和林业科学发展的脚步大踏步前行。

今年，是中国林学会建立 100 周年。中国林学会已从初创期的 50 名会员发展为拥有个人会员 9 万余名、团体会员近 200 家、二级分会（专业委员会）42 个、基金管理委员会 1 个和 9 个工作委员会、2 个编委会的学科齐全、体系完备、有巨大社会影响力的社会团体。"十年树木，百年树人"，中国林学会百年的发展历程就是树林树人的历程，我们为此深感自豪和骄傲。

学史鉴今，不忘初心。为纪念中国林学会百年史诗，我们组织编写了《中国林学会百年史》。它记录了中国林学会由小到大、由弱到强的成长经历，着重记录了学会发展历程中的代表人物与重大史实。在中国共产党的领导下，在实现中华民族伟大复兴的征程中，中国正走向社会主义生态文明新时代，森林从来没有像今天这样与人们的民生福祉紧密地联系在一起。让我们继承中国林学会的光荣传统，弘扬中国林学会以林报国振兴中华的精神，光大追求真理、科技育人、科技兴林的道路，践行生态林业、民生林业的使命，集结志同道合者，为建设生态文明和美丽中国作出新的更大的贡献！

中国林学会理事长

2017 年 4 月于北京

前言

PREFACE

2017 年是中国林学会百年华诞。为隆重纪念学会成立一百周年，总结学会百年发展历史，让广大会员和后人能更好地了解学会发展历程和取得的光辉业绩，在赵树丛理事长的亲自关心、推动下，经请示国家林业局同意，学会秘书处组织编写了《中国林学会百年史》。

以史为镜，可知兴替。学会高度重视百年史的编写，成立了以赵树丛理事长为主任、有关副理事长为副主任、委员的编委会。赵树丛理事长还亲自出席编写大纲的审定会和初稿的讨论修改会议，提出了许多指导意见，为学会百年史的顺利编写出版奠定了重要基础。

鉴于中国林学会曾经编撰过《中国林学会成立 70 周年纪念专辑》和《中国林学会史》(2008 年版)。此次编写学会百年史主要是对 1976 年"文革"之后的发展历程进行重新编撰，对"文革"前和新中国成立前的学会发展历史(即第一、二、三章)基本上沿用《中国林学会史》的内容。

本书分为三大部分。第一部分主要包括编委会及编写人员名单、序和前言。第二部分是学会史，包括第一章：应运而生 艰苦创业——中华森林会时期 (1917—1922)；第二章：恢复重建 道路坎坷——中华林学会时期 (1928—1949)；第三章：重获新生 再次创业——中国林学会创建及业务拓展时期 (1951—1966)；第四章：春风化雨 蓬勃发展——中国林学会恢复与全面发展时期 (1977—2016)。第三部分是附录。

学会秘书处各部室参与本书编写的同志，本着以史为鉴，力求全面、真实、准确反映学会的发展历程的态

度，克服了许多困难，查阅了大量文献资料，对"文革"之后学会的各项工作进行了全面梳理总结，对学会成立的具体时间等重要事件进行了认真查证，获得了一些新的珍贵历史资料，为顺利完成编写出版任务作出了积极贡献。

本书在编写过程中，得到了许多在学会工作过的老领导、老同志的指点和帮助。在此深表谢意！

由于时间非常仓促，手中掌握的资料和编写水平有限，书中难免会有遗漏或错误之处，敬请读者谅解、指正。我们将根据各位读者的意见，进一步研究完善，并在适当时候修订再版。

中国林学会

2017 年 3 月

第四章　春风化雨　蓬勃发展
　　——中国林学会恢复与全面发展时期（1977—2016）

附　录

中国林学会百年史

1917—2017

学
会
史

第一章　应运而生　艰苦创业

——中华森林会时期

1917—1922

　　中国林学会的成立与发展紧紧维系于中国林业史的发展。原始社会时期，人类栖息在森林，狩猎在森林，采集食物在森林，后来钻木取火，以木为燃料，进入以木、石为工具的旧石器时代和新石器时代，再到大约一万年前才开始形成了原始的农业、牧业，随之产生了林业科学技术。中国有记载的林业技术从神农、黄帝时代开始，直到清朝末年，经历5000年的演变发展，劳动人民在生产生活中，从简单的利用森林、栽植森林、培育森林、经营森林，到精细的林产品加工利用，逐渐形成和积累了比较系统的林业科学知识和林业生产技术，创作了许多有关林业的著述。如西汉的《尔雅》，东汉的《四民月令》，两晋的《广志》《南方草木状》，东晋的《竹谱》，北魏的《齐民要术》，宋代的《尔雅翼》《全芳备祖》《桐谱》，元代的《务本新书》《农桑辑要》《荔枝谱》《橘谱》，明代的《本草纲目》《尔雅义疏》，明清时期的《群芳谱》《农政全书》《三农纪》等。这些都是我们民族智慧的结晶与民族发展史的瑰宝。中国古代（或古典）的林业科学是中华民族创造的辉煌成就，是祖先留给我们的宝贵财富。中国林业科学技术水平曾一度居于世界前列。但由于长期处于封建专制统治下，闭关锁国，尤其明清以后我国经济发展停滞不前，逐渐落在了别国的后面。而西方一些国家的科学技术发展突飞猛进，在林业科学技术方面赶上并超过了中国，其中一些国家成为了先进的林业国家。

　　中国古代林业和林业科学技术之所以发展缓慢，除了政治、经济因素影响外，还因为科学技术缺乏交流，传播渠道不畅，没有学术团体和科技刊物。而西方科学技术发展之所以后来居上，主要是因为学术交流活跃，学术团体、学术刊物发展很快，这在科学技术发展史上起到了极其重要的作用。

　　1840年鸦片战争之后，中国的政治、经济、文化环境发生了巨大变化，中国沦为半封建半殖民地社会，森林资源惨遭西方侵略势力的大肆掠夺。与此同时，先进的科学技术和民主思想也传入中国，给落后的中国带来一丝曙光。清朝末年，中国兴起了洋务运动，开始学习西方的先进科学技术，并向西方和日本等国派遣留学生，培养了一批文化和技术人才。林业界也派出了很多专学林学的留学生。他们学成回国后，成为传播西方林业知识、使中西方林业科学技术进行交融的骨干分子。他们办林业学校，创建林业专业，建立实验林场，开创了林业新局面。

中国林学会的前身——中华森林会应运而生。

第一节　中华森林会肩负着历史使命诞生

我国的林业生产和森林经营历史悠久，但长期停滞在封建经济阶段，生产和管理水平都较落后。鸦片战争以后，洋务派和具有维新思想的学者都主张学习西方的科学技术以振兴中华，特别是 1868 年日本的"明治维新"使日本迅速走上资本主义道路之后，一些学者深受震动，惊呼此为"数千年来未有之变局"，更感到有学习西方科学技术的必要。在这种形势下，我国传统的林业生产技术和经营管理也逐步向近代林业过渡。

西方科学技术传入中国后，开始了中外科学的交流。在林学方面，我国丰富的植物资源引起了外国学者的兴趣，来华收集植物标本者络绎不绝，因而中国的植物资源被纳入世界植物研究的视野。清道光二十八年（1848 年）我国学者吴其浚编著的《植物名实图考》开现代植物志之先河；同治十三年（1874 年）中国科学家徐寿创办格致书院，继而创办科学期刊《格致汇编》，其中有多篇林学科普文章，宣传近代林学。

光绪二十年（1894 年）伟大的革命先行者孙中山先生以振兴中华为己任，投书李鸿章，提出"人尽其才、地尽其利、物尽其用、货畅其流"的 4 项主张，其中"地尽其利"指"农政有官，农务有学，耕耨有器"。但李鸿章未予理睬，孙中山壮志未酬。

甲午战败后，清政府于光绪二十一年（1895 年）4 月签订丧权辱国的《马关条约》，民族危机加剧，激起全国人民的愤慨。5 月，康有为联合在京会试举人上书，陈救国之策，其中有务农主张，建议学习西方"讲求树畜，城邑聚落

皆有农学会"的做法。

同年 10 月，孙中山在奔走革命的同时，与陆皓东等人于广州创设农学会（林业包括其中），发表《创立农学会征求同志书》，其中提到"今特设农学会于省城，以收集思广益之实效，首以翻译为本，搜罗各国农桑新书，译成汉文，俾开风气之先，即于会中设立堂会"。广州起义遭清政府镇压，陆皓东被捕牺牲，孙中山出走海外，此事遂寝。但维新派的康有为、梁启超、谭嗣同等人仍积极倡导新学，为建立各类学会而大声疾呼。他们认为，组织各种学会，对于挽救民族危亡、争取国家富强、推动变法维新是至关重要的大事。在他们的积极倡导和推动下，一时间各种学会如雨后春笋般建立起来。在上述形势下，光绪二十二年（1896 年），罗振玉、朱祖荣、蒋黼等人于上海创办务农会（亦称农学会），其宗旨为"拟复古意，采用新法，兴天地自然之利，植国家富强之原"；罗振玉主持编著 7 集《农学丛书》，广译国外农林专著及论文，进一步传播国外林业科学。光绪二十三年（1897 年）在上海创办《农学报》，提出"近师日本，以考其通变之所由，远撮欧墨，以得其立法之所自。追三古之实学，保天府之腴壤"。光绪二十四年（1898 年）湖广总督张之洞和两江总督刘坤一奉旨要求各省设立农务局。光绪二十七年（1901 年）奏请选派学生出国专攻农林科学，一批有志之士满怀爱国热忱，陆续赴国外深造，一时专攻林学之风甚盛。与此同时，这批有志之士在南京创办江南蚕桑学堂；光绪二十八年（1902 年）在保定设直隶农事试验场，在北京三贝子花园（今动物园）设农事试验场。上述试验场皆包括林业试验，为我国近代林业科学研究之滥觞。

宣统二年（1910 年）1 月，湖北应山县留学生毛焕彩创办森林保护会，并将章程禀呈劝业道署立案。辛亥革命（1911 年 10 月）前后，一批于国外专攻林学的学者陆续归国，从事教育、科研等林业工作，成为我国近代林学的开拓者。自此，我国近代林学开始形成，并逐步从我国传统农学中分立出来，同时林学各学科进行了较细的分科。中华森林会就是在这一历史背景下，肩负着发展我国近代林业科学的历史使命而诞生的。

第二节　中华森林会的建立与初期发展

一、中华森林会的创立

据 1917 年 3 月 6 日上海《申报》(图 1.1) 记载，中华森林会的发起人为：唐少川、张季直、梁任公、聂云台、韩紫石、史量才、朱葆三、王正廷、余日章、陆伯鸿、杨信之、韩竹平、朱少屏、凌道扬等。他们认为森林利益关系国计民生，至为重大，于是发起成立中华森林会，以集合同志、振兴森林为宗旨，以提倡造林保林三事为主要任务，并于 2017 年 1 月 16 日在上海外滩惠中西饭店召开第一次筹备会，同年 2 月 12 口在上海青年会食堂召丌第二次筹备会上通过草章，选举凌道扬、朱少屏、聂云台三人为干事。两次筹备会议均推选唐少川为主席，各发起人或亲自出席或派代表出席。中华森林会会址设在南京大仓园 5 号。

《中华森林会章程》规定："本着集合同志共谋中国森林学术及事业之发达为宗旨。"会员分甲、乙、丙三种，皆有缴纳入会费 2 元和常年费 1 元的义务。甲种会员：研究林学或从事林业者；乙种会员：热心林业，担任辅助本会会务进行者；丙种会员：赞成本会宗旨、有心森林事业者。中华森林会的组织分两部：一为董事部，督行全会事务，由全体会员公举董事组成；二为学艺部，担任学术上的一切事务，由甲种会员组成。凌道扬担任森林会董事长。

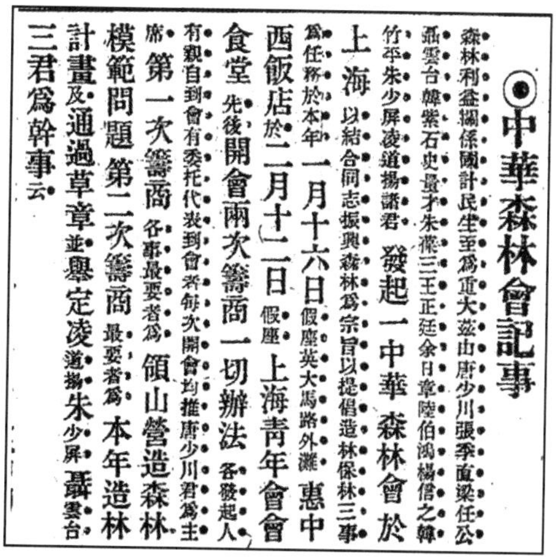
◎中華森林會記事
森林利益關係國計民生至爲重大茲由唐少川張季直梁任公聶雲台韓紫石史量才朱葆三王正廷余日章陸伯鴻楊信之韓竹平朱少屏凌道揚諸君發起一中華森林會於上海以結合同志振興森林爲宗旨以提倡造林保林三事爲任務於本年一月十六日假座英大馬路外灘惠中西飯店於二月十二日假座上海青年會會食堂先後開會兩次籌商一切辦法各發起人有親自到會有委托代表到會者每次開會均推唐少川君爲主席第一次籌商各事最要者爲領山營造森林模範問題第二次籌商最要者爲本年造林計畫及通過草章並舉定凌道揚朱少屏聶雲台三君爲幹事云

图 1.1　1917 年 3 月 6 日上海《申报》的部分内容

《中华森林会章程》规定学会会务主要有以下 4 项：刊行杂志，编著书籍；实地调查，巡行演讲；促进森林事业及森林教育；答复或建议关于森林事项。

当时会员寥寥无几，且大多是已经加入中华农学会的会员和金陵大学林科部分在校师生，活动范围局限于南京。金陵大学林科创立于 1915 年，林科的师生们于民国十

图 1.2 中华森林会支部南京金陵大学
林学会成员合影

年（1921 年）成立了金陵大学林学会作为中华森林会的支部之一，会员有高秉坊、李顺卿、李代芳、鲁佩璋、吴觉民等共 27 人，见图 1.2。当时在日本北海道帝国大学林科攻读的吴恺、安事农、蒋蕙荪、谢鸣珂等 11 人也成立了中华森林会的另一支部，命名为"清明社"。1921 年中华森林会的会所从南京移至上海北京路 4 号。

二、首份林学刊物——《森林》创刊

中华农学会经历了近 2 年的酝酿准备，于民国七年（1918 年）12 月创办《中华农学会丛刊》。中华森林会当时尚无力出版自己的刊物。它的会员以及已加入中华农学会的林科会员所撰写的有关林业专著，都在《中华农学会丛刊》上发表。《中华农学会丛刊》出至第 5 集后，改由这两个兄弟学会共同编辑。民国九年（1920 年）3 月，刊名改为《中华农林会报》，期号则顺序编为第 6 集。至同年 9 月，《中华农林会报》已出到第 10 集，每集都刊有林业方面的文章。中华森林会此时成立已 4 年，会员人数逐渐增多，决定单独出版林学刊物。

《森林》杂志于民国十年（1921 年）3 月问世，这是我国第一份林学杂志，16 开本，148 页。当时北京政府大总统黎元洪题写了刊名，见图 1.3。在创刊号上撰文的有老一辈林学家凌道扬、陈嵘、沈鹏飞、金邦正和金陵大学林科早期毕业生高秉坊、鲁佩璋、李继侗、林

图 1.3 《森林》封面

刚等人。《森林》杂志的出版对宣传近代林业科学知识、促进林业科学的发展起到了一定的作用，受到农林学界的重视。内容分论说、调查、研究、国内森林消息、附录等栏目，每期还附有 2~4 幅铜版照片。在 1 年零 9 个月中，《森林》共出版 7 期。1922 年 9 月《森林》第 2 卷第 3 期出版之后，由于当时军阀混战，政局动荡，学会经费无着落，被迫停刊，同时学会的会务活动亦告终止。

中华森林会刊行的《森林》杂志办刊时间短暂，却留下了不少较有价值的林业文献资料。中华森林会会员通过实地调查在《森林》上发表的报告文章有 10 余篇。李顺卿、李代芳、李蓉、林骙（植夫）、傅焕光、陈植、谢鸣珂、李先才等，也都曾在《森林》上发表义章，对发展我国林业建设和林业教育提出意见或建议。民国十一年（1922 年），我国发生严重水灾，无数灾民流离失所，中华森林会在《森林》第 1 卷第 3 号上刊登了凌道扬的《中国今日之水灾》一文，还在正文前加一插页，用红字刊印一则《警告》，其全文如下：

警 告

民国六年（1917 年）直隶水灾，我国当未忘也。去年北五省旱灾，我国人更当未忘也。试问今年如何？岂非水灾又几遍全国乎！美前总统罗斯福云："中国濯濯童山之真相，实令人不胜惊惧。水灾旱厉，屡见不已，皆系无森林之结果。"嗟我国人，可以醒矣！

在这一期还刊印"水灾之惨状" 2 幅照片，一为该年黄河决口，山东灾区难民逃避之状；二为津浦路南段淮河决口后之惨状。又刊印"水灾之由来"照片 2 幅，一幅为直隶西北部荒山，另一幅为直隶无森林的状况。这 2 幅照片系美国总统罗斯福在议院演说时用以说明中国水旱灾多，乃无森林的结果，是美国林学会提供的。罗斯福的演说由金邦正翻译，与凌道扬的《森林与旱灾之关系》一文同时刊载于《森林》创刊号上。中华森林会为宣传林业、促进林业而大声疾呼，起到振聋发聩的作用，是值得赞誉的。

民国十一年（1922 年），沪杭一带苗商对民国初年我国引进的一种美国楸，美其名曰"黄金树""万利木"，在报上大登广告，鼓吹它不择土壤，生长迅速，是造林发财致富的捷径，使不少人上当受骗。中国森林会员、江苏第一农业学

校林场主任曾济宽根据试验观察的结果，在《中华农学会报》上发表《"黄金树"造林价值》一文，认为此树适宜在深厚肥沃的平原生长，种在贫瘠山地则生长不良，树干不直。中华森林会还特在民国十一年（1922 年）9 月出版的《中华农学会报》上刊登《布告》，请各省、县农林机关勿受苗商广告之骗，从而使人们避免了盲目大量种植可能造成的重大损失，这是中华森林会为社会作的又一贡献。

第二章 恢复重建 道路坎坷
——中华林学会时期
1928—1949

中华林学会是在国民党执政时期林学界重新建立的学会组织。在这个时期，中国处于半封建半殖民地状态，由于社会动荡、经济停滞、自然灾害频发，中华林学会所经历的道路必是崎岖坎坷的。

第一节 中华林学会的重建背景与过程

自民国十六年（1927 年）4 月国民政府成立后，成立了第四中山大学（后改名国立中山大学），并于农学院中设置森林组（后相继改为森林科、森林系）。

民国十七年（1928 年），国民政府成立农矿部，设林政司主管林业行政。1929 年公布《总理逝世纪念植树式各省植树暂行条例》，又列造林运动为训导民众的 7 项运动之一，并向国内林学家征求对造林运动的意见。这时云集在南京的林学界人士认为农林并重的精神又复出现，林业不再受到冷落忽视，林学会组织有恢复的必要。民国十七年（1928 年）5 月 18 日，姚传法等数十人在南京集会，并推姚传法、韩安、皮作琼、康瀚、黄希周、傅焕光、陈嵘、李寅恭、陈植、林刚 10 人为林学会筹备委员。同年 6～7 月，筹备委员会先后开了 3 次筹备会，推姚传法等起草林学会章程，并增推（在南京以外各地）梁希、凌道扬等 32 人为林学会发起人。同年 8 月 4 日，在金陵大学农林科举行中华林学会成立大会，姚传法、陈嵘为大会主席。大会通过了《中华林学会章程》，并选举姚传法、陈嵘、凌道扬、梁希、黄希周、陈雪尘、陈植、邵均、康瀚、吴桓如、李寅恭 11 人为理事，姚传法为理事长，黄希周、陈雪尘为总务部正、副主任，梁希、陈植为林学部正、副主任，凌道扬、康瀚为林政部正、副主任，李寅恭、邵均为林业部正、副主任。中华林学会会所设在南京保泰街 12 号。

第二节 学会活动的恢复与拓展

一、召开多次理事会

1928年9~12月，中华林学会先后举行4次理事会议，议决的事项有：①向农矿部设计委员会提出设立林务局及林业试验场两项建议；②向江苏省农政会议提出划分林区、设立林业试验及林务局案；③征求机关会员，凡各省农矿厅、建设厅、林务局、中山陵园、国立及省立各林场、农林院校、农林公司、伐木公司、垦殖公司、木业公所、著名木行及其他著名林业机关，皆有加入为机关会员的资格；④商议出版《林学》杂志，推举陈雪尘、黄希周、陈植3人负责办理，姚传法写发刊词；⑤组织基金委员会。

民国十八年（1929年）6月、10月，中国林学会先后召开第五、第六两次理事会，决议事项有：①呈请国民党中央、国民党政府及农矿部给予学会津贴；②推姚传法、黄希周、陈雪尘草拟全国林业教育实施方案；③定于1929年11月下旬在金陵大学举行第一次年会，推黄希周、陈雪尘、林刚、陈植、安事农、凌道扬、傅焕光为筹备委员，推姚传法、陈嵘、梁希、凌道扬为年会主席团成员；④《林学》杂志定于1929年10月底创刊，共印500份。

理事会于民国二十年（1931年）4月、9月又先后召开2次会议，对立法院即将审议的《森林法（草案）》进行了研讨，并就其中森林所有权问题提出异议，决定由林学会陈述理由，函请立法院参酌采择。对泛太平洋科学会为1932年在加拿大开会来函征集关于农林论文一事，学会决定通知会员就国内森林调查报告或林业科研成就于年底以前报送学会转中央研究院寄出。

二、《林学》杂志创刊

酝酿一年有余的《林学》创刊号于民国十八年（1929年）10月底出版。《林学》为16开本，封面为仿宋体"林学"两字，并附英文刊名，见图2.1。创刊号封里印了《总理遗训》，摘录了孙中山的三段话：

我们研究到防止水灾与旱灾的根本方法，都是要造全国大规模的森林。

我们讲到全国森林问题，归到结果，还是要靠国家来经营。要国家来经营，这个问题才容易成功。

　　山林川泽之息，矿产水利之利，皆为地方政府所有，而用以经营地方人民之事业。

　　姚传法为《林学》杂志创刊号写了一篇《序》，以代发刊词。在创刊号上有姚传法、梁希、凌道扬、陈嵘、黄希周、陈雪尘、陈植、安事农、邵均等人发表的文章。刊末有《大事记》一栏，记录学会的会务活动，留下了当年的片段资料。《中华林学会会员录》记录会员人数为 88 人。

图 2.1 　《林学》封面

　　《林学》第二号于民国十九年（1930年）2 月出版，有论说、调查、研究、计划、国内森林消息、国外森林消息及附录等栏目。这期刊有姚传法、孙章鼎、叶培忠、鲁慕胜、陶玉田等 6 篇文章，还记载学会会员名单，共有会员 108 人。民国十九年（1930 年）春，理事会召开两次会议，除通过上述几项文件外，还决定呈请教育部、农矿部和建设委员会补贴学会经费及与党政机关合作参加 1930 年春的造林运动。此后《林学》杂志每期印 1000 份。

　　民国二十年（1931 年）"九·一八"事变后，抗日救国运动席卷全国，《林学》杂志第 4 号于是年 10 月勉强出版了。但此后长达 4 年之久再未出刊。中华林学会也陷入困境，无所作为。会员又只好在《中华农学会报》上发表文章。民国二十二年（1933 年）梁希到南京中央大学森林系任教，兼任《中华农学会报》主编。他在民国二十三年（1934 年）11 月编辑出版了一期《中华农学会报·森林专号》（第 129、130 期合刊），并写了一篇脍炙人口的《中华农学会报·森林专号弁论》，对当局不重视林业进行了揭露，指出了"中国近数年来林业教育、林业试验、林业行政之所以陷于不生不死之状态"的根源，并对我国林学刊物遭遇的厄运作了尽情地倾诉。

　　民国二十五年（1936 年）6 月 5 日，学会举行四届二次理事会，因第 5 号《林学》的出版费用无着落，决定暂由学会基金利息项下支出，以 200 元为限，版

本缩小为 24 开，出版数量定为 500 本。停刊近 5 年的《林学》，第 5 号又于民国二十五年（1936 年）7 月出版。因经费困难，这一年年会也不再举行。《林学》第 6 号于民国二十五年（1936 年）12 月出版，仍为 24 开本，刊载的会员名单有会员 108 人。

三、召开年会，参与林业宣传

民国十八年（1929 年）8 月 4 日，中华林学会在金陵大学举行年会，对学会章程作了部分修改，如：将组织系统理事会的林学、林业、林政 3 部分合并为编辑部；理事人数由 11 人改为 9 人；理事任期由原定任期 1 年，单年改选 5 人，双年改选 6 人，改为每年抽签改选 1/3，3 年一轮；普通会员在学生时期会费减半等项。年会选出了第二届理事会，邵均、陈嵘、康瀚、陈雪尘、凌道扬、高秉坊、梁希、姚传法、林刚等 9 人当选为理事。同年 12 月 29 日，学会召开二届一次理事会，决议下列事项：①推选凌道扬为理事长，陈雪尘、黄希周为总务部正、副主任，林刚、任承统为编辑部正、副主任；②推姚传法、高秉坊为募集基金委员会正、副委员长，韩安、吴觉民、叶雅各、沈鹏飞、任醇修、李顺卿、刘运筹、曾济宽、傅焕光、贾成章、凌道扬、皮作琼、叶道渊、陈嵘、庄崧甫为委员；③学会会址附设于双龙巷中华农学会会所内，每月津贴该会不超过 8 元；④《林学》杂志每两月出一期，印刷费不超过 50 元；⑤抽签决定各理事任期：高秉坊、林刚、邵均为 1 年；凌道扬、姚传法、陈雪尘各为 2 年；梁希、康瀚、陈嵘各为 3 年。

民国十九年（1930 年）11 月 20 日下午，中华林学会在金陵大学礼堂举行第二次年会，邀请了农矿部、中央模范林区管理局、江苏省农矿厅、江苏教育厅及中央大学、金陵大学两校森林会代表共 50 余人参加。因到会人数不多，学会决定采用通讯方式改选 1 年任期届满的 3 名理事，限期审查申请入会会员资格，并继续募集捐款。民国二十年（1931 年）1 月 17 日，在理事会上宣布通讯选举结果，黄希周、高秉坊、李蓉 3 人当选，与连任理事的凌道扬、姚传法、陈雪尘、梁希、康瀚、陈嵘共同组成第三届理事会。三届一次理事会推选凌道扬继续任理事长，高秉坊、陈雪尘分任编辑部和总务部主任。同年 3 月，首都造林运动委员会举行孙中山逝世 6 周年纪念植树式造林运动宣传周，凌道扬代表中华林学会参加并担任常务委员，皮作琼、李寅恭、林祜光、李蓉、高秉坊、叶道渊、安事农等任委员或兼任总务、宣传、植树各部负责人。凌道扬在南京青年会讲演《中国森林在国际上之地位》，高秉坊、李寅恭在电台分别作了《我们对于造林运动应有的认识和努力》《林业前途之一无基础观》的演讲。大会印发了凌道扬、林刚、陈植、安事农编写的宣传小册子各 6000 本。中央大学农学院组织了 8 个宣传队，金陵大学农学院组成 16 个宣传队，每队 8～10人，分赴城内外向群众进行造林宣传活动。

民国十九年（1930 年）3 月农矿部成立首都造林运动委员会，于 3 月 12日在中山陵园举行孙中山逝世纪念植树式并开展造林运动宣传周活动，凌道扬、康瀚代表中华林学会参加了这项活动。他们和其他 3 位会员分别在青年会、金陵大学礼堂、江苏民众教育馆作讲演，凌道扬讲《森林之利益》，康瀚讲《提倡造林之必要》，张海秋讲《造林的方法》，皮作琼讲《应当怎样发展中国的林业》，高秉坊讲《中国森林概况》。首都造林运动委员会还印发了陈嵘、凌道扬、姚传法、张海秋、皮作琼、林刚、陈植、高秉坊、安事农等编写的宣传小册子14 种，各 5000 册。中央大学农学院学生组成的 10 个宣传队、金陵大学农林学会组成的 35 个宣传队，分头在市内和近郊向群众进行造林宣传。农矿部编印的《首都造林运动宣传周报告书》详细记录了宣传周活动的全过程。

民国三十六年（1947 年）11 月 27～29 日，中华农学会为庆祝成立 30 周年，联合中华林学会、新中国农学会、中国农政协会、中国园艺学会、中国植物病理学会、中国农业经济学社、中国农业推广协会、中国稻作学会、中国畜牧兽医学会、新中国农业建设协进会、中国农业经济建设协会、中国农场经营学会、中华昆虫学会、中国农具学会、中国水土保持协会、中国土壤学会、中华作物改良学会等农业界 17 个专门学术性团体举行联合年会。郑万钧、韩安、程跻云代表中华林学会，李德毅等代表中国水土

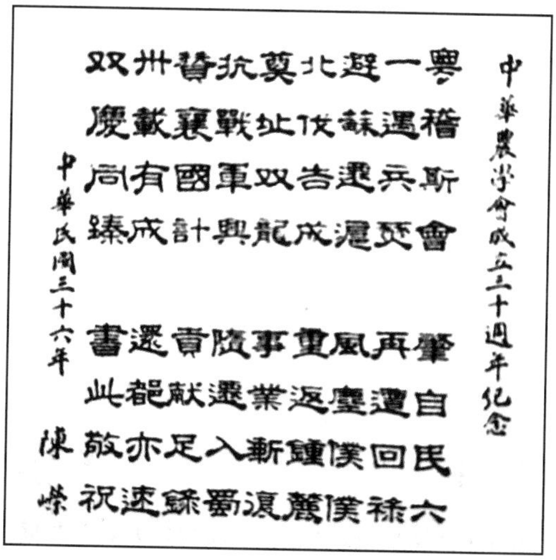

图 2.2　陈嵘题诗手迹

保持协会，陈嵘、李顺卿等代表中华农学会参加筹备委员会会议，陈嵘、李顺卿、韩安、郑万钧、李德毅等 22 人被选为联合年会筹备委员。陈嵘为这次盛会题诗祝贺，见图 2.2。

四、首次参与国际学术交往活动

日本农学会于民国十九年（1930 年）4 月 12～13 日在东京举行年会特别扩大会，邀请中华农学会派代表参加并进行学术交流。中华林学会协同中华农学会派代表 5 人应邀前往，其中曾济宽、张海秋、傅焕光 3 人分别在会上作了演讲。曾济宽首先在特别演讲会上以日语作题为《中国南部木材供需状况并财政上之方针》的演讲，张海秋在林学会分组会上作了题为《中国森林历史》的演讲，傅焕光在造园分会组会上用英语演讲《中山陵园计划》，由日本高等造园学校校长上原林学博士翻译。这是中华林学会首次参与国际学术交流活动。

民国二十一年（1932 年）5 月，凌道扬代表中国前往加拿大出席泛太平洋科学协会第 5 次会议，并被选为该协会的林业组主任。

五、建立省级林学会

四川省林学界佘季可、杨靖孚于民国二十四年（1935 年）发起组织四川林学会，于民国二十六年（1936 年）11 月 1 日在成都举行了成立大会，并在民国二十六年（1937 年）3 月出版一期《四川林学会刊·成立纪念号》，发表了《成立宣言》，选出佘季可、刁群鹤、陈全汉、程复新、杨靖孚、秦齐三、邬仪、谢开明、何知行等为执行委员，还有 5 名候补委员、5 名监察委员、2 名候补监委。民国二十六年（1937 年）4 月 11 日，四川林学会又举行一次有 80 余人参加的临时会员大会，对四川省的林政、林业、林学进行研讨，并向四川省政府提出《推进四川实施纲要建议书》。民国二十七年（1937 年）10 月 24 日，四川林学会召开在成都会员大会，改选佘季可、程复新、陈德铨、邬仪为理事，佘季可为常务理事，另选出候补理事 3 人、监事 5 人、候补监事 3 人。民国二十七年（1938 年）7 月 7 日，四川林学会出版一期《四川林学会特刊·抗战建国周年纪念集》，记载会员名单共 87 人。中华林学会职员录还列有成都分会理事名单，他们是：李荫桢、朱惠方、佘季可、程复新、邵均、朱大猷、张小留、蒋重庆、刘讽吾、安事农、韩安。这是抗战期间较有影响的省级林学会组织。

六、会务停顿数年后恢复活动

"九·一八"事变后学会会务停顿数年。由于我国水旱灾害频繁，林业渐为
人所重视，中华林学会在南京的部分理事和会员认为有恢复学会活动的必要，
于民国二十四年（1935 年）9 月 1 日，由凌道扬牵头在南京业余体育协会召集
会务复兴讨论会，陈嵘、李寅恭、梁希、蒋惠荪、高秉坊、林刚、胡铎等出
席。代表们均认为上届理事任期早逾，应立即进行改选，经决议由上届理事会
负责办理通讯改选。同年 11 月 11 日，在南京的理事对各地会员投寄的选票进
行开票，凌道扬、李寅恭、胡铎、高秉坊、陈嵘、林刚、梁希、蒋惠荪、康瀚
等 9 人以多数票当选为第四届理事会理事。民国二十五年（1936 年）2 月 11 日，
在撷英饭店召开第四届第一次理事会，推选凌道扬为理事长，蒋惠荪、康瀚为
总务部正、副主任，李寅恭、林刚为编辑部正、副主任。学会会址设在南京汉
中路 143 号中央模范林区管理局，聘张问政为负责干事。会议还恢复出版《林
学》，暂定每半年 1 期。

民国二十六年（1937 年）抗日战争爆发不久，南京屡次遭到日本飞机轰炸，
机关学校纷纷西迁内地，林学会的理事、会员们四处流亡，顿失联系，会务完
全停顿。直到民国三十年（1941 年），在重庆的一部分理事和会员鉴于抗战时
期林业上存在不少问题，林学界有必要组织起来，抒发意见或提出建议，促进
林业的健康发展，由时任国民政府立法委员、曾任学会理事长的姚传法出面召
集，举行了一次聚餐会。会上决定恢复中华林学会的组织活动，并通过协商，
推选姚传法、梁希、凌道扬、李顺卿、朱惠方为常务理事，傅焕光、康瀚、白
荫元、郑万钧、程复新、程跻云、李德毅、林祜光、李寅恭、唐耀、皮作琼、
张楚宝等为理事，组成第五届理事会；同时推选陈嵘、张福延、鲁佩璋、韩安、
曾济宽、高秉坊、贾成章、杨靖孚、陈植等为监事，将大部分全国林学界的元
老耆宿和学者专家吸收在内，形成了一个大团结的组织。理事会还推举姚传法
为理事长，并宣布各部、委员会的人选（详见附录）。学会会址设于东川北碚
檀香山桥中国科学社生物研究所内。后于民国三十二年（1943 年）增加奖学金
保管委员会，1944 年又增加茶叶、油桐、药材、水土保持等 4 个研究委员会。

中华林学会在重庆复建以后，因理事们分处各地，战时交通艰阻，很少召

开理事会，学会的主要活动是编辑出版《林学》杂志。经姚传法理事长的多方奔走，《林学》第7号于民国三十年（1941年）10月在成都印刷出版。杂志仍为24开本，竖排；封面上的刊名、英文译名、期号及出版日期均沿袭以前各期的形式，目录附有英文目录。由于战时纸张供应紧张，只好改用质量低劣的土产毛边纸印刷，质量大为逊色。第7期上刊载的会员通讯录共227人，另外通讯地址不详的有100人。

七、资金短缺致使会务活动开展艰难

中华林学会在抗战前募集的为数不多的基金，随着货币的急剧贬值几乎化为乌有；会员星散各地，度日维艰，会费收入微乎其微，政府又无丝毫补助，在这样艰苦的条件下，经姚传法多方筹谋，自民国三十一年（1942年）起中国茶叶公司、四川省银行、邮政储金汇业局等单位在《林学》封底刊登全页广告，以收取广告费的形式筹集学会活动资金。中国茶叶公司总经理吴觉民支持尤为得力，从而使《林学》杂志得以陆续出版，民国三十一年（1942年）8月，民国三十二年（1943年）4月、10月先后刊出第8、9、10号。常务理事会在民国三十三年（1944年）4月出版的《林学》上刊登启事说："《林学》已出版至第10期，由本期起改为第3卷第1期。"国民党社会部考核下辖社会团体年度工作时，认为中华林学会工作颇为努力，应予嘉奖。林学会为此特在启事上写道：学会"自西迁以来，会员星散，艰苦奋斗，《林学》会刊得以继续出版，迄今未断，而对重庆附近北碚一带造林工作多方提倡，亦能幸有效。今蒙社会部传令嘉奖，既慰且愧"。但这期《林学》出版之后，预计出版第3卷第2期却未能实现。

民国三十四年（1945年）抗战结束，中华林学会迁回南京，会址设在大光路34号。

中华林学会由于经济困窘，历来没有专职的工作人员。民国十九年（1930年）前后一段时期，会所附设在中华农学会会址内，由农学会干事孙尚良兼顾林学会会务；其后挂靠在中央模范林区管理局时期，则聘该局职员张问政为负责干事，兼管会务。20世纪40年代，会址设在重庆北碚时，初聘中国科学社生物研究所杨衔晋兼任干事及编辑校对工作。1943年宋树屏担任干事，次年又改由黄学彬继任，他们也都是非专职人员。学会由重庆迁回南京后，由夏文

正、梁君鹄担任干事，因学会活动未能展开，他们兼任不久就离开了。

八、推动成立台湾省林学会

民国三十四年（1945 年）8 月，日本战败投降，台湾回归祖国，许多林业工作者应聘或被派往台湾工作。梁希应邀先后于民国三十五年（1946 年）9 月和民国三十七年（1948 年）2 月两度前往台湾视察，与朱惠方联名提出《台湾林业视察后之管见》，深受台湾林业界重视。由于梁希的推动，台湾林学界于民国三十七年（1948 年）4 月在台北市台湾省林业试验所礼堂举行中华林学会台湾分会成立大会，出席代表达 136 人，选出林渭访、徐庆钟、邱钦堂、黄范孝、唐振绪、王汝弼、黄希周、胡焕奇、康瀚等9 人为理事，林渭访为理事长，奠定了台湾林学会组织的基础。

中华森林会时期经历了第一次国内革命战争和 1937—1945 年的抗日战争，学会活动时断时续，特别是在新中国成立前夕，几乎只有台湾林学会还开展一些活动。这个时期，由于旧中国科学事业，特别是林业科学事业得不到足够重视，中华森林会作为经济窘迫的学术性团体发展更是艰难，不但会员较少，而且组织较松散，活动难以开展。但是林业界的老前辈就是在这样艰难的环境中大力宣传森林的重要作用和林业在社会发展中的重要地位，为林业科学事业的发展而执著追求，为中华森林学会的存在与开展奔走呼号，为新中国林业的发展奠定了重要基础。

第三章　重获新生　再次创业
——中国林学会创建及业务拓展时期
1951—1966

　　1949 年中华人民共和国成立后，中央人民政府设林垦部。林垦部的成立，标志着新中国把林业放在了十分重要的地位，从而掀开了中国林业史上新的一页，我国林业进入了大规模有计划地建设社会主义林业的新时期，林业科技社团也得到了新生。

🌲 第一节　中国林学会的成立

　　新中国成立后，中国共产党和人民政府十分重视科学技术的发展，1950 年8 月召开了第一次中华全国自然科学工作者代表会议，成立了中华全国自然科学专门学会联合会（即全国科联）和中华全国科学技术普及协会，为广大科技工作者投入国家建设事业开辟了广阔的天地。在这样大好形势下，中国的林业科技工作者于 1951 年 2 月全国林业工作会议召开之际，由陈嵘、沈鹏飞、殷良弼等教授倡议重建林学会组织，以团结全国林业教育科技工作者，开展学会活动，促进林业建设事业的发展。这一倡议得到与会代表一致赞同。1951 年 2月 26 日，在当时的林垦部会议室召开中国林学会成立大会，选举陈嵘等 35 人为理事，殷良弼等 15 人为候补理事；组成中国林学会第一届理事会，推选梁希为理事长，张楚宝为秘书长，梁希、陈嵘、沈鹏飞、乐天宇、邓叔群、张楚宝、郝景盛、黄范孝、周慧明、张昭、王恺 11 人为常务理事。中国林学会会址设在北京市东四六条胡同林垦部内。同年 5 月 8 日，经中央人民政府内务部核准，发给中国林学会社会团体登记证，见图 3.1。

　　中国林学会是中华人民共和国的一个群众性学术团体。它的成立使有 30多年历史的中华森林学会、中华林学会走向了新生。

中国林学会时期第一任理事长梁希是首任林垦部部长。

中国林学会成立之后，制定了学会章程。章程规定：学会宗旨在于团结全国林业科学技术工作者，交流学术经验，提高与普及林业生产技术，为新民主主义文化经济建设而努力。学会受中华全国自然科学专门学会联合会领导，定期向全国科联报告工作。章程还对会员条

图 3.1　中央人民政府内务部社会团体登记证

件、组织机构、总会与分会的关系等问题作了明确的规定。由于制定了章程，并在经济上得到全国科联的支持，学会活动很快开展起来。

为了加强学会的领导机构，1953 年 7 月 12 日常务理事会决定增设陈嵘为副理事长，唐耀为副秘书长，原候补理事殷良弼、唐耀改选为常务理事。同时学会地址移至北京市万寿山后中央林业科学研究所内。随即，学会在全国部分城市建立了分会，发展了会员。据 1957 年底统计，设林学会分会的有 12 处，即：广州、福州、武汉、开封、长沙、南京、济南、杭州、保定、南宁、昆明和成都；设分会筹委会的有 6 处，即：北京、合肥、南昌、兰州、太原和贵阳，当时会员 958 人。

第二节　学会工作逐步展开

中国林学会成立后，借助新中国林业发展之势，积极地开展学术交流、科学普及与外事工作等活动。

1951—1958 年，学会举办了米丘林学术讨论会，《全国林业区划（草案）》和木材节约问题学术讨论会，森林气象学术讨论会，南方杉木、油茶学术会议等。1955 年 1 月 28 日~2 月 6 日，由全国科联农林学科各专门学会联合组织学术讨论会，有 7 个学会（林学会、农学会、园艺学会、畜牧兽医学会、土壤学会、植物病理学会、昆虫学会）联合进行学术活动。中国林学会有 40 多名

林业专家参加了会议，深入讨论了北京西山造林问题。毛庆德、侯治溥、关君蔚、李继侗等在会上作了专题报告，对西山造林的生态环境、造林条件、造林的主要措施和加强西山造林试验研究等问题进行研究、分析与论证，增加了人们对西山造林的信心。这次会议是中国林学会成立后第一次比较大型的学术活动，除进行学术讨论外，代表们还对当时林业科研的方向、任务和学会工作提出了很多宝贵建议，充分说明我国的林学家们对林业建设、对学会工作是十分关心和热情支持的。

这一时期学会的另一重要成果是1955年6月《林业科学》创刊。《林业科学》为全国性学术季刊，创刊之初由中央林业科学研究所主办，1956年3月改由中国林学会主办。《林业科学》于1956年正式成立第一届编委会，学会总会的陈嵘、周慧明、范济洲、侯治溥、唐耀、殷良弼、陶东岱、张楚宝、黄范孝等9人为编委，各地分会有编委13人，机关编委4人，设专职编辑2人。

学会还于1957年组织了统一林业名词小组，与中国科学院编辑出版委员会联合制定英中林业名词统一的办法。1959年，学会在香山召开会议，研究编写《中国森林学》及《中国森林利用学》两书。两书于1960年完成初稿，篇幅均达10万字左右。

从1957年开始，学会开展了一些外事工作。这一年学会接待了苏联、捷克斯洛伐克、民主德国和保加利亚、新西兰、法国和日本等林业专家共13次、46人，并于11月请苏联专家洛根诺夫来华作学术报告。

20世纪50年代的科普工作是由中华全国科学技术普及协会领导下的林业学组委员会负责的。当时陈嵘为主任委员，唐耀、殷良弼为副主任委员，周慧明为秘书长，下设林业学组和森林工业学组2个组，分别由范济洲、张楚宝任组长。

1957年，正当学会逐步发展之际，全国范围内开展了反右派斗争。由于反右斗争的扩大化和1958年"左"的影响，使学会工作一时受到挫折。

第三节　中国林学会活动全面展开

1958年9月，全国科联和全国科普协会联合召开代表大会，合并了两个全国性科技团体，成立了中华人民共和国科学技术协会。大会提出科学技术群众团体必须在党的领导下，必须是社会主义性质的，必须为社会主义建设服务，必须贯彻科学技术为生产服务的方针。

20世纪60年代初，国民经济开始好转，科技工作逐步活跃起来。1961年中央制定了《科研十四条》，周恩来、陈毅同志在广州会议上的重要讲话大大激发了广大科技工作者前进的勇气，因而学会工作也普遍呈现活跃的气象。1960—1966年，中国林学会的各项活动在科学技术为生产服务的方针指引下，根据理论联系实际、普及与提高相结合的原则全面开展起来。

一、组织机构逐步调整、扩展，会员人数大幅增加

中国科学技术协会（以下简称中国科协）成立后，中国林学会由中国科协领导，中国林学会各地分会改为各省（自治区、直辖市）林学会，由地方科协领导，会员相应转为所在省（自治区、直辖市）林学会会员。

为了进一步贯彻中国科协第一次代表大会的精神，中国林学会决定改选理事会。1959年3月26日，中国林学会与原全国科普协会林学组在北京召开会议，根据中国科协提出的"靠""挂"和调整学会成分的原则，对两个组织成员进行了合并与调整，提出了新的理事及常务理事候选人，提交中国林学会代表会议讨论通过。1960年2月，在全国林业科学技术会议期间召开了有各省级林学会负责人参加的会议，推选理事77名，其中常务理事27名，组成了中国林学会第二届理事会（名单详见附录）。常务理事会下设行政组、学术组。行政组分为秘书组和国际联络组；学术组分为造林组、保护组和副特产组、森林工业组、林业机械组。

1962年12月，学会在召开学术年会期间改选产生了中国林学会第三届理事会。第三届理事会由79名理事组成，常务理事会有26名成员（名单详见附录）。

根据1962年年会精神和中国科协的意见，第三届理事会于1963年初建立

和充实了学会下属机构，设 4 个委员会，即林业、森工、普及和《林业科学》编委会。林业委员会由 76 名委员组成，主任委员陈嵘；森工委员会由 38 名委员组成，主任委员朱惠方；普及委员会由 32 名委员组成，主任委员李相符；《林业科学》编委会由 83 名委员组成，主编郑万钧。这个阶段在挂靠单位中国林业科学研究院（原中央林业科学研究所）的大力支持下，学会配备了专职干部，调朱容、高美如从事学会工作。《林业科学》编辑部调鲁一同、张重忱为专职编辑。

由于第二、三届理事会认真贯彻了中国科协的方针政策，发动会员开展了大量的活动，使学会在组织建设上有了较大发展，学会凝聚力逐步增强。1964年经在京理事会通过，对学会章程进行修改，制订了新章程试行草案并发至各地试行。到 1966 年，各省（自治区、直辖市）基本上建立了林学会，会员由 1957 年年底的 958 人迅速发展到 3578 人。

二、开展学术活动

1958 年 9 月至 1966 年 6 月，学会共召开了 12 次学术讨论会，13 次学术报告会、座谈会和经验交流会，有毛竹、森林病虫害、森林土壤、木材加工、木材水解、治沙、云南松采伐更新、杨树、现有林经营、林木良种、农田防护林等学术讨论会，东北内蒙古森林更新发展情况报告会、利用太阳能提高森林生产量报告会、新疆核桃引种报告会、森林降雨报告会、北欧林业考察报告会、沙区考察报告会，以及林型座谈会、荒山造林经验交流会、核桃板栗育苗技术座谈会、永续利用座谈会等。这些学术活动不但学科面广，而且与生产紧密结合，讨论的问题也比较深入，会后还认真地向有关部门提出了比较详尽的建议，对生产科研起到一定促进作用。

这个时期规模最大的一次学术会议是 1962 年 12 月 17～27 日在北京召开的学术年会。年会由张克侠理事长主持，国务院副总理谭震林出席了会议，参加代表达 350 余人。会议收到论文 203 篇。会议检阅了 20 世纪 50 年代以来我国林业科研成果和技术成就，并分专业讨论了杨树、杉木、毛竹、油松、油茶、核桃、速生丰产林的栽培技术以及开展木材综合利用、提高劳动生产率等问题。会议还对我国林业建设和今后林业科学研究工作广泛地交换了意见，针对当前林业工作中存在的问题提出了许多建议。为了开好这次会议，很多省的林学会都事先召开了年会，为这次会议进行了充分的准备。为了将学术讨论中提出的建议反映给中央有关单位，会后整理了《对当前林业工作的几项建议》，以33名林业科学家和林业工作者的名义上报给中国科协、林业部、国家科委，并分别报送聂荣臻副总理和谭震林副总理。《对当前林业工作的几项建议》包括7项内容：①坚决贯彻执行林业规章制度；②加强森林保护工作；③重点恢复和建设林业生产基地；④停止毁林开垦和有计划地停耕还林；⑤建立森林种子生产基地，加强良种选育工作并注意提高造林质量；⑥节约使用木材，充分利用采伐与加工剩余物，大力发展人造板和林产化学工业；⑦加强全国林业科学研究事业的统一管理，创造科研条件，积极开展林业科学研究工作。

1962年学术年会的召开，引起了社会对学会工作的重视，提升了学会的社会地位，在林学会历史上占有重要地位，是浓墨重彩的一笔。

三、书刊编辑工作进一步改进

我国林业技术遗产十分丰富，本着"古为今用"的原则，学会于1960年8～9月组织南京林学院师生和江苏林业研究所、安徽林学院等单位的百余名专家集体编写了《中国林业技术遗产资料初步研究》，印成油印本，内部赠送。

因全国性刊物停刊检查，学会主办的学术期刊《林业科学》从1960年7月起停刊1年进行检查。1961年7月复刊后，刊物有了改进和提高，增加了外文摘要，并被批准对外进行交换。在科学为生产服务的方针指导下，《林业科学》刊登了不少重要的林业科研论文和生产技术经验总结，对林业建设起到了积极的促进作用。

四、外事工作新发展

这个阶段学会的外事工作也有了新的发展。1963年4～6月，以中国林学会名义组成的代表团首次出访芬兰、瑞典。代表团由荀昌五带队，吴中伦等参加。回国后，代表团撰写了长达15万字的调查报告，比较全面地介绍了芬兰、瑞典两国林业生产、科研、教学概貌。1964年学会邀请了印度尼西亚、日本等国的林业专家来我国作学术报告，并与我国林学家座谈，进行学术交流。

五、科普工作推动绿化建设

中国林学会的科普工作在 1963 年建立科普委员会后，立即组织编写《林业知识丛书》，丛书确定了 42 个选题。这一年学会协助科教电影制片厂聘请技术顾问、组织专家对林业科教影片进行审查。1964 年学会组织科技人员张海泉、关君蔚等 20 多人，编写了一套《林业科学技术普及展览挂图》，共 54 张，其中总论 10 张、华北荒山造林主要树种油松挂图 15 张、华北"四旁"绿化主要树种杨树挂图 15 张、水土保持挂图 14 张。这套挂图共发行 10 万套，发至全国国营林场、社队林场、苗圃等单位，受到普遍欢迎，对推动绿化祖国、荒山造林起到了很好的作用。

国家对林业的重视与支持，使中国林学会在成立初期就得到了较快发展。但是，正当学会活动顺利发展的时候，1966 年 6 月开始的"文革"把中国人民带进了一场长达 10 年的浩劫之中。中国林学会与全国其他学会一样，被迫停止一切活动长达 11 年之久。

第四章 春风化雨 蓬勃发展
——中国林学会恢复与全面发展时期
1977—2016

🌲 第一节 拨乱反正 恢复活动

1976 年 10 月结束了"文革"，我们的国家进入了新的历史发展时期。1977 年，中共十一次全国代表大会提出了建设社会主义现代化强国的总任务。党和国家十分重视科技事业的发展，在 1977 年 9 月《中共中央关于召开全国科学大会的通知》中指出，科学技术协会和各种专门学会要积极开展工作。中国科协亦于 1977 年恢复活动。这都为学会恢复活动创造了有利条件。中国林学会的老前辈沈鹏飞教授建议恢复学会活动，得到了很多林学家的赞同。1977 年 10 月 27 日，学会召开了第三届理事会在京常务理事扩大会议，研究恢复学会活动问题，还专门组成筹备组商讨召开年会问题。在中国科协的大力支持下，有 5 个学会（中国航空学会、中国地理学会、中国林学会、中国金属学会、中国动物学会）商定共同举行一次学术年会，以推动学会恢复工作的开展。当时林学会主要领导人郑万钧、陶东岱、朱济凡、吴中伦、范济洲以及学会专职干部朱容协同其他 4 个兄弟学会的同志积极进行筹备活动，克服种种困难，促使恢复工作顺利进行，保证了 5 个全国学会学术年会于 1977 年 12 月 10～17 日在中国科协的主持下于天津召开，见图 4.1。

中国林学会副理事长朱济凡在年会上作了《揭批"四人帮"破坏我国林业科研、教育的滔天罪行》的发言，得到 5 个学会代表们的好评。中国林学会全体与会人员还提出紧急呼吁，希望尽快恢复中国林业科学研究院。会后，代表们将建议书交给新华社以内参形式发表，并报中央领导同志。1978 年中央批准恢复中国林业科学研究院（原中央林业科学研究所）。

1977 年的天津学术年会对全国性学会恢复活动起到了重要的推动作用。中

图 4.1　1977 年天津年会中国林学会会议代表合影

国林学会从此积极开展学术交流、科学普及、咨询服务、国际及港澳台交流、期刊编辑等各项学会活动，各省（自治区、直辖市）林学会也先后得到恢复。从此，林学会的工作出现了一片繁荣的景象，学会各项工作蓬勃发展，迎来了全面发展的最佳时期。

1978 年 3 月 18 日全国科学大会在京召开，向全国发出了向科学技术现代化进军的号召。中国科协第二次全国代表大会于 1980 年 3 月 15 日在北京召开。中国林学会选举吴中伦、王恺、陈陆圻、杨衔晋、陈桂升、朱容等 6 位代表出席会议。吴中伦、陈陆圻当选为中国科协第二届全国委员会委员。这次会议是在社会主义现代化建设事业开始走向健康发展的阶段、科学技术事业面临更大发展的新形势下召开的。会议确立了新时期各学会的性质、任务，提出在新时期"科协必须紧紧围绕'四化'这个中心，最大限度地发挥科技工作者的积极性和创造性，开展各种科学技术活动，广泛进行国内外学术交流，普及科学技术知识，促进我国科学技术事业和国民经济的发展，在提高整个中华民族的科学文化水平，把我国建设成为现代化的社会主义强国的伟大事业中贡献自己的力量"。全国科学大会的召开和中国科协"二大"会议提出的方针，指明了中国林学会前进的方向，成为学会在这个阶段的指导原则。

第二节　学会组织不断发展壮大

自 1977 年以来，中国林学会历届理事会高度重视学会组织建设，在广大会员的大力支持下，顺应形势，解放思想，勇于探索，不断改革创新，在组织建设方面取得了长足进步。办事机构不断完善，部室设置和人员结构进一步优化，经费和办公条件持续改善；随着林业学科发展和林业建设需要，分科学会不断壮大，分会（专业委员会）已发展至 42 个；会员数量稳步增长，从 16472 名增加到 91685 名；理事会建设持续加强，召开了第四次至第十一次全国会员代表大会，选举产生了第四届至第十一届理事会；全国林学会秘书长会议实现制度化，自 2003 年开始每年召开一次，旨在总结上一年学会工作，安排部署下一年学会工作；信息化建设快速推进，建立了学会官网，并多次改版升级，学会微信公众号开通运营、中国林学会会员发展与服务系统上线使用。学会的吸引力和凝聚力不断增强，在中国林学会发展历史上留下了辉煌的一页。

一、学会秘书处（办事机构）不断充实完善

（一）内设机构不断充实

1977 年，学会秘书处挂靠在中国林业科学研究院，与院办合署办公。1978 年的天津年会提出了加强组织建设的要求，中国林学会首先加强了学会秘书处（办事机构）的建设。在挂靠单位中国林业科学研究院的大力支持下，中国林学会于 1980 年首次召开省级林学会领导、专职干部参加的工作会议，把学会组织建设问题作为重点进行研究。会后各省级林学会都更加重视学会工作，有些及时配备了专（兼）职干部，设立了办事机构，使学会工作更加活跃，从而吸引了更多林业科技工作者参加学会组织。

1981 年 8 月，学会举行了在京常务理事会，通过中国林学会办事机构设置（部）室的方案，设 1 名专职副理事长或秘书长，1～2 名副秘书长，下设办公室、学术活动部、科学普及部、国际联络部、《林业科学》编辑部和《森林与人类》编辑部。

1983 年，中国林学会的挂靠单位变更为林业部。1983 年 4 月 1 日《关于中国林学会挂靠部交接会议纪要》中明确：中国林学会自即日起挂靠部，有关

机关人事工作、计划、财务、党的工作行政工作由中国林业科学研究院划归林业部领导，上述工作分别对口部有关司局和机关党委。挂靠林业部后至今，学会秘书处人事、财务、计划、党务等工作一直按照部（局）直属事业单位管理，这为学会事业迎来新的发展机遇。

1983 年 5 月 20 日林业部《关于机构编制问题的通知》，同意中国林学会办事机构设置办公室、学术部、科普部、《森林与人类》编辑部和《林业科学》编辑部，编制 35 人。当时的办公室兼管国际交流工作。

全国科学大会之后，我国科学技术发展迅猛，生产单位对科技的需求十分旺盛。为适应学会事业发展需要，充分发挥学会的人才优势，组织重大林业科技问题的论证和考察活动，对国家关于林业建设的方针、政策和技术措施提出建议，进行林业科技咨询服务，为各级林业部门当好参谋和顾问，1985 年 1 月 28 日，经常务理事会研究，决定申请成立咨询服务部，中国科协于 2 月 24 日正式批准。至此，中国林学会办事机构发展为 6 部 1 室，具体为办公室、学术活动部、科学普及部、国际联络部、咨询服务部、《林业科学》编辑部和《森林与人类》编辑部。

由于经费原因，为减轻学会财务负担，保证《森林与人类》杂志的正常编辑出版，经常务理事会研究，从 1996 年开始《森林与人类》由中国林学会与《中国林业报》社合办。期刊编辑部迁入《中国林业报》社，编辑部部分编辑随着调入报社。

1999 年 5 月 24 日，国家林业局《关于明确中国林学会秘书处中层干部管理权限的通知》（林人干〔1999〕94 号）文件明确了由中国林学会自行管理秘书处中层干部（部室正副主任），并规定了相关程序。

2014 年 6 月，为进一步加强学会组织建设，强化学会与会员及科技工作者的联系和沟通，密切与有关单位和社会各界的联系，经中国林学会研究，并报请国家林业局人事司批准，同意中国林学会成立组织联络部，专门负责组织建设及对外联络等相关工作。2014 年 6 月～2016 年 4 月期间，组织联络部与办公室合署办公。2016 年 4 月，组织联络部从办公室分离出来，成立单独的部门，主要负责组织建设、信息化、人才培养与举荐等方面的工作。

截至 2016 年 12 月，学会秘书处下设办公室、组联部、学术部、科普部、咨询部、国际部、《林业科学》编辑部等 7 个部室。

按照学会《章程》有关规定，学会秘书处日常工作由秘书长全面负责，或由秘书长委托常务副秘书长代秘书长主持日常工作，秘书长由会员代表大会选举产生，副秘书长由理事会聘任。自1977年学会恢复活动以来，吴中伦、陈致生、唐午庆、孙庆民、甄仁德、施斌祥、关松林、李东升、赵良平、陈幸良等先后担任学会秘书长。期间，李葆珍（1993年5月至1997年10月任副秘书长，主持秘书处工作），李岩泉（2002年8月至2013年1月任常务副秘书长，2002年8月至2007年7月主持秘书处工作）。

学会秘书处党组织一直很健全，1983年，学会挂靠林业部后，梁昌武副部长兼任中国林学会分党组书记，1985年7月林业部党组任命王庆波为学会分党组书记，1988年年底林业部撤销中国林学会分党组。1983—1997年，学会秘书处一直设有党支部，1997年经批准成立党总支。目前，学会党总支下设4个党支部。

（二）秘书处人员编制及专职人员情况

"文革"前，学会只有几名专职工作人员。1977年恢复活动初期，秘书处专职人员快速增长。1982年，学会办事机构专职工作人员已达20多人。自1983年挂靠林业部后，学会人员编制、干部数量得到进一步增加，秘书处在职职工发展到30多人。同年，在学会增加了专职副理事长李万新和专职秘书长陈致生、副秘书长杨静，并正式任命了部（室）负责人。朱荣、王贺春、钱道明、马忠良、张重忱等同志分别为学术活动部、办公室、国际联络部、科普部和《森林与人类》编辑部副主任。

1977—1982年，学会专职干部主要从其他单位调入。从1982年起，学会开始接收全国林业等高等院校的应届毕业生，只有极少数学会工作人员是由于工作需要从外单位调入。学会接收应届毕业生同国家林业局（原林业部）所属事业单位一样，须履行接收计划的申报和审批等程序，必须按批复的计划数量、专业、学历来接收。90年代中期以前，主要接收大学本科毕业生，90年代末至今，主要接收硕士或博士研究生。有计划地接收毕业生确保了学会秘书处专职工作人员队伍的稳定，也逐步改善了学会职工学历、专业等结构。

1989年12月20日，人事部《关于林业部所属事业单位机构编制的批复》（人中综函〔1989〕69号）批复中国林学会事业编制35人。

1998年林业部《关于核定中国林学会内设机构、人员编制和处级干部职数

的通知》（林人直字〔1998〕43 号）核定中国林学会设办公室（编制 6 人）、科普部（编制 6 人）、学术部（编制 6 人）、《林业科学》编辑部（编制 6 人）、国际部（编制 6 人）、咨询开发部（编制 2 人），核定处级干部职数 11 人。

国家林业局办公室《关于中国林学会内设处室和处级干部职数调整的批复》（办人字〔2014〕71 号）同意学会增设组织联络部，办公室更名为综合部，咨询开发部更名为研究咨询部。调整后内设机构为：综合部、组织联络部、学术部、科普部、研究咨询部、国际部《林业科学》编辑部。核定处级干部职数 7 正 7 副。

截至 2016 年年底，学会秘书处现有在职正式职工 33 名，其中，秘书处领导 3 人，综合部 9 人，学术部 4 人，科普部 3 人，研究咨询部 3 人，国际部 3 人，组织联络部 3 人，《林业科学》编辑部 5 人。另有 6 名聘用人员。学会离退休人员 28 人，其中离休 4 人。在职人员中，具有大学本科以上学历的人员 29 人，占 87.9%，具有副高以上技术职称人数为 15 人，占职工总数 45.5%，具有硕士、博士研究生学历的人员 19 人，占 57.6%。

（三）经费收入逐步增长

学会自 1983 年挂靠林业部成为一个独立的事业单位之后，学会就有了独立的财政户头和财政经费，而且财政经费总体上是稳步增加的，从 1983 年 20 万元增加至 2015 年 1181.31 万元（图 4.1）。学会全部经费收入（财政收入和其他收入）同样也是稳步增长的，从 1983 年的 30 余万元增加至 2015 年 1691.67

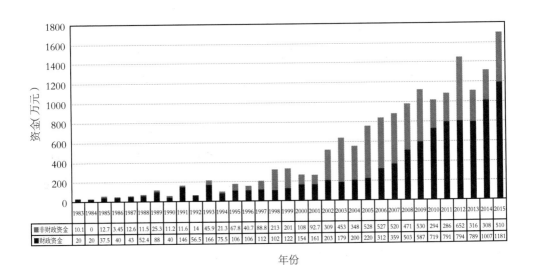

图 4.1 学会经费收入情况

万元。学会总收入中大多数年份都是以财政拨款为主，一般在 60% 以上，有时会更高。学会其他收入（非财政收入）主要是中国科协的拨款或项目收入、期刊收入、提供服务收入、外事组团收入、学会奖励基金收入、会费收入等。

从 20 世纪 80 年代到 90 年代初期，学会财政拨款中不仅包含人员经费，而且还有适当的项目事业费。90 年代中期到 2007 年，随着国家各项改革的发展和政策的调整，学会财政拨款中只包含人员经费，无项目事业经费，学会活动经费大部分靠自筹解决，学术交流等经费靠中国科协资助解决。遇重大活动如召开换届会议，可向挂靠单位申请专项经费解决。从 2008 年开始，在学会的多方努力下，在国家林业局、财政部的支持下，学会的财政拨款又包含了人员经费和项目经费，这样学会活动就可以按照学会自己的思路和想法来计划和实施。

为逐步适应市场经济和事业单位改革的需要，从 1999 年开始，学会对秘书处进行了一定程度的改革，对各个业务部室实行了经济承包责任制，为解决秘书处经费短缺问题起到了良好作用。2008 年，学会又有了财政项目经费之后，学会暂停了部室经济承包责任制，2013 年之后，实行了《部室年度绩效考核办法》和《横向项目管理办法》，鼓励部室积极争取项目，积极为学会争取资金和创收。

（四）办公用房情况

1977—1982 年，学会秘书处与中国林业科学研究院合署办公。1983 年学会从中国林业科学研究院分离出来之后，根据《关于中国林学会挂靠部交接会议纪要》，学会办公用房由中国林业科学研究院无偿提供。1983—1985 年，学会在现中国林业科学研究院职工家属楼 21 号楼第二单元办公。1985 年，中国林业科学研究院情报楼修建完成后，学会秘书处搬至情报楼五层办公。1986 年，学会经林业部批准同意，申请专项经费在中国林业科学研究院内西部空地建设了中国林学会西小楼，建筑面积 317.8 平方米。2003 年，经学会积极争取，在国家林业局的大力支持下，学会与国家林业局调查规划设计院、濒管办三家共同购买了朝阳区芍药居甲 2 号院 16 号楼作为业务用房。该楼总建筑面积 5856.25 平方米，其中调查规划设计院占 69.27%，濒管办占 18.78%，林学会占 11.95%，即分给林学会的建筑面积为 700.31 平方米（含地下室和公摊面积）。由于学会芍药居办公用房面积太小，不能满足学会全部办公要求，学会也不可能将人员分开两处办公，因此，学会芍药居的办公用房购买装修之后，只能暂

时租借给有关单位使用。

截至 2016 年年底，学会拥有房产证的办公用房有两处，一处是位于中国林业科学研究院的西小楼，一处是位于北京市朝阳区芍药居甲 2 号院 16 楼的部分办公用房。同时，学会继续无偿使用中国林业科学研究院情报楼五层办公用房。

二、分支机构稳步发展，基本覆盖林业相关学科

自 1978 年首次设立森林土壤专业委员会和森林经理分会以来，随着林业学科发展和林业建设生产需要，至今中国林学会已设立分会、专业委员会共计 42 个，涵盖林业学科的各个方面，不仅成为繁荣学术交流、促进学科发展的中坚力量，也成为学会联系会员、服务会员的重要平台。

（一）分支机构概述

中国林学会按学科发展的需要设立分支机构，在理事会领导下制定工作条例开展学会活动。其名称为中国林学会 ×× 分会（或中国林学会 ×× 专业委员会），是学会的组成部分，按照国务院发布的《社会团体登记管理条例》的规定进行登记。分支机构实行委员会制，设主任委员 1 名，副主任委员若干名，常务委员或委员若干名，人选由本学科（专业）会员民主协商推选，报中国林学会审批。委员会任期与理事会同。分支机构的成立应具备下列条件：有规范的名称；有固定的住所，热心支持本会工作、具有法人资格的挂靠单位；有符合章程所规定的业务范围，并能开展相应的业务活动；有学术带头人和一定规模的专家学者群体；有合法和相对稳定的经费来源。根据民政部的有关文件精神，1991 年起开展社团整顿工作，对各种社会团体进行重新登记。为配合这一工作，1993—1996 年，学会多次开会研究具体工作，填写各种表格，上报各项材料，圆满完成了二级学会、专业委员会在民政部的注册登记工作。

（二）分支机构设立、变更

按照民政部和中国科协的有关文件规定和要求，学会分支机构的审批权限归属可分为 3 个主要阶段。第一阶段是 1977—1998 年，国家尚未出台社团相关法规、规章，学会可根据《章程》自行对分支机构的设立、变更和终止进行审批；第二阶段是 1998—2013 年，民政部和中国科协共同对分支机构的设立、变更和终止进行审批；第三阶段是 2013 年至今，国家对社会团体登记管理制度相关内

容做出相应调整，学会又可以自行对分支机构的设立、变更和终止进行审批。

在1977—1998年期间，按照国家有关规定和中国林学会章程，学会根据章程规定的宗旨和业务范围，自行决定分支机构的设立、变更和终止。同时，应当经过理事会或者常务理事会讨论通过，并制作会议纪要，妥善保存原始资料，向民政部和中国科协报备。在1998—2013年期间，民政部和中国科协共同对分支机构的设立、变更和终止进行审批。1998年，国务院第8次常务会议通过并发布施行《社会团体登记管理条例》。2001年，民政部部务会议通过并发布《社会团体分支机构、代表机构登记办法》。民政部和中国科协进一步加强对分支机构设立、变更、终止的审批要求。学会申请设立分支机构应由发起人和发起单位向本会提出书面申请，经本会常务理事会审查批准，经中国科协审查批准后，必须按照《社会团体分支机构、代表机构登记办法》的要求，向民政部提出申请登记。准予登记的，由民政部发给《社会团体分支机构登记证书》或《社会团体代表机构登记证书》，方可开展活动。

2013年至今，国家对社会团体登记管理制度相关内容做出相应调整，学会又可以自行对分支机构的设立、变更和终止进行审批。2013年11月8日，为深入推进社会团体登记管理制度改革，切实转变政府职能，进一步激发社会团体活力，更好地发挥其在经济社会发展中的积极作用，国务院下发了《国务院关于取消和下放一批行政审批项目的决定》（国发〔2013〕44号），取消了对全国性社会团体分支机构、代表机构设立登记、变更登记和注销登记的行政审批项目。2014年2月26日，民政部印发了《民政部关于贯彻落实国务院取消全国性社会团体分支机构、代表机构登记行政审批项目的决定有关问题的通知》（民发〔2014〕38号），对社会团体登记管理制度相关内容做出相应调整的规定和要求。学会又可以自行审批分支机构的设立、变更和终止。作为中国科协团体会员的全国学会，设立、变更和注销分支机构、代表机构，须依学会章程，经理事会或者常务理事会讨论通过。变化事项应在1个月内向中国科协报备，具体报备内容包括全国学会理事会或常务理事会会议纪要，设立、变更和注销程序（流程），全国学会分支机构、代表机构名称、主任委员、办公住所、将要开展的活动等基本信息。

（三）分支机构发展概况

根据国家林业建设和学科发展需要，按照《社会团体分支机构、代表机构

登记办法》《中国林学会章程》和《中国林学会分支机构管理办法》等有关规定和程序，中国林学会自1978年首次设立森林土壤专业委员和森林经理分会以来，至今共计设立专业委员会（分会）42个，为学会发展、学科繁荣奠定了坚实基础。为了发挥分支机构的职能作用，除了重大的、牵涉面广的活动项目由中国林学会主持外，其他大部分活动均由分科学会或专业委员会承担，从而使各项工作的开展更加活跃，更好地发挥了学会的横向作用。

1978年，中国林学会首次设立了森林土壤专业委员会和森林经理分会。1979年，森林病理分会、林木遗传育种分会、森林工程分会、林产化学化工分会、森林生态分会、杨树专业委员会和树木引种驯化专业委员会相继成立。1980年和1982年，学会又依次设立了木材工业分会、林业机械分会。为不断满足学会工作发展需要，便于广泛开展学术活动，学会于1983年成立了林业区划分会、树木生理生化专业委员会。1984年，学会成立了造林分会、林业情报专业委员会。1985年成立了森林昆虫分会、树木学分会、森林气象专业委员会。1986年成立了经济林分会、林业计算机应用分会。1987年成立了水土保持专业委员会、林业史分会。1988年成立了森林水文及流域治理分会、林业科技管理专业委员会。1989年，森林防火专业委员会和木材科学分会依次被学会批准设立。截止到20世纪80年代末，中国林学会共计具有分支机构26个。在1990—2000年间，中国林学会根据业务发展和会员实际需要，于1990年、1992年、1993年相继设立了桉树专业委员会、竹子分会和城市森林分会等3个分支机构，使学会的分支机构由26个增加至29个。为搭建党和政府联系广大科技工作者的桥梁和纽带，2005年，森林公园分会、灌木分会、银杏分会和林业科技期刊分会等4个分支机构均被民政部批准设立。2006年，生物质材料科学分会被民政部批准设立，这是国家发展生物质材料科学事业的重要社会力量。截至2010年，中国林学会共有分支机构34个。2011年1月和4月，森林食品科学技术专业委员会和竹藤资源利用分会分别被民政部批准登记。为加强林下经济学术交流，深化林下经济理论研究，推广林下经济典型模式和经验，促进生态林业和民生林业发展，2014年，经中国林学会常务理事会研究同意，中国林学会成立了林下经济分会。古树名木是历史的见证，是建设"美丽中国"的重要景观要素，2014年，经中国林学会常务理事会研究同意，中国林学会古树名木分会成立，旨在加强学术交流，保护和研究古树名木，建立人与自然互利共生的和谐环境，是时代赋予的机遇与职责。杉木人工林的面积、蓄积量和林业产值均居我国主要造林树种的前茅，在我国南方林业产业发展中占有举足轻重的地位和作用，2014 年，经常务理事会研究同意，决定成立中国林学会杉木专业委员会。为加强珍贵树种学术交流，加快珍贵树种的资源培育和高效利用，促进我国珍贵树种的产业发展，经中国林学会常务理事会批准，决定于 2015 年成立珍贵树种分会。2016 年，按照《中国林学会章程》和《中国林学会分支机构管理办法》等有关规定和程序，经常务理事会批准，松树分会、盐碱地分会分别成立。

自 1977 年以来，为适应林业学科发展和林业事业建设的需要，中国林学会共有 3 个专业委员会、分会成立后组织机构逐渐发展壮大，业务功能作用逐渐完善，并按照民政部的有关规定和要求，升级为具有独立法人资格的国家一级学会。其中，林业教育分会于 1980 年 11 月成立，1997 年升级为一级学会；林业经济分会于 1980 年 6 月成立，1988 年升级为一级学会；沙产业研究会于 1991 年 3 月成立，1992 年 8 月升级为一级学会。

根据学科发展需要，经分会申请，并经 2016 年 3 月 2 日学会常务理事会议审议通过，同意中国林学会造林分会更名为中国林学会森林培育分会。

学会现有专业委员会（分会）主要分布在林业科研院所、林业大学、学会秘书处及其他相关部门（表 4.1）。其中，挂靠在林业科研院所的为 22 个；挂靠在林业类大学的为 13 个；挂靠在学会秘书处的为 2 个；挂靠在国家林业局机关及直属单位的为 5 个。分支机构办公场所和办公人员均由挂靠单位提供。

表 4.1　学会的专业委员会（分会）情况

序号	专业委员会（分会）名称	成立时间	挂靠单位及通讯地址
1	森林土壤专业委员会	1978	北京市颐和园后　中国林业科学研究院林业研究所
2	森林经理分会	1978.12	北京和平里东街　国家林业局调查规划设计院
3	森林病理分会	1979.06	北京市颐和园后　中国林业科学研究院森林生态环境与保护研究所
4	林木遗传育种分会	1979.09	北京市颐和园后　中国林业科学研究院林业研究所
5	森林工程分会	1979.09	黑龙江省哈尔滨和兴路 26 号　东北林业大学森林工程学院

（续）

序号	专业委员会（分会）名称	成立时间	挂靠单位及通讯地址
6	林产化学化工分会	1979.01	江苏省南京市锁金五村16号　中国林业科学研究院林产化学工业研究所
7	森林生态分会	1979.11	北京市颐和园后　中国林业科学研究院森林生态环境与保护研究所
8	杨树专业委员会	1979.12	北京市颐和园后　中国林业科学研究院林业研究所
9	树木引种驯化专业委员会	1979.11	北京市颐和园后　中国林业科学研究院林业研究所
10	木材工业分会	1980.12	北京市颐和园后　中国林业科学研究院木材所
11	林业机械分会	1982.06	黑龙江省哈尔滨市学府路374号　中国林业科学研究院哈尔滨林业机械研究所
12	林业区划分会	1983.01	北京市和平里东街　国家林业局调查规划设计院
13	树木生理生化专业委员会	1983.11	北京市海淀区清华东路35号　北京林业大学生物学院
14	森林培育分会	1984.09	北京市海淀区清华东路35号　北京林业大学47号信箱
15	林业情报专业委员会	1984.01	北京市颐和园后　中国林业科学研究院林业科技信息研究所
16	森林昆虫分会	1985.01	北京市颐和园后　中国林业科学研究院森林生态环境与保护研究所
17	树木学分会	1985.11	南京市龙蟠路　南京林业大学
18	林业气象专业委员会	1985.12	北京市颐和园后　中国林业科学研究院林业研究所
19	经济林分会	1986.12	长沙市昭山南路498号　中南林学院科技处
20	林业计算机应用分会	1986.12	北京市颐和园后　中国林业科学研究院资源信息研究所
21	水土保持专业委员会	1987.06	北京市海淀区清华东路35号　北京林业大学
22	林业史分会	1987.12	北京市海淀区清华东路35号　北京林业大学人文社会科学学院
23	森林水文及流域治理分会	1988.11	北京市海淀区清华东路35号　北京林业大学67号信箱
24	林业科技管理专业委员会	1988.01	北京市和平里东街　国家林业局科技司
25	森林防火专业委员会	1989.02	北京市和平里东街　国家林业局4号楼126室
26	木材科学分会	1989.06	黑龙江省哈尔滨和兴路26号　东北林业大学材料科学与工程学院
27	桉树专业委员会	1990.06	广东省湛江市人民大道中30号　中国林业科学研究院桉树中心

（续）

序号	专业委员会（分会）名称	成立时间	挂靠单位及通讯地址
28	竹子分会	1992.03	浙江省富阳市大桥路73号　中国林业科学研究院亚热带林业研究所
29	城市森林分会	1993.11	北京市颐和园后　中国林业科学研究院林业研究所
30	森林公园分会	2005.06	福建省福州市仓山区上下店路15号　福建农林大学
31	灌木分会	2005.09	北京市颐和园后　中国林业科学研究院林业研究所
32	银杏分会	2005.09	南京市龙蟠路　南京林业大学环境与资源学院
33	林业科技期刊分会	2005.09	北京市颐和园后　中国林学会《林业科学》编辑部
34	生物质材料科学分会	2006.11	北京市颐和园后　中国林业科学研究院木材工业研究所
35	森林食品科学技术专业委员会	2011.01	杭州市留下小和山路98号　浙江省林业科学研究院
36	竹藤资源利用分会	2011.04	北京市朝阳区阜通东大街8号　国家林业局竹藤中心
37	古树名木分会	2014	云南省昆明市盘龙区白龙寺　西南林业大学
38	林下经济分会	2014	北京市颐和园后　中国林学会秘书处
39	珍贵树种分会	2015	广东省广州市天河区龙洞广汕一路682号　中国林业科学研究院热带林业研究所
40	杉木专业委员会	2016	福建省福州市仓山区上下店路15号　福建农林大学
41	松树分会	2016	浙江省杭州市富阳区大桥路73号　中国林业科学研究院亚热带林业研究所
42	盐碱地分会	2016	北京颐和园后　中国林业科学研究院

三、会员发展与服务

在1977—2016年之间，中国林学会会员数量稳步增长，从恢复活动初期的1万多人已增至9万余人；会员种类逐渐丰富，现有个人普通会员、高级会员、荣誉会员、团体会员等4种会员类型；会员发展与管理方式逐步改善，形成了以中国林学会为中心，各省（自治区、直辖市）林学会和各分会、专业委员会为辅的分层次、多元结构的发展与管理模式；会员日活动持续开展，团结和凝聚了广大林业科技工作者，形成了一定影响力；《中国林学会通讯》自

1979年创刊以来，服务于广大中国林学会会员和科技工作者，对中国林学会对外宣传以及内部交流起到积极和重要作用。

（一）会员数量大幅增长

自1981年至2016年，在中国林学会和广大林业科技工作者的共同努力下，中国林学会会员数量稳步增加。据不完全统计，1981年底中国林学会会员达16472人，比1966年前增加1倍多。截至2016年底，中国林学会会员数量为91685人（图4.2）。

1981年，中国林学会要求各省（自治区、直辖市）林学会进行会员整理和发展工作。由于学会活动的广泛开展，使广大林业科技工作者对学会的性质、任务有了进一步认识，学会凝聚力和吸引力不断增强，入会人数显著增加。据中国林学会第六次全国会员代表大会纪要的数据统计，截至1986年，学会会员总数达32000多人，比1981年增加了近一倍。随着学会事业的不断发展，会员数量稳步增长，到1988年底，学会会员达49918人，比1985年增加了17066人。在各省（自治区、直辖市）和专业委员会（分会）的配合与重视下，学会会员发展不断推进，截至1993年3月，全国林学会个人会员已达到68086人，团体会员1个。1996年底，据统计中国林学会会员已达76772名。2002—2007年期间，中国林学会突破传统的会员管理方式，分层次发展会员，建立和

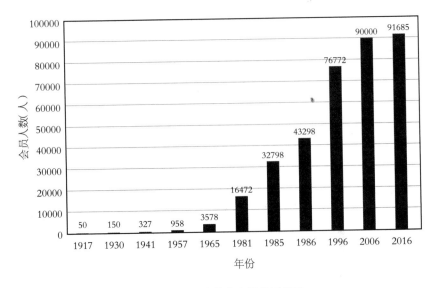

图4.2 中国林学会会员发展趋势

完善多元结构的会员制度，会员数量明显增加。2005年、2006年，学会共发展团体会员39家，高级会员200多名。为加快发展会员，学会利用召开学会会议的机会现场接受入会申请，如2006年召开的青年学术年会期间接受入会申请120多份。截至2007年年底，学会共发展个人会员90557名、高级会员836名、团体会员185家（包括分支机构受学会委托发展的会员）。截至2016年年底，中国林学会普通会员90643人，高级会员总数为857名。

（二）会员种类与入会条件

1980年7月，中国林学会第四次全国会员代表大会讨论通过了《中国林学会会章（试行）》，会章中规定，中国林学会会员分为3类：申请入会的会员、名誉会员、常务理事会直接吸收的会员（著名科学家和有特殊贡献者）。申请成为中国林学会会员，须承认本会会章，且具备下列条件之一：一是助理研究员、讲师、工程师（或相当于同等水平的）以上的科技人员；二是取得硕士以上学位的科技人员；三是高等院校本科毕业，在研究、教学、生产、企事业单位、科学教育组织管理部门，从事本学科工作3年以上，并有一定学术水平者，或虽非高等院校本科毕业，但已具有相当于本条规定的工作经验和学术水平的科技人员；四是著名的林业革新家；五是热心和积极支持学会工作的林业部门领导干部；六是按照一定的申请手续，外籍林业科学家可吸收为"名誉会员"；七是与林业有关的其他学科的科技人员，凡符合会员条件的也可加入本会。此外，对于有关著名科学家和有特殊贡献者，本会常务理事会可直接吸收为会员。

随着林业事业的发展，越来越多林业科技工作者加入到学会组织中，为适应时代发展的需要，1982年12月，中国林学会第五次全国会员代表大会讨论通过的《中国林学会会章》进一步将会员类型分为3类，取消了名誉会员、常务理事会直接吸收的会员，增加了团体会员和通讯会员，3种会员类型分别为个人申请入会的会员、团体会员、通讯会员。在个人会员的入会条件中更加突出了林业学科的专业性。同时，淡化了林业技术革新家的知名度，对此不作要求。其他申请条件与第四次全国会员代表大会通过的《中国林学会会章（试行）》一致。团体会员申请入会的条件为凡林业或与林业相关的企业、事业、科研、教学单位，愿作为团体会员者，均可向本会或省（自治区、直辖市）林学会提出申请，经本会常务理事会批准为团体会员。通讯会员申请入会的条件为外籍

林学家和定居国外的侨胞及港澳同胞中的林学家在学术有较高成就，本人提出申请，由本会两名会员介绍，经常务理事会批准，可接受为通讯会员，报中国科协备案。

1985年12月，中国林学会第六次全国会员代表大会讨论通过的《中国林学会会章》恢复了对名誉会员的表述，因此学会会员包括4类，即申请入会的个人会员、团体会员、通讯会员、名誉会员。同时，对申请入会的条件进行了部分修改。新增了本会专业委员会也可积极向省（自治区、直辖市）林学会推荐本专业的会员，由省（自治区、直辖市）林学会审批。在申请条件上，本会章补充了专科和中等林业专业学校毕业从事林业工作须分别达到5年和7年；且明确指出热心和积极支持学会工作的林业部门领导干部须熟悉林业业务、职务为处级以上。此外，针对团体会员申请入会的条件进行了部分修改，新增了可以向本会各专业委员会提出申请的渠道，同时，省（自治区、直辖市）林学会和本会各专业委员会也可批准团体会员入会，批准后须向中国林学会备案。通讯会员申请入会条件的对象更加明确，为外籍林学家，且应交纳会费（数额另定）。名誉会员申请入会的条件为与我国经常友好往来，并作出较大贡献的有威望的国外林学家，经常务理事会批准授予名誉会员称号。

中国林学会第七次全国会员代表大会通过的《中国林学会会章》规定，会员种类共分为4类，分别是申请入会的会员、团体会员、通讯会员、名誉会员。申请入会的会员、团体会员和通讯会员的入会条件与1985年中国林学会第六次全国会员代表大会讨论通过的《中国林学会会章》中的规定保持一致。名誉会员的入会条件为与我国友好往来，并对林业科学发展作出重要贡献的有较高威望的国外林学家，经常务理事会批准，可授予名誉会员称号。

1997年6月，中国林学会第九次全国会员代表大会对现行《中国林学会会章》进行了修改和补充，在会员种类上，删除了荣誉会员这一类型。会员入会条件与1993年讨论通过的《中国林学会会章》保持一致。

2002年8月，中国林学会第十次全国会员代表大会审议通过了修改后的《中国林学会章程》。章程中将学会会员的种类分为2大类，4小类，即个人会员（含高级会员、外籍会员）、团体会员。其中，个人会员特别强调了港澳台地区及侨居国外符合会员条件的中国籍林业科技人员均可申请入会。高级会员的申请入会条件为具有副高级以上（含副高级）职称或副处级以上（含副处级）

职务的中国林学会会员，同时具备下列条件之一：一是中国林学会、省级林学会理事和中国林学会分会（专业委员会）委员；二是在重要的林业科研、教学、生产、经营管理或与其有关的工作中负主要责任者；三是工作取得突出成就或促进林业科学的发展作出贡献并得到同行的承认者。外籍会员的入会条件为：与我国经常友好往来，在学术上有较高成就，对林业科学发展作出重要贡献的外籍林学家。团体会员的入会条件为：凡林业或与林业有关的具有法人资格的企业、事业单位及依法登记成立的有关学术性社会团体。

2014 年 6 月中国林学会第十一次全国会员代表大会审议通过《中国林学会章程》，进一步将会员种类分为 2 大类，4 小类，即个人会员（普通会员、高级会员、荣誉会员）、团体会员。其中，普通会员、高级会员的申请条件与 2002 年的章程规定基本一致，且本章程已取消了外籍会员，增加了荣誉会员的表述。荣誉会员的申请条件为与我国经常友好往来，在学术上有较高成就，对林业科学发展作出重要贡献的外籍和港澳台林学家。针对团体会员，本章程进一步补充规定各省（自治区、直辖市）林学会为本会的基本团体会员单位。

普通会员。1980—1985 年期间，个人普通会员由地方学会审批发展，报地方科协和本会备案。对于有关著名科学家和有特殊贡献者，本会常务理事会直接吸收为会员。1985 年 12 月，中国林学会第六次全国会员代表大会研究通过，增加了个人普通会员的入会渠道。个人普通会员仍由省（自治区、直辖市）林学会发展，但是本会专业委员会可向省（自治区、直辖市）林学会推荐本专业的会员，由省（自治区、直辖市）林学会审批。此后，学会针对个人普通会员的入会一直沿用该发展模式。2002—2014 年期间，经中国林学会第十届全国会员代表大会审议通过，实行个人会员由中国林学会委托省级林学会和分支机构发展的模式。2014 年至今，为适应社会发展需要，中国林学会对个人普通会员的发展模式进行了调整，个人普通会员由中国林学会直接发展或中国林学会授权省级林学会代发展。

名誉会员。1980—1982 年期间，名誉会员由地方学会审批发展，报地方科协和本会备案。1985 年 12 月，中国林学会第六次全国会员代表大会讨论通过的《中国林学会会章》修改了对名誉会员发展方式的表述，规定名誉会员由中国林学会直接发展。

外籍会员。为进一步扩大中国林学会的国际影响力，同时加强学会的国际

合作与交流，1980 年，中国林学会针对外籍林业科学家，规定按照一定的申请手续，即可吸收为"名誉会员"。1982 年 12 月，中国林学会第五次全国会员代表大会通过的《中国林学会会章》规定，外籍林学家在学术上有较高成就，本人提出申请，由本会两名会员介绍，经常务理事会批准，可接受为通讯会员。截至 1993 年，中国林学会持续保持对通讯会员和名誉会员的发展与管理。从通讯会员和名誉会员的入会条件和发展方式来看，该时期的通讯会员和名誉会员包含了外籍会员。

2002 年 8 月，中国林学会第十届全国会员代表大会进一步对外籍会员作出明确规定，将其作为个人会员的种类之一。外籍会员是指与我国经常友好往来，在学术上有较高成就，对林业科学发展作出重要贡献的外籍林学家。同时，外籍会员可优惠得到本学会出版的学术刊物和有关资料，可应邀参加学会举办的学术会议，宣读论文。

2014 年 6 月，中国林学会第十一届全国会员代表大会经过研究讨论，取消了对外籍会员的阐述，提出了荣誉会员的概念，将其范围进一步扩大。荣誉会员指与我国经常友好往来，在学术上有较高成就，对林业科学发展作出重要贡献的外籍和港澳台林学家。因此，外籍会员成为荣誉会员的一种形式。

通讯会员。由于通讯会员为外籍林学家和定居国外的侨胞及港澳同胞中的林学家，因此，在 1982—1989 年期间，通讯会员由中国林学会直接发展。

高级会员。自 2002 年 8 月经中国林学会第十届全国会员代表大会审议通过设立高级会员以来，高级会员的入会均由中国林学会直接发展。

团体会员。根据各企事业单位对学会工作的参与程度及中国林学会工作开展的需要，为更好地为各企事业单位提供优质的服务，1982 年 12 月，中国林学会第五次全国会员代表大会研究讨论并设立了团体会员，并规定由中国林学会直接发展。1985 年 12 月，中国林学会第六次全国会员代表大会研究通过，增加了团体会员的入会渠道。团体会员不仅可由中国林学会直接发展，也可由省（自治区、直辖市）林学会和专业委员会发展，报本会备案。截至 1989 年年底，中国林学会针对团体会员入会一直保持这种发展方式。2002 年 8 月，学会突破传统的团体会员发展方式，采用由中国林学会或省级林学会和分会、专业委员会初审，常务理事会最终审批的模式。随着对会员发展与服务改革的需要，2014 年，中国林学会第十一届全国会员代表大会审议通过的《中国林学会章程》规定，团体会员由中国林学会直接发展或由本会授权的分会、专业委员会发展，报本会备案。

（三）会员管理与服务

1978 年 12 月，党的十一届三中全会胜利召开，我国林业建设出现了蓬勃发展的势头，恢复活动后的中国林学会也得到了快速发展。学会工作更加活跃，进而也吸收了更多林业科技工作者加入学会组织。随着学会事业不断发展，学会活动广泛开展，广大林业科技工作者认识到通过学会活动不仅能提高本身的科技水平，而且也是为"四化"建设贡献才能的好机会，因此，纷纷提出加入学会，这为学会会员发展奠定了基础。1983—1988 年，学会改革了会员管理办法，建立和完善了符合学会特点的有关制度，为广大会员施展抱负创造了条件。为了加强会员管理和会员精神文明建设，树立艰苦奋斗干林业的远大理想和优良职业道德风尚，1983 年之后中国林学会在基层单位普遍建立了学会组，从而加强了与会员的联系。1986 年，从林业工作的实际出发，学会改革吸收会员的规定，调整了青年科技工作者的入会标准，使一大批优秀的青年林业科技工作者有机会加入中国林学会，增加了学会的活力。针对高级会员的权利与义务等问题，1999 年 2 月，中国林学会颁布了《高级会员管理暂行办法》。2003 年 3 月 27 日在海口召开的中国林学会十届二次常务理事会上讨论通过了《中国林学会高级会员管理办法》和《中国林学会团体会员管理办法》。为建立以会员为主体的组织体制和管理模式，学会着重对会员的发展与管理工作逐步实施改革，积极探索建立多元结构的会员制度。学会根据《中国林学会章程》修订了《中国林学会个人会员管理办法》《高级会员管理办法》《中国林学会高级会员入会须知》《团体会员管理办法》《中国林学会团体会员入会须知》《中国林学会会员登记号编制办法》等规章制度，明确了会员条件、入会程序、会员权利与义务等。

进入 2000 年以后，中国林学会会员数量、人员结构等都发生了很大变化，一些地方会员档案不健全或者长期没有更新，导致会员状况不清，学会组织与会员之间的联系趋于淡化。为了掌握最新的会员状况，加强与会员之间的联系，增强组织意识，提高为会员服务的能力和水平，中国林学会决定自 2005 年 6～10 月进行会员重新登记和会费收缴工作。2005 年 6 月，中国林学会下发了《关于做好个人会员重新登记和会费收缴工作的通知》，启动了会员重新登记工作,对重新登记的会员颁发新的会员证,并启用了中国科协统一的登记号。会员重新登记工作取得了重要进展,内蒙古、福建、湖北、广东、贵州、江苏、广西、山西等省(自治区、直辖市)完成首批会员重新登记工作。通过会员重新登记,学会了解掌握了会员变动情况,建立、完善了会员档案,增强了会员的组织意识。近年来,随着会员发展与服务改革的需要,为充分保障会员的权利与义务,不断提高学会的吸引力和凝聚力,中国林学会在总结以往经验的基础上,进一步完善了会员管理方式,采取了一系列措施来提高服务会员的能力。一是在学会举办的活动、组织的评奖以及会员订阅学会的期刊、论文集等各个方面充分体现会员与非会员的区别。2006年学会制定出台了《中国林学会会员享受优惠优先实施办法》,学会的吸引力、凝聚力明显增强。二是利用有关会议、学会通信等途径加强与会员的沟通和交流,了解会员的需求,以便更好地为会员服务。三是通过多种方式利用好会员这一庞大而独特的资源,充分调动会员的参与意识,努力实现会员权利与义务的统一,增强会员的责任感和荣誉感。

(四)会员活动

会员活动是学会会员发展与管理的基础与保障。2008年以前,中国科协还未设立统一的会员日,中国林学会根据本会会员发展与管理的实际需求,不定期自行开展各种各样的会员活动,涵盖学术交流、参观研讨、人才举荐、科学普及等方面。如20世纪80年代中期,每年组织会员看一次电影。为纪念中国科协成立50周年,根据中国科协《关于组织开展中国科协成立50周年纪念活动的通知》(科协办发字〔2008〕15号)和《关于开展会员日活动的通知》(科协学发〔2008〕67号)精神,中国科协七届三次全委会决定,自2008年起,每年11月的第三个周日为会员日。中国林学会按照中国科协的相关文件精神,积极组织开展每年度的会员日活动,始终把会员日活动作为加强学会与会员之间、会员与会员之间的联系和沟通,增强会员的组织意识,强化会员服务,加快会员发展,夯实学会群众基础的一项重要措施。

1983—1988年期间,中国林学会举办了各类学术活动、各种奖励活动,这些工作在我国林业界很有影响,起到了鼓励和表彰林业科技工作者献身绿化国土、振兴林业的积极作用。随着会员数量的增加和学会活动的开展,为了加强对会员的管理,自1983年后学会在基层单位普遍建立了学会组织,会员组可独立开展活动，起到了密切联系会员的重要作用。1984年，学会举办了青年林业科技工作者治学方法报告会，受到青年林业科技工作者的好评。1988年学会召开了基层会员组工作经验交流会，交流各地做好会员组工作的好经验。

中国林学会高度重视，精心谋划，积极组织开展了2008年会员日活动。学会通过成立中国林学会会员日活动领导小组，并由李岩泉常务副秘书长任副组长，制定了《中国林学会2008年会员活动日实施方案》；扩大了宣传，在学会官网、中国林业科学研究院和北京林业大学等会员比较集中的地方广泛张贴宣传海报；加强了合作，学会与北京林学会在北京共同组织开展了会员日活动，于11月16日联合组织参观了国家奥林匹克森林公园。活动期间，还发放了学会的宣传小册子和有关资料，为让广大会员了解会员日，确保活动的质量，学会制作了专门的请柬，发放给各专业委员会委员及高级会员，以突出学会对骨干力量的重视。与此同时，学会向各分支机构下发了《中国林学会关于组织开展2008年会员日活动的通知》（中林会办字〔2008〕028号），要求各分支机构要深入会员相对集中的高校、科研院所等单位，以多种形式制定会员日活动方案，并将活动方案和总结报送中国林学会。例如，江西省林学会为确保会员日活动的顺利进行，11月16日会员日前，给3000多名会员每人寄送了一封慰问信。学会办公室人员还在宜春市铜鼓县召开了会员座谈会。11月16日，在南昌市召开省林业厅离退休老会员座谈会，对学会工作提出了中肯的意见建议。湖北省林学会于11月19日在宜昌市开展了会员日活动，大会首先宣读了中国林学会关于组织开展2008年会员日活动的通知，宜昌市领导致辞，并邀请专家作了《中国森林资源现状与发展》报告，会后组织会员参观了三峡大坝。

根据中国科协《中国科协办公厅关于举办2013年中国科协会员日活动的通知》（科协办发组字〔2013〕44号）精神，为进一步增强学会的凝聚力、吸引力，中国林学会成功开展了2013年会员日活动。学会利用中国林学会网站、《中国林学会通讯》，以及在会员比较集中的高校、科研院所张贴海报等方式对此次会员日活动进行深度宣传，扩大会员日的影响力。同时，举办颁奖仪式，颁发林业青年科技奖、梁希林业科学技术奖、梁希科普奖，表彰优秀科技工作者和学会优秀专兼职干部。其次，由中国林学会秘书长牵头，对分支机构和会员分布较为广泛的北京林业大学、中国林业科学研究院进行走访、慰问，并召开会员代表座谈会，介绍学会情况，听取他们的意见和建议。最后，学会向各

分支结构正式下发通知，要求 2013 年会员日活动在全国各省（自治区、直辖市）同时进行。各省级林学会负责组织本省（自治区、直辖市）的会员开展活动，各分会、专业委员会负责组织本专业领域的会员开展活动。

为提高学会会员的凝聚力和会员意识，体现"家"的温馨，按照中国科协关于会员日活动的有关通知和文件精神，2016 年 12 月 10 日，中国林学会组织国家林业局、中国林业科学研究院、北京林业大学等单位的 200 余名科技工作者在北京汽车博物馆开展了以"用'互联网＋'建起我们会员的'家'"为主题的会员日活动，倡导大家弘扬科学、文明、进步的生态文明理念。本次会员日活动中国林学会充分利用信息化手段，探索了"互联网＋"在会员服务中的实际应用。首次采用了微信在线报名的方式，报名者只需扫描二维码关注"中国林学会资讯"公众号，点击"活动预告"，进入"在线报名"页面填写有关信息，并实时选择上车地点，即可报名成功。本次活动也是积极响应科协系统深化改革实施方案精神，基于信息化手段服务广大会员的一次崭新尝试，旨在探索会员服务的高效、便捷途径，进一步丰富科技工作者的精神生活和情感家园。

通过参加会员日活动，会员们纷纷表示，会员日活动非常有意义，为会员们提供了彼此交流的平台，体现了学会组织对会员的关心，进一步增强了会员的组织意识。会员日活动的开展，加强了学会与会员之间、会员与会员之间的联系和沟通，进一步增强了会员的组织意识，强化了会员服务。

（五）会费收缴情况

按期缴纳会费是每个会员应尽的义务。1983 年组织工作委员会成立后，即提出由各省级学会根据各地情况收取会费。认真做好会费收缴工作是增强组织观念，增强学会凝聚力的重要措施。1985 年 12 月第六次全国会员代表大会决定从 1986 年开始全面收缴会费。根据中国科协的有关规定，1986 年 6 月，中国林学会发出《中国林学会收缴会费的通知》，要求各省级林学会从 1986 年起，实行交纳会费的制度，加强会员的组织观念。

2002 年，学会着力解决会费收缴难题，完善会员定期交费制度。收缴会费历来是学会工作的一个难点问题。学会为解决这一难题采取了一些有效措施：一是通过有关会议和文件加强宣传工作；二是通过电函形式及时通知，对个别单位重点督促；三是加强对会员的服务，尽力帮助解决会员急需解决的问题，尽力满足会员的需要；四是制定会费收缴制度，规范会费收缴行为。2005年，各省（自治区、直辖市）林学会在进行会员重新登记的同时，积极推进会费收缴工作。会费标准按照2005年3月24日中国林学会理事长办公会议审议通过的新修订的会费标准执行，即个人会员每人每年30元。会费原则上一次性交纳5年。会费收入只能用于为会员服务，不得挪作他用。省级林学会收取的会费按每人每年10元的标准上交中国林学会，主要用于制作会员证、徽章及相关管理服务等费用。其余留给省级林学会，作为重新登记的工作费用和平时为会员服务的有关费用。为调动各省级林学会和各分支机构代收会费的积极性，中国林学会还制定了会费代收办法，规定了会费代收分成比例。高级会员、团体会员全部实现了定期交费制度。个人会员通过重新登记工作，也在逐步建立定期交费制度。通过采取各种举措，学会会费收入逐年提高，2005年会费收入为7万元，比2004年度增加5万多元，2006年会费收入达到12万元。

（六）编辑《中国林学会通讯》

《中国林学会通讯》是中国林学会创办的期刊，该期刊包括学会动态、机关两建、分支机构及省级林学会、通知通告等板块。1979年6月2日，《中国林学会通讯》首期发行，自1982年起，基本确定每两个月出刊一期，年出刊6期。《中国林学会通讯》主要服务于广大中国林学会会员和科技工作者，对中国林学会对外宣传以及内部交流起到积极和重要作用。

1979年6月2日，《中国林学会通讯》首期发行。《中国林学会通讯》的主要内容是反映中国林学会理事会和各地林学会活动，报道国内外林业学术动态和有关学术活动，交流学会活动经验以及反映与学会工作有关的问题。刊物初发行时不定期，1982年基本确定为双月刊，至1982年底共发行15期。1982年12月21～26日在天津召开的第五次全国会员代表大会编印了纪念中国林学会成立65周年《中国林学会通讯》专刊。1993—1996年期间，全面反映中国林学会活动的《中国林学会通讯》，积极探索，不断进步，呈现新的气象，受到会员的欢迎。1997—2001年期间，作为学会重要窗口的《中国林学会通讯》紧密围绕西部大开发战略、林业中心和重点工作以及学会工作的重点和热点，切实为普及林业科学思想、科学知识、科学技术，为发挥桥梁纽带和宣传学会方面发挥了应有的作用。

2003年，为纪念梁希先生诞辰120周年暨梁希科技教育基金成立，《中国

林学会通讯》开设了纪念梁希诞辰 120 周年专栏。2004 年 6 月 24 日，是我国著名林学家、树木分类学家、林业教育学家、中国林学会第四届理事长、中国近代林业开拓者之一郑万钧院士诞辰 100 周年。《中国林学会通讯》开辟专栏，文以记之，以缅怀先生。2005—2006 年，《中国林学会通讯》围绕新时期中国林学会秘书处党员先进性的具体要求，中国科协、学会秘书处、分支结构动态，林业科技信息，以及纪念抗日战争胜利暨世界反法西斯战争胜利 60 周年等方面进行及时报道，为广大会员及时提供媒体信息。截至 2006 年年底，《中国林学会通讯》共计发行 170 期。

2007 年，中国林学会成立 90 周年纪念大会于 7 月 12 日在人民大会堂隆重举行。《中国林学会通讯》开设专栏对此进行及时跟踪报道。

2009—2013 年期间，《中国林学会通讯》积极探索，不断创新，紧紧围绕广大会员关注的重点和焦点问题，在学会工作动态、国家林业工作重点和热点、国际交流与合作、前沿学术研讨以及科普教育等方面发挥了重要的宣传推广作用，使会员们及时了解掌握学会动态和我国林业科技信息，为进一步发展与服务会员奠定了坚实基础。截止到 2016 年 12 月，《中国林学会通讯》共计发行 230 期，成为中国林学会对外宣传和内部交流的重要平台。

四、理事会及工作委员会改选组成情况和重大纪念活动

（一）理事会改选组成及重大纪念活动情况

在 1977—2016 年期间，中国林学会召开了第四次至第十一次全国会员代表大会。其中，从 1982 年第五次全国会员代表大会开始，将理事会换届改选的年会改为会员代表大会，共计选举产生了中国林学会第四届至第十一届理事会，理事长分别为郑万钧、吴中伦（连任第五、六届）、董智勇、沈国舫、刘于鹤、江泽慧、赵树丛。

粉碎"四人帮"以后，学会活动获得了新生。1977 年 10 月 27 日，中国林学会召开了在京常务理事会扩大会议，会议由郑万钧主持，讨论了由常务理事沈鹏飞教授提出的迅速恢复中国林学会学术活动的倡议，决定年底召开一次年会，并制定了学会的活动计划。

1978 年 12 月，中国林学会在天津召开学术年会，选举产生了第四届理事会，共选出理事 120 人，林业老前辈郑万钧当选理事长，张克侠、沈鹏飞当选

为名誉理事长。经与会代表提议，常务理事会研究决定，在常务理事会下设林业经济学会、林业机械学会、林产化学化工学会等10个分科学会。广大会员代表在会上提出了《关于恢复中国林业出版社》《恢复林业部森林综合调查队》《加强南方用材林基地》《大力发展沙兰杨、214杨》《加强发展经济林》《提高木材综合利用率》《加强现有林经营管理》《大力发展木本油料——油茶》等八项建议，得到了有关部门的重视与好评。1982年9月，中国林学会召开在京常务理事会，会议决定中国林学会成立时间追溯到1917年中华森林会成立时，并决定于年底召开的代表大会上开展纪念中国林学会成立65周年活动。

1982年12月中国科协召开了学会组织工作讨论会，提出加强学会组织工作的重要性。中国林学会遵循这一精神，在新的形势下，于1982年12月21～26日在天津召开了第五次全国会员代表大会。刘东生、杨钟、王殿文、杨显东、李范五等领导同志出席了会议。从本届全国会员代表大会开始，将理事会换届改选的年会改为会员代表大会。会议选举了中国林学会第五届理事会，理事长为吴中伦，副理事长为李万新、陈陆圻、王恺、吴博、陈致生，秘书长为陈致生（兼），聘请荀昌五、陶东岱、杨衔晋、朱济凡、程崇德、刘成训等6位同志为顾问。在这次大会上开展了纪念中国林学会成立65周年的活动，编印了《中国林学会成立65周年纪念册》和为纪念65周年《中国林学会通讯》专刊。

经过1985年共计五次常务理事会针对第六次全国会员代表大会有关事宜的认真讨论和悉心筹备，1985年12月13～18日在郑州召开的第六次全国会员代表大会选举产生了第六届理事会，吴中伦连任理事长，副理事长为王恺、王庆波、冯宗炜、陈陆圻、吴博、周正，秘书长唐庆午，聘请王战、汪振儒、范济洲、阳含熙、徐燕千5位同志为顾问。1986年又补选陈统爱为副理事长。大会根据全国进行改革形势的需要，提出了学会新的工作指导思想，在经济建设必须依靠科技进步、科技工作必须面向经济建设的方针指导下，积极地、扎实地进行学会工作的改革，面向社会，面向林业建设，围绕提高生产质量和经济效益这个中心，坚持"双百"方针，积极开展学术和科普活动，大力进行人才培训和继续学习新知识工作，为推进林业技术改造和学术的繁荣，加速中青年科技工作者的成长，加速时限林业建设的总目标、总任务作出应有的贡献。

通过第五次和第六次全国会员代表大会的换届改选，学会理事成员逐步

年轻化。两次大会理事改选时都提出中青年理事要占一定比例，理事平均年龄第五届比第四届下降4.4岁，第六届比第五届又下降了6岁，中青年理事占53.2%。为了让对学会有较大贡献的一些老理事能继续为学会贡献力量，第五届和第六届理事会都设立了顾问，这些老同志在学会多项活动中都起到了积极作用。

1986年，为了贯彻中国科协"三大"精神、制定五年工作计划，学会召开了第六届二次全体理事会议，这是学会恢复活动以来第一次在理事任职期间召开这样的会议，对推动学会工作起到了重要作用。1987年12月25日，纪念中国林学会成立70周年大会在京隆重举行。国务委员方毅，中国科协名誉主席周培源、林业部部长高德占、中国科协副主席裴维蕃等领导出席了大会。大会由中国林学会理事长吴中伦主持。国务委员方毅同志为庆祝中国林学会成立70周年题词："振兴林业、绿化祖国。"裴维蕃、高德占在会上讲话。高德占同志在讲话中指出，多年来中国林学会做了大量卓有成效的工作。事实充分证明，中国林学会是发展我国林业的一支重要力量。学会是一个学术性的群众团体，它具有综合性和横向联系的优势，具有跨地区、跨行业，人才荟萃，知识密集，联系广泛的特点。

1989年1月8日，中国林学会第七次全国会员代表大会在陕西省西安市胜利召开。会议主题是"总结经验，深化改革，为开创学会工作新局面而奋斗"。林业部副部长徐有芳到会讲话。会议通过了《中国林学会改革方案》。大会选举产生了第七届理事会，董智勇当选为新一届理事长，吴博、刘于鹤等7人当选为副理事长，唐午庆当选为秘书长。会议还通过了聘任吴中伦同志为名誉理事长的决定。为了加强理事会的工作，第七届理事会每年召开一次全体理事会议，向全体理事汇报学会工作情况，研究讨论重点事项并举办学术活动。

1993年5月25~27日，中国林学会第八次全国会员代表大会在福建厦门召开。这次大会是在全国上下学习贯彻党的十四大和第八届全国人大一次会议精神、加快我国改革开放的步伐、争取国民经济再上新台阶的新形势下召开的。林业部部长徐有芳、原副部长蔡延松、中国科协组织人事部马秀坤出席大会并讲话。大会选举产生了第八届理事会，理事长为沈国舫，副理事长为刘于鹤、陈统爱、张新时、朱元鼎，秘书长为甄仁德。新理事会平均年龄55.2岁，中青年理事占50%以上，更新理事58%，都达到了学会章程的要求。八届一次理事会还通过了吴中伦同志任中国林学会名誉理事长的决定。

1997 年 6 月 16 日，中国林学会成立 80 周年纪念大会在北京中国科技会堂隆重召开。中共中央政治局委员、国务院副总理姜春云出席纪念大会并作了重要讲话。他对学会 76722 名会员和广大林业科技工作者长期以来对林业的贡献给予充分肯定，希望中国林学会认真贯彻江泽民总书记和李鹏总理的重要指示，进一步发挥好纽带和桥梁作用，把学会真正办成林业科技工作者之家。全国政协副主席、中国科协名誉主席朱光亚，中国科协副主席、书记处第一书记张玉台，林业部部长徐有芳、副部长刘于鹤，中国林学会理事长沈国舫等领导同志分别致词。加拿大林学会理事长和日本林业技术协会会长应邀出席。党和国家领导人江泽民、李鹏、姜春云、温家宝、宋健、陈俊生、朱光亚、周光召分别为中国林学会成立 80 周年题词祝贺。徐有芳、祝光耀、刘于鹤、李育材、刘广运、沈茂成、蔡延松、雍文涛、张磐石、杨珏、梁昌武、董智勇、沈国舫等林业部领导以及学会历任理事长也题词祝贺。会后，出版了《中国林学会成立 80 周年纪念专集》。

1997 年 6 月 17～18 日，中国林学会第九次全国会员代表大会在北京召开。会上选举产生了中国林学会第九届理事会，林业部副部长刘于鹤当选为理事长，施斌祥、张久荣、寇文正、尹伟伦当选为副理事长，施斌祥兼任秘书长。1998 年 5 月 5 日，按照中国林学会章程的有关规定，经中国林学会理事长办事会研究，并征求常务理事、理事的意见，请示中国科协同意，中国林学会决定增补江泽慧为中国林学会第九届理事会理事、常务理事、第一副理事长。1997—2001 年期间，在中国林学会第九届理事会坚持每季度召开常务理事会，真正体现了民主办会，充分发挥常务理事会的领导作用。

2002 年 8 月 15～16 日，中国林学会第十次全国会员代表大会在北京召开，全国人大常委会副委员长布赫、全国政协副主席王文元、中国科协副主席胡启恒、国家林业局副局长雷加富、中国科协书记处书记程东红等领导出席大会开幕式。国家林业局党组成员、中国林业科学研究院江泽慧院长当选为第十届理事会理事长，曲格平、高德占担任名誉理事长，关松林（常务）、王涛、尹伟伦、张建龙、张守攻当选为副理事长，关松林兼任秘书长。2003 年 3 月 27 日，中国林学会十届二次常务理事会在海口召开。会议进一步明确了十届理事会五年工作思路和重点任务。国家林业局党组成员、中国林学会理事长江泽慧作了

题为《认真贯彻落实"十六"大精神，全面开创中国林学会事业发展新局面》的主题报告。会议讨论通过了《中国林学会十届理事会期间事业发展五年计划》《关于推进中国林学会改革的意见》《中国林学会高级会员管理办法》和《中国林学会团体会员管理办法》。

2007年，中国林学会迎来90华诞。学会积极组织和筹备了90周年系列纪念活动，举办了纪念展，编辑出版了纪念专集和纪念邮册等。2007年7月12日，学会在人民大会堂隆重召开了成立90周年纪念大会。中共中央政治局委员、国务院副总理回良玉出席纪念大会并发表重要讲话。全国绿化委员会副主任、国家林业局局长贾治邦，中国科协常务副主席、党组书记邓楠，中国林学会名誉理事长高德占，国务院副秘书长张勇，民政部副部长姜力，农业部副部长、中国农学会理事长危朝安，全国政协人口资源环境委员会副主任、中国林学会理事长江泽慧，国家林业局党组成员、中央纪委驻局纪检组组长杨继平，国家林业局副局长雷加富、张建龙，原林业部副部长、中国林学会第九届理事会理事长刘于鹤，全国人大常委、中国林学会第十届理事会副理事长王涛及中国林学会副理事长李东升、尹伟伦、张守攻等出席会议。林业科技界的院士、知名专家学者，中国林学会及省级学会和专业分会的负责人，国家林业局各司局和直属单位的主要负责人，梁希林业科学技术奖、优秀学子奖、中国林业青年科技奖的获奖代表，以及长期以来关心和支持林业事业的新闻界人士共700多人参加会议。国家林业局副局长李育材主持会议。

2014年1月17日，中国林学会第十一次全国会员代表大会暨第三届中国林业学术大会在京闭幕。大会选举产生了中国林学会第十一届理事会。国家林业局局长赵树丛当选为第十一届理事会理事长。经第十一届理事会第一次全体会议决定，授予江泽慧为中国林学会名誉理事长。张建龙、陈章良、尹伟伦、彭有冬、谭光明、张守攻、吴斌、杨传平、曹福亮、陈幸良、费本华当选为中国林学会第十一届理事会副理事长。陈幸良兼秘书长。赵树丛理事长在会上作重要讲话，希望新一届林学会认真学习习近平同志系列重要讲话精神，把林学会的发展和改革放在落实十八大精神、实现"两个百年"目标和实现中华民族伟大复兴的中国梦的大背景下去考量、去布局，按照"继承、创新、改革、服务"的要求，紧紧围绕建设美丽中国抓好学会的发展，努力把中国林学会建设成为国内外一流的科技社团组织，为发展生态林业民生林业，为建设生态文明和美丽中国作出新的更大的贡献。

（二）工作委员会组建情况

在 1977—2016 年期间，随着林业事业的发展和学会实际工作的需要，各届理事会工作委员会逐步发展完善，目前，工作委员会已由第四届理事会的 3 个增加至第十一届理事会的 11 个。

自学会活动得到恢复以来，在党和国家的支持和指导下，中国林学会在 1978 年的天津学术年会上选举产生了第四届理事会各工作委员会，即《林业科学》编委会、科普工作委员会、评奖工作委员会。1983 年，中国林学会第五届理事会各工作委员会进行了调整和增补，在原有 3 个工作委员会的基础上，新增了《森林与人类》编委会、组织工作委员会、学术工作委员会等 3 个工作委员会，至此学会共有 6 个工作委员会，进一步扩大了理事会的工作覆盖面，加强了理事会的组织建设。随着林业事业的不断发展，中国林学会理事会各工作委员会逐步完善，于 1985—1989 年期间，第六届理事会分别成立了国际工作委员会、林学名词审定委员会等 2 个工作委员会；1989—1993 年期间，第七届理事会成立了咨询工作委员会，评奖工作委员会改名为奖励工作委员会，取消了林学名词审定委员会。1993—1997 年期间，第八届理事会继续完善工作委员会的组织体系，新增了继续教育工作委员会，至此已有 9 个工作委员会。按照第九届理事会的有关要求，1997—2002 年期间，各工作委员会继续保持稳定运行，积极开展各项工作，为学会各项职能正常、快速运转发挥了重要作用。

进入 2000 年以后，为适应林业事业建设和学会工作需要，第十届理事会于 2006 年成立了青年工作委员会，首届青工委在搭建平台，繁荣学术交流，团结广大林业科技工作者积极投身林业建设、改革创新和科技进步，以及激发创新热情中发挥了重要作用。为全面加强学会自身建设，全力推进林业科技创新，努力把中国林学会建设成为国内外一流的科技社团组织，2014 年，中国林学会第十一届理事会对各工作委员会进行了调整和完善。继续保留了学术工作委员会、组织工作委员会、咨询工作委员会、科普工作委员会、继续教育工作委员会、青年工作委员会；将评奖工作委员会、外事工作委员会分别更名为奖励工作委员会、国际交流与合作工作委员会；同时，新增了宣传与联络工作委员会。

截至目前，第十一届理事会工作委员会已增加至 11 个，分别为学术工作

委员会、组织工作委员、咨询工作委员会、科普工作委员会、继续教育工作委员会、青年工作委员会、奖励工作委员会、国际交流与合作工作委员会、宣传与联络工作委员会，以及《林业科学》编委会和《森林与人类》编委会。

五、全国林学会秘书长会议

中国林学会于1980年首次召开省级林学会领导、专职干部参加的工作会议，把学会组织建设问题作为重点进行研究。会后各省级林学会都更加重视学会工作，有些省配备了专（兼）职干部，设立了办事机构，使学会工作更加活跃，从而吸收了更多林业科技工作者参加学会组织。

为了加强各专业学术组织的领导，提高学术活动的质量，第五届理事会于1983—1985年期间先后召开了多次各省（自治区、直辖市）林学会、专业学术组织的秘书长会议，重点研究组织建设工作和人才举荐工作。首先，调整充实省级林学会领导班子；其次，要建立并健全学会办事机构，配备专职干部。会后，学会向各省（直辖市、自治区）林业厅（局）发文，提出关于加强学会工作的建议。随后，大多数省厅和省级学会挂靠单位积极采取各项措施，为省级林学会充实加强了领导班子，增加专兼职干部，设立了办事机构，安排了经费，并从多方面给予支持。到1986年，共计有22个省级学会配备了专职干部，大大促进了学会活动的开展。

为进一步加强中国林学会与各省林学会的交流沟通，进一步统一思想、统一步调、形成合力，充分发挥学会的整体功能，自2003年起，中国林学会每年召开一次全国林学会秘书长会议，该会议由各分支机构秘书长、各省级林学会秘书长及秘书处有关负责人参加，主要内容是学习中央相关文件精神及中国科协、国家林业局对学会工作的重要指示，探讨学会发展面临的主要形势和问题，总结上一年学会工作，安排部署下一年学会工作，交流学会工作经验，表彰先进。

2004年1月9日，中国林学会在哈尔滨召开秘书长工作会议。会议就进一步规范学会二级分支机构的管理，促进学会组织工作的发展，进行了深入讨论，为下一步组织工作改革进入实质性阶段奠定了基础。会议分组对《中国林学会会员管理条例（征求意见稿）》和《中国林学会分支机构管理条例（征求意见稿）》进行了讨论，与会代表对如何进一步密切学会与省级林学会以及与二级分会（专业委员会）的关系、会费的收取、会员服务、如何发展会员等问题提出了许多宝贵的意见和建议。

2006年11月21～22日，中国林学会秘书长工作会议在安徽青阳召开。会议通报了中国林学会会员重新登记工作的进展情况。会议认为，《关于授权省级林学会和二级机构发展会员和代收会费若干规定（讨论稿）》与《关于省级林学会会员与中国林学会会员互认和避免重复收取会费的建议意见（讨论稿）》已比较成熟，可以下发实施；《中国林学会会员管理条例（征求意见稿）》和《中国林学会分支机构登记管理办法（征求意见稿）》还需要进一步修改充实，待适当时机颁布实施。

2011年3月18～19日，全国林学会秘书长会议暨分会（专业委员会）主任委员座谈会在浙江省杭州市召开。为认真学习国家关于社团管理的有关法律法规和方针政策，了解掌握我国社团发展的新形势和发展趋势，进一步增强依法依规办会意识，会议特别邀请了民政部民间组织管理局李勇副局长到会作了题为《社团改革发展趋势及新政》的报告。

2016年3月15日，全国林学会秘书长会议暨部分省级林学会、分支机构理事长（主任委员）座谈会在成都召开。全国绿化委员会副主任、中国林学会理事长赵树丛，国家林业局副局长、中国林学会副理事长彭有冬出席会议并讲话。中国林学会副理事长、中国林业科学研究院院长张守攻，中国林学会副理事长兼秘书长陈幸良，副秘书长沈贵、副秘书长刘合胜，以及四川省林业厅总工程师、四川省林学会副理事长骆建国等领导出席会议。陈幸良秘书长作了《提升能力 强化服务 为创新驱动林业发展做出新贡献》的工作报告，全面总结了学会2015年在学术交流、智库建设、科普提升、国际影响、举荐人才、创新驱动发展、期刊建设、自身发展等方面的十项重点工作，明确了学会"十三五"时期指导思想和改革思路，安排部署了2016年九项重点工作任务。中国林学会沈贵副秘书长作会议总结，并提出三点要求。

六、制作会徽

会徽是一个机构或是单位的象征性标志。经过向广大会员和林业科技工作者多次征集方案，学会常务理事会数次讨论提出修改意见，1981年8月中国林学会常务理事会确定了中国林学会会徽图案。会徽中间是3颗幼树，象征学会

蒸蒸日上，兴旺发达；会徽底色为白色，象征
我国森林覆盖率很低，有待我们林业工作者努
力改变这种面貌；会徽四周有金边，内有"中
国林学会"字样，象征广大会员在中国共产党
领导下团结协作，为祖国的林业建设贡献力量
（图4.3）。会徽是中国林学会的一个标志。它
既可在会员胸前佩戴，亦可在中国林学会出版
的刊物、图书、资料上印刷，也可在学会召开
的会议上悬挂。它的图样可根据需要按一定比
例放大或缩小，颜色可用彩色也可用单色。

图4.3　中国林学会会徽

　　会徽于1982年12月召开的中国林学会第五次会员代表大会暨中国林学会
成立65周年纪念大会上正式颁发。学会常务理事会决定，将金属制作的佩戴
式会徽发给每一位中国林学会会员和从事学会工作的干部，并要求广大会员要
爱护会徽、保管好会徽，从而激发热爱祖国、热爱林业事业、热爱学会的热
情，为祖国振兴林业作出积极贡献。

　　1993年5月25～27日在福建厦门召开的中国林学会第八次全国会员代表
大会认真审议了第七届常务理事会关于修改中国林学会会徽的建议，会议认
为，会徽已被各地广泛接受，因此不宜再做大的修改。大会责成第八届常务理
事会根据上述原则组织落实会徽的修改工作。中国林学会八届二次常务理事会
1993年8月5日审议通过了中国林学会会徽修改方案。

七、历届《章程》修改情况

　　1977—2002年，《中国林学会会章》为学会章程；自2002年以后，根据
《社会团体登记管理条例》和关于社团清理整顿的有关规定，《中国林学会会章》
正式更名为《中国林学会章程》。《中国林学会章程》对指导学会各项工作和学
会组织建设起到了积极作用，保证了学会各项活动的正常开展。但是，随着社
会改革形势的深入发展，党和国家对学会工作的要求进一步提高。学会自身建
设的持续推进也要求学会章程不断完善。为了适应新的形势，不断提高科学管
理水平，使学会工作进一步向广度和深度发展，更有效地做好服务工作，针对
学会的实际情况和当前林业发展现状，学会及时修订了相应章程，使其更加完

善并更好地指导学会工作开展，以适应社会发展的需要。

为保持章程的连续性和稳定性，在1977—2017年期间，中国林学会未制定新的章程，但是在第四次至第十一次全国会员代表大会召开之际，均对章程进行了必要的修改。根据民主办会的精神，为使章程修改工作做到集思广益，充分听取各级组织和学会干部等各方面的意见，学会组织召开组织工作委员会常委会，对章程修改工作进行深入讨论，并根据各位委员的意见对章程进一步修改调整，随后提交常务理事会认真讨论和修改，并审议通过。最后将章程修改稿提交全国会员代表大会进行表决后颁布实施。

1979年2月，第四届理事会制订了《中国林学会会章（试行草案）》。中国林学会于1982年12月21～26日在天津召开了第五次全国会员代表大会，大会通过了第四届理事会工作报告，并修改了《中国林学会章程》。1985年12月13～18日在郑州召开的第六次全国会员代表大会通过了修改后的《中国林学会会章》。本会章主要从学会的主要工作、会员申请条件、会员类型和组织机构等方面进行了修改，提出了学会的继续教育和咨询服务功能，明确了团体会员、通讯会员和名誉会员的权利和义务。同时，本会章进一步强调，每届改选理事应更新1/2左右且中青年科技工作者的比例应不低于50%，理事会全体会议原则上每年召开一次，选举常务理事15人组成常务理事会，在京常务理事应占60%以上。

1986年，学会制定了《中国林学会会章实施细则》，将中国科协"三大"对学会工作的要求、新的规定和具体实施办法写入细则。对学会各级组织机构，制订了《中国林学会组织机构职责范围》，明确了理事会、常务理事会、工作委员会、专业学术组织、学会办事机构的任务、权限和职责范围，使学会各项管理工作逐步实现规范化要求。

1989年1月8日召开的中国林学会第七次全国会员代表大会审议了修改后的《中国林学会会章》。一是在会章中加进了"三个面向"的内容和"独立自主开展工作"，明确了学会的性质与地位；二是在第三条第八款内，写进了"接受委托进行林业技术项目论证、科技成果鉴定、技术职务水平评定、科技文献和标准的编写等活动"，这是中国科协《组织通则》内为学会新规定的任务；三是放宽了青年林业科技工作者的入会条件，对各林业院校毕业后未达到规定年限的青年人，写进了"只要在林业科技工作中有较大贡献者"也可入

会，同时，对生活在港澳台地区和国外的中国籍林业科技人员入会问题做了具体规定。此外，对会员义务提出了新规定；四是将代表大会制度改成理事会制度，理事会为最高权力机构。理事会任期调整为"一般每四年改选一次，必要时由常务理事会决定提前或延期改选"，同时对理事选举进行了修改，规定"理事会采取无记名投票的方法选举理事长、副理事长、秘书长及常务理事若干人组成常务理事会"，并增加了常务理事应具备的条件，且补充"正副理事长连选连任原则不得超过两届"；五是增加了设置"中国林学会名誉理事长称号"的内容；六是将现行的"基层学会组"改成了"基层会员组"，增加了"在地、县的中国林学会会员组可委托地、县级林学会代管"，并对会员组的任务和活动经费进行了明确规定；七是将"领导关系"的提法做了相应修改，表述为"中国林学会是中国科协的组成部分，挂靠单位是林业部，其办事机构受中国科协和林业部共同领导"。

随着我国政治、经济、科技体制改革的不断深化，社会主义市场经济体制逐步建立。近年来，中共中央、国务院制定《关于加速科学技术进步的决定》《关于加强科学技术普及工作的若干意见》等方针、政策，提出了科教兴国和可持续发展战略。林业部明确提出实施科教兴林战略和实现建立林业两大体系的战略目标，林业有了新的发展形势。1996年5月中国科协"五大"胜利召开，对《中国科协章程》《组织通则》做了部分修改。因此，为了适应客观形势的发展变化，学会于1997年召开的第九次全国会员代表大会上通过了修改后的《会章》，使其更加完善，更好地指导学会工作开展。一是《总则》部分，为准确表述中国林学会的性质和社会定位，修改为"是国家发展林业科技事业的重要社会力量"，同时增加了"坚持科学技术是第一生产力的思想，实施科教兴国和可持续发展战略"和"促进科学技术与经济的结合"等内容。进一步明确学会任务，增加"活跃学术思想，促进学科发展""传播科学思想和方法""开展青少年林业科技教育活动"等内容；二是会员部分，将"第十条荣誉会员"的内容删掉，对长期从事林业科技、学会等工作并作出重大贡献者的表彰，另行制定办法和细则；三是组织机构部分，为与《组织通则》表述一致，增加了二级学术组织"实行委员制"的规定，常务理事因工作调动等原因可以变更或增补，增加了包括秘书长在内的内容和第十四条增设荣誉理事的内容；四是领导关系部分，为明确与中国科协的关系，增加了"业务主管部门"的内容，并明确强调办事机构"在理事会领导下开展工作"等内容。

1998年，民政部下发了《社会团体章程示范文本》（以下简称《范本》），要求社团依据《社会团体登记管理条例》有关规定申请重新登记时提交的会章上应包括《范本》所涉及的内容，并可根据本学会的实际情况作适当补充，须报民政部核准才能生效。为此，学会按照中央的要求，依照民政部《社会团体章程示范文本》，结合学会实际情况，2002年第十次全国会员代表大会对1997年第九次全国会员代表大会修改通过的《中国林学会章程》作了适当补充。一是在第一章总则部分新增了"公益性法人社会团体"和"遵纪守法及遵守社会公德"的表述，明确了"中国林学会挂靠国家林业局，接受业务主管单位中国科协和社会团体登记管理机关国家民政部的业务指导和监督管理"，增加了学会办事机构的办公地址描述；二是新增了"第二章业务范围"，其内容为原章程的第一章第三条"学会的主要任务"；三是将原章程"第二章会员"变为第三章，会员的种类中取消了通讯会员、名誉会员，增加了高级会员，根据常务理事会审议通过的《中国林学会高级会员管理办法》，新增了高级会员的权利与义务，将原第七条取消会籍改为退会、除名；四是将原"第三章组织机构"改为"第四章组织机构与负责人产生、罢免"，新增了《范本》中规定的内容；五是根据民政部《社会团体分支机构、代表机构登记办法》（民政部令第23号），删掉了"并根据本学科（专业）需要，可设立若干学组（研究会）"；六是原"第五章经费"改为"第五章资产管理，使用原则"，对会计、审计工作作了明确规定；七是"第六章章程的修改程序""第七章终止程序及终止后的财务处理"，其内容均为《范本》规定内容。

为适应新形势、体现新提法，2014年第十一次全国会员代表大会对现有《中国林学会章程》中不符合新提法或不符合民政部、中国科协有关规定和不适应学会改革发展的内容作了必要的修改。一是在"总则"中，按照最新的提法，修改为"弘扬'尊重劳动、尊重知识、尊重人才、尊重创造'"的风尚，将原表述"为社会主义物质文明和精神文明服务"修改为"推动社会主义经济建设、政治建设、文化建设、社会建设和生态文明建设，为经济社会发展服务，为提高全民科学素质服务，为林业科技工作者服务"；二是在第二章业务范围中，新增了搭建产学研交流平台，举办新技术、新成果、新产品展览展示；三是在第三章中，将个人会员改为普通会员，外籍会员改为荣誉会员，增加了"各省

（自治区、直辖市）林学会为本会的基本团体会员单位"。关于会员入会，普通会员可向本会或省级林学会提交申请，团体会员可向本会或分会、专业委员会提交申请，由常务理事会或组织工作委员会及分会、专业委员会审批；四是第四章中，代表大会的职权增加了"制定会费标准"；五是关于秘书长的最高任职年龄，按照中国科协有关规定，改为不超过 62 岁。

八、学会网站等信息化建设

随着信息技术的发展，计算机网络已成为当今社会一种快速便捷的信息传输及宣传渠道。中国林学会信息化建设以竭诚服务会员为宗旨，以提高中国林学会影响力、凝聚力为目标，依靠各省级林学会，各分会（专业委员会）的力量，力求为加快林业大发展、加强生态建设、维护生态安全、实现生态文明发挥积极作用。学会信息化建设主要包括官方网站构建和升级、学会微信公众号创建（中国林学会、中国林学会资讯、中国林下经济、林业科学）、中国林学会会员发展与服务系统建设。

（一）学会官方网站构建和升级

2003 年年底，中国林学会开始筹建学会官方网站，注册域名为 http：//www.csf.org.cn。经过前期紧锣密鼓的筹备工作，2004 年年底，学会官网正式进入试运行阶段，设有学术交流、科学普及、国际交流、继续教育、学会期刊、咨询服务、表彰奖励、组织建设、综合管理、学会新闻等十多个固定栏目和若干专栏。为使网络内容具有更强的针对性、更大的吸引力、更有效的影响力，中国林学会官网采取边建设、边运行、边完善的方式，通过一段时间的试运行，广泛听取各方面意见，不断充实和完善网站内容，以达到网站建设的预期目的。为满足学会工作需要，进一步加快学会信息化工作快速推进，2006 年中国林学会又对官网进行了改版扩容。在官网现有栏目设置的基础上，开设了学术论坛，开发了会员网络管理系统，拓展了与会员的沟通渠道，增强了官网的服务功能。

同时，按照国家林业局的统一部署，学会高度重视信息报送工作。2009 年 4 月 1 日，中国林学会秘书处召开办公会议，秘书处领导班子成员和各部室主要负责人出席会议。会议传达学习了全国林业信息化工作会议精神和贾治邦局长在会议上的重要讲话精神，研究部署林学会信息报送和网络建设工作。会议讨论了《中国林学会信息报送工作办法》和《中国林学会网站管理办法》，并就贯彻落实局信息化工作会议精神，加快学会信息化进行了深入讨论。会议决定：①成立学会秘书处信息化工作领导小组。李岩泉常务副秘书长任组长，沈贵、尹发权副秘书长任副组长，各部室主要负责人为成员。②成立学会秘书处信息化专门工作组，从各部室抽调熟悉学会业务、网络技术过硬、年富力强的工作人员，专门负责学会网站等信息化工作。③学会秘书处各部室要充分认识信息报送和网络建设工作的重要性，将信息报送和网络建设工作列入重要的议事日程，实行一把手负责制，并明确1名专门人员负责网络、信息报送等工作。④各部室在安排每一项工作时，都要将对外宣传和信息报送工作列入其中，提前谋划，提早安排。

2015年，学会信息化建设取得重要进展。在原有官网的基础上进一步升级和改版。建成了中国林下经济网，开通了"林业科学传播公众服务平台"，制作完成了"梁希科普奖申报评奖系统""全国林业科普基地管理与服务信息系统"会议管理信息系统，以及林学夏令营、梁希科普奖展示、王康聊植物、全国林业科普基地展示等板块和栏目。同时，初步完成了学会网站改版升级工作，基本完成了会员管理系统的网站开发，完成了数字化档案管理系统开发。

2016年，中国林学会官网新版正式上线，进一步完善了官网栏目和功能设置。在栏目导航中设有首页、组织建设、新闻报道、文件通知、学术交流、科学普及、人才举荐、决策咨询、国际合作、科技奖励、科技期刊等11个栏目。在功能导航中，设置了设为主页、加入收藏、站内搜索、会员申请、在线服务、移动应用6个功能。同时，首页中还设置了图片头条、最新要闻、分支机构和省级林学会动态、特别推荐、会员之家、友情链接等栏目。此次改版标志着中国林学会信息化建设迈入新的阶段。

（二）学会微信公众号创建

为适应新时期改革发展需要，2015年，学会申请开通了中国林学会、中国林下经济、林业科学等微信公众号，为学会信息化建设增添了新元素。一是进一步增加了学会信息发布渠道，"一对多"传播，直接将消息推送到手机，信息到达率高；二是通过这一平台，可以实现与科技工作者的文字、图片、视频等内容的全方位沟通与互动；三是微信公众平台是学会发展和服务会员的有效途径，也是学会文化和影响力的传播出口。

2016 年 10 月，根据国家林业局有关信息化建设要求，为适应学会新闻资讯日益增多的需求，弥补"中国林学会"微信服务号一个月只能发 4 次新闻的不足，学会申请开通了"中国林学会资讯"微信订阅号。该订阅号每天可以发布一次新闻，每次最多可推送 7 条新闻，极大地提高了学会新闻的发布时效，保证了新闻的实时性、与官网的同步性，对广大会员和科技工作者了解学会有关信息，增进互相之间的联系，具有积极的作用。同时，在"中国林学会资讯"微信订阅号菜单中创建了"通知公告"和"活动预告"专栏，方便用户集中阅读通知公告，对将要举办的活动有所了解或进行在线报名。学会各部室均可以在活动预告栏中进行活动预告，在每项活动细节完善及进度推进后，及时更新活动预告，以方便用户及时获取有用信息。正式通知出来后，还可以制作微传单形式的新媒体活动邀请，形式多样，用户可进行在线报名、缴费，系统后台随时可以导出报名信息，从而加大传播力度，提高工作效率。

（三）中国林学会会员发展与服务系统建设

基于学会现有会员发展与服务机制改革中存在的问题和难点，深入贯彻落实《科协系统深化改革实施方案》精神，围绕服务改革需要，按照服务会员、激活会员的思路，综合考虑科技社团自身的管理体制特征和会员的切实需求，2016 年，中国林学会启动了"会员发展与服务系统"建设。该系统突破以往会员系统仅具有信息录入、数据统计和打印的传统功能，创新性地将科技会员社交网络、资源共享、民主管理、财务管理等多个功能集合于一体，旨在满足会员与社团内部各成员间的需求和供给平衡，信息和物质交换的实现，促进会员间的沟通与交流，为会员发展与服务搭建重要系统平台。目前正值科协系统深化内部治理机制改革的关键时期，本系统面临着非常好的发展机遇。同时，针对现有会员系统功能单一的现状，本系统功能丰富、操作便捷、利于推广，可对其他学会起到示范作用，是学会治理机制改革研究中的亮点，对于会员发展与服务具有重要意义。

为适应科技社交网络逐步移动化的趋势，在前期构建完成会员发展与服务系统网页版的基础上，学会启动了会员发展与服务系统 APP 建设。

九、省级林学会

中国林学会与各省（自治区、直辖市）林学会关系一直十分密切。中国林学会成立初期，学会在全国部分城市建立了分会，发展了会员。据 1957 年底统计，设林学会分会的有 12 处，即：广州、福州、武汉、开封、长沙、南京、济南、杭州、保定、南宁、昆明和成都；设分会筹委会的有 6 处，即：北京、合肥、南昌、兰州、太原和贵阳。1958 年中国科协成立后，中国林学会由中国科协领导，中国林学会各地分会改为各省（自治区、直辖市）林学会，由地方科协领导，会员相应转为所在省（自治区、直辖市）林学会会员，同时也是中国林学会的会员。

1978 年的天津年会提出了加强组织建设的要求。中国林学会首先加强了学会办事机构的建设，并在挂靠单位中国林业科学研究院的大力支持下，学会于 1980 年首次召开省级林学会领导、专职干部参加的工作会议，把学会组织建设问题作为重点进行研究。会后各省级林学会都更加重视学会工作，有些省配备了专(兼)职干部，设立了办事机构，使学会工作更加活跃。1985 年 6 月 29 日，中国林学会针对省级林学会组织建设存在的主要问题致函各省（自治区、直辖市）林业厅（局），提出了《关于加强省级林学会组织的建议》。

至今为止，31 个省（自治区、直辖市）建立了省级林学会（表 4.2），各地、市、县也建立了地方林学会。

表 4.2　各省（自治区、直辖市）林学会一览表

序号	名称	理事长	秘书长	通讯地址
1	北京林学会	尹伟伦	王小平	北京市西城区裕民中路 8 号 218 室
2	天津市林学会	张宝恕	郑兆欣	天津市河西区紫金山路 3 增 1 号
3	河北省林学会	王志刚	王玉忠	石家庄市新华区学府路 75 号
4	山西省林学会	周 洪	李 华	太原市新建南路 105 号
5	内蒙古自治区林学会	高锡林	赵淑贤	呼和浩特市新建东街 215 号
6	辽宁省林学会	曾凡顺	范俊岗	沈阳市皇姑区鸭绿江街 12 号
7	吉林省林学会	刘延春	王志新	长春市亚泰大街 3698 号 2404 室
8	黑龙江省林学会	李延芝	李立华	哈尔滨市香坊区衡山路 10 号
9	上海市林学会	刘 磊	王 焱	上海市沪太路 1053 弄 7 号
10	江苏省林学会	夏春胜	吴小巧	南京市定淮门大街 22 号江苏省林业大厦
11	浙江省林学会	吴 鸿	高智慧	杭州市凯旋路 226 号浙江省林业厅科技处

（续）

序号	名称	理事长	秘书长	通讯地址
12	安徽省林学会	程 鹏	唐丽影	合肥市庐阳区无为路 53 号
13	福建省林学会	兰思仁	林庆源	福州市冶山路 10 号
14	江西省林学会	阎钢军	胡加林	南昌市红谷滩新区赣江南大道 2688 号
15	山东林学会	徐金光	刘盛芳	济南市文化东路 42 号山东省林业科学研究院
16	河南省林学会	丁荣耀	罗襄生	郑州市纬五路 40 号
17	湖北省林学会	姜必祥	章建斌	武汉市东湖新技术开发区九峰狮子峰特 1 号湖北省林业科学研究院
18	湖南省林学会	文振军	熊四清	长沙市湘府东路一段 1001 号
19	广东省林学会	邓惠珍	丘佐旺	广州市中山七路 343 号广东省林业厅科技处
20	广西壮族自治区林学会	莫一平	韦达威	南宁市云景路 21 号
21	海南省林学会	黄金城	杨众养	海口市琼山区桂林下路 141 号
22	重庆市林学会	杜士才	李辉乾	重庆市沙坪坝区歌乐山镇高店子 106 号
23	四川省林学会	曹正其	王 莉	成都市星辉西路 18 号
24	贵州省林学会	金小麒	徐 海	贵阳市云岩区枣山路 122 号贵州省林业调查规划院
25	云南省林学会	冷 华	陈建洪	昆明市盘龙区蓝桉路 2 号
26	西藏自治区林学会	阿 布	刘务林	拉萨市林廓北路 22 号
27	陕西省林学会	原双进	惠 宁	西安市西关正街 233 号
28	甘肃省林学会	石卫东	刘晓春	兰州市城关区秦安路 1 号
29	青海省林学会	郝万成	马广金	西宁市西川南路 25 号
30	宁夏回族自治区林学会	韩陕宁	马永福	银川市南薰西路 60 号宁夏林业厅科技处
31	新疆维吾尔自治区林学会		肖新华	乌鲁木齐市河滩北路 64 号

第三节　繁荣学术交流，推进学科发展和科技进步

"文革"后，学会的活动陆续恢复，学会的学术交流也逐步恢复。1977 年的天津学术年会对全国性学会恢复活动起到了重要的推动作用。中国林学会从此积极开展各学科的学术活动，各省（自治区、直辖市）林学会也先后得到恢复。学会学术交流工作出现了一片繁荣的景象，迎来了科学的春天。

一、创办中国林业学术大会

年会是学会最重要的学术活动，是学会向社会宣传自己的重要渠道，国内外知名学会几乎都建立了自己的年会，并能持续发展下去，有的学会年会已经有 100 余年历史。

鉴于学会多年来的学术活动基本都是分学科、分专题进行，规模小、影响小，中国林学会在 2004 年秘书长工作会议上提出了举办首届中国林业学术大会的设想。在会议讨论中，与会的各分会、省级学会纷纷发言支持举办学术大会。在 2005 年初召开的常务理事会上，讨论通过了这一设想，与会的常务理事们认为举办中国林业学术大会将促进我国林业学术交流，推进林业科技创新，进而提升中国林学会的影响与社会地位。会上将举办首届中国林业学术大会确定为中国林学会 2005 年重点工作。在 3 月份召开的理事长办公会上，江泽慧理事长、张建龙副理事长等学会领导对召开首届中国林业学术大会进行了研究，初步确定了大会的时间、地点、主题，布置了各项任务。学会秘书处根据常务理事会和理事长办公会的会议精神，紧张有序地开展了大会的各项筹备工作，期间召开了多次筹备工作座谈会，多次赴杭州与浙江省林业厅商讨有关具体事宜，为大会的顺利召开奠定了基础。

在 2005 年于杭州成功举办首届中国林业学术大会后，按 4 年一次举办周期，第二届中国林业学术大会于 2009 年在广西南宁取得了圆满成功。2013 年，第三届中国林业学术大会的筹备十分顺利，但由于种种原因只召开了主会场会议，分会场由各承办单位自主另外选择时间地点举行。2016 年 3 月，中国林学会召开常务理事会，研究决定中国林业学术大会从 2016 年开始每年举办一次。2016 年 9 月，第四届中国林业学术大会在浙江农林大学成功召开。

（一）首届中国林业学术大会

2005 年 11 月 10～12 日，首届中国林业学术大会在浙江杭州成功举办，大会由国家林业局、浙江省人民政府和中国林学会联合主办，中国林学会秘书处、浙江省林业厅和杭州市人民政府共同承办。国家林业局党组成员、中国林业科学研究院院长、中国林学会理事长、首届中国林业学术大会主席江泽慧在大会上作主题报告。国家林业局副局长、首届中国林业学术大会副主席张建龙，浙江省委副书记周国富、中国科协党组成员苑郑民在开幕式上致辞。浙江省副省

长、首届中国林业学术大会副主席茅临生在会上作学术报告。开幕式由全国人大常委会委员、中国工程院院士、中国林学会副理事长、首届中国林业学术大会副主席王涛主持。中国林学会名誉理事长、原林业部部长、原天津市委书记高德占，中共中央委员、原林业部部长、原黑龙江省委书记徐有芳出席大会。来自全国各地的林业专家、学者和科技管理人员1500余名代表参加大会。大会以"和谐社会与现代林业"为主题，围绕当代林业科技发展的前沿和交叉问题、现代林业建设的特点和需求以及社会日益关注的生态建设热点问题进行交流，集中展示广大林业科技工作者的最新研究成果，展望林业科技发展前景，积极开展学术研讨活动，为促进相持阶段的林业发展和构建和谐社会服务。

大会共设12个分会场，征集论文总数近1000篇，会上交流学术论文总数为291篇。多数分会场确定在会后将征集的论文择优汇编成册，以学术期刊专刊、论文集或专著的形式正式出版。

大会层次高、规模大，取得了显著成效。一是搭建平台，探索新路。大会的成功举办，为我国林业学术活动探索出了一条新路，也为广大林业科技人员搭建了一个良好的学术交流平台。二是树立品牌，扩大影响。本次大会的成功召开，开创出了学会今后活动的一个重要品牌，扩大了学会的影响，为树立学会形象奠定了很好的基础，对提升学会的地位产生了积极的作用。三是繁荣学术交流，促进科技创新。大会的召开，为我国广大林业科技人员展示成果、互通信息、交流思想、开阔视野提供了难得的机遇，将促进我国的林业科技创新，推动林业科技的发展与进步。四是服务政府决策，推动林业发展。大会主题和各分会场议题都是我国当前林业学术前沿和热点问题，大会主会场和各分会场围绕这些热点问题开展了热烈地研讨和认真地总结，形成了会议建议，提交给相关政府主管部门。

（二）第二届中国林业学术大会

2009年11月7~9日，由国家林业局、广西壮族自治区人民政府、中国林学会主办，中国林学会秘书处、广西壮族自治区林业局、南宁市人民政府承办的第二届中国林业学术大会在广西南宁隆重举行。国家林业局有关司局和直属单位、各省（自治区、直辖市）林业厅（局）、有关林业科研院所、高等院校、广西壮族自治区政府有关部门的领导，以及来自全国各地的林业主管部门、林业及相关科研教学单位、林业生产经营单位的科技工作者，第三届梁希林业科学技术奖和第十届中国林业青年科技奖的获奖代表，中央和广西新闻单位记者2000余名代表出席大会。

（三）第三届中国林业学术大会

中国林业学术大会每4年举办一次，根据计划，2013年将举办第三届中国林业学术大会。中国林学会秘书处十分重视第三届中国林业学术大会的筹办工作，将学术大会列为学会的重点工作。大会计划于2013年9月12～13日在福建福州举办，由国家林业局、福建省人民政府、中国林学会共同主办，中国林学会秘书处、福建省林业厅承办。大会主题是"创新驱动与生态林业和民生林业发展"，设"美丽中国与森林高效培育""科技创新与森林可持续经营"等20个分会场。经过前后近一年的紧张筹备，报名参会人员2500余人，征集论文1000余篇，分会场数、报名参会人数和征集论文数均大大超过了前两届学术大会。为贯彻落实中央有关规定，经大会主办方研究，决定暂缓原定于2013年9月12～13日在福建省福州市举办本届大会。经研究，本届大会将于2013年12月中下旬在北京举办，会议规模缩减至300人。原定的各个分会场由组织方研究，根据实际自主选择时间地点进行。

2014年1月16～17日，第三届中国林业学术大会主会场与中国林学会第十一次全国会员代表大会合并在北京召开。第三届中国林业学术大会分会场活动于2013年分期自主举办，在本次会议上召开了第三届中国林业学术大会主会场活动，中国科学院院士、中国科学院生态环境研究中心研究员傅伯杰，国家林业局农村林业改革发展司司长张蕾，中国吉林森工集团董事长、党委书记柏广新分别作了题为《中国生态系统管理战略》《不失时机加快推进与深化林权改革——关于深化集体林权制度改革的几点思考》《吉林森工转型发展战略与"采育林"经营模式》的大会特邀报告，近300人参加会议。

（四）第四届中国林业学术大会

2016年9月27～29日，第四届中国林业学术大会暨第十二届中国林业青年学术年会在浙江农林大学隆重举行。大会由中国林学会主办，浙江农林大学、中国林学会青年工作委员会、各有关分会、专业委员会承办，浙江省林学会协办。

全国绿化委员会副主任、中国林学会理事长赵树丛，国家林业局副局长张永利，全国政协常委、中国林学会副理事长陈章良，浙江省人大常委会副主任

程渭山，国家林业局科技司司长胡章翠，国家林业局人事司副司长郝育军，中国工程院院士李文华，国家林业局规划编制组副组长陈嘉文，浙江省林业厅厅长林云举，浙江农林大学校长周国模，北京林业大学校长宋维明，浙江省教育工委副书记、省教育厅副厅长陈根芳等领导和来宾出席大会开幕式并在主席台就座。国家林业局有关司局和直属单位、各省（自治区、直辖市）林业厅（局）、有关林业科研院所、高等院校以及来自全国各地的林业主管部门、林业及相关科研教学单位、林业生产经营单位的科技工作者，第七届全国优秀科技工作者、第十三届中国林业青年科技奖、第七届梁希林业科学技术奖以及第六届梁希青年论文奖的获奖代表，国家林业局和浙江新闻单位记者1300余名代表出席大会。

中国林业学术大会是中国林学会的品牌学术活动，在国内外具有广泛的影响力，对促进学术交流、启迪创新思维、推动自主创新发挥了重要作用。从2016年起，中国林业学术大会由原来的4年一次改为1年一次。

二、创建并定期举办中国林业青年学术年会

青年是科技工作的重要力量，搭建青年交流平台，加强青年人才培养，促进青年人才成长，是学会的重要工作任务。20世纪80年代末，为促进青年科技人才的快速成长，为广大青年搭建更加广阔的交流平台，中国林学会创办了青年学术年会，定期举办林业青年学术年会。2006年12月，中国林学会成立了青年工作委员会，其主要目的就是组织林业青年科技工作者开展学术交流、科学实践、科技服务等工作，发现和培养一批具有较高学术造诣、成绩显著、起骨干作用的年轻的学术和技术带头人及后备队伍，促进林业科技创新，推动林业事业的快速健康发展，为促进林业现代化建设和建设生态文明发挥青年人的作用。中国林业青年学术年会每两年举办一次，至今已成功举办了12届，已成为学会知名的青年学术品牌。

（一）中国林学会首届青年学术讨论会

1989年11月16～18日，中国林学会首届青年学术讨论会在北京召开，来自全国21个省（自治区、直辖市）的41名代表参加了会议。名誉理事长、中国科学院学部委员吴中伦，著名生态学家阳含熙，中国林学会副理事长、林业部科技司司长吴博，副理事长、北京林业大学校长沈国舫，副理事长、中国林

业科学研究院院长刘于鹤等出席会议。会议由中国林学会秘书长唐午庆主持，中国林学会理事长董智勇致开幕词并作总结发言。《人民日报》《科技日报》《中国林业报》等媒体记者到会采访。

大会共收到有关造林、森保、木工、林业经济、林业战略等方面的学术论文50篇，其中17篇论文在大会上宣读交流。会上颁发了中国林学会首届青年科技奖，14名优秀青年林业科技工作者获奖。与会的41名代表联名向全国青年林业科技工作者发出了《用我们的青春筑起中华绿色长城》的倡议，呼吁全国青年林业科技工作者以爱国心与责任感作为自己的科学灵魂，发扬老一辈科技工作者严谨治学、无私奉献的精神，勤于学习，勇于实践，努力解决生产实践中存在的问题，把成才之路铺在中华大地上，在"科技兴林"事业中贡献自己的智慧和青春。

与会代表针对青年科技工作者队伍发展现状提出具体建议：为尽快弥补林业科技队伍的断层，有关部门应该把青年科技工作列为重要的议事日程，科研课题应有计划地向青年科技人员倾斜；尽快建立公平的科技竞争机制，改善基层青年科技工作者的条件，保证青年力量的健康成长；各级林业科技主管部门应设立青年科技基金；中国林学会应成立一个青年科技工作者自己的学术组织。

（二）第二至十二届青年学术年会概况

1995年7月1日，中国林学会第三届青年学术研讨暨成果展示会在中国林业科学研究院内举行。大会由中国林学会主办，中国林业科学研究院、中国林产品经销公司和中国林业机械总公司协办，会议以中国林业科学技术的现状问题与对策为主题，会议收到论文270篇。80位青年科技工作者到会，会议围绕森林培育、林产工业、森林保护与林业政策进行研讨。会前出版了论文集。会议组织了学术研讨、座谈会、优秀论文评选等活动。《中国林业报》《人民日报》等9家新闻单位对会议进行报道，产生了巨大的反响。

1998年7月22～24日，中国林业青年科技表彰大会暨中国林学会第四届青年学术年会在北京召开。来自全国19个省（自治区、直辖市）科研、教学、生产、管理单位的115名代表参加了会议。会议主题为：科技增强国力，青年开创未来——林业青年学者与面向21世纪的中国林业科技。会议充分体现了创新、求实、活跃、俭朴的特点。

2001年6月26～28日，中国林学会、国家林业局人教司在中国林业科学

研究院联合召开中国林学会第五届青年学术年会暨第六届中国林业青年科技奖颁奖大会。与会代表 105 名，收到论文 110 篇。本届青年学术年会的主题是科技创新与林业跨越式发展，会上表彰了于文喜等 16 位第六届中国林业青年科技奖获奖者。

2003 年 11 月 4～6 日，中国林学会第六届青年学术年会暨第八届中国林业青年科技奖、优秀学术论文奖颁奖会在京隆重举行。原林业部部长、中国林学会名誉理事长高德占，国家林业局副局长、中国林学会副理事长张建龙等领导出席会议并为获奖代表颁奖。118 名青年科技工作者及第七届中国林业青年科技奖获得者、中国林业青年优秀学术论文奖获得者出席了年会。与以往相比，本届青年学术年会在组织形式、活动方式等方面有了一些新的尝试。如，邀请知名专家就林业的一些重点、热点问题作专题学术报告；把青年科技工作者普遍关心的如何加快青年人才成长、科技管理体制中存在的突出问题等列入议题，受到了代表的一致欢迎；从青年科技工作者中挑选骨干组成会议筹备机构，共同参与会议的策划及组织。会议还向林业科教界青年朋友们发出了"投身科教兴林，肩负时代重任"的倡议。与会代表提出了《关于成立中国林学会青年工作委员会的建议》和《关于建立林业青年科技创新基金的建议》。

2006 年 12 月 2～3 日，第七届中国林业青年学术年会在南京召开。本次会议是中国林学会青年工作委员会成立后召开的第一次青年学术年会，会议规模显著扩大，影响力大幅提升。年会的主题为：自主创新与现代林业。500 余名青年科技工作者参加了会议。年会设现代林草生物技术、森林生态观测技术及模拟模型、森林资源培育与加工利用等 10 个分会场。通过这次学术交流，促进了青年工作者的相互了解，为今后各自的科研工作拓宽了思路。中国工程院院士张齐生等 4 位专家作大会特邀报告。4 个特邀报告对青年人树立正确的人生观和世界观、掌握正确的方法论，如何成为创新型科技人才、如何搞好科研、如何选择科研方向具有深刻的启迪性和很强的指导意义，受到与会代表的一致好评。会上颁发了第八届中国林业青年科技奖和首届梁希青年论文奖。

2008 年 7 月 16～17 日，第八届中国林业青年学术年会在黑龙江省哈尔滨市隆重召开。本届年会由中国林学会和东北林业大学联合主办，黑龙江省林业厅、黑龙江森林工业总局、大兴安岭林业集团协办，黑龙江省林学会、中国林学会青年工作委员会承办。中国林学会理事长江泽慧，全国人大常委、中国科协书记处书记冯长根，黑龙江省科协主席、黑龙江省人大常委会原副主任马淑杰，黑龙江省人民政府副秘书长金济滨，黑龙江省林业厅厅长、省林学会理事长韩连生，东北林业大学校长杨传平，黑龙江省森工总局局长刘忠敏，大兴安岭地区行署副专员王怀刚，黑龙江省林学会常务副理事长王英忱，中国工程院院士马建章等出席会议开幕式。开幕式由中国林学会副理事长、秘书长赵良平主持。

本届年会主题是"青年科技创新与生态文明"。本次年会新开设学术辩论赛和林业科技期刊展示专题会场，同时设"野生动物保护与管理""林木育种与生物技术"等9个学术分会场。近700余名代表参加了年会，参会规模再次取得突破。本届年会共提交学术论文420篇，各分会场有近300人作了专题学术报告。经过专家评审，137篇学术论文被评为优秀论文；107场报告被评为优秀报告。经过3场精彩的辩论，东北林业大学代表队获得本届年会青年学术辩论赛冠军，南京林业大学代表队获得亚军，北京林业大学代表队和中南林业科技大学代表队获得优秀奖。

年会开幕式上颁发了第二届梁希青年论文奖。年会闭幕式上分别向获得本届年会优秀论文奖、优秀报告奖以及青年学术辩论赛冠军、亚军、优秀奖、最佳辩手奖和优秀辩手奖的获奖单位以及个人颁发了奖状和荣誉证书。

2010年7月30～31日，第九届中国林业青年学术年会在四川成都隆重召开。江泽慧理事长，国家林业局副局长张永利，四川省委常委、副省长钟勉，国家林业局科技司副司长、科技发展中心主任胡章翠，四川省林业厅厅长王平，中国林业科学研究院首席科学家彭镇华，南京林业大学校长曹福亮，中国林学会常务副秘书长李岩泉，副秘书长沈贵、尹发权等领导、专家出席会议开幕式。开幕式由中国林学会副理事长兼秘书长赵良平主持。600余名代表参加了年会。

为大力弘扬塞罕坝精神，进一步增强林业青年科技工作者的责任感和使命感，大会还邀请了河北塞罕坝林场场长刘春延同志为青年科技工作者作了题为《塞罕坝精神的内涵和时代要求》的特邀报告。

年会主题是"推动科技创新，造就杰出人才"，共设8个专题分会场，共提交学术论文345篇，各分会场有188人作了专题学术报告。

年会开幕式上颁发了第三届梁希青年论文奖和第三届梁希青年论文奖优秀组织单位奖。会议期间还召开了中国林学会青年工作委员会首届三次全委会。

2012年9月2~3日，第十届中国林业青年学术年会在南京召开。年会由中国林学会、南京林业大学主办，中国林学会青年工作委员会、江苏省林学会承办。年会主题为"锐意创新 改善生态 造福民生"，900多名林业青年科技工作者参加了年会，南京林业大学1000多名研究生也旁听了会议。全国人大常委、中国科协副主席冯长根出席会议并讲话。大会开幕式对第十一届林业青年科技奖、第三届梁希科普奖、第四届梁希青年论文奖、第三届梁希优秀学子奖进行了表彰，与会领导向获奖代表颁发了奖牌、证书。

2014年9月3~5日，第十一届中国林业青年学术年会在陕西杨凌成功召开。大会由中国林学会、西北农林科技大学主办，600多名林业青年科技工作者参加了年会，西北农林科技大学300多名学生也参加听会。国家林业局党组成员、科技司司长彭有冬出席会议并讲话，西北农林科技大学党委书记梁桂致欢迎词。中国林学会副理事长兼秘书长陈幸良主持大会开幕式。年会共设8个专题分会场。大会开幕式上颁发了第五届梁希青年论文奖和第四届梁希优秀学子奖。

2016年9月27~29日，第十二届中国林业青年学术年会在浙江农林大学隆重举行，本届年会与第四届中国林业学术大会合并举办。第七届全国优秀科技工作者、第十三届中国林业青年科技奖、第七届梁希林业科学技术奖以及第六届梁希青年论文奖的获奖代表及各地青年科技工作者1300余名代表出席大会。大会开幕式由中国林学会副理事长兼秘书长陈幸良主持。本次年会共设12个分会场，研讨内容涉及林木遗传育种、森林培育、森林生态学、森林碳汇、森林生态安全等众多学科领域，以及林业发展改革、林业扶贫攻坚等问题。

三、学会及分支机构其他品牌学术活动

在中国科协的大力支持和学会领导的正确领导下，学会及分支机构的学术品牌活动，在数量上越来越多，质量上越来越精。特别是创办了中国林业学术大会、中国林业青年学术年会这两个知名学术品牌后，学会及分支机构的品牌创建得到进一步加强。

（一）中国林学会主办、学会秘书处为主组织的品牌活动

1. 中国科协年会林业分会场

自中国科协年会举办以来，中国林学会一直积极参与年会分会场的承办工作，是为数不多连续多年承办年会分会场的全国学会之一。学会承办的分会场

多次获得中国科协的高度肯定，连续多年被评为中国科协年会优秀分会场。中国科协年会林业分会场的成功举办，向社会很好地宣传了我国林业科技发展情况，扩大了我国林业的社会影响，提升了学会的社会地位。

1999年10月，中国科协首届学术年会在杭州市召开。中国林学会16位专家在副理事长尹伟伦、副秘书长宋长义带领下参加会议。2000年9月，中国科协第二届学术年会在西安召开，中国林学会第一副理事长江泽慧作为特邀专家出席开幕式，并作题为《中国现代林业与西部生态环境建设》的学术报告。2001年学会组团参加中国科协学术年会，并承办第七分会场——资源、生态与环境。组团参加中国科协在成都举办的第四届学术年会，并承办第一分会场。分会场主题为中国西部资源的多样性与可持续发展，与会代表约100人。参加了第五届科协年会，并承办第20分会场，主题为"森林、草原、水与生态环境建设"。2004年中国林学会与中国造纸学会共同承办了中国科协年会第11分会场。参加会议的代表约100人，会议的主题是：资源保护和可持续利用。学会共向中国科协报送论文摘要210篇，选登184篇。会议邀请20个专家作了学术报告。2005年8月20～24日，中国科协2005年学术年会在新疆乌鲁木齐召开，学会承办第26分会场，主题为"生态安全与西部森林、草原、水利建设"，200余名代表参加了会议，江泽慧理事长应邀在年会上作大会特邀报告。2007中国科协年会在湖北武汉召开。中国林学会联合中国水土保持学会、中国科学探险协会共同承办了第10分会场。会议以"环境保护及人与自然和谐发展"为主题，围绕生态环境保护与资源的高效利用、珍惜生物生态环境与和谐发展、水土保持与长江流域经济发展等议题开展学术交流。与会代表400余人，提交论文160多篇。参会规模、征集论文数量以及会议的规格上在15个分会场中位居前列。2008年学会承办科协年会第15分会场，分会场主题为：森林可持续经营与生态文明学术研讨会。2009年学会承办年会第9分会场，分会场主题为：长江流域生态建设与区域科学发展研讨会。2010年11月第十二届中国科协年会在福州市召开。中国林学会、福建省林业厅共同承办年会第5分会场，会议主题为"全球气候变化与碳汇林业"。来自国内高校、科研院所和相关部门的近200位专家学者出席了会议。江泽慧理事长出席会议开幕式并作重要讲话，中科院院士方精云教授等6位国内知名专家作了特邀学术报告，10位专家作了相关领域的专题报告。2011年9月第十三届中国科协年会在天津召开。

学会与天津市林业局联合承办年会第16分会场,分会场主题为:沿海生态建设与城乡人居环境。学会承办了2012年在石家庄召开的科协年会第6分会场,会议以林业新兴产业科技创新与绿色增长为主题,总结交流了林业产业科技创新新思想、新成果,充分展示了林业新兴产业自主创新、产业转型升级的新技术,深入探讨了加快林业新兴产业发展的政策措施与技术,对促进林业新兴产业及林果业、木竹产业的科技创新,提升林业产业的科技水平,推进我国现代林业和绿色经济发展具有重要意义。

2013年5月25～27日,学会承办了中国科协年会第19分会场——中国西部生态林业和民生林业发展与科技创新学术研讨会。蒋有绪、尹伟伦院士等专家出席论坛并作特邀报告。会前,中国林学会组织一批专家学者,围绕石漠化地区生态修复与综合治理、林下经济发展和生态旅游等贵州省生态林业民生林业发展的重要问题进行了调研,形成了专家报告。在贵州省领导与院士专家座谈会上,尹伟伦院士代表第19分会场,提交了《贵州石漠化地区生态恢复的问题及建议》的决策建议,为贵州生态民生林业发展献计献策。本次会议共征集到学术论文120余篇,吸引了全国20多个省(自治区、直辖市)相关领域的近200位专家学者参加会议。

2014年学会承办了科协年会第11分会场,会议以森林培育技术创新与特色资源产业发展为主题,全面总结探讨了森林培育技术的发展状况及创新模式、林业特色资源产业发展的成功经验、经营模式、综合效益及未来前景等,分析了存在的主要问题,深入研究探讨了下一步云南省林下经济发展、生态旅游产业发展的创新思路、对策和建议,为国家有关部门决策提供科学依据。会议共征集学术论文120余篇,全国18多个省(自治区、直辖市)相关领域的近150位专家学者参加会议。

2.中国林业青年科技论坛

中国林业青年科技论坛是中国林学会又一青年学术交流品牌,论坛由中国林学会青年工作委员会组织,每两年举办一次,已成功举办了5届。

2007年11月8～9日,2007中国林业青年科技论坛在湖南长沙顺利召开。会议由中国林学会和国家林业局森林资源管理司联合主办,中国林学会青年工作委员会和湖南省林学会共同承办。论坛主题为:信息技术与资源环境管理。来自国家林业局森林资源管理司、中国林学会、国家林业局中南林业调查规划设计院、湖南省林业厅等相关单位的领导以及中国林业科学研究院、国家林业局调查规划设计院、清华大学、南京大学、武汉大学、北京林业大学、中南林业科技大学等科研、教学单位的林业青年专家和学生 130 余人参加了会议。与会代表围绕主题，就地理信息系统、遥感、林业虚拟现实技术、林业科学数据共享、森林资源和生态环境监测与评价技术等内容进行了广泛的研讨与交流。会议期间举办了两场学术辩论赛，分别由中南林业科技大学研究生部和北京林业大学研究生院承办，辩论赛的举办是中国林学会青年工作委员会创新举办方式和鼓励学术争鸣的初步探索。

2009 中国林业青年科技论坛暨青年工作委员会常委扩大会议在京举行。论坛的主题是"林改背景下的科技创新与成果应用机制"。会议还研究讨论第九届中国林业青年学术年会筹备方案，并研究青工委组织建设工作。

2011 中国林业青年科技论坛在甘肃省天水市植物园山庄成功举行。论坛的主题是"森林多功能经营与现代林业"。本次会议参会代表 103 人，收到会议学术论文 43 篇。中国林业科学研究院侯元兆研究员、张会儒研究员、陈永富研究员、陆元昌研究员和王彦辉研究员以及北京林业大学李小勇副教授分别作特邀报告。论坛分三节，每节由特邀报告、专题报告和学术讨论组成，分别围绕"森林多功能经营的背景和概念""森林多功能经营的技术及模式""森林多功能经营的政策与应用"开展了学术交流，并结合我国林业生产实际，就"多功能林业与森林多功能经营的概念""发展多功能林业的必要性""多功能林业科技支撑""森林多功能经营的政策调整""发展多功能林业的基本路径"等提出了许多建设性意见，达成了初步共识。本届论坛报告观点新颖、针对性强，学术讨论气氛热烈，富有成效。

2013 中国林业青年科技论坛在江西省南昌市隆重召开。本次论坛由中国林学会与江西农业大学联合主办，会议的主题是"生态恢复技术与生态文明"。中国林学会副秘书长尹发权、江西省林业厅巡视员魏运华、江西农业大学副校长陈金印、江西省科协副主席梁纯平出席论坛开幕式并讲话。本次会议参会人数达 160 余人，投稿论文 83 篇。

2015 中国林业青年科技创新学术研讨会暨中国林学会青年工作委员会二届三次常委扩大会议在湖北省宜昌市召开。会议的主题是"森林灾害治理新问题新思路新进展"。

3. 中国林学会林下经济分会学术年会

2014 年 12 月，中国林学会成立林下经济分会，分会秘书处挂靠在中国林学会学术部。分会成立以来，每年举办一次学术年会，对推动林下经济学术研究和产业发展起到了很好的促进作用。

2014 年 12 月 19～21 日，中国林学会林下经济分会成立大会暨 2014 林下经济发展学术研讨会在广西北海成功召开。大会由中国林学会、广西壮族自治区林业厅共同主办，广西北海市林业局、广西林学会联合承办。中国工程院院士、中国科学院地理科学与资源研究所研究员李文华，中国林学会副理事长兼秘书长陈幸良，国家林业局农村林业改革发展司巡视员安丰杰，国家林业局国有林场和林木种苗工作总站总站长杨超，国家林业局科技司副巡视员杜纪山，广西林业厅副厅长韦纯良，北海市人民政府副市长叶山，浙江省林业厅副厅长吴鸿，中国林业科学研究院资源昆虫研究所所长陈晓鸣等有关领导出席会议并讲话。大会开幕式由陈幸良秘书长主持。

李文华院士、安丰杰巡视员、陈幸良秘书长、陈晓鸣所长、广西合浦佳永金花茶开发有限公司董事长傅镜远应邀在大会作特邀报告。此外，章光 101 集团董事长赵章光、国家林业局科技发展中心认证处处长于玲、云南瑞丽市千紫木业有限公司董事长杨洪斌、北华大学林学院院长杜凤国等 13 位专家在会上作专题报告。

会议期间召开了中国林学会林下经济分会成立大会，选举产生了中国林学会林下经济分会第一届委员会。李文华院士任分会第一届委员会主任委员，陈幸良任常务副主任委员，邓三龙、王秀忠、王慧敏、许绠、杨超、杨传平、陈晓鸣、周珵、赵章光、唐忠、谭晓风任副主任委员，曾祥谓任秘书长。会后，全体与会人员到合浦县石康镇佳永金花茶开发有限公司林下经济种植示范点进行了现场考察。近 200 人参加会议。

2015 中国林下经济发展高端论坛在浙江义乌成功举办。大会由中国林学会主办，中国义乌国际森林产品博览会组委会办公室、中国林学会林下经济分会等单位联合承办，森宇控股集团、国家林业局铁皮石斛工程技术研究中心共同协办。中国林学会副理事长兼秘书长陈幸良，中国林学会副理事长、东北林业大学校长杨传平，浙江省林业厅巡视员吴鸿，国家林业局国有林场和林木种苗工作总站副总站长杨连清，国家林业局农村林业改革发展司处长缪光平，义乌市市委常委、副市长王小颖等出席会议并致辞。有关科技人员、企业家代表等共计130余人参加了会议。大会开幕式由杨传平校长主持。

2016年7月，中国林学会在黑龙江伊春召开中国林下经济发展高峰论坛。大会由中国林学会、东北林业大学主办，伊春市科学技术局、中国林学会林下经济分会、中国林学会森林食品科学技术专业委员会联合承办，黑龙江省林学会、林下经济协同创新中心共同协办。中国林学会副理事长兼秘书长陈幸良，东北林业大学校长杨传平，伊春市委书记、市人大常委会主任高环，国家林业局国有林场和林木种苗工作总站总站长杨超，国家林业局科技发展研究中心常务副主任王伟，江苏省林业局局长夏春胜，浙江省林业厅巡视员吴鸿，黑龙江省科技厅副厅长于立河等领导专家出席会议。200余人参加了会议。

（二）中国林学会主办、分会为主组织的品牌活动

学会积极加强与分会、专业委员会的合作，大力协助分会和专业委员会创建学术品牌活动，通过多年努力，培育出中国竹业学术大会、中国森林保护学术大会、全国桉树论坛、中国珍贵树种发展学术研讨会等一系列品牌学术活动，有力促进了林业学术交流。

1. 中国竹业学术大会

中国竹业学术大会是竹子分会于2004年创办的品牌学术活动，每年举办一次，至今已成功举办了12届。竹业学术大会紧紧围绕竹产业发展面临的技术问题进行交流研讨，深受地方政府欢迎，各竹子主产区政府争相承办大会。大会由中国林学会主办，竹子分会和地方政府联合承办，已形成良好的举办机制，其举办模式与组织经验非常值得在学会系统大力推广。

2. 中国森林保护学术大会

2006年，森林病理分会和森林昆虫分会在新疆乌鲁木齐举办了首届中国森林保护学术论坛。2010年开始，会议名称改为中国森林保护学术大会，大会两年举办一次，已成功举办了6届，由中国林学会主办，森林病理分会、森林昆虫分会和有关林业高等院校及科研机构联合承办。大会搭建了我国森林保护领域高层次学术交流平台，有力推进了我国森林保护学科的进步和森林保护事业的发展。

3. 全国桉树学术研讨会

全国桉树学术研讨会是我国桉树领域最重要的学术交流平台，会议每年举

办一次，由中国林学会主办，中国林学会桉树专业委员会承办。"全国桉树学术研讨会"走过了30余年，已经成为桉树领域新理论、新思想、新观点的交流平台，科研、教学与生产的合作平台，新技术、新产品的推广平台。论坛的举办为促进桉树学术研究和产业发展发挥了重要作用。

（三）分会主办的学术年会和重点学术活动

中国林学会各分会、专业委员会是学会学术交流的主力军，各分会、专业委员会充分发挥与专家联系紧密优势，凝聚广大同行，积极开展各类学术活动，创建了全国森林培育学术研讨会、全国林木遗传育种学术研讨会、全国人造板工业发展研讨会、经济林分会学术年会、森林经理分会学术年会、林化分会学术年会、木材科学分会学术年会、全国杨树学术研讨会、森林生态分会学术年会、树木学分会学术年会、生物质材料科学分会学术年会、全国树木引种驯化学术研讨会、城市林业学术研讨会、林业气象分会学术年会、林业机械分会学术年会、森林工程分会学术年会、森林防火专业委员会学术年会等一系列分会学术品牌活动，为学会的学术交流作出了重要贡献，有力推动了各自领域的学科发展和科技进步。

全国森林培育学术研讨会每年举办一次，已成功举办了16届。2016年11月，由森林培育分会主办的森林培育分会第六届会员代表大会暨第十六届全国森林培育学术研讨会在安徽农业大学成功召开，中国工程院院士沈国舫，中国林学会副理事长兼秘书长陈幸良，中国林学会森林培育分会主任委员、中国林业科学研究院院长张守攻，安徽农业大学校长程备久，国家林业局科技司综合处处长吕光辉，东北林业大学副校长赵雨森，安徽省林业厅副厅长齐新等领导及来自全国55个单位共300余名代表参加会议。开幕式上，陈幸良秘书长、程备久校长、吕光辉处长、齐新副厅长、张守攻院长分别致辞。中国工程院院士沈国舫为12名获得"沈国舫森林培育奖励基金"人员颁发了证书和奖金。大会进行了森林培育分会的换届改选，张守攻院长再次当选分会主任委员，马履一教授任秘书长。会议特邀沈国舫院士出席大会并作报告，沈院士的报告以《我的绿色人生——森林培育教学60年回顾》为题，分享了他在教育、科研和学术管理方面的成果。沈先生的报告让参会者特别是年轻人受益匪浅。

经济林分会学术年会是我国经济林学术界的年度盛会。2016年10月，经济林分会2016年学术年会暨成立30周年庆祝活动在四川农业大学都江堰校区隆重举行。大会由中国林学会经济林分会主办，四川农业大学承办。中国林学会副理事长兼秘书长陈幸良，国家林业局造林司副司长王剑波，四川农业大学党委书记邓良基，四川省林业厅总工程师骆建国，西南林业大学原校长刘惠民，中国林业科学研究院林业研究所所长张建国，中国林业科学研究院亚热带林业研究所所长王浩杰，国家林业局泡桐研究开发中心主任李芳东，中国林学会经济林分会理事长曹福祥，中国林学会经济林分会常务副理事长谭晓风，中国林学会经济林分会副理事长李新岗等领导和专家出席会议。共计400余人参加了会议。大会追授已故中国林学会经济林分会副理事长、被习近平总书记誉为"太行山上的新愚公"的李保国同志"经济林事业特别贡献奖"。李保国夫人郭素萍教授代表李保国团队到会领奖并发表了诚挚感言，分享了团队"严""实""专""精""亲"的经验，并立志将和团队其他成员一并继续李保国教授未完成的事业，让荒山变成花果山、聚宝盆，让农民摘掉贫困帽。大会向全体会员发出了《继承发扬李保国精神，打赢经济林产业扶贫攻坚战》的倡议书，号召全体会员要以李保国同志为学习的榜样，把贫困地区作为经济林产业发展的主战场，积极投身经济林产业扶贫伟大实践，把科研放在山沟里，把知识播在土壤里，把论文写在大地上，造祖国"绿水青山"，还百姓"金山银山"。大会还授予经济林分会首届理事会成员胡芳名等14位老一辈经济林专家"经济林事业突出贡献奖"，以表彰他们为创建经济林分会和为我国经济林事业作出的重要贡献。大会组织了50场学术报告，大会共收到学术论文150篇，从中评选出优秀论文83篇，其中一等奖10篇，二等奖23篇，三等奖31篇，优秀奖19篇。为巩固会议成果，大会提议并通过了《将经济林产业纳入国家精准扶贫的重点产业的建议》，建议书已提交国家林业局等有关部门。

木材科学分会学术年会每两年举办一次，是木材科学领域的重要学术品牌活动。2016年11月，木材科学分会第五次会员代表大会暨第十五次学术研讨会在浙江临安隆重召开，会议同时选举出木材科学分会第五届委员会。来自全国各地56家单位共计520位代表参加了会议。中国工程院李坚院士、中南林业科技大学吴义强教授、南京林业大学李大纲教授、浙江农林大学金春德教授分别在主会场上作了主题学术报告。分会场共交流学术报告116个，评选出优秀研究生学术报告一等奖6项、二等奖14项和三等奖19项。代表们表示研讨会主题明确，学术氛围浓郁，交流效果突出，达到了交流信息、阐述经验、推

动合作、促进友谊的目的，对推动我国木材科学研究具有积极作用。

四、专题学术交流活动

改革开放以来，中国林学会、学会各分会、专业委员会围绕学术前沿、学科重点、林业重点与热点，积极组织开展各种专题学术交流活动，探讨基础科学、基础理论、林业应用技术以及林业产业发展等，不断提高林业科学的研究水平与应用能力。

（一）围绕学术前沿开展学术交流，促进林业科技创新

随着我国经济的发展和科学技术的进步，新的学术思想层出不穷。学会紧紧围绕学术前沿开展各种形式多样的学术交流，推动学术发展，促进林业科技创新。

1990 年，森林病虫害专业委员会的 4 个学组组织 250 余名科技人员分别在吉林、湖南、江苏、贵州就针叶树病虫害、经济林病虫害、阔叶树病虫害、观赏花卉病虫害进行了学术探讨，内容涉及各类病虫害的流行规律、预测预报、损失量估计、检疫防治方法等方面，交流了相关领域基础理论方面的研究成果、生产防治的实践经验，以及利用遥感信息调查森林病虫害、用微机数据库手段鉴定病虫害新的先进技术等。会议效果良好，将我国植物病虫害的研究和防治工作提高到新水平。

1990 年 4 月，学会召开了全国生态林业研讨会。会议就生态林业的概念、内涵、意义、指导思想、工作方法等做了深入探讨。会议建议林业部门在国家重点林区、平原农区、干旱半干旱区、南方集体林区、沿海地区、城市郊区根据不同特点，建立各种模式的生态林业试点。

1991 年 3 月中旬，受中国科协委托，学会在北京召开了沙产业讨论会，十余个学科的 50 多位专家出席了会议。与会代表就沙产业的概念、内涵和创建沙产业的可行性、重大战略意义及当前需要进行的工作开展广泛、深入的讨论。与会学者一致认为：钱学森教授倡导的沙产业是建立在充分认识沙漠、沙漠化土地自然特征基础上的一种战略思想，是以辩证唯物主义观点深刻认识、正确理解自然条件的利与害、防治与开发利用等辩证关系所产生的必然结论，这对于科学研究与生产实践将起到方向性的指导作用。

1991 年 11 月，中国林学会、湖南省林学会在湖南省大庸市张家界国家森

林公园联合召开国际生态林业学术报告会，来自法国、日本、德国及国内的100名专家参加会议，提交论文40多篇。会议交流了生态林业最新研究成果，对我国生态林业的发展有一定促进作用。

1992年8月，在林业部、中国科协的直接领导关怀下，学会在陕西省榆林市召开沙地开发利用国际学术研讨会，正式成立全国治沙暨沙业学会，使我国的沙产业及其学术研究步入正轨。

1992年8月20～23日，中国林学会在天津市召开了首届城市林业学术研讨会。与会代表意识到一个根据我国经济和社会发展需要应运而生、林业科学的一个重要分支——城市林业诞生的环境正在逐步形成。首届城市林业研讨会对加强我国城市林业建设以及城市林业学科的建立都起到推动与促进作用。

1993年8月至1994年6月，学会开展了为期10个月的新阶段林业发展战略学术讨论。全体理事、会员以及广大林业科技工作者积极参加这次讨论，围绕主题组织调研，收集资料，根据我国国情、林情，撰写论文。大家就如何制定新阶段林业发展战略以及方针政策、林业生产状况如何适应和进入市场经济、现阶段根据我国林业生产的特点，三大效益如何兼顾、"科学技术是第一生产力"的方针在我国林业建设中如何体现等问题，提出科学的、实事求是的观点、见解。讨论结束后，学会及时编辑出版了《中国林业如何走向21世纪》论文集，为各级领导制定新阶段林业发展战略、方针和政策提供参考。

1997年10月22～24日，林业气象专业委员会与江苏省林学会、无锡市多种经营管理局在无锡市联合召开"'97全国林业气象学术讨论会"，与会代表55名，交流论文32篇。

1997年12月，受国家林业局科学技术司的委托，中国林学会在郑州召开了林业新科技革命研讨会，中国林学会九届学术工作委员会的40多位委员参加了会议。与会代表对林业新技术革命的重大意义、内涵及政策措施等进行了深入的研讨，并对科技司起草的《中国林业新科技革命纲要》进行了认真讨论，提出了修改意见和建议，为科技司进一步完善和制定纲要打下了基础。

1998年3月12～14日，森林经理分会与中国林业科学研究院林业可持续发展研究中心在北京联合举办了"森林可持续经营"研讨会。与会代表80余人，会议就森林可持续经营的主要概念和内涵以及我国实现森林可持续经营的途径进行了交流。

1998 年 5 月，遵照林业部部长陈耀邦和副部长刘于鹤关于"组织少数专家集中研究一些重大问题"的指示，学会邀请了林学界、经济学界的 20 多位知名专家、学者，在京召开"当代林业发展理论研讨会"，就当代林业发展理论进行了深入讨论。国家林业局党组成员、中国林学会第一副理事长江泽慧主持会议并作了重要讲话。与会专家在分析世界林业发展理论演变的基础上，从我国国情和林情出发，对当前中国林业发展的各种理论发表了自己的观点和看法，并进行了深入讨论。与会专家认为：当代林业发展的国际、国内背景已发生了深刻的变化，我国林业正处在一个重要的转轨时期，我们必须在继承和发展原有理论的基础上，尽快改变我国林业理论滞后的局面。与会代表还提出了应加强林业理论研究的建议。

1998 年 10 月，学会在西安召开了全国林业分类经营研讨会。会议就林业分类经营的理论基础、内涵与可持续发展的关系及存在的问题进行了深入的讨论，对国家林业局进一步修改和完善林业分类经营方案具有重要的参考作用。

1999 年 10 月 6 ～ 9 日，杨树专业委员会在京召开第六次全国杨树学术会议，会议主题是"面向 21 世纪的中国杨树发展"。来自 20 个省（自治区、直辖市）的科研、教学、生产和管理单位共 110 名代表参加会议，交流论文 50 余篇。

2002 年 10 月 22 ～ 24 日，林业计算机应用分会 2002 年学术研讨会在北京召开，与会代表 166 名，收到论文 273 篇。会议的主题是"加强林业信息化建设，促进林业快速发展"。会议邀请中国科学院院士、北京大学遥感所所长童庆禧，中国科学院院士、天津大学教授张春霆，中国科学院院士、中国林业科学研究院研究员唐守正等到会作了专题报告。

2015 年 8 月，中国林学会联合林木遗传育种国家重点实验室、北京林业大学在内蒙古磴口举办了树木木材形成分子基础学术研讨会。研讨会是在我国提出到 2017 年底前全面停止天然林的商业性采伐背景下召开的一次专题学术交流会。面对天然林即将全面禁止采伐的新形势，木材安全问题更加凸显，发展高效人工林，提高木材产量，解决木材短缺问题迫在眉睫。同时，当前木材品种单一、木材使用效率不高、木材供给量不足的问题难以适应多元化的市场需求。研讨会从学术创新理论的高度以及木材形成的分子基础这个角度展开研讨，为木材质量调控提供了理论基础及技术支撑，这是我们科技创新亟待进行的战略问题和现实问题。

2016 年 10 月，中国林学会联合林木遗传育种国家重点实验室、山东农业大学在山东泰安召开林木基因组技术发展高端学术研讨会。本次会议得到了中国科协的专项经费支持，是针对林木遗传育种领域开展的专题学术研讨会，充分体现出学会一方面积极加强与科研机构合作，开拓学会业务新局面，提高会议质量与学术层次水平，另一方面积极推进"产、学、研"等相关单位以及从事科研、教学、管理、生产等方面的工作人员之间的相互沟通，分享各自领域研究成果，加强企业技术攻关、自主创新，促进科技成果的推广与应用。来自中国林业科学研究院、北京林业大学、东北林业大学、南京林业大学、中国农业大学、中国农业科学院等国内 20 余所有关大专院校和科研机构的 120 余名专家学者代表到会交流。

（二）围绕学科重点开展学术交流，促进学科发展

学科发展是学会学术交流工作的重要内容，长期以来，中国林学会及各分会、专业委员会，紧紧围绕学科重点开展学术交流，促进林业各学科不断发展。

1984 年，森林土壤专业委员会召开中国森林土壤分类系统学术讨论会，林木遗传专业委员会召开新技术革命在林业遗传育种专业的应用讨论会，森林生态专业委员会召开森林生态系统定位研究方法学术讨论会。1985 年，水土保持专业委员会与河北省林业厅联合举办潮、滦河上游水源涵养林、经济林项目的考察，专家们提供了项目开发利用的科学依据，使该项目的总体设计得到有关部门批准，拨出 100 万元专款进行前期工程建设。1986 年，造林专业委员会与水土保持专业委员会联合召开了三北地区造林质量与效益研讨会，森林生态专业委员会与湖南省、福建省联合对南方集体林区合理利用林业用地组织考察论证。1986 年 11 月 23～30 日，林化分会召开了树木提取物化学与利用学术会。这些学术活动都从不同方面交流了学术思想。专家们既对当前生产上存在的问题献计献策，提出解决办法，又较好地讨论了学科的发展方向，充实了理论研究的内容。

20 世纪 80 年代末 90 年代初，学会各专业也结合学科发展组织了一些新研究领域的探讨。林化分会组织召开了松香、栲胶、林区浆果、软木、国际树木提取物化学与利用学术讨论，论文质量较高，重视了基础技术，并向新技术、高精度的水平发展。如国际树木提取物化学与利用讨论会，内容有植物多酚的结构和配位，类苷苷的研究，沸石的苷类化合物的应用，单宁胶黏剂、松香、

松节油合成新化合物的反应机理等，并发展了树木提取物研究的新领域。1990年7月，林木遗传育种专业委员会开展林业科学发展超前性的学术探讨，组织召开全国森林统计遗传与遗传参数研讨会。代表们围绕遗传力、遗传重复率、试验重复率等参数的定义、计算式提出了两类不同观点，作为今后研究提高的方向。

1995—1996年，森林经理分会组织会员开展各种层次、内容丰富的活动，学术活动选题密切结合森林资源建设与学科发展实际。1995年，森林经理分会围绕"森林资源资产化管理和林业可持续发展"为主题进行交流、研讨，对林业部、国有资产局提出的试点方案进行讨论，提出《关于加快我国森林资源资产化管理工作的建议》，受到主管部门的好评。1996年，森林经理分会在湖南召开第九次学术研讨会，以主题明确、内容丰富、学术民主的特色，受到与会代表的赞扬，代表们反映"学术气氛浓厚，受益匪浅"，并称此次学术会议是载入学科建设史上的一次盛会。会议提出关于森林分类经营问题和保留森林经理二级学科的建议，为党和政府决策提供了有益的借鉴。

1996年8月，造林、森林生态分会联合举办了首次混交林与树种间关系学术讨论会。混交林和树种间关系的研究是林学界和生态学界研究的热点问题之一，它关系到造林的质量、生态环境和物种多样性等重大问题。会议选题正确，内容充实、新颖，代表面广，意义深远。会议全面检阅了此领域的研究成果，总结了经验教训，对推动我国混交林的生产和科学研究产生了深远影响，使我国混交林生产和学术研究再上新台阶。

2005—2006年，木材工业分会在山东东营举办全国生物质材料暨环保型人造板新技术发展研讨会，主要探讨了"十一五"以及未来一个时期我国木材科学与技术发展问题，特别是生物质材料及环保型人造板新技术发展问题。森林病理分会、森林昆虫分会联合主办首届中国森林保护学术论坛暨第15次中国林业科技论坛，就我国森林保护的现状、学科发展趋势、存在的主要问题等进行了深入的讨论并达成了许多共识。林木遗传育种分会与重庆市林学会主办了西南地区林木遗传育种学术讨论会。森林公园分会组织召开了生态旅游市场开发与森林风景资源保护学术讨论会。

2007年，中国林学会及所属分支机构采取学会主办、学会与地方政府合办、学会分支机构主办等多种形式，积极开展重点学科领域的学术交流，举办了森林培育、桉树、竹子、生物质材料、木材工业等大型专题学术研讨会 30 余次。

2015 年 6 月 5 日，"林农复合经营与林下经济发展学术研讨会"在中国科学院地理科学与资源研究所召开。会议就我国林农复合经营与林下经济的研究与实践展开学术研讨。来自中国科学院、中国林业科学研究院、中国农业科学院、中国水利水电科学研究院、中国人民大学、中国农业大学、混农林业研究中心（ICRAF）以及国家林业局等 14 位专家从林农复合经营与林下经济发展的基本理论、区域发展、典型类型、体制机制等多个角度进行了精彩的学术报告。鉴于我国山地众多、水土资源紧张的基本国情，在天然林保护政策趋紧、林业可持续经营和农业可持续发展的需求越来越迫切的形势下，发展林农复合经营和林下经济，对水土资源进行时间和空间上的综合利用，不仅可以有效发挥生态系统的环境功能，对山区人民的致富也具有重要意义。

2015 年 9 月 15～17 日，中国林学会珍贵树种分会成立大会暨首届中国珍贵树种学术研讨会在广州召成功开。会议由中国林学会、中国林业科学研究院联合主办，中国林业科学研究院热带林业研究所、广东省林学会共同承办。中国林学会副理事长兼秘书长陈幸良、华南农业大学校长陈晓阳、中国林业科学研究院副院长孟平、中国林业科学研究院热带林业研究所所长徐大平等有关领导出席会议并讲话。200 余人参加会议。会议期间召开了中国林学会珍贵树种分会成立大会，选举产生了中国林学会珍贵树种分会第一届委员会。大会的召开对加强珍贵树种学术交流，深化珍贵树种理论研究，总结珍贵树种发展经验，推广珍贵树种典型发展模式，进一步开发拓展当下热门的珍贵树种，加强珍贵树种天然林保护等方面将起到积极的促进作用。

2015 年，应东北林业大学邀请，学会与中国林业科学研究院、东北农业大学、黑龙江省科学院、吉林农业大学、沈阳农业大学联合创建"林下经济协同创新中心"。作为协同创新中心核心单位，学会成立了林下经济理论与区域发展研究创新团队，负责林下经济理论、林下经济区域发展与政策、林下经济国内外比较、林下经济学科发展、林下经济产业发展模式研究及推广应用、林下经济科技创新机制等方面研究。

（三）围绕林业重点与热点开展学术交流，促进林业事业发展

长期以来，学会深刻认识到，要提升学术交流的质量与成效，学术交流工

作必须坚持围绕中心、服务大局这一重要原则。在学术交流中，学会紧紧围绕林业重点与热点开展各种学术活动，为推动国家林业重点工作的实施和重大生态工程的建设，促进林业事业不断发展作出了积极贡献。

1983年5月27日至6月1日，根据海南岛大农业建设和生态平衡学术活动计划，学会在广州召开学术讨论会，共176位代表出席会议。代表们除提交考察报告外，还向中央及广东省委、海南岛行政区党委提出《对海南岛大农业建设的几点建议》的报告。

1986年，针对我国长期存在的林不管纸、纸不养林的局面，中国林学会与中国造纸学会联合召开了林纸联合论证会。专家们向国务院提出林纸结合的建议，得到国务院领导的重视，并作了具体贯彻实施的批示，要求林业部、轻工部、国家经委研究制定实施的步骤和办法。林业部也在延边、雷州等4个地方试点，许多省（自治区、直辖市）也制订了实行林纸联合的发展规划。这一建议于1987年荣获中国科协优秀建议一等奖，至今仍然具有现实指导意义。

1989—1992年，学会发挥知识密集、人才荟萃的优势，大力组织、动员各级会员积极参与各项科技兴林活动，把学术活动直接与林业发展计划挂钩，紧紧围绕林业部当时提出的"一个基地、一个工程、四大体系"建设规划组织学术活动。重点筹备了长江中上游防护林体系建设工程、太行山绿化治理、沿海防护林体系建设、营造1亿亩速生丰产林技术路线与对策、沙产业等学术讨论，通过学术讨论和经验交流，扩大了有关工程、基地、体系建设的社会影响，进一步引起基地治理区内各级领导的重视。在治理措施、营林技术上取得了阶段性成果，为治理区各级领导科学决策提供依据，达到为工程建设服务的目的；同时，也对编制林业"八五"国家重点攻关项目生态林业工程项目等的可行性报告起到重要咨询作用。

1989年12月21～25日，由农业部、林业部、水利部、国家民族事务委员会、国务院贫困地区经济开发领导小组办公室、中国林学会、中国农学会、中国生态经济学会、中国生态学会、中国水利学会等单位与广东省联合发起，在韶关市召开了山区优化开发综合治理研讨会。来自16个省（自治区、直辖市）的24所高等院校和科研单位的100多位专家、教授和基层工作者进行现场考察和学术交流。中国林学会向大会推荐了15个山区建设取得显著成绩的好典型，其中广东始兴、曲江、南雄县等，只用了3～5年时间基本改变面貌的事实，使与会者受到很大启发和鼓舞。代表们一致认为：山区建设虽然难度大，但只要遵循生态规律，应用系统工程进行综合治理、优化开发，能在短时间内取得成效。与会代表分析了我国山区面临的形势和存在问题，探讨了我国山区发展的战略目标，并向国务院提出加强山区开发建设的 12 条建议，对加强山区建设起到积极的促进作用。

1991 年，由森林昆虫分会召开的杨树天牛和松毛虫综合管理学术讨论会，比较系统地总结了松毛虫和杨树天牛综合管理的研究成果、经验，为生产提供有效的两虫控制手段，找出科研、生产上尚存在的问题和改进的途径。

20 世纪 90 年代，林业情报专业委员在林业科技情报为林业建设服务学术讨论会中指出：林业建设必须依靠科学技术，林业科技情报是林业科学技术的重要组成部分，是领导决策的依据，情报及时、准确与否，直接关系到决策的成功与否；林业要上去，科技是关键，情报必须走在前面。

1991 年 9 月 18～21 日，中国林学会、林业气象专业委员会、广东省林学会在湛江联合组织召开了沿海防护林体系建设学术研讨会，与会代表 67 名，交流论文 41 篇。这是首次关于海防林建设的学术研讨会。会议提出建立生态经济型防护林体系的指导思想，观念上从单效林业转向多效林业，要依据生物学原则建立符合当地自然特点的生物群落，本着因害设防的原则分类指导，因地制宜，统一规划，形成带、网、片相配套的海防林体系。会议强调加强科研攻关的紧迫性和重要性，提出了《关于海防林体系建设的建议书》。该建议对促进林业部将沿海防护林体系建设纳入林业发展规划起到了积极的推动作用。

2000 年 11 月 20～22 日，森林昆虫分会在湖北召开全国林业杀虫微生物学术研讨会，与会代表 60 余名。会议就有关国内外真菌杀虫剂、BT、昆虫病毒的研究与应用现状等学术问题进行了研讨。

2001 年 5 月 20～24 日，林木引种驯化专业委员会在杭州举办第九届全国林木引种驯化学术研讨会暨林木和观赏花木种苗交易会。会议主题为"知识经济时代的林木引种驯化与技术创新"，参会代表 110 余名。会议对我国树木引种驯化的进一步发展，对林木引种与生产、市场结合起到了积极地促进和推动作用。

2004 年 10 月 25～26 日，为解决椰心叶甲防治工作中的技术难题，总结防治经验，防止疫情进一步扩散，中国林学会、国家林业局在海南省海口市召开

椰心叶甲控制技术研讨会，组织与会专家进行学术研讨、实地考察，对椰心叶甲防治工作面临的技术难题作了认真的分析，提出了很多可行性建议，为取得椰心叶甲防治的决定性胜利奠定了基础。

2006年8月15～19日，针对外来有害生物对林业造成严重损失的严峻形势，中国林学会与国家林业局、中国科学院共同在乌鲁木齐主办防控外来有害生物高级论坛。会议围绕"如何应对外来有害生物，建立长效防控机制"进行了研讨，并讨论通过了《中国外来林业有害生物防控对策建议书》。

2006年9月，中国林学会与国家林业局植树造林司和江苏省林业局联合主办了全国沿海防护林体系建设学术研讨会，会议主题为沿海防护林体系建设与防灾减灾，近100名专家参加了会议。会议讨论了沿海防护林体系建设的政策、技术等问题，向中央有关部门提出了《关于加强我国沿海防护林体系建设的建议》，对进一步推动我国沿海防护林体系建设具有重要的意义。这是学会第二次召开全国范围内沿海防护林体系建设学术研讨会，会议的召开对沿海防护林体系建设工程停止10年后再次纳入林业发展规划起到了积极的促进作用。

2011年7月13～14日，由中国科协主办、中国农学会承办、中国林学会等14个全国学会协办的农产品质量安全与现代农业发展专家论坛在北京举行。中国科协副主席冯长根，中国林学会副理事长舒惠国，农业部主管部门负责人，相关学会以及与农产品安全相关的科研、教育、管理系统的200多名专家出席本次论坛。中国林学会副理事长兼秘书长赵良平应邀出席论坛开幕式。论坛以"科技创新引领质量安全"为主题，中国工程院院士刘旭、陈宗懋和中国科学院院士吴常信及农业部农产品质量安全监管局副局长金发忠等30多位专家作了主题报告。其中，中国林学会森林食品科学技术专业委员会秘书长江波在论坛作了题为"主要森林食品质量安全状况及潜在风险分析"的主题报告。在所有协办单位中，学会提交的论文数量及推荐的参会代表人数均位于前列，在大会主题报告和分论坛报告上都有林业专家发言交流，为论坛的顺利召开发挥了重要作用，有力宣传了我国林业系统在森林食品研究和开发取得的丰硕成果。

2011年10月26～27日，中国林学会与国家林业局林业工作站管理总站在山东省德州市召开了全国林下经济发展学术研讨与经验交流会。林下经济是国家林业局2011年确定的重点工作，选择林下经济发展这一主题，在全国林下经济现场会召开不久之际，由于选题好，参加会议的专家、领导和代表超出原来计划规模，达到 110 余人，会议征集的论文也达 100 余篇，国家林业局陈凤学总工程师出席会议并致辞，国家林业局集体林改领导小组黄建兴副组长作会议总结发言。会议的组织和成效得到了与会代表的一致认可，会议就林下经济发展达成了共识。

2014 年 11 月 7～9 日，中国林学会在昆明召开古树名木分会成立大会暨首届中国古树名木学术研讨会。会议特邀全国绿化委员会常务副秘书长、国家林业局造林司副司长赵良平等 9 位学者和专家从我国古树名木保护现状和展望、古树病虫害、古茶树资源、古树断裂风险性评估与防护等方面的研究成果作了学术交流发言。与会专家一致呼吁，应建立健全法规，积极探索科学有效的保护措施，做好古树名木保护各项工作，为后代留下珍贵资源。

2015 年 7 月，天然林保护与林下经济发展学术论坛在哈尔滨举行。论坛由中国林学会、黑龙江省林业厅、黑龙江省森工总局和东北林业大学共同主办。来自黑龙江省林业系统的 200 余人参加了论坛。论坛由黑龙江省林业厅副厅长杨克杰主持。中国林学会副理事长兼秘书长陈幸良、东北林业大学校长杨传平、黑龙江省森工总局局长魏殿生分别在论坛上作学术报告。论坛围绕如何破解林区天然林保护和经济发展的矛盾，探索出一条生态保护、经济建设、民生福祉和谐共赢的发展之路展开了研讨。专家认为，实施天然林保护与大力发展林下经济是相辅相成，和谐共赢的发展关系，发展林下经济是保护天然林的必然选择，是在全面实施停伐后林区经济的根本出路。

2015 年 10 月，中国林学会联合中国林业科学研究院、国际竹藤中心在杭州共同举办了竹业创新发展与"一带一路"建设高层学术研讨会。会议是在我国"一带一路"战略背景下召开的专题学术研讨会，举办本次学术研讨会，对促进区域竹业发展、促进沿线国家经贸都具有十分重要的意义。

2016 年 6 月，中国林学会在黑龙江抚远召开湿地保护与绿色发展学术研讨会。绿色发展是将生态文明建设融入政治、文化、社会建设各方面和全过程的全新发展理念。本次专题学术会议的召开是中国林学会积极响应贯彻中央的战略部署和林业的中心工作的具体行动之一，充分体现了中国林学会一贯坚持的围绕中心、服务大局的工作理念。

2016 年 8 月，为积极响应国家"一带一路"建设战略，贯彻落实中国科协全国科协系统对口援疆工作会议精神，进一步加强经济林领域学术交流，促进

经济林产业创新发展，推动新疆特色林果产业发展和沙漠绿洲生态建设，中国林学会在乌鲁木齐市召开经济林产业创新发展与"一带一路"建设高层学术研讨会。中国林学会理事长赵树丛在会上提出三点意见：一是在实施"一带一路"发展战略中要充分发挥林业的功能作用，二是在实施"一带一路"发展战略中要高度重视经济林产业创新，三是在实施"一带一路"发展战略中搭建高质量的创新平台。

（四）围绕林业产业开展学术交流，促进企业创新与地方经济发展

学术交流应注重与生产实践结合，服务产业发展。长期以来，学会紧紧围绕林业产业发展开展学术交流，搭建产学研用交流平台，推动林业科技成果转化与推广应用，促进企业创新与地方经济发展。

1988 年 11 月，学会召开了全国经济林立体经营模式学术会。会议的召开对推动湖南省庭院经济的发展和经济林的立体经营起了重要的促进作用。截至1990 年年底，湖南在益阳、常德等 20 个县先后办起庭院经济专业户 4000 余户，每户年均收入 600～1000 元，直接创利 240 万～400 万元。

1990 年 12 月，森林经理分会中南地区研究会在广东三水召开森林经理理论与实践讨论会。会议针对广东林业生产急需解决的问题——荒山绿化后林业资源如何经营与管理展开讨论、研究，得到广东省省委的重视。广东省人大常委会主任、党组书记林若亲自听取专家意见，会后又聘请王永安、徐国桢、颜文希三位理事为广东省林业厅森林经理技术顾问。这次会议为林业规划设计提供了宝贵经验，效果显著，对推动南方森林经理和林业建设有重要意义。

1991 年 9 月 15～19 日，全国第三次经济林产品加工会议在河南西峡县召开。会议的召开给西峡县林产品加工业的发展带来了深远影响。根据会议的有关建议，河南西峡县政府提出了西峡县林业发展的战略设想：以发展经济林为突破口，加工利用为主体，开展多种经营。县政府连续两次召开会议，研究优势资源猕猴桃的综合利用，提出用 3～5 年时间，以加工促栽培，形成产供销一条龙的集团经营；县猕猴桃制品厂引进一条先进生产线；年增产值 1400 万元；增创利税 312 万元。

1990 年，鉴于我国森林可采资源日趋减少、木材供需矛盾将更趋尖锐的情况，木材工业分会和中国林机公司联合组织召开了全国非木材人造板学术研讨会。代表们一致认为加速研究和开发非木材人造板，不但是缓解木材供需矛盾的重要途径之一，还有利于发展农村经济。

1995年12月，学会在北京召开了20余名学科专家参加的"科技进步与产业发展——林业专题分会"研讨会，这是一次高层次、专家论坛式的研讨活动。会后撰写了《林业产业的现状分析、发展重点与政策》的专题报告，由科协统一汇总后呈报中共中央、国务院及有关决策部门。

1994年，木材工业分会在上海召开"城市木材工业如何焕发青春"会议。1995年、1996年又抓住机遇就我国人造板工业发展问题及北京市、湖南省木材企业建设中密度纤维板基地及发展等问题组织召开研讨会。会议采用专题研讨与论证相结合的方式，对林业部人造板工业政策提出宝贵意见，向北京市人民政府提出关于建立工业原料基地，促进北京人造板工业发展的建议，并向上级领导提出我国中密度纤维板工业发展的有关建议。木材分会想企业所想，急企业所急，主动为企业发展参谋咨询，活动经费也得到了企业的大力支持，从而提高了学术活动在市场经济中的凝聚力。

20世纪90年代初，经济林分会的多项学术活动都与我国大力发展经济林的形势紧密相扣，其中银杏、杜仲研究会以自己特有的优势，在促进经济林发展、科技成果转化生产力方面直接与市场接轨，活动一年一次，规模档次一次比一次高，学术活动吸引力、凝聚力不断加强，深受基层会员的欢迎。

1993年10月22～28日，为了促进竹加工业的发展，帮助山区群众脱贫致富，中国林学会与台湾锦荣机器厂在湖南省长沙市联合召开海峡两岸竹加工机械及加工学术交流会。我国主要的竹产区，10余个省（自治区）的林业轻工、外贸等行业的科技、生产企业以及经营管理部门150余人参加了会议。会议采用研讨、交流、展示、咨询融为一体的方式，使学术活动更与社会、市场接近，更进一步介入科技与经济结合范畴，产生了巨大的反响和积极的效果。随后几年，我国竹子生产从培育到加工利用方面都得到较大发展，不少地方的竹产业已成为活跃山区经济、帮助山区人民脱贫致富的新兴产业，取得了显著的生态、经济、社会效益。

1996年7月和12月，林化分会召开了两次学术研讨会，分别就活性炭、林产化学两大化工产业进行学术研讨。两次会议均结合林业部制定的林产工业发展规划展开了认真热烈的讨论。国家责成林业部门主管木浆生产并建成大工业的决策是林化领域的一项重大发展。在两次会议上，专家们都对林化产业的形

势及存在问题作了实事求是的分析，并对产业的可持续发展提出了很好的意见。

1999 年 4 月，学会与科技部人才交流开发服务中心在昆明联合举办了林业及相关行业新技术、新产品、新成果信息交流洽谈会。来自 24 个省（自治区、直辖市）75 个单位涉及林业、矿业、轻工、铁路等部门的 117 名代表参加会议。中国林业科学研究院、北京林业大学等近 40 家单位参加了洽谈和信息发布，并初步建立了联系或达成合作意向。此次活动充分发挥了学会广泛联系科研、教育和生产单位的网络优势，为学会在市场经济条件下如何发挥中介作用、如何加强产学研合作等方面进行了有益的探索。

2002 年 10 月 17~19 日，中国林学会竹子分会在福建永安举办了中国竹产业发展论坛。100 多位从事竹类研究、生产和管理部门的专家、代表参加了这次论坛。会议交流了国内外竹类研究的最新进展，竹炭、竹材人造板的发展动态，竹子生化利用、高效商品竹林培育等研究成果，引起了与会代表的普遍关注。

2016 年 5 月，中国林学会联合中国药学会在京召开林药与医药健康发展学术研讨会。会议召开是积极响应党中央、国务院印发的《国家创新驱动发展战略纲要》中鼓励加强学科交叉与融合的举措，是对中共中央办公厅下发的《科协系统深化改革实施方案》文件精神的深入贯彻。与会代表一致认为，林药概念的提出意义深远，对森林生态、林下经济、中药产业等创新发展具有重要价值，林药产业的兴起非常符合我国目前的现实需要。当前林药产业发展已积累了一定的实践经验，但林药的理论研究仍需深化，林药发展仍需回归到自然生态系统的本源。此次研讨会的召开对加强林药产业发展，深化林药与医药的结合，总结林药产业发展经验，进一步开发拓展当下热门的林药植物等方面将起到积极的促进作用。

五、重大学术考察活动

长期以来，中国林学会坚持围绕中心、服务大局，充分发挥桥梁纽带作用，多次组织多学科、多部门、多层次的重大学术考察活动，为林业主管部门、地方政府等提供决策建议，积极服务林业事业和地方经济发展。

（一）西南高山林区采伐与更新问题综合考察

1979 年 10 月中旬至 11 月上旬，中国林学会组织陈陆圻、王战、王长富、于政中等 20 余位林木采运、森林更新、森林生态、森林经理和林业经济等领域的专家，深入四川和云南两省，对西南高山林区的采伐与更新问题进行了综合学术考察。

专家们通过考察发现，西南高山地区的森林遭受着严重破坏，处于资源面临枯竭的境地。在只顾生产木材的思想指导下，西南林区的森林破坏和不合理采伐日益加剧，使本来不多的森林资源越来越少。西南林区毁林开荒十分严重。一些地方不能正确处理农、林、牧三者的依存关系，片面地强调扩大耕地面积，到处毁林开荒。西南高山林区森林资源的急剧减少，引起了生态环境的恶化，气候失调，枯水期河流水量减少，伏旱严重；雨季山洪频发，水土流失严重。

针对西南高山林区当时只重视木材生产，不重视生态建设的问题，专家组指出"长江有可能变第二条黄河的危险"，提出加强森林资源保护的措施与建议，并报送全国人大常委会和国务院。《人民日报》和《光明日报》对此作了报道，引起了各级政府和全社会的高度重视与支持。

（二）海南岛大农业建设与生态平衡科学考察

1981 年 5 月至 1982 年 1 月，受国家科委、原国家农委和中国科协的委托，中国林学会牵头组织了近 20 个学科的 65 位老、中、青科学家，对海南岛大农业建设和生态平衡问题进行了综合科学考察。考察组由中国林学会副理事长朱济凡带队。

1983 年 5 月，在考察的基础上，召开了有 200 多位科技工作者和行政领导干部参加的学术讨论会，按照中共中央、国务院关于加快开发建设海南岛的指示精神，对考察组提出的考察报告及建议作了认真讨论和修改补充，系统分析了海南岛自然条件的优势和弱点，总结了 30 年来海南岛大农业建设的成就和问题，提出了海南岛今后大农业建设的方向。

考察报告对海南岛大农业建设提出了九点建议：一是努力提高粮食自给率，逐步实现粮食自给，提高糖、肉、菜的商品率；二是积极发展橡胶等热带作物；三是大力恢复、保护和发展森林，在立地条件适宜的地区建立柚木、桃花心木、海南黄花梨等珍贵木材林基地；四是抓好水利水电建设，进一步改善海南岛工农业生产条件；五是保护和合理利用近海水产资源，积极创造条件开辟外海渔场，大力发展海水和淡水养殖；六是加强自然保护和建立自然保护区；七

是多渠道筹集开发建设资金；八是高度重视智力开发，大力发展文化教育事业；九是大力组织科研攻关，提出了海南岛主要生态系统结构与功能的研究、热带珍贵用材林、一般用材林和薪炭林的树种选择和速生丰产林技术的研究等10项亟待开展的研究课题。

（三）加速绿化太行山学术考察

1984年5月8日至6月6日，中国林学会、林业部科学技术委员会组织造林、水土保持、牧草、林业经济、森林土壤、自然地理等领域的专家共15人，赴太行山区进行了学术考察。

考察组到山西省的五台、盂县、和顺、沁县、长治、壶关、平顺，河北省的涞源、邢台、平山，河南省的林县，北京市的房山共12个县（市）的数十个基层单位进行了实地考察活动，取得了丰富的资料，加深了对绿化太行山的认识。考察之前，太行山区3省1市的有关单位也曾进行了大量的绿化太行山方面的调查研究、考察、论证等工作，为考察提供了许多宝贵资料。

考察组对有关加速绿化太行山的几个主要问题进行了归纳和总结。一是关于绿化太行山的指导思想。提出要处理好四方面的关系，即山地和平川的关系、生态和经济的关系、发展和养护的关系、造林和育草的关系。二是绿化太行山的标准和速度。指出太行山的绿化标准首先应当根据治理太行山的目的要求来制定。绿化太行山任务十分艰巨，长远的目标需要几代人的努力才能实现。三是绿化太行山的方式和技术。四是绿化太行山的组织措施及经济政策。

（四）酸雨对大农业的危害及其对策学术考察

1984年11月，受中国科协委托，中国林学会组织中国科学院、中国林业科学研究院、中国环境科学院等单位的有关专家，赴四川开展酸雨对大农业的危害及其对策学术考察，共有19个全国学会参加了此次考察。专家们考察了农、林、水产等受酸雨危害的现场，探讨了四川万县地区奉节县茅草坝大面积华山松死亡的原因，预测了酸雨对我国森林存在的潜在危险，提出了《抢救森林》的报告。

（五）松突圆蚧危害学术考察

1988年，学会组织了不同学科的专家，对广东大面积松突圆蚧危害、江苏部分地区松材线虫危害黑松死亡等问题，进行了认真的调查研究，与当地主管部门共同讨论防治的措施和办法，使专家们的学术观点转化为领导部门的决策思想。

（六）松材线虫病蔓延学术考察

1999 年 5 月，针对松材线虫病迅速蔓延对社会、经济、生态环境等造成严重影响的状况，受中国科协委托，在国家林业局植树造林司的大力支持下，中国林学会组织了两院院士和第一线专家对重点发病区进行专题考察论证。考察团由两院院士和知名专家 22 人组成，中国工程院副院长沈国舫院士任团长，中国科协书记处书记张泽，国家林业局党组成员、中国林业科学研究院院长、全国政协人口资源环境委员会副主任、学会副理事长江泽慧等专家参加了考察团。考察团向国务院呈报了《关于迅速遏制松材线虫病在我国传播蔓延的对策及建议》，并得到国务院领导的重视。温家宝副总理在报告中就关于今后加强森林病虫害防治作了重要批示，国家林业局为此专门召开工作会议进行贯彻落实，财政部、国家计委也给予大力支持。有关各省（自治区、直辖市）成立了以省长等牵头的松材线虫病防治工程治理领导小组；财政部为松材线虫病工程治理设立了苏浙皖鲁松材线虫病工程治理项目专项资金。这些措施为迅速遏制松材线虫病的蔓延提供了有力保障。该建议为我国的松材线虫病防治发挥了重要作用，2001 年被中国科协评为优秀建议一等奖。

（七）江西林业院士行

2005 年 4 月 10～15 日，为了充分发挥中国林学会人才、智力优势，充分发挥两院院士在林业建设中的参谋、智囊团作用，中国林学会与江西省林业厅共同主办了"江西林业院士行"活动。张新时、蒋有绪、王明庥、冯宗炜、张齐生、宋湛谦 6 位院士应邀参加了这次活动。江西省委、省政府对此次活动十分重视，省长黄智权、省委副书记彭宏松、副省长胡振鹏会见了院士一行，省委书记孟建柱出席"希望在山"院士论坛并作重要讲话。活动期间，六位院士深入到高安市、铜鼓县、吉安县、崇义县等地进行实地考察，重点考察了江西省林业产权制度改革、林业生态建设、林业产业发展等方面的情况，掌握了大量的第一手资料。在实地考察的基础上，召开了院士座谈会，举办了希望在山院士论坛，就江西林业建设和"十一五"规划充分发表了意见，并提出了许多宝贵建议。院士们一致认为，不能只从山上获取，还必须首先培育山、保护山。江西森林覆盖率高，但森林质量不太好。根据江西的土壤气候条件，应该培育成质量很高、功能完备的森林生态系统。"希望在山"，首先要合理的保护，

其次是精心的利用。在山上办绿色银行，首先要存本金，即要营造高质量的森林；其次只能用利息，也就是说只能用其生长量。生态必须与经济和社会的发展联系起来，只有全面顾及生态、经济和社会效益，才能实现可持续发展。只要规划好，江西有一定潜力发展速生丰产人工林，能够取得很好的生态和经济效益。

（八）宁波四明山区域生态修复与产业发展学术考察

2016年7月27～30日，应宁波市林业局邀请，中国林学会组织专家赴浙江省宁波市开展四明山区域生态修复与产业发展学术考察活动。本次活动由中国林学会主办，中国林学会宁波服务站承办。专家组由中国林学会副理事长兼秘书长、中国林业科学研究院副院长陈幸良研究员，中国林学会学术部主任曾祥谓高级工程师，南京林业大学林学院党委书记方升佐教授，中国林业科学研究院森林环境与保护研究所研究员、中国林学会森林生态分会秘书长史作民，中国林业科学研究院亚热带林业研究所张建锋研究员，浙江省林业科学研究院院长江波研究员，中科院宁波城市环境观测站徐耀阳研究员等7位专家组成。宁波市林业局局长许义平，副局长、市林学会理事长朱永伟，市林业局总工、林学会副理事长林伟平，市发改委副巡视员董增荣以及局四明山生态修复领导小组成员参加考察活动。

本次学术考察活动，专家组对奉化市溪口镇、余姚市四明山镇和大岚镇以及鄞州区章水镇10个典型点的苗木产业经营和生态修复情况进行了实地考察；召开了由各市（区）分管局长、各镇分管镇长、各相关村支部书记、农业大户、村民代表和专业合作社负责人参加的3次座谈会；专题听取了宁波市林业局关于四明山区域森林生态修复情况的报告，并在专家组内进行了充分的讨论，在此基础上，形成了专家咨询意见和建议。宁波电视台对本次学术活动进行了全程跟踪拍摄和采访报道。专家咨询意见得到宁波市委、市政府的高度重视，市委、市政府主要领导和分管领导对意见进行了批示。

（九）大兴安岭森林生物灾害学术考察

2016年8月22～26日，受中国科协创新战略研究院委托，中国林学会组织专家赴黑龙江大兴安岭林区调研森林病虫害情况。中国科协创新战略研究院院长罗晖、国家林业局造林司原总工程师吴坚研究员、中国林业科学研究院林业科技信息研究所原所长侯元兆研究员、南京林业大学副校长叶建仁教授、东北林业大学林学院党委书记迟德富教授、中国林业科学研究院资源信息研究所武红敢研究员、国家林业局森林病虫害防治总站测报处副处长方国飞高工等参加考察。大兴安岭地区行署副专员周大亚、地区科协副主席吴锦荣以及地区农林科学研究院、森防站等有关单位负责同志陪同考察。

专家们围绕着"林木良种基地樟子松衰退、樟子松梢斑螟、偃松病虫害、林木鼠害、监测预报技术应用以及森林生物灾害发生情况与森林经营现状"等调研问题，从大兴安岭加格达奇出发，沿途考察了加格达奇区营林技术推广站樟子松种子园及林木良种基地病虫害场地、古里北药基地、蓝莓基地、天台山监测调查场，呼中区小白山偃松病害场地和鼠害防治作业场地，图强区二十八站林场鼠害防治场地和樟子松林病害场地以及漠河县樟子松林病害发生场地、病虫害监测调查场地等。

在调研结束后的座谈会上，专家组成员论证了考察结论并提出了相关建议。专家们提出了"预防为主，绿色防控"的主导思想。针对当前大兴安岭森林质量存在大树少、蓄积量低，局部林分林窗多、密度过高，形成稳定性森林群落周期漫长，森林质量有待进一步提升等问题。同时，林木良种基地樟子松种子园因为梢斑螟危害进入衰退状态。专家们提出建议：一是在认真总结塔河中美森林健康试点经验和训的基础上，积极开展森林经营工作，确保森林健康安全；二是要通过遥感监测技术的应用加强监测预警和社会化防治工作；三是要做好樟子松林木良种基地换代更新与灾害的防控并举；四是要在方法和手段上创新监测预报新模式，大力推广应用物联网和大数据平台。五是要用好创新助力平台，推荐乡土专家，发展名优林土特产，树立品牌形象，提高产品价格，发展地方经济。

调研报告通过中国科协上报国务院办公厅，受到中央领导高度重视，刘延东副总理作了批示。

六、开展学科发展研究

（一）编写《"九五"期间林业科学技术重大进展》报告

为了让社会各界及时了解科学技术的进展情况，同时为领导决策提供参考，学会受科技部的委托，于2001年上半年组织多学科专家编写了《"九五"期间林业科学技术重大进展》报告。该报告分析、总结了"九五"期间我国

林木遗传育种、人工林培育、生态林业工程技术、荒漠化治理、森林保护、森林经理、森林生态、木材加工利用、林产化工等领域的重大研究成果和科技进展，并指出了我国林业科技与发达国家之间存在的差距以及今后林业科技发展的方向。中国林学会副理事长尹伟伦在科技部副部长邓楠主持的新闻发布会上，代表中国林学会对"九五"期间林业科技重大进展作了发布。这是科技部与国际接轨，利用和发挥学术团体作用的一次尝试，也是学会充分发挥自身优势和体现学会价值的一次良好机会。

（二）编写《2006—2007 林业科学学科发展报告》

根据中国科协《关于开展学科发展进展研究及发布活动的通知》（科协学发〔2006〕27 号）文件精神，中国林学会承担了"2006—2007 林学学科发展报告编写"工作。中国林学会高度重视，进行了周密的策划和组织。在工作开展前期，学会做了详细的调研，召集林学专家进行了讨论，确定了专题报告的编写范围、编写人员和编写规范要求。专题报告范围的确定参照了《国家标准学科分类与代码（GB/T13745-92）》和《教育部学科分类目录》，专题报告包括了林学学科的 13 个二级主要学科：森林生态学、森林土壤学、森林植物学、林木遗传育种学、森林培育学、森林经理学、森林保护学、园林与观赏园艺学、木材科学与技术、林产化学、荒漠化与水土保持、林业经济管理学和城市林业。

2006 年 11 月中国林学会邀请了约 60 余位专家，由副理事长尹伟伦教授主持召开了学科发展讨论会。与会专家对林学学科 13 个专题报告的发展现状、趋势、差距、存在问题、发展战略与重点研究领域及发展对策进行了认真讨论，为报告的修改和完善提出了宝贵的意见，确保了专题报告质量。

座谈会后，根据修改完善的专题报告，结合我国林业科技发展战略和林学学科发展的现状，参考了相关文献资料，学会组织了林学学科综合报告的编写。综合报告提出了我国林学学科发展的目标、战略和重点领域，发展战略包括：加强林学基础学科和高新技术的研究，提高科技水平和创新能力；研究解决重点工程建设中的关键技术；加速科技成果集成转化，提高林业建设科技水平；加强科技能力建设，提高林业科技持续创新能力等，并提出了关于生态脆弱区退化生态系统形成机理与恢复重建、天然林的保育与可持续经营、森林遗传规律与林木改良等 11 个重点发展领域。

该发展报告的编写由院士和首席科学家牵头，教授和研究员具体参与，其中对林学学科发展趋势、差距的判断十分正确，对发展目标、战略与重点领域的提出依据十分充分。整个专题报告和综合报告都达到了较高的水平，对于我国林学学科的发展、林业科技的发展和林业生产具有重要的指导意义。

（三）编写《2008—2009 林业科学学科发展报告》

2008 年，中国林学会连续承担了《2008—2009 林业科学学科发展报告》的编写工作。该报告的编写坚持以下原则：根据国家对学科分类的标准，补充曾经没有写过的学科；按照中国科协的要求，挑选学科发展变化较大的学科；完善和补充第一次编写一些学科的不足。为此，该报告内容包括森林生态学科、林木遗传学科、林木育种学科、野生动物保护与管理学科、森林昆虫学科、森林病理学科、森林防火、林业经济、经济林学科以及林学综合报告。

在前期编写的基础上，学会组织召开了学科发展座谈会，50 余位专家对 9 个专题报告进行了深入讨论，提出了修改和完善意见。根据专家意见，学会多次组织有关领域专家对专题报告进行了修改，同时参考相关文献资料，组织专家编写综合报告，提出了我国林学学科发展的目标、战略和重点发展领域。

（四）开展推动绿色经济发展和生态保护的林学学科群创新协作项目研究

为加强我国学科发展态势和规律研究，推动产学研合作创新，带动创新能力提升，更好地服务创新驱动发展，中国科协决定，设立学科发展引领与资源整合集成工程项目，采用以奖促建方式，鼓励全国学会发挥学科和专业优势、凝聚和整合科技资源，提升学会对学科布局、资源整合以及成果转化方面的引领作用。

2015 年，中国林学会积极申报该项目，并获得批准。中国林学会副理事长兼秘书长亲自担任项目负责人，成员主要来自学会秘书处林下经济研究团队。该项目为期 3 年，资助经费 100 万元，是学会历史上承担的最大的研究项目。

项目主要内容包括 6 个方面：加强林学学科群协作理论创新研究，构建以林学学科为主导，林学与农学、生态学、经济学、管理学等多学科交叉融合的学科集群；加强学术交流平台建设和产学研交流平台建设，大力实施创新驱动助力工程，服务产业、服务基层；建立以学会为主导的，联合高校、科研机构、企业及其他社会组织的创新协作联合体，开展林学学科群重大科学问题研究；建立林下经济创新协作科技试验示范区，以先进技术支撑和引领绿色经济发展

和生态保护；联合培养硕士、博士、博士后等高层次人才和技术骨干；联合开展林下经济产业发展决策咨询，建言献策。整个项目正按计划有序推进。

（五）编写《2016—2017 林业科学学科发展报告》

2016 年 3 月，在中国科协学会学术部的支持下，学会在时隔 10 年后再次成功申请了中国科协学科发展研究项目，着手编写《2016—2017 林业科学学科发展报告》。项目为期 2 年，其总目标是：总结我国林业科学的最新研究进展和成果，推动我国林业科学学科的发展，进一步推进林学学科和其他学科的交叉、融合与协调发展，提升林业科技创新能力，更好地为林业产业发展和生态文明建设服务。

根据林业学科发展特点，报告分森林培育、林木遗传育种、木材科学与技术、森林经理、森林病理、森林昆虫、森林土壤、森林防火、林产化工、经济林、林下经济、树木学、风景园林、森林生态、林业气象、珍贵树种、树木引种、林业经济管理、杨树、桉树定向培育、竹林培育等 21 个学科或研究领域进行学科发展研究，编写各学科进展报告。

2016 年 11 月 10～12 日，中国林学会在昆明市召开 2016 学科发展研究座谈会。中国林学会理事长赵树丛，西南林业大学校长蒋兆岗，北京林业大学副校长李雄，东北林业大学副校长周宏力，西南林业大学副校长杜官本，浙江农林大学副校长金佩华，中南林业科技大学副校长吴义强等领导和专家出席会议。会议由中国林学会副理事长兼秘书长陈幸良主持。

针对当前学科发展中的问题和目标，如何推进和强化学科研究和建设，赵树丛理事长提出 5 点要求。一要注意基础研究和应用研究并重。特别要加强森林生态、森林土壤、树木学、植物生理、林业气象等林业基础学科的研究，同时也要加强科技成果的应用研究。二要注意微观研究与宏观研究并重。既要能够在应对气候变化、生态安全和木材安全等方面发挥应有作用，同时，也要求林业从分子、细胞、基因的微观水平上深刻地揭示森林生态系统的内部规律，为生态环境演化、森林碳汇、生物质能源发展等提供理论与技术基础。三要注意纵向深入与横向发展并重，既要承前启后，又要强调相互关联，横向联系发展，突出学科研究的交叉性、系统性、创新性。要引入先进的研究方法和手段，注重科研成果与企业社会需求的连接，让我们的成果真正服务社会，转化为生产力。四要注意传统学科与新兴学科并重。注意加强林学各学科之间以及林学与其他学科之间的相互渗透。五要注意人才队伍建设与学科平台建设并重。要把人才队伍建设研究放在头等重要的地位上，在学科建设中要对人才队伍的现状基础和学科平台建设要素一并研究，把这两者作为鸟之两翼、车之两轮去推动，为学科发展提供支撑和帮助。

会议期间，卢孟柱、刘桂丰、黄立新、曾祥谓、赵凤君、陈林分别代表不同学科作了杨树科学、林木遗传育种学科、林产化工学科、林下经济、森林防火学科和树木学学科发展研究报告。

本次 2016 学科发展研究座谈会是中国科协支持的项目《2016—2017 林业科学学科发展报告》系列工作之一。通过开展本项研究，总结我国林业科学的最新研究进展和成果，推动我国林业科学学科的发展，进一步推进林学学科和其他学科的交叉、融合与协调发展，提升林业科技创新能力。

七、《林学名词》审定与出版

林学名词是林业科学技术发展的产物，是林业科技发展的结晶，反映了林业科学研究和生产实践的成果，带有明显的时代信息。作为科技交流、知识传播和科学普及的载体，林学名词在林业现代化的进程中起着重要作用。林学名词的规范和统一工作不仅是林业科技发展的基础，也是林业信息化基础，更是林业教育和科学普及的基础。

在全国科学技术名词审定委员会的指导与支持下，从 20 世纪 60 年代开始到现在，中国林学会一直代表林业系统从事林学名词的审定和出版工作。

（一）早期林学名词相关工作

1957 年 3 月 23 日，学会召开常务理事及在京理事联席会议，组织成立了"林业名词统一"的 3 人小组，并与中国科学院编辑出版委员会联合制定英中林业名词统一的办法。

1959 年，学会在香山召开会议，研究编写《中国森林学》及《中国森林利用学》两书。两书于 1960 年完成初稿，篇幅均达 10 万字左右。

1986 年 2 月 17 日举行 1986 年第一次常务理事会。通过学术、科普、组织、评奖、国际工作委员会和林学名词审定委员会的主任委员和副主任委员。

（二）《林学名词》审定与出版

20 世纪 50 年代以来，随着林业科学技术的迅猛发展，学科领域不断扩大，

专业划分越来越细，学科之间的交叉渗透日趋加深，新的专业名词不断涌现，加之过去对名词术语从未系统进行过审定，使林学名词不同程度地存在着混乱现象。这对林业科研、教学的发展，新技术的推广以及国内外学术交流带来很大的影响。

1985 年 5 月，经全国自然科学名词审定委员会同意，中国林学会成立了"林学名词审定工作筹备组"，制定出《林学名词审定委员会工作细则》并按林学基础、林学、水土保持、园林、林业工程、林产加工六个专业，组织有关专家分别起草。

1986 年 6 月 4 日，学会在北京召开林学名词审定委员会第二次筹备会议，草拟出第一批《林学基本名词（草案）》，共收词 4500 余条。

1987 年 3 月林学名词审定委员会正式成立，对《林学基本名词（草案）》进行了初审，经修改后分送全国有关单位和专家广泛征求意见。各学科组于 1987 年年底，在认真研究讨论反馈意见的基础上，提出第三稿，在 1988 年 4 月召开的二审会上再次审议修改，最后于 1989 年 1 月三审定稿并上报，全国自然科学名词审定委员会委托吴中伦、汪振儒、王恺三位先生对上报稿进行了复审，于 1989 年 3 月全国自然科学名词审定委员会批准公布。

本批公布的林学名词是林业科学中的基本词，共分九大类，收词范围涉及 28 个分支学科，共 2219 条。林学名词与其他应用学科，尤其是很多基础学科有所交叉渗透，为了避免学科间的不统一和重复，林学名词审定委员会与植物、昆虫、土壤等学科名词审定委员会进行了协调。

（三）《林学名词》（第二版）审定与出版

1989 年全国自然科学名词审定委员会（现更名为全国科学技术名词审定委员会）公布出版了《林学名词》（2219 条），对林学名词的规范化，促进国内外林业学术交流以及对我国林业科研、教学、生产与管理工作等方面发挥了积极作用。经过 20 多年的发展，林业学科领域逐渐扩大，学科交叉日益明显，新的专业名词时而涌现。第一版《林学名词》已经不能满足林业科技发展的需要，学术交流时往往因对名词内涵理解不同而产生歧义，迫切需要通过释义进一步明确其科学内涵。

2006 年 12 月 23 日，受全国科学技术名词审定委员会的委托，中国林学会成立了第二届林学名词审定委员会，启动了新一版《林学名词》编写与审定工作，明确了对第一批公布的林学名词进行修订、增补新名词和加注释义的工作任务。

第二届林学名词审定委员会由中国林学会第十届理事会理事长江泽慧教授及王涛、蒋有绪和唐守正3位院士任名誉主任，孟兆祯、马建章等8位院士和知名专家担任顾问，中国工程院尹伟伦院士任主任，张守攻、施季森、杨传平、尹发权任副主任，委员由来自全国林业科研、教学、生产和管理单位的29位专家组成。审定委员会秘书处设在中国林学会学术部，负责委员会的日常工作。

第二届林学名词审定委员会成立以后，立即投入到繁重的审定工作中。由于这项工作任务量大，要求细致严谨，故时间跨度较长。先后经历了中国林学会第十届理事会和第十一届理事会。学会两届理事会都非常重视第二届林学名词审定的各项工作，第十届理事会江泽慧理事长亲自担任审定委员会的名誉主任，研究部署工作任务，安排知名专家担任各学科召集人，第十届理事会副理事长兼秘书长赵良平、常务副秘书长李岩泉将其作为重点工作，指定学术部并派专人具体负责该项工作。第十一届理事会赵树丛理事长要求持之以恒地做好这项工作。第十一届理事会副理事长兼秘书长陈幸良等学会领导坚持持续加强和做好这项工作，继续给予支持与指导，在人力物力上增加了支持力度，保证了第二届林学名词的审定工作得以顺利进行并最终取得圆满成功。

第二届林学名词审定工作按总论、林学基础、森林生态、湿地与自然保护区、林木遗传育种、森林培育、森林经理、森林保护、水土保持与荒漠化防治、风景园林、森林工程、木材科学与技术、林产化学加工、林业经济等分支学科落实具体召集人，以上各学科召集人分别是骆有庆（包括总论、林学基础、森林保护）、肖文发、施季森、江泽平、郑小贤、余新晓、李素英、王立海、周定国、蒋剑春、刘俊昌。本次林学名词审定分为词条编审、释义、审定三个阶段进行，前后共召开6次全体委员扩大会议及多次分支学科讨论会。2007年底共收集词条8000多条，经汇总、分支学科组开会讨论和征求意见后，汰除重复与过于陈旧的词条后，选定5000余条。按分支学科分工，由各位委员开始进行词条释义。2010年底各分支学科组陆续完成了释义初稿。2011年分支学科相继组织召开了委员及同行专家审定会，对释义初稿进行了逐条审定，2012年底完成了林学名词释义二稿，2013年6月召开第二届林学名词第五次全体委员扩大会议，就释义二稿重复交叉名词的归属及释义等问题进行了

原则性讨论。会后各学科组对释义二稿进行了修改，于 2013 年底形成了《林学名词》送审稿。全国科学技术名词审定委员会委托贺庆棠、林金星、孙向阳、王沙生、蒋有绪、罗菊春、沈熙环、盛炜彤、牛树奎、高荣孚、李志辉、唐守正、彭世揆、沈瑞祥、李镇宇、王礼先、孟兆祯、张齐生、鲍甫成、宋湛谦、沈兆邦、任恒祺、邱俊齐 23 位先生对《林学名词》送审稿进行复审。2014 年 5 月各分支学科根据复审专家提出的修改意见再次进行了修改形成《林学名词》上报稿。2014 年 9 月 16 日针对《林学名词》上报稿存在的重复词条、定名及释义等问题召开林学名词专家讨论会，进行了讨论修改形成最终定稿，确定了 5025 条。

2015 年 3 月经全国科学技术名词审定委员会主任审核批准，予以预公布，在全国科学技术名词审定委员会网站及有关媒体公示征求社会意见，预公布期限为 1 年。经过预公布期间的反馈意见，林学名词审定委员会对预公布稿再次修改于 2016 年 5 月呈报全国科学技术名词审定委员会主任审核批准，予以正式公布。

这次公布的林学名词共 5047 条，包括序号、汉文名、定义和对应的英文名四部分。汉文名和定义是一一对应的关系，即从科学概念出发，一词一义，为名词术语的标准化和规范化奠定了基础。在整个审定过程中，参考了大量的工具书、行业和国际性标准，力求作到定名和释义准确。

在整个审定的过程中，得到了林学界和有关学科专家的热情支持，各位委员和有关专家不计报酬，默默奉献，在百忙中付出了大量艰辛劳动。中国林学会学术部认真履行委员会秘书处职责，有序完成委员会的日常工作。以上单位和领导、专家的支持与努力，促成了《林学名词》（第二版）的公布。

（四）林学名词审定委员会名单

1. 第一届林学名词审定委员会（1985—1989）委员名单

顾　问：吴中伦　王　恺　熊文愈　申宗圻　徐纬英

主　任：陈陆圻

副主任：侯治溥　阎树文　王明庥　周以良　沈国舫

委　员：（以姓氏笔画为序）

于政中　王凤祥　王礼先　史济彦　关君蔚　李传道　李兆麟

陈有民　孟兆祯　陆仁书　柯病凡　贺近恪　顾正平　高尚武

徐国祯　袁东岩　黄希坝　黄伯璿　鲁一同　董乃钧　裴　克

秘　书：印嘉祐

2. 第二届林学名词审定委员会名单

名誉主任：江泽慧　王　涛　蒋有绪　唐守正

顾　问：孟兆祯　马建章　张齐生　宋湛谦　盛炜彤　彭镇华

　　　　鲍甫成　吴　斌

主　任：尹伟伦

副主任：张守攻　施季森　杨传平　尹发权

委　员：（以姓氏笔画为序）

于建国　王立海　王豁然　方升佐　田大伦　吕建雄　刘俊昌

江泽平　汤庚国　李素英　李智勇　肖文发　余新晓　张启翔

张君颖　张金池　张星耀　张煜星　陆元昌　周定国　郑小贤

胡海清　洪建国　骆有庆　钱法文　崔国发　蒋剑春　傅懋毅

曾祥谓

秘　书：王秀珍　王　妍　李　彦

八、中国林业优秀学术年度报告

优秀的学术报告是科技人员创新思想和智慧的结晶，它能够启迪科学思想，促进学术繁荣，加快成果传播，引导和推动科技事业的发展。为发挥学会的学术引领作用，展示林业科技最新成果，交流前沿观点，启迪创新思维，提升林业科技水平，促进林业事业更好更快发展，经研究，学会从2014年开始，每年编辑出版中国林业优秀学术年度报告。

（一）编辑出版优秀学术年度报告的目的

编辑出版中国林业优秀年度学术报告的主要目的是：搭建学术交流平台，展示林业各领域的最新研究成果，交流学术前沿思想，启迪创新思维，促进科技创新和人才成长，为发展生态林业民生林业作出重要贡献。

（二）优秀学术报告的征文范围和推荐条件

1. 征文范围

（1）各类学术交流活动的特邀报告；

（2）针对林业重大问题进行调研所形成的调研报告；

（3）大讲堂或报告会的学术报告。

2. 推荐条件

（1）学术报告必须是当年在国内所做的或完成的；

（2）报告必须是全文，有标题、作者、作者单位、正文，字数在5000以内；

（3）报告不存在成果权属、主要完成单位、作者及其排序等方面的争议；

（4）报告内容应是近年来本专业或本领域的权威成果或前沿研究。

（三）《中国林业优秀学术报告2015》

2014年11月，学会下发通知（中林会学字〔2014〕55号）在全国范围内征集2014年的优秀学术报告。中国林学会各分会、专业委员会及各省级林学会积极推荐，共收到50篇报告。经过编委评审，考虑到报告涉及面、行业发展动态等因素，在征求作者同意的前提下，甄选出20篇报告由中国林业出版社正式出版，其中院士报告2篇，特邀报告9篇，专题报告9篇。编辑出版《中国林业优秀学术报告2015》，主要目的就是为了进一步搭建学术交流平台，展示林业各领域的最新研究成果，促进科技创新和人才成长。

（四）《中国林业优秀学术报告2016》

2015年12月，学会下文征集2015年优秀学术报告，编辑出版《中国林业优秀学术报告2016》。学会各分会及各省级林学会等推荐单位共推荐报告41篇。2016年11月11日，中国林学会在昆明举行2016学科发展研究座谈会，会议期间召开专家座谈会，对推荐报告进行评选，经过专家认真讨论，最后筛选出26篇报告作为2016年年度优秀学术报告正式出版。

第四节　科普工作深入开展　成效显著

改革开放以来，我国在扫除文盲、提高国民科学文化水平、加强科普设施建设、推广应用技术成果、宣传科学思想等方面取得了巨大成就，并在全社会形成了政府大力推动，科技工作者积极参与，社会各方广泛支持科普事业的良好氛围，林业科普工作也进入了快速发展的新时期。中国林学会按照"政府推动、全民参与、关注民生、面向基层、联合协作、扎实推进、提升素质、促进和谐"的工作方针，以提高全民科学素质和公众生态意识为主要目标，以开展多种形式的林业科学普及、林业技术推广、林业科普宣传、青少年生态文明教育为重点，林业科普工作蓬勃发展。这一时期，中国林学会积极贯彻落实《中华人民共和国科学技术普及法》和《国家中长期科学和技术发展规划纲要（2006—2020年）》（国发200544号），主持编制了《全国林业从业人员科学素质行动计划纲要》，并由国家林业局正式颁发了《全国林业从业人员科学素质行动计划纲要》，这在2000余家全国学会中属于第一家。围绕林业大局开展林业科普工作，针对林业建设重点、难点和热点问题开展林业科普工作，按照《中共中央国务院关于全面推进集体林权制度改革的意见》、中央林业工作会议精神和国家林业局关于集体林权制度改革的一系列重要部署，深入推进集体林权制度改革，先后在辽宁宽甸等4县组织实施了科普服务林改试点行动，着力提高林改试点区林农科学素质，促进林农脱贫致富。坚持不渝组织植树节、科技周、科普日、防灾减灾日、湿地日等节日科普宣传活动，积极参加科技扶贫、科技推广和科普列车行等活动，累计开展超过200次，直接受益公众近1亿人次。充分发挥林业科普的资源优势，提升生态意识、建设生态文明，组织开展了4批全国林业科普基地评选命名工作，举行了全国林业科普基地发证、授牌仪式，同时召开了6次全国林业科普基地研讨会。坚持举办形式多样的青少年科普教育活动，其中青少年林学夏令营至今已举办了33届，受益青少年达到4万人次。积极编辑出版科普图书，普及科技知识，以提高林业从业人员的科学素质和全国公民生态意识，先后组织编写出版了《大地保护神》《森林的变迁》《中国名书名花名鸟》《图话森林》等百余部科普图书，制作了《防沙治沙实用技术》《大熊猫及其栖息地保护科普知识》《保护生态环境　倡导绿色行动》《森林防火知识》《提高林农科学素质》《森林作用与环境保护》《化学除草》《荒漠化防治》等近20套科普挂图，编印了《西部退耕还林实用技术》《基层林业话生态》《公众生态文明行为手册》等10余册科普专题读物。

纵观这一时期中国林学会的科普工作，其发展脉络可分为以下三个阶段，即重新恢复阶段、繁荣发展阶段和开拓创新阶段。

重新恢复阶段（1977—1992年）。1978年3月18日至31日，全国科学大会隆重召开，"科学的春天"润泽了神州大地，带来了我国科技的全面复苏，中国林学会科普活动也得以恢复。1979年10月召开了第一次林业科学技术普及工作会议，制定了科普工作条例，开启这一阶段的科普工作，寻求规范化发

展。1982年创办了首届林学夏令营，并作为中国林学会科普工作的一项常规性重点任务，延续至今。同期还设立了林业科普创作奖，组织了科普创作、林学辅导员、植物分类、植物组织培养等多个培训班，举办了植物认知竞赛等。繁荣发展阶段（1993—2007年）。在科学技术是第一生产力思想的指导下，这一时期中央作出了科教兴国的重大战略举措，提出把科技和教育摆在经济社会发展的重要位置，把经济建设转移到依靠科技进步和提高劳动者素质的轨道上来，加速实现国家的繁荣昌盛，并相继颁布实施了《中共中央国务院关于加速科学技术进步的决定》《中共中央国务院关于加强科学技术普及工作的若干意见》《中国教育改革和发展纲要》等纲领性文件。这一时期，中国林学会科普工作内容更加丰富，活动形式更加新颖。利用植树节、地球日、湿地日等特色节日，开展了有针对性的主题科普活动；创建了全国林业科普基地评选、命名和标准化建设；设立了梁希科普奖评选活动；开展了林业科技扶贫工作，帮助林农脱贫致富；拍摄制作了多部宣传片，并在中央电视台播出，传播方式由纸媒向影视方向转变，科普工作迈入繁荣发展新阶段。开拓创新阶段（2008年至今）。随着国家关于生态文明建设的一系列决策部署，以及协调推进"五位一体"总体布局、"四个全面"战略布局和林业改革发展现实要求，大力普及科学知识、积极倡导科学方法、广泛传播科学思想、着力弘扬科学精神成为科普工作的主导思想。中国林学会科普工作在林业科普管理、科普宣传、科普创作、科普活动和科普研究等方面积极顺应"互联网＋林业科普"的新趋势，在巩固原有活动的基础上，强化公众科普需求导向，突出落地应用，建成林业科普信息化网络支撑体系，丰富科普内容，完善服务体系，提升服务能力，以信息化为特质的"线上线下"互动交流科普活动雨后春笋般展开。

40年来，中国林学会科普工作范围由内到外、工作力度由弱到强、工作影响由小到大，科普工作组织建设得到进一步充实和加强，基本形成了组织比较完善、学科分布广泛、覆盖全国的群众性科普工作组织网络体系，重点形成了"八大"林业科普重点品牌活动，先后多次受到中宣部、科技部、国家林业局和中国科协的表彰奖励，其中获得"全国科普工作先进集体"荣誉称号2次、"全国林业科技工作先进集体"荣誉称号1次、"全国生态建设突出贡献奖先进集体"荣誉称号1次、"全国农村科普工作先进集体"荣誉称号2次、"全国学会科普工作优秀集体"荣誉称号6次。

一、多种形式开展青少年生态文明教育活动

长期以来，中国林学会高度重视科普教育宣传，面向青少年先后成功组织了 33 届林业科学营大型科普活动。举办林学夏令营，对青少年进行林业知识的教育，可以培养青少年爱林、护林的思想和从事林业工作的志向。

1982 年，中国林学会创办了面向广大青少年的公益性科普活动——青少年林业科学（冬令、夏令）营，首届林业科学营由中国林学会、北京林学院、北京青少年生物爱好者协会联合举办，来自北京的 140 余名青少年及其他 8 个省（自治区、直辖市）青少年科技辅导员代表参加，总人数达 240 多人。首届林学夏令营的举办，为在全国范围内开展这一活动打下了良好的基础。

中国林学会从 1984 年起在北京怀柔一中试办林学科技小组，并总结经验，进行推广。广西、贵州、山西、江苏、河南等省（自治区）也都相继在当地中学建立青少年林业科技活动站。如在北京怀柔县一中建立林业科技活动站，组织学生对怀柔县的植物资源进行普查，编写了怀柔县植物检索表，受到当地政府的表扬。该校学生在有组织的林学生物活动的长期熏陶下，1987 年、1988年有 4 名优秀学生直接保送进入北京林业大学深造。

2014 年，中国林学会联合国家林业局退耕办在陕西长青国家级自然保护区华阳保护站（陕西省汉中市洋县华阳镇）举办第 30 届林学夏令营，围绕秦岭的植物、动物等内容开展了森林科学探秘及实践活动。组织北京、内蒙古、辽宁、陕西、甘肃、宁夏、青海、新疆 8 省（自治区、直辖市）的 50 余名中学生参加。本次活动首次采用分组模式，将来自各地的营员分成 4 组，每组都配有专业的指导老师和安全引导员，雄厚的师资力量让每一位孩子都有更多的机会与专家面对面沟通交流。本届夏令营活动首次与中央电视台联合制作科普节目，成效明显。之后这一做法一直延续。2015 年，中国林学会在中国林业科学研究院沙漠林业实验中心（内蒙古自治区磴口县）举办第 31 届林学夏令营暨2015 年暑期青少年沙漠生态科学实践活动。来自北京二中、北京四中、北京八中、东直门中学的 100 余名营员参加。在本次夏令营首次引进定向越野知识竞赛，并开设小组评比环节，有效地提高了营员的积极性和营员之间、营员与老师之间的互动效果。

35 年来栉风沐雨、不忘初心，林业科学营在经费支持、活动规模、活动内

容、组织方式、影响效果等方面都取得长足进步。活动规模不断扩大，时间也从1~2天延长至7天。内容上从单一的参观展览到丰富多彩的互动模式，愈发重视生态教育和科学普及。组织方式上实现了线上线下相结合，充分利用移动互联网、微博、微信等新媒体，实时分享活动进程。林业科学营活动得到中央电视台等多家媒体的全程跟踪报道，中央电视台录制播出了《我们来到武夷山》《我爱绿色世界》《科学之旅——尖峰岭》《红树林绿荫下》《红树林日记》《我和秦岭有个约会》《走进神奇的碚口》等专题林业科普节目。为更好地呈现青少年林学夏令营的精彩内容，2016年学会着手制作了《青少年林业科学营集粹》。至今青少年林业科学营的足迹已经遍布祖国大江南北、长城内外，先后有25个省（自治区、直辖市）的4万余名青少年参加了活动，产生了卓尔不群的效果。青少年林业科学营活动已经成为广大青少年踊跃参加、社会各界积极支持、新闻媒体广泛关注的林业科普活动的重要品牌。

20世纪80~90年代，根据形势需要，针对中小学生，举办了林学辅导员、植物分类、植物组织培养培训班等。针对小学教师，举办了生物百项辅导员培训班、北方辅导员培训班、小学自然教师识别观赏树木培训班等，启发青少年认识生物科学与人类生活的关系和学习生物科研的基本方法，引导青少年热爱大自然。

二、长期坚持开展主题节日林业科普宣传活动

中国林学会从20世纪80年代末期开始陆续利用植树节、湿地日、地球日、科技周、科普日等举办各类特色林业主题科普活动，已累计举办各种主题的科普宣传活动100余次。

步入新世纪以来，中国林学会多采用科普展览和发放折页、宣传册、科普图书等方法，通过进社区、进学校等途径，跨界与消费者协会、搜狐网等合作，开展了不同主题的科普活动。内容涉及湿地、森林防火、植物营养、保护环境等方面。2011年之后，节日科普活动主要侧重于中小学生，更多地加入互动体验环节，与北京八达岭森林公园开展了长期合作交流活动。将生态文明教育、森林体验等融入到活动内容中，顺应时代发展潮流。

2008年3月，组织举办了主题为"绿色奥运、森林与气候"的生态科普暨森林碳汇宣传活动。活动选择了长安街、王府井、中关村、和平里、三环路

等北京主要骨干公交线路，这些线路覆盖了北京城区重要的政府机关、高等院校、商业社区等重点单位和人口聚集区。宣传活动共动用公交车辆150辆，宣传历时3个月，受众达9000万人次。中国林学会十届理事会理事长江泽慧教授，北京市牛有成副市长，国家林业局张建龙副局长，中国科协书记处程东红书记等领导出席了大会并为启动仪式剪彩，江泽慧理事长、牛有成副市长和张建龙副局长在仪式上发表了热情洋溢的讲话，对该活动的举办给予了充分的肯定。中央电视台、中央人民广播电台、新华社、中新社、中国绿色时报、中国建设报、法制日报、北京人民广播电台、北京电视台、北京日报、北京晨报、北京晚报、北京青年报、京郊日报、竞报、京华时报、新京报等新闻媒体对活动进行了宣传报道。

三、实施林业科普资源共创共享

科普资源开发与共享是《全民科学素质行动计划纲要（2006—2010—2020）》提出的基础工程之一，有利于提高我国科普能力建设。改革开放以来，中国林学会注重科普资源开发与建设，通过编辑出版科普图书、挂图，拍摄科普电视片，制作科普专题网页等，积累了大量科普资源。如1982年，中国林学会与林业部联合在中国美术馆举办了《全国林业科普美术展》，共展出作品239组，占地面积1600多平方米，生动形象地反映了森林与人类生活、森林与生产建设的关系；20世纪80～90年代，中国林学会在北京东单设立了科普画廊，常年向公众展出，一年更新2期，内容涉及湿地、野生动植物保护、荒漠化保护、森林资源培育等；与此同时，这一时期还多次在中国美术馆、北京华侨大厦举办林业科普展；1985年起开展了林业科普作品评选活动，到1992年共开展3届，后因经费困难停止；2005年之后，利用网络，制作了湿地日、植树节等专题科普网页，向公众宣传科普知识；近年来，更加注重网络科普资源的共建共享，开发了林业科学传播公众服务平台，实现了科普资源众筹。

普及林业科技知识是学会的基本功能和重要任务。学会组织编写了《林业技术知识丛书》《森工技术知识丛书》，制作林业技术幻灯片，编绘林业技术挂图，摄制林业知识录像片，举办林业技术培训班。1986年12月拍摄了《林参间种的一条新路》《国营林场兴旺之路》等3部电视片，普及应用林业技术，推动林业的发展。1987年，学会与全国政协共同召开了植树节座谈会，通过

电视、报纸向全社会宣传保护森林、加快植树造林的重要意义。为了向全社会形象地宣传森林知识，中国林学会和林业部宣传司共同组织，并得到了有关省（自治区、直辖市）林学会的积极支持，摄制了《森林世界》电视系列片，1988年完成了12集脚本创作任务，1990年底完成全部拍摄工作。

1987年，学会组织林业专家编写了《现代化林业知识》和多种林业应用技术知识丛书，供广大基层干部和群众学习。学会还不定期举办技术培训班，注重提高广大林区、农村林业干部的技术水平。例如通过举办多次培训班，林业化学除草技术在全国许多省（自治区、直辖市）得到推广应用，获得了较高的经济效益。

据不完全统计，这一时期中国林学会共出版了《大地保护神》《森林的变迁》《中国名树名花名鸟》《图画森林》《现代林业知识》等科普图书百余部；编制化学除草、荒漠化防治等科普挂图20余种；印制化学除草、生根粉、核桃使用栽培技术等培训资料近50种15万份；制作西北防护林体系建设幻灯片8部；拍摄制作了《国营林场兴旺之路》《林区种参的一条新路》《滩地开发的一项壮举》《绿色警钟》《沙漠生命》《北回归线上的绿洲》《森林与城市》等电视片近50集，并相继在中央电视台播出。

四、实施林业科普优秀作品培育行动

为了繁荣林业科普创作，提高林业科普作品的质量，鼓励科普积极分子更好地为林业科普工作服务，中国林学会从1984年开始进行林业科普作品评奖活动。科普作品由各省级林学会推荐上报。科普创作评奖委员会于1985年1月23～30日召开科普评奖工作会议，对上报的318件作品进行认真评选，最后评出121项获奖项目，其中一等奖1个、二等奖20个、三等奖55个、鼓励奖45个。1985年10月24～30日，中国林学会召开全国林业科普工作经验交流会，会上奖励了121个获奖项目，收到了很好效果。

在国家取消部门科技进步奖的评选后，为了适应国家科技奖励制度改革的新形势，进一步扩大中国林学会奖励工作的社会影响，在中国林学会第十次全国会员代表大会上，江泽慧理事长提出了建立梁希科技教育基金的倡议。2013年12月28日，梁希科教基金成立。根据《梁希科技教育基金管理办法》，为表彰在林业科学技术普及（以下简称科普）工作中作出突出贡献的集体和个人，充分调动社会各界积极参与林业科普工作的良好氛围，促进我国林业科普事业的发展，特设立梁希科普奖。2004 年 5 月 10 日梁希科技教育基金委员会讨论通过《梁希科普奖奖励办法（试行）》。梁希科普奖每两年评选一次，奖励在林业科普工作中作出突出贡献的先进个人和集体，对获奖个人和集体颁发奖励证书和奖金。2005 年 9 月正式启动首届梁希科普奖的评选工作。截至目前，梁希科普奖已成功开展了 5 届，累计共评出获奖项目 123 个，其中科普作品 62 个，科普活动 53 项，科普人物 8 名。

五、开展全国林业科普基地建设

为贯彻《中华人民共和国科学技术普及法》和《中共中央国务院关于加强科学技术普及工作若干意见》的精神，提高公众科学素质，广泛动员社会科普资源参与科普工作，充分利用社会林业科普资源开展科普宣传教育活动，培养青少年的创新精神和实践能力，面向青少年传播和普及林业科学知识、科学方法和科学精神，推动青少年科技教育工作的深入发展，科技部、中宣部、教育部和中国科协开展了"全国青少年科技教育基地"命名工作；中国科协也开展了"全国科普教育基地创建"活动，中国科协命名的全国科普教育基地目前已达到 397 个。这些科普教育基地对提升青少年科技教育水平，推进科普事业发展发挥了巨大的作用。与此同时，中国林学会、中国环境科学学会、中国地质学会、中国气象学会等全国学会也相继开展了各类科普基地创建工作。其中，"国家环保科普基地"由环境保护部、科技部组织评审，具体工作由中国环境科学学会管理；"国土资源科普基地"由国土资源部组织评审，中国地质学会管理；"全国气象科普教育基地"由中国气象局、中国气象学会组织认定，中国气象学会具体负责管理。

为了充分利用现有自然保护区、森林公园、城市植物园等场所开展宣传教育的有利条件，中国林学会于 2004 年制定了《全国林业科普基地创建与管理办法》《全国林业科普基地建设标准》，启动了全国林业科普基地评选工作，还多次召开了全国林业科普基地座谈会、全国林业科普工作经验交流会，举办了"全国科普日——走进林业科普基地"活动，交流科普工作经验，提升科普工作水平，有效地整合了科普资源、增强了科普能力。截至目前，由中国林学会命名的全国林业科普基地达到 110 个。由中国林学会推荐命名的全国科普教育

基地达 14 家。全国林业科普基地已经成为对外宣传林业成就的重要窗口、培养公众生态文明意识的重要阵地。

2012 年中国林学会牵头起草了《全国林业科普基地评选规范》（标准编号：LY/T 2251—2014）。2014 年 11 月 18 日至 12 月 20 日，中国林学会开展国家林业科普基地调研工作。实地调研工作历时 19 天，察看现场 25 处，召开座谈会 22 次，收集资料 33 份。调研期间，通过看现场、听汇报及交流讨论等方式，调研组细致了解了每个科普基地情况，深入探寻了存在问题和难点，认真听取了来自基层的科普工作者的建议和诉求，撰写了林业科普基地调研报告。

2015 年 2 月，组织召开了国家林业科普基地建设暨林业科普工作专家座谈会。会议由中国林学会副理事长兼秘书长陈幸良主持，来自国家林业局、科技部、国家民委、国土资源部、环保部、农业部、中科院、地震局、气象局、中国科协等有关单位的 10 余位领导、专家出席了会议。座谈会期间，围绕出台《关于加快林业科普工作的意见》、制定《国家林业科普基地管理办法》、加强林业科普队伍建设、创新林业科普工作机制和构建林业科普公众服务平台等问题进行了深入的讨论。

六、实施科普服务权利制度改革试点行动

为深入贯彻《中共中央国务院关于全面推进集体林权制度改革的意见》《全民科学素质行动计划纲要（2006—2010—2020 年）》和中央林业工作会议精神，落实国家林业局关于集体林权制度改革一系列部署，提升林业从业人员科学素质和全民生态意识，促进林农增收致富，中国林学会立足自身的特点和优势，于 2009 年启动了科普服务集体林权制度改革试点工作，并先后在辽宁省宽甸县、浙江省龙泉市、陕西省蓝田县和江西省铜鼓县 4 个县（市）推行试点工作。

科普服务林改试点行动的主要目标是，在试点期内，每年充分利用植树节、科技周、科普日和科普之春（冬）等节日，举办一系列科普宣传活动；组建科普服务集体林权制度改革专家服务团，开展专业技术指导、科学知识普及和林改政策宣传；选建一批"示范户""示范村""示范企业"和"示范林"；扶持发展一批林农专业合作组织；及时总结科普服务集体林权制度改革的经验和做法，向省域和全国推广。

试点行动实施以来，中国林学会根据不同试点地区，选择不同时间，采取

不同方式，分别针对板栗、核桃、香榧、白皮松、红豆杉、玉竹的良种选育、栽培和管护，食用菌生产与保存，山野菜采集、加工、保鲜储存，森林病虫害评估与防控等10多个方面组织省内专家与乡土专家共同开展了专家现场科技咨询、技术指导、专场科技培训等活动，累计组织开展科普宣传活动9次，专家现场指导18次，举办实用技术培训班15次，还举办了浙闽赣3省边际笋王擂台。在辽宁省宽甸县确定"红石镇中蒿子村天立山野菜种植合作社"和"宽甸县东岳玉竹专业合作社"为科技服务林改示范点，组织专家服务团和科普服务站的专家，重点围绕山野菜、中草药栽培或加工技术进行培训和现场指导；在浙江省龙泉市在兰巨乡大巨村建立100亩香榧高产基地，在剑池街道水南村建立400亩杉木大径材培育基地，在八都镇供际村建立100亩珍贵树种基地。组织专家对基地开展实用技术现场指导，任务到人，服务到位；在陕西省蓝田县在小寨乡董家岭村建立良种核桃标准化建设基地1000亩，在洩湖镇黑沟村建设林下复合经营示范基地800亩。在示范点加强科普宣传、技术咨询和现场指导。

七、推进林业科普信息化建设

为深入贯彻党的十八大和十八届三中、四中、五中全会精神，积极推进《全民科学素质行动计划纲要实施方案（2016—2020年）》和《推进生态文明建设规划纲要（2013—2020年）》实施，主动适应新时期林业科普传播方式的新趋势，近年来，中国林学会在科普经费较为紧张的情况下，先后筹建了林业科学传播公众服务平台，为提升全民生态意识、服务林业现代化建设、建设生态文明和美丽中国发挥了积极作用。

2016年，中国林学会被中国科协选为科普信息化专项试点单位，学会还研究制定了"1357"模式的林业科普信息化年度工作计划（即1个林业科学传播公众服务平台，3个科普资源系统，5大方面的科普资源内容，7个科普展示版块）；按照科普信息化建设的新要求，启动实施了以"探秘森林、解码湿地、穿越荒漠、奇林粹木"4个模块为基础的"森林中国"林业科普频道和微信公众号的筹建工作；坚持内容为王的理念，充实科普服务平台图片900余幅、视频7部；王康聊植物微信公众号取得了显著效果，截止到2016年10月底，共发表近110篇原创科普文章，共有35余万字，1000余幅图片，荣获"科普中

国微平台移动互联科学传播榜优秀科普创作人"称号。

林业科普公众服务平台建成后，将有如下系统和功能：科普奖项申报展示系统，全国林业科普基地的申报展示系统，林业科普资源的开发、共享和展示，科普志愿者系统，林业科学技术超市等。整个平台的各个系统和功能模块间数据互联共享，形成科技工作者、资源（图片、视频、文字等）两大数据库，实现整个平台的管用、实用、易用、爱用。

八、参与贫困地区科技扶贫工作

技术扶贫是学会科普活动的一项重要内容。学会配合国家"星火"计划，组织了不同项目的科技扶贫工作。1987年应辽宁新金县邀请，学会组织专家对开发该县山地进行综合考察，提出了十项重点开发内容，受到了县里的重视。为了适应林区、农村经济体制改革和发展商品经济的需要，有的学会二级学术组织也开展了技术服务、技术示范等活动，为林区、农村脱贫致富作出了贡献。2006年9月，在红军长征胜利70周年之际，中国林学会秘书处职工赴山西兴县，参观晋绥边区革命纪念馆，并向晋绥解放区烈士陵园为烈士们敬献了花圈和花篮，帮助兴县蔡家崖希望小学建立了"科普图书室"，共捐赠图书近3000册，学习用具和体育用品3100余件，总价值近4万元。近年来，学会坚持开展科普列车行、科技下乡、科普惠农、技术推广等活动，帮助林农脱贫致富、增产增收，重点推动了贫困地区核桃、板栗、大枣等经济林的发展。

九、注重林业科普队伍建设

为深入推动《全民科学素质行动计划纲要（2006—2010—2020）》实施，加强林业科普队伍建设，促进林业科普工作取得新进展，中国林学会启动了林业科普队伍建设行动，持续举办了系列林业科普培训交流活动。

1979年10月12～17日，中国林学会召开第一次林业科学技术普及工作会议。会议深入贯彻中国科协科普创作协会第一次代表大会和中国科协科普工作会议精神，确定了中国林学会科普工作以"加速普及现代林业科学知识"和宣传"森林好处多"为主的指导方针，制定了科普工作条例，改选了科普工作委员会。1983年，确定新的科普工作方针，即：林业科普工作必须坚持社会主义方向，紧密联系林业生产实际，为促进林业现代化建设服务；工作重点应该放在面向社会、面向农村、面向山区、面向青少年，在继续宣传"森林好处多"的同时，加强林业科学技术的普及，以适应农村、山区发展林业生产的需要。为了制定"七五"期间的工作计划，进一步明确科普工作方向，1986年11月6～10日学会在江西九江召开科普工作会议。会议确定了学会"七五"期间的科普工作计划和1987年科普工作要点，讨论了加强科普工作建设、建立林业科普网络的措施。中国林学会先后在北京、贵州、四川召开了年度科普网（站）工作经验交流会。为提高科普工作人员的工作水平，提高林业科普作品的创作能力，学会多次召开经验交流会和科普创作培训班，收到显著的效果。步入新世纪以来，先后在陕西西安、新疆博尔塔拉、广东湛江、江西南昌、云南昆明召开了全国林业科普工作经验交流会，科普队伍进一步蓬勃发展。

多年来，学会还坚持不懈地推动林业从业人员科学素质建设。2005年，学会承担了《提高我国林业从业人员科学素质系统研究》课题研究。由中国林学会主持并联合国家林业局人教司、科学技术司、经济发展研究中心、中国林业科学研究院、国家林业局管理干部学院、北京林业大学等有关单位经过一年多的调研，在完成了"提高林业从业人员科学素质系统研究第一阶段研究报告"基础上，编制了《全国林业从业人员科学素质行动计划纲要》。2006年9月，在全国林业科技大会上，国家林业局正式颁布了该《纲要》，这标志着我国林业从业人员科学素质建设进入一个新的阶段，这在全国各行业属于第一家。

第五节　国际及港澳台交流合作不断拓展

国际林业学术交流合作是中国林学会的中心工作之一，是增进国内（境内）外林业界人士相互交流的桥梁，是对外展示中国林业建设及发展的窗口，是引进国外（境外）林业先进技术和管理经验的纽带。中国林学会历来重视加强与国外相关林业机构合作与交流，不断拓展多边、双边及台港澳的合作与交流，已逐渐成为中国林业外交的重要组成部分。百年来，曾与日本中国农林水产交流协会、日本农学会、美国林学会、加拿大林学会、澳大利亚林学会、新西兰林学会、韩国林学会、日本林学会、蒙古林学会、法国南锡大学、德国弗雷堡大学、美国林务局南方试验站、UBC、奥地利大学、赫尔辛基大学、台湾中

华林学会、香港园艺学会等 30 个国家和地区林学会、林业大学及科研机构与组织建立了密切的合作与联系，并加入了国际杨树委员会与世界自然保护联盟（IUCN）。

一、双边或多边互访交流情况

与国外林学会及相关机构的交流活动最早始于中华林学会时期。1930 年（民国十九年）4 月 12～13 日，日本农学会在东京举行年会特别扩大会，邀请中华农学会派代表参加并进行学术交流。中华林学会协同中华农学会派代表 5 人应邀前往，其中，曾济宽、张海秋、傅焕光 3 人分别在会上作了演讲。曾济宽首先以日语作了题为《中国南部木材供需状况并财政上之方针》的演讲，张海秋在林学会分组会上作了题为《中国森林历史》的演讲，傅焕光在造园分组会上用英语演讲《中山陵园计划》，由日本高等造园学校校长上原林学博士翻译。这是中华林学会首次参与国际学术交流活动。1932 年（民国二十一年）5 月，凌道扬代表中国前往加拿大出席泛太平洋科学协会第五次会议，并被选为该协会的林业组主任。

中国林学会创建初期，学会的国际交流活动又有了新的进展。1957 年，学会接待了苏联、捷克斯洛伐克、民主德国和保加利亚、新西兰、法国和日本等林业专家共 13 次、46 人，并于 11 月请苏联专家洛根诺夫来华作学术报告。1963 年 4～6 月，以中国林学会名义组成的代表团首次出访芬兰、瑞典。代表团由荀昌五带队，吴中伦等参加。回国后，代表团撰写了长达 15 万字的调查报告，比较全面地介绍了芬兰、瑞典两国林业生产、科研、教学概貌。1964 年学会邀请了印度尼西亚、日本等国的林业专家来我国作学术报告，并与我国林学家座谈，进行学术交流。

到了 20 世纪 70 年代，学会的国际交流活动有了较大发展。1978 年学会恢复活动后，便成立了国际联络部，与中国林业科学研究院外事处合署办公，逐步与一些国家的林业团体和林学界人士建立联系。最早与中国林学会建立联系的是日本中国农林水产交流协会（简称日中农交）。学会自 1978 年与日中农交建立联系后，每年都有接触，并商定每年或隔年互访。到 1982 年底，中国林学会共接待日中农交来访团 5 次，共 27 人；派出访日代表团 3 次，共 18 人，两国林业科技工作者相互学习，彼此得到启发和提高。1983 年"中日农交"派出治山治水访华团，考察了我国四川、云南、上海等地。1984年中国林学会首次派出了以学会专职干部为主的访日代表团，由学会副秘书长杨静带队，一行6人，重点考察了日本私有林的领导组织和经营管理。1985年"日中农交"派遣10人代表团来湖南、江西、上海等地，对林业政策、经营管理、林业科学技术的普及推广等问题进行了考察。同年中国林学会还接待了日本山林常务理事获野敏雄来华讲学。1983年和1984年学会向日本派遣了林业实习生3批共10人，分别在日学习6个月至1年，学习日本的林业技术及管理知识。1986年学会派出了赴日林业考察团、赴加拿大林业考察团。1986年9月学会派代表参加了加拿大林学会年会。

1985年中国林学会与加拿大不列颠哥伦比亚省林学会建立联系，首次接待该会由史泽克教授率领的25人林业考察团，访问了北京、四川、云南、山西、广东等地。同年学会还首次接待英国皇家林学会20人的林业考察团，访问了吉林长白山、陕西黄陵等地。为了加强与国外林学家的联系，1985年中国林学会发展了知名林学家周光荣（泰籍）、史泽克莱（加拿大籍）、泰勒（澳大利亚籍）等17名外籍名誉会员，布朗（英籍）为通讯会员。为了适应工作需要，1986年学会成立国际工作委员会，制定了工作简章。

1990年10月17~20日，国际树木提取物化学与利用学术讨论会在江苏省南京市召开，与会代表113人，发表论文125篇。会议交流了松香、松节油、单宁、生漆、精油、色素、生物活性物质等方面的研究成果，并进行了广泛的讨论。1990年11月22~25日，国际桉树学术研讨会在广东省湛江市召开，与会代表153人，交流论文156篇。这次研讨会是为纪念中国引种桉树100周年，实际上也是桉树专业委员会第十届学术交流会。会议展示了一个世纪以来我国在桉树引种、繁育、加工利用方面的成就、效益。

1993—1996年，中国林学会与加拿大林学会签订了第二期（为期4年）长期合作协议，接待了加拿大林学示范林及教育考察团的访问与考察，为今后中加林业学术交流打下了良好基础。学会通过日中农交等团体与日本林学界保持了长期的友好合作关系，先后接待了日中农交访华团、日本林业考察团、日本海外协力团长江防护林项目考察团。中国林学会也先后派理事长沈国舫访问了美国林学会和澳大利亚林学会；派出了以副理事长刘于鹤为团长的访日代表团，考察了日本东京及北海道的林业院校、科研机构和林业企业。

1997—2001 年，学会先后与日本、加拿大、美国、澳大利亚、芬兰、新西兰、越南、韩国等国林学会进行国际交流，开展了形式多样的合作，为学会树立了良好的对外学术形象。1997 年 9 月 15 日与 1998 年 9 月 5 日，日本林学会理事长木平勇吉两次来访，秘书长施斌祥会见客人，双方就今后进一步交流与合作交换了意见。1999 年 5 月，以中国林学会常务副理事长兼秘书长施斌祥为团长一行 10 人的代表团赴日访问，考察了日本林业的可持续理论、森林经营管理的政策、森林资源监测技术等，共同举办了中日两国森林环境、林业现状等学术交流研讨会。11 月，日本代表团回访，先后到北京、西安、上海等地就造林、人工林的管理和保护、绿化和环境等方面进行了考察和交流，并召开了国际研讨会。通过交流，中、日学会达成了以后继续加强合作与交流的协议。1999 年 10 月，学会代表团赴美考察，拓宽了学会与美国林业界人士、科研单位合作交流领域。2000 年 2 月，施斌祥接待了韩国林学会会长于宝命率领代表团的来访，并就两国的林业建设、科技教育、学会工作及今后合作交流交换了意见。8 月，为配合重点学术活动——西北地区生态环境建设学术研讨会，中国林学会邀请芬兰农林部林业司司长率领的官方代表团一行 8 人参加会议并进行学术交流和实地考察，进一步加深了与芬兰林业界的交流与合作。10 月中旬，学会派出以副秘书长程美瑾为团长的林木种苗培育和森林资源管理考察团，对芬兰和瑞典进行了访问；12 月，又派出了森林可持续经营和公众参与考察团赴美考察，并与有关机构建立了合作交流关系。2001 年 12 月，应德国森林保护协会、德中友好协会的邀请，中国林学会派出林木种苗培育及植被恢复技术交流与合作代表团一行 14 人对德国进行了为期 15 天的考察访问。

随着我国国际地位的迅速提升和我国林业国际合作进程的加快，作为我国历史最悠久、规模最大的林业学术团体也在国际林业组织中发挥了更大的作用。为此，学会积极与国际林学会联盟及相关组织进行联络，探讨加入国际林学会联盟事宜。2003 年 9 月，中国林学会组团参加了第 12 届世界林业大会，学会副秘书长沈贵代表学会向负责国际林学会联盟日常工作的美国林学会和加拿大林学会等组织的代表提出了加入国际林学会联盟的问题。2004 年 7 月下旬，中国林学会常务副秘书长李岩泉应邀访问美国林学会，并代表学会与美国林学会常务副理事长 Michael Goergen 就恢复国际林学会联盟的活动、如何加强两国林学会之间的交流与合作等问题进行了进一步探讨。据美国林学会介绍，国际林学会联盟的活动基本上处于停滞状态。一旦国际林学会联盟恢复活动，中国林学会即可加入。2007年，学会进一步加强了与国际林业组织及有关国家林学会的联系，接待了国际林联主席、副主席来访。学会在积极做好加入国际林学会联盟的准备的同时，坚持"引进来"与"走出去"并举，加强国内外团组的派出与接待工作。2003年、2004年两年间，中国林学会与分支机构共接待国外交流团组64个，接待人数208人；派往国外考察交流团组36个，派出人数137人。2003年由于受"非典"影响，国际活动受到极大限制，但是学会克服多种困难，派出竹子园艺及竹产品技术交流团赴德国访问考察；组团参加了第12届世界林业大会；派团参加了在意大利罗马举办的未来杨树栽培国际学术研讨会。2004年，中国林学会共派送（接待）国内外考察团8个，比2003年增加77%，出访人数增加3倍，考察交流范围涉及北美、大洋洲、西欧及东亚12国。2005年3月，中国林学会接待加拿大私有林主协会来访，双方建立了友好合作关系；同年11月秘鲁大使馆官员来访，为今后的交流和合作奠定了良好的开端。2006年，国际林联主席李敦求和韩国林学会理事长金真水两次访问中国林学会；日本林学会前任理事长、美国林学会常务副理事长以及国际林联副主席、加拿大UBC大学的学者等国外同行分别来学会访问，通过访问，加强了相互了解，增进了友谊。

为学习发达国家先进的林业管理经验和技术，加强国际民间林业科技交流，促进林业科技工作者国际合作，2005年、2006年中国林学会先后组团赴巴西、澳大利亚、新西兰、美国、加拿大进行了森林资源管理等学术考察。2007年，学会接待了国际林联主席、副主席及巴西、英国、加拿大等国专家的来访，就加强双方合作进行了深入的交流。学会也组团赴澳大利亚、新西兰、美国、加拿大进行了学术考察。

2008年4月25日，由中日林业生态培训中心项目主办"中日NGO在中国造林绿化活动研讨会"在北京召开，来自日本在中国参与造林绿化活动的NGO组织和企业以及国内进行相关活动的NGO组织的76名代表参加了会议，中国林学会副秘书长沈贵等人出席会议，与参会的NGO组织共同探讨了NGO在中国造林绿化活动的发展前景以及NGO如何有效利用社会资源、促进社会各界参与绿化造林事业等问题。2011年7月22～27日，第87届国际树木栽培学会年会及贸易展览在悉尼隆重召开，副秘书长沈贵率中国林学会代表

团出席了大会。2013年5月26～30日国际林联木材技术与环境国际学术研讨会在捷克布尔诺蒙得尔大学召开，中国林学会副秘书长沈贵率团出席了会议。2016年8月29日至9月1日，第五届世界生态高峰论坛在法国蒙彼利埃举办，中国林学会理事长赵树丛率团一行4人赴法国蒙彼利埃参加了本次大会，会期与法国农林科学院负责人社利卡柯和国际林联第八学部负责人简·米歇尔会面交流时，受到邀请，顺便访问了蒙彼利埃农业教学、科研联合机构，听取了他们的研究成果介绍。同时，赵树丛介绍了中国林学会的情况，刘世荣介绍了中国目前的生态环境研究情况。

2011年4月，加拿大林学会原理事长、安大略省自然资源部项目主任、多伦多大学教授Fred Pinto率加拿大林学会代表团一行20人对中国林学会进行了友好访问；11月，奥地利雪崩与山洪防控局长Maria Patek对中国林学会进行了友好访问；同月，澳大利亚林学会代表团一行14人来华对中国林学会进行友好访问。2015年4月，中国林学会代表团一行6人赴澳大利亚墨尔本出席了澳大利亚新西兰林学会2015年年会，进一步巩固了中国林学会与澳大利亚林学会的交流，增进了中澳两国林业科技工作者之间的友谊；同年10月，澳大利亚林学会新任理事长罗伯（Anerdw Robert de Fégely）一行3人来华访问了中国林学会。2016年3月10日，中国林学会副理事长兼秘书长陈幸良会见了赫尔辛基大学森林科学系教授米卡（Mika Rekola），双方就共同关心的话题进行了讨论，并在森林经营、森林健康及林业经济等领域加强合作达成了共识。2016年8月23日，中国林学会副理事长兼秘书长陈幸良会见了法国巴黎高科农业学院的栎类经营专家（Yves Ehrhart）教授和澳大利亚林学会前理事长大卫（David Wettenhall），与两位专家就中国栎类经营的情况进行探讨，希望今后继续加强合作，进一步推动中国天然栎类经营事业。2016年8月25日，中国林学会国际部处长官秀玲会见了来访的奥地利自然资源与应用生命科学大学造林学研究所Alfred Pitterle。

2016年10月25日，中国林学会理事长赵树丛在京会见日本、韩国、澳大利亚、加拿大四国的林学会代表，中国林学会副理事长兼秘书长陈幸良主持了会见。会见期间，陈幸良与以上四国的林学会代表分别签署了双边合作备忘录。在此期间，赵树丛率中国林学会一行见证了日韩林学会的签署仪式。

二、与台港林业交流情况

20世纪90年代初，学会开始加强与台湾中华林学会的接触与交流。台湾中华林学会理事长郭宝章、理事胡大维、吴顺昭分别到内地访问、考察和讲学，双方讨论了两岸林学会进一步开展交流的有关事宜。

1990年，经"中国文化大学"胡大维介绍与台湾"中国文化大学"开始交流，1991—1992年分别接待了2个台湾"中国文化大学"的代表团。

1993—1996年，中国林学会与我国台湾的林学界人士也保持了密切的联系，并进行了互访及学术交流。

1997—2001年，中国林学会与台湾中华林学会架设了海峡两岸林业交流的桥梁和纽带，促进了内地和台湾的交流与沟通。1999年、2000年，台湾中华林学会应学会邀请，共46余人到内地考察，双方就有关林木育种、林木种源及林业产销等问题进行学术交流，达成双方定期进行学术交流的协议。2001年11月，以中国林学会理事长刘于鹤为团长一行8人的代表团应邀对台湾中华林学会进行访问。这是九届理事会以来层次最高的一次两岸交流。代表团对台湾有关林业现状、管理体系、科研等进行了实地考察，并达成双方合作与交流的意向。配合西部大开发，双方提出在内地共同建立一个林业试验基地的设想，以不断加强两岸的学术交流，共同促进两岸林业的发展。

2006年10月23日，由中国林学会、南平市人民政府、福建省林业厅共同主办的海峡两岸竹文化交流与竹产业发展论坛在武夷山举行。本次论坛邀请了台湾大学有关专家参加。海峡两岸6位专家在论坛上分别就两岸竹业经济和竹文化的发展作了专题学术报告。

2007年8月1～2日，学会在北京首次举办了以城市森林与居民健康为主题的海峡两岸青年科学家学术研讨会。中国科协书记处书记冯长根，全国政协人口资源环境委员会副主任、中国林学会理事长江泽慧，海峡两岸学术文化交流协会荣誉理事长丁一倪，台湾中华林学会常务理事王亚男等出席开幕式并致词。中国科协学会学术部副部长杨文志主持会议。来自两岸的青年科学家200余人参加会议。学术研讨会搭建了海峡两岸林业青年科技工作者学术交流平台，增进了两岸的交流与合作。

为深入了解宝岛台湾的林业发展情况，学习台湾森林保护工作的先进经

验，进一步加强大陆与台湾林业科技工作者之间的联系，应台湾中华科技大学的邀请，以中国林学会常务副秘书长李岩泉为团长，国家林业局森林病虫害防治总站、北京林业大学、东北林业大学、广东省林业有害生物防治检疫管理办公室、广东省林业科学研究院、广西森林病虫害防治站等单位的有关专家为团员的中国林学会代表团一行8人，于2012年6月14～20日赴台湾进行了交流考察。通过这次实地交流考察，了解了台湾森林保护及林业工作的基本情况、主要做法和成功经验，增进了海峡两岸林业科技工作者之间的友谊，对推动海峡两岸林业科技的交流与合作起到了积极的促进作用。2013年3月29日～4月2日，应中国林学会的邀请，香港园艺学会代表团一行4人来华进行友好访问，双方就园林、生态及森保领域的问题进行了座谈交流，希望今后进一步开展合作与交流，推动两岸林业发展。2016年1月22～25日，应香港园艺专业学会的邀请，中国林学会代表团赴香港访问了香港园艺专业学会，并出席了在香港中文大学举行的第七届城市树木管理研讨会，此次研讨会的主题是"城市树木的病虫害与古树保育"，由香港园艺专业学会、园艺交流基金会、香港中文大学生命科学院共同主办，香港高等教育科技学院、香港园艺师学会协办。

2015年6月，受国家林业局委托，中国林学会承担了"两岸林业交流发展趋势与合作机制研究"项目，就今后两岸林业交流的发展趋势、交流途径和机制进行了深入研究，提出了六大合作交流机制：高层合作交流机制、专题交流机制、青（少）年交流机制、林业经济合作机制、林业研究合作机制和两岸林业基层（林区）人员交流机制，及其运行模式。

三、参加国际组织及活动

学会按照国家林业局"积极支持和鼓励学会加强国际合作、不断提高学会在国际的知名度和影响力、从而代表国家林业NGO在国际舞台上发声、大力宣传我国林业"的相关精神，不断加大与国际组织的合作与交流，截至目前已经加入与世界自然保护联盟、国际杨树委员会，并能积极参加活动，积极提高学会在国际舞台的话语权，提交议案，不断展现中国在相关活动中的重要性；此外与IUFRO、TNC、UNEP、WWF等近10个国际组织建立了密切的合作与联系。

（一）加入国际杨树委员会（IPC）

中国林学会杨树专业委员会于1980年9月加入国际杨树委员会，并出席了该会第 16 届第 31 次执行委员会会议。1986 年在比利时召开第 17 届国际杨树委员会执委会，中国杨树委员会派王世绩出席会议，经磋商决定第 18 届国际杨树会议于 1988 年在中国召开。2000 年 9 月，学会派出了以中国林学会副理事长、中国树专业委员会主席尹伟伦为团长的代表团，参加了第 21 届国际杨树大会，学会推荐的候选人尹伟伦当选为 21 届国际杨树委员会执委，会上代表团成员展示了我国在杨树领域的最新研究成就，加强了学会与国际杨树委员会的联系。

中国林学会于 1980 年加入了国际杨树委员会，是国际杨树委员会的重要成员之一，一直有专家担任国际杨树委员会执委。为积极争取 2008 年在中国举办第 23 届国际杨树大会，中国林学会组织了以副理事长、北京林业大学校长、国际杨树委员会执委尹伟伦为团长的中国林学会代表团，于 2004 年 11 月 28 日赴智利参加了第 22 届国际杨树大会。代表团向大会递交了《中国杨树发展的国家报告》和申办 2008 年第 23 届国际杨树大会的申请书。中国林学会杨树委员会主任委员尹伟伦再度当选为第 22 届国际杨树委员会执委，中国林学会杨树委员会副主任委员张绮纹当选为国际杨树委员会育种组副主席。经过多方的共同努力，学会继 1988 年之后于 2008 年第二次取得国际杨树大会主办权，这有力地促进了我国杨树科研和产业的发展。

2008 年 10 月 27 日，第 23 届国际杨树大会在北京隆重开幕，来自欧洲、北美洲、拉丁美洲、亚洲等 30 多个国家 200 余名国内外专家学者在北京聚首，研究和探索杨树柳树和人类生存和发展的关系。在这次杨树国际会议上，中国杨树委员会提交了杨树和柳树国家报告，展示了近 4 年来我国杨树和柳树的发展成就和科研进展，并获得国外同行的认可。

2012 年 10 月 29 日至 11 月 2 日，第 24 届国际杨树大会在印度德拉敦召开，中国林学会组织中国林学会杨树专业委员会主任委员尹伟伦和秘书长卢孟柱参加了此次大会。第 24 届国际杨树大会出席会议人数约 200 多人，第 24 届国际杨树大会主题是"通过杨柳树来改善生活"，其中包括：杨柳树对农村生活和可持续发展的贡献；杨柳树造林和工业用材林的最新进展；最近研究进展关于杨柳树的生态环境恢复，生物燃料（能源）和碳汇和减轻气候变化等；发展杨树育种，生物技术与森林健康。会上，中国林学会杨树专业委员会秘书长、中国林业科学研究院林业研究所副所长卢孟柱当选为第 23 届国际杨树委员会执委。

2016年9月11～18日，国际杨树委员会第48次执委会会议及第25届国际杨树大会在德国柏林召开，国际杨树委员会执委、中国林学会杨树专业委员会秘书长卢孟柱参加了此次大会。第25届国际杨树大会由德国农业部承办，有来自30多个国家250多人参会，提交了200多份摘要，130人进行了大会报告与分组发言，展出近100份墙报。会议主题是"杨树与其他速生树木——未来绿色经济的可再生资源"，包括大会报告和分组报告，分组报告设6个组：第一组树木改良，第二组树木基因组，第三组气候影响、病虫害控制和生态，第四组树木生理、农林复合经营和林产品，第五组林产品、生物质能源、经济，第六组复垦、植物修复和特殊应用。听取了大会报告有国际杨树委员会（IPC）新成员国捷克的杨树国家报告，听取了关于IPC为适应新形势酝酿改革的议题，瑞典、阿根廷、印度、美国、荷兰等国家杨柳树育种、栽培、木材加工利用等。在大会最后，国际杨树委员会（IPC）分类命名登记组、遗传资源组、病虫害组、木材加工利用组、生态组、政策组6个工作组分别报告了各自工作进展、未来的计划安排等。卢孟柱在树木基因组分会场作了题为"The Sweet Gene Family In *Populus*：Evolution，Expression Patterns，And Contribution To Secondary Growth"的报告。此外，卢孟柱继续当选为新一届国际杨树委员会执委。

（二）加入世界自然保护联盟（IUCN）

2009年6月3日，应世界自然保护联盟（IUCN）中国办公室的邀请，中国林学会常务副秘书长李岩泉参加了IUCN中国会员会议。此次会议回顾了IUCN在中国的发展历程；讨论了会员、委员会成员国与合作伙伴对IUCN中国的发展期望及合作展望；探讨了中国网络的作用与扩展空间，制定了IUCN中国资源利用及战略发展计划。此时，中国林学会正积极申请加入IUCN。

2010年，IUCN正式接受中国林学会成为其团体会员。IUCN于1948年成立，它是世界上历史最久，规模最大的全球性自然保护组织，由个人成员、非政府组织成员和政府组织成员组成，其宗旨是"领导世界自然保护运动并促进采取一致的行动，以便保护大自然的完整性和多样性，同时保证人类对自然资源的利用是适宜、永续公正"。加入IUCN，扩大了中国林学会在林业国际舞台上的影响力，增加了在国际上的话语权，开辟了与国际林业、环保非政府组织交流的新窗口，拓宽了世界了解中国林业的渠道。

2016 年 6 月 19～21 日，中国林学会副理事长兼秘书长陈幸良率团出席 IUCN 在韩国济州岛召开的首届东北亚三国会员会议，此次会议的主要目的是促进会员间的交流与合作，分享信息与环境保护方面的经验，建立较为紧密的东北亚国家之间的联系及多国会议制度，惠益亚洲区域会员。2016 年 9 月 1～12 日，IUCN 世界大会在美国夏威夷召开，中国林学会作为牵头会员单位，提交了"自然资本"和"生态文明"2 个提案，同时，本次大会正值 IUCN 换届，作为会员单位，中国林学会派刘合胜副秘书长率代表团参加了此次大会履行了会员的选举权利，进一步密切了与 IUCN 的合作。

四、创办森林科学论坛

"森林科学论坛"是由中国林学会、国际林联、世界自然保护联盟共同发起，中国林学会于 2010 年创建的国际交流平台，每两年举办一次，旨在促进各国林业交流与合作，推动全球林业科技进步与创新。"森林科学论坛"每届都会选取全球林业科技人员关注的热点问题进行研讨，是世界林业科技人员交流信息、启发思想的场所，是全球林业同行寻求合作、传播友谊的平台。

首届森林科学论坛——"森林应对自然灾害国际学术研讨会"于 2010 年 4 月在北京召开，由中国林学会、中国生态学会、中国水土保持学会、中国气象学会共同主办。主题是"尊重把握自然规律，防御减轻灾害损失"；以"认识自然，把握规律，共同提高应对自然灾害能力"为主要任务。会议指出，近年来，地震、海啸、干旱、洪涝、土地沙化、湿地减少、气候变暖等自然灾害在全球各地频频发生，引起全世界前所未有的关注。森林在减轻各种自然灾害中有着特殊的作用，森林资源的多少、质量的优劣，已经不仅是一个国家、一个地区的经济问题，而是全球的生态问题和人类的生存问题，也是国际政治的焦点。

第二届森林科学论坛——"森林可持续经营国际学术研讨会"于 2012 年 10 月在北京召开，由中国林学会、北京林业大学共同主办。主题是：气候变化下的森林可持续经营；会上来自世界 20 多个国家约 300 名林业专家学者交流了森林可持续经营的先进理念与技术措施，共同探讨了森林可持续经营的途径、方法。

第三届森林科学论坛暨第十二届泛太平洋地区生物基复合材料国际学术研讨会于 2014 年 6 月在北京召开，由中国林学会主办，中国林学会木材工业分

会、中国林业科学研究院木材工业研究所、中国林学会竹藤资源利用分会共同承办。主题是"绿色材料 美好生活";旨在深入研讨生物基复合材料的新工艺、新技术和新方法,促进环境保护、推动绿色发展。会议认为,当今世界人类正面临着气候变化、环境污染、物种消失、自然灾害频发等生态危机的挑战,环境问题已成为人类必须面对的严峻课题。节约资源、保护环境,着力推进绿色发展、循环发展、低碳发展,形成节约资源和保护环境的空间格局、产业结构、生产方式、生活方式,从源头上扭转生态环境恶化趋势,已经成为全球的共同选择。

第四届森林科学论坛——"森林多功能经营与管理国际学术研讨会"于2016年10月在北京召开。主题是"森林的多目标服务"。受到国际林联主席迈克·温菲尔德(Michael John Wingfield)的邀请,本届论坛作为国际林联亚洲和大洋洲区域大会的一个分会场与大会同期召开。迈克代表国际林联出席了论坛开幕式并致辞,后在中国林学会的协助下,他还接受了《中国绿色时报》记者的专访,对中国林学会及中国林学会重要国际会议平台——森林科学论坛给予了高度肯定。

至此,论坛已成功举办4届,受到广泛关注,产生了积极影响,取得了良好效果。如今,"森林科学论坛"已逐步发展成为世界林业科技精英分享信息、启迪思想的重要场所,全球林业同行寻求合作、传播友谊的重要平台,为促进各国林业合作与交流,推动全球林业科技进步与创新,作出了贡献。

五、创办两岸林业论坛

作为民间科技社团,中国林学会对台交流与合作具有得天独厚的优势。中国林学会一直是大陆与台湾林业同行交流与合作的主要渠道,为增进两岸林业科技工作者的相互了解,加强两岸林业的交流与合作作出了积极贡献。开展两岸林业交流,不仅是促进两岸合作共赢、服务两岸民众福祉的重要举措,更是有利于祖国和平统一大业的重要举措,具有特殊的重要意义。

"两岸林业论坛"是2014年中国林学会理事长赵树丛访台期间,与台湾中华林学会共同议定达成的机制性两岸林业高层交流活动,旨在通过论坛交流最新学术观点,启迪创新思想,加深两岸交流深度、扩大林业交流范围,推进两岸林业交流合作。论坛一年一次,轮流在大陆和台湾举办,分别由中国林学会与台湾的中华林学会轮流承办。自 20 世纪 80 年代以来，随着两岸关系稳定发展，两岸林业交流日趋活跃，往来日益频繁，在林学会等机构的组织下，共同举办了海峡两岸竹加工机械及加工学术交流会、竹文化交流与竹产业发展论坛、青年科学家学术研讨会、森林经理研讨会等产学研交流活动。

"2014 两岸林业论坛"于 2014 年 9 月 16 日在台北举办，来自中国内地的中国林学会、中国林业科学研究院、中国林场协会、竹产业协会、绿化基金会、碳汇基金会以及台湾的中华林学会、台湾大学、台湾生态旅游协会、屏东科技大学等近 60 名专家学者参会，围绕人工林经营管理及森林利用等两大议题进行了广泛交流，就两岸未来林业论坛交流机制化进行了深入研讨并达成初步共识，双方议定今后两岸林业论坛每年举行一次，分别由中国林学会与台湾的中华林学会轮流承办。

"2015 两岸林业论坛"于 2015 年 8 月 7 日在黑龙江省哈尔滨市举办，来自海峡两岸的近 90 名专家学者参会，围绕"林业发展与生态文明"主题进行了深入探讨，来自中国林学会、中国林业经济学会、中国生态文化协会、东北林业大学、浙江农林大学、昆明勘察设计院，以及台湾林业试验所、台湾大学等单位的专家，围绕林业改革与民生、绿色发展与生态文化、生态保护技术与政策 3 项议题进行了广泛的交流和互动。

"2016 两岸林业论坛"于 2016 年 11 月 13～19 日在台北举办，来自中国内地的中国林学会、中国林业科学研究院、东北林业大学、浙江农林科技大学、山东万路达园林科技有限公司以及台湾中华林学会、台湾大学、台湾师范大学、台湾"中国文化大学"、中兴大学等 20 多名专家学者参会，围绕"森林疗愈与环境教育"主题展开了研讨，深入交换了思想。

两岸林业论坛已成功举办 3 届，为加强两岸林业民间交流，促进两岸林业合作共赢，服务林业改革发展，服务两岸民众的福祉作出了贡献。

六、创办两岸林业基层项目

2016 年，为充分利用两岸林业丰富的自然资源及庞大的林业基层工作人员队伍优势，也为了深入推进两岸林业合作与交流，为促进祖国统一大业作出林业应有的贡献，中国林学会与台湾的中华林学会共同组织创办了"两岸林业基层项目"。项目一年一次，轮流在大陆和台湾举办，分别由中国林学会与台湾

中华林学会轮流承办。论坛的主要参加对象是两岸林业基层工作者。两岸林业基层论坛的创办，促进了两岸林业基层工作者，填补了林业对台交流中基层交流的空白。

首届"两岸林业基层项目"于 2016 年 12 月 19 日在北京举办，来自中国内地的中国林学会、北京林学会、四川省林学会、湖南省林学会、河南省林学会、山东林学会、中国林业科学研究院、北京林业大学、北京农学院、北方工业大学、北京市园林绿化局、北京市八达岭国家森林公园、北京市植物园、贵州省林业厅、江西省林勘院、江西省林业科学院、重庆市林业科学研究院、山东省泗水县林业局、四川省夹金山林业局、四川洪雅县林场山东万路达园林科技有限公司、晋中森大林业有限公司、北京市林业碳会工作办公室以及台湾中华林学会、竹东工作站、台北工作站、丽阳工作站、丹大工作站、潮州工作站、知本工作站、万荣工作站、台大实验林等近 80 名林业工作者就"森林疗养与森林管护"这一主题进行了深入研讨。

七、举办重要国际学术会议

学会自 1977 年恢复活动以来，为了给广大林业科技工作者搭建国际平台，先后围绕国内外林业的热点与焦点，组织了一些重要的有影响力的国际学术研讨会，为切实推进我国林业的科技工作者与国际接轨发挥了重要的作用。

1981 年，受林业部委托，学会召开了联合国工业发展组织人造板和家具工业研讨会，得到对外经委和联合国工业发展组织的好评。这次会议是联合国工业发展组织与我国外经部、林业部共同商定，经国务院批准，由学会承办的一次重要国际会议。会议的成功召开，进一步提升了中国林学会的国际地位。

1987 年 9 月，中国林学会与联合国教科文组织、美国 MAB（人与生物圈计划）、东北林业大学联合主办了国际森林水文学术研讨会。会议在哈尔滨举办，会议围绕中国森林水文研究现状、研究方法以及美国、联邦德国的森林水文研究进行了交流。1988 年，中国林学会承办了国际杨树委员会第 18 届会议，大会在北京召开，来自 19 个国家的 132 位代表出席了会议。学会的一些分科学会也邀请了国外专家参加学术讨论。

1990 年 10 月 17~20 日，由中国林学会主办，由南京林产化学工业研究所承办的国际树木提取物化学与利用学术讨论会在江苏省南京市召开，与会代表

113 人，发表论文 125 篇。会议交流了松香、松节油、单宁、生漆、精油、色素、生物活性物质等方面的研究成果，并进行了广泛的讨论。

1990 年 11 月 22～25 日，国际桉树学术研讨会在广东省湛江市召开，与会代表 153 人，交流论文 156 篇。这次研讨会是为纪念中国引种桉树 100 周年，实际上也是桉树专业委员会第十届学术交流会。会议展示了一个世纪以来我国在桉树引种、繁育、加工利用方面的成就、效益。

1992 年 4 月，由林业部、中国科协发起，中国林学会筹办，在北京香山饭店举办了沙地开发利用国际学术研讨会和全国治沙暨沙业学会成立大会。钱学森参加了此次大会。会议的中心议题是"依靠科学开发利用沙地，合作交流，造福人类"。

1994 年 10 月 19～22 日，亚太地区林木遗传改良研讨会在北京召开，与会国内代表 61 人、外宾 29 人，收到论文 150 篇，会议针对育种原理、策略、基因资源和保存等八个方面进行研讨、交流。

1995 年 11 月 30 日～12 月 5 日，中国林学会在北京召开国际松树萎蔫病学术研讨会，70 多名中外专家与会。代表们对我国在松材线虫病的科研与防治方面取得的成果给予肯定，建议加强国际研究网络。

1996 年 10 月 24～28 日，中国林学会与中国林业科学研究院联合召开第五届国际植物类菌原体学术讨论会，来自意大利、美国、澳大利亚、日本、印度、马来西亚、泰国、印度尼西亚以及我国的 65 位专家学者参加会议。学会还召开第二届树木提取物化学及利用国际讨论会、国际树木生理学术讨论会等。

1997 年 6 月 12～14 日，为庆祝中国林学会成立 80 周年，中国林学会、加拿大林学会共同举办"面向 21 世纪的林业"国际学术研讨会，来自中国、加拿大、美国、日本、澳大利亚等国的 100 多名林业专家参加了会议。

由中国林学会主办、中国森林生态分会承办的森林生态系统——生态、保育与可持续经营国际研讨会于 2000 年 8 月中旬在成都召开，共有 23 个国家的 110 名代表参加了会议，提交论文 108 篇。这次会议总结了生态系统经营的研究现状，了解了该学科的新的研究动向，并提出了我国加强该学科研究的建议。

2001 年 5 月 13～16 日，中日生态环境保护与 21 世纪的森林经营管理国际学术研讨会在陕西省西安市召开，来自中国和日本的专家、学者 100 多人参加

了会议。代表们共同探讨了 21 世纪造林与育苗技术、生态环境保护、森林营造及管理和林业科研教育等林业热点、难点话题。中国林学会第一副理事长、中国林业科学研究院院长江泽慧，日本林学会会长、东京大学教授太田猛彦等 11 人作了特邀报告。为配合中国西部大开发战略的实施，再造山川秀美的西部地区，会上中国林学会、日本林学会共同倡议植树造林，在陕西省林业厅、西安市人民政府的支持下，于 2001 年 5 月 14 日在西安市渭皂三角洲营造了"中日友好生态纪念林"。会后学会还组织日本专家参加了西安周围黄土高原地区水土流失治理与生态环境建设的实地考察。

2002 年 8 月 19 日，由中国林学会、西北农林科技大学和国际林联主办，中国林学会森林病理分会、西北农林科技大学林学院及陕西省林学会共同承办的第二届国际林联森林树木锈菌学术研讨会在陕西杨凌召开。国内外近 60 余名代表参加会议。与会人员就松树疱锈病、瘤锈病、杨树叶锈病及其他树木锈病的形态学、分类学、病理学、流行学和树木锈病管理等方面进行了广泛的交流与探讨。与会代表系统地分析了中国、日本、北美锈病区系差异，并针对各自区系的特征提出了建设性建议供参考。

2006 年 4 月，中国林学会、日本林学会、韩国林学会在北京共同主办了森林在乡村发展和环境可持续中的作用国际学术研讨会。近 20 个国家的 100 多名专家、学者围绕森林与乡村经济发展、社会林业、森林环境服务功能等进行了深入交流，会议取得了圆满成功，获得上级领导和中外与会者的一致好评。会上，中、日、韩三国林学会就进一步深入合作和交流达成了共识。

2008 年中国林学会与北京林业大学和中国林业科学研究院共同承办了第 23 届国际杨树大会。10 月 27 日，大会在北京隆重开幕。来自欧洲、北美洲、拉丁美洲、亚洲等 30 多个国家 200 余名国内外专家学者在北京聚首，研究和探索杨树柳树和人类生存和发展的关系。大会收到论文 249 篇，内容涉及杨树基因工程与遗传育种、分子生物学、杨树栽培、经营管理、木材加工、杨树生态环境保护和多资源利用等各个层面。大会着重围绕：杨柳工业在造林中的应用现状与进展、杨柳对生态环境的修复、生物质能源及碳截存减缓气候变化的应用现状和成果、杨树育种、生物技术与林业健康的发展等进行为期 4 天的交流讨论。除大会报告外，还设有育种、栽植、工业及应用、病虫害与森林健康、生物技术、生物质能源等分组交流与讨论。

2010年，中国林学会主办了生物质资源化学利用国际学术研讨会[International Conference on Chemical and Biological Utilization of Biomass Resources 2010（ICCUB 2010）]。大会由中国林业科学研究院林产化学工业研究所和南京林业大学承办，10月22～26日在南京成功召开。大会深入探讨了生物质资源化学利用相关领域的研究动态与发展趋势，开发绿色能源，发展循环经济。会议邀请了中国工程院的院士王涛、宋湛谦以及来自韩国能源研究所的教授Jin-Suk Lee分别作了中国森林生物质能源资源研究现状、林产化工与生物产业、韩国生物质能源研究现状3个主题报告。此外，本次大会有来自日本九州大学、日本神户大学、日本明治大学、法国普罗旺斯大学、希腊雅典大学、美国南方林业工作站、美国北卡州立大学、美国加州大学、瑞典皇家工学院、韩国能源研究所、华盛顿州立大学、芬兰赫尔辛基大学、新西兰坎特伯雷大学等多家国外院校和研究机构共20余名学者专家出席了会议。同时，有来自中国科学院能源研究所、东南大学、北京林业大学、东北林业大学、广西大学等国内院校近150位学者代表参加了会议。

2011年6月26～28日，由科学技术部、天津市人民政府联合国家林业局等14个部委和联合国教科文组织等5个国际（地区性）组织共同主办的国际生物经济大会在天津梅江国际会展中心隆重举行，中国林学会、国际竹藤网络中心、中国生态学学会、国际竹藤组织共同组织召开了"生物资源与生物多样性"分会场会议，中国林学会理事长、2011国际生物经济大会学术委员会副主席江泽慧，中国林学会副理事长兼秘书长赵良平，中国林学会副秘书长沈贵，国际竹藤组织总干事Jacoba Hoogendoorn（古珍）等出席分会场会议。世界林业研究中心、世界自然基金会、芬兰东芬兰大学、国际竹藤组织、中国科学院等国内外高等林业院校、科研院所的著名专家学者紧紧围绕"生物资源与生物多样性"这一分会主题作了精彩的学术报告，中国林业科学研究院、北京林业大学、国际竹藤网络中心、国际竹藤组织、河北农业大学、天津市林业局、天津理工大学等单位的专家和师生200多人参加了会议。

2015年，中国林学会与中国林业科学研究院联合主办了国际林联的桉树国际学术研讨会，这是国际林联在中国首次召开的桉树国际学术大会。10月21日，大会在广东省湛江市开幕，开幕式由国家林业局副局长、中国林学会副理事长彭有冬主持，全国绿化委员会副主任、中国林学会理事长赵树丛和国际林

联主席迈克·温菲尔德分别致辞。本次会议汇集了国际桉树研究领域的诸多专家和学界精英，来自 24 个国家的桉树培育、经营和加工利用领域的专家学者及管理者 360 余人参加会议，围绕桉树商品林可持续发展设置了生态与社会效益评价、遗传育种及良种繁育新技术、栽培和经营管理、森林健康 4 个议题，中外专家学者在为期 4 天的研讨会上作了 5 个主旨报告和 56 个专题报告，就桉树培育、产业发展问题进行广泛研讨和深入交流，分享国际桉树研究的最新成果。会上，中国绿化基金会祁述雄桉树基金颁发了"2015 年中国桉树发展突出贡献奖"，董汉明、徐大平等 7 人获奖。

2016 年，中国林学会作为协办单位与中国林业科学研究院联合在北京举办了 2016 国际林联亚太地区大会，承办了第三分会场——第四届森林科学论坛。此次大会的主题是：为了可持续发展的森林——研究的作用，共包括 8 个议题，分别为：①改善生态服务的森林可持续经营；②森林景观恢复与重建；③荒漠化防治、灾害与风险管理以及气候变化缓解与适应；④人工林与绿色经济；⑤生物质能源、生物质材料和其他产品的技术创新；⑥有利于人类健康和社会福祉的城市林业；⑦森林的社会文化功能，包括传统知识、人类健康、社会参与和性别角色；⑧保障粮食安全、提高生活质量和提供非木质林产品的森林和农用林经营。

八、国际林业合作项目

2015 年，中国林学会与澳大利亚林学会合作开展了"中澳林业交流项目"。2015 年 4 月 13～19 日，中国林学会代表团一行 6 人赴澳大利亚墨尔本出席澳大利亚新西兰林学会 2015 年年会，通过此次会议，代表团成员了解了澳大利亚人工林育种、栽培、管护及产品加工利用方面的技术与经验，增进了中澳两国林业科技工作者之间的友谊，对推动中澳两国林业科技的交流与合作起到了积极的促进作用。2015 年 10 月 19 日，澳大利亚林学会理事长罗伯（Anerdw Robert de Fégely）先生一行 4 人来华访问了中国林学会，双方在热情友好的气氛中回顾了中国林学会与澳大利亚林学会多年的密切合作，并表达了今后要进一步加强合作与交流的愿望。副秘书长沈贵向客人介绍了 2016 年第四届森林科学论坛——森林多功能经营与管理国际学术研讨会的筹备情况，并邀请澳大利亚林学会届时派代表团前来参加，罗伯理事长欣然接受了邀请。同时，沈贵与罗伯理事长商定将"中澳林业交流项目"继续，并在森林的可持续经营、桉树人工林经营及干旱区引种造林等方面寻求新的合作项目。

栎类是我国天然林第一大树种，第八次森林资源调查显示，我国天然林中栎类面积为 1610 万 hm^2，占天然林面积的 13.7%。而目前，我国专门研究栎类资源经营的专家还比较少，且研究的时间也比较短，所以我国在天然栎类资源经营研究和技术应用方面还比较薄弱，与栎类经营技术先进的欧洲等发达国家相比尚存在较大差距。为学习、引进国外成熟的栎类经营理念与技术，自 2015 年起，中国林学会和国家林业局天然林保护工程管理中心联合开展了"天然林示范区栎类经营示范项目"，并首次申请到了国家林业局国际智力引进项目。在引智项目的支撑下，邀请德、法、澳专家先后实地调研了河南栾川、陕西丹凤、甘肃小陇山、山西太岳山以及宁夏六盘山等地的栎类资源及其经营现状，在甘肃小陇山和山西太岳山分别建立了第一批栎类天然林经营示范区，在外国专家的实地指导下，结合我国的实际情况制定了示范区栎类经营方案，对天然栎类资源经营进行技术示范。同时，还邀请我国的栎类研究专家及栎类经营基层技术人员等先后召开了 10 余次的栎类经营讨论会，2 次重要的综合性中外专家栎类经营研讨会，深入地探讨了如何推进中国天然栎类林科学经营，该项目将为中国天然栎类的科学经营及天然次生林经营发挥重要作用，此外，通过项目的实施，凝聚了国内外一批从事栎类研究、管理与企业，并于 2016 年 10 月 26 日自发成立了"中国林学会栎类工作组"。

🌲 第六节　科技奖励与人才培养和举荐

一、设立中国林学会基金与创建梁希科教奖励基金

学会筹集基金、设立科技奖励大体分为两个阶段。1978—2002 年，学会接受捐赠，先后建立了陈嵘基金和梁希基金，并先后设立了学会基金奖、陈嵘奖、梁希奖、劲松奖，开展从事林业科技工作 50 年以上科技工作者表彰奖励。2003 年，在原有学会基金的基础上，学会筹集资金，建立了梁希科教奖励基金，设立了梁希科技奖（含梁希林业科学技术奖、梁希科普奖、梁希青年论文奖、梁希优秀学子奖）。

（一）设立中国林学会基金及开展评奖活动（1978—2002 年）

为了激励林业科技工作者的创造性和积极性，繁荣林业科学事业，1978 年天津年会倡议设置中国林学会基金。1979 年 3 月，陈嵘先生之子陈振树写信给中国林学会，愿将父亲生前向国家捐献用于发展林业事业的 7.8 万余元转给中国林学会作为学术奖励基金。之后又有沈鹏飞教授、杨衔晋教授、九三学社中国林业科学研究院直属小组分别捐款，共计 9 万多元作为中国林学会基金。1982 年 12 月 23～26 日，中国林学会"五大"期间，四位会员向学会捐献基金。李范五捐 200 元，吴中伦捐 300 元，周慧明捐 500 元，朱容捐 100 元。

设立基金主要是为了开展学会奖励工作。为此，学会拟订了《中国林学会基金和奖励条例（试行）》，并成立了 35 人组成的评奖委员会，推举陈陆圻、王恺为主要负责人。

1985 年，梁希先生的学生、泰籍华人周光荣先生捐赠 10 万元，建立梁希纪念基金，设立梁希奖。

1986 年 9 月 14 日，学会在南京林业大学召开六届二次理事扩大会议。会议同意成立中国林学会基金会，设立梁希奖、陈嵘奖和学会工作奖，并继续颁发劲松奖。

1. 中国林学会基金奖

为了调动和发挥广大林业科技工作者的积极性和创造性，不断提高林业科技水平，推动林业科学技术知识的普及，依托陈嵘先生捐赠的资金，学会于1981 年制定了学会奖励条例，创办了中国林学会基金奖。

1982 年 12 月，在中国林学会第五次全国会员代表大会上，颁发了首届中国林学会基金奖，分学术类、科普类、建议类和学会工作类 4 个类别进行了奖励。学术奖中，"杨干透翅的防治研究"等 6 个项目荣获二等奖，"洮河林区森林合理经营永续利用的生产试验成果"等 12 个项目获三等奖，"从对森林认识的发展来看林业现代化"等 5 个项目获四等奖。科普奖中，评出二等奖 2 项，三等奖 5 项，四等奖 1 项。建议奖中，评出二等奖和三等奖各 1 项。学会工作奖中，评出二等奖 2 项，三等奖 3 项，四等奖 8 项。

1985 年 12 月，第六次全国会员代表大会，颁发了第二届中国林学会基金奖，分学术论文奖、科普奖、重大建议奖和学会工作奖四个类别进行奖励。学术论文奖中，评出二等奖 3 项，三等奖 7 项。科普奖中，评出一等奖 1 项，二等奖 20 项，三等奖 55 项，鼓励奖 45 项。重大建议奖中，评出二等奖 2 项，三等奖 1 项。学会工作奖中，90 个单位或个人授予学会工作奖。

2. 陈嵘奖

1986 年 9 月 14 日，在六届二次理事会议（扩大）上决定设立陈嵘奖，替代中国林学会基金奖。陈嵘奖一般一届理事会期间评选一次。依据陈嵘先生"绿化祖国，繁荣学术"的遗愿，陈嵘奖包括学术、科普、建议和学会工作 4 个类别。

中国林学会第一届陈嵘奖评选结果于 1989 年 1 月公布，并于 1989 年 12 月在中国林学会第七次全国会员代表大会上进行表彰。"当前影响我国林业发展的主要矛盾及其对策"等 4 个项目荣获学术奖。《灰喜鹊的故事》等 3 个项目获科普奖。"林纸结合的建议"等 3 个项目获建议奖。山西省林学会办事机构等 20 个单位或个人获学会工作奖。

1993 年 5 月，中国林学会第八次全国会员代表大会上颁发了中国林学会第二届陈嵘奖。"湖南省 2000 年林业发展规划研究"等 4 个项目荣获学术奖。"在上海建立欧美杨用材林生产基地的建议"等 3 个项目获建议奖。电视系列科教片《绿色之路》等 3 个项目获科普奖。山东林学会办公室等 21 个单位或个人获学会工作奖。

在 1997 年中国林学会第九次全国会员代表大会上颁发了第三届陈嵘奖。"中国林业科学技术史"等 3 个项目荣获学术奖。"关于保留森林经理二级学科""专业目录的建议"等 3 个项目获建议奖。《大森林的未来——21 世纪的林业》等 3 个项目获科普奖。河北省林学会办公室等 16 个单位或个人获学会工作奖。

2002 年 8 月，中国林学会第十次全国会员代表大会在北京召开，会上颁发了中国林学会第四届陈嵘奖。"成就、问题、构想——甘肃省农业生态环境建设调研报告"等 3 个项目荣获学术奖。"关于加快全省花卉产业发展的意见和甘肃省经济林结构优化调整意见"等 4 个项目获建议奖。山西省林学会办公室等 18 个单位或个人获学会工作奖。

3. 梁希纪念基金及梁希奖

梁希先生是我国林业界一代宗师，在林业界享有崇高威望。梁希先生的学生、中国林学会名誉委员、泰籍华人周光荣先生，怀着一颗眷恋祖国建设的赤子之情，于 1985 年捐赠 10 万元，建立了梁希纪念基金，设立梁希奖。学会听

取多方面意见，经过反复研究，制定了《中国林学会梁希奖奖励条例》。条例规定，奖励项目分为营林、森林工业和软科学三类，授奖项目不超过3个，不分奖励等级，统一授予梁希奖奖章、荣誉证书和奖金；应征的项目不论是否申报或获得过其他任何级别的奖励，都可以申报参加评审。梁希奖评选采取"三审制"，申报项目先由专家推荐，由各省林学会或分科学会组织专家评审，提出初审意见；再经初审单位筛选，上报中国林学会，由中国林学会评奖工作委员会复审，提出复审意见；最终由梁希奖领导小组召开终审会，商定评奖结果。

学会评选梁希奖，旨在鼓励林业科技工作者发挥积极性和创造性，振兴我国林业，加速林业科技事业的发展，提出高水平的学术成果。自设立以来，中国林学会梁希奖共评选了四届。

1987年12月25日，在纪念中国林学会成立70周年的大会上隆重颁发了首届梁希奖。获奖项目是："公元2000年我国森林资源发展趋势的研究"（黄伯璇等6人）、《木材学》（成俊卿等7人）和"宁夏西吉黄土高原水土流失综合治理的研究"（阎树文等6人）。

1993年5月中国林学会第八次全国会员代表大会上颁发了中国林学会第二届梁希奖。获奖项目是：《云南树木图志》（徐永椿等5人）、"东北内蒙古四省（区）主要造林树种种源试验的研究"（张培杲等5人）、"刨花流变性能与刨花板比重及尺寸稳定性关系"（王培元等6人）。

1997年6月16日，中国林学会成立80周年纪念大会在北京中国科技会堂隆重召开，会上颁发了第三届梁希奖。获奖项目是：毛竹林养分循环规律及其应用的研究（傅懋毅等9人）、黄土高原抗旱造林技术（王斌端等9人）、引进花角蚜小蜂防治突圆蚧的研究与应用（潘务耀等9人）。

在2002年8月召开的中国林学会第十次全国会员代表大会上颁发了第四届梁希奖。获奖项目是："林木抗旱机理及'三北'地区抗逆良种园建立的研究"（尹伟伦等9人）、"酸雨（酸沉降）对生态环境的影响及其经济损失研究"（冯宗炜等9人）、"陕西省经济林木菌根研究"（唐明等9人）等14个项目。

4.劲松奖

1983年初，中国林学会陈致生副理事长深入基层调查研究，提出了应向长期坚持在基层单位以及经常深入基层进行工作的林学会会员颁发奖章、奖状的建议，得到学会常务理事会的一致赞同。1983年3月13日，学会发出了关于

奖励工作征求意见的通知，得到了各省级林学会及广大会员的拥护。1983 年
5 月，在京常务理事会正式做出决定，对长期坚持林业生产第一线的中国林学
会会员进行表彰；同年 9 月，第四次在京常务理事会决定奖项名为"劲松奖"，
并通过了《中国林学会劲松奖奖励办法》。林业部和各省（自治区、直辖市）
林业厅（局）对这项活动给予了很大支持，并在经费上给予帮助。1983 年 10
月 11 日，林业部发文给各省林业厅（局）要求协助搞好劲松奖活动。

劲松奖属于精神奖励范畴，一般为一届理事会评选一次。依据学会会员工
作地区、工作岗位的不同，规定了 8 年、10 年、15 年和 25 年 4 类获奖年限。
劲松奖由各省级林学会组织各地区、县林学会申报、评选，经中国林学会评奖
委员会审查、确定。

劲松奖是中国林学会举办的覆盖面最广的一项表彰活动，目的在于激励当
代林业科技工作者胸怀壮志，献身绿化国土，学习坚忍不拔、迎风傲雪的劲
松，发扬不畏艰险，为振兴林业事业甘当辛勤园丁的精神。从 1984 年开始到
现在，已颁发六届，累计受奖会员达 8 万余名。

1984 年 3 月 8 日，中国林学会召开了扩大常务理事会，评选出劲松奖获奖
会员 16615 名。中国科协领导裴丽生、林渤民出席这次会议并讲话，高度评价
了这项活动的重要意义。新华社为此发了消息，《人民日报》《北京日报》《中
国青年报》等作了报道。

1985 年 5 月 4 日，中国林学会、北京林学会召开 500 人大会，向北京地区
740 名获奖会员颁发了第一届劲松奖奖章、奖状和纪念品。裴丽生、陈希同、
董智勇、吴中伦等出席会议，范济洲代表中国林学会和北京林学会讲话。

1987 年 12 月 25 日，学会召开纪念中国林学会成立 70 周年大会，向全国
14806 名获奖的会员颁发第二届劲松奖。各省级林学会也先后召开各种形式的
会议，向当地获奖会员发奖。以上的这些活动，在林业界引起了很大反响，很
多获奖会员感到这是党和国家对广大林业工作者的极大关怀和鼓励，有的会员
获劲松奖后感动得热泪盈眶，表示"荒山不绿我不休"；有的会员表示继续像
劲松那样挺立在崇山峻岭之间，扎根在荒漠平原之中，为装点祖国大好河山作
出更大贡献。

1993 年 5 月，中国林学会第八次全国会员代表大会在福建省厦门市召开。
会上颁发了第三届劲松奖。1997 年 6 月，中国林学会第九次全国会员代表大会

上颁发了第四届劲松奖。2002年8月中国林学会第十次全国会员代表大会颁发了第五届劲松奖。2007年10月，中国林学会启动了第六届劲松奖的评选工作，评选结果于2008年向社会公布，各省级林学会及各分会、专业委员会结合具体情况各自进行了表彰。

5. 表彰从事林业工作50年以上科技工作者

1985年5月，中国林学会第二次组织工作会议提出表彰从事林业工作50年以上的科技工作者的建议，并在1985年6月举行的第四次在京常务理事会一致通过。表彰那些在林业建设、科学研究、林业教育事业中作出积极贡献，为林业科技工作者树立了楷模的老一辈林业科技工作者，对促进学会工作、促进林业工作都具有重要意义。

从1985年设立从事林业工作50年以上科技工作者奖开始，每届理事会表彰一次，共进行了6届，表彰科技人员1300余名。其中1985年12月中国林学会第六次全国会员代表大会上表彰133名；1987年12月在纪念中国林学会成立70周年的大会上表彰98名；1993年5月中国林学会第八次全国会员代表大会表彰84名；1997年6月中国林学会第九次全国会员代表大会表彰98名；2002年8月中国林学会第十次全国会员代表大会表彰了368名；2007年10月，中国林学会启动了第六届从事林业工作50年以上科技工作者的评选工作，评选结果于2008年向社会公布，各省级林学会及各分会、专业委员会结合具体情况各自进行了表彰。

（二）创建梁希科技教育基金及设立梁希科学技术奖（2003—）

在国家取消部门科技进步奖的评选后，为了适应国家科技奖励制度改革的新形势，进一步扩大中国林学会奖励工作的社会影响，在2002年8月于北京召开的中国林学会第十次全国会员代表大会上，江泽慧理事长提出了建立梁希科技教育基金的倡议。这一倡议得到了广大林业企事业单位和林业科技工作者的积极响应和大力支持，2002—2003年，广大林业企事业单位和林业科技工作者，积极响应江泽慧理事长提出的建立梁希科技教育基金的倡议，踊跃捐款。中国林业科学研究院、北京林业大学、东北林业大学、南京林业大学分别捐赠50万元，南京森林公安高等专科学校捐赠30万元，江苏省林业局捐赠30万元，浙江省林业厅捐赠20万元，东北林业大学杨传平校长个人捐款1万元，等等。加上学会原有基金，共筹集基金500多万元。

2005—2011 年，中国林业集团公司连续四年冠名支持梁希奖的评选表彰，共为梁希奖评选提供 180 万元资助。

2016 年 3 月 2 日召开的中国林学会全体常务理事会决定，将梁希林业科学技术奖由 2 年评选 1 次改为 1 年 1 次。同时决定，加强梁希奖基金募集，商请各有关单位给予资助，以满足评奖的需要。为落实常务理事会精神，确保该奖项的顺利实施，学会发函商请有关单位对梁希奖基金继续给予大力支持。文件发出后，国家林业局调查规划设计院给学会捐赠 30 万元，南京森林警察学院捐赠 20 万元，广西壮族自治区林业厅、新疆维吾尔自治区林业厅、云南省林业厅等单位分别捐赠不同数额资金，基金总额达 1000 余万元。

1. 纪念梁希先生诞辰 120 周年暨梁希科技教育基金成立大会

2003 年 12 月 28 日，纪念梁希先生诞辰 120 周年暨梁希科技教育基金成立大会在北京人民大会堂隆重举行。全国人大常委会副委员长、九三学社中央委员会主席韩启德，全国政协副主席、中共中央统战部部长刘延东，中国科协主席周光召，全国绿化委员会副主任、国家林业局局长周生贤，国家林业局党组成员、中国林业科学研究院院长、中国林学会理事长江泽慧等出席大会并讲话。大会由中国科协、国家林业局、九三学社中央委员会共同主办。全国人大、全国政协、中共中央统战部、中国科协、九三学社中央委员会、国家林业局和国务院有关部委等单位的领导和代表 170 多人参加了大会。大会由中国科协副主席、党组书记、书记处第一书记张玉台主持。

会上，由中国林学会设立、以梁希先生名字命名的"梁希科技教育基金"宣布成立并举行了基金捐赠仪式。

2. 成立梁希科技教育基金管理委员会和制订相关奖励办法

2004 年 5 月 10 日，梁希科技教育基金管理委员会第一次全体会议在北京召开，国家林业局副局长、中国林学会副理事长、梁希科技教育基金管理委员会副主席张建龙受中国林学会理事长、梁希科技教育基金管理委员会主席江泽慧的委托主持会议。出席会议的有梁希科技教育基金管理委员会副主席舒惠国、王涛、李文华、关松林、尹伟伦，委员李岩泉、胡章翠、施季森、岳永德、尹发权、蒋祖辉、孟平。会议原则上通过《梁希科技教育基金管理办法》《梁希林业科学技术奖奖励办法》及《实施细则》《梁希科普奖奖励办法》《梁希优秀学子奖评选办法》《梁希青年论文奖奖励办法》。

3. 设立梁希科学技术奖

2004 年 10 月，梁希科技教育基金设立的梁希科学技术奖正式获得科技部的批准和注册。梁希科学技术奖包括"梁希林业科学技术奖""梁希科普奖""梁希青年论文奖"和"梁希优秀学子奖" 4 个奖项，各奖项每两年举办一次评选活动。自 2016 年开始，梁希林业科学技术奖和梁希优秀学子奖每年评选一次。"梁希林业科学技术奖"和"梁希青年论文奖"设一、二、三个等级，授予一、二等奖奖金和证书，三等奖不授奖金，只授证书；"梁希科普奖"和"梁希优秀学子奖"不分等级，均授予奖金和证书。梁希奖设立这四个奖项，首先是从林业的特点出发，林业是个注重实践和应用的行业，它的科研成果更具有实用性和科学普及性。另外，从国际形势看，全球环境变化，各国政府和人民都开始高度关注林业发展，林业上的研究成果也越来越受到科学界的重视，所以着眼于科研、教学、实践等方面，梁希奖分别对科研成果、学术论文、科学普及程度以及林业的后备人才几个方面进行奖励，可以较全面的奖励林业领域内的优秀人才和科研成果。

2005 年，学会正式启动梁希林业科学技术奖、梁希科普奖的评选，截至 2007 年，梁希科教基金设立的奖项全部启动评选工作。

2007 年 3 月，为使梁希科学技术奖的评选更为规范，中国林学会梁希科技教育基金管理委员会获准成立，梁希科技教育基金管理委员会成为中国林学会的二级机构。

梁希科技教育基金的成立、梁希林业科学技术奖等奖项的设立，填补了部门科技进步奖取消后我国林业科技奖励空白，在我国林业界产生了较大反响，提升了学会的社会地位，拓展了学会的发展空间。

（1）梁希林业科学技术奖

从 2004 年设立到现在 10 余年来，梁希科学技术奖在整个林业领域以及社会上的影响逐渐扩大，它的公开、公平、公正原则为奖项树立了权威，得到社会各界的好评，深受广大林业科技工作者的欢迎，为推动科技成果转化，促进林业科技进步和人才成长，发展现代林业和生态文明作出了重要贡献。

2009 年，在国家科学技术奖励工作办公室组织开展的社会力量设立科学技术奖考评中，梁希科学技术奖在 100 多个考评奖项中荣获优秀，在 5 个优秀中名列第三。

2014 年、2015 年，中国林学会有幸连续两年承担中国科协学会有序承接政府转移职能试点项目——国家科技奖励推荐试点，成为中国科协向国家科学技术奖励工作办公室力推的直接推荐国家奖项目的 5 个全国学会之一。

2015 年，学会获得国家奖直推资格。

2015 年 12 月 8 日，中国林学会参加国家科学技术奖励工作办公室组织开展的社会力量设奖第三方评价专家评审会，经现场答辩、专家打分等定性指标的评价。"梁希科学技术奖"在 2015 年度国家科学技术奖励工作办公室社会科技奖励第三方评价中获得 89.71 分，考核为优秀。

①梁希林业科学技术奖评选表彰情况

梁希林业科学技术奖主要奖励在林业科学技术进步中做出突出贡献的集体和个人，其目的是鼓励林业科技创新，充分调动广大林业科技工作者的积极性、创造性，促进林业科技事业的发展，加快实现现代化林业跨越式发展。梁希林业科学技术奖每两年评选一次，2016 年 3 月，经学会常务理事会讨论通过，自 2016 年开始，梁希林业科学技术奖改为一年评选一次。

a. 首届梁希林业科学技术奖

中国林学会于 2005 年 6 ~ 10 月组织开展了"中林集团杯首届梁希林业科学技术奖"和"首届梁希科普奖"的评选工作。首届"梁希林业科学技术奖"共收到由推荐单位初评后推荐的申报项目 94 项，经形式审查、同行专家初审、专业组评审会、入围项目社会公示和召开梁希林业科学技术奖评审委员会会议等严格的评审程序，最终评选出一、二、三等奖。"绿色江苏现代林业发展研究"等 2 个项目被评为一等奖，"木质环境品质与居住质量的研究"等 12 个项目评为二等奖，"桉树优良无性系选育与推广应用研究"等 32 个项目被评为三等奖。2005 年 11 月 10 日，首届中国林业学术大会在杭州召开，大会颁发了首届梁希林业科学技术奖等奖项。

b. 第二届梁希林业科学技术奖

2007 年 1 ~ 6 月，学会组织开展了中林集团杯"第二届梁希林业科学技术奖"和"首届梁希优秀学子奖"的评选工作。

第二届梁希林业科学技术奖共收到来自各推荐单位择优推荐的申报项目 92 项，经形式审查、同行专家初审、召开专业组评审会议和梁希科技奖评审委员会会议及向社会公示，最终评出一、二、三等奖项目共 57 项。其中"松香松

节油结构稳定化及深加工利用技术研究与开发"等 3 个项目被评为一等奖,"松材线虫 SCAR 标记与系列分子检测技术及试剂盒研制"等 20 个项目被评为二等奖,"超高产人工三倍体新桑品种嘉陵 20 号选育推广"等 34 个项目被评为三等奖。2007 年 7 月 12 日,中国林学会成立 90 周年纪念大会在人民大会堂隆重举行,会上颁发了第二届梁希林业科学技术奖等奖项。

c. 第三届梁希林业科学技术奖

2009 年,学会组织开展了第三届梁希林业科学技术奖的评选工作。本次评选活动共收到国家林业局有关直属单位、各省(自治区、直辖市)林业厅(局)、各省(自治区、直辖市)林学会、中国林学会各分会(专业委员会)、各林业高等院校等单位择优推荐的申报项目 98 项。经形式审查、同行专家初审、专业组评审会议初评和梁希科技奖评审委员会评审及向社会公示等程序,最终评出获奖项目共 65 项。其中,"东北天然林生态采伐更新技术"等 2 个项目被评为一等奖,"木结构建筑材料开发与应用"等 21 个项目被评为二等奖,"窄冠黑杨、窄冠黑白杨的选育及推广"等 42 个项目被评为三等奖。2009 年 11 月 8 日,为期两天的第二届中国林业学术大会在南宁开幕,会上颁发了第三届梁希林业科学技术奖等奖项。

d. 第四届梁希林业科学技术奖

2011 年,中国林学会组织开展了"中林集团杯"第四届梁希林业科学技术奖的评选工作。经形式审查、专家初评、专业组评审、社会公示和梁希林业科学技术奖评审委员会评审等程序,最终评出获奖项目 89 项。其中,"森林资源综合监测技术体系研究"等 4 个项目荣获一等奖,"库姆塔格沙漠综合科学考察及其主要科学发现"等 36 个项目荣获二等奖,"半干旱地区华北落叶松人工林可持续经营技术应用开发与试验示范"等 49 个项目荣获三等奖。2011 年 12 月 23 日,中国林学会在北京举办了 2011 现代林业发展高层论坛暨第四届梁希林业科学技术奖颁奖仪式。

e. 第五届梁希林业科学技术奖

2013 年,学会组织开展了第五届梁希林业科学技术奖的评选工作。经形式审查、专家初评、专业组评审、梁希林业科学技术奖评审委员会评审和社会公示等程序,最终评出获奖项目 79 项。其中,"县级森林火灾扑救应急指挥系统研发与应用"等 4 个项目荣获一等奖,"东北天然林生长模型系与多目标经营规划技术"等 35 个项目荣获二等奖,"优质石蒜资源生态经济型培育及现代提取工艺制备加兰他敏关键技术"等 40 个项目荣获三等奖。2014 年 1 月 16～17日,中国林学会第十一次全国会员代表大会暨第三届中国林业学术大会在北京召开,大会开幕式颁发了第五届梁希林业科学技术奖。

f. 第六届梁希林业科学技术奖

2015 年,学会组织开展了第六届梁希林业科学技术奖的评选工作。经形式审查、专家初评、专业组评审、梁希林业科学技术奖评审委员会评审和社会公示等程序,最终评出获奖项目 66 项。其中,"铁皮石斛良种选育与高效栽培技术研究"等 4 个项目荣获一等奖,"重大林木蛀干害虫——栗山天牛无公害综合防治技术研究"等 30 个项目荣获二等奖,"浙西南夏秋季菜用竹笋高效栽培关键技术研究与推广"等 32 个项目荣获三等奖。11 月 26 日,2015 年现代林业发展高层论坛在京举行,论坛开幕式颁发了第六届梁希林业科学技术奖等奖项。

g. 第七届梁希林业科学技术奖

2016 年 3～9 月,学会组织开展了第七届梁希林业科学技术奖的评选工作。经形式审查、专家初评、专业组评审、梁希林业科学技术奖评审委员会评审和社会公示等程序,最终评出获奖项目 71 项。其中,"低等级木材高得率制浆清洁生产关键技术"等 4 个项目荣获一等奖,"南方型杨树优质高效栽培技术体系的研究与推广"等 33 个项目荣获二等奖,"南洋楹良种选育与高效栽培技术"等 34 个项目荣获三等奖。2016 年 9 月 27～29 日,第四届中国林业学术大会暨第十二届中国林业青年学术年会在浙江农林大学隆重举行,大会开幕式举行了隆重的颁奖仪式,颁发了第七届梁希林业科学技术奖等奖项。

②梁希林业科学技术奖评审委员会

2011 年,第四届梁希林业科学技术奖专业委员会评审会上,为进一步推动梁希林业科学技术奖的评选表彰工作,确保梁希奖的评审质量,中国林学会成立了首届梁希林业科学技术奖评审委员会。评审委员会的职能主要是:指导梁希林业科学技术奖的评选工作,研究确定评审办法的修改完善等重要事项;评审确定获奖项目;对奖项评选过程进行监督与管理,处理异议,维护奖项的权威性,确保奖项的公开、公平、公正。梁希林业科学技术奖评审委员会每届任期 4 年。首届评审委员会的主任是江泽慧理事长,副主任是蒋有绪院士和赵良

平秘书长，委员由15位专家组成，任期为2011年11月至2015年11月。

2016年初，学会进行了梁希林业科学技术奖评审委员会的换届，成立了第二届评审委员会，任期为2016年1月至2019年12月。评审委员会主任由学会名誉理事长江泽慧担任，国家林业局副局长、中国林学会副理事长彭有冬和中国林学会副理事长兼秘书长陈幸良任副主任，委员由12位专家组成。

梁希林业科学技术奖评审委员会的成立，梁希奖的评审质量逐年提升，社会影响力逐年扩大，为梁希奖的持续健康发展提供了有力保障。

③梁希林业科学技术奖获国家奖情况

梁希林业科学技术奖是国家取消部门评奖后，我国林业系统唯一的科技奖项，反映了我国林业科技成果整体情况，代表了我国林业科技总体水平。

在获国家奖方面，据不完全统计，自设奖10余年来，共有13项获得梁希林业科学技术奖的项目获得国家科技进步奖，在社会力量设奖中，这一比例位居前列。如中国林业科学研究院杨忠岐研究员主持的项目"重大外来侵入性害虫——美国白蛾生物防治技术研究"曾在2005年获得首届梁希林业科学技术奖二等奖，该项目2006年获得国家科技进步二等奖；南京林业大学张齐生院士主持的项目"竹木复合结构理论及应用"2009年获得第三届梁希林业科学技术奖二等奖，同年该项目获得国家科技进步二等奖；中国林业科学研究院苏晓华研究员主持的项目"杨树种质资源创新与利用及功能分子标记开发"2011年获得第四届梁希林业科学技术奖一等奖，该项目2014年获得国家科技进步奖二等奖，等等。

④梁希林业科学技术奖证书印章情况

2005—2011年，梁希科学技术奖证书一直加盖中国林学会和梁希科技教育基金委员会两枚印章，不利于梁希奖的推广和宣传。相比于中国农学会等加盖政府部门印章的奖项，梁希奖在提高社会影响力方面还存在较大差距。

2013年，评选第五届梁希林业科学技术奖时这一情况有所好转。经请示江泽慧理事长和国家林业局科学技术司同意，梁希奖证书加盖了国家林业局科学技术委员会印章，但效果还是不明显。

2015年11月，为改变这一不良局面，学会请示彭有冬副局长，希望国家林业局党组及有关司局继续对梁希奖工作给予大力支持，并参照中国农学会等类似社会团体的有效做法，在梁希奖证书加盖国家林业局印章（同时盖国家林业局和中国林学会两个印章）。该提议得到张建龙局长、彭有冬副局长等国家林业局有关领导的高度重视，在 2015 年 12 月 30 日国家林业局党组会上讨论通过。从第六届梁希林业科学技术奖开始，梁希奖证书同时盖国家林业局和中国林学会印章。

梁希林业科学技术奖加盖国家林业局印章，改变了梁希奖在职称评定、申请课题和申报奖项等科技评价中有些地方不被认可的问题，促使梁希奖得到社会广泛承认和认可，进一步扩大了梁希奖的社会影响，激励了广大林业科技工作者献身林业科学研究和科技推广事业，推动了林业科技进步和人才成长。

（2）梁希科普奖

根据《梁希科技教育基金管理办法》，为表彰在林业科学技术普及（以下简称科普）工作中作出突出贡献的集体和个人，充分调动社会各界积极参与林业科普工作的良好氛围，促进我国林业科普事业的发展，特设立梁希科普奖。2004 年 5 月 10 日梁希科技教育基金委员会讨论通过《梁希科普奖奖励办法（试行）》。梁希科普奖每两年评选一次，奖励在林业科普工作中作出突出贡献的先进个人和集体，对获奖个人和集体颁发奖励证书和奖金。2005 年 9 月正式启动首届梁希科普奖的评选工作。首届梁希科普奖共收到推荐单位上报的集体或个人 44 个，其中集体 20 个，个人 24 人，采用与梁希林业科学技术奖相同的评审程序，最终评选出获奖集体和获奖个人。"中国中央电视台社教中心科技专题部"等 10 个单位和丁广师等 9 人荣获"首届梁希科普奖"。

为保证梁希科普奖的专业性和严肃性，2011 年中国林学会成立梁希科普奖评审委员会，负责梁希科普奖的评审工作。2011 年 10 月 10 日起执行新的梁希科普奖奖励办法。同时，从第三届梁希科普奖开始，梁希科普奖分为科普作品、科普活动和科普人物奖三个类别，每个类别分别设立不同的参评标准。目前已完成五届梁希科普奖的评选工作。共评选表彰 123 项获奖作品、活动和人物，其中科普作品 62 项，科普活动 53 项，科普人物 8 名。

为更好地推进该评奖工作，2014 年开始筹备建设了梁希科普奖评奖系统。2015 年，第五届梁希科普奖评选工作实现了在线申报、审核、评审，有效推动了梁希科普奖的发展。

（3）梁希青年论文奖

为鼓励林业青年科技工作者求真务实、勇于创新的精神，加快青年科技人

才的成长,学会在梁希科学技术奖中设立了梁希青年论文奖。梁希青年论文奖每两年评选一次,自 2006 年开始共评选了 6 届。梁希青年论文奖得到林业各大高校、科研院所的青年科研工作者和在读研究生的高度重视,参加评选活动的论文数量逐年增长,文章质量也大幅度提高。

中国林学会于 2006 年 8～11 月组织开展了首届梁希青年论文奖评选活动。本次评选活动共收到申报论文 130 篇,内容涵盖了森林培育、遗传育种、经济林、园艺花卉、森林保护、森林经理、野生动植物保护与利用、水保与荒漠化防治、森林工程、木材科学、林产化工、林业经济、生理生态等学科。经形式审查、专家初审和本届评审委员会严格评审,并经过向社会公示,本届青年论文奖共评出获奖论文 54 篇,其中,"Evaluation of Pettys nonlinear model in wood permeability measurement"等 7 篇论文荣获一等奖、"全国主要经济林产品市场分析与预测"等 18 篇论文荣获二等奖、"Expression profiles of two novel lipoxygenase genes in Populus deltoids"等 29 篇论文荣获三等奖。

学会于 2008 年 3～6 月组织开展了第二届梁希青年论文奖的评选工作。本届青年论文奖评选共收到申报论文 132 篇。最终评选出获奖论文 70 篇,其中"Determination of cell wall ferulic and p-coumaric acids in sugarcane bagasse"等 9 篇论文被评为一等奖,"Evidence for apoplasmic phloem unloading in developing apple fruit"等 21 篇论文被评为二等奖,"Effects of arbuscular mycorrhizal fungi and phosphorus on camptothecin content in Camptotheca acuminata seedlings"等 40 篇论文被评为三等奖。

2010 年 5～7 月组织开展了第三届梁希青年论文奖的评选工作。本次论文评选共收到申报论文 216 篇,最终评选出获奖论文 112 篇,其中 11 篇论文荣获一等奖,31 篇论文荣获二等奖,70 篇论文荣获三等奖。

2012 年 3 月启动了"第四届梁希青年论文奖"的评选工作。本届评选活动共收到申报论文 313 篇。经形式审查、专家初审、召开专家评审委员会会议和向社会公示等程序,评选出获奖论文 201 篇,其中一等奖 15 篇、二等奖 48 篇、三等奖 138 篇。

2014 年 3～8 月组织开展了第五届梁希青年论文奖的评选工作。共收到申报论文 508 篇,经形式审查、同行专家初审、专家评审委员会评审及向社会公示等程序,最终评选出获奖论文 236 篇,其中 12 篇论文荣获一等奖,52 篇论文荣获二等奖，172 篇论文荣获三等奖。

2016 年 3～9 月组织开展了第六届梁希青年论文奖的评选工作。共收到符合条件的申报论文 546 篇，经形式审查、同行专家初审、专家评审委员会评审及向社会公示等程序，最终评选出获奖论文 214 篇，其中 14 篇论文荣获一等奖，54 篇论文荣获二等奖，146 篇论文荣获三等奖。

（4）梁希优秀学子奖

为激励林业高校学生树立"献身、创新、求实、协作"的科学精神，促进林业高校学生全面发展，根据《梁希科技教育基金管理办法》，设立梁希优秀学子奖。梁希优秀学子奖的奖励对象为全国林业高等院校和设有林学院的农大、综合性大学林业及相关专业的本科生、在读硕士生和博士生，中国林业科学研究院研究生院的在读硕士生和博士生（不含已工作的在职研究生）和南京森林公安高等专科学校的在校生。梁希优秀学子奖不分等级，每两年评选一次，共评选了 5 届。

2007 年 4～6 月，中国林学会开展了首届梁希优秀学子奖评选活动。此次评选共收到来自全国 25 所林业高等院校和设有林学院的农大、综合性大学上报的候选人 67 名，经形式审查和评审委员会严格评审和社会公示，最终评出马尔妮等 31 名获奖者。2009 年学会组织开展了第二届梁希优秀学子奖的评选工作。共收到来自全国 25 所林业高等院校和设有林学院的农大、综合性大学上报的候选人 66 名，共评选出姚胜等 41 名获奖者。2011 年 11 月，学会启动了第三届梁希优秀学子奖的评选工作。共有候选人 66 名，共评选出高广磊等 41 名获奖者。2013 年第四届优秀学子奖共收到来自全国 26 所林业高等院校和设有林学院的农大、综合性大学上报的 70 名候选人材料，共评选出杜庆章等 39 名获奖者。2015 年第五届优秀学子奖的评选工作共收到来自全国 27 所林业高等院校和设有林学院的农大、综合性大学上报的 69 名候选人材料，共评选出陈金辉等 43 名获奖者。

梁希科学技术奖下设的四个子奖项均按照奖励办法和实施细则，公平、公正、公开组织评选活动，评审程序严格、规范，形式审查、专家初审、专业组评审会和评审委员会会议、向社会公示等每个环节都根据奖励办法认真组织实施，最后报梁希科技教育基金管理委员会批准授奖。为扩大梁希奖的社会影响，加强品牌建设，中国林学会一直高度重视梁希奖的宣传工作，不仅利用互

联网、报刊等媒体大力宣传，而且在学会组织的重大活动上举行隆重的颁奖仪式，向社会广泛宣传，激励广大林业科技工作者献身林业科技事业，不断攀登科技高峰。经过10多年的努力，梁希奖已发展成为中国林学会乃至我国林业的品牌活动。

二、设立并定期开展中国林业青年科技奖评选表彰

中国林业青年科技奖是1995年由林业部设立，它的前身是1988年首次设立的中国林学会青年科技奖。林业青年科技奖是根据中组部、人事部、中国科协关于开展中国青年科技奖候选人推荐与评选工作的通知精神和林业青年科技奖条例的有关规定，为深入贯彻落实国家中长期人才发展规划纲要，努力造就宏大的林业青年人才队伍，激励、引导广大林业青年科技工作者积极投身于生态林业民生林业建设，国家林业局人事司和中国林学会共同组织实施，面向广大林业青年科技者设立的奖项。同时，中国林学会在此基础上择优选择候选人参加中国青年科技奖评选。

该奖项的推荐单位主要包括各省（自治区、直辖市）林业厅（局）、林学会，中国林学会各分会、专业委员会，国家林业局有关直属单位，有关普通高等林业院校，以及内蒙古、吉林、龙江、大兴安岭森工（林业）集团公司，且往届获奖者不可重复受奖。推荐范围是在林业科技工作与活动中涌现出来的优秀代表，候选人年龄规定不超过40周岁，后改为男性候选人不超过40周岁，女性候选人不超过45周岁。

中国林业青年科技奖其评选标准是拥护党的路线、方针、政策，热爱祖国，遵纪守法，具有"献身、创新、求实、协作"的科学精神，学风正派；且符合以下条件之一：一是在林业自然科学研究领域取得重要的、创新性的成就和作出了突出贡献；二是在工程技术方面取得重大的、创造性的成果和作出突出贡献，并有显著应用成效；三是在科学技术普及、科技成果推广转化、科技管理工作中取得突出成绩，产生显著的社会效益或经济效益。加强林业青年科技人才队伍建设，是全面贯彻落实人才强林、科技兴林战略，贯彻实施《国家林业局党组关于进一步加强林业人才工作的意见》的重要举措，是推动建设生态林业与民生林业的迫切要求。

在国家林业局（原林业部）的领导下，中国林学会积极组织了林业青年科

技奖和中国青年科技奖的评选、推荐工作。根据中国科协有关文件精神和林业青年科技奖条例有关规定，经报请国家林业局人事司审议，中国林学会及时下发开展评奖工作通知，并组织开展推选申报评选工作，经过专家评选委员会评审、报请国家林业局林业青年科技奖领导工作委员会批准、公示等流程，最终确定获奖名单，并按照中国科协规定的中国青年科技奖候选人分配的名额从中择优选择上报中国科协。截至2016年12月，共开展了13届林业青年科技奖的评选表彰工作，共有梁一池等201名优秀的林业青年科技工作者受到表彰，其中已有梁一池等20人荣获中国青年科技奖称号。

三、院士候选人推选

根据《中国科学院院士章程》和《中国工程院院士章程》，中国科学院院士候选人应为在科学技术领域作出系统的、创造性的成就和重大贡献，热爱祖国，学风正派，具有中国国籍的研究员、教授或同等职称的学者、专家；中国工程院院士候选人应为在工程科学技术方面作出重大的、创造性的成就和贡献，热爱祖国，学风正派，品行端正，具有中国国籍的高级工程师、研究员、教授或具有同等职称的专家。中国科协推荐（提名）院士候选人不含居住在香港、澳门特别行政区和台湾省以及侨居他国的中国籍学者、专家。公务员和参照公务员法管理的党政机关处以上领导干部原则上不作为院士候选人。凡已连续3次被推荐（提名）为院士有效候选人的，停止1次院士候选人资格。

2014年以前，学会不定期开展院士候选人评选推荐工作，如2003年、2009年分别进行了院士评选推荐工作。2014年6月，中国科学院和中国工程院在两院院士大会上审议修订了新章程，收紧院士推荐渠道，取消单位和归口部门推荐，突出学术导向，明确了学术团体作为两院院士推荐（提名）的两个主要渠道之一，进一步强调了学术团体在院士推荐（提名）工作的推荐地位。因此，从2015年开始，学会推荐（提名）两院院士候选人工作步入常规化。

2003年，根据中国科协组发教字〔2003〕004号《关于推荐、提名中国科学院、中国工程院院士候选人的通知》，中国林学会成立了以江泽慧理事长为组长的工作小组，经分会评选申报，中国林学会评选，分别推荐（提名）傅懋毅、顾万春为工程院和科学院院士候选人。按照中国科协办公厅《关于推荐、提名中国科学院、中国工程院院士候选人的通知》（科协办发组字〔2009〕1号）

文件精神，中国林学会于 2009 年组织开展了两院院士候选人推荐（提名）工作。我会按照中国科协文件要求成立了由 9 名知名专家组成的"推荐、提名两院院士候选人工作小组"，时任中国林学会理事长的江泽慧教授为组长。同时，制定了推荐（提名）两院院士候选人办法和程序，由各分会、专业委员会负责向学会秘书处推荐本学科的院士候选人，并负责对被提名人材料的真实性进行审查。经我会推荐（提名）两院院士候选人工作小组无记名投票，同意推荐侯元兆为中国科学院院士候选人，并填写推荐（提名）单位意见，上报中国科协。

根据《中国科协推荐（提名）院士候选人工作实施办法（试行）》《中国科协办公厅关于中国科协组织推选中国科学院和中国工程院院士候选人的通知》（科协办组字〔2015〕1 号）和《中国林学会推荐（提名）院士候选人工作实施细则（试行）》等有关文件精神和规定，2015 年中国林学会组织开展了两院院士候选人推荐（提名）工作，进一步规范了院士推荐（提名）工作的组织实施流程。首先，制定了《中国林学会推荐（提名）院士候选人工作实施细则（试行）》，明确了设立组织机构、推荐（提名）程序、初选推荐单位、发布推选信息、材料审核、回避、投诉、保密等规定，组建了中国林学会院士候选人推荐（提名）专家委员会、材料审核小组、推荐工作办公室等。其次，及时下发了《中国林学会关于组织推选中国科学院和中国工程院院士候选人的通知》（中林会办字〔2015〕2 号），并利用学会网站、电话、短信等方式号召分支机构也发布有关通知，做到信息全覆盖。随后，各分支机构初选后向中国林学会推荐，学会推荐工作办公室负责进行形式审查。2015 年 2 月 11 日在北京召开了中国林学会院士候选人推荐专家委员会会议，经 13 名专家委员会无记名投票，推荐杨忠岐、张启翔、刘世荣、蒋剑春和鞠洪波为中国工程院院士候选人，推荐林金星为中国科学院院士候选人。材料审核小组对候选人材料进行了完整性、真实性审核，未发现学术弄虚作假行为。被推荐人的所在单位负责政治、经济、品行把关，并加盖单位公章。6 名被推荐人在中国林学会网站和所在单位进行了为期 5 个工作日的公示。公示结束后，学会推荐工作办公室将拟推荐的院士候选人以通讯方式征求了全体常务理事的意见，最后上报中国科协。6 名被推荐人中的 5 人顺利通过了中国科协的专家评审，上报给中国科学院和中国工程院。

四、全国优秀科技工作者等评选推荐

全国优秀科技工作者是中国科协于 1997 年面向广大科技工作者设立的奖项，该称号对被授予者只授一次，为终身荣誉。从 2010 年起，全国优秀科技工作者将每两年评选一次，旨在表彰科技工作者立足本职、敬业奉献，拼搏进取、争先创优、潜心钻研、勇攀高峰，自觉把个人的事业追求和人生价值同国家富强、社会进步、人民幸福紧密联系起来，为我国科技事业发展作出重要贡献。

自中国科协设立评选全国优秀科技工作者以来，中国林学会根据中国科协有关文件通知精神，积极组织全国优秀科技工作者的推荐评选工作，及时下发关于推荐全国优秀科技工作者候选人的通知，明确了推荐范围、推选条件、推荐要求、推荐单位及名额分配。获得"全国优秀科技工作者"称号的同志，是在自然科学、技术科学、工程技术以及相关科学领域从事科技研究与开发、普及与推广、科技人才培养或促进科技与经济结合，并在第一线工作的我国科技工作者。该奖项的推荐评选条件为坚持四项基本原则，具有爱国主义精神、求实创新精神、拼搏奉献精神、团结协作精神，模范遵守科学道德，并符合以下条件之一：一是在科学研究、技术开发或科研辅助工作中，有创新性成果或推动学科和技术发展；二是在企业生产实践中，开发或应用新技术，取得明显经济效益；三是在林业生产中，推广先进实用技术，有效促进林业发展和农民增收，保障生态环境和木材安全；四是在科普工作中，取得突出成绩；五是在公益事业中，为公众提供优良的科技服务并广受好评。学会的推荐工作坚持以科技工作者的思想品质、精神风貌和工作实绩为衡量标准，严格把关，优中选优，确保先进性、典型性和代表性。

全国优秀科技工作的评选推荐工作程序为：有关单位申报、学会形式审查、评审委员会会议投票、征求全体常务理事意见、公示、上报中国科协。具有向中国林学会推荐候选人资格的单位包括国家林业局与科技相关的有关直属单位和原林业部直属的 6 所林业高等院校，共 17 个单位，每个单位可推选 1 名候选人。

截止到 2016 年 12 月，中国林学会已圆满完成了第一届至第七届的"全国优秀科技工作者"评选推荐工作，共 22 名林业科技工作者获此殊荣。其中，第一届（1997 年）获奖者为王涛、董乃钧；第二届（2001 年）为江泽慧、叶荣华；

第三届（2004年）为彭镇华、尹伟伦；第四届（2010年）为宋湛谦、曹福亮、张启翔、费本华、杨传平；第五届为（2012年）李坚、张金池、岳永德、唐守正；第六届（2014年）为张齐生、蒋剑春、范少辉、唐明；第七届（2016年）为施季森、李俊清、陈晓鸣。

五、实施青年托举工程

为探索、创新青年科技人才的选拔机制、培养模式、评价标准，强化对青年人才苗子的发现举荐作用，中国科协于2015年9月正式设立"青年人才托举工程"项目，择优支持中国科协所属全国学会或学会联合体具体实施。该项目采用以奖代补、稳定支持的方式，以每年15万元，连续资助三年，大力扶持有较大创新能力和发展潜力的32岁以下的青年科技人才，鼓励他们自主选题、大胆创新、潜心研究、深入探索，帮助他们在创造力黄金时期做出突出业绩，成长为国家主要科技领域高层次领军人才和高水平创新团队的重要后备力量。

根据《中国科协办公厅关于开展"青年人才托举工程"项目实施工作的通知》（科协办发学字〔2015〕31号）和《中国科协办公厅关于立项支持"青年人才托举工程"学会创新工作的通知》（科协办发学字〔2015〕249号）等文件精神，中国林学会组织开展了2015—2017年度青年人才托举工程工作。收到科协文件后，中国林学会在召开青年工作委员会会议之际，围绕托举对象选拔条件、选拔程序、推荐单位、培养目标、培养方向和方式、培养成果评价指标以及经费管理和使用等议题征求意见。会后，中国林学会及时给各相关单位下发了青年人才托举工程推荐评选工作的通知并制定了《中国林学会青年人才托举工程实施与管理办法》。按照中国科协的有关文件要求，中国林学会对各推荐单位的推荐工作程序及上报的候选人进行了形式审查，确定了来自中国林业科学研究院的符利勇副研究员、北京林业大学的许立新副教授、东北林业大学的李伟教授为2015—2017年度候选人，同时在中国林学会官方网站及候选人所在单位进行公示，并将推荐结果上报中国科协。

2016年3月25日，中国林学会在北京林业大学召开青年人才托举工程签字仪式暨座谈会。中国林学会与各被托举人及其所在单位签署托举协议，实行层层责任制，确保按时足额拨付经费。按照中国科协的要求和学会领导的指示，青年人才托举工程由原来学会办公室托管，转为组联部管理与服务，并作为组联部的年度重点工作之一，强化了专业性，保证有足够的精力和时间来联系和服务被托举人，督促 3 位被托举人登录中国科协青托人才服务平台，完善相关信息，跟踪项目执行情况、资金使用计划，以便监管项目实施过程和项目考核评估。为最大限度支持和鼓励优秀青年人才创新创造，加强青年科技人才的培养和成长，促进优秀林业科技人才间的沟通与交流，中国林学会极力为 3 位被托举人奋勇创新、脱颖而出搭建交流平台。2016 年 9 月 28 日，在中国林学会召开年度学术大会期间，在杭州临安召开了"优秀青年科技人才培养与成长座谈会"，邀请第七届全国优秀科技工作者获得者、第十三届中国林业青年科技奖获得者和青托对象参加会议，交流学术成长经验。同时，中国林学会在官方网站、微信公众号等传播媒体加强青年人才托举工程的宣传和报道，增强工程示范和先导作用，提升工程辐射带动能力，并与学会的"林业青年科技奖""优秀科技工作者""院士推荐"等结合形成完备的人才培养与激励体系。

2016 年 11 月，根据《中国科协办公厅关于开展"青年人才托举工程"2016—2018 年度项目实施工作的通知》，中国林学会启动了 2016—2018 年度青年人才托举工程的候选人推荐工作。结合上一年度学会实施该项目的运作模式和经验，及时向中国科协上报 2016—2018 年度项目申报材料，并于 2016 年 12 月 9 日参加中国科协统一组织的答辩会议。2017 年 1 月 10 日，中国林学会举行了 2016—2018 年度"青年人才托举工程"托举对象评审会，本次青年人才托举工程托举对象候选人由中国林业科学研究院、北京林业大学等 7 家单位初评推荐，经过中国林学会资格审查、专家委员会无记名投票、中国林学会审定，最终从各单位推荐的 7 名候选人中评选出南京林业大学陈赢男和中南林业科技大学卿彦为 2016—2018 年度青年人才托举工程托举对象。

六、开展继续教育培训，提升林业科技人员素质

林业现代化建设离不开林业科技人才的智力支撑，开展继续教育是进行知识更新，提高林业科技队伍整体素质的重要手段，也是学会作为科技社团的一项重要职能。中国林学会始终紧密围绕国家大政方针和国家林业局每年的重点工作以及林业发展的政策、理论和技术，坚持以服务为宗旨、以市场为导向，不断强化"经营学会"的理念，改进服务的方式方法，着力于人才培养，提

中国林学会百年史

高专业技术队伍整体素质，形成了政府行政部门、高等农林院校、林业企业相互配合、共同参与、协调工作的工作格局，深受企业和广大基层生产单位的信赖，具有很高的号召力。

（一）自主举办各类培训班，服务现代林业发展

为加强林业新技术、新政策的传播，促进基层林业领导干部以及农林技术人员知识更新，提高从事林业生产人员的整体素质，学会举办了一系列研讨班与培训班。为了进一步配合国家天然林保护工程、退耕还林工程和速生丰产林建设工程的顺利实施，帮助苗木生产经营者进一步瞄准生态建设的大市场，2002年8月23～26日，学会在济南举办用材林商品应用及果树、绿化树科学选育培训班。来自18个省的农林技术骨干参加了培训。随后几年，学会根据林业科技和管理人员实际需求，举办了多期继续教育培训班（表4.3）。

2008年以前学会通过自主举办培训班，不仅推广普及了技术，而且为学会创造了一定的经济效益。但是随着培训项目收费管理制度的收紧和学会财政经费的充实，学会开设的培训班数量逐渐减少，2008年以后开始依托财政经费开展培训项目。这些培训班主题紧扣当时的林业政策和技术需求，培训方式将授课、交流、研讨与考察相结合，收到了良好的效果。

表4.3 中国林学会自主举办的培训班一览表

举办时间	举办地点	主题	参加人数
2002年8月	济南市	用材林商品应用及果树、绿化树科学选育	100多人
2003年8月	牡丹江市	林业产业投资与项目经营管理	160多人
2004年3月	北京市	企业造林	100多人
2004年8月	乌鲁木齐市	生态安全与林业可持续发展	120多人
2005年7月	拉萨市	相持阶段生态建设特点与对策	200多人
2006年6月	厦门市	林业创新与现代化	70多人
2007年6月	西宁市	森林认证和可持续发展	100多人
2011年3月	邢台市	核桃高效栽培技术	130多人
2011年6月	宜春市	油茶实用技术	180人
2012年11月	义乌市	森林食品安全标准与技术	130多人
2016年11月	合肥市	大数据林业应用	200人

（二）承担政府委托培训

学会在积极举办各类林业科技培训班的同时，还承担了政府委托的培训项目。近年来，学会承担了人社部、国家林业局和中国科协委托的项目，如"专业技术人员知识更新工程"和林业科技推广培训等项目。

1.积极参与由人社部、国家林业局、中国科协牵头实施的专业技术人员知识更新工程"653工程"

专业技术人才知识更新工程，简称"653工程"。为加快培养创新型专业技术人才，2005年9月，人社部会同有关部门正式启动专业技术人员知识更新工程，即从2005—2010年的6年时间里，在现代农业、现代制造、信息技术、能源技术和现代管理五大重点领域，培训300万名紧跟科技发展前沿、创新能力强的中高级专业技术人才，又称为"653工程"。

经过积极努力，学会被作为现代农业领域林业专业技术人员知识更新工程（"653工程"）的牵头实施单位，按照人社部、国家林业局、中国科协的要求开展培训。2006—2010年，学会共开设5期高级研修班，高级研修班紧紧围绕"森林资源生态调查与林业生态工程监测技术"邀请院士等知名专家进行讲授，学员大多是来个各省（自治区、直辖市）的林业主管部门调查规划设计院、国家林业局直属调查规划设计院的高级专业技术人员和林业重点工程管理人员。高研班是专业技术人员知识更新工程（"653工程"）在林业领域开展专项继续教育活动，培养高级专业技术人才的一项重要内容，是我国林业系统高层次专业技术人才队伍建设工作中的一件大事，围绕如何将信息化融入现代林业，促进数字化、信息化等高新技术在我国林业资源和林业生态监测工作中的应用，提高我国林业监测领域的科研能力，推动我国林业资源可持续利用。

这五期高研班最突出的特点是专家水平高，教学内容针对性强，学员真正学到了实际工作中所迫切需要了解和掌握的知识。由于各级领导的高度重视，所邀请专家具有的高水平、权威性和影响力，学员学习学以致用，所以在办班期间，课程安排紧凑，授课、讨论、考察井井有条，学员学习和遵守制度自觉性强，生活保障有力，基本达到了"高起点、高水平，收获大，效果好，具有真正的示范意义"的要求。高研班的成功举办，对培养我国林业高级专门人才，推动我国林业工程规划、监测与评估的科学化和规范化建设，

具有重要意义。

2.承担林业科技推广培训项目

为了更好地推广数字林业技术的应用，促进数字林业建设领域的交流与合作，培训林业信息化技术和管理人才，根据与国家林业局科技司签订的林业科学技术推广项目合同的要求，中国林学会于2008年9月9～13日，在贵阳市举办了"数字林业技术支撑体系高级研修班"。全国28个省（自治区、直辖市）林业厅（局）森林资源主管部门和调查规划设计院、新疆生产建设兵团和吉林、龙江、内蒙古和大兴安岭四大森工集团、国家林业局及其直属华东、中南、西北、昆明调查规划设计院的70余名管理和专业技术人员参加了高级研修班的学习。培训班围绕我国数字林业建设的总体目标和数字林业构建中的关键技术，重点讲授了数字林业与现代林业、数字林业建设与"3S"技术、数字林业技术支撑体系、数字林业与网络/网格技术、数字林业与虚拟现实技术等课程。同时结合一些省（自治区、直辖市）数字林业平台建设的具体情况进行了分析、讲解，并与学员进行了广泛、热烈讨论和交流。

学会围绕国家林业局林业科技发展的重点工作，分别在河南省济源市、云南省腾冲县、河北省临城县、江西省宜春市组织了4次以核桃高效栽培和油茶高产新品种选育与规模化扩繁技术为主要内容的科技成果推广和技术培训班，参加人员600余人，聘请具有高水平和实践经验的专家，采用集中授课与现场实践相结合的授课方式，不仅提高了科技人员的技术水平，同时还解决了科研、生产中的实际问题。通过示范和辐射作用，把核桃高效栽培技术推广到生产实践中去，提高了经济效益，改善农民的生活水平和农村产业结构；通过对油茶产地生产中所面临的技术问题开展研讨、交流、答疑和示范培训了一批产业发展急需的管理和技术骨干，提高他们的理论和技术水平，使其成为油茶新技术推广、应用的主要力量，为提高油茶管理水平、林农技术水平和油茶产业持续、健康发展作出贡献。

3.承担政府委托的其他培训项目

学会在承担专业技术人员知识更新工程"653工程"和林业科学技术推广项目之前，还承担了人社部、国家林业局、中国科协委托的培训项目。

2003年11月，学会承办了人事部、国家林业局共同主办的西部地区林业可持续发展战略高级研修班，来自西部12个省的90多名学员参加了学习。

2005 年 11 月 21～30 日，学会承办了国家林业局扶贫办"黔桂九万大山地区第十一期林业定点扶贫"培训班。此次培训班的主要培训对象为黔桂九万大山地区 6 个地（市）林业局局长、19 个林业定点扶贫县的林业局局长和主管县长、黔桂两省（区）林业厅（局）的有关同志。培训方式主要以授课、交流、座谈为主，并组织学员考察了浙江林业现代化建设。

根据人事部《2006 年公务员对口培训计划》要求，9 月 10～30 日，学会在北京举办林业重点工程与新农村建设培训班。来自西部内蒙古、甘肃、宁夏、青海和贵州 5 省（自治区）的地、县政府和林业部门的 40 余名学员参加了培训班的学习。

中国林学会于 2007 年 9 月 27～28 日在北京承办了由中国科协主办的全国学会项目管理培训班。来自全国 121 个学会的 200 余名主管领导和管理人员参加了培训。2008 年，学会积极参加中国科协继续教育试点示范活动，申报的"商品林木材高效利用技术"培训班成功中标。

中国林学会积极承担政府部门委托的培训项目，不仅充实了学会的办公经费，也大大地提高了学会的影响力。

第七节 开展咨询服务，发挥智库作用

咨询服务是学会作为林业科技工作者之家，充分发挥学会的智力优势的重要职能。总体来看，在不同时期，学会的咨询工作呈现不同的特点：在中国林学会成立初期，学会通过学术交流等活动为新中国的林业建设提出了宝贵的建议；在"文革"结束之后拨乱反正时期，中国林学会积极建言恢复林业相关科研机构，为百废待兴的林业事业发展作出重要的贡献；在社会主义市场经济初期，中国林学会成立了专门的科技咨询服务部门，利用科技优势，服务地方经济社会和产业发展，为学会事业的发展打下坚实的经济基础；在学会事业全面深化的时期，学会的咨询服务从早期的技术服务，逐步发展为开展决策咨询与技术服务活动相结合的形式，更加注重学会的智库。

一、"文革"之后学会积极建言献策，推动林业相关机构恢复和林业方针政策调整

"文革"结束之后，百废待兴。中国林学会在积极恢复学会活动的同时，也积极建言献策，对恢复林业相关机构发挥了重要的作用。1977 年，中国林学会提出希望尽快恢复中国林业科学研究院的建议书，交新华社内参发表，并报中央领导同志。1978 年中央批准恢复中国林业科学研究院（原中央林业科学研究所）。1978 年，中国林学会向中央和林业部提出了《关于恢复中国林业出版社的建议》和《关于恢复林业部森林综合调查队的建议》，两项建议均被主管部门采纳。此外，学会还根据林业建设需要开展了一些活动，如：召开了"修改《森林法》座谈会"，提出《关于规定全国植树节的提案》。1985 年中国林学会召开第六次全国会员代表大会之际，与会 160 余位专家向中共中央、国务院、全国人大常委会提出了《关于加速发展森林资源的紧急建议》。1986 年参加中国科协第三次全国代表大会的 25 名林业科学家，向大会并中共中央、国务院提出了《扭转森林资源下降的紧急建议》。

1983 年，学会接受林业部"有关 2000 年中国林业发展预测决策咨询"的委托，组织了 6 个分科学会或专业委员会，进行了 3 年的调查研究，论证了 10 多个项目，为林业建设的发展规划提出了意见，为领导决策提供了参考依据。1986 年，学会组织了"当前影响我国林业发展的主要矛盾及其对策"讨论，专家们提出了 5 项加速我国林业建设的意见，引起了林业部门的重视。钱学森同志来信说："林业是一个子孙后代的大事，要保持中国大地上适于 10 亿以上人生养栖息的环境，过去由于无知和短视，我们对这块可爱的大地已破坏近 2000 年了，要用长远的观点制定林业方针政策。"1985 年，林业机械分科学会对林业机械化政策问题组织专题评议，提出了林业机械学科为实现林业战略目标应采取的技术政策。

1986 年，针对我国长期存在的"林不管纸、纸不养林"的局面，中国林学会与中国造纸学会联合召开了林纸联合论证会。专家们向国务院提出林纸结合的建议，得到国务院领导的重视，并作了具体贯彻实施的批示，要求林业部、轻工部、国家经委研究制定实施的步骤和办法。林业部也在延边、雷州等 4 个地方试点，许多省（自治区、直辖市）也制订了实行林纸联合的发展规划。这一建议于 1987 年荣获中国科协优秀建议一等奖，至今仍然具有现实指导意义。

1986 年受林业部委托，学会与中国林业科学研究院合作，完成了 2000 年我国林业发展目标的论证，开展了 2000 年我国森林资源发展趋势的研究、林业技术政策的研究，组织专家对"以营林为基础的方针"进行讨论，并提出了相应的建议；组织开展了"当前影响林业发展的主要矛盾是什么"的讨论。

20 世纪 80 年代组织开展了"长江流域生态环境考察""海南岛大农业建设与生态平衡"等重大调研考察活动。其中针对长江流域森林破坏、水土流失和生态环境严重恶化，1983 年学会组织专家开展了科学考察后，学会发出了长江有变成第二条黄河的可能性的呼吁，并向国家建议将长江及支流上游的森林划为水源涵养林来经营，引起了政府和社会的高度重视。

二、成立科技咨询服务部，开展技术开发服务和决策咨询

为了促进科技与经济建设的促进融合，广泛动员和组织林业科技工作者为经济建设服务，根据中国科协（81）027 号文件中"全国性学会应设立独立的咨询服务机构"的精神，1985 年 1 月 28 日常务理事会决定成立咨询服务部，1 月 31 日报送中国科协。中国科协（85）科协咨字 013 号文批准了学会的请示。中国林学会咨询服务部（以下简称咨询部）于 1985 年 2 月 24 日正式成立。碍于当时新设机构和人员的限制，咨询部由科普部和学术部抽调相关人员组成，但工作业务独立、财务独立，并设立了部门章程。章程规定了咨询部的宗旨、业务范围等方面。其中咨询部的宗旨是：贯彻"经济建设必须依靠科学技术，科学技术必须面向经济建设"的方针，发挥学会知识密集、跨学科、跨部门的优势，活跃技术市场，沟通技术供需渠道，促进技术商品化，促进技术与经济建设相结合，为四化建设，为发展林业事业服务。

1985 年 12 月 18 日，中国林学会第六次全国会员代表大会通过的《中国林学会会章》中明确提出学会的咨询服务功能，会章第三条"学会的主要工作"第八款指出："充分发挥学会的人才优势，开展林业科技咨询服务活动，促进科学技术为林业现代化建设服务。"

按照中国科协和财政部的相关规定，"咨询服务所得收入暂不上缴财政，除应冲抵相应的支出外，主要用于弥补学会活动经费的不足"，因此，成立咨询部的主要任务一是为社会提供技术咨询服务，同时通过技术服务为学会创收。

（一）尝试开办实体

20世纪90年代，学会曾尝试兴办公司，开展经营活动。1993年，学会创办北京中汇林产品经营部与北京荟萃林业科技咨询开发公司。1994年，在林业部有关领导支持下，学会在北京延庆县开发区购买20亩土地，正式进入中国科协学会科技园开发区。同时，经过一年多的准备，1994年5月学会与林业部林产工业设计院联合组建北京八达岭三有科技开发中心，主要以开发新产品为主，兼营各种商品。1998年，成立了北京绿新星科技有限公司。通过建立经济实体，学会取得了一定的经济效益和社会效益。由于体制、人才匮乏等多种原因，学会开办实体并不是很成功，因此，学会适时调整了咨询部的工作方向，不再继续开办实体。

（二）承揽项目和与地方合作，提供服务和创收

为了创收，学会争取承揽服务项目，开展合作。学会仅1994年接洽的合作项目就有北京碧溪垂钓园园林绿化投标、山东潍坊市任尔公园总体规划设计、吉林安图县总体发展规划论证、北京圆明园花园别墅投标等。中国林学会还通过开展项目合作来，如20世纪90年代在广西建设万亩桉树示范林，利用林业贴息贷款在广西金秀县开展了甜茶示范林项目和在广西桂林开展了银杏采叶林项目等。

（三）挂牌示范基地、举办展销会

学会依托自身实力，开展科技成果及产品展览展示，促进科技与经济的结合，加快新成果、新技术、新产品的推广应用。开展特色基地的命名，推动相关产业发展，取得了良好的社会效益和经济效益。

2004年中国林学会在江苏泰兴建立了银杏示范基地。通过建立示范基地，加强了中国林学会与基层生产单位的联系，找到了学会直接为生产服务的渠道。示范基层搞得好，不仅能对当地经济发展起推动作用，还能提高中国林学会的影响和地位。为适应生态建设和市场的需求、鼓励先进、培育品牌、引导林业健康发展，2004年6月，中国林学会授予山东曹县"中国泡桐加工之乡""中国杨木加工之乡""中国柳编之乡"的称号；2004年10月，中国林学会在北京举行授牌仪式，正式命名江苏泗阳县为"中国意杨之乡"；2004年学会还命名江苏泰兴为"银杏示范基地"。

2004年，学会召开了第二届中国（东莞）国际木工机械设备与家具原辅材料展览会，并对中国矿业大学（北京）生态功能材料研究所、华北石油开拓

物资有限公司共同承担的国家"863"计划高新技术产业化项目——蓄水渗膜材料进行推广。蓄水渗膜材料项目在新疆、甘肃、青海、陕西、内蒙古和河北等省（自治区、直辖市）推广，并结合当地的植树造林任务，落实在干旱、半旱地区的试验林地，最终使该产品成为荒漠化治理重大林业工程项目的配套技术。

2006年，中国林学会与北京市进出口企业协会共同主办了中国（东莞）国际木材交易大会。来自中国、俄罗斯、美国、加拿大、英国、新西兰、澳大利亚、尼日利亚、奥地利、德国、缅甸、泰国等十多个国家及台湾地区的数百名代表参加了大会。大会获得了圆满成功，取得了良好的效益。

2007年4月28～30日，由中国林学会、北京市进出口企业协会在北京举办了中国国际木材及木制品贸易大会。来自美国、俄罗斯、加拿大、英国、法国、德国、加蓬、韩国、芬兰、比利时、日本、阿联酋、津巴布韦、巴布亚新几内亚、莫桑比克等十几个国家、地区的外宾和中国内地数十家企业代表近200人参加了大会。

（四）积极承担政府委托课题，开展林业重大问题专题调研

这时期学会的决策咨询工作逐渐深化，开展了许多有影响力的林业重大问题调研。

一是学会承担国家林业局和中国科协的调研项目。2006年，学会承担中国科协年度咨询项目"沙尘暴肆虐的原因与防治对策研究"，针对我国沙尘暴施虐的主要原因、影响范围等进行深入分析，提出治理沙尘暴的政策建议。2007年，学会参与了中国科协牵头的"新农村创业能力研究"项目。同年，中国林学会与中国汽车工程学会、中国科学技术史学会、中国人民大学新闻学院共同完成"学术交流与学术生态建设研究"项目。在此基础上，中国林学会承担中国科协、国家林业局研究和调研类的项目逐渐增多。2007年，主持了"转基因杨树的经济及生态安全性及对策研究"项目，针对转基因杨树的经济和生态效益进行综合评价和对策建议，为政府决策咨询提供参考。2008年，主持了"湿地资源保护与湿地生态建设对策研究"，通过对我国湿地资源保护与湿地生态建设现状及国内外对比分析，提出了湿地资源保护与湿地生态建设对策建议。同年，学会还组织开展了"江西东江源区流域保护和生态补偿研究"专题调研，在江西省东江源区3个县进行了实地考察，提出了"流域保护及生态补偿政策建议"。2009 年学会组织开展了"长江防护林体系建设工程专家考察活动",成立了以院士、知名专家组成的专家指导组,组织由 30 多名中青年专家组成的调研组,赴长江流域的 7 省(直辖市)的 18 个县进行了实地考察,撰写了调研报告,提出了关于进一步加强长防林建设的建议。2012 年受全国绿化委员会办公室委托,学会组织专家开展了"古树名木保护法律法规"专题调研项目,针对古树名木保护现状,提出了"加强古树名木保护刻不容缓"的政策建议,得到国务院领导的高度重视。2016 年学会承担了中国科协委托的"秦岭国家公园建设和秦岭立法保护"项目,组织专家赴秦岭开展了实地调研,项目组专家在第十八届中国科协年会陕西省党政领导与院士专家座谈会就建立秦岭国家公园的有利条件、亟待解决的关键问题和建设秦岭国家公园的几点建议作了专题汇报,得到了与会领导的认可。

二是在承担政府委托项目的基础上,学会每年都会根据年度林业重大热点问题,自主设立调研选题,组织或者委托专家开展调研,形成决策咨询报告,为林业改革发展提供决策参考。2008 年,开展了"中国木材安全研究"项目,针对我国木材资源利用的现状、发展趋势及突出矛盾,通过案例分析,提出了实现中国木材安全的对策建议。2012 年,开展了"林业科技成果转化优势模式与机制创新"项目,针对林业科技成果转化存在问题和创新模式进行深入调研,并提出了创新机制,促进林业科技成果转化的政策建议。2014 年,针对社会上出现的对桉树的一些不科学看法,甚至是错误的偏见,学会联合中国环境学会、中国生态学学会和中国水土保持学会开展了"桉树科学发展与木材安全"项目,形成了《桉树科学发展问题调研报告》。针对我国天然林保护的新情况、新政策,2015—2016 年,中国林学会组织开展了"天然林全面保育的政策风险、对策调研"项目,形成了"关于开展天然林分类分级保育的政策建议",收到了国家林业局张建龙局长的批示,为天然林资源保护政策的完善提供了良好的建议。中国林学会还针对地方生态建设开展针对性的调研活动,2016 年,组织开展了白山市森林生态系统修复专题调研,为加强长白山森林生态系统修复提出了有针对性的、合理化的建议。

2011 年 5 月 17 日,在中国科协召开了"2011 年中国科协优秀调研报告评选颁奖"大会上。中国林学会与中国植物保护学会等 5 个单位共同报送的"预防与控制生物灾害咨询报告(2010)"获优秀调研报告特等奖,中国林学会报送的"关于加强长江流域防护林体系三期工程建设的建议"获优秀调研报告一等奖，"湿地资源保护与湿地生态建设对策建议"获优秀调研报告二等奖，同时中国林学会还获得了优秀组织奖，是唯一一个四个奖项都榜上有名的全国学会。

学会通过开展对林业重点、热点问题的调查研究，提出专家建议，强化了学会决策咨询的功能，逐渐提高了学会在行业发展和经济社会发展中的地位和作用。

（五）针对地震等突发事件及重大林业建设问题提出专家建议

1998 年，我国长江、松花江流域发生了特大洪灾，给国家和人民财产带来巨大损失。社会各界都对发生大洪水的原因、如何预防洪水灾害进行反思。1998 年 9 月 8 日，受国家林业局的委托，学会及时召开了"森林资源保护与生态环境建设的关系——特大洪水的反思"研讨会。全国政协副主席杨汝岱等出席会议，财政部、科技部、环保总局等有关部门派人参加了会议，对会议进行报道的各大新闻媒体记者达 50 多人。与会专家代表用大量的事实和数据论述了森林资源保护和生态环境建设在防止水土流失、减轻和预防洪涝灾害中的重要作用，呼吁尽快加强森林资源保护和生态环境建设，并提出了《加强森林资源保护和生态环境建设建议》，呈报给党中央、国务院。这是一次高层次、影响深远的学术研讨会，对提高各级领导和社会公众对林业的认识及提高林业的地位起到了一定作用。

针对近年来松材线虫病迅速蔓延对社会、经济、生态环境等造成严重影响的状况，受中国科协委托，在国家林业局植树造林司的大力支持下，学会 1999 年 5 月组织了两院院士和第一线专家对重点发病区进行专题考察论证。考察团由两院院士和知名专家 22 人组成，中国工程院副院长沈国舫院士任团长，中国科协书记处书记张泽，国家林业局党组成员、中国林业科学研究院院长、全国政协人口资源环境委员会副主任、学会副理事长江泽慧等专家参加了考察团。考察团向国务院呈报了《关于迅速遏制松材线虫病在我国传播蔓延的对策及建议》，并得到国务院领导的重视。温家宝副总理在报告中就关于今后加强森林病虫害防治作了重要批示，国家林业局为此专门召开工作会议进行贯彻落实，财政部、国家计委也给予大力支持。有关各省（自治区、直辖市）成立了以省长等牵头的松材线虫病防治工程治理领导小组；财政部为松材线虫病工程治理设立了苏浙皖鲁松材线虫病工程治理项目专项资金。这些措施为迅速遏制

松材线虫病的蔓延提供了有力保障。该建议切实为我国的松材线虫病防治发挥了作用，2001年被中国科协评为优秀建议一等奖。

为促进林业两大体系的建设，保证天然林资源保护战略的顺利实施，受国家林业局植树造林司的委托，学会于1999年11月组织多学科专家召开了面向21世纪全国用材林建设专家研讨会。建议调整用材林建设布局，提出《高度集约经营人工用材林实施天然林保护和木材自给专家建议书》；尽快建立用材林建设的多元化投资机制；进一步完善用材林的投入政策，把其作为一项基础产业对待，为人工用材林的健康发展创造宽松、有效的经济环境等多项建议。这些建议为政府部门决策提供了参考，并被采纳。林业主管部门由此牵头制定了人工木材林培育的技术、经济和生态环境管理规范，设立人工用材林定向培育和高效利用专项基金，对人工用材林建设起到了一定的促进作用。

中国林学会抓住国家实施西部大开发重大战略为中西部地区林业建设和发展带来的机遇，2000年8月在银川召开了西北地区生态环境建设研讨会。会议由中国林学会、中国工程院、国家林业局等五家单位联合主办，由中国农学会等六家全国性学会协办，国家林业局三北防护林建设局承办。参加大会的有全国人大常委、农业与农村工作委员会主任高德占，中国工程院副院长沈国舫等两院院士、知名专家以及国家林业局有关司局领导。大会围绕农业、林业、草原、水保、治沙、生态经济、环境等方面进行了多学科交流研讨，就退耕还林、治沙、合理用水、天然林保护等生态环境建设问题达成共识。会议提出《关于加强西北生态环境建设的建议》，首次将生态用水列入水资源利用计划，得到政府主管部门的重视、肯定，被中国工程院作为黄土高原建设咨询项目报告上报国务院。在此基础上，受中国科协委托，同年学会牵头组织农业、林业、生态、环境、水保等学科领域的8位专家提出了《关于将陕西省作为西部生态省建设的建议》，该建议在分析有关生态示范区建设原理、成果的基础上，吸收了现代林业、生态学、系统科学、经济学等多学科的最新成果，具有前瞻性、适时性和可操作性。该建议书在中国科协第二届年会上发布后，反响很大，得到陕西省领导层的高度重视。陕西省成立了以副省长为组长的生态省建设领导小组和规划编制机构，编写陕西省建设规划，对促进陕西生态建设发挥了积极作用。

2008年汶川大地震后，为了动员组织林业科技工作者投身于抗灾救灾，充分发挥专家在灾后重建中的作用，为林业灾后重建献计献策，中国林学会于5月

30 日召开了"5·12"地震及冰雪灾害林业灾后重建专家座谈会，来自林业、国家地震局、中国科学院等系统的唐守正院士、盛炜彤研究员等 27 位专家出席了座谈会，与会专家重点围绕地震灾害对森林资源、森林生态系统造成的破坏及影响、地震灾害对大熊猫等珍稀野生动物造成的破坏、森林在地震等地质灾害中的防灾减灾功能与作用、林业及生态恢复重建在灾后重建中的地位与作用、林业及生态恢复重建的指导思想、总体思路及主要技术措施等议题，进行了充分的交流讨论，并就林业及生态恢复重建工作达成了广泛的共识，提出了关于高度重视并加快林业灾后重建工作的建议。建议得到了温家宝总理的批示，对灾后林业恢复和重建起到了积极的推动作用，得到了国家林业局领导的充分肯定。

（六）创办了现代林业发展高层论坛，搭建专家建言献策平台

为了充分发挥学会高层次林业专家智力优势，针对现代林业发展近期、中长期需要解决的重大战略、政策和技术问题，为政府决策及现代林业建设提供智力支持，中国林学会于 2011 年创办了现代林业发展高层论坛。首届现代林业发展高层论坛的主题聚焦"森林质量与绿色增长"，这次论坛邀请了 13 位知名专家作报告，内容涵盖与绿色发展、绿色增长、森林质量、森林经营相关的理论和实践问题。专家们重点对我国森林质量现状、存在的主要问题与原因进行了深入分析，探讨了进一步加强我国森林经营工作、提高森林质量的主要思路和对策措施，提出了提升森林质量、促进绿色增长的建议。

2015 年，学会举办了 2015 现代林业发展高层论坛，论坛主题为"新常态新路径：'十三五'林业新发展"。全国各省（自治区、直辖市）林业厅（局）、林学会、分会（专业委员会）、国家林业局各有关司局及直属单位，林业高等院校、科研院所的领导和专家，企业代表，梁希科学技术奖获奖代表，共计 250 多人参加论坛。会议主题和研讨内容紧扣新常态下"十三五"林业改革发展新路径，抓住了绿色发展和生态建设中的重点问题、关键问题，在与会者之间产生了强烈共鸣，对梳理林业"十三五"发展思路、编制林业"十三五"规划具有重要的参考意义。

（七）组建中国林业智库，发挥学会新型智库功能

为了加强中国特色新型智库建设，建立健全林业决策咨询制度。2015 年11 月，由中国林学会作为发起人和依托单位，国家林业局经济发展研究中心、中国林业科学研究院、北京林业大学、国家林业科学数据中心、国家林业局调

查规划设计院、北京中广群星至盛文化传播有限公司等作为共同发起和核心支持单位，共同建设中国特色新型林业智库，并在 2015 现代林业高层论坛上举行了智库启动仪式。中国林业智库将构建决策咨询理论政策研究平台、技术服务创新驱动平台、科技评价公共服务平台、信息数据集成共享平台、生态文化传播教育平台（生态公益子智库）5 个工作平台。围绕国家和地方林业改革发展中的重点难点问题，开展有针对性的调查研究；围绕科技成果转化提供咨询服务、技术支持和技术培训；发挥科技社团在科技评价中独立第三方的作用，建立科学、完整的评估技术体系，开展事前、事中及事后论证与评估，提供专项咨询建议；运用现代信息技术，整合、挖掘、加工与集成现有林业科技信息，建成综合、全面、权威的林业科技信息共享平台；致力生态文化的宣传与普及，大力传播普及生态文明理念和生态文化知识，为提高全社会生态保护意识、生态文明意识和绿色发展意识提供强有力的理论和实践支持。首批专家团队由林业、农业、环境、水利、生态领域的 14 位院士和 50 多名知名、资深专家组成，为建设生态文明和美丽中国提供智力支撑。

（八）创办《林业专家建议》专刊，疏通专家建议渠道

2014 年中国林学会创办了《林业专家建议》（内部刊物），主要围绕林业改革发展中带有全局性、战略性的热点、难点问题以及现代林业发展中的突出问题，向政府有关部门提出更多高质量的林业专家建议。创刊 3 年来，《林业专家建议》共刊发相关政策咨询建议 15 篇，内容涉及古树名木保护、林业科技服务、病虫害防控、新型林业经营主体、林业补贴政策、森林培育、森林养生休闲、桉树科学发展、林业税费改革、天然林保育等林业重大问题和热点领域，相关建议得到了国家林业局及中国科协领导同志的认可。

（九）举办森林中国大型公益活动，开展生态文化传播

随着我国生态文明建设的逐步加快，生态文化的驱动力和作用越来越大。林业作为生态文明建设的基础，将在生态文明建设中发挥重要作用。中国林学会作为全国林业系统规模最大、组织体系最完善的社团组织，在生态文化传播中发挥的作用越来越大。2013 年中国生态文化协会学会秘书处成立了中国生态文化协会宣传教育分会，并将分会秘书处设在中国林学会咨询部，承担分会的各项活动。2015 年中国林学会与光明日报社，中国光华科技基金会、中国野生动物保护协会等单位联合创建的以森林生态保护为主的"森林中国"大型公益平台。2014年，举办了"森林中国·首届中国生态英雄"寻找活动和"绘美家园"活动，寻找、宣传了在森林资源保护和生态环境建设等方面贡献突出的生态英雄，10位个人、3个团体和1位国际友人获得"中国生态英雄"的荣誉称号，在社会上掀起了关注"生态英雄"的热潮，得到汪洋副总理的高度肯定。"森林中国"组委会的代表还应联合国防治荒漠化公约等机构邀请，携"森林中国·绘美家园"艺术作品赴纽约联合国总部参加了"拯救地球"绿色团艺术展，受到联合国秘书长的接见，并被联合国特别授予了公益感谢状。2016年举行了包括"绘美家园""寻找中国生态英雄""发现森林文化小镇"三大主题的"2016森林中国·大型公益系列活动"。遴选出了2016中国生态英雄9名个人和1个集体，10个森林文化小镇。

三、搭建产学研综合交流平台

（一）定期举办中国银杏节和中国杨树节

1. 举办中国银杏节

为进一步推进生态文明和现代林业建设，大力弘扬银杏文化，交流展示银杏栽培加工最新技术和成果，推进银杏科研成果的转化推广，促进银杏产业的健康快速发展，2009年中国林学会创办了"中国银杏节"。"首届中国银杏节"在湖北省安陆市举行，来自全国500多名从事银杏科研、教学、生产的专家、管理人员和企业参加了活动。2011年10月22日，第二届中国银杏节暨第十一届中国太湖明珠——长兴国际投资贸易洽谈会在浙江省长兴县举办。本届银杏节活动包括：学术研讨交流，银杏新产品、新成果展示，银杏摄影获奖作品展览和现场书法绘画创作，古银杏长廊参观考察，经贸洽谈等多项内容。中国林学会银杏分会四届理事会第四次全体理事会议和全国第十九次银杏学术研讨会2011年年会也在银杏节期间召开。

2015年11月8~9日，第三届中国（郯城）银杏节暨银杏产品交易会在山东省郯城县开幕。本届银杏节以"弘扬银杏文化，促进产业发展"为主题，突出文化内涵，彰显古郯文明与银杏文化的水乳交。节会期间举行了全国第21次银杏学术研讨会、第三届中国（郯城）银杏产品交易会、第三届中国（郯城）银杏苗木交易会、产业招商大会、银杏文化与民俗展、银杏美食展等一系列活动。

2016年11月8~9日，第四届中国（邳州）银杏节在江苏省邳州市隆重开幕。

第四届中国（邳州）银杏节开幕式上，公布了《中国林学会关于"寻找十大最美古银杏"活动结果的通报》，湖北省恩施土家族苗族自治州巴东县清太坪镇郑家园村古银杏等10棵古银杏被推选为"十大最美古银杏"。银杏节期间，还举办了中国林学会银杏分会理事会会议，银杏产业高峰论坛、银杏盆景展、银杏摄影展等活动。

经过多年的发展，中国银杏节已经成为集产品展示、信息交流、文化旅游、招商引资于一体的经济盛会，银杏节的成功举办，对我国银杏产业健康快速发展产生重要的影响，发挥积极的推动作用。

2. 举办中国杨树节

进入21世纪，随着我国木材加工产业的快速发展，对以杨树为原材料的需求越来越大，杨树的种植面积也迅速扩大，杨树种植及加工成为一些地区的重要产业。为了繁荣我国杨树领域产学研结合，促进区域经济发展，2005年9月20～21日，中国林学会与江苏泗阳县人民政府和扬子晚报社在泗阳共同主办了2005首届中国杨树节暨中国杨树产业博览会。首届中国杨树节以"人与自然和谐发展、生态与产业互动并进"为主题，以"发展生态产业，振兴区域经济，构建和谐泗阳"为宗旨，是一个具有"专业、高端、创新、精彩"特点的国家级水准节会，是一项集工、农、贸、商、游于一体的综合性活动。全国30多个省市科研院所林业方面专家学者等共同4500余人出席了开幕仪式。

2007年1月29日，中国林学会、国家林业局植树造林司、江苏省泗阳县人民政府共同在京召开新闻发布会，宣布第二届杨树节暨中国杨树产业博览会于2007年6月1～3日在泗阳县举行，在京30余家新闻单位的记者出席了新闻发布会，6月，第二届中国杨树节暨中国杨树产业博览会如期召开，中国林学会理事长江泽慧，江苏省副省长黄莉新等领导出席了开幕式，北京、上海、广东等20多个省（直辖市）及高等院校和科研院所的专家学者5000余人参加了开幕式。文化部部长孙家正和中国工程院院士王明庥、张齐生、尹伟伦等发来了贺信。

2010年5月29日，中国林学会、国际林联、国际杨树委员会、江苏省泗阳县人民政府共同主办第三届中国杨树节。全国政协副主席孙家正和国家林业局局长贾治邦发来贺电。国家林业局总工程师姚昌恬、江苏省人大常委会副主任丁解民、江苏省政协副主席包国新等领导，中国工程院院士张齐生、中国工程院院士宋湛谦、中国工程院院士马建章等250多名专家学者，国际林联主席李敦求、国际杨树委员会主席斯蒂芬·比索菲、联合国粮食与农业组织官员吉姆·卡尔等30多位国外嘉宾以及200多名企业界代表出席了本次活动。第三届中国杨树节期间，举办了国际杨树产业博览会、杨树人工林可持续经营国际研讨会、中国人造板发展论坛、杨树文化展示、经贸合作洽谈、大型文艺晚会等形式多样的活动。第三届中国杨树节的举办，成功搭建了一个杨树产业综合性的交流平台，促进了杨树科技创新，全面展示了杨树产业发展新成果，加强了杨树文化的传播与交流，为推进杨树产业健康发展发挥了积极作用。

经过几年的发展，中国杨树节的品牌逐渐凸显，在带动杨树科技创新、学术交流和产业发展中的作用逐渐增强。

（二）定期举办全国桉树论坛和中国竹业学术大会

1. 举办全国桉树论坛

自1974年以来，"全国桉树论坛"（研讨会）每年举办一次，在我国南方桉树主产区轮流举办，至今已经走过了40年历程，已办成特色鲜明、影响广泛的全国性林业学术品牌活动，并成为了桉树领域新理论、新思想、新观点的交流平台、科研、教学与生产的合作平台、新技术、新产品的推广平台，对促进我国桉树产业科学发展发挥了积极作用。

桉树作为速生的用材树种，在我国南方省份有着广泛的分布。1974—1989年，我国关于桉树育种、栽培及加工方面的科技交流主要以桉树协作组年会和中国林学会举办的专题学术研讨会等形式进行。1990年，中国林学会桉树专业委员成立，每年举办1~2次桉树领域的学术研讨和交流活动，随着桉树领域科技和产业的不断发展，桉树学术研讨会逐渐汇聚了我国桉树研究、育种、加工、流通和管理等领域的专家学者、管理人员和知名企业家，逐渐成为桉树领域产学研广泛交流的综合平台。1995年举办的全国桉树研讨会上，代表们一致认为作为林浆纸一体化的主要树种，桉树研究和应用前景广阔。为解决桉树良种不足的问题，2006年年底在昆明召开的全国桉树论坛上，成立了中国桉树育种联盟，联合开展了桉树遗传材料的改良和良种创制工作，选出了一批表现出速生、高抗等多方面优势的无性系。为提高我国桉树育种水平、促进桉树产业高效发展奠定了重要基础，也为桉树产业技术创新战略联盟的运行积累了宝贵经验。在"中国桉树育种联盟"的基础上，2010年正式组建了"桉树产业技术创新战略联盟"，并经中国林学会推荐于2013年10月被科技部列入当年国家产

业技术创新战略联盟重点培育联盟名单。随着全社会对于桉树种植与生态问题关注的增加，2007年以后，全国桉树研讨会（论坛）在聚焦桉树产业发展的同时，更加关注桉树经营与生态环境、可持续发展的关系，回应社会关切，倡导可持续经营，为桉树产业发展营造良好的社会环境。2008年全国桉树学术研讨会更名为"全国桉树论坛"，每年举办一次，在我国南方桉树主产区轮流举办。

2. 举办中国竹业学术大会

中国竹业学术大会是竹子分会于2004年创办的品牌学术活动，每年举办一次，至今已成功举办了12届。竹业学术大会紧紧围绕竹产业发展面临的技术问题进行交流研讨，深受地方政府欢迎，各竹子主产区政府争相申请承办大会。大会由中国林学会主办，竹子分会和地方政府联合承办，已形成良好的举办机制，其举办模式与组织经验非常值得在学会系统大力推广。

2005年9月，中国林学会竹子分会三届四次全委会暨第二届中国竹业学术大会在云南省昭通市隆重举行。41名委员、106名代表出席了会议。2007年11月，中国林学会竹子分会第四次会员代表大会、第三届中国竹业学术大会暨2007国际竹子研讨会在浙江林学院圆满落幕。全国13个省市的170余名会员代表，以及日本、越南等9个国家的19名外宾。2008年10月，竹子分会第四届二次全委会暨第四届中国竹业学术大会在四川雅安召开共200余人参加了会议。2009年、2010年、2011年分别在福建南平、江西南昌、安徽霍山召开了相关会议。

2012年11月23~24日，中国林学会竹子分会成立20周年庆典暨第五次会员代表大会第八届中国竹业学术大会在浙江省诸暨市召开。会议由中国林学会、浙江省林业厅、中国林业科学研究院联合主办，中国林学会竹子分会、浙江省诸暨市人民政府、中国林业科学研究院亚热带林业研究所共同承办。340余名参加了会议。

2013年在福建福州、2014年在浙江丽水、2015年在湖南桃江、2016年在四川青神也召开了竹业学术大会，规模数百人。

（三）搭建其他产学研综合交流平台

2004年9月29日，学会与河北黄骅市政府联合主办了冬枣生态标准与营养高层论坛暨中国黄骅冬枣节。通过举办冬枣节，既为地方经济社会发展搭建了平台，同时也促进了我国冬枣科研及产业的发展，又为学会提供了新的活动空间。

2008年10月23~24日，由中国林业科学研究院和中国林学会联合主办，中国林业科学研究院木材工业研究所和中国林学会木材工业分会联合承办的"全国商品林木材高效利用技术研讨会"在北京举行。会议目的旨在推动我国木材工业科技进步和商品林木材高效利用，促进我国商品林的科学发展。本次会议主要从高强度结构材加工利用技术、家具装修材增值加工技术、木材节约节能高效加工利用技术、木质材料环境友好制造技术、木材清洁高效制浆造纸技术、木材成分化学资源化和成分提取利用技术等专题展开研讨，加强了木材加工的业内交流，增进了了解，促进了进一步的合作，为推动产学研的结合起到了积极的作用。通过尝试，中国林学会挖掘出学会在促进产学研交流中的作用，逐渐开始搭建产产学研交流平台。

1999年4月，学会与科技部人才交流开发服务中心在昆明联合举办了林业及相关行业新技术、新产品、新成果信息交流洽谈会。来自24个省（自治区、直辖市）75个单位涉及林业、矿业、轻工、铁路等部门的117名代表参加会议。中国林业科学研究院、北京林业大学等近40家单位参加了洽谈和信息发布，并初步建立了联系或达成合作意向。此次活动充分发挥了学会广泛联系科研、教育和生产单位的网络优势，为学会在市场经济条件下如何发挥中介作用、如何加强产学研合作等方面进行了有益的探索。

1993年10月22~28日，为了促进竹加工业的发展，帮助山区群众脱贫致富，中国林学会与台湾锦荣机器厂在湖南省长沙市联合召开海峡两岸竹加工机械及加工学术交流会。我国主要的竹产区，10余个省（自治区）的林业轻工、外贸等行业的科技、生产企业以及经营管理部门150余人参加了会议。会议采用研讨、交流、展示、咨询融为一体的方式，使学术活动更与社会、市场接近，更进一步介入科技与经济结合范畴，产生了巨大的反响和积极的效果。随后几年，我国竹子生产从培育到加工利用方面都得到较大发展，不少地方的竹产业已成为活跃山区经济、帮助山区人民脱贫致富的新兴产业，取得了显著的生态、经济、社会效益。

四、编制预防与控制生物灾害咨询报告

从1993年开始，20多年来，中国林学会每年积极组织专家深入研究我国林业生物灾害现状与发生趋势，并针对重大灾害发生进行预测，完成"我国预防与控制林业生物灾害咨询报告"，每年以不同的灾害预测情况向中央上报重

大生物灾害的决策建议，多次得到了中央和国家领导的批示。根据领导批示出台的政策有：2002年《国务院办公厅关于进一步加强松材线虫病预防和除治工作的通知》；2006年《国务院办公厅关于进一步加强美国白蛾防治工作的通知》；2014年《国务院办公厅关于进一步加强林业有害生物防治工作的意见》。

根据温家宝同志关于注重病虫害防治学术研讨会的意见，中国科协自1994年开始编写《病虫害防治绿皮书》，2006年改名为《预防与控制生物灾害咨询报告》（下简称《咨询报告》），撰写内容包括综合报告、专题报告和调研报告三部分。

2009年12月2日，中国科协宣部召开了"关于编写2010年生物灾害咨询报告协商会"，会议研究决定，2010年不再编印《咨询报告》。将2010年《咨询报告》改为编写《关于2009年生物灾害状况和2010年预防与控制生物灾害的报告》，作为主报告上报国务院等部门，并附部分专家通过调研撰写的专项报告（简称专报）。主报告要求突出以生物灾害问题为导向，以重大生物灾害发生趋势、预测依据和防控对策及建议为主要内容。

这一项目由中国植物保护学会、中国林学会、中国畜牧兽医学会、中国水产学会、中国气象学会共同完成。中国林学会一直非常重视《咨询报告》的编写，将报告的编写列为学会的年度重点工作，并一直积极参加此项活动，从未中断。

1993—1996年，作为主要牵头学会，中国林学会连续召开4次病虫害防治分析会议。每年在研讨会的基础上，编印一本《病虫害防治绿皮书》，对下一年全国范围内病虫害灾情分布情况进行预测，并提出综合性防治措施建议。时任中共中央书记处书记温家宝曾在1994年对绿皮书的编写工作给予了充分的肯定。1996年《病虫害防治绿皮书》下发后，中国科协和中国林学会广泛征求了各地政府和广大基层森保单位对绿皮书的意见，收到了很好的反馈意见，认为绿皮书的发布对各地农林牧渔的病虫灾情预测和综合防治起到很好的参考作用。当时，学会先后组织40余人次参与绿皮书的撰写工作，共提出加强森防工作的建议30余条，为各级领导决策提供有效依据。许多建议已落实到林业生产环节，取得了明显的经济效益。

1997—2001年，学会积极参与组织了全国森林病虫害防治研讨会和全国减轻自然灾害学术研讨会，分别就相关问题提出了建议，为党中央、国务院和有关部门提供决策参考。其中国林学会撰写的《2000年森林病虫鼠害发生趋势预测及防治对策》被国家林业局作为信息刊登，并由国务院办公厅摘录登在国务院办公厅秘书局的专报信息89期上。时任国务院副总理温家宝对建议作出了重要批示。

2010年3月24日，温家宝总理在中国科协上报的《关于2009年生物灾害状况和2010年预防与控制生物灾害的报告》上作了亲笔批示。回良玉副总理、刘延东国务委员以及国家林业局贾治邦局长等领导也作了批示。

《2013年林业生物灾害状况和2014年预防与控制林业生物灾害的报告》获汪洋副总理批示；为做好此项工作，国务院下发了《国务院办公厅关于进一步加强林业有害生物防治工作的意见》，并落实了专项经费用于林业生物灾害的防治工作。

五、组织开展国树评选活动

国树、国花、国鸟是一个国家民族精神的象征。世界上许多国家都有国树、国花、国鸟。特别是近年来，随着我国社会经济快速发展，评选国树、国花、国鸟的呼声越来越高。一些人大代表多次在全国人代会上联名提出相关议案。学会至今开展了两次国树评选活动。第一次是学会主办的《森林与人类》杂志于1983年6月开展了国树评选活动，引起了社会各界的较大反响，电台、电视台及一些报刊都作了专题报道。广大读者从推选的40个候选树种中选出了松树（占总票数的38%）、银杏（占总票数的27%）两个树种。杂志把松树、银杏的评选情况报告给林学会全体理事和顾问，进一步征求林业专家和学者的意见，最后结果银杏占票数最多（68%）。1986年10月3日，学会向全国人民代表大会常务委员会呈送《关于确定中华人民共和国国树的报告》，请求列入人大议程。

第二次是2003年中国林学会十届二次常务理事会提出组织开展国树、国花、国鸟评选活动。由中国林学会牵头，联合中国野生动物保护协会和中国花卉协会共同开展的评选国树、国鸟、国花评选。活动一提出，在社会上就引起了广泛关注。许多新闻媒体报道了这一消息，并纷纷与中国林学会联系，希望成为这一活动的独家报道媒体。一些主流网站上登发了大量的群众评论，绝大多数都非常赞赏中国林学会的这一决定，希望早日评选出国树、国花、国鸟。

中国林学会与中国花卉协会、中国野生动物保护协会共同成立了国树、国

花、国鸟评选活动组织领导机构，多次召开会议研究活动方案，并为活动的正式启动做了大量的前期准备工作，制定了此次国树评选标准：①属中国特有，或原生中国，在我国具有广泛的分布，在世界上具有较大影响；②外观漂亮，深受国民喜爱；③具有丰富文化内涵，反映某种民族精神；④物种明确，不会引起混淆。（物种明确是指不能泛指或包含某一类（或科、属），如松树泛指松属的树种，物种不明确）。

为了确保评选结果的有效性、权威性，国树、国花、国鸟评选活动组织领导机构向全国人大和全国政协提交了关于举办国树、国花、国鸟评选活动的报告。全国政协同意作为评选活动的主办单位之一。2003 年 5 月 16 日，时任国家林业局局长周生贤对中国林学会工作作出重要批示，指出："林学会换届以后工作很有起色，所提工作安排很好，望抓好落实。特别是评选国树、国花、国鸟的事要充分听取各方意见，考虑国情、林情，按照一定程序尽快运作。"

为了尽快确定国树，满足广大民众意愿，2005 年 7 月 20 日～8 月 28 日，中国林学会在搜狐网、《中国绿色时报》等媒体上开展公众投票活动。投票方式包括网上投票和信函投票。为使广大民众了解国树评选的相关情况，便于公众投票，中国林学会在搜狐网联合国际在线、中国新闻网等十几家新闻网站以及《中国绿色时报》《科技日报》《北京青年报》《羊城晚报》等十余家省市主要报刊上刊登消息，公布网上与信函投票的详细信息。学会还在《中国绿色时报》、搜狐新闻网上分别对候选树种的分布、保护等级、基本情况以及相关的历史文化背景进行了详细介绍，每个树种刊登了多幅照片，供广大民众投票参考。北京科技报等媒体对活动进行了中期采访和报道。

国树评选公众投票活动的开展在社会各界引起很大反响，全国 31 个省（自治区、直辖市）都有公众参与了投票。投票者来自机关、科研、教育、生产等各行各业。有的单位组织集体投票，还有个人组织联名投票。历时 1 个月的国树评选公众投票活动共收到公众信函、网络投票 1789443 票。在所有信函、网络投票中，银杏以绝对优势问鼎。活动结束后，中国林学会将公众投票结果上报国家林业局，并根据多年来广大专家学者的呼吁，以及此次投票活动公众推荐结果，提出将银杏定为国树的建议。结合国树、国花、国鸟评选活动，2007 年 5 月学会出版《中国名树名花名鸟》一书，深受大众喜爱。

2006 年，国家林业局向国务院报送了《关于报请审查确认国树国鸟国花评选结果的请示》（林办字〔2006〕34 号）。2009 年 6 月，国务院张勇副秘书长召集国务院法制办、国家林业局及林学会、野协、花协有关负责同志，就国树、国鸟、国花评选进行了专题研究。此后，国务院办公厅秘书局就评选事宜提出了三点建议。

根据国务院办公厅秘书局的建议，由局法规司和三家学（协）会共同研究提出了关于国树、国鸟、国花评选审批及工作程序的初步设想。2010 年 12 月，国家林业局致函国务院法制办，提出了国家林业局关于国树国鸟国花评选审批及工作程序的意见（林函办字〔2010〕240 号）。

2011 年 1 月，国务院法制办农林司召集国家林业局法规司及三家学协会有关人员，就国树、国鸟、国花评选事宜进行了商议。国务院法制办在会上提出了四点意见。因国务院法制办提出公布国树等要走立法程序，因此，此事最终没有结果。

第八节 《林业科学》及其他期刊编辑出版

一、《林业科学》出版概况

《林业科学》经过 60 年的稳步发展，不仅成为中国林业学术第一刊，而且在全国科技期刊中也稳居核心期刊的地位。

（一）期刊扩容

由于"文革"而停刊的《林业科学》，于 1976 年 5 月复刊，刊名为《中国林业科学》，由中国农林科学院主编，科学出版社出版。经国家林业总局批准，1978 年 8 月（第 3 期）起刊物改由中国林学会主办，科学出版社出版。由学会常务理事会提议，《林业科学》于 1979 年第 1 期恢复原刊名，自此《林业科学》很快恢复了原有的学术期刊面貌。

改革开放以后，国家对林业发展和生态建设的重视，对林业生产及科研的投入加大，学术论文产出量也在增多。《林业科学》为了更全面更快速地反映林业生产和科研成果，对期刊的容量适时进行了扩大。1979 年时为季刊，1989年 1 月（第 25 卷第 1 期）起改为双月刊，1998 年 1 月（第 34 卷第 1 期）起页码增至每期 128 面，并改由《林业科学》编辑部出版，1999 年 1 月（第 35 卷

第 1 期）起改为大 16 开（210 mm×285 mm），2000 年 1 月（第 36 卷第 1 期）起页码增至每期 144 面，2002 年 1 月（第 38 卷第 1 期）起页码增至 176 面，2004 年 1 月（第 40 卷第 1 期）起页码增至 192 面。2006 年 1 月（第 42 卷第 1 期）起改为月刊，标准大 16 开（210 mm×297 mm），每期 128 页。经过几年的努力，时滞由最初的 20 个月左右降至现在的 12 个月左右。

（二）重视专栏、专刊

《林业科学》作为林业综合性学术期刊，以刊发原创论文、引领林业科技创新为己任，积极关注国家林业建设的重点和热点问题，通过设置专栏、出版专刊、增刊等举措反映最新研究成果，为林业发展提供学术支撑。

1980 年 10 月出版 1 期增刊（第 16 卷），1983 年 8 月增出昆虫专辑（第 19 卷），1987 年 11 月增出营林专辑、昆虫专辑（第 23 卷），1997 年 4 月增出国家攻关项目和自然科学基金项目专刊（第 32 卷），同年 11 月增出"林业部'八五'重点项目《湖南会同杉木人工林生态系统定位研究》"专刊，1998 年 5 月增出"福建省重点攻关项目《毛竹丰产栽培综合技术与种群结构特征研究》"专刊（第 34 卷），1999 年 1 月增出"世界银行贷款'国家造林项目'环境监测研究"专刊（第 35 卷），2000 年 1 月增出营林专刊（第 36 卷），2001 年 11 月增出福建林学院专刊（第 37 卷），2003 年 12 月增出福建省林业科学研究院专刊（第 39 卷），2006 年 9 月出版"数字林业"增刊（第 42 卷），2007 年 10 月出版"森林土壤"增刊（第 43 卷），2008 年 11 月出版"重大雨雪冰冻灾害专刊"（第 44 卷第 11 期）。

为配合国家西部大开发、生态建设和林业六大工程建设，《林业科学》2000 年 9 月（第 36 卷第 5 期）起推出"西部大开发中的生态环境建设问题"专家笔谈，连续 3 期共刊登 16 篇文章；2001 年 5 月（第 37 卷第 3 期）起，推出"林业厅（局）长谈科技兴林"，连续 4 期共刊登 5 篇文章。

2008 年初我国南方遭遇了突发性特大冰雪灾害，《林业科学》迅速行动，于 3 月（第 44 卷第 3 期）起推出"关注重大雨雪冰冻灾害对我国林业的影响——专家笔谈"专栏，连续 4 期共刊登 12 篇文章，请亲赴灾区的一线专家对灾情做初步评估，提出林业恢复与重建的意见和建议，同时面向林业及相关学科科研、教学单位征稿，收集灾情调查、损失评估等数据，收集对森林资源恢复重建的意见与建议，当年第 11 期推出《重大雨雪冰冻灾害专刊》，此专刊为林业冰雪灾害研究及灾后林业恢复与重建提供了宝贵的资料。

2007年10月，为配合正在全国推进的集体林权制度改革这一重大实践，《林业科学》开展了"林权制度改革"论文征集活动，并于2008年4月（第44卷第4期）首次刊出征稿论文，此后一直以绿色通道的形式对林改方面的稿件审稿通过即刊发，这些刊登的论文以大量的调查数据分析了我国的集体林权制度改革的现状、存在的问题并提出了解决的途径。

2008年1月（第44卷第1期）起增设"植物新品种"栏目，并于同年4月（第44卷第4期）将栏目更名为"植物新品种与良种"，为林业新品种与良种提供了展示的园地。

二、《林业科学》国际化建设

《林业科学》是向世界展示中国林业科学研究水平及成果的重要窗口。从1979年2月（第15卷第1期）起，复刊并恢复原刊名的《林业科学》，即有英文目录，刊登的论文附英文摘要；从1997年2月（第33卷第1期）起刊登的论文中，图和表的题目及其中的中文内容均附有相应的英文对照；2015年1月（第51卷第1期）起，刊载文章的中、英文摘要加长，中文摘要为800～1000字，英文摘要内容与中文摘要对应，并分［目的］［方法］［结果］［结论］阐述，文后的中文参考文献增加英文对照。这些努力和改变更有利于国际上的科研人员了解我国科研人员的成果，同时有利于国际检索系统收录和展示《林业科学》上刊出的论文，从而扩大期刊的国际影响力。为与国际接轨，《林业科学》通过国际DOI基金会正式授权的DOI注册机构——中国科学技术信息研究所，从2013年1月（第49卷第1期）起对刊载的每篇文章注册DOI号，标注在文章首页，同时对过刊回溯注册DOI号至2000年，即从2000年起刊发的每篇论文都获得了互联网环境下的唯一标识和持久定位，增加了文章被检索和引用的机率。

三、《林业科学》网络平台及数字化建设

20世纪90年代以来，《林业科学》告别打字机，采用电脑处理英文摘要，制图也逐渐采用电脑等数字设备，并逐步通过软盘邮寄、电子邮件接收投稿。

进入21世纪，《林业科学》相继加入中国知网（中国学术期刊（光盘版）电子杂志社）、万方数字化期刊群、维普期刊等网络平台，通过在线和光盘两

种形式出版,并在相应网络平台下建立《林业科学》网页,同时采用中国知网开发的稿件处理系统,编辑工作初步实现数字办公。为进一步扩大期刊的传播力和影响力,实现纸刊和网络同时出版,《林业科学》于 2009 年 1 月 1 日运行期刊独立网站,启用北京玛格泰克公司开发的网上采编系统,作者投稿查稿、专家审稿、编辑处理稿件均在线进行。2009 年 8 月实现纸刊现刊出版的同时进行网上发布,同年底实现自 1955 年创刊以来的全部过刊全文上网,以 OA (open access) 的形式供读者免费浏览、下载。

在"互联网 +"时代,网络媒体成为传播的主渠道。2011 年 9 月底,在线采编系统手机短信平台开通,以方便及时联系作者与审稿人。2015 年 3 月期刊微信平台开通,微信账号 linykx,内容包括查阅当期及过刊文章、查询稿件处理进程、查询待审稿件及实时互动与新闻公告。

在期刊网站上,从 2016 年 1 月(第 52 卷第 1 期)起对刊出文章增加了 HTML 格式显示,并回溯至 2013 年,HTML 格式使文章的浏览、下载更便利,更全面地展示了每篇文章的相关信息,实现了引文之间的链接。《林业科学》的网络出版与传播已趋于完善和成熟。

四、《林业科学》精品期刊建设

中国科协精品科技期刊工程项目从 2006 年启动。精品科技期刊工程是中国科协为进一步发挥学会办刊的学术和专业优势,打造一批在本学科和专业领域内有较强影响力和专业辐射力的中文精品科技期刊,更好地发挥其在引领自主创新、服务科技发展中的作用而设立的资助项目。《林业科学》2006 年被列为中国科协精品科技期刊工程 C 类项目,2007—2011 年被列为 B 类项目(培育国内领衔科技期刊),2012—2014 年及 2015—2017 年四个项目执行期中均被列为中国科协精品科技期刊工程期刊学术质量提升项目。在精品科技期刊项目执行期间,《林业科学》以争取优秀稿源为主线,通过审稿人和编辑队伍建设,在期刊的学术质量、数字化办刊及国际影响力方面都有所提升。

五、《林业科学》论文获奖与引证指标

多年来,《林业科学》刊发了大量优秀的学术论文,其中不乏在国内学术界有重要地位的论文。

　　《林业科学》2007 年第 5 期刊载的论文"土壤水分胁迫对胡杨、灰叶胡杨光合作用 – 光响应特性的影响"和 2010 年第 5 期刊载的论文"氮素营养对西南桦幼苗生长及叶片养分状况的影响"分别于 2010 年、2013 年入选中国科技信息研究所"中国百篇最具影响国内学术论文"。

　　《林业科学》1998 年第 2 期刊出的论文"中国沙质荒漠化土地监测评价指标体系"、2003 年第 1 期刊出的论文"应用官司河分布式水文模型模拟流域降雨 – 径流过程"、2000 年第 2 期刊出的论文"树木溃疡病病原真菌类群分子遗传多样性研究Ⅱ"、2005 年第 4 期刊出的论文"四川卧龙亚高山暗针叶林降水分配过程的氢稳定同位素特征"和 2005 年第 5 期刊出的论文"杉木林间伐强度试验 20 年生长效应的研究"分别荣获"第一至五届中国科协期刊优秀学术论文奖";《林业科学》于 2007 年第 3 期刊出的论文"卧龙自然保护区大熊猫栖息地植物群落多样性研究：丰富度、物种多样性指数和均匀度"、2005 年第 4 期刊出的论文"马尾松种源磷效率研究"、2005 第 2 期刊出的论文"杉木人工林林地土壤 CO_2 释放量及其影响因子的研究"分别荣获"第六届中国科协期刊优秀学术论文奖"一等奖、二等奖和三等奖。

　　中国科学技术信息研究所于 2012 年启动了"领跑者 5000——中国精品科技期刊顶尖学术论文（F5000）"的评选工作，旨在进一步推动我国科技期刊的发展，提高其整体水平，更好地宣传和利用我国的优秀学术成果，起到引领和示范作用。2012—2015 年《林业科学》共有 48 篇论文入选 F5000，其中 2012 年共入选论文 22 篇，占同年度林学类入选论文的近 50%。据中国知网查询，截至 2016 年 10 月 7 日，《林业科学》发表论文被引频次达 200 以上的论文共计 21 篇，被引频次在 100 ~ 200 的论文为 78 篇，其中被引频次最高的是冯宗炜等在《林业科学》1982 年第 2 期上发表的文章"湖南会同地区马尾松林生物量的测定"，被引频次高达 476 次。

　　根据中国科学技术信息研究所发布的《中国科技期刊引证报告（核心版）》，《林业科学》的影响因子由 2003 年的 0.281 上升至 2015 年的 1.027，总体上呈稳步上升态势，其中 2006 和 2010 年分别达到 1.002 和 1.026。《林业科学》的影响因子居林业科技期刊前列，总被引频次、综合总分一直稳居林业科技期刊的首位。在 2008—2011 年《林业科学》的综合总分在全国科技期刊的 1998 种核心期刊中分别位居第 9、7、6、9 名，连续 4 次进入前 10 名。

六、《林业科学》数据库收录情况

《林业科学》于 2001 年 4 月 9 日被国际六大检索系统之一的 CA（美国《化学文摘》）列为来源期刊，同年 7 月 12 日被国际六大检索系统之一的 AJ（俄罗斯《文摘杂志》）列为来源期刊，2016 年被国际著名数据库 EI（美国《工程索引》）整刊收录，同年 5 月被隶属于全球著名学术出版商爱思唯尔出版集团（Elsevier）的世界上最大的文摘与引文数据库 Scopus 数据库收录。至今《林业科学》已被中国科技期刊全文数据库、中国科技期刊题目数据库、中国科技文献（万方）库、中国科技文献（维普）库、中国生物学文献库、中国核心期刊（遴选）数据库、中国科技引文数据库、中国林业科技文献库共 8 家国内数据库收录，以及美国《工程索引》（EI）、荷兰《文摘与引文数据库》（Scopus）、俄罗斯《文摘杂志》（AJ）、美国《化学文摘》（CA）、美国《剑桥科学文摘：自然科学》（CSA）、英国《农业与生物科学研究中心》（CABI）、英国《动物学记录》（ZR）、联合国粮农组织文库、（AGRIS）、波兰《哥白尼索引》（IC）、《日本科学技术社数据库》（JST）和美国《乌利希国际期刊指南》（UIPD）共 11 家国际检索系统和数据库收录。在北京大学 2014 年推出的《中文核心期刊要目总览》（第 7 版）中，《林业科学》保持了在前几版中位列林业类核心期刊第 1 位的地位。《中文核心期刊要目总览》评价方法科学，准确地揭示了中文期刊的实际情况，其遴选结果得到了期刊界以及高等院校和科研院所的广泛认同。

七、《林业科学》办刊队伍建设

（一）编委会

《林业科学》能够始终坚持正确的办刊方向，刊登高质量的学术论文，成为一个中文核心且具有一定国际影响力的林业学术期刊，是因为拥有一个以编委会为核心，学术造诣高、学风严谨的审稿人群体。《林业科学》创刊以来已有十届编委会。著名林学家陈嵘、郑万钧、吴中伦、沈国舫都曾担任主编。

1979 年 1 月成立的以郑万钧任主编的《林业科学》第三届编委会，为复刊后的《林业科学》走入正轨、办出水平发挥了重要的作用。《林业科学》第三届编委会第一次全体会议于 1979 年 9 月 17 日在青岛召开，会议明确提出《林业科学》重点刊登我国营林和森林工业方面的科技成果，提倡学术争鸣，促进学术交流，为实现林业科学技术现代化服务。

1983—1995 年以著名林学家、中国科学院院士吴中伦先生任主编的第四至七届编委会，使《林业科学》的学术质量进一步提升，实现了由季刊向双月刊的跃进。1985 年 11 月 17 日在杭州召开了庆祝《林业科学》创刊 30 周年纪念会暨第四届编委会全体会议，会上回顾了《林业科学》自创刊以来在林业现代化建设中所发挥的作用和作出的贡献，明确了新阶段的办刊方向以及提高办刊水平措施。

中国工程院院士沈国舫教授 1993 年开始担任《林业科学》第七届编委会副主编，1995 年 5 月吴中伦先生病逝后接任主编，并历任第八、九届编委会主编，第十届编委会名誉主编，为《林业科学》的发展作出了巨大的贡献。从 1997 年第八届编委会成立到 2014 年底第九届编委会卸任，《林业科学》获得了长足的发展，期刊的学术质量和学术地位、网络出版与传播、国际影响力都有大幅提升，实现了从双月刊向月刊的突破，刊载容量增加，发稿时滞缩短。

2000 年中国林学会出台了《〈林业科学〉编委会工作条例》，对主编、常务副主编、副主编以及编委权利、责任和义务做了明确规定，条例实施以来，在提高编委会工作效率和刊物质量方面均取得了很好的效果。2007 年 3 月，《林业科学》还首次选聘了美国、加拿大、德国和比利时的 5 位著名专家、学者担任第九届编委会特邀编委，这将有助于进一步提高期刊的国际影响力。2005 年 6 月 20 日庆祝《林业科学》创刊 50 周年纪念会暨第九届编委会全体会议在北京召开，会议肯定了《林业科学》在发挥学术期刊导向和办刊育人，为林业科技工作者服务、为国家林业建设服务方面所作的贡献，提出办精品期刊，进一步扩大期刊的国际影响力。

2014 年 12 月第十届编委会成立，由中国工程院院士、中国林学会副理事长尹伟伦教授为主编，本届编委会共有 11 位两院院士和 80 多位国内知名专家担任顾问和编委，外籍特邀编委 4 名。2015 年 7 月 21 日庆祝《林业科学》创刊 60 周年纪念座谈会暨第十届编委会第一次全体会议在北京召开，此次会议为《林业科学》在国内期刊稿源总体质量下滑形势下的如何办好精品期刊提出了有益的建议。

值得一提的是，历任第八、九、十届编委会常务副主编的中国科学院院士唐守正先生，历任第九、十届编委会常务副主编的森林培育学家盛炜彤先生为《林业科学》的发展倾注了大量心血，为《林业科学》刊出的稿件把好了最后

一道关。《林业科学》采编系统中现已收录软盘多位审稿人的信息，其中包括本刊编委，他们是稿件学术质量的把关者。

（二）审稿人与作者

优秀的作者和审稿人群体是《林业科学》学术质量保持和提升的关键。《林业科学》编辑部分别于2005年和2009年开展了2届优秀审稿人的评选工作，共表彰了114位优秀审稿人。对那些恪尽职守、对作者负责、对读者负责、对期刊负责的优秀审稿专家进行表彰，有助于树立起实事求是、严谨求实、客观公正的优良学风。2016年初《林业科学》为2015年的全部审稿人颁发了证书。2016年初《林业科学》还向2012年刊发的论文中被高频次引用的论文颁发了证书，并决定每年一季度定期进行。2007年《林业科学》博客的开通，2015年微信平台的开通，这些都有助于与作者、审稿人进行直接、快速的交流和沟通，更快地传播《林业科学》有关信息。

（三）编辑部

1. 严格执行编审校制度

规范、完善的审校制度和一支求真务实的高水平编辑队伍是《林业科学》持续保持高学术水平、高编校质量的保证。《林业科学》稿件严格执行三审制。对于来稿，首先按研究内容是否符合《林业科学》的收录范围、研究水平是否达到《林业科学》的基本要求进行初筛，符合要求的稿件通过"科技期刊学术不端文献检测系统"进行检测，与已发表文献的文字重合率符合要求的稿件同时送二位审稿专家进行外审，外审实行双盲审稿制。二位审稿专家的审稿意见如不一致，将进行三审甚至更多次的审阅，以多数审稿专家的意见决定稿件的录用与否。初审通过的稿件送学科副主编复审，复审通过的稿件送主编或常务副主编终审。学术质量是录用稿件的唯一标准。《林业科学》稿件出版前，严格执行三校制，并在第2次校对中，由责任编辑、值班编辑、编辑部主任共同校对稿件，从而保证了将编校中的差错率降至最低。审稿人的严格审稿、编辑的认真校对，以及《林业科学》唯学术质量的录用标准，潜移默化中培养了作者良好的学风和严谨的科学态度，起到了办刊育人的作用。在中国林学会林业科技期刊分会制定《林业科技期刊编排规范》的过程中，《林业科学》编辑部为主体，核心力量。该标准本着集成、细化、专业化、可操作的原则，在国家相关标准和规范的基础上，结合林业学科特点编制而成，于2012年7月通过国家林业局批准并实施。

2. 提高编辑业务能力

《林业科学》编辑每年不定期地参加学术交流会和编辑培训班，提高了业务素质，密切了与作者、审稿人的联系，也是发现优秀稿源的有效途径。编辑部还通过主动邀请专家讲座的形式为编辑扩宽思路、完善知识结构。2008 年 4 月 2 日本刊编辑部邀请中国林业科学研究院高新技术所引进人才万贤崇博士座谈如何撰写科技论文英文摘要；2015 年 4 月 24 日本刊常务副主编、中国林业科学研究院首席专家杨忠岐研究员为编辑部作《拉丁文和动、植物学名及其在科技论文中的应用及常见问题》的专题学术讲座；2016 年 1 月 6 日本刊编委、中国林业科学研究院林业研究所杨承栋研究员就如何撰写文章的结论与讨论为编辑作了专题讲座。

3. 加强办刊调研

为提高《林业科学》的办刊水平，吸引优秀稿源，扩大期刊影响力，编辑部作出了积极、有效的努力和探索。为探索国际化、网络化的办刊新思路，本刊积极吸取优秀期刊的办刊经验。2008 年 5 月 14 日《作物学报》编辑部主任程维红应本刊邀请到编辑部交流办刊经验，《作物学报》在期刊的网络化、国际化方面作出了积极的探索。2011 年 5 月 24 日本刊编辑部成员走访中国植物学会和中国科学院植物研究所共同主办的植物学综合性学术期刊《Journal of Integrative Plant Biology》（JIPB）编辑部，了解其国际化办刊理念、学习先进的办刊经验。开放性办刊是近年《林业科学》进一步提高办刊质量的有效措施。在 2007—2016 年编辑部成员先后走访了湖南省林业科学院、东北林业大学、南京林业大学、福建农林大学、浙江农林大学、湖北省林业科学研究院、沈阳农业大学和北华大学、江西农业大学、山东农业大学、四川省林业科学研究院、甘肃省林学会等 10 多个单位，召开读者、作者和审稿专家座谈会，向大家介绍本刊办刊宗旨、审稿流程及稿件的录用标准，指导青年作者更规范地进行科技论文写作，同时听取大家对本刊的意见和建议。

为扩大《林业科学》国际影响力，编辑部积极进行对外宣传交流。2007 年 12 月 5 日本刊特邀编委、德国哥廷根大学 Klaus von Gadow 教授及夫人访问了中国林学会秘书处。Gadow 教授介绍了德国林业发展、林业教育、德国林学会概况等方面的情况，并对《林业科学》办刊提出了建设性的意见。2011 年

12月14日本刊特邀编委比利时鲁汶大学（法语区）微生物资源保藏中心馆长Cony Decock教授与本刊编辑会面交流，并表示会继续做好特邀编委的工作，认真审阅相关稿件并推荐优秀的稿件在本刊发表。2010年10月编辑部主任张君颖随中国科协精品科技期刊参展团参加了有"世界出版人的奥运会"之称的第62届法兰克福国际图书展，展会期间，走访了国际著名出版集团爱思唯尔公司，探讨了关于中国期刊国际化出版的可行性与操作性。2012年7月31日至8月2日本刊编辑石红青参加了在巴西北部城市贝仑召开的国际林联第12次国际木材干燥会议。2013年6月本刊编辑部主任张君颖随中国科协精品科技期刊考察团到Nature总部、英国剑桥大学出版社考察交流。这些活动使编辑部能够获取更多国际办刊信息和经验，有助于《林业科学》国际影响力的进一步提升。

4. 树立期刊公益形象

2015年7月，《林业科学》编辑部与中国绿化基金会签署了捐赠协议，每接收一篇论文，编辑部将以期刊的名义向中国绿化基金会捐赠5元，用于绿化公益事业。《林业科学》在不断打造精品期刊的同时，携手中国绿化基金会，直接投身绿色公益事业，率先垂范科技期刊投身生态公益事业，通过其影响力和传播力为林业生态建设和环境保护发挥宣传和示范作用，同时也扩大了期刊的影响力。

八、《林业科学》获得的荣誉

《林业科学》一直秉承学术质量至上的办刊准则，刊登高质量的学术论文，得到了科研人员、期刊界和社会的认可。

自1992年以来，《林业科学》多次荣获国家科委、新闻出版署、中国科协优秀科技期刊奖。在1999、2002和2005年举办的3届国家期刊奖评选中，《林业科学》蝉联第一、二届最高奖——"国家期刊奖"，名列第三届国家期刊奖提名奖（科技期刊类）第一位。1992、1997年2次荣获国家科委、中宣部、新闻出版署全国优秀科技期刊三等奖，1992、1997、2002年3次荣获中国科协优秀科技期刊二等奖。

2002—2016年15次评选中14次（2007年除外）荣获中国科学技术信息研究所"百种中国杰出学术期刊"称号，2009年荣获中国期刊协会、中国出版科学研究所"新中国60年有影响力的期刊"，在2009、2011、2013、2015年由武汉大学中国科学评价研究中心（RCCSE）推出的第一至四版《中国学术期刊评价研究报告（武大版）》中连续4次被评为"RCCSE中国权威学术期刊（A+）"，2012—2015年连续4年被中国学术期刊（光盘版）电子杂志社评为"中国国际影响力优秀学术期刊"。

2012年荣获国家林业局"全国生态建设突出贡献奖"先进集体，2013年被国家新闻出版广电总局推荐为"百强报刊"，2014年入选中国科学技术信息研究所"中国精品科技期刊"。在国家期刊方阵（725种科技期刊）中《林业科学》居第42位，双奖期刊排名第二位。

编辑部主任张君颖2009年荣获中国期刊协会、中国出版科学研究所"新中国60年有影响力的期刊人"，2010年荣获新闻出版总署"第二届中国出版政府奖优秀出版人物奖（优秀编辑）"。

创刊60年来，《林业科学》始终坚持正确的办刊方针，倡导百家争鸣，弘扬学术民主，坚持学术质量第一，充分发挥了学术期刊的学术导向和办刊育人的作用，为林业科技成果提供了展示的园地和交流的平台，为林业生态建设提供了科技支撑。《林业科学》力争成为国内一流、国际上有重要影响力的期刊。

九、《森林与人类》杂志创办与出版

（一）期刊概况

为了向关心和爱护森林的社会各界人士揭示大森林的奥秘，展现祖国名山大川、自然保护区及森林公园的雄姿秀景，向广大林业工作者介绍国内外先进的林业生产经验和林业科学技术知识，经林业部批准，中国林学会于1981年底创办了林业科普期刊《森林与人类》。《森林与人类》为双月刊，面向社会公开发行，1982年共发行6期，受到林业界及社会普遍好评。

科普杂志是开展科普工作的重要阵地。《森林与人类》从1982年正式出刊以来，质量有较大提高，产生了广泛的社会影响。《森林与人类》坚持"立足林业，面向社会"的办刊方针，及时反映读者需要，形成了"活、广、新"的办刊特色。

《森林与人类》组委会由知名林学家和林业及相关领域专家组成，主编为汪振儒，副主编为张重忱，编委22名。为了使刊物更具有群众性，杂志很快建立了通讯员队伍，全国共有通讯员78名，这对办好刊物起到了极为重要的作用。为了不断提高刊物质量，杂志每年都要召开一次编委会议，总结办刊经

验，研究改进措施，调整办刊方针和任务，使刊物更加适应林业建设的需要。
1983年10月17日，杂志召开了第一次通讯员、编委、编辑座谈会，提出了
在当时条件下的办刊方针是："向广大群众普及林业科学知识，宣传森林作用，
提高人民群众对于爱林、护林的认识，促进林业建设的发展。"经过几年的探
索，在1984年10月召开的编委会上，将办刊方针概括为：立足林业，面向社
会；以宣传普及林业科学知识为主，介绍实用的林业技术经验为辅。《森林与
人类》图文并茂，内容丰富多彩，具有科学性、趣味性和知识性；1983—1985
年共出刊18期，发表近700篇文章，发行量从9000份增至3万多份，截至
1988年年底累计发行130万册，受到林业工作者和社会各界人士好评。

（二）办刊与社会活动相结合

《森林与人类》在初创阶段开展了两项社会活动。1983—1984年参加了林
业部宣传司与10个中央级新闻单位联合举办的林业科普征文活动，征集到很
多优秀的科普文章发表，促进了刊物质量的提高，也加深了人们对林业工作的
认识。这次征文活动共有45篇征文获奖，其中在《森林与人类》上发表了18
篇，占40%。1983年6月，杂志开展了一次评选国树活动，引起了社会各界
的较大反响，电台、电视台及一些报刊都作了专题报道。广大读者从推选的40
个候选树种中选出了松树（占总票数的38%）、银杏（占总票数的27%）两个
树种。杂志把松树、银杏的评选情况报告给林学会全体理事和顾问，进一步征
求林业专家和学者的意见，最后结果银杏占票数最多（68%）。1986年10月3日，
学会向全国人民代表大会常务委员会呈送《关于确定中华人民共和国国树的报
告》，请求列入人大议程。

此外，《森林与人类》在发表内容上还注意介绍生产技术知识，深受基层
科技人员的欢迎。如1986年第5期上刊登《油茶壳是生产糠醛的好原料》一
文后，基层同志来信要求提供技术转让、设备、效益等方面的资料；1986年第
3期刊登《木质压缩燃料——人造煤》后，读者来信对此很感兴趣，认为是木
材加工厂的福音。《森林与人类》也为农村、山区脱贫致富开辟了新渠道。为
了适应改革的需要，杂志从1986年起创办了"地方专栏"，反映地方特色，宣
传各省（自治区、直辖市）林业建设的情况。这种做法不仅得到了领导的支持，
也得到了广大基层会员的欢迎，同时也培养了一大批科普期刊编辑人才。为了
配合"世界环境日"的宣传，杂志与林业部宣传司联合出版了专辑，专辑不仅

在国内发行，而且发往联合国和外国驻华使馆。

《森林与人类》为宣传林业的重要性、普及生态知识和林业科学技术，作出了很大努力，在社会上产生了良好反响，获得了广大读者的好评。例如针对1991年我国发生的特大洪涝干旱灾害，杂志组织了20多位著名学者、专家以及省委书记、省长发表文章，从不同角度分析了产生灾害的原因，并编辑出版了《生态、水患、旱灾》特刊。1992年配合世界环境日20周年，《森林与人类》编辑出版了《绿色与未来专辑》。《森林与人类》编辑部为《中国教育报》组织了近万字的纪实报道，向广大师生宣传森林的作用和效益；在《森林与人类》刊物上开展了"我谈林业博物馆"的讨论活动，得到社会各界有关人士的热烈响应。1992年在北京优秀期刊四项奖的评选中，《森林与人类》获装帧奖、出版奖。

（三）《森林与人类》转换办刊机制

《森林与人类》深入广泛地普及林业等方面的知识，加强了通讯员队伍的建设，质量不断提高，为"两个文明"的建设作出了不懈的努力。在第四届编委会议上，确定杂志的重要发展方向是面向大众，并以中小学师生为重点。随着中央关于加强科普工作决定的发表，《森林与人类》也担负着十分重要的任务。由于办刊经费紧缺等原因，为进一步扩大发行量，形成林业科普刊物的整体优势，经常务理事会研究，从1996年开始《森林与人类》由中国林学会与中国林业报社合办。为便于工作，编辑部迁入中国林业报社。

两家合办后，期刊继续在政治方面严格把关，坚持正确方向，把社会效益摆在首位，面对市场经济中某些不规范的冲击，不随波逐流；在业务质量方面，首先保证科学性和真实性，严格遵守国家颁布的有关编辑标准；在选题方面注重了自然科学与社会科学的融合，强化版面设计风格，见严谨于活泼中。所有这些都取得了很好效果，使《森林与人类》被一些社会人士誉为期刊市场上的一股清风，有相见恨晚之感。同时，期刊容量和定位有了新的发展。1999年从双月刊改为月刊，2015年由每期96页增加至128页。2005年以来定位为：《森林与人类》，一本关于野生动物、植物和大自然的杂志，提供新鲜而有价值的自然话题。通过出版专刊、组织社会活动，期刊运行步入新的发展阶段。

1. 出版专辑

2005年以来，出版的经典刊期有：中国森林氧吧专辑；中国最美森林特辑；国家公园：自然的圣殿专辑；中国雨林专辑；中国各省最高山专辑；中国野生动物红外影像专辑；野花中国专辑　绿绒蒿：喜马拉雅的传奇；野鸟北京　雉·美——中国雉的缤纷影像　中国鹤家乡——杂志 300 期纪念专辑；手绘自然——昆虫的仲夏专辑。2005 年以来出版的经典地方专辑有：（江苏）多少繁华湿地中；（安徽）安徽：自然的典藏；（广西）广西如此多娇；（湖南）湖南：多少美景森林中；（贵州1）原生态贵州·（贵州2）贵州：中国的自然公园·（贵州3）贵州："湿"的魅力；（内蒙古大兴安岭）大兴安岭：自然的飞地 ；（长白山）长白山：东北之巅；（江西1）江西：典藏无限风光·（江西2）风景林：江西的乡村美景·（江西3）看森林·读江西。

2012 年发起"中国最美森林"评选，出版《中国最美森林特辑》。

2.组织社会活动

（1）开展公益活动　2015 年、2016 年连续两年发起"寻找中国森林氧吧"生态公益活动，发布两届"中国森林氧吧"榜单。

（2）承办多次大型全国性摄影比赛　2015 年承办"2015 影像自然中国摄影比赛"；2015、2016 年连续两年承办"'中林杯'国家森林公园风光摄影大赛"；2016 年承办"中国自然保护区生态摄影比赛"。

（3）·承办多次展览　在国内外举办丰富的展览活动，包括：2015 年 6 月《森林与人类》300 期回顾展；2015 年 10 月 2015"中林杯"国家森林公园风光摄影大赛获奖作品；2016 年 4 月中国的野生花卉；2016 年 7 月"中国自然保护区60 年"摄影展；2016 年 8 月"中国自然保护区 60 年"摄影展；2016 年 9 月"中国自然保护区 60 年"摄影展；2016 年 9 月 2016"中林杯"国家森林公园风光摄影大赛作品选。

（四）《森林与人类》获得荣誉

2002 年，被中宣部、科技部和中国科协联合命名为"全国科普先进集体"。2009 年荣获由全国政协人口资源环境委员会、全国绿化委员会、国家林业局、国家广播电影电视总局、中华全国新闻工作者协会、中国绿化基金会 6 家单位（部委）联合颁发的第四届梁希林业图书期刊奖。2014 年、2015 年、2016 年连续 3 年获得"中国最美期刊"荣誉（年度"中国最美期刊"遴选活动由中国期刊交易博览会组委会主办，《中国期刊年鉴》杂志社承办。）

（五）《森林与人类》新媒体建设

2013 年以来陆续推出新浪微博：@ 森林与人类杂志；森林与人类杂志新浪

博客：http://blog.sina.com.cn/u/3231606984；微信公众号：森林与人类杂志。

十、合作主办《森林与环境学报》

《森林与环境学报》的前身是《福建林学院学报》，创办于 1960 年，由福建林学院主办。 2000 年 10 月，原福建农业大学与原福建林学院合并组建新的福建农林大学，为适应学科发展的需要。福建农林大学组织专家论证，将《福建林学院学报》更名为《森林与环境学报》，并拟与中国林学会合办。

中国林学会经认真研究，于 2014 年 6 月致函福建农林科技大学同意合办《森林与环境学报》，并签订了合办协议。根据协议规定，福建农林大学负责办刊的组稿、审稿、编辑、出版发行等具体工作，为办刊提供资金、人员、场地等一切办刊所需要的条件，负责编委会、编辑部的设立与管理，以及办刊人员配备与管理等；接受中国林学会对办刊工作的指导，定期向其报告办刊情况并寄送样刊；涉及与期刊有关的重大事项决策应与中国林学会沟通、协商。

中国林学会主要负责对办刊工作进行指导、帮助；通过其网站、渠道等资源宣传该期刊，以促进期刊的传播及进一步提高其学术影响力。

2015 年 3 月，福建农林大学校长兰思仁带领有关人员来学会商讨期刊合作事宜。中国林学会副理事长尹伟伦、副理事长兼秘书长陈幸良参加座谈，双方就《森林与环境学报》期刊的定位、编委会组成、栏目设置、期刊宣传、稿源质量、自身建设、合作机制等进行了深入探讨，并进一步达成多项共识。

经国家新闻出版广电总局批准，《森林与环境学报》于 2015 年第一期正式出版，季刊。该学报主要刊发林学、环境科学等一级学科，以及与森林和环境相关的生物学、生态学等学科领域的学术论文，通过创新办刊理念和学报管理，吸引国内外优秀稿件，争创国内一流学报、国际知名期刊。

第九节 实施创新驱动助力工程，服务企业创新与地方经济发展

2014 年，中国科协提出实施创新驱动助力工程，学会积极响应，在编制学会"十三五"发展规划中将创新驱动助力工程列入学会未来五年大力实施的五

大工程之一。近几年来,学会高度重视创新驱动助力工程,将工程作为重点工作全力推动。学会创新驱动助力工程有力推进,开展了一系列形式多样、富有成效的工作,取得了较好成绩。2016 年 8 月,经中国科协批示(科协办函学字〔2016〕178 号),中国林学会正式成为中国科协 2016 年度创新驱动助力工程"链"状试点学会,学会的创新驱动助力工程得到中国科协的高度肯定。

一、学会创新驱动助力工程简介

为认真贯彻党的十八大和习近平总书记系列重要精神,按照《中共中央关于全面深化改革若干重大问题的决定》《中共中央国务院关于深化科技体制改革加快国家创新体系建设的意见》《科协系统深化改革实施方案》《国家发展改革委 中国科协关于共同推进双创工作的意见》等文件精神,学会发挥组织和人才优势,围绕增强学会自主创新能力,积极开展创新驱动助力工程,在企业创新发展转型升级中主动作为,在地方经济建设主战场发挥生力军作用。

按照中国科协工作部署,中国林学会创新驱动助力工程坚持以下 4 项基本原则。一是示范引领,机制先导。按照党委和政府重视、学会工作有基础、地方企业主动积极的原则,在全国选择 3～5 个有代表性且基础较好的市或县作为创新驱动助力工程试点,建立创新驱动助力工程示范点,由学会为地方提供高水平智力支持和科技支撑,搭建协同创新平台,示范带动,服务地方加速经济转型升级。二是科协搭台,学会唱戏。借助中国科协与各省政府搭建的协议平台,中国林学会组织相关科研院所、高等院校的院士、专家以及海外人才智力资源参与示范点经济转型发展,通过智力纽带、技术纽带逐步辐射到经济纽带,助力示范点创新驱动发展。三是地方主导,合作共赢。根据示范点确定的林业主导产业,按照重点和支柱企业技术需求,针对示范点重点林业企业建立服务站、院士专家工作站等多种形式的服务载体,开展科技咨询、成果推广和产业化服务,促进产学研结合,达到地方和学会互利共赢。四是学会提能,集聚资源。促进学会提升自身工作能力,加快自身改革的步伐,尽快建立完善先进技术成果库、优秀科技人才库,积极研制重点产业升级技术路线图。大力整合科研院所、高等院校的科技资源,加强宏观组织和系统集成,促进产学研有机结合,对示范点的技术支持从研发源头到应用推广实行全链条跟踪式服务。

中国林学会创新驱动助力工程的主要服务内容包括以下五个方面:一是为

地方区域林业发展提供咨询建议。学会组织专家团队，在充分调研的基础上，根据国家政策导向，结合地方实际情况，发挥相关学会人才荟萃、智力密集、熟悉学科发展和技术前沿、获取最新信息快等优势，对地方区域林业发展战略规划、重点产业升级技术路线图等提出专业意见建议。二是帮助地方解决林业产业发展的关键技术问题。学会将按照地方需求，帮助示范点解林业产业升级改造过程中遇到的关键技术问题。三是建立产学研联合创新平台。学会将依据示范点林业产业发展需求，组织林业高等院校、科研院所的科技成果、科技项目和专业人才进行对接，促进研究机构与示范点林业企业之间的知识流动与技术转移。联合开展科技攻关、共同建立研发平台、合作培养创新人才、促进校地合作、构建产业技术创新战略联盟。四是促进科技成果和专利技术推广应用。学会将联合科研院所、高等院校等创新资源，利用中国林学会专家资源，帮助林业企业引进先进技术开展系统技术服务，在重点大型企业开展创新方法培训，指导先进技术的推广应用。五是承接示范点有关科技攻关项目。经双方协商，承接地方委托的产业转型升级所需共性关键技术研究协同创新攻关等项目，帮助推进整个行业特别是中小企业的技术升级，培育新兴产业，提升传统产业，发展低碳经济，保障和改善民生。

二、宁波服务站

在与宁波市科协、宁波市林业园艺学会沟通协商的前提下，2015 年 12 月 10 日，中国林学会正式发文（中林会学字〔2015〕67 号），成立中国林学会宁波服务站。这是中国林学会创建的第一个服务站，是学会贯彻落实中国科协《关于实施创新驱动助力工程的意见》文件精神的具体体现。宁波服务站的建立，为宁波市经济社会发展提供了科技和人才支撑，同时也提升了学会服务能力。

（一）服务站宗旨

建立宁波服务站的宗旨是：加强学会与宁波市林业科研和生产单位的产学研合作，为宁波市林业产业发展和人才培养提供技术支撑，推进学会专家团队科技成果转化，促进宁波林业科技创新，建立学会服务宁波经济发展的长效机制，为宁波市生态建设和经济发展作出积极贡献。

（二）工作机构

中国林学会宁波服务站理事会是宁波服务站工作机构，理事会由中国林学

会、浙江省林业厅和宁波市林业局等单位领导组成，秘书处设在宁波市林业园艺学会，负责理事会的日常工作。

（三）主要任务

宁波服务站的主要任务包括：

1. 为宁波经济发展提供咨询建议

组织专家团队，在充分调研的基础上，根据国家政策导向，结合地方实际情况，发挥学会人才荟萃、智力密集、熟悉学科发展和技术前沿、获取最新信息迅速等优势，对宁波区域发展战略、产业发展升级规划、重点产业升级技术路线图等提出专业意见和建议。

2. 帮助宁波解决关键技术问题

按照宁波发展需求，帮助创新驱动助力工程示范区（以下简称示范区）解决优势资源科学开发和高效利用、生态修复和建设、传统产业升级改造等关键技术问题。

3. 建立产学研联合创新平台

搭建产学研联合创新平台，依据示范区重点产业发展需求，组织高等院校、科研院所的专业人才进行对接，促进研究机构与示范区企业之间的知识流动与技术转移。联合开展科技攻关、共同建立研发平台、合作培养创新人才、促进校地合作、构建产业技术创新战略联盟。

4. 促进科技成果和专利技术推广应用

联合科研院所、高等院校、企业等创新资源，帮助重点企业引进先进技术开展技术服务，在重点企业开展创新技术培训，指导先进技术的推广应用。

（四）开展的工作

成立以来的较短时间内，在中国林学会、宁波市科协和宁波市林业局的大力支持下，宁波服务站成立了宁波市中林竹产业研究院，开展了四明山区域生态修复与产业发展学术考察活动、科技精准服务宁波竹产业项目研究、林业乡土专家平台建设、毛竹林下竹荪仿生栽培技术培训等大量卓有成效的工作，取得了显著成绩，得到中国科协和中国林学会领导的高度肯定。

三、积极开展会企合作

实施创新驱动助力工程以来，中国林学会积极拓展职能，加强与企业对接合作。

（一）与云南瑞丽市岭瑞农业开发有限公司合作

学会与云南瑞丽市岭瑞农业开发有限公司签订合作协议，共建院士工作站，成立了尹伟伦石斛院士工作站，有力提升了该公司干邦亚石斛庄园科技创新的能力。建站两年多来，学会派遣专家和工作人员数次到该公司干邦亚石斛庄园实地调研，现场考察了庄园铁皮石斛的近自然培育和加工，在深入调查和考证的基础上，与云南瑞丽市岭瑞农业开发有限公司进一步签订技术合作协议，将其列为学会创新助力工程试验点单位，并授予该公司干邦亚石斛庄园"中国林下经济生态示范基地""中国野生石斛示范基地""中国林学会干邦亚野生石斛种源库"。院士工作站的建立，为该公司的技术创新和产业发展提供了强有力的科技支撑。

（二）与山东日照金梦圆农林科技有限公司合作

2016年3月，学会与山东省日照市东港区政府签订合作协议，双方共同支持山东日照金梦圆农林科技有限公司，在该公司共建中国林学会现代林业科技园，为该公司发展种苗、花卉、休闲观光提供科技支撑。学会为公司组建以中国林业科学研究院林业研究所研究员王军辉博士为首的专家团队，长期为公司的发展提供技术支持。

2016年12月13日，中国林学会理事长赵树丛、副理事长兼秘书长陈幸良亲临公司基地，为中国林学会现代林业科技园揭牌。

（三）与宁波士林工艺品有限公司合作

2016年10月，学会与宁波市林业局签订合作协议，双方共建宁波市中林竹产业研究院。研究院挂靠在宁波士林工艺品有限公司，研究院的成立将为该公司技术创新和产业发展起到很大的促进作用。

（四）与福建元力科技股份有限公司合作

2016年6月18日，经协商，学会与福建省南平市科协在福建6·18产品博览会上签订合作协议，双方共建中国林学会活性炭产业协同创新联盟，促进福建元力科技股份有限公司企业创新和产业发展。

（五）与芜湖市雨田润农业科技有限公司合作

学会与芜湖市科协及芜湖市雨田润农业科技有限公司共同探讨了中国科协创新驱动助力工程合作框架协议，并与企业负责人详细讨论了企业亟待解决的

关键技术问题及技术需求等。

四、加强与地方科协合作

（一）与宁波市科协合作，助推宁波生态建设和林业产业发展

一是学会与宁波市科协共建中国林学会宁波服务站。自建立起，服务站开展了一系列卓有成效的工作，在乡土专家建设、促进竹产业发展、生态恢复和林果产业发展等方面取得了可喜的成绩，在解决合作社生产实际问题、推进企业创新等方面发挥了重要作用。

二是开展四明山区域生态修复与产业发展学术考察活动。2016 年 7 月 27～30 日，应宁波市林业局、宁波市科协邀请，中国林学会组织专家赴浙江省宁波市开展四明山区域生态修复与产业发展学术考察活动。专家组由中国林学会副理事长兼秘书长、中国林业科学研究院副院长陈幸良，中国林学会学术部主任曾祥谓，南京林业大学会林学院党委书记方升佐，中国林业科学研究院森林生态环境与保护研究所、中国林学会森林生态分会秘书长史作民，中国林业科学研究院亚热带林业研究所张建锋，浙江省林业科学研究院院长江波，中国科学院宁波城市环境观测站徐耀阳 7 位专家组成。宁波市林业局局长许义平，副局长、市学会理事长朱永伟，市林业局总工、学会副理事长林伟平，市发改委副巡视员董增荣以及局四明山生态修复领导小组成员参加考察活动。本次学术考察活动，专家组对奉化市溪口镇、余姚市四明山镇和大岚镇以及鄞州区章水镇 10 个典型点的苗木产业经营和生态修复情况进行了实地考察；召开了由各市（区）分管局长、各镇分管镇长、各相关村支部书记、农业大户、村民代表和专业合作社负责人参加的 3 次座谈会；专题听取了宁波市林业局关于四明山区域森林生态修复情况的报告，并在专家组内进行了充分的讨论，在此基础上，形成了专家咨询意见和建议。宁波电视台对本次学术活动进行了全程跟踪拍摄和采访报道。专家建议得到宁波市领导的高度重视，获得市领导批示，得到市领导充分肯定。

三是召开 2016 年中国（宁波）竹产业高层论坛暨科技成果对接会。2016 年 11 月 14～16 日，2016 年中国（宁波）竹产业高层论坛暨科技成果对接会在浙江奉化召开，该活动是中国林学会精准服务宁波竹产业系列活动的重点内容。论坛由中国林学会、宁波市科学技术协会、国际竹藤中心共同主办，中国林学会竹子分会、中国林学会宁波服务站、奉化市农林局、奉化市科协承办，宁波士林工艺品有限公司协办。中国科协学会学术部副巡视员王晓彬、中国林学会副理事长兼秘书长陈幸良、科技部中国农村技术开发中心处长卢兵友、浙江省林业厅总工程师蓝晓光、国家林业局竹子研究开发中心主任于辉、国际竹藤中心科研处处长范少辉、宁波市林业局局长许义平、宁波市科协主席陈文辉、奉化市副市长方国波等领导出席会议并讲话。来自国内主要涉竹科研机构和大专院校的专家、学者、研究生以及宁波市各县（区）及重点镇（乡）负责同志、竹产业企业家、竹业专业合作社等相关负责人等共计 80 余人参加了论坛。会议开幕式由中国林业科学研究院亚热带林业研究所所长王浩杰主持。会议取得了五项主要成果，分别是：中国林学会与宁波市林业局正式签约，联合共建宁波市中林竹产业研究院；发布了全国竹产业相关的大专院校和科研单位最新科技成果 100 项、专利 65 个；11 位竹产业领域专家与企业家作了报告，在竹产业的各个方面进行了交流，使与会者大开眼界，获益匪浅；相关专家在听取了奉化竹产业发展"十三五"规划汇报后，对奉化竹产业进行把脉会诊，对下一步奉化发展竹产业提出了 6 条咨询意见；专家企业行以及成果对接，就竹纤维复合材料、竹材新产品、环保型胶粘剂开发、奉化大毛竹基地恢复等问题进行指导，为下一步深化合作打下了扎实基础。本次论坛是中国林学会承接的中国科协区域和行业性学术服务交流活动项目的重要内容之一。通过开展本项研究，将以宁波为样板，科技准确服务，科技驱动创新，助力我国竹产业发展，为增加就业、有效实施精准扶贫、促进大众创业万众创新作出重要贡献。

（二）与福建省科协联合开展创新助力工程，助推地方经济发展

2015 年 5 月 6 日，学会秘书长陈幸良在京接待福建省科协书记梁晋阳一行到学会来访，就福建实施创新助力工程有关事宜和学会进行商谈。陈幸良表示，实施创新助力工程也是中国林学会的一项重要任务和工作，福建省是我国的林业大省，森林面积大，林业产业发达，中国林学会愿意与福建省科协一起，为福建省相关企业提供技术支持，做好牵线搭桥，搭建产学研结合平台。中国林学会将把福建作为创新助力工程的示范点，通过建立专家服务站、会企联盟、协同创新中心等多种形式，提供技术支持与服务，助力科技创新。此次访问，促使双方在福建联合开展创新助力工程。

一是组织专家到福建省南平市进行技术对接。2015 年 5 月 19～20 日，中

国林学会和福建省科协组织 3 位专家到福建省南平市进行技术对接。期间召开了林业产业科技创新座谈暨专家企业对接会，元力科技、青松股份等 12 家林产企业进行了洽谈对接，共有 4 个项目签订了合作协议。2015 年 6 月底，专家组成员之一——中国林业科学研究院木材工业研究所王正研究员应企业邀请前往南平与企业进行深入交流。为生产竹纤维及制品的福建省建州竹业科技开发有限公司、福建海博斯化学技术有限公司，及生产单板层积材的南平市元乔木业有限公司进行技术咨询，为企业发展提供思路，还为两家竹纤维生产企业开展初步实验，为竹纤维产品在汽车行业的应用进行可行性研究。目前王正研究员还在与当地企业保持很好的沟通与联系。

二是组织专家到永安市开展项目对接。2016 年 5 月 19 日，在省科协的陪同下，中国林学会专家一行 3 人先后到永安市家丰竹业有限公司、森美达生物科技有限公司实地考察，与林业企业座谈并开展项目对接。中国林业科学研究院林产化学工业研究所副所长黄立新代表单位与福建森美达生物科技有限公司就桉叶油精馏过程产生树脂状物质的解决等项目签订了合作意向书。

三是组织专家到仙游开展创新驱动助力工程活动。2016 年 5 月 18～19 日，中国林学会副理事长兼秘书长陈幸良、中国林业科学研究院林产化学工业研究所植物资源利用研究室主任王成章、中国林业科学研究院木材工业研究所研究员周永东、福建省科协党组成员、副主席游建胜、福建省科协学会部部长周健林、福建省家具协会副理事长兼秘书长沈洁梅在莆田市科协主席郭荔花、仙游县科协主席郑顺富和仙游县家具协会会长张镜泉的陪同下先后到连天红、贡品轩和三福仿古家具公司开展创新驱动助力工程活动。专家组一行深入生产企业木料烘干房、家具生产车间和成品展厅参观考察，与企业一线员工和企业管理人员现场沟通交流，开展调研洽谈，建立互联互通关系，共同实现官、产、学、研相结合，达到为企业服务的目的，将仙游的红木仿古家具产业提升到一个新的水平。

四是组织专家到秀屿开展创新助力工程活动。2016 年 5 月 20 日，中国林学会副理事长兼秘书长、研究员陈幸良、中国林业科学研究院林产化学工业研究所植物资源利用研究室主任王成章、中国林业科学研究院木材工业研究所研究员周永东一行在省科协学会部部长周健林、市科协副主席曾兵、区科协主席林建等人的陪同下，深入秀屿区清和木业、福人地板、中南洋木业等企业，详细了解企业生产经营、工艺流程等情况，就生产过程中遇到的技术难题、木材废弃物回收利用、木材干燥等方面的问题与企业人员进行了深入交流。通过"创新驱动助力工程"这个平台，加强专家教授和企业的对接合作与交流，更好地服务木材加工企业。对提高企业技术创新水平、降低生产成本、壮大秀屿木材产业具有重要推动作用。

五是组织专家赴漳州实施创新驱动助力工程。2015年6月15~16日，中国林学会组织专家赴福建省漳州市华安县实施创新驱动助力工程。16日上午，在华安县召开中国科协创新驱动助力工程林下经济漳州·华安对接会，华安县县委常委、组织部部长曾森贵主持会议。漳州市科协、市林学会及漳州市林下经济企业代表、农户等75家企业、150多人参加对接会。中国林学会副理事长兼秘书长、研究员陈幸良带领中国林学会秘书处有关人员以及中国林业科学研究院林业研究所花卉研究室研究员、博士生导师王雁，北京中医药大学中药鉴定系主任、教授、博士生导师刘春生，中国林业科学研究院亚热带林业研究所副研究员谢锦忠，中国农业大学动物科技学院讲师、博士陈昭辉等专家，到漳州华安参加林下经济对接会，并深入企业、农户现场指导。对接会上，陈幸良秘书长作主题为《发展林下经济的重要意义与前景分析》的专题报告，华安县五套班子领导、乡镇、科局负责人聆听报告。华安县政府和中国林学会现场签订合作意向，林业专家现场解决种植、养殖技术问题、林下经济发展规划等近100项，专家与企业达成合作意向25个，现场签订项目合作意向书10份。专家们表示华安县发展林下经济需要做好几个方面工作：一是做好顶层设计，推动企业、农户有针对性地发展；二是重点扶持龙头企业，辐射带动产业升级；三是加强科技培训与指导，成立各行业协会、农村专业技术协会等，做好产前、产中、产后服务；四是有针对性引进林下经济产业链深加工企业，提高产业附加值，拓展营销渠道。同时，专家们表示愿意充分利用林学会资源，并结合身边的技术力量，帮助华安县政府发展林下经济。企业代表、农户十分珍惜此次林业专家来华安的机会，纷纷将自身在林下经济所碰到技术问题、难题、发展规划与专家进行充分的沟通交流，收获颇丰。

六是共建中国科协创新驱动助力工程会企协作创新联盟。2016年6月18日，在第十四届中国·海峡项目成果交易会项目签约授牌仪式上，受中国林学会副理事长兼秘书长陈幸良委托，学术部主任曾祥谓代表中国林学会与南平市科协

正式签约，共建中国林学会福建活性炭产业会企协作创新联盟，共同推进创新驱动助力工程的进一步实施。

（三）与日照市科协合作，助推日照生态建设和林业产业发展

2016 年 3 月 28～30 日，中国林学会副理事长兼秘书长陈幸良带队，到山东省日照市开展调研对接活动。中国林业科学研究院研究员张华新，中国林业科学研究院林业所研究员、林木遗传育种国家重点实验室管理办公室副主任王军辉，中国农业大学县域经济研究中心副主任杨智贤，中国林业科学研究院郑宝强博士，中国林学会学术部主任曾祥谓一行 6 人一同参加。日照市政府副市长马先侠会见专家组一行，日照市林业局局长臧克峰、日照水务集团董事长、党委书记韩立明等参加。日照市科协主席徐立永全程陪同调研活动。

本次活动旨在深入贯彻落实日照市创建国家森林城市暨林水会战动员会精神，推动日照市林业发展、生态保护，发挥国家级学会在实施创新驱动助力工程中的专家智库作用，是日照被中国科协确定为创新驱动示范市的又一招才引智、招科引技成果。

五、积极与地方政府合作

一是组织专家到贵州、福建及云南三省开展林下经济发展调研。2014 年 12 月至 2015 年 3 月，中国林学会组织专家分别对贵州、福建及云南三省的林下经济发展状况进行调研。与当地专家、企业座谈，掌握了各地林下经济的整体发展水平以及面临的问题。深入基层，实地了解当地自然条件、林地资源状况、经济发展水平、林下经济的发展规模、模式、市场需求情况等等。收集资料，分析调研情况，完成调研报告，提出林下经济产业发展的对策建议。贵州调研期间，学会与丹寨县人民政府签订战略合作协议，助推丹寨县林下经济产业发展。

二是在内蒙古清水河县开展创新驱动助力工程调研。2015 年 8 月 26～27 日，应内蒙古自治区林业厅邀请，中国林学会组织专家赴内蒙古清水河县开展创新助力工程活动。中国林学会副理事长兼秘书长陈幸良一行 6 人在县领导和有关人员陪同下，考察了内蒙古泊木农业发展有限公司欧李繁育和种植示范基地，考察了清水河县石人背生态治理工程和木瓜沟生态工程，并与县委、县政府领导，县有关部门和企业负责人召开了座谈会，对清水河县生态文明建设和欧李产业发展提出好的意见和建议。

三是在浙江举办中国林下经济发展高端论坛，进一步推动浙江林下经济产业发展。2015年10月31日～11月2日，学会与浙江省林业厅、浙江省林学会、浙江农林大学和义乌市农林局联合在第八届中国义乌国际森林产品博览会期间举办中国林下经济发展高端论坛。来自全国各地的从事林下经济研究和管理的知名专家、科技人员和企业家代表共计130余人出席会议。论坛以"林下经济可持续发展"为主题，围绕着林下经济发展理论研究、林药林菌等林下经济发展模式研究、林下经济规划与政策支持研究、林下经济发展历史与文化、林下经济产品生产流通及认证服务等方面进行了研讨，与会代表们交流分享了林下经济发展经验，研究探讨了林下经济典型发展模式，为进一步推进集体林权制度改革，促进生态林业民生林业发展积极出谋划策，论坛的举办将有力推动以铁皮石斛为代表的浙江林下经济产业的进一步发展。

四是在江西赣州开展创新驱动助力工程调研。2015年12月20日，中国林学会组织专家赴赣州开展创新驱动助力工程调研，专家组在江西赣州江西环境工程职业学院召开座谈会，中国林学会副理事长兼秘书长陈幸良、江西省林业厅巡视员、省林学会常务副理事长魏运华、江西环境工程职业学院党委书记肖忠优、中国林业科学研究院木材所研究员吕斌、南京林业大学家具学院教授关惠元、中国林学会学术部主任曾祥谓、赣州市南康区家具产业促进局有关领导、南康世纪家缘家具有限公司等家具企业负责人，相关学科教师，以及省、市林业有关部门负责人共30多人出席会议，魏运华主持会议。座谈会主题为"木材加工利用与家具产业发展"。与会专家围绕赣州木材加工与家具产业发展的科技创新发表意见，提供科技咨询。

六、实施中国林业乡土专家行动计划

为积极响应党中央国务院"大众创业、万众创新"号召，增强创新驱动对我国林业发展的引领和支撑，破解农村基层林业技术人员短缺难题，突破林业科技推广"最后一公里"的瓶颈，进一步激发社会民间林业实用人才开展科技推广的积极性和创造性，促进林业产业和地方经济发展，增加就业和农民增收，有效实现精准扶贫，中国林学会决定从2017年开始积极开展中国林业乡土专家行动计划。

主要做好以下六方面的工作：

（1）制定《中国林业乡土专家管理办法》。结合全国林业工作实际，通过调研、座谈会等方式，了解学习各省（自治区、直辖市）已建立的乡土专家管理办法，制定《中国林业乡土专家管理办法》。

（2）征集林农发展难题。选择黑龙江、吉林、山东、浙江、江西、广东、广西、云南、重庆等省（自治区、直辖市）开展调研和召开座谈会等方式，了解当地林农所需要的技术。

（3）摸底调查各类实用型人才。发动各省（自治区、直辖市）林学会、中国林学会各分会的力量，并通过走访调研、召开座谈会等方式，摸底调查各地区在林竹培育、林下经济、种苗花卉、园林绿化、森林旅游、林产品采运、木材和林产品加工等林业及相关行业生产经营者中应用技能突出、示范带动作用明显、群众认可度较高，为当地林业经济发展和农民增效致富作出突出贡献的企业法人、合作社大户、技术与管理能人等实用型人才。

（4）聘用"中国林业乡土专家"。结合各地区实际以及实用型人才的个人意愿，选择一批科技创新意识强、生产技术水平高、自身经营效益好、示范带动辐射广并且身体健康、精力充沛的骨干人员，聘用其为"中国林业乡土专家"，并赋予其相应的权利和义务。

（5）探索建立"中国林业乡土专家"培训、激励考核机制，对"乡土专家"进行理论教育在培训，聘请科研院所的专家进行培训指导，结合现代技术手段和多种培训的方式，培育有文化、懂技术、活动在生产第一线、本乡本土不走的新型乡土专家。同时，对乡土专家的履行职责情况随机抽取考评。

（6）建立林业乡土专家电子商务平台。为更好地服务林业乡土专家，帮助乡土专家销售自己生产的绿色、有机、安全的良好乡土产品，促进农民增收，实施精准扶贫，学会决定建立林业乡土专家电子商务平台，向社会广泛宣传、销售林业乡土产品。

中国林学会百年史

1917—2017

附

录

附录一 大事记（1917—2016）

中华森林会时期（1917—1922）

1917 年

1 月 16 日 中华森林会的发起人唐少川、张季直、梁任公、聂云台、韩紫石、史量才、朱葆三、王正廷、余日章、陆伯鸿、杨信之、韩竹平、朱少屏、凌道扬等在上海外滩惠中西饭店召开第一次筹备会。

2 月 12 日 在上海青年会食堂召开第二次筹备会，会上通过草章，选举凌道扬、朱少屏、聂云台 3 人为干事，中国森林会正式成立。《中华森林会章程》规定："本着集合同志共谋中国森林学术及事业之发达为宗旨。"会址设在南京大仓园 5 号。

1920 年

3 月起 中华森林会与中华农学会联合编辑出版《中华农林会报》（第 6～10 集）。

1921 年

3 月 中华森林会学艺部编辑出版《森林》杂志，刊登启事谓因国内森林事业进步极速。对此项学术需要甚殷，农林合并发刊，已不足应社会之要求。《森林》杂志为 16 开本，季刊，创刊号上刊有凌道扬、陈嵘、沈鹏飞、金邦正、高秉坊、李继侗等人文章 16 篇。

6 月 日本北海道帝国大学林科中国籍学生吴恺、安事农、蒋惠荪、谢鸣珂等 11 人成立清明社，作为中华森林会的另一支部。

6 月 《森林》杂志第 1 卷第 2 号出版，李顺卿、鲁佩璋、林骙、谢鸣珂、高秉坊、林刚等 10 余人发表论说、专著或调查文章 17 篇。

9 月 凌道扬撰文论《中国今日之水灾》，并配文刊出"警告"和黄河、淮河水灾状况等照片4幅，刊于《森林》杂志第1卷第3号上，同期还载有李先才、贝仕邦、李鲁航、王鸿年、耿作霖等人文章12篇。

12月 李顺卿、傅焕光、沈鹏飞、林刚、倪文新、谢申图等11人在《森林》第1卷第4号上撰文。这期的图片栏印有中华森林会成立2个支部的照片。

本年 金陵大学成立林学会，作为中华森林会的支部，会员有高秉坊、李顺卿、李代芳、鲁佩璋、吴觉民等27人。

1922 年

3月 《森林》季刊第2卷第1号出版。秦仁昌、康瀚、李代芳、徐德懋等人的文章共13篇和《世界森林消息》9则刊在这一期上。

6月 《森林》第2卷第2号将我国收回的青岛及威海卫森林的2幅照片刊于图片版上；论说和译述等有沈鹏飞、陈植、鲁佩璋、叶雅各、林刚等撰稿14篇。

9月 《森林》杂志第2卷第3号出版，在这一期上，刊有高秉坊、沈鹏飞、林刚、郑良玉、清明等人文章14篇。这是中华森林会出版的最后一期《森林》杂志，后由于军阀混战，经济困窘而难以继续出版。

9月 中华森林会在《中华农学会报》第3卷第12号上刊登《布告》，告诫社会人士勿受当时苗商的欺骗宣传，盲目大量引种"万利木"（黄金树），避免遭受损失。

中华林学会时期（1928—1949）

1928 年

5月18日 林学界数十人在南京集会筹备恢复林学会组织，推姚传法、韩安、皮作琼、康瀚、黄希周、傅焕光、陈嵘、李寅恭、陈植、林刚等为筹备委员。

6月3日 召开第二次筹备会议，推姚传法、陈植起草中华林学会章程。

7月1日 第三次筹备会议讨论通过《中华林学会会章（草案）》，本会发起人除在南京诸同仁外，增补梁希、凌道扬等32人为发起人。

7月 梁希、陈嵘、黄枯桐、沈宗瀚在中华农学会干事会上被推选为代表出席泛太平洋科学协会第四次会议（后因故未能成行）。

7月22日　第四次筹备会决定8月4日在金陵大学举行中华林学会成立大会，推姚传法、陈嵘为大会主席。

8月4日　中华林学会在金陵大学农林科隆重举行成立大会，通过《中华林学会会章》，并选举姚传法、陈嵘、凌道扬、梁希、黄希周、陈雪尘、陈植、邵均、康瀚、吴桓如、李寅恭11人为理事，互推姚传法为理事长，当时会员有89人，会址设在南京保泰街12号。

9月16日　第一次理事会议决定分别向农矿部设计委员会及江苏省农政会议提出划分林区设立林务局及林业试验场建议案。

10月　第三次理事会由姚传法主持召开，推陈雪尘、黄希周、陈植负责编辑《林学》杂志，推姚传法撰写发刊词，向各会员征集稿件，并组建学会基金委员会。

11月14日　举行第二次理事会，决定编辑林学杂志，编撰林学丛书。

12月　举行第四次理事会，《林学》印刷问题推黄希周负责洽办。

1929年

6月　姚传法主持召开第五次理事会，议决呈请国民党政府及农矿部给予本会津贴，推姚传法、黄希周、陈雪尘草拟全国林业教育实施方案。

10月　第六次理事会议决定在11月下旬召开年会，推黄希周、陈雪尘、林刚、陈植、安事农、凌道扬、傅焕光7人为年会筹备委员，推姚传法、陈嵘、梁希、凌道扬为年会主席团成员。函请有关机关代表参加年会，并招待新闻记者进行宣传报道。

11月下旬　中华林学会在金陵大学举行首次年会。会议对本会会章作了部分修改，并选举邵均、陈嵘、康瀚、陈雪尘、凌道扬、高秉坊、梁希、姚传法、林刚9人组成第二届理事会。

12月29日　召开第二届第一次理事会议，推选凌道扬为理事长，姚传法、高秉坊为募集基金委员会委员长，韩安等15人为委员。抽签决定9名理事每年被选1/3的任期。

1930年

2月1日　凌道扬代表中华林学会致函立法院院长胡汉民，请早日公布《森林法》；同日致函考试院院长戴传贤，请在考选委员会各组中增设林学组。

2月　《林学》第 2 号出版，刊有姚传法《林业教育刍议》、鲁慕胜《中国古代森林荒废之原因》等 6 篇文章，并附录几项文件。篇末刊印的会员录，此时计有会员 108 人。

3月　凌道扬、康瀚代表中华林学会参加农矿部组织的首都造林运动委员会，并和其他几位林学会成员在造林运动宣传周期间，在公共场所进行专题讲演或撰写宣传林业的小册子。

4 月 12～13 日　林学会员曾济宽、张海秋、傅焕光作为中华农学会代表团成员参加日本农学会特别扩大会，并分别在特别演讲会、林学会和造园学会分组会上作专题演讲。这是本会首次参与国际学术交往活动。

4月　《大学》第 3 号出版，刊有 7 篇文章，其中曾济宽、蒋英、肖诚 3 人的文章皆为广东林业方面内容。

5 月 16 日　高秉坊在理事会上报告说，本会基金已募集到 1000 元。决定存入上海银行，由高秉坊、姚传法共同负责保管。

6 月 26 日　凌道扬主持召开理事会会议，应国民党中央宣传部委托，研讨实施造林运动的工作纲领，并报请教育部在小学教科书中加入森林常识课程，推凌道扬代表本会到教育部联系。

9 月 26 日　理事会会议决定本年 12 月召开年会，因学会经费困难，暂由理事垫付日常开支。

11 月 12 日　中华林学会第二次年会在金陵大学举行，与会者 50 余人。决议继续募集捐献；采用通讯选举方式改选 1 年任期届满的 3 名理事。同日举行理事会议，通过新旧会员 150 人一律为基本会员，均有选举权、被选举权。

1931 年

1 月 17 日　黄希周、高秉坊、李蓉当选递补任期 1 年的理事缺额，与原有的 6 名理事组成第三届理事会。

1月　举行第三届第一次理事会，推举凌道扬连任理事长，高秉坊、陈雪尘分任编辑部、总务部主任。

3月　中华林学会推凌道扬参加"首都造林运动委员会"，并出任常务委员，委员有皮作琼、李寅恭、林祜光、李蓉、高秉坊、叶道渊、安事农等，他们在这年的造林运动宣传周中，分别应邀在广播电台和青年会会场进行演讲，并编写宣

传小册子以供散发。

4月17日　第三届第二次理事会议决定对《森林法（草案）》有关林业所有权问题向立法院提出建议。另通知会员准备论文向定期在明年召开的泛太平洋科学协会提出。学会经费拮据亦成为理事会的主要议题。

10月　《林学》第4号出版。载有乔荣升写的《吉会铁路之完成与东三省林业之命运》和凌道扬的《大学森林教育方针之商榷》等文10篇。此后即停刊达4年之久。

1932年

5月　凌道扬理事长代表我国前往加拿大温哥华出席泛太平洋科学协会第五次会议，并被选为协会的林业组主任。

1935年

9月1日　凌道扬约请陈嵘、李寅恭、梁希、蒋蕙荪、高秉坊、林刚等举行林学会务复兴讨论会，决定由前届理事会办理通讯选举，改选新的理事会。

11月11日　通讯选举揭晓，凌道扬、李寅恭、胡铎、高秉坊、陈嵘、林刚、梁希、蒋蕙荪、康瀚等9人当选为第四届理事会理事。

1936年

2月11日　召开第四届第一次理事会议，推选凌道扬为理事长，蒋蕙荪、李寅恭分别任总务部和编辑部主任。会址设在中央模范林区管理局。聘张问政为干事。

6月5日　举行第四届第二次理事会议，决定恢复出版《林学》，所需费用暂由基金利息项下支付，以200元为限。因实际困难，本年年会不再举行。

7月　《林学》第5号出版，版本缩小为24开。这期刊有陈嵘、秦仁昌、林刚、高秉坊、任承统等人文章共13篇。

12月　第6号《林学》出版，刊有李彦松、林刚、梁希、邵均等论著15篇，为历年各期《林学》中页数最多的一期。

1937年

抗日战争爆发，学会会员和理事流亡各地，联系不易，会务完全停顿。

1941 年

在重庆的部分理事和会员为了促进战时林业的发展，认为林学界有必要组织起来，开展学会活动。由前任理事长姚传法邀集聚议，通过协商，推选姚传法、梁希、凌道杨、李顺卿、朱惠方为中华林学会理事会常务理事，傅焕光、康瀚、白荫元、郑万钧、程复新、程跻云、李德毅、林祐光、李寅恭、唐燿、皮作琼、张楚宝等为理事，组成第五届理事会。同时推选陈嵘、张海秋、鲁佩璋、韩安、曾济宽、高秉坊、贾成章、杨靖孚、陈植等为监事。理事会互推姚传法为理事长。总务部、编辑部及各委员会的组成人员亦相继产生。会址设在重庆北碚，聘杨衔晋兼任学会干事。

10 月　抗战期间的学会刊物《林学》第 7 号出版，因袭上两期的开本和封面版式，但增加英文目录，以后各期亦然。由于战时条件困难，采用质量低劣的土产毛边纸印刷，致抗战期间出版的《林学》，印刷装帧大为减色。这期刊载姚传法等撰文 10 余篇。篇末附印的会员通讯录计有会员 327 人。

1942 年

8 月　《林学》第 8 号出版。

1943 年

4 月　《林学》第 9 号出版。

10 月　《林学》第 10 号出版。

1944 年

4 月　第 11 号《林学》出版，改期号为第 3 卷第 1 期。封面刊名及各篇文章均改为横排，以有异于以前诸期。

1945 年

9 月　抗战胜利后，林学会迁回南京，会址设在大光路 34 号。学会干事在复员前后曾由宋树屏、黄学彬担任，迁南京后由夏文正、梁君鹄担任。但在各个时期的干事由于经费所限均系兼任性质，而非学会的专职人员。

1946 年

9 月和 1948 年 2 月　梁希应邀两度前往光复后的台湾视察林业，离台回大陆前，促成了台湾林学界于 1948 年 4 月组成中华林学会台湾分会，选举林谓访、徐庆钟、邱钦堂、黄范孝、唐振绪、王汝弼、黄希周、胡焕奇、康瀚 9 人为中华林学会台湾分会理事会理事，林渭访为理事长。

1947 年

11 月 27～29 日　中华林学会由郑万钧、韩安、程跻云为代表参加中华农学会成立 30 周年纪念活动，当时中华林学会约计有会员 500 余人。

中国林学会时期（1951—2016）

1951 年

2 月 26 日　由陈嵘、沈鹏飞、殷良弼等教授倡议，在北京正式成立中国林学会，选举梁希等 35 人为理事、候补理事 15 人，梁希等 11 人为常务理事，常务理事会推选梁希为理事长，张楚宝为秘书长。学会受全国科联领导。办事处设在北京东四六条中央林垦部内。

5 月 8 日　经中央人民政府内务部核准，发给社会团体登记证。

1953 年

7 月 12 日　召开常务理事及在京理事联席会议，决定增设副理事长和副秘书长各 1 人，常务理事 2 人，并推选陈嵘为副理事长，唐耀为副秘书长。原候补理事殷良弼、唐耀改选为常务理事。办公地点移至北京万寿山后中央林业科学研究所内。

9 月 10 日　在林业部召开米丘林科学讨论会，到会 25 人，郝景盛、吴中伦、张正良、侯治溥作了学术报告。提出学习苏联先进经验要结合中国实际。

10 月 10 日　在中央林业研究所召开纪念苏联十月革命节学习苏联先进科学的报告会，由中国科学院植物研究所吴征镒副所长作"关于苏联林业科学之研究成就"的报告。

1954 年

5 月 9 日　召开在京常务理事扩大会议，研究出版《林业学报》及《中国林学会通讯》等筹备工作，推选郝景盛、殷良弼、范济洲、张楚宝、周慧明、唐耀、陈嵘 7 人组成临时编委会。

10 月　出版《中国林学会通讯》第 1 期。

1955 年

1 月 28 日～2 月 6 日　全国科联召开农林学科各专门学会学术讨论会，中国林学会、农学会、园艺学会、畜牧兽医学会、土壤学会、植物病理学会、昆虫学会 7 个学会 317 人参加。中国林学会 40 多人参加。中央宣传部部长周扬、农业部副部长刘瑞龙、水利部副部长张含英等出席并作报告。中国林学会在会上讨论了北京西山造林问题，毛庆德、侯治博、关君蔚、李继侗等作了报告。

3 月 5 日　召开在京常务理事扩大会议，研究林业区划及木材节约两项学术活动内容。

6 月　《林业科学》学报创刊（当时由中央林业科学研究所编辑）。

10 月 28～31 日　与中国科学院、全国科联在北京举办米丘林诞辰 100 周年纪念会。

1956 年

3 月　为便于国际交流，将《林业科学》改由中国林学会编辑，并于当年正式组建《林业科学》编委会。设专职干部 2 人，兼任编辑，年底发行量为 4000 份。

年底　本会会员为 822 人。

1957 年

1 月 27 日　中国林学会在北京和平宾馆召开了《全国林业区划（草案）》和木材节约问题讨论会。

3 月 23 日　召开常务理事及在京理事联席会议，组织"林业名词统一"的 3 人小组，并与中国科学院编辑出版委员会制定英中林业名词统一的办法。

3 月 25～31 日　包括中国林学会在内的 10 个学会举办"中国访苏科学技术代表团工作报告"传达会。

11 月 7 日　在庆祝苏联十月革命 40 周年之际，向苏联林业界发出贺电。

本年　接待苏联及捷克斯洛伐克林业代表团各 1 次；接待民主德国、捷克斯洛伐克、保加利亚、新西兰、法国和日本等林业专家共 13 次，计 46 人。

年底　学会已设有广州、福州、武功、开封、长沙、南京、武汉、济南、杭州、保定、南宁、昆明和成都 13 个分会；此外设分会筹委会（或筹备组）者有 6 处。全国会员共 958 人。

1958 年

3 月 28 日　召开在京理事及各地分会代表联席会议，会上由林业学科访苏代表传达访苏情况，会后并组织各分会传达。通过"中国林学会工作大跃进纲要"。

3 月 30 日　全国科联及农、林、水利等 10 个学会提出"为农业生产大跃进贡献力量的 10 项倡议书"。

3 月 31 日　召开在京理事及各分会代表扩大联席会议，作出在党和政府及科联领导下，大力开展林业科学技术活动，使科学研究、教学与生产大跃进密切结合等 7 项决议。

4 月　出版《中国林学会通讯》第 2 期。

9 月　全国科联及全国科普合并，成立中国科协。中国林学会由中国科协领导。原各地分会都成为各省（自治区、直辖市）林学会，由地方科协领导，会员转为所在省、市林学会会员。

12 月 10 日　理事长梁希先生逝世，享年 75 岁。周恩来等组成治丧委员会，12 月 14 日在中山公园中山堂隆重公祭。

1959 年

2 月　香山会议确定编写《中国森林学》及《中国森林利用学》两书，各省（自治区、直辖市）厅（局）、研究所、林场、院系等专家们发挥了集体力量，分工编写。1960 年由编辑小组整理，完成初稿。篇幅均达数十万字。

3 月 26 日　原科普协会林学组在京委员及原科联所属在京理事召开首次会议，根据中国科协提出的"靠""挂"和调整学会成分的原则，对原两组成员进行了合并与调整，提出新的理事及常务理事候选人，准备提交中国林学会代表会议讨论通过。同时宣布原科普林学组及科联林学会解散，中国林学会理事会正式成立。

9 月 10~18 日　在成都与中央气象局等单位共同召开了森林气象学术会议，宣读了森林气象及森林防火等方面的论文，对森林气象研究方面，森林气象教学，举办森林气象，训练班等问题，会议提出了建议书。

9 月　与中国林业科学研究院等单位在湖南永兴召开了南方杉木、油茶学术会议，进行了现场观摩，提出了油茶品种调查、病虫害防治、丰产技术，生产工具，综合利用及杉木的林粮间作、幼林抚育。速生丰产、病虫害防治等经验总结和科研报告，对提高生产技术水平起了很大作用。

本年　《林业科学》改为双月刊，1960 年 7 月停刊前，最大发行量为 5600 份。

1960 年

2 月　在全国林业科学技术会议召开的同时，举行了各地区林学会理事会，改组了中国林学会理事会，推选理事 77 名，其中常务理事 27 名，理事长张克侠，副理事长张昭、陈嵘、朱济凡、郑万钧，秘书长陶东岱、李万新。常务理事会下设行政组、学术组处理日常工作，行政组分有秘书组和国际联络组、学术组分有造林组，保护组和林副特产组、森林工业组、林业机械组。

5 月　在浙江安吉召开毛竹学术会议，提出了《毛竹丰产经验》和《毛竹丰产技术纲要》两个文件。

8~10 月　中国林学会主编《中国林业技术遗产资料初步研究》，由南京林学院师生、南京林业研究所、安徽林学院专家百余人集体编写。

10 月　根据上级有关整顿刊物的指示，《林业科学》学报停刊。

11 月　中国林学会接待了联合国粮农组织部专家、芬兰森林学专家沙里教授，参观访问了广州、上海、北京等地的人民公社，林业科研、教学等部门。

1961 年

截至目前，中国林学会与日本、澳大利亚，联邦德国、印度、瑞典、挪威等国家的林业科学部门建立了联系。

1 月及 3 月　分别在江西弋阳和北京召开了南方及北方地区森林病虫害学术会议，重点讨论了松毛虫预测预报，松、杉苗立枯病防治的问题，并商讨确定了南北地区各单位森林病虫害研究的协作关系。

2月28日　与北京林学会联合举办学术报告会，请梁玉堂主讲"新疆核桃引种问题"。

6月7日　召开在京理事会议，调整原有4个学术组为林业和森林工业两个专业委员会。

7月　《林业科学》复刊。

9月23日　在北京举行学术报告会，由林业部杨子争同志作"关于东北、内蒙古森林更新发展的情况"的报告。

11月18日　邀请贾成章教授作"利用太阳光能提高森林生长量"的学术报告。

1962 年

3月5~7日　与北京林学会联合举办林型学术座谈会。对我国林型及立地条件类型分类原则及在生产上应用等问题进行了讨论。

4月下旬　联合北京林学会举办永续作业学术座谈会。

9月　改组《林业科学》编辑委员会和常务编委会。全国编委67人，其中主任编委1人，副主任编委4人，常委6人。

12月17~27日　中国林学会1962年学术年会在北京举行。这是中国林学会成立以来的第一次盛大的年会。正式代表46名，特邀代表98名，列席代表200余名。在京的有关科研、机关、学校、出版社、报刊编辑部、生产单位以及中国植物学会、中国造纸学会出席会议。会议收到论文203篇，宣读94篇。会议由张克侠理事长主持，检阅了50年代以来的科研成果，对林业建设问题广泛交换了意见，提出了《对当前林业工作的几项建议》。谭震林副总理、唐子奇副部长出席会议并讲了话。会议选举了第三届理事会，理事长李相符，副理事长陈嵘、乐天宇、郑万钧、朱济凡、朱惠方，秘书长吴中伦，副秘书长陈陆圻、侯治溥。

1963 年

年初　根据中国科协的意见，召开在京理事会议，决定在常务理事会下设4个专业委员会，即林业、森工、普及委员会和《林业科学》编委会。林业委员会由76名委员组成，主任委员陈嵘；森工委员会由38名委员组成，主任委员朱惠方；普及委员会由32名委员组成，主任委员李相符；《林业科学》编委会由83名委员组成，主编郑万钧。

2月14日　中国林学会将1962年学术年会上提出的《关于林业建设问题的建议》，整理成《对当前林业工作的几项建议》报送中国科协、林业部、国家科委，并报聂荣臻和谭震林副总理。

4~6月　中国林学会代表团访问了芬兰、瑞典两国。写出了约15万字的调查报告，比较全面地介绍了两国林业的生产、科研、教学的概况。代表团由荀昌五带队。

8月19~27日　在郑州召开杨树学术讨论会，会议由徐纬英常务理事主持。

10月9~17日　在哈尔滨召开现有林经营学术讨论会，会议由吴中伦秘书长主持。会议提出《现有林经营专题讨论会建议书》。

10月20日　理事长李相符在京逝世。后经常务理事会研究决定，由陈嵘代理事长。

12月　在北京召开木材水解学术讨论会，会议由常务理事，森工委员会副主任委员王恺主持。

本年　举行了三次学术报告会，即：森林降雨报告会（乐天宇报告）、北欧林业考察报告会（吴中伦报告）和沙区考察报告会（高尚武报告）。

本年　科普工作确定组织编写林业知识丛书，确定24个选题；并为科教电影制片厂聘请技术顾问，组织专家对《松林里的战斗》《森林害虫》等科教电影进行技术审查。

1964年

5月　邀请印度尼西亚中央自然保护研究所所长玛德·塔曼及印度尼西亚森林研究所林木专家阿尔迪古苏玛两位专家作"有关自然保护、野生动物保护"和"印度尼西亚的森林及森林工业"的报告。

5月14日　在北京常务理事会上通过了第三届理事会修改的《中国林学会会章》（试行草案），印发全国各地科协、林学会。

6月22日~7月3日　中国林学会林木良种选育学术讨论会在北京科学会堂召开。正式代表66名，列席代表58名；收到论文106篇。陈嵘代理事长致开幕词，徐纬英介绍会议筹备经过，张克侠副部长作了重要讲话。会议向谭震林副总理和林业部提出2项建议。

9月　接待了来我国进行友好访问的日本岩手大学吉田荣一先生，并请其作

"有关日本林业及森林工业"的报告。

9月 在吉林省白城地区洮南县召开中国北部农田防护林学术讨论会。会议由郑万钧副理事长主持。会议提出了几项建议。

9月11~18日 与中国土壤学会在沈阳市联合召开森林土壤学术讨论会。会议由朱济凡副理事长主持。

本年 中国科协在北京召开了由亚非拉44个国家参加的北京科学讨论会。由学会推荐的高尚武、李鸣岗两位先生撰写的《中国内陆风成沙地的固沙造林》学术论文在大会进行了交流。

本年 学会普及工作委员会组织各有关高等林业院校、林业科学研究所,林业生产单位的科技人员约20余人,编写《林业科学技术普及展览挂图》,印刷10万套,每套54张。发至全国国营林场、苗圃以及社(队)办林场、苗圃等单位和农村知识青年。

1965 年

5月 在浙江莫干山召开全国第二次竹类学术讨论会。会议代表50人,由郑万钧主持。

8月9~17日 在上海召开木材加工学术讨论会。会议由常务理事、森工委员会副主任王恺主持。

9月21~30日 在甘肃民勤召开造林治沙学术讨论会。会议由陶东岱主持。会议提出3项有关治沙工作的建议。

1966 年

6月 "文革"开始,学会工作中断,当时会员有3578人。

1977 年

10月27日 召开在京常务理事扩大会议。会议主要议题是讨论沈鹏飞教授提出的迅速恢复中国林学会的学术活动的倡议,并决定于当年年底召开一次年会,同时提出1978年学术活动计划。会议由郑万钧主持。

12月10~17日 在中国科协主持下,中国地理学会、中国航空学会、中国林学会、中国金属学会、中国动物学会等5个学会在天津联合举行学术年会,中国林学会也正式恢复学术活动。学会副理事长朱济凡在大会作了"揭批'四人帮'破坏我国林业科研教育的滔天罪行"的发言。

1978 年

1 月 10 日　召开在京理事扩大会议，讨论向五届全国人民代表大会提出的《关于规定全国植树节的提案》。

5 月 30 日　国家林业总局以（78）林科京 20 号批复中国林学会，同意《中国林业科学》从 1979 年第 1 期起恢复原名《林业科学》，仍归中国林学会主编。

6 月 27 日～7 月 4 日　在广西桂林市召开泡桐学术讨论会。会议由吴中伦主持。会上提出《关于大力发展泡桐的建议》。

8 月　参加中国科协举办的四个现代化讲座，钱瑛琳作了"林业现代化和森林资源综合利用现代化"的报告。

9 月 22～28 日　在齐齐哈尔市召开制材技术现代化学术讨论会，会议由王恺主持。

10 月 9～15 日　在北京石景山首钢召开树木生理生化学术讨论会。与会代表倡议成立树木生理专业委员会，会议由张英伯理事主持。

10 月 27 日～11 月 5 日　与中国土壤学会在杭州联合召开第二次森林土壤学术讨论会。会议由郑万钧副理事长主持。会上成立了森林土壤专业委员会。主任委员为宋达泉，副主任委员为张万儒。

11 月 24 日～12 月 1 日　在武汉召开森林害虫生物防治学术讨论会。会议由肖刚柔理事主持。

12 月 21～28 日　在天津召开中国林学会 1978 年学术年会。会议主要内容：进行学术交流；改选理事会。新产生的第四届理事会名誉理事长为张克侠、沈鹏飞，理事长为郑万钧，副理事长为陶东岱、朱济凡、李万新、刘永良、吴中伦、杨衔晋、马大浦、陈陆圻、王恺、张东明，秘书长为吴中伦（兼），副秘书长为陈陆圻（兼）、范济洲、王恺（兼）、王云樵。

通过本次年会，提出以下建议：①恢复中国林业出版社的建议；②恢复林业部森林综合调查队的建议；③关于加强南方用材林基地的建议；④关于大力发展沙兰杨、214 杨，改变我国木材布局和供应状况的建议；⑤关于加强发展经济林的建议；⑥关于提高木材综合利用率的建议；⑦关于加强现有林经营管理的建议；

⑧关于大力发展木本油料——油茶的建议。

经与会代表提议，常务理事会研究决定，在常务理事会下设分科学会（或专业委员会，研究会）：①林业经济学会；②林业机械学会；③林产化学化工学会；④树木遗传育种专业委员会；⑤森林生态专业委员会；⑥森林土壤专业委员会；⑦森林保护专业委员会；⑧森林经理专业委员会；⑨林业教育研究会；⑩杨树委员会。

此外，会中召开了"森林调查规划"及"沙兰杨和欧美杨"两个专题学术讨论会。同时成立了森林经理专业委员会。主任委员为范济洲，副主任委员为黄中立、杨润时、刘于鹤。

1979 年

1 月　参加中国科协主办的科普美展，学会选送展品 4 项，其中活化石的定性培育——银杏获三等奖，中国古树谱选 6 张受到好评。

1 月 23 日　经常务理事会通过，改聘《林业科学》第三届编委会共 65 人。主编为郑万钧，副主编为丁方、王恺、王云樵、申宗圻、成俊卿、关君蔚、吴中伦、肖刚柔、阳含熙、汪振儒、张英伯、陈陆圻、侯治溥、范济洲、徐纬英、陶东岱、黄中立、黄希坝。

2 月 27 日　《林业科学》第三届编委会在京召开正、副主编第一次会议，讨论编委会组织条例，编委人选等问题。

2 月　第四届理事会制定了《中国林学会会章（试行草案）》，发至省级学会及专业委员会和各位理事试行。

3 月 8 日　中国林学会第三届理事会代理事长陈嵘先生之子陈振树同志写信给中国林学会，愿将其父生前向国家捐献用于发展林业事业的 7.8 万元转给中国林学会，作为学会奖励基金。

3 月　学会组织北京市有关单位，共同提出关于首都绿化的一些问题和建议。

4 月　中国林学会普及委员会召开第一次常委会扩大会议，会上确定了科普主要是面向广大群众和林业基层职工，宣传重点是围绕国家重大林业建设和科研项目。

5 月 3~5 日　学会副理事长陶东岱、吴中伦，副秘书长范济洲等与中日科学技术交流协会访华团部分团员座谈。会上中日两国科技工作者互相介绍两国林业科技发展情况，并商谈互访问题。

5 月 12 日　召开常务理事会，研究制定了《林业学术奖励条例》。会议根据第三届代理事长、林业科学家陈嵘教授生前遗愿，用其所捐 7.8 万元设立中国林学会奖励基金。名誉理事长沈鹏飞教授也捐款 5000 元作为基金，副理事长杨衔晋捐款 500 元，九三学社中国林业科学研究院小组也参加了捐赠。

5 月　与中国水产学会联合提出河北省平山县西柏坡公社和岗南水库周围山区生产建设的一些问题和建议。

6 月 2 日　《中国林学会通讯》复刊，发表了发刊词。

6 月 3～10 日　在成都召开森林病害学术讨论会，会上代表们提出关于加强林木病害检疫工作的建议。会议由王恺副理事长主持。会上成立了森林病害专业学组，推选北京农业大学陈延熙教授为名誉主任委员，袁嗣令为主任委员。

6 月 27 日　中国林学会为正在我国访问的美国爱达荷大学校长吉布和该校林学院院长埃伦赖克教授举办学术报告会，由陈陆圻主持，400 多人参加。

7 月 10 日　根据国家科委于光远同志的意见，对于川西森林遭到破坏问题，组织在北京的林业、生态、土壤、水保、水文等专家 17 人座谈。会议由副理事长吴中伦主持。

8 月 27 日　中国林学会发出《关于发动会员和有关人士积极参加保护和扩大森林资源讨论的通知》，要求会员和科技工作者，撰文发表意见，寄《光明日报》参加讨论。

9 月 7～14 日　在青岛召开林木遗传育种学术讨论会。会议由徐纬英理事主持。会议期间成立了树木遗传育种专业委员会。主任委员为徐纬英，副主任委员为涂光涵、朱之悌。

9 月 17～19 日　在青岛召开《林业科学》编委会第三届第一次全体会议。会议由吴中伦副主编主持。

10 月 6～13 日　在昆明召开第一次木材采运学术讨论会。该会由陈陆圻副理事长主持。会议期间组成木材采运专业委员会。主任委员为莫若行，副主任委员为陈陆圻、王长富、迟金声、史济彦，秘书长为王德来。

10 月 12～17 日　在北京召开林业科学技术普及工作会议，选举产生第四届普及工作委员会。会议主要任务是交流经验，制订计划、健全组织机构、制定科普工作条例。会议由副理事长，科普工作委员会主任委员陈陆圻主持。第四届科

普工作委员会由80位委员组成。主任委员为陈陆圻,副主任委员程崇德、常紫钟、李莉、高尚武。

10月13～21日 在北京召开林产化工新技术学术讨论会,并成立中国林学会林产化学化工分会,会址设在南京。会议由李万新副理事长主持。分会名誉理事长为荀昌五,理事长为李万新,副理事长为贺近恪、黄希坝,秘书长为程芝。

10月 在南京召开第二次树木生理生化学术讨论会,邀请正在我国访问美国树木生理学家克累墨尔(Kramer)在会上作了树木光合作用的学术报告,我国学者吴相钰也作了学术报告。会议由侯治溥主持。

10月30日 召开在京常务理事会,讨论学会推荐中国科学院学部委员候选人问题;讨论推选参加中国科协"二大"代表问题;讨论1980年学术活动、科普活动计划等事项。

11月4～10日 在上海召开胶粘剂及人造板表面处理二次加工学术讨论会。会议由王恺副理事长主持。

11月10～16日 在西安召开林木钻蛀性害虫学术讨论会。会议由肖刚柔理事主持。

11月15～21日 在杭州召开树木引种驯化学术讨论会,同时成立树木引种驯化专业委员会,主任委员为吴中伦,副主任委员为朱志淞,秘书长为潘志刚。会上提出了建立全国树木园,引种网点和积极开展林木引种工作的建议。

11月27日～12月3日 在昆明与中国生态学会联合召开森林生态学术讨论会,同时成立森林生态专业委员会。会议由朱济凡副理事长主持。生态专业委员会主任委员为吴中伦,副主任委员为朱济凡、侯学煜、汪振儒、阳含熙、王战,秘书长为蒋有绪。

12月9日 日本的中国农业农民交流协会会长八百坂正来京访问,郑万钧理事长会见,并进行协商有关互访事宜,决定自1980年起进行互访。

12月17～24日 在北京召开"三北"防护林体系建设学术讨论会。会议由朱济凡副理事长主持。

12月27～31日 在北京召开中国杨树委员会成立大会,会议由梁昌武理事主持。主任委员为梁昌武,副主任委员为王文哲、陶东岱、徐纬英、问津、王恺、黄枢、王战。

本年 中国林学会围绕森林生态遭到破坏的严重问题,组织了"长江有变成第二个黄河的危险"的座谈会，进行了西南林区的考察，提出了扭转这一状况的措施和关于解决东北、内蒙古、西南林区严重采育失调的建议。中国科协、林业部党组听取了汇报;《人民日报》和《光明日报》报道了座谈意见，发表了考察文章;《林业简报》增刊登载，并报送全国人大常委会和国务院。

1980 年

2 月 7 日　中国林学会第一次在京常务理事会通过决议，建议教育部在中、小学课本中增加林业科学技术普及知识的内容。

3 月 15 日　中国科协"二大"在北京开幕。中国林学会杨衔晋、吴中伦、陈陆圻、王恺、陈桂升、朱容 6 位代表出席会议。吴中伦、陈陆圻当选为中国科协第二届全国委员会委员。

4 月 1～8 日　在北京召开各省(自治区、直辖市)林学会专职干部工作会议。会议由王恺副理事长主持。

4 月 2～8 日　中国林学会在北京召开省（自治区、直辖市）林学会领导和专职干部以及有关单位参加的学会工作会议，出席 72 人。会议传达了中国科协"二大"会议精神，围绕学会性质、任务和在林业现代化建设中如何发挥作用等问题进行了认真的讨论。

6 月 22～29 日　在苏州召开平原绿化学术讨论会。会议由李万新副理事长主持。会上提出关于加快平原绿化速度，加强科学研究的建议。

6 月 23～27 日　在北京香山召开修改《森林法（草案）》座谈会。请 40 多位专家对《森林法（草案）》提出修改意见。

6 月 23～30 日　在北京召开林业经济学术讨论会。会上成立了中国林学会林业经济学会，由 47 位专家组成理事会。理事长为雍文涛，副理事长为杨延森、杨子争、王耕今、王长富、张通、朱江户，秘书长为王长富。

7 月 2～3 日　中国林学会会同中国技术经济研究会，邀请中国林业科学研究院、中国社科院、北京林学院部分研究人员、教师 20 余人，专程到河北易县山区了解林业生产情况，整理了《易县山区见闻》，分送中央有关领导。

7 月　在威海市召开森工技术知识丛书编写工作会议。

7 月初至 10 月中　中国林学会受中国科协委托组织森林涵养水源考察组对晋、冀、鲁、豫 4 省部分石质山区进行森林涵养水源的考察，并提出了《森林涵

养水源考察报告》。

7月27日~8月2日　在北京召开林业教育学术讨论会，同时正式成立中国林学会林业教育研究会。选举产生51位理事。会长为杨衔晋，副会长为江福利、陈桂升、陈陆圻、范济洲、楼化莲、廉子真，秘书长为范济洲（兼），顾问为沈鹏飞、郑万钧、殷良弼。

7~8月　杨树委员会在北疆进行杨树考察。

8月20~23日　在昆明召开油茶丰产技术学术讨论会。会议由侯治溥主持。

9月2~6日　采运专业委员会与黑龙江省林学会在朗乡联合举办木材采运学术讨论会。会议由莫若行主持。

9月3~10日　在江西庐山召开南方用材林速生丰产技术学术讨论会。会议由李万新副理事长主持。会上提出了大力建设南方用材林区的几点建议。

10月6~28日　以陈陆圻为团长、杨子争为副团长的环境绿化考察团一行8人访问日本。

10月8日　举办应用昆虫病毒防治林木害虫学术讨论会。

10月9~15日　在安徽铜陵召开泡桐学术讨论会。会议由陶东岱理事主持。

10月11~19日　林产化学化工分会在四川新都举行全国松香学术讨论会。

10月17~19日　邀请林业、水利、水保、经济等方面专家和长江流域的部分省市科技工作者，约30余人，在北京举行长江流域水土流失座谈会。会议由陶东岱主持。

11月3~10日　在中国科协主持下，由中国林学会、中国农学会、中国生态学会、中国植物学会，以及湖南、广东、四川、云南、福建等省科协共同筹备，在湖南株洲召开热带、亚热带山地丘陵建设与生态平衡学术讨论会。

11月29日~12月6日　在福州召开木材综合利用学术讨论会。会议由王恺副理事长主持。会议期间成立了中国林学会木材工业学会。理事长为王恺，副理事长为申宗圻、吴博，秘书长为韩师休。

11月　中国林学会林业经济学会与中国社会科学院在南宁联合举办全国林业经济学术讨论会。

12月3~9日　在北京召开森林合理经营永续利用学术讨论会。会议由朱济凡副理事长主持。会上提出关于加强森林经营管理工作的建议。

12月7~16日　在兰州召开了西北地区农业现代化学术讨论会。本次会议是国家农委、国家科委、中国科协委托中国农学会、中国林学会、中国水利学会以及甘肃、宁夏、青海、新疆、西藏、内蒙古、山西、四川等 9 省（自治区）的科协和有关学会共同组织召开的。

1981 年

3 月 10 日　全国政协的科学技术组举办"也谈森林的作用问题"的报告会，主讲人是北京林学院汪振儒教授。

3 月 23 日～4 月 7 日　受林业部委托，在北京组织召开联合国工业发展组织人造板和家具工业研讨会。这次会议是联合国工业发展组织与我国外交部、林业部共同商定，经国务院批准，由学会主办的第一次国际性学术活动。会议由副理事长王恺主持。

4 月　为配合植树节，学会科普工作委员会与北京林学会共同在东单宣传栏内展出 71 幅林业科普宣传图画、照片。

4 月 19～23 日　学会召开全国林业科普创作展览筹备会议。对展览的主题思想、展品创作形式等进行了讨论。

4 月 24～28 日　召开第五次全国会员代表大会筹备会议。对新的理事会产生办法、代表名额分配原则、基金奖励条例等问题进行了研究和讨论。

5 月 5 日　经国家科委、国家农委、中国科协商定，委托中国林学会等 16 个全国学会组织自然科学、经济学家等进海南岛大农业建设与生态平衡学术活动。整个活动共分三阶段：第一阶段为准备阶段（1981 年 5 月 1～30 日）；第二阶段为学术考察阶段（1981 年 2 月 1～30 日）；第三阶段为学术讨论阶段（1983 年 5 月 26 日～6 月 1 日）。

5 月 23 日　与中国动物学会、中国植物学会等 6 个团体在北京民族文化宫联合召开青少年爱护生物大会。

7 月 15 日～9 月 15 日　学会组织有关学科的科学家对长江流域水土保持进行考察。该项活动由陶东岱副理事长主持。

8 月 4 日　以日本全国森林组合联合会会长喜多正源为团长的一行 10 人来中国林学会访问。郑万钧理事长与陈陆圻副理事长会见了日本客人。

8 月　科普委员会完成西北防护林体系 8 部幻灯片的制作。

8 月 14 日　举行在京常务理事会，会上通过了中国林学会办事机构设置部

（室）的方案。设1名专职副理事长或秘书长，1~2名副秘书长。下设办公室、学术活动部、科学普及部、国际联络部，《林业科学》编辑部及科普刊物编辑部。会议通过了中国林学会会徽图案和荣誉证书式样。会议由吴中伦副理事长主持。

8月14日 《林业科学》召开常务编委扩大会议，由吴中伦副主编主持。会议就提高刊物质量、改进编辑等工作问题进行专题讨论。

9月7日 林业部发出（81）林宣字7号文《中国林学会主办林业科普双月刊的批复》。同意1981年第四季度试刊，1982年正式出版发行。

9月25~30日 在北京召开森林能源学术讨论会。会议由徐纬英理事主持。会上向中央及有关部门提出关于发展森林能源的建议。

9月27日 中国农学会、中国林学会、中国农业机械学会、中国水利学会组成6人代表团，前往日本参加日中农交成立10周年庆祝大会。

9月 科普委员会完成木材安全生产挂图（9幅）的编辑工作。

10月28日~11月4日 在重庆召开活性炭学术讨论会，由林产化学化工学会黄希坝副理事长主持会议。

11月3日 召开常务理事扩大会议，研究1982年学会活动计划及会员代表大会有关事宜。

11月21~26日 在北京由中国林学会林业经济学会陈统爱主持召开了木材理论价格学术讨论会。

11月23日 日中农交会长八百坂正先生和事务局长崛江真一郎先生来我国访问。11月26日上午与中国林学会李万新、陈陆圻、赵忠仁商谈。双方就技术交流，互派代表等问题交换了意见。

11月 学会国际联络部在浙江省林学会协助下，出版发行了林业科技英语自学丛书《世界的林业》第1集。

12月 根据海南岛大农业建设与生态平衡学术考察计划，由中国林学会牵头，组织了20个学科的65位老、中、青科学家，赴海南岛作为期30天的科学考察。考察队长为中国林学会副理事长朱济凡。

12月16日 林学会发出关于宣传贯彻《全民义务植树运动决议》的通知，要求中国林学会各级组织及全体会员积极行动起来，协助各级政府和有关业务部门宣传贯彻这一决议。

12月 由学会主编的《森林与人类》科普刊物试刊号正式出版。这是一本面向社会广大群众宣传森林与人类社会关系，林业生产在国民经济中的重要地位，林业生产技术与林业知识的刊物。1982年正式出版发行，定为双月刊。

12月底 由学会和林业部宣传局共同主办全国林业科普展览预展。

本年 中国林学会发出通知，要求各省（自治区、直辖市）林学会进行一次会员整理和发展工作。截至1981年年底，中国林学会会员为16472人。

1982 年

1月15～20日 在北京召开林业科普展览预展及评奖会。会议由陈陆圻主持。

3月10日 中国林学会和中国科协、中华全国总工会、共青团中央，全国妇联，中国国土经济研究会等6个单位在北京政协礼堂举行科学造林绿化祖国的报告会。会议由中国科协主席裴丽生主持，国土学会副理事长石山和中国林业科学研究院研究员侯治溥作了报告。科普作家高士其亲自到会谱诗祝贺。会议向全国发出了《科学造林绿化祖国倡议书》。童大林、雍文涛、罗玉川、马玉槐、张磐石、梁昌武、郝玉山、吴中伦等出席。

3月 中国林学会林业经济学会在南昌召开林价讨论会。会议由陈统爱主持。

3月12日～4月3日 在中国美术馆举办全国林业科普展览。展出面积1600平方米。

3月12日 与北京林业局合办东单画廊，内容为森林的起源。

6月2～3日 召开中国林学会第一次评奖工作委员会会议，由陈陆圻副理事长主持，评选出授奖项目46项。

6月7～27日 以陶东岱为团长一行9人，赴日进行治山治水考察。考察后提出我国森林公益效能研究等3项建议。

6月15～21日 林业机械分会在北戴河召开林业机械学术讨论会。出席代表112人，收到论文235篇，录选110篇。会议由陈陆圻主持。会上广泛交流了林机的学术成果，通过了《林业机械学会组织条例》，选举产生第一届理事会，朱国玺为理事长。

6月18日 受国家科委、中国科协、农牧渔业部、水利电力部和林业部的委托，由中国农学会、中国水利学会、中国林学会会同河北、山东、河南、江苏、安徽5省及北京、天津2市共同在济南市召开黄、淮、海平原农业发展学术讨论会。出席会议370多人。姚依林、王首道、童大林、何康、王顺桐、杨显东

等同志出席会议。大会围绕黄、淮、海平原地区综合治理和农、林、牧、副、渔综合发展问题，进行了广泛的讨论，并向中央提出了有科学依据的建议。

6月24日～7月20日　在云南、贵州、湖南、广西等地进行国外引进松树病害考察。

7月15～21日　在青岛召开中国林学会树木遗传育种学术讨论会。会议由徐纬英主持。

7月21～26日　中国林学会木材采运专业委员会贮木场学组在东京城召开贮木场学术讨论会。

7月22～29日　中国林学会、北京林学院、北京青少年生物爱好者学会在北京大觉寺联合举办第1期林学夏令营，首都150多名青少年及8省、市青少年科技辅导员代表参加。

8月31日～9月4日　在杭州举行中国林学会树木引种驯化学术讨论会。会议由副理事长吴中伦主持。

9月2日　召开在京常务理事会，林业部副部长董智勇、科技司司长吴博，中国科协学会部副部长文祖宁、陈忠等同志出席会议。会议决定中国林学会成立时间追溯到1917年中华森林会成立时算起。并决定于年底召开代表大会上开展纪念中国林学会成立65周年活动。

9月5～9日　在泰安县召开制材学术讨论会，会议由王恺副理事长主持。

9月6～18日　国际杨树委员会在意大利召开第16届第31次执行委员会。中国林学会派出东北林学院周以良和中国林业科学研究院林业科学研究所张绮纹前往参加会议。

9月21～26日　在长沙召开森林经理学术讨论会。会议由范济洲主持。

10月5～13日　中国林学会委托浙江省林学会在杭州举办全国林木种子生理学术报告会。到会代表共106人。会上请知名专家10余人讲述林木种子生理问题，并向林业部提出了有关林木种子事业发展的5项建议。

10月9～14日　在扬州地区江都县召开森林气象学术讨论会。会议由副理事长陶东岱主持。

10月22～25日　在广东雷州召开桉树专题学术讨论会。会议由祁述雄主持。

10月23～29日　中国林学会在浙江莫干山召开全国第三次竹类学术讨论会。会议由熊文愈主持。

10 月 在北京华侨大厦前举办林业科普画廊。主要内容为造林技术、山地四季造林、中国动物、培育壮苗、林木配置等图画 42 幅，照片 19 幅。

10 月 25～31 日 在上海召开木材工业污染问题学术讨论会。会议由中国林学会副理事长王恺主持。

10 月 28 日～11 月 4 日 在重庆召开第三次森林土壤学术讨论会。会议由宋达泉主持。

10 月 《中国林学会通讯》1982 年第 5 期出专刊，纪念中国林学会成立 65 周年，刊出纪念文章、诗词等 19 篇。

11 月 3～9 日 在南宁召开飞播造林学术讨论会。会议由王兆凤主持。

11 月 7～13 日 在贵阳召开栲胶、五倍子学术讨论会。会议由贺近恪主持。

11 月 7～11 日 在重庆召开木本油料学术讨论会。会议由侯治溥主持。

11 月 10～15 日 森林采运学会在南京召开木材运输学术讨论会。由莫若行主持。

11 月 林业经济学会在北京召开林价管理制度审定会。会议由陈统爱主持。

11 月 22～30 日 在武夷山自然保护区召开自然保护区学术讨论会。会议由中国林学会副理事长李万新和人与生物圈委员会主席阳含熙教授共同主持。会上向第五届全国人大五次会议主席团提出《关于把自然保护区建设列入国民经济计划》的提案。

12 月 21～26 日 中国林学会第五次全国会员代表大会在天津市举行，280 名代表出席。中国科协书记处书记刘东生、林业部部长杨钟、副部长王殿文、中国农学会会长杨显东、前林业部副部长李范五，生态学家侯学煜、中国国土经济研究会石山等出席会议并讲话。开幕式由王恺主持，陶东岱致开幕词，吴中伦代郑万钧理事长作工作报告。王恺作修改《中国林学会会章》的报告。这次代表大会与庆祝中国林学会成立 65 周年同时召开。会议通过了《中国林学会会章》；第一次颁发了学会基金奖；并通过了《致台湾省林学会同仁书》；提出了《在林业系统中加速落实知识分子政策的建议》。中国林学会首次制作的会徽在会上正式颁发。

12 月 25 日 中国林学会第五届理事会举行全体会议，就学会 1983 年工作计划进行了认真的讨论，选举了常务理事会，理事长为吴中伦，副理事长为李万新、陈陆圻、王恺、吴博、陈致生，秘书长陈致生（兼）。常务理事 13 名。聘任

荀昌五、陶东岱、杨衔晋、朱济凡、程崇德、刘成训 6 人为顾问。

12 月　林业经济学会在北京召开东北、内蒙古国有林区现有企业提高经济效益讨论会。会议由陈统爱主持。

<h2 style="text-align:center">1983 年</h2>

1 月　在北京召开林业区划研究会成立大会,选出理事会,理事长为董智勇,常务理事 29 人。

1 月　林业经济学会与林业部林产工业局、湖南省林学会在长沙联合举办南方集体林区提高经济效益讨论会。会议由陈统爱主持。

3 月 5 日　在中国林学会 1983 年第一次常务理事扩大会议上决定开展梁希百年诞辰纪念活动,成立筹委会,编辑出版《梁希文集》和《梁希纪念集》,并召开纪念大会。

3 月 13 日　中国林学会发出通知,向各省级学会和专业委员会征求关于表彰长期坚持在林业第一线艰苦奋斗的中国林学会会员的意见,提出了表彰的初步设想。

3 月　成立第四届《林业科学》编委会。

4 月　林业经济学会在北召开国有林区管理体制、经济体制改革讨论会。会议由李春富主持。

4 月 8～9 日　召开中国林学会各专业组织的秘书长座谈会。会议围绕如何提高学术活动质量问题进行了讨论。

5 月 5～8 日　在承德市召开全国林学夏令营筹备会议。会议由科普工作委员会副主任委员高尚武主持。会议就办营目的、意义、活动内容和营员遴选等问题进行了研究。

5 月 20 日　林业部下达《关于机构编制问题的通知》,同意中国林学会办事机构设置办公室、学术部、科普部、《林业科学》编辑部和《森林与人类》编辑部。编制 35 人。

5 月 21 日　召开 1983 年第二次常务理事会,会议正式决定,对长期坚持林业生产第一线的中国林学会会员进行表彰(后定名为劲松奖)。

5 月 27 日～6 月 1 日　根据海南岛大农业建设和生态平衡学术活动计划,在广州召开学术讨论会,出席会议的代表 176 位。在学术讨论会上代表们除提出考察报告外，并向中央及广东省委、海南岛行政区党委提出了《对海南岛大农业建设的几点建议》的报告。

6 月　林业机械学会采运机械学组在牡丹江东京城举行采运机械学术讨论会。

6 月 3～8 日　在湖北潜江召开杨树发展规划论证会。会议由梁昌武主持。

6 月 17～24 日　在北京召开全国林业教育研究会第二次年会，组织学术讨论，改名为林业教育学会，选举产生第二届理事会，陈陆圻任理事长。

6 月　《森林与人类》第 3 期提出开展评选国树的活动，介绍了评选国树的意义和国树应具备的条件。

6 月 28 日～7 月 16 日　中国林学会召开《梁希文集》和《梁希纪念集》的编写会议，对稿件进行认真审查修改。

7 月 6 日　召开纪念梁希百年诞辰筹委会会议，罗玉川、雍文涛、梁昌武、李万新、刘学恩、周慧明、张楚宝等参加，吴中伦主持。会议研究了编写《梁希文集》《梁希纪念集》和纪念大会等问题。

7 月 16 日～8 月 5 日　中国林学会接待以佐佐木功为团长的日本"日中农交"治山治水访华团。访华团考察了我国四川、云南、上海等地，并与我国林业专家多次座谈、交流经验。

7 月 25 日　林产化学化工学会在南京召开全国林化发展规划论证会。会议由贺近恪主持。

7 月 28 日　在承德举办中国林学会林学夏令营（总营），来自 8 省（自治区、直辖市）的营员 350 人参加，梁昌武、陈陆圻以及河北省林学会华践、四川省林学会王继贵等领导同志参加开营式。同时于 7 月下旬至 8 月上旬在黑龙江、辽宁、山东、河南、山西、陕西、青海、广西、贵州、云南、四川和安徽 12 个省（自治区）分别举办林学夏令营。

7 月　林业经济学会在北京召开全国林业产值问题讨论会。会议由陈统爱主持。

7 月　林业经济学会在北京召开木材价格改革学术讨论会，会议由陈统爱主持。

8 月 10 日　在北京林学院召开 1983 年第三次常务理事扩大会议。会议决定成立中国林学会造林分科学会（后来改为造林专业委员会）。

8 月　林业经济学会在黑龙江召开国有林区林业企业考核指标讨论会。会议

由陈统爱主持。

8月17~25日 在黑龙江省东京城（镜泊湖）召开第二次科普工作会议及各省林学会秘书长会议。会议研究了学会组织建设、学术活动的改革问题和颁发"劲松奖"等问题。

9月22日 召开1983年第四次常务理事扩大会议。会议通过了《中国林学会省、区、市秘书长座谈会纪要》《1984年中国林学会劲松奖奖励办法》和《中国林学会科普创作奖奖励办法》。会议决定建立组织、学术工作委员会。

10月7~11日 在屯溪召开营林机械学术讨论会。会议由孙祖德主持。

10月11日 林业部以林发（科）〔1983〕710号文件，向省（自治区、直辖市）林业厅（局）发出通知，要求协助省林学会搞好中国林学会举办的"劲松奖"活动。

10月11~16日 林产化学化工学会在太原召开活性炭学术讨论会暨成立活性炭学组会。

10月17~23日 《森林与人类》召开全国通讯员、编委、编辑座谈会。会议由陶东岱、汪振儒主持。会议总结了两年来办刊经验，进一步明确了办刊宗旨和今后工作方向。

10月23~28日 在厦门召开第二次森林病害学术讨论会，会议由袁嗣令主持。

11月2~9日 森林经理学会在浙江天童召开林业遥感学术讨论会。会议由方有清主持。

11月 林业机械学会综合利用学组在镇江召开木材加工及综合利用学术讨论会。

11月14~19日 林产化学化工学会在成都召开第二次植物原料水解学术讨论会。会议由李万新主持。

11月19日~12月3日 中国林学会组织工作委员会在北京举行第一次会议，会议由陈致生主持。研究了学会组织建设、健全省级学会组织机构、支持地县林学会和会员发展等问题。

11月 树木生理生化专业委员会在杭州成立，并召开了学术讨论会。会议由张英伯主持。专业委员会主任委员为张英伯，副主任委员为吴相钰、王沙生，秘书长为高荣孚。

12月9~11日 在北京召开中国林学会学术工作委员会第一次会议。会议由王恺主持。研究了 1984—1986 年学术活动计划和学术工作委员会的组织原则和职责范围等。

12 月 15 日 中国林学会与全国政协、九三学社、中国科协、中国农学会联合举行大会，隆重纪念我国杰出林学家、教育家和政治活动家梁希诞辰 100 周年。许德珩主持会议，习仲勋、方毅、周谷城、严济慈、杨静仁、钱昌照、周培源、邓兆祥、屈武和有关方面负责人出席会议。方毅、周培源、吴中伦、卢良恕在会上讲话。

12 月 由中国林学会编辑的《梁希文集》和《梁希纪念集》正式出版发行。

12 月 25～30 日 在南宁召开木材采运学术讨论会。会议由陈陆圻主持。选举第二届森林采运学会理事会，莫若行任理事长，史济彦、姚家熹任副理事长。

12 月 26 日 在北京召开林业经济第二次年会。会议由王长富主持。选举了第二届理事会，雍文涛为理事长，李占魁、王长富、朱江户、丁方、刘金恺、陈统爱为副理事长。

1984 年

1 月 9～15 日 在昆明召开中国林学会 1983 年林学夏令营总结暨小论文评选会议。会上起草《林学夏令营组织办法》，并评选出 25 篇优秀小论文。

3 月 1～3 日 召开中国林学会分科学会秘书长座谈会，交流经验，并讨论研究提高学术活动质量和加强面向经济建设问题。

3 月 8 日 中国林学会召开在京常务理事扩大会议，讨论通过 16615 名"劲松奖"授奖名单。裴丽生、林渤民出席会议并讲了话。此次会议还通过新建 5 个专业委员会，即水土保持、林业情报、树木学、森林病理、森林昆虫专业委员会。

3 月 12 日（植树节） 中国林学会、林业部等 10 个单位联合举办林业电影汇映周。

3 月 26 日 建立中学林业科技小组实验点——怀柔一中。实验点主要活动有：①绿化美化校园；②怀柔县松毛虫活动规律观测。

3 月 林业经济学会与中国经济学团体联合会在北京共同举办振兴林业，开创林业新局面座谈会，由王长富主持。

3 月 学会与辽宁《少年科普报》联合举办绿化祖国林业知识竞赛。

5月4日　中国林学会与北京林学会在北京科学会堂联合召开大会，向在京的740名会员颁发"劲松奖"。500余人出席会议，裴丽生、陈希同、董智勇、吴中伦、范济洲等领导同志也出席了会议，高长辉主持会议，范济洲讲话。

5月5日~6月5日　中国林学会和林业部科技委组织有关方面专家、学者对太行山区进行综合考察，总结干旱、半干旱地区绿化经验，为林业部《绿化太行山规划意见》提供科学论证。

5月28~30日　木材工业学会在北京召开木材供需问题学术讨论会。会议由王恺主持。

5月31日~6月5日　林产化学化工学会在南京举行第二次年会，选举第二届理事会。

5月　《林学夏令营集锦》出版。

6月20日　中国林学会发出通知，同意成立中国林学会森林经理学会西北地区研究会。

6月26~29日　在北京召开绿化太行山规划论证会。会议由董智勇主持。

6月29日~7月8日　在江西井冈山举办林学夏令营辅导员培训班，14个省（自治区、直辖市）58名辅导员参加培训。

6月　林业机械学会营林机械学组在牡丹江举办容器育苗技术研讨会。

7月1~21日　中国林学会应日中农业农民交流协会的邀请，派出以杨静副秘书长为团长的赴日私有林经营管理考察团一行6人，重点考察了私有林的经营管理。

7月　林业机械学会电气学组在黑龙江东京城举办林业机械电气专业学术讨论会。

7月　在四川峨眉山举办五倍子讲习班，参加学员有100名。

7月2~7日　树木引种驯化专业委员会和中国林木种子公司在广东湛江遂溪召开树木引种驯化经验交流会。会议由吴中伦主持。

7月11日　造林专业委员会筹备组召开桉树学术讨论会。

7月20~25日　森林土壤专业委员会，在吉林省安图县长白山自然保护区召开了森林土壤定位研究方法研讨会。会议由张万儒主持。

8月3~24日　森林病害专业委员会及新疆林学会共同举办新疆杨树病害考察。

8月3～15日　森林生态专业委员会在哈尔滨举行森林生态系统定位研究方法学术讨论会，主持人为蒋有绪、冯宗炜。

8月11～25日　在北戴河举办北京林业生产实用技术培训班。有8省、市67名学员参加。

8月中旬至9月中旬　组织3个工作组分赴山西、内蒙古、甘肃、陕西、河南、广东、广西等省（自治区），对学会组织工作进行调查研究。共调查7个省级学会，12个地级学会，8个县级学会和一些林业院校及科研单位。

8月23～27日　森林土壤专业委员会在带岭举行森林土壤分类方法研讨会。主持人宋达泉。

8月27～31日　树木遗传育种专业委员会在兰州举行树木遗传育种学术讨论会。会议由徐纬英主持。

8月　林业经济学会与林业经济研究所在北京共同举办东北、内蒙古国有林区林业企业经济责任制学术讨论会。会议由陈统爱主持。

8月　林业机械学会管理学组在常州举办林业机械管理与维修学术讨论会。

9月8～14日　受中国科协委托，由中国自然资源研究会、中国地理学会、中国农学会、中国林学会、中国生态学会、中国环境科学学会在乌鲁木齐联合召开了干旱、半干旱地区农业自然资源合理开发利用学术讨论会。80多人出席会议。会议就区划、种树、种草、土地合理利用和保护等问题，进行了专题讨论并提出建议。

9月9～12日　木材工业学会与铁道学会材料工艺委员会在安徽屯溪联合举办木材保护学术讨论会。

9月16～21日　在乌鲁木齐召开造林学术讨论会暨造林专业委员会成立大会。会议由陈虹主持。名誉主任为侯治溥、徐燕千，主任委员为陈虹，副主任委员为高尚武、沈国舫。

10月16～19日　《森林与人类》编委会在浙江临安天目山召开会议，讨论研究了在新形势下刊物的任务，提高刊物质量和与广大读者联系等问题。会议由汪振儒主持。

10月　举办"庆祝中华人民共和国成立35周年"林业建设成就、宣传森林法、执行森林法的图片展览。图画20幅，照片14幅。

10月21～26日　在株洲召开林业科技情报学术讨论会暨林业情报专业委员

会成立大会。会议由王恺副理事长主持。

11月5～9日　森林采运学会陆运学组在吉林举办木材陆运学术讨论会。

11月12～16日　森林采运学会在湖南江华召开山地采伐集材学术讨论会。会议由莫若行主持。

11月17日～12月11日及12月16～29日　连续举办两期南方林业实用技术讲习班。

11月　中国林学会邀请中国科学院、中国林业科学研究院、中国环境科学院的部分专家组成由中国科学院上海植物生理研究所余叔文教授牵头的调研小组，前往四川考察酸雨毁灭森林的问题。提出了《抢救森林》的报告。

11月　林业经济学会与林业经济研究所在黑龙江共同举办国有林经济体制改革问题讨论会。会议由陈统爱主持。

11月　林业机械学会综合利用学组于陕西乾县举办热压机与铺装机学术讨论会。

12月5～10日　森林经理学会在雷州召开森林经理雷州现场会。会议由范济洲主持。

12月7日　中国林学会，北京林学会和共青团林业部机关委员会联合举办青年林业科技工作者治学方法报告会。在京林业单位青年300多人出席。会议由吴中伦同志主持。

12月　林业经济学会与福建省林学会在福建共同举办全国农村林业经济体制改革学术讨论会。会议由陈统爱主持。

本年　出版"四旁"绿化挂图四条屏。

本年　与安徽省林学会联合组织拍摄制作《南方主要树种病虫害幻灯片》。

本年　在浙江举办黑荆树讲习班。

本年　国际杨树委员会举行第十七次国际杨树会议。中国林学会王世绩、郑世锴等5人代表出席。

1985 年

1月　中国科协授予中国林学会科普部"农村科普工作先进集体"称号。科普部张雯英、邱守华被评为先进个人。

1月23～30日　林业科普创作评奖委员会在密云县召开，经过数次筛选，评出一等奖1个，二等奖20个，三等奖50个，鼓励奖45个。会议由高尚武主持。

1月28日　常务理事会决定成立咨询服务部，1月31日报送中国科协。中国科协（85）科协咨字013号文批准，于1985年2月24日正式设立。

3月11日　由中国林学会、北京林学会、首都绿化委员会、共青团中央，中央绿化委员会。北京林学院6个单位联合，于植树节前夕举行提高造林质量报告会。刘广运、吴中伦、陈陆圻、陈致生、高长辉、沈国舫、陈虹、李世刚出席了会议。刘广运、陈虹、沈国舫作了报告。北京有关单位400多人听了报告。

3月14日　中国林学会向中国科协报送《关于大气污染和酸雨毁灭森林的考察报告》（附件《抢救森林》），建议中国科协呈送中央。

3月　编写出版《林学夏令营指南》。

5月2日　召开1985年第二次在京常务理事会，决定于本年第四季度召开中国林学会第六次全国会员代表大会，并对会议代表、下届理事人数、会议的开法等问题进行了研究。会议还通过了成立中国林学会林学名词审定委员会。由陈陆圻负责筹备工作。

5月9~22日　在南京林业大学举办林业害虫治理培训班。参加培训的有10个省，25个地（区）县的林业工作者。

5月28日~6月2日　召开了学会组织工作会议。组织委员、省级学会专职干部、地（市）林学会、专业委员会代表共45人参加，会议由陈致生主持。会议讨论了中国林学会"六大"代表、理事选举，修改会章等问题，并交流探讨了学会组织建设问题。

5月　林业区划研究会与综合考察会共同举办南方山丘综合开发利用学术讨论会。

6月8日　举行1985年第四次在京常务理事会会议，讨论了第六次全国会员代表大会相关事宜。会议决定在"六大"期间，颁发中国林学会基金奖，并表彰从事工作50年以上的老一辈林业科技工作者，表彰林学会主要支持单位等事宜。会议决定授予泰籍华人、梁希的学生周光荣先生为中国林学会名誉会员。会议还通过了英籍林学家、联合国粮农组织驻京代表简·贝克特·布朗女士为通讯会员。

6月21~25日　林产化学化工学会与微生物学会、中国轻工业协会发酵学会在临潼联合举办全国纤维素酶学术讨论会。

6月29日　中国林学会发出《关于加强省级林学会组织建设的建议》，建议省（自治区、直辖市）林业厅（局）进一步加强学会办事机构的建设，加强对专职干部的领导与支持，并积极提供办会条件。

7月5日　林业区划研究会在漳州举行林业区划学术讨论会。

7月20～28日　在福建武夷山举办林学夏令营（总营）活动。全国9省（直辖市）的80名辅导员及青少年参加活动，并拍制录像，中央电视台于12月15日播出《我们来到武夷山》。

7月23日　经在京常务理事商议，同意授予联合国教科文组织驻京代表泰勒博士和加拿大林学家史泽克莱教授为中国林学会名誉会员。

7月23～27日　林产化学化工学会在江西大茅山召开林业系统首次造纸和纸板学术讨论会。会议由贺近恪主持。

7月27～30日　中国林学会林业教育研究会在北京召开林业职工教育研讨会暨第一次年会。内容为林业职工教育与成立成人教育学组，会议由赵川雨主持。

8月3～6日　林业情报专业委员会于成都举行全国林业科技情报计算机检索系统发展规划研讨。会议由沈照仁主持。

8月5～15日　在北戴河举办北方化学除草培训班，51名林业工作者参加。

8月8～10日　造林专业委员会和情报专业委员会在山西省繁峙县召开首届沙棘开发利用学术讨论会。会议由李石刚主持。吴中伦理事长为发展沙棘提出书面建议。

8月　林业机械学会在大连召开林业机械化战略问题论证会。会议由陈陆圻主持。

8月　林业经济学会与中国技术经济研究会、中国国土经济研究会在北京联合召开黔东南商品材基地考察论证会。会议由刘与任主持。

8月　林业经济学会在兴城召开《中国林业经济学》编写座谈会。会议由雍文涛主持。

9月9～30日　英国皇家林学会考察团一行20人来华访问考察，访问了长白山、黄陵、鼎湖山等地。

9月10～16日　杨树委员会在山东莒县召开杨树委员会学术年会。会议由主任委员梁昌武主持，并改选委员会，名誉主任委员为梁昌武，主任委员为徐纬英，副主任委员为王恺、王世绩、王明麻、刘清泉、孙时轩，秘书长为郑世锴。

9月　中国林学会林业经济学会与林业部林产品经销公司在西安共同举办国有林区企业管理座谈会。会议由徐有芳主持。

10月　在北京中国美术馆举办画展。主要内容为湘西国家森林公园张家界，共展出70幅照片。

10月5~13日　中国林学会与中国青少年科技中心、北京少年宫、北京植物学会等5个单位，联合在北京少年宫举办北京市首届青少年识别百种乔灌木及草本植物竞赛展览。

10月7~10日　林业经济学会在北京召开树木综合利用学术讨论会。会议由杜璞主持。

10月15~30日　日中农交派遣以佐藤直为团长的林业代表团一行10人访问了北京、湖南、江西、上海等地，对林业政策、经营管理、林业科学技术的普及推广等问题进行了考察。

10月17~19日　召开中国林学会1985年第五次常务理事会。会议着重研究了"六大"筹备工作，并决定在"六大"期间对今后不再担任中国林学会理事工作的老理事颁发荣誉证书。

10月17~29日　加拿大不列颠哥伦比亚省林学会林业考察团25人，由史泽克莱教授率领来我国访问。

10月21~27日　在兰州召开森林昆虫专业委员会成立暨森林昆虫综合防治学术讨论会。会议由肖刚柔研究员主持。

10月24~30日　在厦门召开林业科普工作经验交流会。会议由副理事长陈陆圻主持。

10月29日~11月4日　森林生态专业委员会和林业区划研究会在贵阳召开森林立地分类与评价学术讨论会。会议由周政贤主持。

10月31日~11月4日　木材工业学会在昆明召开木材工业学会第二次会员代表大会暨新技术革命对我国木材工业影响展望学术讨论会。会议由王恺主持。

11月7~12日　森林病害专业委员会筹备组在昆明召开热带、亚热带经济林木及进口松病害暨森林病害专业委员会成立大会。

11月13~17日　在湖南大庸召开树木学学术会议暨树木学专业委员会成立大会。会议由徐永椿教授主持。

11月17~22日　《林业科学》编委会在杭州召开庆祝创刊30周年纪念会暨

全体编委全体会议。会议由主编吴中伦主持。

11 月 19~21 日　林产化学化工分会在南京召开全国森林副产物化学利用学术讨论会。会议由贺近恪主持。

11 月 19~23 日　造林专业委员会在咸宁召开南方速生丰产林学术讨论会。会议由沈国舫代主任委员主持。

11 月 22~27 日　森林经理学会在昆明召开第二次林业遥感学术讨论会。会议由方有清主持。

12 月 5~7 日　在北京召开第五届学术工作委员会第三次全体会议。会议由王恺主持。

12 月 7~10 日　林产化学化工学会在昆明召开全国第二次紫胶学术讨论会。会议由王定选主持。

12 月 13~18 日　中国林学会第六次全国会员代表大会在郑州召开。150 多名代表出席会议。河南省委常委、副省长秦科才，省科协副主席蒋家樟，中国农学会副会长方悴农、林业部副部长董智勇出席会议并讲了话。王恺主持开幕式，李万新致开幕词。吴中伦作五届理事会工作报告，陈陆圻作修改会章的报告。会议通过了经修改后的《中国林学会会章》；颁发了中国林学会基金奖第二次奖励；表彰了从事林业工作 50 年以上老一辈科技工作者和对学会给予大力支持的挂靠单位；选举产生了第六届理事会；通过了学会 1986—1988 年三年规划；大会向中央提出了《关于加速发展森林资源紧急建议》。

12 月 17 日　中国林学会第六届理事会举行第一次全体会议，会上选举产生了第六届理事会常务理事会，理事长吴中伦，常务副理事长王恺，副理事长王庆波、冯宗炜、陈陆圻、吴博、周正，秘书长唐午庆。常务理事共 15 人。聘请王战、汪振儒、范济洲、阳含熙、徐燕千 5 人为顾问。

12 月 20~24 日　森林土壤专业委员会在广西凭祥召开全国林木施肥研讨会。会议由刘寿坡主持。同时在北京召开森林土壤分析方法研讨会。会议由张万儒主持。

12 月 27~28 日　在北京召开 2000 年我国林业发展预测论证会。会议由理事长吴中伦主持。

本年　出版病虫害防治挂图 7 张。

1986 年

1 月　受中国科协委托，由中国林学会牵头，开展"酸雨对大农业的危害及其对策"的学术考察及论证活动。第一次筹备会议于 1 月 25 日在北京科学会堂召开。会议由中国林学会理事长吴中伦主持。

2 月 17 日　中国林学会举行 1986 年第一次常务理事会，会上审议通过了学术、科普、组织、评奖、国际工作委员会和林学名词审定委员会的主任委员和副主任委员，同时决定组建纪念中国林学会成立 70 周年和陈嵘诞辰 100 周年筹备组。

2 月　成立《林业科学》第五届编委会。主编吴中伦，编委共 40 人。

3 月　在北京中国美术馆展出画展，展出江西自然保护区——井冈山和鄱阳等地 108 幅照片。

3 月　中国科协、林业部宣传司和中国林学会共同编制出版发行林业科普挂图一套，共 63 张。

3 月 12 日　为中央广播电台组织 5 篇稿件（均先后播出）：①木材的综合利用，提高经济效益；②松毛虫的天敌防治；③珍稀植物；④"三北"防护林；⑤世界森林覆盖率的变化。

4 月 3 日 ~ 6 月 12 日　中国林学会与中国遗传学会、北京市少年宫等 7 个单位联合举办北京市中学生物教师"组织培养培训班"。

4 月 4 ~ 8 日　在青岛召开北方树木引种驯化学术讨论会。会议由潘志刚主持。

4 月 6 ~ 15 日　在北京师范学院，由中国林学会与中国青少年辅导员协会、北京师范学院生物系联合举办植物组织培养辅导员训练班。学员 30 名。

4 月 11 ~ 15 日　林业情报专业委员会在北京召开林业图书资料分类法学术讨论会。由关百钧主持会议。

5 月 11 ~ 25 日　以王恺为团长的中国林学会林业代表团 25 人赴加拿大哥伦比亚省访问，着重考察参观了林业研究所、林业院校和一些林业企业单位。

5 月 29 日　经常务理事会通过并经林业部同意，中国林学会决定新建计算机应用、森林气象、经济林、林业史 4 个专业委员会。

5 月 29 日 ~ 6 月 1 日　在北京召开中国林学会第六届第一次学术工作委员会全体会议。

5 月　林业经济学会及林业经济研究所在北京召开中国林业发展道路课题讨

论会。会议由雍文涛主持。

6月4日　在北京召开林学名词审定委员会第二次筹备会议。会议由筹备组组长陈陆圻主持。

6月9~14日　森林采运学会在吉林召开以森林生态为基础的森林采伐学术讨论会。会议由陈陆圻副理事长主持。

6月19日　召开中国林学会1986年第二次常务理事会，重点研究了向中国科协第三次代表大会的提案；同时通过了《中国林学会组织机构职责范围》和办事机构设置的调整方案，恢复国际部，将咨询部并入学术活动部，保留咨询的账号和名称。

6月23~27日　中国科协第三次全国代表大会在北京召开。中国林学会代表吴中伦、王恺、陈陆圻、吴博、王明麻出席会议。中国林学会代表团向大会提出了关于学会专、兼职干部管理问题（向劳动人事部的建议）和《关于实行以森林生态为基础的森林采运的几点建议》。中国林学会代表还联合从事林业工作的其他代表共25位向大会提出《扭转森林资源下降的紧急建议》并转中央，大会简报予以刊载。会上吴中伦、吴博当选为委员。

6月29日~7月3日　在阜新召开北方林木速生丰产学术讨论会。会议由沈国舫主持。

6月30日　中国林学会发出《中国林学会收缴会费的通知》，要求各省级林学会从1986年起，向会员收缴会费。

7月6日　在北京自然博物馆颁发"市树、市花、市鸟"征文活动颁奖大会。该活动由中国林学会与中国野生动物保护协会、北京市青少年生物爱好者协会联合举办。

7月6日　中国林学会杨树专业委员会邀请国际杨树委员会生物量组组长竹法先生来华进行学术交流及考察访问。

7月11日　中国林学会召开纪念中国林学会成立70周年筹备委员会第一次会议。筹备委员会主任委员吴中伦，副主任委员王恺、袁有德。会议决定：①编辑出版《中国林学会成立70周年纪念专集》，陈陆圻为主编，张楚宝为顾问；②1987年召开纪念大会。

7月19日　受林业部的委托，学会在京召开"以营林为基础方针"的座谈会。在京专家、学者20余人围绕林业建设方针的主题，进行了探讨。会议由理事长吴中伦主持。

7月21日～8月3日　应日本农林水产交流协会的邀请，中国林学会组织了福建、江西、湖南3省林学会和北京林业教学单位共7人赴日本考察，陈陆圻任团长，唐午庆为副团长。访问了日本民间学术团体及全国森林组合联谊会，了解了森林组合在促进日本私有林发展的作用。

7月23日～8月10日　中国林学会为贯彻中国科协"三大"精神，搞好学会改革，组织了3个调查组，分别对吉林、黑龙江、四川、云南4省和在京5个全国性学会进行调查研究，总结了经验，写出了调查报告，提交六届二次理事会参考。

8月1～4日　林产化学化工分会在黑龙江柴河召开全国性林业系统第二次造纸和纸板学术讨论会。由贺近恪主持会议。

8月13～18日　林业教育学会在太原召开林业职工技术教育研讨会。会议由张观礼主持。

8月11～17日　在内蒙古巴彦格勒中国林业科学研究院磴口实验局举办林学夏令营磴口总营活动。完成录像——沙洲行。

8月19～29日　林业区划研究会与自然资源研究会内蒙古分会举办北方干旱、半干旱地区资源综合利用学术考察。

8月23～28日　森林经理学会在黑龙江朗乡召开森林经理朗乡现场学术讨论会。会议由张华龄主持，并选举出第二届理事会。

9月1～12日　在甘肃张掖地区林业局，举办北方地区林业化学除草培训班。

9月6～16日　林业区划研究会举办西北林区风暴资源和自然保护区学术考察。

9月9～13日　森林气象专业委员会在内蒙古召开林火气象指标及预报方法座谈会。会议由宋兆民主持。

9月14～18日　中国林学会在南京林业大学召开六届二次理事扩大会议。吴中伦主持会议，中国科协学会部副部长文祖宁等出席会议，董智勇副部长作了书面发言。吴中伦向大会作了《充分发挥学会作用，为实现林业"七五"计划贡献才智》的报告，会议特邀国务院农林经济发展中心顾问石山和中国科学院南京分院院长佘云祥作学术报告。经过理事们认真讨论，确定了中国林学会的中心任务是：团结广大会员和林业科技工作者，积极投身改革，搞好学会自身建设，为实现林业"七五"计划贡献才智。会议原则通过了《中国林学会五年工作计划》

《中国林学会会章实施细则》。会议一致同意成立中国林学会基金会，设立梁希奖、陈嵘奖和学会工作奖，并继续颁发劲松奖。会议一致通过增选中国林学会理事、中国林业科学研究院副院长陈统爱为中国林学会常务理事。

9月14～20日　杨树专业委员会与森林病害专业委员会在山西省定襄县召开"三北"防护林病害学术讨论会。会议由袁嗣令主持。

9月21～28日　加拿大林学会召开年会。中国林学会应邀派出林业区划研究会理事王国祥、郝祖渊前往参加会议。

9月25日　森林昆虫专业委员会在贵阳召开资源昆虫学术讨论会。会议由侯开卫主持。

9月26日　国际杨树委员会在比利时布鲁塞尔召开第33届执委会议。中国杨树委员会副主任委员、国际杨树委员会执行委员王世绩出席会议。会议决定第18届国际杨树会议于1988年在中国召开。

10月3日　中国林学会向全国人大常委会呈送《关于确定中华人民共和国国树的报告》。

10月6～12日　森林土壤专业委员会在山西原平召开第四次森林土壤学术讨论会。会议由张万儒主持。

10月7～10日　杨树委员会在北京召开杨树害虫学术讨论会。会议由黄竞芳主持。

10月7～16日　在广西桂林地区举办南方地区林业化学除草培训班。

10月12～14日　杨树专业委员会在山西临汾举行杨树栽培学组学术讨论会。会议由裴保华主持。

10月15～19日　森林生态专业委员会与江苏省林学会、江苏省生态学会共同在江苏省高邮县召开林农复合生态系统学术讨论会。会议由陈大珂主持。

10月15～19日　木材工业分会、杨树专业委员会在湖北嘉鱼举办速生丰产林和间伐材利用考察。由吴树栋主持。

10月26～31日　森林昆虫专业委员会在长沙召开林木种实害虫防治学术讨论会。会议由刘友樵主持。

10月27日～11月3日　树木引种驯化专业委员会与中国林木种子公司联合举办热带外引林木改良培训班。由潘志刚主持。

10月　在北京中国美术馆展出画廊"森林与生活"，共有照片47幅。

10月26日～11月6日 中国林学会与北京植物学会、北京少年宫等单位联合举办识别常见的200个经济植物竞赛。

11月6～10日 在江西九江召开林业科普工作会议。会议由主任委员陈陆圻主持。主要讨论"七五"期间科普工作计划。

11月9日 森林昆虫专业委员会在重庆召开森林害虫预测预报学术讨论会。会议由李天生主持。

11月14～19日 树木遗传育种专业委员会在浙江富阳召开树木遗传育种学术年会。会议由徐纬英主持。会上改选了专业委员会。

11月 杨树委员会在浙江富阳召开杨树育种组学术讨论会。会议由朱之悌主持。

11月23～30日 在南宁召开树木提取物化学与利用学术讨论会。会议由该会理事长贺近恪主持。有美国、日本、加拿大、澳大利亚、英国、芬兰6国学者15人参加了学术会议。

11月30日 森林昆虫专业委员会在厦门召开天敌昆虫学术讨论会。会议由黄竞芳主持。

12月1～5日 在湖南株洲召开经济林学术讨论会暨经济林专业委员会成立大会。会议由胡芳名教授主持。

12月1～5日 树木学分会在四川峨眉召开第二次树木学讨论会。

12月2～6日 木材工业分会与林业部林产工业公司联合在上海召开刨花板应用技术学术讨论会，会议由韩师休主持。

12月6～11日 森林采运学会在北京召开第三次森林采运学术年会。会议由莫若行主持。

12月6～16日 在北京举办林业化学除草培训班，参加人数65人。

12月18～22日 在北京召开林业计算机应用学术讨论会暨计算机应用专业委员会成立大会。会议由张智鹏主持。

12月26～29日 中国林学会首次召开优秀青年林业科技工作者经验交流会。会前由各省级林学会推选出优秀青年林业科技工作者52名。会上报告了先进事迹，交流了经验，探讨了成才之路，并向有关领导部门和各级林学会提出了培养青年人才的建议。会上董智勇副部长，吴中伦理事长，王战、阳含熙顾问讲了话。

12 月 29 日　中国林学会举行了优秀林业青年科技工作者先进事迹报告会，有 6 名优秀青年代表（刘峰、王春方、何美成、朱黎萍、刘琪琛、陈冬民）在会上报告了先进事迹。中国科协书记处书记陈泓，林业部副部长董智勇、徐有芳、王殿文，造纸学会理事长王毅之等出席会议。首都林业界 200 多人到会听了报告。

12 月　树木生理生化专业委员会在南宁召开第四次树木生理生化学术讨论会。会议由王沙生主持。

12 月　林业经济学会在北京召开以中国林业发展道路为主题的讨论会。会议由雍文涛主持。

12 月　完成《山区种参的一条新路》和《国营林场兴旺之路》两部录像片。

12 月　根据全国各省（自治区、直辖市）林学会的统计资料，全国林学会会员为 43245 人。

本年　完成中国科协委托项目"农、林、牧良性循环试验点——北京洼里"的现场土壤调查，测定土壤理化性质，根据渔场特点和土壤理化性质，已完成绿化设计书和图纸。

1987 年

1 月 1～8 日　由中国林学会、中国造纸学会联合主办的"全国林纸联合论证会"在北京召开。与会代表 99 人，交流论文 60 篇。会议总结国内外经验，通过研讨论证，提出了"以林养纸，以纸促林，林纸联合一体化生产"的建议。

2 月 17 日　中国林学会与中国环境保护学会、《我们爱科学》编辑部、北京大学环境保护研究中心共同在我们爱科学杂志社内开展"人与大自然"知识竞赛活动。

2 月 26 日　中央电视台播出中国林学会摄制的电视片《山区兴旺之路》。

2 月　中国林学会与全国政协农业经济组联合在政协礼堂召开"绿化国土，保护发展森林植被"的知名专家的座谈会。

2 月 28 日～3 月 4 日　林业气象专业委员会成立大会暨 1987 年学术年会在广东省新会县召开。与会代表 85 人，交流论文 87 篇。会议围绕森林小气候及观测方法、防护林气象、营林气象、林业气象进行了交流讨论。

4 月 16～20 日　中国林学会森林经理分会第三次林业遥感学术讨论会在陕

西省西安市召开。与会代表 60 人，交流论文 52 篇。会议围绕航片应用、多种遥感资料复合应用、数字图像处理等五个方面进行了广泛深入的交流、研讨。

5 月　由中国林学会、中央绿化委员会办公室、北京市少年宫、少年科普报社联合主办"绿化、美化我们的校园"征文赛。

5 月　中国林学会与北京少年宫、中国植物学会、中国遗传学会联合举办北京青少年"植物组织培养"竞赛。

6 月　中国林学会主编的《伐区调查设计》一书出版。

6 月 2～6 日　"三北"防护林体系工程建设学术讨论会在北京举行。与会代表 69 人，交流论文 102 篇。会议围绕"三北"防护林体系建设开展了讨论，讨论了"三北"防护林建设工程二期规划；成立了中国林学会水土保持专业委员会。

6 月 10～14 日　林业机械学术讨论会暨第二次会员代表会议在北京召开。与会代表 54 人，交流论文 27 篇。会议审议了第一届理事会工作报告；围绕营林、人造板等机械进行了学术交流；提出了《关于加强发展林业机械化和加强护林防火工作的建议》。

7 月 1～4 日　第一次全国软木学术讨论会在西安召开。与会代表 49 人，交流论文 21 篇。会议围绕技术标准、加工机械、软木理化性质、发展战略等进行了研讨。提出了促进我国软木发展的 11 条建议。

7 月 22～28 日　中国林学会与中央绿化委员会办公室、中国绿化基金会联合在昆明举办青少年林学夏令营总营。

9 月 11～15 日　全国速生丰产林和间伐材综合利用学术讨论会由中国林学会木材工业学会和杨树专业委员会联合在北京召开。与会代表 88 人，交流论文 69 篇。会议围绕"速生丰产林定向培育和合理加工利用相结合"提出了六项有关建议。

9 月 18～23 日　国际森林水文学研究方法学术讨论会由中国林学会、美国 MAB（人与生物圈计划）联合在黑龙江哈尔滨召开。国内外与会代表 50 人，交流论文 43 篇。会议围绕中国森林水文学现状、研究方法以及美国、联邦德国的森林水文学研究进行了交流。

9 月 21～25 日　种子生理学术讨论会在湖南株洲召开。与会代表 46 人，交流论文 38 篇。会议围绕分子生物学、种子活力、种子呼吸、种子休眠等进行了研讨；提出了组织休眠、贮藏的协作攻关等四项建议。

10 月　中国林学会主编的《森林与水》一书出版。

10 月 6～10 日　第六次全国植物与环境保护学术讨论会在山东青岛召开。会议由中国环境科学学会、中国林学会、中国植物生理学会、中国生态学会、中国农业环境保护协会联合召开。与会代表 137 人，交流论文 133 篇。会议就生态监测、高等植物对污水的净化作用，森林衰亡等方面进行了讨论。

10 月 11～14 日　第三次全国活性炭学术讨论会在北京召开。与会代表 157 人，交流论文 280 余篇。会议围绕活性炭制备、利用、生产管理和科研等方面进行了深入、广泛的交流。

10 月 12～22 日　中国林学会首次学会干部进修班在湖南大庸举办。来自 19 个省（自治区）的 32 名学员参加学习。

10 月 13～15 日　第五次制材学术讨论会在辽宁瓦房店召开。与会代表 38 人，交流论文 37 篇。会议提出了"实行制材结构改革，大力发展木材综合利用"等十项建议。

11 月 16～19 日　全国经济林产品加工利用研讨会在湖南省大庸市召开。与会代表 51 人，交流论文 31 篇。会议围绕经济林品种栽培、产品开发、加工技术与利用进行了交流；提出了加强经济林产品加工利用的六项建议措施。

11 月　中国林学会主编的《造林技术》一书出版。

11 月 26～27 日　"酸雨对大农业的危害及其对策"学术考察专题报告会在北京举办。80 人参加会议，发表专题报告 8 篇。

11 月 30 日～12 月 8 日　全国野生植物资源开发利用研讨会在贵州遵义召开。与会代表 108 人，交流论文 87 篇。会议针对破坏性利用、高质新品种少、忽视综合开发利用的现实情况等提出了四项解决对策。

11 月　《林业科学》增出营林专辑和昆虫专辑。

12 月 2～5 日　第二次全国农村能源学术讨论会，由中国能源研究会、中国电机工程学会、中国林学会等六个学会在安徽合肥联合召开。与会代表 230 人，交流论文 203 篇。

12 月 8～12 日　中国林学会林业史分会成立暨第一次学术讨论会在北京召开。与会代表 68 人，交流论文 46 篇。成立第一届理事会，下设林政史等四个学组。提出了"以史为鉴，深化改革，振兴我国林业"的建议。

12 月 25 日　中国林学会成立 70 周年庆祝大会在北京召开。国务委员方毅、中国科协名誉主席周培源、林业部部长高德占、中顾委委员罗玉川、雍文涛等领导到会。方毅为庆祝中国林学会成立70周年题词："振兴林业、绿化祖国"。

1988 年

1月10日　中央电视台播出《我爱绿色世界——1987年林学夏令营昆明总营》录像片。

1月12～16日　森林综合效益研讨会在广东东莞召开。与会代表32人，交流论文21篇。通过多学科的交流，探明我国森林综合效益的评价方法和模式，明确林业在国民经济建设和发展中的地位、作用。

1月19～23日　中国林学会第一次科普网会议在黑龙江哈尔滨召开。

2月1～10日　中国林学会与计算机专业委员会联合举办青少年计算机培训班。

3月1日　陈嵘诞辰100周年纪念会在北京举行。来自林业部、九三学社科教委员会、中国林学会、中国农学会、中国林业科学研究院等单位的近百位专家、领导参加。

4月7～13日　全国第三次林病学术讨论会在江西九江召开。与会代表140人，交流论文164篇。

4月27～30日　由中国科协主办、中国林学会牵头、准备了三年(包括筹备、考察、讨论阶段）的"酸雨对大农业的危害及其对策"学术研讨会在北京召开。与会代表108人，交流论文61篇。会议认为，我国南方重酸雨区对大农业已经造成较严重的危害。会上讨论并通过了建议书和纪要。

5月17～21日　全国林业职工教育领导干部研讨班、林业职工教育研究会1987年年会在北京召开（举办）。与会代表49人，交流论文30篇。会议决定筹办《高等林业教育信息》，产生教育学会第三届理事会，建立了林业高等教育研究会，调整充实了期刊编委会。

6月　中国林学会主编的《森林植物》一书出版。

7月21～25日　中国林学会林产化学化工分会理事会暨工业管理学术讨论会在福建崇安召开，与会代表70名，交流论文20篇。

7月22日～8月2日　中国林学会与中央绿化委员会办公室、中国绿化基金会联合在吉林长白山举办青少年林学夏令营。来自香港地区的28名师生和内地

师生共 70 人参加。

10 月　中国林学会主编的《猕猴桃知识》一书出版。

11 月 2～5 日　全国经济林立体经营模式学术讨论会在湖南郴州召开。与会代表 74 人，交流论文 41 篇。会议提出了立体经营的概念，提出了经济林立体经营的概念及其内涵、外延及其模式。

11 月 4～7 日　中国林学会造林分会第二届学术讨论会暨理事会换届会议在湖南长沙召开。与会代表 64 人，交流论文 130 余篇。会议讨论了进一步提高造林质量的研究方向、理论与技术问题。

11 月 10～13 日　中国林学会树木学会第三次学术会议在湖北武汉召开。与会代表 40 人，交流论文 20 篇。会议主要议题是交流、讨论我国树种资源保护、开发利用树木学教学改革、培养人才的经验。

11 月 11～14 日　全国第二次森林植物资源开发利用学术讨论会在广西环江召开。与会代表 74 人，交流论文 52 篇。会议就森林植物资源的经济效益、合理开发、深度加工、综合利用等方面进行讨论并提出了有关建议。

11 月 13～15 日　全国营林气象学术会议在浙江省嵊县召开。与会代表 60 人，交流论文 39 篇。

11 月 15～18 日　提高林木良种基地经济效益学术讨论会在福建三明召开。与会代表 65 人，交流论文 40 篇。会议就林木良种等方面存在的问题和技术经验等进行了讨论，研究了解决现存问题的做法，并向主管领导部门提出了建议。

11 月 21～24 日　加速杉木良种化进程学术讨论会在浙江开化召开。与会代表 47 人，交流论文 30 篇。会议议题是如何加速把已取得的研究成果转化为生产力。

12 月 4～7 日　经济林产品加工利用学术讨论会在云南昆明召开。与会代表 100 余人，交流论文近 60 篇。会议重点交流了各地以经济林产品加工果脯、罐头、果汁饮料、香料色素、药材等方面的经验和市场信息，并研究了今后我国经济林产品加工利用方针、路线及开展学术活动问题。为加速经济林产品的加工利用，提出了六项有关建议。

12 月 5～8 日　森林经理现场学术讨论会在安徽亳州召开。与会代表 80 余人，交流论文 60 余篇。

12 月 7～10 日　第三届林业造纸学术讨论会在江苏南京召开。与会代表 69

人，交流论文 23 篇。会议的议题是：今后林业造纸的方向；加快林纸结合的措施；减轻小型制浆造纸厂环境污染的途径；改、扩建和新建大中小型制浆造纸厂的经验。

12 月 22～24 日　中国林学会森林水文及流域治理分会成立大会暨"水灾与森林"研讨会在北京召开。与会代表 52 人，特邀代表 9 人，交流论文 8 篇。代表们根据近年来我国连续发生的水灾，结合大会交流的有关学术报告，对"水灾与森林"进行了充分的讨论。

1989 年

1 月 8～12 日　中国林学会第七次全国会员代表大会在陕西西安召开。林业部副部长徐有芳到会讲话。董智勇当选为新一届理事长。

1 月　《林业科学》由季刊改为双月刊。

4 月 18～21 日　中国林产工业公司、国家林业投资公司林产工业项目部和中国林学会木材工业分会在安徽芜湖联合召开全国人造板胶粘剂及表面加工研讨会。与会代表 97 人，交流论文 42 篇。会议研讨了人造板配套工业——胶粘剂及表面加工的发展方向、战略；总结交流人造板胶粘剂及表面加工的科研、生产情况和经验、措施；商讨如何解决胶粘剂原料供应和基地建设等。

5 月 26～29 日　中国林学会木材工业分会第三次全国会员代表大会在湖南衡阳召开。与会代表 64 人，交流论文 19 篇。会议进行了以"提高木材合理利用，节约利用，综合利用效益"为主题的学术讨论；讨论并通过了《关于充分合理利用我国木材资源的建议》和《关于我国人造板工业发展战略建议》。

7 月 20～27 日　中国林学会、全国绿化委员会办公室、中国绿化基金会联合在安徽黄山举办第八期全国青少年林学夏令营黄山总营。7 省（市）的 70 名师生参加活动。

8 月 17～18 日　《中国古树志》编写会议在北京召开，与会代表 31 名。中国林学会理事长、《中国古树志》主编董智勇对编写的设想等方面提出建议。代表们对著作的名称、古树的概念和范围、编写经费及编写进度进行了讨论，制订了《编写计划实施方案（修改稿）》。

9 月 11～13 日　中国林学会木材科学分会成立大会暨第一届学术研讨会在黑龙江哈尔滨召开。与会代表 47 人，交流论文 40 余篇。

10 月 9～14 日　第二届森林昆虫学会学术讨论暨换届选举在新疆乌鲁木齐举行。与会代表 98 人，交流论文 136 篇。会议议题：做好森林害虫灾害控制，为林业 2000 年发展目标服务。

10 月 18～20 日　第三届全国植被纤维水解利用学术讨论会在北京召开。与会代表 69 名，交流论文 76 篇。会议研究分析了我国以糖醛产品为骨干的水解生产及科学研究现状，研讨了本学科及生产领域近、中期发展战略。

11 月 7～20 日　中国林学会举办胶粘剂培训班。

11 月 8～12 日　全国林木引种学术讨论会，在浙江富阳召开。与会代表 61 人，交流论文 57 篇。中国科学院生物学部委员、树木生态学家、中国林学会名誉理事长吴中伦作了《中国树木引种和科学研究的回顾与展望》专题报告。

11 月 10～14 日　中国林学会森林采运分会第四届代表大会在河南中牟召开。与会代表 47 人，交流论文 28 篇。会议集中讨论了森林资源危机、林业企业经济危困情况，认为解决"两危"的问题已经到了刻不容缓的地步，讨论了森林采运的出路，解决"两危"的途径。

11 月 17～19 日　林业遥感学组在北京举行了第四次林业遥感研讨会。主题为"遥感技术在森林资源监测中应用"。讨论会以现场交流并深入研讨为主，以遥感技术在森林资源监测中实际应用为目标，促进在生产实践中的推广应用。

11 月 25～28 日　全国林业科技情报会议在湖北武汉召开。与会代表 48 人，交流论文 12 篇。会议主题：以现代化手段在林业科技情报工作中的应用，围绕 IBM——PC/XT 微机和兼容机上实现文献检索，图书资料管理，档案管理，事实数据库服务等快速、方便、准确的现代化服务；交流了林业科研项目进展中情报和林业情报工作经验。成立了林业情报学会。

12 月 1～3 日　中国林学会森林生态分会第三届常务理事扩大会议暨速生丰产林基地生态学问题研讨会在北京召开。与会代表 24 人，交流论文 35 篇。会议以书面交流与会议讨论相结合的方式，研讨中心议题：我国速生丰产林基地建设的生态问题与对策。

12 月 3～6 日　中国林学会森林防火专业委员会在四川乐山成立。与会代表 52 人，交流论文 63 篇。会议主题："如何提高消防、扑救森林火灾的有关措施"。

12 月 5～7 日　中国林学会在北京召开 1989 年科普网工作经验交流会。

12 月 9～15 日　森林立地学术讨论会在浙江宁波召开。与会代表 70 人，交流论文 44 篇。

　　12 月 10～20 日　中国林学会在北京举办"三板"标准培训班。

　　12 月 18～24 日　中国林学会与山西省林学会在北京举办"刘清泉古稀树木摄影展览"。

　　12 月 21～25 日　由农业部、林业部、水利部、国家民族事务委员会、国务院贫困地区经济开发领导小组办公室和中国林学会、中国农学会、中国生态经济学会、中国生态学会、中国水利学会、国土经济研究会、中国水土保持学会、中国土地学会、中国山区开发研究咨询中心与广东省等在广东省韶关市联合召开全国山区优化开发综合治理研讨会。与会代表近百人。会议主要议题：如何挖掘山区潜力，改变山区目前的落后面貌，在总结山区开发治理典型经验的基础上，探讨不同类型山区经济发展的出路；在政策、理论、技术上作出科学的分析，提出合理化建议。会议提出了山区建设方针："综合开发，综合治理，开发与治理相结合；统一规划，加强领导，各方齐办，协调发展"，并提出了山区建设有关建议。

1990 年

　　1 月　中国林学会组织编写的《现代林业知识》一书出版。

　　4 月 22 日　中国林学会、中国地质学会、中国野生动物保护协会等单位在北京自然博物馆举办"地球日"展览。国务委员宋健、著名科学家周光召及联合国教科文总干事泰勒先生到会并讲话。

　　5 月 8～11 日　全国松香、栲胶学术讨论会在云南昆明召开。与会代表 56 人，交流论文 21 篇。会议就松香、栲胶生产中存在的问题提出了建议。

　　5 月 16～19 日　中国林学会在海南通什市畅好农场召开化学除草剂应用技术现场经验交流会。参加会议的有 16 省（自治区、直辖市）的 70 名代表。

　　5～6 月　5 月 27 日、6 月 3 日、6 月 10 日中央电视台分别播出由中国林学会摄制的《绿色警钟》电视片一、二、三集。

　　5 月 29～31 日　第二次全国软木学术讨论会在湖北武汉召开。与会代表 46 人，交流论文 11 篇。会议交流了国内外科技、生产信息，针对当前软木生产中存在的主要问题进行了讨论，并提出了意见。

　　6 月 22 日　中国科协组织 8 个全国性学会及市区 4 所科技点到中国林学会

设在怀柔一中的"林学科技小组"召开中学生物科技活动现场会。

7月16～20日　全国森林统计遗传与遗传参数研讨会在北京召开。与会代表48人，交流论文42篇。

7月21日～8月2日　中国林学会、全国绿化委员会办公室、中国绿化基金会联合在湖南张家界举办中国内地与香港地区师生林学夏令营。

7月22～27日　第一届国际森林土壤学术讨论会在黑龙江哈尔滨召开。与会代表100余人，交流论文89篇。会议主题为：森林土壤与现代营林。

8月2～5日　全国针叶树病害学术讨论会在长白山自然保护区管理局召开。与会代表56人，交流论文63篇。会议针对针叶树病害的问题广泛交流了近几年来所取得的科研成果和生产经验，并就今后深入研究、开展林病工作提出了建议。

8月21～23日　全国林区浆果开发利用学术讨论会在黑龙江哈尔滨召开。与会代表49人，交流论文28篇。会议对林区浆果资源调查、化学分析、加工工艺、综合利用等方面进行了探讨，提出了为促进我国林区浆果开发利用的有关建议。

9月　中国林学会在辽宁大连举办省林学会专兼职干部研讨班。

9月3～8日　树木学教学讨论会在黑龙江哈尔滨召开。与会代表22人，交流论文20篇。

9月15～28日　中国林学会代表团一行8人赴日本考察森林组合。

10月9～12日　全国阔叶树病害学术讨论会在南京林业大学召开。与会代表65人，交流论文60余篇。中心议题是探讨森林病害防治包括病害流行规律、预测预报、损失量估计和防治方法等重要问题。

10月11～13日　森林采运学术讨论会在黑龙江伊春召开。与会代表88人，交流论文78篇。会议对采运技术及经营管理方面的问题进行了讨论并提出建议：①坚持合理采伐，保护好现有森林资源；②强化森林资源管理，严格控制森林资源的过量消耗；③加强伐区剩余物生产，充分利用林木资源；④应用网络技术，实行木材统筹运输；⑤要重视对林区公路的管理和养护；⑥国家给予相应的扶持政策。

10月13～15日　中国林学会经济林分会第二次全国会员代表大会在湖南株洲召开。与会代表83人，交流论文55篇。会议以良种选育、野生植物资源利用、加工利用和丰产栽培为专题进行了讨论。

10月17～20日　国际树木提取物化学与利用学术讨论会在江苏南京召开。与会代表113人，发表论文125篇。会议交流了松香、松节油、单宁、生漆、精油、色素、生物活性物质等方面的研究成果，并进行了广泛的讨论。

10月30日～11月3日　中国林学会计算机应用分会第三次学术讨论会暨换届选举在北京举行。与会代表72人，交流论文72篇。会议主题为：面向90年代的林业计算机应用。会议就计算机应用工作中存在的主要问题提出建议。

11月5～11日　中国林学会木材科学分会第二次学术讨论会在湖南株洲召开。与会代表57人，交流论文56篇。

11月10～14日　全国观赏植物病害学术讨论会在贵州贵阳召开。与会代表55人，交流论文53篇。会议对近年来我国观赏植物病害试验研究的成果及检疫、防治经验以及存在问题进行了深入的讨论。代表们就观赏植物、花卉这个新兴产业中存在的问题提出建议：①制定"八五"花卉行业规划；②筹建优质种苗生产基地，努力开发、利用野生花卉资源；③落实花卉出口政策，切实加强对危害性病害的防治与检疫工作，使花卉打入国际市场。

11月22～25日　国际桉树学术研讨会在广东湛江召开。与会代表153人，交流论文156篇。会议展示了一个世纪以来我国在桉树引种、繁育、加工利用方面的成就、效益。

11月24～29日　中国林学会在四川乐山召开1990年科普工作会议暨林业科普工作理论研讨会。

12月4～11日　长江中上游防护林体系建筑工程学术讨论会在四川成都召开。与会代表153名，交流论文108篇。此会由中国林学会牵头，四川、云南、贵州、湖北、湖南、青海、江西、甘肃、陕西、安徽10个省林学会和水土保持、生态、昆虫、病理学会联合组织召开。与会代表就长江中上游防护林体系建筑工程的规划、结构、战略思想、劣质地造林、经营技术及有关经济、技术、政策问题进行了交流，并向国务院及有关部门提出了《关于加强长江中上游防护林体系建设工程建议书》。

12月5～7日　中国林学会森林病害学会经济林病害学术讨论会在中南林学院召开。与会代表42人，交流论文35篇。

12月5～10日　"中国南方森林经理理论与实践问题"第四次座谈会在广

东三水召开。与会代表 42 人。会议主题：环境、富裕、文明——走林业综合发展道路。座谈会回顾了南方森林经理 10 年来的理论、实践取得的进步和面临的问题。

1991 年

2 月 24～26 日　中国林学会在湖南长沙召开各省主管林学会工作的林业厅（局）长会议。

3 月 11～13 日　受中国科协委托，由中国林学会组织的"沙产业研讨会"在北京召开。专家、学者和有关部门的领导共 55 人参加会议，交流论文 38 篇。会议由中国林学会理事长董智勇主持。全体代表围绕钱学森教授报告中阐述的观点，就沙产业的概念、内涵和创建沙产业的可行性、重大战略意义及当前需要进行的具体工作开展了广泛深入的研究讨论。

3 月 13 日　中央电视台播出中国林学会摄制的电视片《沙漠生命》两集。

5 月 14～18 日　太行山防护林体系建设工程学术会议在山西壶关召开。与会代表 122 人，交流论文 90 篇。会议向有关部门提出七项重大建议。

6 月 18～23 日　中国林学会和江西省林学会联合在江西庐山举办科普创作培训班。

7 月 18～25 日　中国林学会在山东烟台长岛举办第十届全国林学夏令营总营活动。参加人数 100 名。

8 月 21～23 日　中国林学会在内蒙古自治区呼伦贝尔盟召开林业化学除草开设防火线现场会，有 5 省（自治区、直辖市）的 52 人参加。

9 月 10～14 日　中国林学会在贵州贵阳召开林业科普网站工作经验交流会。

9 月 15～19 日　第三次全国经济林产品加工利用学术研讨会在河南西峡召开。与会代表 51 人，交流论文 40 篇。

9 月 18～21 日　中国林学会委托林业气象专业委员会和广东省林学会在广东省湛江市联合召开全国沿海防护林学术研讨会。与会代表 67 名，交流论文 41 篇。主要议题：交流沿海防护林国内外概况、结构配置、树种选择、典型模式以及生态经济效益等研究成果。

10 月 27～29 日　在云南省昆明市召开中国林学会第七届第三次理事会，马联春等 16 位同志获首届中国林学会优秀秘书长奖。

11月1～4日　人工林地力衰退与防治学术讨论会在北京召开。与会代表42人，交流论文35篇。主要议题：交流各地在杉木、杨树、落叶松和国外松等的人工林建设和科学试验中出现的地力衰退、林分生产力下降原因和综合防治对策。

11月4～9日　松毛虫、杨树天牛综合防治学术讨论会在四川成都召开。与会代表91人。

11月5～8日　"90年代林业科技情报为林业建设服务学术讨论会"在四川成都召开。与会代表38人，交流论文58篇。

11月14～19日　中国林学会在林木遗传育种分会第三次全国代表大会暨第六次学术报告会在贵阳召开。与会代表139人，交流论文150篇。内容涉及遗传育种资源选择和研究、种源试验、种子园和子代测定、无性系选育、林木生物技术以及群体遗传学等领域。

12月10～13日　第三次木材防腐学术讨论会在广州召开。与会代表39人，交流论文27篇。代表们就木材防腐广泛交流了国内外情报和信息，通报了近两年的科研成果和进展。

12月10～15日　第五次全国森林土壤学术讨论会在桂林召开。与会代表130人，交流论文130篇。会议主题为：提高土壤肥力，扩大森林资源。

12月21～25日　中国林学会林产化学化工分会林产工业管理学术讨论会在厦门召开。与会代表93人，交流论文29篇。

1992 年

3月　植树节期间，中国林学会、林业部教育宣传司、中国林业报社联合举办林业科普创作有奖征文赛。

4月25日　中国林学会在武汉召开省级林学会秘书长工作会议。

6月14日～7月3日　中国林学会副理事长吴博率团访问加拿大。

7月15～20日　中国林学会和中国生态学会联合在河南鸡公山自然保护区举办林业生态夏令营。55名中学林业科技小组的师生参加。

8月4～7日　由林业部、中国科协发起，中国林学会筹办的沙地开发利用国际学术研讨会和全国治沙暨沙业学会成立大会在陕西榆林召开。日本、以色列专家出席会议。与会代表共98人，交流论文30篇。会议中心议题：依靠科学开发利用沙地，合作交流，造福人类。全国治沙及沙业学会成立，董智勇任

理事长。

8 月 20～23 日　首届城市林业学术研讨会在天津召开。与会代表 57 人，交流论文 41 篇。会议由中国林学会、天津林学会共同主持召开。北京等 12 个直辖市、计划单列市的代表及有关单位的人士出席会议。会议提出了城市林业建设的指导思想。

8 月 28 日～9 月 7 日　日本静冈县丝绸之路农林考察团一行 18 人到中国林学会访问。

9 月 1 日　日本福冈县林业友好访问团一行 15 人到中国林学会拜访。

9 月 1～4 日　"三北"生态经济型防护林体系建设学术研讨会在黑龙江省齐齐哈尔市召开。与会代表 44 人，交流论文 28 篇。会议提出生态经济型防护林体系是我国"三北"地区防护林建设的目标。

9 月 10 日　台湾省中华林学会理事长、台湾大学教授郭宝章先生到中国林学会访问。

9 月 14 日　中国林学会木材科学分会第四次学术研讨会在内蒙古林学院召开。与会代表 41 人，交流论文 38 篇。

9 月 22～25 日　中国林学会树木学分会第五次学术交流暨换届改选会议在浙江林学院召开。与会代表 62 人，交流论文（著）60 篇（部）。会议提出树木学科发展战略的基本原则。会议选出以朱政德为主任委员的第三届委员会。

10 月 14～16 日　中国林学会竹子分会成立大会暨第一届学术讨论会在杭州召开。与会代表 76 人。会议交流了我国竹业发展的概况和对策，竹资源及其保护与利用，竹子营林、生态学、生理学和生物学等内容。会议产生以范福生为主任委员的竹子分会第一届委员会，挂靠中国林业科学研究院亚热带林业研究所。

10 月 15～18 日　中国林学会经济林分会科技兴林学术讨论会在新疆乌鲁木齐召开。与会代表 74 人，交流论文 53 篇。会议交流了经济林研究的科研成果、发展经济林的典型经验。

10 月 20～21 日　全国人造板生产及应用技术研讨会在烟台召开。与会代表 102 人，交流论文 58 篇。会议研讨了湿法硬质纤维板生产线的技术改造问题。

10 月 20～21 日　深化改革，加强森林科学经营，提高林地生产力专家讨论会在北京召开。与会专家 30 人，交流论文 23 篇。会议围绕"加强森林科学经营、大幅度提高林地生产力"这一关键问题进行研讨。

10 月 27~30 日　中国林学会计算机应用分会第四次学术讨论会在四川省林业科学研究院召开。与会代表 36 位，交流论文 46 篇。

11 月 10~13 日　杨树定向培育与加工利用研讨会暨第四届全国杨树会议在桂林召开。与会代表 91 名，交流论文 78 篇。会议围绕杨树栽培、育种、病虫害防治、木材加工利用进行了研讨。

11 月 18~21 日　中国林学会林业机械分会 1992 年学术研讨会暨第三次代表大会在哈尔滨召开。与会代表 47 人，交流论文 21 篇。

11 月 27~30 日　中国林学会在浙江富阳召开 1992 年科普工作会议，交流1992 年科普工作经验，讨论科普工作如何适应市场经济新形势；交流技术推广联系一个点，普及一项实用技术的经验。

11 月 28 日~12 月 2 日　全国第十一届桉树学术交流会在海口召开。与会代表 87 人，交流论文 44 篇。

12 月 9~13 日　第六次全国林业气象学术讨论会在桂林召开。与会代表 46人，交流论文 43 篇。会议就森林气候、防护林气象、森林与全球气候变化、林木生产与气象条件、森林生态气候效益的计量研究五个方面进行了研讨交流。

本年　推荐王凤友等四位同志为中国科协第三届青年科技奖候选人。王凤友同志荣获中国科协第三届青年科技奖。

1993 年

3 月 12 日　中央电视台播出中国林学会摄制的《绿在高原》电视片。

5 月 5~8 日　中国林学会造林分会第三届委员会暨学术讨论会在江苏扬州召开。与会代表 60 人，交流论文 42 份。

5 月 25~27 日　中国林学会第八次全国会员代表大会在厦门召开。林业部部长徐有芳出席会议并讲话。

6 月　中国林学会理事长扩大会议决定设立中国林学会青年科技奖。

7 月 18~25 日　中国林学会与中国生态学会联合在贵阳花溪举办林业生态夏令营。参加营员 50 人。

8 月　经中国林学会第八届一次常务理事会研究决定，聘任由吴中伦任主编、沈国舫任常务副主编等 40 位各学科带头人及专家组成第七届《林业科学》编委会。

10 月 16 ~ 19 日　中国林学会木材科学分会第五次学术研讨会在黄山召开。与会代表 65 人，交流论文 47 篇。

10 月 20 ~ 25 日　第八届植物与环境保护学术讨论会，由中国农业环境保护学会、中国林学会等 5 个全国性学会共同举办，在西安召开。101 位代表出席会议。

10 月 22 ~ 28 日　海峡两岸竹工机械加工学术交流会在长沙召开。来自湖南、台湾等 11 省（自治区）的林业、轻工、外贸等行业的代表 150 人参加了会议。台湾整厂联合辅导推动中心及台湾锦荣机器厂方面共 12 名代表出席会议。这次会议改变传统的学术会议开法，学术讨论与产品展示结合，产学结合。会议提出"以资源为基础，以市场为导向，依靠科学技术高效开发利用资源"的竹材利用指导思想，以及加强竹业的宏观调控等 7 条建议，海峡两岸的人士通过接触，交换意见，增进理解，明确了合作意向。

10 月 25 ~ 29 日　全国首次森林病理教学改革及学术研讨会在北京林业大学召开。与会代表 31 人，交流论文 20 余篇。讨论内容主要涉及教学方式方法，理论联系实际，课程设置，教学内容等教学改革的问题，以及植物医学等当前植物病理学科中的重要问题。会议提出森林保护专业培养出的毕业生基本要面向基层；拓宽专业面，一专多能；具有较强的适应性及应变能力；具有独立工作的能力及动手能力等。

10 月 26 ~ 29 日　中国林学会林业情报专业委员会学术讨论暨理事会换届会议在山东泰安举行。与会代表 50 人，交流论文 20 篇。

11 月 11 ~ 13 日　中国林学会林产化学化工分会第三次植物资源开发利用学术讨论会在江西抚州召开。与会代表 32 人，交流论文 24 篇。会议内容涉及天然香料植物色素、林产药物、成分分析及加工精制、综合利用等方面。提出白刺、黄毛木、银杏叶、望春花等多种林区资源的开发利用。

11 月 11 ~ 15 日　中国林学会第三届森林昆虫分会学术讨论会在北京召开。与会代表 102 人，交流论文 61 篇。会议认为我国森林害虫防治形势依然严峻，建议从加强虫灾早期监测、微生物杀虫剂的规范化等六个方面入手做好工作。

11 月 26 ~ 28 日　全国薪炭林研讨会在北京召开。与会代表 50 人，交流论文 58 篇。会议由中国林学会和林业部造林经营司联合召开。会议提出增加"九五"期间对薪炭林的科研投入，加强行政管理等八项建议，起到了为决策提供参谋的作用。

12 月 1～4 日　中国林学会森林生态分会第四届理事会暨森林、环境、持续发展学术讨论会在福建三明召开。与会代表 60 多人，交流论文 95 篇。会议围绕全球气候变化对森林生态系统的影响，森林生态系统养分循环与生产力的关系，人工林地中的生态问题，几项生态林业工程的生态问题展开了讨论交流。

12 月 6～10 日　全国种子园学术研讨会在广东英德召开。与会代表 50 人。会议研讨了提高种子两位专家到会，并提交了专家分析建议稿《关于加强森林病虫灾害防治工作的建议》。

12 月 22～25 日　中国林学会在广西南宁召开第八届科普工作委员会工作会议。

本年　中国林学会荣获由中国科协、国家教委、国家自然科学基金会、国家环保局联合颁发的"指导全国青少年生物百项活动中作出突出成绩"的优秀指导奖。

1994 年

2 月　李吉跃、张守攻等 15 位同志获第三届中国林学会青年科技奖。推荐张守攻等两位同志为中国科协第四届青年科技奖候选人。张守攻荣获中国科协第四届青年科技奖。

3 月 20 日　中央电视台播出中国林学会摄制的两部电视片《走出困惑》《绿色水库》。

3 月　日中农交常务理事率团来访，讨论双方合作计划，决定扩大交流。

3 月 22～25 日　中国林学会竹子分会青年学术论文交流会在中国林业科学研究院亚热带林业研究所召开。与会代表 21 人，交流论文 19 篇。

3 月 29 日～4 月 1 日　松香、松节油再加工学术讨论会在无锡召开。会上成立了松香、松节油研究会；提出发展我国松香工业的建议。

5～11 月　中国林学会进行第三次优秀林业科普作品、林业科普先进集体、林业科普先进工作者评选活动。

6 月 11～16 日　中国林学会树木引种驯化专业委员会第三届第一次学术交流讨论会在安徽青阳县召开。与会代表 57 人。会议主题是：发掘和驯化我国乡土树种遗传资源，引进外来树种与开发利用乡土树种并重。

6月27～30日　中国科协学科发展与科技要进步研讨会在北京举办。会议在总结改革开放15年来取得成就的基础上，讨论面向21世纪的学科发展与科技进步问题。中国林学会代表10余人，就我国林学学科发展前景，林业科技体制改革贯彻"稳住一头，放开一片"的对策等方面进行了重点发言。

7月13～15日　干旱、半干旱地区提高造林质量学术研讨会在山西方山召开。林学、农学、水土保持、林业机械、植物病理、生态学方面的专家和工程技术人员120人参加了会议，交流论文65篇。

7月20～26日　中国林学会与中国植物学会联合在辽宁兴城市南关林场举办"生物百项"辅导员培训班。

8月18日　中国林学会林业科技管理专业委员会换届大会在北京怀柔召开。与会代表60人。会议选举产生了第二届委员会，刘于鹤任名誉主任，主任委员刘效章。

9月上旬　干旱、半干旱地区建设森林生态经济系统的战略问题研讨会在内蒙古赤峰召开。与会代表30人。会议是由中国林学会林业区划分会与森林旅游和森林公园分会、中国生态经济学会联合召开。会议提出了"自然规律没有亲疏，不论尊卑，谁能适应它，谁就能获得成功"的指导思想。

9月12～15日　林业机械技术、市场与成果转化研讨会在云昆明召开。与会代表36人，来自科研、教学、生产厂家和管理单位。

9月15～19日　中国林学会森林工程分会第五次代表大会在桂林召开。与会代表50人，交流论文34篇。会议选举产生了第五届委员会。

9月下旬　以林为主山区市场经济发展战略研讨会在河南西峡召开。会议由中国林学会区划分会与中国生态经济学会联合召开。到会专家30人。会议通过深入分析山区的各项优势和走向市场面临的各种基本矛盾，提出了十项原则和措施。

9月　应国际林学会联盟及美国林学会邀请，中国林学会理事长沈国舫访问美国，参加了美/加林学会年会，并向国际林学会联盟阐述了中国林学会加入该会的原则立场。

10月　组织日本专家组对我国长江中上游防护林进行项目考察。

10月10～12日　中国林学会木材工业分会第四届二次理事会暨学术研讨会在上海召开。与会代表114人，交流论文43篇。会议中心议题是：我国城市国有木材加工企业的发展问题。

10月19～22日　亚太地区林木遗传改变研讨会在北京召开。与会国内代表61人、外宾29人，收到论文150篇。会议分育种原理和策略、基因资源和保存等八个方面进行了研讨、交流。

10月20～23日　中国林学会木材科学分会第六次学术研讨会在桂林举行。与会代表92人，交流论文37篇。会议回顾了一年来木材科学科研、学术成绩。6位外国学者作了学术演讲。

11月1～3日　中国林学会林业计算机应用分会第五次学术研讨会在北京大兴召开。与会代表54人，交流论文31篇。会议就关于如何发展我国竹业生产的策略、不同用途竹林的经营技术、竹产品加工技术及有关的应用基础研究方面进行了广泛的交流。

11月10～12日　中国林学会经济林分会第三次全国代表大会在湖南南岳召开。与会代表64人。会议围绕我国经济林事业的发展与建设进行了专题学术报告和研讨。

11月11～13日　针阔叶树病害学术研讨会在浙江富阳召开。与会代表38人，交流论文63篇。会议就持续林业与森林保护、病理学基础、防治技术与策略、高新技术在森林保护中的应用进行交流。会议提出了《关于加强森林病害防治工作的建议》。

11月15～18日　第七次全国林业造纸学术年会暨94林业造纸座谈会在江西安福召开。与会代表64人，交流论文34篇。

11月16～18日　中国林学会城市林业分会成立大会暨第二届全国城市林业学术研讨会在桂林举行。与会代表54人，交流论文24篇。会议认为从人类生活、生存的高度出发，把森林引入城市，让城市坐落在森林中，城市与森林共存，人类与森林共存，是城市林业的发展方向。

11月17～19日　全国桉树第12届学术交流会在南宁召开。与会代表91人，交流论文53篇。

11月18～22日　中国林学会森林经理分会1994年学术研讨会在广东始兴召开。与会代表83人，交流论文94篇。会议通过了《关于加快森林资源产化管理进程的建议》，讨论了《森林资源资产化管理试点方案》。

11月26～28日　中国林学会树木学分会第六届学术讨论会在深圳召开。与

会代表 54 人，交流论文 40 篇。会议就珍稀树种引种保存、树种及林区资源开发、树木分类学、形态学和树木快繁技术进行了研讨。

11 月 28～30 日　人工林立地质量衰退问题研讨会在北京召开。与会代表 20 人，交流论文 10 篇。会议就人工林土壤退化的概念、机制、防治方法进行了研讨。

12 月 15～16 日　由中国科协学会部主办，中国植物保护学会、中国林学会、中国水产学会等四学会牵头的全国病虫害防治研讨会在北京召开。与会代表 54 人，交流论文 35 篇。中国林学会 4 位专家参加会议，提交了《加强森林病虫害防治工作建议》。

1995 年

1 月 6～9 日　中国林学会杨树专业委员会在北京主持召开第五届全国杨树会议。会议提出加强杨树集约经营，提高培育模式研究和原材料基地布局，发展混系造林措施共八项建议。

3 月 11～23 日　加拿大林学会代表团一行 4 人来访，考察了北京、黑龙江、四川、云南等地，就可持续发展、示范林网络、林业教育工作进行了商讨。

3 月 15～17 月　中国森林防火专业委员会在北京主持召开生物与生物工程防火学术研讨会。会议研讨了生物工程防火的机理、技术与前景，交流论文 80 篇。

3 月 21～24 日　中国林学会森林土壤专业委员会结合国家造林项目与国家科技攻关课题阶段成果汇报会召开了第二次全国林木施肥与营养研讨会。

5 月 6～10 日　中国林学会森林旅游和森林公园分会年会在山东泰安召开。与会代表 168 人，研讨了森林公园环境建设问题。

5 月 12 日　中国林学会名誉理事长、中国科学院院士、《林业科学》主编、著名林学家吴中伦逝世。

5 月 21 日～6 月 7 日　中国林学会与台湾省常青人文生态基金会合作，组织赴广西元宝山林区的探险考察活动。参加考察者有美、日、中三国的人类学家、生态学家 15 人。

6 月 15 日～7 月 1 日　台湾省中华林学会代表团来访，考察东北林区、木材加工，并就海峡两岸林业合作展开探讨。

6 月 20～22 日　中国林学会森林病理分会在长沙森林植物园召开全国生物

资源开发利用及市场对策研讨会。与会代表40人，交流论文20篇。

6月22～25日　中国林学会森林工程分会在黑龙江漠河县召开火烧迹地森林生态与森工生产学术会议。内容涉及生态采运技术、生产管理、火灾基地更新及采伐等问题。

6月28日～7月10日　举办森林防火道化学除草技术培训班。

7月　中国林学会理事长沈国舫教授当选为中国工程院院士。

7月6～8日　中国林学会造林分会森林培育教学研讨会在吉林林学院召开。与会代表26人。

7月19～22日　由中国林学会主办，中国林业科学研究院、中国林业机械总公司、中国林产品经销公司协办的中国林学会第三届青年学术研讨暨成果展示会在中国林业科学研究院举行。会议收到论文和科研成果共240份。80位青年科技工作者到会。会议围绕森林培育、林产工业、森林保护与林业政策进行研讨，评选了优秀论文。多家新闻单位进行了报道。

7月20～27日　中国林学会在北京举办第十三届青少年林学夏令营。

7月22～8月3日　中国林学会邀请日本静冈县林业访华团考察黑龙江牡丹江林区、吉林长白山林区，商讨木材工业、乐器材加工、绿色食品开发方面合作的可能性。

8月4～9日　中国林学会在吉林白城召开全国林业科普、组织、评奖工作会议，有18省（自治区、直辖市）及14个专业委员会的代表54人参加会议。

8月19日～9月7日　中国林学会代表团一行5人访问加拿大，考察了加拿大东、西部林区及示范林点、林业科研、教育单位和政府机构。其间，参加了加拿大林学会年会。

9月6～8日　中国林学会经济林分会银杏研究会在河南新县召开全国第四届银杏学术研讨会。主要议题：发展银杏继续作为地区发展战略，基地建设和规模经营向前发展，配套技术措施进一步深入，饮料开发与研究加强。与会代表170人，交流论文70篇。

9月12～14日　中国林学会桉树专业委员会在湖南资兴召开桉树耐寒品种学术研讨会暨"八五"攻关总结会。与会代表50多人，交流论文30篇。

9月20～23日　中国林学会经济林分会杜仲研究会在河南洛阳召开全国第三届杜仲学术研讨会。与会代表94人，交流论文41篇。会议主题：面向21世纪，

我国人造板工业发展问题。

10 月 8~13 日　中国林学会在北京举办首次菌根剂培训班。

10 月 25~27 日　在黄山举办林业化学除草现场会。有 15 省（自治区、直辖市）30 人参加会议。

10 月 25~27 日　由中国经济林协会、中国林学会森林生态分会联合举办的中国山区综合开发战略及农林业复合经营学术讨论会在浙江临安县举行。与会代表 80 人，交流论文 66 篇。会议认为我国山区建设高潮已经到来，要因地制宜加强开发，处理好经济、社会、生态三大效益之间的关系。

10 月 26~28 日　中国林学会经济林分会在云南保山召开全国经济林学术交流会。与会代表 70 人，交流论文 80 篇。会议主题：我国经济林现状、问题与对策。

11 月 1~3 日　中国林学会林业气象专业委员会在福建尤溪召开森林与环境学术研讨会。与会代表 33 人，交流论文 54 篇。

11 月 7~9 日　第六次全国森林土壤学术讨论会在四川雅安召开。与会代表 57 人，交流论文 57 篇。会后出版论文集。主要内容有施肥效应、林下土壤养分循环、土壤理化性质、不同土壤类型与造林开发等。

11 月 26 日　在江西吉安召开中国林学会第八届第二次全体理事会。

11 月 28~30 日　中国林学会竹子分会 1995 年青年学术论文交流会在浙江宁波召开。与会代表 16 人。交流论文 16 篇，评出一等奖 1 篇，二等奖与三等奖分别 2 篇、3 篇。

11 月 29 日~12 月 2 日　由中国林学会林产化学化工分会主办的树木提取物化学与利用国际学术研讨会在福州召开。参加会议的有日本、俄罗斯、秘鲁等国代表 17 人，国内代表 160 人。

11 月 30 日~12 月 5 日　中国林学会在北京召开国际松树萎蔫病学术讨论会。70 多名中外专家与会。代表们对中国在松材线虫的科研与防治方面取得的成果给予高度评价，建议加强国际研究网络建设。

12 月 18 日　科技进步与产业发展研讨会——林业专题分会场在北京召开。目的是为我国有关科技进步和产业发展提出政策性建议。中国林学会组织 20 余名专家参加会议。由理事长沈国舫主持，重点研讨我国林业产业的发展问题。向中国科协提交了《林业产业的现状分析、发展重点与政策建议》。

12 月 26～28 日　由中国林学会林木遗传育种分会主办的灌木育种研讨会在西安举行。与会代表 38 人，发表论文 22 篇。会上成立了西北地区林木育种研究会。

本年　组织编写 21 世纪科技丛书《大森林的未来——21 世纪的林业》。

1996 年

2 月　中国林学会荣获由国家科委、中国科协联合颁发的"全国科普工作先进集体"光荣称号。

3 月　中国林学会推选参加中国科协第五次全国代表大会的代表 4 名为：沈国舫、江泽慧、李葆珍、张守攻；委员候选人 3 名为：沈国舫、江泽慧、张守攻。

3 月　评选张志毅、张灿明等 16 位同志获第四届中国林业青年科技奖。推荐张志毅 8 位同志为第五届中国青年科技奖候选人。经评选，张志毅和张灿明荣获第五届中国青年科技奖。

3 月 27～28 日　林业部科技情报中心与中国林学会林业情报专业委员会联合举办的全国林业科技计算机网络建设座谈会在北京召开。与会代表 30 人，分别来自林业部、国家科委、林业院校、科研、企业等单位。会议主要目的是协调林业科技计算机网络建设的问题。

4 月 24～27 日　中国林学会森林旅游和森林公园分会在广西融水召开森林旅游产品市场开发和营销学术研讨会。来自林业和旅游部门科研、管理和经营方面的代表 50 多人，交流论文 30 篇。

5 月　江泽慧当选中国科协第五届全国委员会常务委员，沈国舫、张守攻当选委员。

6 月 9～23 日　加拿大林学会理事长 John Barker 先生率团，一行 4 人，对中国林学会进行友好访问。

6 月　《森林与人类》与中国林业报合办，《森林与人类》编辑部迁至中国林业报社。

6 月 10～13 日　中国林学会经济林分会在黄山召开经济林分会第三届第二次委员会暨经济林学术研讨会。与会代表 60 人，交流论文 21 篇。

6 月 10～13 日　中国林学会森林工程分会在张家界召开森工企业从粗放经营型向集约经营型经济转变学术研讨会。与会代表 42 名，分别来自生产、管理、

教学部门，交流论文 30 篇。

6 月 20 日　中国林学会于 1996 年初设立青年绿色论坛活动，旨在为青年科技人员提供高层次的长久的学术园地，并于 6 月 20 日在北京举办首次活动。主题为："可持续发展战略指导下的中国林业分类经营"。与会代表 40 人，交流论文 17 篇。11 月中旬在北京举办第二次活动。

7 月 27 日～8 月 3 日　中国林学会在四川卧龙自然保护区举办"走向大自然"第十四届全国林学夏令营。

8 月 13～15 日　中国林学会造林分会和森林生态分会联合举办的混交林及树种间关系学术研讨会在哈尔滨召开。来自科研、教学、生产和管理单位的代表 42 人，交流论文 44 篇。

8 月 26 日～9 月 6 日　应日中农林水产交流协会邀请，以吉林省林业科研管理人员为主组成的中国林学会代表团一行 11 人于 8 月 26 日～9 月 6 日访问日本。

9 月 10～12 日　中国林学会林业计算机应用分会在河北保定召开林业计算机应用分会第六次学术研讨会。来自科研、教学、政府部门、企业、林业调查规划设计部门的代表 44 人，交流论文 69 篇。

9 月 16～20 日　中国林学会造林分会林业化学除草研究会在新疆乌鲁木齐市组织了 21 省（自治区、直辖市）技术人员参加的林业化学除草应用技术交流和经贸洽谈会。

9 月 23～26 日　中国经济林协会、中国林学会森林生态分会、泰兴市政府联合举办的全国生态建设和绿色产业研讨会在江苏泰兴召开。来自科教、生产、政府部门的代表 40 人，交流材料 10 篇。中国经济林学会刘广运会长作了重要讲话。会上成立了全国生态林业协作团。

9 月 23～26 日　中国林学会森林经理分会在长沙召开森林经理分会第九次学术讨论会暨第三届委员会换届大会。来自科教、规划设计、行政管理单位的 95 名代表参加会议，交流论文 90 篇。会议提出了"关于保留森林管理二级学科专业目录"的建议。

10 月 17～21 日　中国林学会木材科学分会在四川雅安召开木材科学分会第七次学术讨论会。来自科教、木材商检系统等单位的 22 名代表出席会议，交流论文 17 篇。另外，还有 6 名日本专家以及 1 名台湾专家到会并作学术报告。会议围绕纸浆材材性、木材理化性质等进行了研讨。

10月18～20日　中国林学会林业机械分会与中国林业机械协会营林机械专业委员会、小动力机械专业委员会在宁波联合召开林业机械学术研讨会与新技术、新产品交流会。来自科教、生产制造厂家、森工企业和生产管理部门等24个单位共40位代表参加会议。

10月21～25日　中国林学会森林生态分会、中国野生动物保护协会与北京林业大学资源学院在山东东营召开中国森林生物多样性保护与自然保护区建设学术讨论会。与会代表51名，交流论文28篇。

10月22～24日　中国林学会木材工业分会与湖南人造板厂等在长沙召开我国中密度纤维板工业发展问题研讨会。来自生产厂家、科教、管理部门的100多名代表参加会议，交流论文36篇。会议是针对中密度纤维板市场出现不景气的形势下召开的。

10月24～27日　中国林学会森林病理分会在苏州召开第五次全国森林病理学术讨论会。来自教学、科研、生产单位的代表97人，交流论文40篇。会议围绕防治理论与策略、分子生物学技术、微生物开发利用等进行了形式多样深入的交流讨论。

10月24～28日　第五届国际植物类菌原体病害学术讨论会在北京召开。会议由中国林学会和中国林业科学研究院举办。来自意大利、美国、澳大利亚、日本、印度、马来西亚、泰国、印度尼西亚、中国等65位专家学者参加了会议。

11月8～10日　中国林学会竹子分会第二次代表大会暨竹子与社会发展和环境保护学术讨论会在浙江安吉召开。与会代表106人，交流论文34篇。

11月11～26日　中国林学会副秘书长李葆珍率团回访加拿大林学会。

11月28～30日　中国林学会森林水文及流域治理分会在北京密云召开森林水文分会1996年年会及学术交流会。与会代表34人，交流论文24篇。

11月30日～12月4日　中国林学会林产化学化工分会在桂林召开林产化工产业发展研讨会暨理事会换届会议。与会代表40人。会议提出《发展薪炭林和活性炭结合的建议》。

12月1～3日　中国林学会桉树专业委员会在福建三明召开第十三届桉树学术交流会。与会代表107人，交流论文60多篇。

12月3～4日　中国林学会森林防火专业委员会在杭州召开森林防火专业委员会全体会议。与会代表63人，交流论文材料13篇。

12 月 17～19 日　中国科协组织 35 个全国性学会及西部 9 省（自治区）科协在北京召开中国西部地区经济发展战略研讨会。与会代表 162 人，收录论文148 篇。中国林学会有 3 篇论文入选。会议向党中央国务院提出了《关于加强我国西部地区开发的建议》。

1997 年

1 月 28 日　中国林学会在北京召开第八届第十一次常务理事会，会议由理事长沈国舫主持。会议主要听取了 1996 年学会工作总结及"九大"换届改选和"80周年纪念大会"筹备情况。

1 月 28 日　第二届中国林学会优秀秘书长评选揭晓，丁美蓉等 15 位同志获此殊荣。

2 月 21 日　中国科协授予中国林学会等 25 个全国性学会"先进学会"称号。

3 月　由中国科协科普部、中国林学会主编，作为全国普及百项农业实用技术的科普挂图《林业化学除草彩色挂图》出版。

3 月 24 日　《林业科学》荣获中宣部、国家科委、新闻出版署颁发的"第二届全国优秀科技期刊三等奖"。

4 月 1 日　中国林学会第八届第十二次常务理事会在北京召开。会议由理事长沈国舫主持，主要研究"中国林学会成立 80 周年纪念大会"和换届改选相关事宜。

4 月 15 日　《林业科学》荣获中国科协优秀科技期刊二等奖。

4 月 21 日　台湾省"大陆林业科技学术交流访问团"一行 12 人到中国林学会访问。

6 月 12～14 日　为庆祝中国林学会成立 80 周年，中国林学会、加拿大林学会共同举办"面向 21 世纪的林业"国际学术研讨会，来自中国、加拿大、美国、日本、澳大利亚等国的 100 多名林业专家参加了会议。

6 月　为庆祝中国林学会成立 80 周年，党和国家领导人江泽民、李鹏、姜春云、温家宝、宋健、陈俊生、朱光亚、周光召分别题词祝贺，题词祝贺的领导同志还有：徐有芳、祝光耀、刘于鹤、李育材、刘广运、沈茂成、蔡延松、雍文涛、张磐石、杨珏、梁昌武、董智勇、沈国舫等。

6 月 16 日　中国林学会成立 80 周年纪念大会在北京中国科技会堂隆重召开。

中共中央政治局委员、国务院副总理姜春云出席纪念大会并作了重要讲话。全国政协副主席、中国科协名誉主席朱光亚，中国科协副主席、书记处第一书记张玉台，林业部部长徐有芳、副部长刘于鹤，中国林学会理事长沈国舫等领导同志分别致辞。加拿大林学会理事长和日本林业技术协会会长应邀出席。会上还颁发了第三届梁希奖和第四届中国林业青年科技奖。

6 月 17～18 日　中国林学会第九次全国会员代表大会在北京召开。会上选举产生了中国林学会第九届理事会，林业部副部长刘于鹤当选为理事长，施斌祥、张久荣、寇文正、尹伟伦当选为副理事长，施斌祥兼任秘书长。大会颁发了劲松奖、第三届陈嵘奖、第二届中国林学会优秀秘书长奖，并对先进挂靠单位和从事林业工作 50 年以上科技工作者进行了表彰。

6 月 18 日　中国林学会第九届常务理事会第一次全体会议在京召开，会议决定聘任宋长义、程美瑾为中国林学会副秘书长。

7 月　《大地保护神》科普图书出版。

7 月 17～24 日　中国林学会举办"走进大自然""我爱首都北京"林学夏令营活动，306 名青少年参加。

9 月 15 日　中国林学会施斌祥秘书长接待日本林学会会长木平勇吉教授的来访，双方就加强合作交流交换了意见。

9 月 19 日　越南林学会副理事长兼秘书长吴德民先生应邀来访，双方商定建立长期合作交流渠道，并决定在森林经理等领域首先开展合作。

9 月 21～25 日　中国林学会树木引种驯化专业委员会在大连召开第八次林木引种驯化学术研讨会，与会代表 61 名，交流论文 57 篇。

10 月 22～24 日　中国林学会林业气象专业委员会与江苏省林学会、无锡市多种经营管理局在无锡联合召开"'97 全国林业气象学术讨论会"，与会代表 55 名，交流论文 32 篇。

10 月 28～31 日　中国林学会木材工业分会第五届第一次委员会暨学术研讨会在河北正定召开。来自全国 20 个省（自治区、直辖市）81 家单位 105 名代表参加了会议。

11 月 6～8 日　中国林学会在重庆召开第九届第一次科普工作委员会会议，会议总结了第八届科普工作委员会工作，研究制定第九届科普工作委员会的工作方向和任务。

11 月 25 日　中国林学会森林经理分会第四届第二次在京常委会在林业部召开。会议由分会主任委员施斌祥主持，主要议题是总结 1997 年分会工作和研究 1998 年分会工作重点等。

11 月　中国林学会林化分会召开 1997 年南京国际高得率浆研讨会，100 余名专家出席，其中外宾 22 人。

12 月 1～2 日　《林业科学》第八届第一次编委会在北京召开。会议就如何进一步提高《林业科学》的质量及在国内外的影响力方面进行了讨论。本届编委会由 43 位专家组成，沈国舫任主编，洪菊生、唐守正任常务副主编。

12 月 13～15 日　中国林学会第九届学术工作委员会第一次会议暨林业新科技革命研讨会在郑州召开，与会代表 50 余人。刘于鹤理事长在会上作了重要讲话，会上成立了由 42 名委员组成的学术工作委员会，并围绕林业新科技革命等问题进行了深入探讨。

1998 年

1 月 1 日　《林业科学》由原来的科学出版社出版改为编辑部出版。

1 月 6 日　中国林学会召开第九届组织工作委员会第一次会议。会议由组织工作委员会主任委员施斌祥主持，副主任委员刘永龙、林进、于志民、熊耀国、何捷以及常委周淑芷等出席会议，中国林学会副秘书长宋长义、程美瑾列席会议。

1 月 8～9 日　由中国科协主办，中国林学会等全国性学会协办的"1998 年病虫害防治分析研讨会"在北京举行。

1 月 20 日　中国林学会第九届第三次常务理事会在北京召开。会议由理事长刘于鹤主持，施斌祥、张久荣、寇文正、尹伟伦、于志民等 11 位常务理事出席了会议。主要议题：贯彻落实中国科协五届三次全会会议精神，通报 1997 年第四季度学会工作情况，部署学会 1998 年重点工作。

2 月 24 日　第五届中国林业青年科技奖评选结果揭晓，在全国 39 个单位推荐的 59 名候选人中，张方秋等 16 位同志获此殊荣。

3 月 10 日　台湾省"两岸林木种源交流团"来中国林学会访问。林业部副部长、中国林学会理事长刘于鹤，常务副理事长兼秘书长施斌祥、副秘书长程美瑾会见了客人。

3 月 12～14 日　由中国林学会森林经理分会、中国林业科学研究院林业可持续发展研究中心联合举办的"森林可持续经营"研讨会在北京召开。与会代表80余人，会议就森林可持续经营的主要概念和内涵以及我国实现森林可持续经营的途径进行了交流。

5月5日　按照中国林学会章程的有关规定，经中国林学会理事长办公会研究，并征求常务理事、理事的意见，请示中国科协同意，中国林学会决定增补江泽慧同志为中国林学会第九届理事会理事、常务理事、第一副理事长。

5月7~9日　第三届全国减轻自然灾害学术研讨会在北京召开。中国林学会组织承办了其中的防火专家论坛，与会代表28名，收到论文34篇，会上交流14篇，内容涉及生物防火林带技术研究、新技术在森林防火中的应用等研究领域。

5月21日　以中国林学会副秘书长宋长义为团长的中国林学会代表团一行8人前往加拿大进行为期半个月的森林经营管理考察。

5月26~28日　受国家林业局的委托，中国林学会在北京召开"当代林业发展理论研讨会"，我国林学界、经济学界相关领域的20多位知名专家学者及国家林业局有关司局领导参加会议。国家林业局党组成员、中国林学会第一副理事长江泽慧主持会议并作了重要讲话，理事长刘于鹤作会议总结。

7月17~22日　中国林学会第十六届林学夏令营活动在北京举行。来自安徽、四川、山东、山西4个省的81名中学生参加了此次林学夏令营活动。

7月22~24日　中国林业青年科技表彰大会暨中国林学会第四届青年学术年会在北京召开。来自全国19个省（自治区、直辖市）科研、教学、生产、管理单位的115名代表参加了会议。会议主题为"科技增强国力、青年开创未来——林业青年学者与面向21世纪的中国林业科技"。

8月17日　加拿大林学会副理事长Golden Stone来访，施斌祥秘书长会见了客人，双方就今后两会进一步交流与合作达成了协议。

8月18~20日　全国第七次银杏学术研讨会暨1998年年会在广西灵川召开。与会代表160余人，收到论文近百篇。

9月5日　日本林学会理事长木平勇吉来访，施斌祥秘书长会见客人，双方就今后进一步交流与合作交换了意见。

9月8日　由国家林业局主办，中国林学会承办的"森林资源保护与生态环境建设的关系——特大洪水后的反思"研讨会在北京召开。全国人大、全国政协

及国家有关部委领导及林业界的 30 多位知名专家、学者聚集一堂，深入探讨了森林资源保护与生态环境建设的关系及特大洪灾的教训，并就加强森林资源保护和生态建设，减少旱涝灾害提出了建议。

9 月 23 日　第六届中国青年科技奖颁奖仪式在中国科协成立 40 周年纪念大会上举行。由中国林学会推荐的中国林业科学研究院热带林业研究所张方秋和中南林学院魏美才获此殊荣。

10 月 4 日　中国林学会第八届理事长沈国舫应邀代表中国林学会出席了加拿大林学会年会暨 90 周年庆典活动。

10 月 22~24 日　由中国林学会主办的"全国林业分类经营"研讨会在西安召开。66 名代表参加了会议。会议就林业分类经营的理论基础、内涵及指标体系、林业分类经营与可持续发展关系等热点问题进行了深入讨论。

11 月 9~12 日　由中国林学会木材工业分会举办的"面向 21 世纪中国木材工业发展问题"研讨会在福建召开，与会代表 140 余人。会议就如何强化科学管理、调整木材工业布局和产业结构，以适应市场需求，保证我国木材工业合理、高效、持续发展进行了讨论。

1999 年

1 月 11~12 日　由中国科协主办的"全国病虫害防治分析研讨会"在北京召开，与会专家 40 余人，中国林学会为本次会议牵头单位之一。

2 月 8 日　中国林学会第九届第六次常务理事会在中国林业科学研究院召开。刘于鹤、施斌祥、张久荣等 10 位在京常务理事出席会议，会议由刘于鹤理事长主持。会议审议通过了《中国林学会九届理事会工作要点》《中国林学会高级会员管理暂行办法》《中国林学会关于加强组织建设工作的几点意见》等文件。

2 月 12 日　《林业科学》第八届常务编委（扩大）会议在京召开。会议讨论了增设宏观决策研究、科技应用及天然林保护工程论坛等栏目的重要性，并就如何组织优秀稿源，进一步提高期刊质量，提高期刊的影响力进行了探讨。

4 月 1 日　中国林学会第九届第七次常务理事会在北京举行，会议由理事长刘于鹤主持。会议听取了秘书处近期工作汇报，对今后有关工作做了安排部署。

4 月 10~13 日　中国林学会与科技部技术人才交流开发服务中心在昆明召开"1999 全国林业及相关行业新技术、新产品、新成果信息交流洽谈会"。与会代表 117 人，涉及林业、矿业、轻工、铁路等部门。

4 月 19 日～5 月 8 日　应中国林学会邀请，以台湾中华林学会理事长何伟真为团长的森林资源保育团一行 22 人对大陆进行学术交流考察。

5 月 6～17 日　中国林学会代表团一行 10 人对日本进行了访问。

5 月 30 日　由中国科协主办、中国林学会承办的全国松材线虫病专家考察活动于 5 月 30 日完成。考察团对安徽、江苏、浙江 3 省的疫区进行了实地考察，详细听取了各方面的情况介绍，考察了松材线虫病的发生现场，对各地防治工作进行了研讨，并提出了《关于迅速抑制松材线虫病在我国传播蔓延的对策及建议》。考察团由两院院士和知名专家 22 人组成，中国工程院副院长沈国舫任团长，中国科协书记处书记张泽研究员，国家林业局党组成员、中国林业科学研究院院长、全国政协人口资源环境委员会副主任江泽慧教授等专家参加了考察。

6 月 22 日　国家林业局党组任命李岩泉同志为中国林学会副秘书长。

9 月 18～20 日　中国林学会第九届理事会第二次全体会议在马鞍山召开。第九届理事会理事及 23 个省级林学会以及 15 个分会（专业委员会）的秘书长参加了会议。

9 月 24～28 日　中国林学会科普工作委员会第九届第二次工作会议在乌鲁木齐召开。来自全国 11 个省（自治区、直辖市）的 36 名代表参加了会议，会议对第九届第一次科普会议以来的各项工作进行了总结，对今后的科普工作进行了部署。会议还着重讨论了《国家林业局 2000—2003 年科普工作规划》。

10 月　中国林学会林化分会在南京召开"面向 21 世纪林产化工发展研讨会"，与会代表 160 余名，交流论文 52 篇。

10 月 6～9 日　中国林学会杨树专业委员会在北京昌平召开第六次全国杨树学术会议暨换届会，会议主题为"面向 21 世纪的中国杨树发展"。来自 20 个省（自治区、直辖市）的 110 名代表参加会议，交流论文 50 余篇。尹伟伦当选为新一届委员会主任委员，张绮纹为秘书长。

10 月 18～21 日　中国科协首届学术年会在杭州召开。中国林学会 16 位专家在副理事长尹伟伦、副秘书长宋长义带领下参加会议，学会还参与了分会场的组织工作。

11 月 28 日　由国家新闻出版署和科技部组织的首届"国家期刊奖"揭晓。

49 种社科类期刊和 64 种科技类期刊荣获"国家期刊奖"。《林业科学》荣获"国家期刊奖"。

11 月 28 日～12 月 4 日　应中国林学会邀请，日本林学会代表团一行 7 人到我国北京、西安、上海等地进行考察。考察期间，双方就造林、人工林的管理与保护、绿化与环境等问题进行了交流。

12 月　中国林学会再次被中国科协授予"先进学会"称号。

2000 年

1 月 5 日　《林业科学》第八届第二次编委会在京召开，主编沈国舫到会并作了重要讲话。

1 月 21 日　中国林学会第九届第九次常务理事会在北京林业大学召开。会议由理事长刘于鹤主持。会议主要听取了 1999 年学会工作汇报，审议通过 2000 年重点工作安排，讨论通过增补第九届理事名单，审议通过第二批高级会员名单。

1 月 21 日　中国林学会、中国林业教育学会在京联合召开世纪新春茶话会，150 多名林业科技专家、教育界知名人士参加。

2 月 24 日　施斌祥秘书长接待了韩国林学会会长于宝命率领的代表团一行 5 人来访，并就两国的林业建设、科技教育、学会工作及今后合作交流交换了意见。

4 月 26～29 日　中国林学会森林工程分会委员会暨 2000 年学术研讨会在杭州召开，与会代表 60 余名，收到论文 52 篇。

4 月 27～30 日　中国林学会秘书长工作会议在吉林省延吉召开。与会代表 70 余名，中国林学会理事长刘于鹤到会并作了重要讲话，中国林学会副秘书长宋长义作了会议总结。会议由吉林省林学会、延边州林学会承办。

4 月 28 日　中国林学会第九届第十次常务理事会在京召开。会议由理事长刘于鹤主持，会议听取了参加科协第二届学术年会的有关情况和第一批高级会员会费收取情况的汇报。会议讨论通过了《中国林学会团体会员管理办法》《中国林学会〈林业科学〉编委会工作条例》。

5 月 7～16 日　应中国林学会邀请，以台湾中华林学会理事长黄永桀为团长的"两岸林木种源及林业产销交流团"一行 16 人来大陆访问。

7 月 1～19 日　由中国林学会、青海省林学会共同组织的"中药材种植技术培训班"在西宁举办。

7月11～13日　中国林学会森林昆虫分会召开学术会议，就目前我国森林病虫害存在的问题和控制对策进行研讨，并提出了相关建议。

7月21日　中国林学会第九届第十一次常务理事会在京召开，会议决定聘请高德占同志为中国林学会第九届理事会名誉理事长，会议讨论通过了"优秀秘书长评选条例"，决定推荐江泽慧、朱之悌、叶荣华为"全国优秀科技工作者"候选人。

8月5～7日　由中国林学会、中国工程院农业轻纺与环境工程学部以及国家林业局造林司等5家单位联合主办，中国农学会等6家全国性学会协办，国家林业局"三北局"承办的西北地区生态环境建设研讨会在银川召开。全国人大常委、农业与农村委员会主任委员、中国林学会名誉理事长高德占出席会议并讲话，理事长刘于鹤致开幕词。来自中国科学院、有关农林院校、科研单位150名专家参加会议。

8月5～8日　应中国林学会邀请，芬兰农林部林业司司长率领的芬兰代表团一行6人参加了在宁夏举办的西北地区生态环境建设学术研讨会，并作了芬兰林业的生态可持续性的主题报告。

8月15～21日　中国林学会与国际林业研究组织联盟（IUFRO）共同主办了"森林生态系统——生态、保育与可持续经营"国际学术研讨会，共有23个国家的110名代表参加了会议（外宾56人），提交论文108篇。会议期间，中国和意大利达成了进一步合作研究的意向，中国和德国、挪威、以色列达成了联合申请欧共体研究项目的意向。

9月17～20日　中国科协第二届学术年会在西安召开，来自全国各地5000多人参加了大会开幕式，中国林学会第一副理事长江泽慧作为特邀专家出席开幕式，并作了题为"中国现代林业与西部生态环境建设"的学术报告。

9月21～23日　中国林学会经济林分会"新世纪经济林发展问题学术研讨会"在河南西峡召开。与会专家代表45名，收到论文33篇。

9月24～28日　中国林学会副理事长、中国林学会杨树专业委员会主任委员尹伟伦教授率团一行13人赴美国参加了第21届国际杨树大会。会议期间，中国林学会推荐的执委候选人尹伟伦当选为国际杨树委员会执委，任期两年。

10月14～28日　应芬兰农林部的邀请，学会派出了以程美瑾副秘书长为团

长的"林木种苗培育和森林资源管理考察团"一行 10 人赴芬兰、瑞典进行为期两周的考察。

10 月 21～24 日　中国林学会森林病理分会第六次全国森林病理学术讨论会在安徽黄山召开。与会代表 106 名，收到论文 75 篇。

10 月 25 日　第六届中国林业青年科技奖在京揭晓，于文喜等 16 名林业青年科技工作者获此殊荣。

11 月 7～9 日　中国林学会木材工业分会成立 20 周年暨"新世纪初我国木材工业发展问题"学术研讨会在浙江省嘉善县召开。与会代表近 200 名，交流论文 42 篇。中国林学会副秘书长程美瑾出席会议。

11 月 20～22 日　中国林学会森林昆虫分会在湖北召开全国林业杀虫微生物学术研讨会，与会代表 60 余名。会议就有关国内外真菌杀虫剂、BT、昆虫病毒的研究与应用现状等学术问题进行了讨论，会后参观了武汉科诺生物有限公司和湖北农科院 BT 中心。

12 月 30 日　应美国美中文化交流协会的邀请，学会派出了"森林可持续经营和公众参与考察团"一行 9 人赴美国进行为期 15 天的考察。

2001 年

2 月 24 日　中国林学会第九届第十二次常务理事会在国家林业局会议室召开。会议由理事长刘于鹤主持。会议听取了副秘书长宋长义关于 2001 年学会重点工作的汇报，并对有关具体事项进行了讨论。

3 月 25 日　由中国林学会组织的"'大手拉小手'共同绿北京绿奥运"系列活动在北京顺义县开幕。中国林学会秘书处全体职工及家属，与北京二十四中 100 多名中学生在共青林场栽下了 200 多棵侧柏，共同期盼植一片绿树，还一片蓝天。

4 月 9 日　《林业科学》被国际六大检索系统之一的 CA（美《化学文摘》）列为来源期刊。

4 月 29 日　《林业科学》第八届第三次常务编委会在北京林业大学召开。会议对近年来的办刊情况进行了总结，并对下一届编委会的组成提出了设想。

5 月 6 日　为了让社会各界及时了解科学技术进展情况，同时为领导决策提供参考，受国家科技部的委托，中国林学会于 2001 年初组织多学科专家编写完成了《"九五"期间林业科学技术重大进展》，并在科技部主持召开的新闻发布会上对外作了发布。

5月14~16日　中日两国林学会在西安召开"生态环境保护与21世纪森林的经营管理"国际学术研讨会。会议就森林生物多样性保护、森林资源管理、人工林营造、林业科技国际合作等问题进行了研讨。中国林学会第一副理事长江泽慧致开幕词并作了学术报告。

5月20~24日　由中国林学会林木引种驯化专业委员会主办的第九届全国林木引种驯化学术研讨会暨林木和观赏花木种苗交易会在杭州召开。会议主题为：知识经济时代的林木引种驯化与技术创新。110多位代表出席了会议。会议对我国树木引种驯化的进一步发展，对林木引种与生产、市场结合将起到积极的促进和推动作用。

6月25日　第六届中国科协代表大会在人民大会堂闭幕，闭幕式上举行了第七届中国青年科技奖颁奖仪式。由中国林学会推荐的中国林业科学研究院热带林业研究所尹光天同志受到表彰。

6月26~28日　中国林学会、国家林业局人教司在中国林业科学研究院联合召开中国林学会第五届青年学术年会暨第六届中国林业青年科技奖颁奖大会。与会代表105名，收到论文110篇。本届青年学术年会的主题是科技创新与林业跨越式发展，会上表彰了于文喜等16位第六届中国林业青年科技奖获奖者。

7月12日　《林业科学》被国际六大检索系统之一的AJ（俄《文摘杂志》）列为来源期刊。

7月12日　中国林学会第十七届林学夏令营在北京开营，来自新疆、青海、山西等省区的240名营员参加此次活动。

8月18~19日　全国第十次银杏学术研讨会在浙江省长兴县召开。与会代表300余名，提交论文70多篇，大会交流论文16篇。

9月6日　中国林学会在国家林业局召开第九届理事会第十三次常务理事会。会议由理事长刘于鹤主持。会议听取了副秘书长李岩泉关于学会工作情况和第十次全国会员代表大会筹备情况汇报；审议通过中国林学会第六批高级会员和团体会员名单。

10月13~15日　中国林学会森林经理分会第十一次学术讨论会暨换届选举大会在浙江省金华市召开。

11 月 5～14 日　应台湾中华林学会的邀请,以中国林学会理事长刘于鹤为团长一行 8 人对台湾地区进行了为期 10 天的考察和学术活动。

12 月 14～28 日　应德国森林保护协会、德中友好协会的邀请,中国林学会派出林木种苗培育及植被恢复技术交流与合作代表团一行 14 人对德国进行了为期 15 天的考察访问。

12 月 30 日　中国林学会第九届理事会第十四次常务理事会在北京林业大学召开。会议由理事长刘于鹤主持,会议主要议程:审议中国林学会第十次全国会员代表大会代表名单,审议有关奖项的奖励办法、实施细则等。

2002 年

1 月 7 日　中国科协 2002 年病虫害防治分析研究会在北京召开,由中国林学会等 15 个全国性学会推荐的专家学者出席了会议。

1 月 17 日　中国科协授予中国林学会等 25 个全国性学会为"先进学会"称号。

1 月 25 日　中国林学会第九届理事会第十五次常务理事会在国家林业局召开。会议由理事长刘于鹤主持。会议主要议程:汇报、总结 2001 年工作,确定 2002 年学会工作要点;修改通过了中国林学会梁希奖奖励办法。

3 月 12 日　由中国林学会、北京市东城区政府和九三学社国家林业局支社共同组织的义务植树宣传活动在地坛公园南门举行。来自中央有关单位、军队及北京市的领导和群众共同在地坛南门栽下了松树和柏树,国家林业局党组成员、中纪委驻局纪检组组长杨继平参加了植树活动并看望了参加宣传的同志。

3 月 29 日～4 月 8 日　应日本林学会邀请,由中国林学会副秘书长程美瑾率领的中国林学会代表团一行 4 人,对日本进行了为期 10 天的考察和学术交流活动,并参加了日本林学会第 113 次学术年会。

4 月 29 日　中国林学会在北京召开了 2001 年学科发展专家座谈会,在京 12 位专家出席了会议。与会专家就编写《2001 年学科发展蓝皮书》中的林学部分的有关事宜进行了商讨。

5 月 17 日　中国林学会在广西桂林举办"WTO 与中国林业应对措施暨林业重点工程项目高研班",100 余名学员参加培训。

6 月 29 日～7 月 14 日　中国林学会派团对澳大利亚、新西兰进行了为期 15 天的森林资源培育管理和社会团体组织情况的考察。

7 月 12 日　中国林学会第十八届林学夏令营活动在北京开营，来自青海、安徽近 80 名营员参加了本届夏令营活动。

7 月 30 日~8 月 13 日　应美国马里兰州林务局的邀请，中国林学会荒漠化防治与城乡绿化技术交流与合作代表团一行 20 人赴美国进行了为期 15 天的学术访问。

8 月 5 日　中国林学会第九届理事会第十六次常务理事会在京召开。会议由理事长刘于鹤主持。会议就中国林学会第九届理事会工作情况，以及第十次全国会员代表大会的有关事宜进行了研究。

8 月 15~16 日　中国林学会第十次全国会员代表大会在北京召开。全国人大常委会副委员长布赫、全国政协副主席王文元、中国科协副主席胡启恒、国家林业局副局长雷加富、中国科协书记处书记程东红等领导出席大会开幕式。国家林业局党组成员、中国林业科学研究院江泽慧院长当选为第十届理事会理事长。曲格平、高德占为名誉理事长，关松林（常务）、王涛、尹伟伦、张建龙、张守攻当选为副理事长，关松林兼任秘书长。会上颁发了劲松奖、第四届梁希奖、第四届陈嵘奖、第三届中国林学会优秀秘书长奖，并对先进挂靠单位和全国从事林业工作 50 年以上科技工作者进行了表彰奖励。

8 月 16 日　中国林学会第十届常务理事会第一次会议决定聘任李岩泉为中国林学会常务副秘书长，聘任沈贵、尹发权为中国林学会副秘书长。

8 月 19~23 日　由中国林学会、西北农林科技大学和国际林联共同主办的第二届国际林联森林树木锈菌学术研讨会在陕西杨凌举行，来自美国、加拿大、日本、芬兰、瑞典、巴西、希腊和中国的 56 位代表参加了研讨会。

8 月 23~26 日　中国林学会在济南举办"用材林商品应用及果树、绿化树科学选育"培训班。来自 18 个省的农林技术骨干参加了培训。

9 月 5~8 日　中国林学会组团参加中国科协在成都举办的学术年会，并承办第一分会场。分会场主题为"中国西部资源的多样性与可持续发展"，与会代表约 100 人。

10 月 17~19 日　中国林学会竹子分会在福建永安举办了"中国竹产业发展论坛"。100 多位从事竹类研究、生产和管理部门的专家、代表参加了这次论坛。

10 月 22~24 日　中国林学会林业计算机应用分会 2002 年学术研讨会在北京召开，会议的主题是加强林业信息化建设，促进林业快速发展。与会代表 166

名，收到论文 273 篇。会议邀请中科院院士、北京大学遥感所所长童庆禧，中科院院士、天津大学教授张春霆，中科院院士、中国林业科学研究院研究员唐守正等到会作了专题报告。

10 月 24 日　国家林业局党组明确中国林学会常务副秘书长李岩泉为正司局级。

10 月 25～28 日　第五届中国林学会林木遗传育种年会于 2002 年在江西南昌举行，与会代表 200 余名，收到论文 163 篇。

11 月 8 日　根据中国科学技术信息研究所 2001 年度统计结果，《林业科学》被评为"百种中国杰出学术期刊"。

11 月 13～15 日　中国林学会木材工业分会第六届第一次委员会暨学术研讨会在浙江召开。会议选举陈绪和为新一届委员会主任委员，叶克林等为副主任委员。会议期间还举办了"入世后我国木材工业发展问题研讨会"，并邀请有关专家作了专题报告。

12 月 5 日　《林业科学》荣获中国科协第三届优秀科技期刊二等奖。

2003 年

1 月 17 日　第二届国家期刊奖颁奖大会在北京京西宾馆举行。由中国林学会主办的《林业科学》继 2000 年获首届"国家期刊奖"之后，再获殊荣。

1 月 23 日　中国林学会 2003 年新春茶话会在北京召开，理事长江泽慧代表中国林学会发表新春致辞，高德占、李育材、沈国舫等领导出席会议并作了讲话。出席会议的还有关松林、王涛、张建龙、张守攻副理事长及在京理事、在京各分支机构负责人。

3 月 7 日　中国林学会改革试点工作座谈会在北京召开，座谈会就学会改革与发展等问题进行了深入广泛的探讨。会议由李岩泉常务副秘书长主持，秘书长关松林出席会议并作了重要讲话。参加会议的有尹伟伦、寇文正、林进、陈绪和、沈贵、尹发权、傅峰、张琦纹、张从密、易浩若、李克渭及学会秘书处各部（室）负责同志。

3 月 21 日　中国林学会理事长办公会在北京召开，会议由江泽慧理事长主持，关松林、张建龙、李岩泉、沈贵、尹发权等出席会议。会议就中国林学会第十届第二次常务理事会会议议程、拟提交常务理事会的有关文件及中国林学会第十届理事会各工作委员会组成建议名单进行了研究。

3月27日　中国林学会第十届第二次常务理事会在海口召开，会议进一步明确了第十届理事会五年工作思路和重点任务。国家林业局党组成员、中国林学会理事长江泽慧作了题为"认真贯彻落实十六大精神，全面开创中国林学会事业发展新局面"的主题报告，报告提出本届理事会要着力办好建立梁希科教奖励基金等五件实事。海南省副省长江泽林，原林业部部长、中国林学会名誉理事长高德占，中国林学会第十届理事会40多名常务理事出席会议。会议讨论通过了《中国林学会第十届理事会期间事业发展五年计划》《关于推进中国林学会改革的意见》《中国林学会高级会员管理办法》和《中国林学会团体会员管理办法》。

3月27日　中国林学会第十届第二次常务理事会研究决定，增选全国人大常委会委员、全国人大农村与农业委员会副主任舒惠国同志，中国工程院院士、中国生态学会理事长、中国科学院地理科学与资源研究所研究员李文华同志，中国农村经济学会会长、原全国人大农村委员会委员、原中央政策研究室副主任杨雍哲同志为中国林学会副理事长。秘书处按程序征询全体理事意见，一致同意。

3月27日　经中国林学会第十届第二次常务理事会审议，通过第十届理事会9个工作委员会主任、副主任人选。

3月27日　中国林学会第十届第二次常务理事会审议通过了《关于申请将中国林学会银杏研究会升为二级学会的报告》，同意经济林分会银杏研究会升为二级学会，由学会秘书处按程序报有关部门审批。

4月5日　由中国林学会与北京市园林学会、北京市东城区科协、和平里街道办事处等单位联合举办的全民义务植树日大型科普宣传活动在地坛公园西门广场举行。科普活动共展出展板30余块，活动期间举行了绿化知识有奖竞答，并向市民发放了宣传品。

5月16日　江泽慧理事长主持召开中国林学会、中国花卉协会和中国野生动物保护协会三方联席会议，对国树、国花、国鸟评选工作进行了部署。

5月16日　国家林业局局长周生贤对中国林学会工作作出重要批示，指出"林学会换届以后工作很有起色，所提工作安排很好，望抓好落实。特别是评选国树、国花、国鸟的事要充分听取各方意见，考虑国情、林情，按照一定程序尽快运作"。

6月13日　根据中国科协"关于同意《林业科学》等5种期刊变更登记项

目的批复"（科协调发新字〔2003〕080 号）的精神，由中国林学会主办的学术期刊《林业科学》页码从 2004 年起由 176 页变更为 192 页。

8 月 8～11 日　中国林学会在牡丹江市举办"林业产业投资与项目经营管理"研讨班，来自全国 23 个省（自治区、直辖市）的 160 多名学员参加了学习。

8 月 18～19 日　由中国林学会银杏研究会举办的全国第十二银杏学术研讨会暨银杏研究会 2003 年年会在福建省长汀县召开，来自全国 17 个省（自治区、直辖市）的 190 名代表参加了会议。中国林学会副秘书长尹发权出席了研讨会。本次会议的主题是"弘扬银杏文化、发展银杏产业"。

8 月 21 日　中国林学会在北京举行授牌仪式，江苏省宿迁市泗阳县被命名为"中国意杨之乡"。

8 月 25 日～9 月 8 日　应德中经济文化交流协会的邀请，中国林学会竹子园艺及竹产业技术交流团一行 7 人赴德国进行了为期半个月的访问考察。

9 月 2 日　中国林学会召开第七届中国林业青年科技奖评审委员会评审会议，吕建雄等 17 位青年科技工作者获第七届中国林业青年科技奖。

9 月 4 日　中国科协学会学术部副部长杨文志等一行 4 人来中国林学会调研，并与中国林学会常务副秘书长李岩泉，副秘书长沈贵、尹发权，学术部主任刘合胜及办公室有关同志进行了工作座谈。

9 月 13 日　中国科协 2003 年学术年会在沈阳隆重召开。国家林业局党组成员、中国林学会理事长江泽慧教授在大会主会场上作了题为《加快城市森林建设，走生态化城市发展道路》的学术报告。

9 月 15～16 日　由中国林学会承办题为"森林、草原、水与生态环境建设"——中国科协 2003 年学术年会第 20 分场学术交流会在沈阳大学顺利召开。国家林业党组成员、中国林学会理事长江泽慧出席会议并致辞。会议由中国林学会副秘书长尹发权主持。共有 100 余名专家学者和沈阳大学的 400 余名师生参加了学术交流会。

9 月 21～28 日　中国林学会副秘书长沈贵、国际部副主任曾祥谓应邀出席了在加拿大魁北克市召开的第 12 届世界林业大会。会议期间副秘书长沈贵在加拿大林学会举办的世界林业工作者附属会议上作了发言。

9 月 23 日　科技部、外交部、海关总署、国家工商行政管理总局联合颁布《国际科学技术会议与展览管理暂行办法》，中国林学会等 13 个单位被科技部授予主办境内国际科学技术展览资格。

10 月 14 日　由中国林学会推荐的《中国沙质荒漠化土地监测评价指标体系》（作者：高尚武、王葆芳、朱灵益、王君厚、张玉贵，《林业科学》1998 年第 34 卷第 2 期）获第一届中国科协期刊优秀学术论文奖。

10 月 28～30 日　由中国林学会竹子分会主办，南平市林业局和武夷山市林业局共同承办的中国林学会竹子分会第三届第二次全委会暨第六次中国林业科技论坛在福建武夷山隆重举行。参加会议代表近百名，交流论文 46 篇。

11 月 5 日　中国林学会第六届青年学术年会暨"中国林业青年科技奖""优秀学术论文奖"颁奖会在京隆重召开。原林业部部长、中国林学会名誉理事长高德占，国家林业局副局长、中国林学会副理事长张建龙等领导出席会议并为获奖代表颁奖。来自全国各地 18 个省（自治区、直辖市）林业科研、教学领域的青年科技工作者及第七届中国林业青年科技奖获得者、中国林业青年优秀学术论文奖获得者近百名代表参加了会议。

11 月 5 日　《林业科学》被 CSA—ESPM（美《剑桥科学文献社网站：环境科学与污染管理》）列为来源期刊。

11 月 12～18 日　应意大利杨树委员会邀请，学会派遣学术部主任刘合胜和杨树专业委员会李金花赴意大利罗马参加"杨树文化的未来国际学术研讨会"。中国林学会代表在会上介绍了我国杨树研究与发展的最新进展情况。

11 月 21～27 日　由人事部、国家林业局共同举办，中国林学会承办的"西部地区林业可持续发展战略高级研修班"在重庆举办。

11 月 24～25 日　中国林学会林业机械分会第四届第二次常务委员会在西安召开。与会代表 40 余名，交流科技论文 16 篇。中国林学会常务副秘书长李岩泉出席会议。

12 月　由中国科协科普部、中国林学会组织编写的《沙尘灾害防治科普挂图》出版。

12 月 9～11 日　中国林学会第六届杨树专业委员会年会暨全国第七届学术研讨会在南京召开。来自 20 多个省（自治区、直辖市）的 150 余名代表出席会议。会议交流论文 100 篇，有 11 名专家在会上作了报告。

12 月 20 日　《林业科学》荣获 2002 年"百种中国杰出学术期刊"称号。

12 月 28 日　纪念梁希先生诞辰 120 周年暨梁希科技教育基金成立大会在北

京人民大会堂隆重举行。全国人大常委会副委员长、九三学社中央委员会主席韩启德，全国政协副主席、中共中央统战部部长刘延东，中国科协主席周光召，全国绿化委员会副主任、国家林业局局长周生贤，国家林业局党组成员、中国林学会理事长江泽慧等出席大会并讲话。大会由中国科协副主席、党组书记、书记处第一书记张玉台主持。会上，以梁希先生名字命名的"梁希科技教育基金"宣布成立并接受了首批捐款。大会由中国科协、国家林业局、九三学社中央委员会共同主办，共 170 多名代表参加了大会。

12 月 28 日　中国林学会十届三次常务理事会议在北京林业大学举行。会议听取了学会秘书处关于 2003 年工作总结，研究部署 2004 年重点工作。

2004 年

1 月 3 日　中国科协授予中国林学会"科技服务先进学会"称号。

1 月 8～10 日　中国林学会木材科学分会会员代表大会暨第九次学术研讨会在哈尔滨召开。136 名代表和 4 名国外特约代表参加了本次会议，中国林学会李岩泉常务副秘书长到会并讲话。

1 月 9 日　中国林学会秘书长工作会议在哈尔滨召开，会议就进一步规范学会二级分支机构的管理，促进学会组织工作的发展等问题进行了深入讨论。

2 月 20 日　根据国家林业局建议，并经通讯征求各常务理事同意，关松林不再担任中国林学会常务副理事长、秘书长（兼），李东升任中国林学会十届理事会常务副理事长、秘书长（兼）。

3 月 23～25 日　由国家林业局速丰林工程管理办公室和中国林学会共同举办的"企业造林研讨会"在北京泰山饭店举行，来自全国 22 个省（自治区、直辖市）的约 110 名企业家参加了研讨会。

4 月　由中国科协主办，中国林学会等 18 个学会共同参加编写的《2004 年减轻自然灾害白皮书》和中国林学会等 15 个全国性学会组织编写的《2004 年病虫害防治绿皮书》出版发行。

4 月 1～13 日　应日本林学会的邀请，中国林学会常务副理事长兼秘书长李东升率团赴日本进行学术交流与考察。在日期间，参加了日本林学会成立 90 周年庆典活动、"亚洲环境的变化及森林对环境的作用"国际学术研讨会和日本林学会第 115 次学术讨论会。

5月10日 梁希科技教育基金管理委员会第一次全体会议在北京召开，国家林业局副局长、中国林学会副理事长、梁希科技教育基金委员会副主席张建龙受中国林学会理事长、梁希科技教育基金委员会主席江泽慧的委托主持会议。出席会议的有梁希科技教育基金委员会副主席舒惠国、王涛、李文华、关松林、尹伟伦，委员李岩泉、胡章翠、施季森、岳永德、尹发权、蒋祖辉、孟平等。会议原则上讨论通过《梁希科技教育基金管理办法》和《梁希林业科学技术奖奖励办法》及《实施细则》《梁希科普奖奖励办法》《梁希优秀学子奖评选办法》《梁希青年论文奖奖励办法》。

6月12～14日 第十次全国林木引种驯化学术研究会在银川召开，110多位代表参加了会议。中国林学会副秘书长尹发权出席开幕式并讲话。会议主题是"经济全球化的外来树种——地位、作用和贡献"。

6月28日 中国林学会在北京举行授牌仪式，山东省曹县被命名为"中国泡桐加工之乡""中国杨树加工之乡""中国柳编之乡"。

6月28日 第八届中国青年科技奖表彰大会在北京举行，由中国林学会推荐的唐明同志获此殊荣。

7月14日 中国林学会第二十届林学夏令营在清华大学开营。来自9个省（自治区、直辖市）的117名品学兼优的中小学生参加了活动。

7月18日～8月2日 应美国北达科他州立大学的邀请，中国林学会代表团一行5人，对美国进行了为期15天的访问。重点就森林资源监督与管理、森林可持续经营、森林采伐管理、森林防火、森林资源监测与清查、林业非政府组织管理进行了考察，并访问了美国林学会。

8月1～8日 由中国林学会举办的"生态安全与林业可持续发展研讨班"在新疆乌鲁木齐市召开。来自全国16个省（自治区、直辖市）的120多名地方林业（厅）局领导、科研院所的科研、管理人员参加了学习。

8月18～20日 全国第十三次银杏学术研讨会在大连市召开，常务副秘书长李岩泉出席会议并讲话。

8月21日～9月4日 应北莱茵—威斯特法伦州林业协会的邀请，中国林学会代表团一行7人赴德国进行了为期15天的学术考察，重点考察了德国的森林生态环境建设、城市和郊区绿化、林业规划以及森林保护。

8月24日 纪念郑万钧先生诞辰100周年暨《中国树木志》四卷首发式在

京举行。国家林业局党组成员、中国林业科学研究院院长、中国林学会理事长江泽慧，原林业部副部长刘于鹤出席会议。中国林业科学研究院常务副院长、中国林学会副理事长张守攻主持会议。

8月29日～9月21日　应中国林学会邀请，澳大利亚林学会佩格先生率领的代表团一行22人，在北京、乌鲁木齐、西安、桂林、南宁、湛江和广州等地进行为期24天的学术交流，考察了我国森林资源和林业发展状况。

8月30日　由中国林学会主办，中国林学会树木引种驯化专业委员会协办的中澳森林资源与政策学术研讨会在中国林业科学研究院举行。会议由中国林学会副秘书长沈贵主持，中国林学会常务副理事长、秘书长李东升到会并致辞。

9月　为加强对青少年造林绿化和保护生态环境意识的教育，大力普及绿化知识，提高全社会关心、支持并参与国土绿化和生态建设的主动性、积极性，中国林学会组织编写了《图话森林》一书（上下册），由中国林业出版社出版。

9月5～7日　中国林学会竹子分会第三届第三次全委会暨首届竹业学术大会在浙江省龙游县召开。来自全国10个省（市）以及国家林业局造林司、中国林业科学研究院亚热带林业研究所、南京林业大学等单位的110名代表出席了会议。

9月16～27日　应澳大利亚农林渔业部和新西兰贸促会邀请，中国林学会代表团一行5人赴澳大利亚、新西兰进行了学术访问。考察了澳大利亚和新西兰的先进育种、育苗技术和育苗机械设备。

9月17～28日　应美国世界事务理事会的邀请，中国林学会代表团一行9人赴美国进行了为期15天的学术考察。代表团主要考察了美国森林可持续经营的理论与战略、森林资源监督与管理、森林采伐管理、森林火灾预测预报、林火监测和林火阻隔技术。

9月24日　中国林学会林业机械分会第四届第二次全委会在成都召开，近40名代表参加了会议。

9月29～30日　中国林学会、河北省人民政府、中国经济林协会在河北黄骅市共同举办了"冬枣生态标准与营养高层论坛暨中国·黄骅冬枣节"。

10月9日　国家科学技术奖励工作办公室批准中国林学会设立"梁希科学技术奖"。梁希科学技术奖下设4个奖项，分别是：梁希林业科学技术奖、梁希科普奖、梁希青年论文奖和梁希优秀学子奖。主要奖励优秀的林业科技成果、优秀的学术论文和科普作品，表彰在林业科研教学中作出贡献的科技工作者、先进的科普工作者和集体以及林业院校在校生优秀学生。

10 月 10～12 日　为促进我国南方地区遗传育种研究工作，由中国林学会遗传育种分会和国家林业局场圃总站主办，湖南省林业厅承办的"南方林木遗传育种研讨会"在湖南长沙举办。

10 月 13 日　中国林学会获中国科协"全国科普日活动先进单位"称号。

10 月 28～30 日　中国林学会木材工业分会第六届第二次理事会暨学术报告会在江苏省丹阳市召开，大亚木业集团承办了本次会议。

11 月 5 日　国家林业局党组明确中国林学会副秘书长沈贵、副秘书长尹发权为副司局级。

11 月 9 日　由中国林学会主办的首批全国林业科普基地评选活动在北京拉开帷幕，经严格评审，44 家单位被授予全国林业科普基地。

11 月 20 日　由中国科协和海南省人民政府主办的中国科协 2004 年学术年会在海南省博鳌亚洲论坛大会场隆重开幕。中国林学会与中国造纸学会承办了此次年会第 11 分会场组织工作。100 名代表与会，并围绕森林的经营、选种、育种、病虫害防治、森林论证、自然保护区的管理、林业产业的开发和利用、木材的高效利用和木质替代产品的研究等问题开展了形式多样的交流活动。

11 月 24 日　日本林学会会长樱井尚武一行 3 人来我会访问，学会常务副秘书长李岩泉、副秘书长沈贵与客人进行了会谈。

11 月 28 日～12 月 9 日　中国林学会副理事长、中国林学会杨树专业委员会主任尹伟伦教授率团参加了在智利召开第 22 届国际杨树大会。代表团向大会递交了"中国杨树发展的国家报告"和申办 2008 年第 23 届国际杨树大会的申请书。中国林学会杨树委员会主任尹伟伦再度当选为第 22 届国际杨树委员会执委，中国林学会杨树委员会副主任张绮纹当选为国际杨树委员会育种组副主席。

12 月 3～6 日　由中国林学会、北京林业大学、浙江省林学会主办的"首届全国林业科技期刊发展研讨会"在浙江杭州举行。来自全国 52 家林业期刊编辑部的代表 85 人参加了会议。中国林学会常务副秘书长李岩泉出席会议并讲话。

12 月 10 日　《林业科学》荣获 2003 年"百种中国杰出学术期刊"称号。

12 月 23～24 日　中国林学会 2004 年秘书长工作会议在太原召开。来自全国 25 个省（自治区、直辖市）林学会、中国林学会所属各分会（专业委员会）

秘书长、中国林学会秘书处各部（室）负责同志参加了会议。

12 月 林化分会在海口召开"全国活性炭学术研讨会"，247 名代表出席，交流论文 90 余篇。

12 月 28 日 中国林学会推荐的"应用官司河分布型水文模型模拟河域降雨——径流过程"（作者：于澎涛、徐德应、王彦辉，《林业科学》2003 卷第 39 卷第 1 期）荣获第二届中国科协期刊优秀学术论文奖。

2005 年

1 月 31 日 中国林学会 2005 年工作座谈会在北京召开，国家林业局党组成员、中国林学会理事长江泽慧，原林业部部长、中国林学会名誉理事长高德占，全国人大常委会委员、全国人大农村与农业委员会副主任、中国林学会副理事长舒惠国，中国工程院院士、中国林学会副理事长李文华，中国科学院院士、中国林业科学研究院首席科学家唐守正，北京林业大学校长、中国林学会副理事长尹伟伦等 19 位在京常务理事出席会议，国际竹藤网络中心常务副主任岳永德应邀出席会议，中国林学会秘书处各部室主任列席会议。会议由中国林学会常务副理事长兼秘书长李东升主持。

2 月 28 日 《林业科学》荣获第三届国家期刊奖提名奖。

3 月 2 日 加拿大私有林主协会理事长彼得·德马斯先生对中国林学会进行了友好访问，中国林学会常务副秘书长李岩泉，副秘书长尹发权会见了来宾。

3 月 23 日 中国林学会副秘书长沈贵接待了中日政府间专项技术合作"中国人工林木材研究"项目日方首席顾问林良兴（Hayashi Yoshioki）博士，并代表中国林学会为林良兴博士颁发了中国林学会荣誉会员证书。

3 月 24 日 中国林学会理事长办公会在中国林业科学研究院召开。主要议题是：研究确定"首届中国林业学术大会"举办地点、联合主办单位、筹备方案等有关事宜；研究《林业科学》创刊五十周年纪念会"的有关筹备事宜；研究决定"首届梁希林业科学技术奖评选"有关事项；研究学会组织建设有关事宜。

4 月 10~15 日 为了充分发挥中国林学会人才、智力优势，充分发挥院士在林业建设中的参谋、智囊作用，积极探索学会活动如何更好、更直接地为经济社会发展服务，中国林学会与江西省林业厅共同主办了"江西林业院士行"活动。张新时、蒋有绪、王明庥、冯宗炜、张齐生、宋湛谦 6 位院士应邀参加了这次活动。

5 月 10～13 日　首届全国林业科普基地建设研讨会在北京召开。来自全国 19 个省（自治区、直辖市）31 个单位负责科普工作的领导及工作人员参加了会议。

5 月 14～20 日　中国林学会、中国林业科学研究院在北京市海淀公园联合举办主题为"科技以人为本，全面建设小康"的科技周活动。

6 月 1～10 日　中国林学会组织开展了"中林集团杯首届梁希林业科学技术奖"和"首届梁希科普奖"的评选工作。首届梁希林业科学技术奖共收到由推荐单位初评后推荐的申报项目 94 项，最终评选出一等奖 2 项、二等奖 12 项、三等奖 32 项；首届梁希科普奖共收到推荐单位上报集体 20 个，个人 24 人，最终评选出 10 个单位和 9 名个人荣获"首届梁希科普奖"。

6 月 20 日　中国林学会在中国林业科学研究院科技报告厅举行《林业科学》创刊 50 周年纪念会。全国人大常委会副委员长、中国科学院院长路甬祥，中国科协主席周光召，国家林业局党组成员、中国林学会理事长江泽慧，原林业部部长、原天津市委书记、中国林学会名誉理事长高德占等领导为《林业科学》创刊 50 周年题词，中国科协以及科技部部长徐冠华为《林业科学》发来贺信。

6 月 20 日　《林业科学》首届"优秀审稿人"评选揭晓，64 位专家、学者被评为"优秀审稿人"。

6 月 20～21 日　《林业科学》第九届第一次全体编委会在北京召开。

6 月 23 日　中华人民共和国民政部批准中国林学会森林公园分会成立。

7 月 7～14 日　由中国林学会举办的"相持阶段"生态建设特点与对策培训班于 2005 年在西藏林芝西藏大学农牧学院举办，来自 19 个省（自治区、直辖市）的 200 余名各级林业部门的领导、科研和管理人员参加了培训。

7 月 20 日～8 月 15 日　中国林学会组织国树评选公众网络、信函投票活动，在推荐的 7 个候选树种中，银杏以绝对优势位居榜首。

8 月 20～24 日　由中国林学会承办，主题为"生态安全与西部森林、草原、水利建设"的中国科协 2005 年学术年会第 26 分会场在新疆乌鲁木齐召开，200 余名代表参加了会议。

9 月 18～27 日　应德国哥廷根大学的邀请，中国林学会代表团一行 10 人赴德国进行了私有林管理的学术考察。

9 月 20～22 日　中国林学会与江苏省泗阳县人民政府在泗阳共同举办了首

届中国杨树节暨杨树产业博览会。

9月22日　民政部批准中国林学会灌木分会、银杏分会、林业科技期刊分会成立。

9月28日～10月7日　中国林学会团组一行10人赴德国、奥地利进行森林资源经营管理学术考察，重点考察了两国的森林生态环境建设、城市和郊区绿化、林业规划以及森林保护。

9月30日　中国林学会被中国科协评为"全国农村科普工作先进集体"。

10月12日　中国林学会与河北省人民政府共同举办"中国原产地域保护产品黄骅冬枣高层研讨会"。

11月10日　由国家林业局、浙江省人民政府和中国林学会联合举办的"首届中国林业学术大会"在浙江杭州隆重召开。国家林业局党组成员、中国林学会理事长、首届中国林业学术大会主席江泽慧，浙江省副省长、首届中国林业学术大会副主席茅临生分别在大会开幕式上作报告。国家林业局副局长、首届中国林业学术大会副主席张建龙，浙江省委副书记周国富，中国科协党组成员苑郑民在开幕式上致辞。开幕式由全国人大常委会委员、中国工程院院士、中国林学会副理事长、首届中国林业学术大会副主席王涛主持。中国林学会名誉理事长、原林业部部长、原天津市委书记高德占，中共中央委员、原林业部部长、原黑龙江省委书记徐有芳出席大会。来自全国各地的林业专家、学者和科技管理人员1500余名代表参加了大会。大会以"和谐社会与现代林业"为主题，共设12个分会场。王涛、李文华等18位院士和知名专家作了大会特邀报告。

11月21～30日　由人事部、国家林业局主办，中国林学会承办的"黔桂九万大山地区林业重点扶贫培训班"在南京召开。共有48名西部学员参加学习。

11月22日～12月2日　中国林学会团组一行8人赴巴西，对巴西利亚大学、巴西环境部、巴西林产品研究所、华西公司、里约植物园等地进行考察。

11月24～25日　由中国林学会承办的中国科协青年科学家论坛第101次活动在京举行，论坛主题为"外来植物与林业生物安全"。本次论坛对建立健全现有法律、法规和外来植物入侵性评价体系的建立以及相关的对策等进行了热烈讨论，对林业生物安全提出了宝贵建议。

11月　中国林学会林化分会在张家界召开"林产化工与生物质产业研讨会"。

12月2日　中国林学会木材科学分会第十次学术研讨会在广西大学开幕。

中国林学会木材科学分会主任委员李坚教授，国际木材科学院院士、中国林业科学研究院首席科学家鲍甫成教授，国际木材保护研究会主席、美国俄勒冈州立大学教授杰夫·莫里尔，日本技术委员会木材资源调查专门委员会原委员长、日本北海道大学教授寺泽实等国内外15所高校及科研单位的150多名专家学者参加会议。

12月5～8日　中国林学会林业气象专业委员会在厦门召开了第17次全国林业气象论坛暨全体委员会议。会议进行了学术交流并讨论了专业委员会的换届改选事宜。

12月10日　《林业科学》荣获2004年"百种中国杰出学术期刊"称号。

2006 年

1月1日　《林业科学》由双月刊改为月刊出版。每期页码128面。

1月18日　经第八届中国林业青年科技奖专家评审委员会评审，并报请中国林业青年科技奖领导小组批准，卢孟柱等18名青年科技工作者荣获第八届"中国林业青年科技奖"。

2月6日　中国林学会荣获"第五届中国科协先进学会"称号。

2月8日　中国林学会推荐的"树木溃疡病病原真菌类群分子遗传多样性研究"（作者：张星耀、赵仕光、吕全等，《林业科学》2000年第36卷第2期）被评为第三届中国科协期刊优秀学术论文。

2月14日　在2005年中央国家机关社会综合治理领导小组组织的科技创安和基层平安建设活动中，中国林学会秘书处被评为中央国家机关2005年度平安建设达标单位。

2月23日　韩国林学会前理事长，IUFRO主席李敦求先生和东北亚森林论秘书长朴东均来访，中国林学会副秘书长沈贵会见了来宾。

4月1日　中国林学会秘书处在地坛公园主办"办绿色奥运、建绿色家园"植树日宣传活动。

4月20日　由中国林学会、日本林学会、韩国林学会共同主办的"森林在乡村发展和环境可持续中的作用"国际学术研讨会在北京召开。来自中国、日本、韩国、美国、法国、印度等近20个国家的100多名专家、学者围绕"森林与乡村经济发展""社会林业""森林环境服务功能"等进行了深入研讨交流。国

家林业局副局长李育材到会致辞。全国政协人口资源环境委员会副主任、中国林学会理事长、中国林业科学研究院院长、国际木材科学院院士江泽慧作了《中国林业发展与新农村建设》的主题报告。中国科协书记处书记程东红、国际林联（IUFRO）主席李敦求、美国林学会常务副理事长迈克在开幕式上致辞。日本林学会理事长樱井尚武教授、韩国林学会理事长金真水教授分别作报告。

5 月 13 日　第四组《中国现代科学家》纪念邮票首发式在中国科技会堂举行。著名林学家、中国林学会首任理事长梁希入选第四组《中国现代科学家》纪念邮票集。

5 月 23～25 日　中国科协第七次代表大会在北京召开，中国林学会江泽慧理事长被授予中国科协荣誉委员，中国林学会常务副秘书长李岩泉、中国林业科学研究院副院长储富祥当选为中国科协第七届全国委员会委员。

5 月 26 日　中国科协第七次全国代表大会颁发了第九届中国青年科技奖。由国家林业局人教司、中国林学会共同组织评选并推荐的中国林业科学研究院研究员卢孟柱、北京林业大学教授韩烈保获此殊荣。

6 月 10～17 日　中国林学会"林业创新与现代化"研讨班在厦门举办，来自全国 18 个省（自治区、直辖市）的 70 名代表参加了交流和研讨。

6 月 17～19 日　中国林学会灌木分会成立大会暨学术研讨会在北京林业大学召开。会议选举陈晓阳教授为中国林学会灌木分会第一届委员会主任委员，江泽平、蔡建勤、甘敬、贺康宁、赵雨森、杨俊平、李昆、孙保平当选为副主任委员。中国林学会灌木分会挂靠中国林业科学研究院林业研究所，江泽平研究员兼任秘书长。

6 月 23 日　韩国林学会理事长金真水来访，学会常务副秘书长李岩泉、副秘书长沈贵接见了来宾。

7 月 17～23 日　中国林学会第 21 届林学夏令营在北京举行，来自贵州、江西、安徽 3 个省的近 80 名中小学生参加了活动。为了体现对贫困地区青少年科学素质教育的重视和关心，中国林学会还资助了贵州贵阳凤阳中学的部分同学参加。

7 月 27 日　中华人民共和国民政部批准中国林学会生物质材料科学分会成立。

8 月 9 日　学会常务副秘书长李岩泉会见了国际林联副主席，加拿大 B.C. 大学教授 John Innes。

8月 根据《梁希青年论文奖奖励办法》，中国林学会组织开展了首届梁希青年论文奖的评选活动。共收到论文130篇，内容涵盖了林业各学科。11月，经严格评审，共评选出获奖论文54篇，其中一等奖7篇，二等奖18篇，三等奖29篇。

8月13～18日 中国林学会森林病理分会、中国林学会森林昆虫分会、中国昆虫学会森林昆虫分会联合举办的"首届中国森林保护学术论坛暨第15次中国林业科技论坛"在乌鲁木齐召开。

8月15日 中国林学会森林公园分会第一届理事会第二次全体会议在四川成都召开，来自23个省（直辖市）的50多名代表报名参加会议并就"生态旅游市场开发与森林风景资源保护"主题进行了学术讨论。

8月15日 中国林学会森林病理分会第六届委员会第一次委员会议在乌鲁木齐召开。

8月15～19日 由国家林业局、中国科学院、中国林学会主办的防控外来有害生物高级论坛在乌鲁木齐召开，会议围绕"如何应对外来有害生物，建立长效防控机制"进行了研讨，并讨论通过了《中国外来林业有害生物防控对策建议书》。

8月19～22日 中国林学会林业气象专业委员会在北京召开第18次全国学术研讨会暨第四届委员代表大会，同时选举产生了第五届委员会，孟平当选为主任委员，张劲松为秘书长。

8月22～25日 由人事部、国家林业局、中国科协联合主办，中国林学会和内蒙古林业厅共同承办，中国林业科学研究院资源信息所协办的"森林资源与重点林业生态工程调查、监测技术高级研修班"在呼和浩特举办。

8月30日 中国科协副主席、书记处书记齐让到中国林学会调研，中国科协荣誉委员、中国林学会理事长江泽慧及中国林学会秘书处有关领导参加了座谈。

9月1日 《林业科学》主编工作会议召开，研究决定聘请李百炼（美）、张连军（美）、彭长辉（加）、Klaus von Gadow（德）、Cony Decock（比）等五位国际著名林学家为《林业科学》特邀编委。

9月10～16日 中国林学会在北京举办"林业重点工程与新农村建设培训班"，来自西部地区5省共42名学员参加了学习。

9月11～21日 中国林学会中国林学会副秘书长沈贵率团一行9人赴澳大

利亚、新西兰进行了森林资源管理学术考察。

9月15~16日 由国家林业局植树造林司、中国林学会、江苏省林业局联合主办，中国水土保持学会、中国海洋学会、中国气象学会协办，中国林学会学术部、江苏省林学会、连云港林业局共同承办的"全国沿海防护林体系建设学术研讨会"在江苏连云港召开。会议主题为"沿海防护林体系建设与防灾减灾"。近100名专家参加了会议，与会代表提出了"关于加强我国沿海防护林体系建设的建议"。

9月23日 在红军长征胜利70周年之际，中国林学会秘书处职工赴山西兴县参观晋绥边区革命纪念馆，并向晋绥解放区烈士陵园为烈士们敬献了花圈和花篮，帮助兴县蔡家崖希望小学建立了"科普图书室"，共捐赠图书近3000册，学习用具和体育用品3100余件，总价值近4万元。

10月10日 学会常务副秘书长李岩泉，副秘书长沈贵会见了国际林联（IUFRO）主席李敦求先生。

10月23日 由中国林学会、福建省南平市人民政府、福建省林业厅主办的"海峡两岸竹文化交流与竹产业发展论坛"在武夷山举行。全国政协人资环委会副主任、中国林业科学研究院院长、中国林学会理事长、国际竹藤组织董事会联合主席江泽慧教授到会致辞。本次论坛邀请了台湾大学有关专家参加。海峡两岸6位专家在论坛上分别就两岸竹业经济和竹文化的发展作了专题学术报告。

11月1日 由中国科协学会学术部主办、中国林学会承办的"科技期刊评价指标体系研讨会"在北京召开。中国科协学会学术部副部长杨文志、中国林学会副秘书长尹发权等出席会议并讲话，来自全国性学会及科研单位的52名代表出席了会议。

11月3~5日 由中国林学会、北京市进出口企业协会主办的"中国（东莞）国际木材交易大会"在广东东莞举行。来自中国、俄罗斯、美国、加拿大、英国、新西兰、澳大利亚等10多个国家（地区）150多家企业参加了大会。

11月4~6日 由中国林学会木材工业分会、山东省东营市政府和中国林业科学研究院木材工业研究所共同主办的"全国生物质材料暨环保型人造板新技术发展"研讨会在山东东营召开。

11月15~25日 应加拿大大不列颠哥伦比亚大学和美国林学会的邀请，中国林学会学术代表团一行10人对美国加拿大进行了为期10天的森林可持续经营学术考察。

11 月 20～23 日　中国林学会竹子分会第三届第五次全委会暨 2006 中国竹业发展研讨会于在广东怀集召开，来自浙江、福建、江西、安徽、湖南等 11 个省（直辖市）的科研、教学、生产和管理单位的 100 多名代表参加会议。

11 月 21～22 日　2006 年中国林学会秘书长工作会议在安徽青阳召开。来自全国各省（自治区、直辖市）林学会，各分会、专业委员会秘书长计 60 余人参加了会议。

11 月 27～28 日　由中国林学会主办的林学学科发展专家研讨会在京举行。来自国家林业局、中国科学院沈阳应用生态研究所、中国林业科学研究院、北京林业大学、东北林业大学、南京林业大学等单位的 60 余位专家出席会议。

12 月　为推广退耕还林中的实用技术，为广大基层技术人员和林农提供借鉴、参考，由中国林学会组织编写的《退耕还林实用技术》一书出版。

12 月 1 日　在第七届中国林业青年学术年会举办期间，成立了中国林学会首届青年工作委员会。学会秘书处副秘书长尹发权当选为主任委员，中国林业科学研究院林业所研究员卢孟柱当选为常务副主任委员，中国林业科学研究院林业研究所研究员崔丽娟当选为秘书长。

12 月 2～3 日　由中国林学会主办，南京森林公安高等专科学校承办的"第七届中国林业青年学术年会暨第八届中国林业青年科技奖颁奖仪式"在南京召开。年会的主题为"自主创新与现代林业"。年会设现代林草生物技术等 10 个分会场。来自全国林业科研、管理和生产实践等领域的 500 余名青年科技工作者参加了会议。本届年会共收到论文 350 多篇，237 人登台发言。会上颁发了第八届中国林业青年科技奖和首届梁希青年论文奖。

12 月 10～16 日　中国林学会林业科技期刊分会成立大会暨第二届全国林业科技期刊发展研讨会在云南昆明召开。会议选举产生了首届委员会，中国林学会副秘书长尹发权当选为主任委员，张君颖（常务）、蔡登谷、尹刚强、佘光辉、张玉、颜帅、范升才、姜征、戚连忠当选为副主任委员，张君颖为秘书长（兼）。

12 月 12 日　《林业科学》被波兰的《哥白尼文摘》列为来源期刊。

12 月 16 日　中国林学会生物质材料科学分会在北京成立。江泽慧教授、鲍甫成研究员为名誉主任委员，姜笑梅研究员当选为主任委员，吕建雄、费本华、岳永德、赵广杰、刘一星、周定国、尹发权当选为副主任委员，秦特夫为

秘书长。

12 月 20 ~ 30 日　应加拿大大不列颠哥伦比亚大学和美国世界林业中心的邀请，中国林学会学术代表团一行 10 人，对美国加拿大进行了为期 10 天的森林生态环境建设学术考察。

12 月 23 日　全国科技名词审定委员会、中国林学会联合召开第二届林学名词审定委员会第一次会议。委员会委员及有关代表 26 人参加会议。代表们就林学名词第二版的审定工作进行了讨论，提出了名词审定的学科框架及编审小组分工和编写进度安排。

2007 年

1 月 29 日　中国林学会、国家林业局植树造林司、江苏省泗阳县人民政府共同在北京长城饭店召开新闻发布会，宣布由中国林学会、国家林业局植树造林司、江苏省泗阳县人民政府共同举办的 " 第二届杨树节暨中国杨树产业博览会 " 于 2007 年 6 月 1 ~ 3 日在泗阳举行。中国工程院院士、中国林学会副理事长、北京林业大学校长尹伟伦教授，中国林学会、国家林业局植树造林司和泗阳县人民政府有关负责人出席了新闻发布会，并回答了记者的提问。首都 30 余家新闻单位的记者出席了新闻发布会。

2 月　中国林学会获得了第 23 届国际杨树大会主办权。这是继 1988 年成功举办第 18 届国际杨树大会后中国林学会再次获得国际杨树大会的主办权。

3 月　经民政部批准，中国林学会梁希科技教育基金管理委员会获准成立。

3 月 21 日　中国林学会森林经理分会在北京召开了秘书长及部分理事、专家会议。

3 月 26 ~ 28 日　中国林学会森林土壤专业委员会委员扩大会议及学术讨论会在海口召开，来自全国 17 个省（自治区、直辖市）的专家、学者 70 余人参加会议。海南省林业局副局长周燕华、浙江省林业厅副厅长吴鸿和海南省林业科学研究所所长王东明出席会议，森林土壤专业委员会主任委员杨承栋研究员致开幕词，周燕华副局长在开幕式上发表讲话。

4 月 1 日　由中国林学会，北京市东城区科委、科协、园林绿化局、园林学会联合举办的北京市全民义务植树宣传咨询活动在北京地坛公园广场举行。

4 月 26 日　由中国林学会青年工作委员会，北京林业大学研究生院、党委研究生工作部、团委和中国林业科学研究院研究生院、团委共同主办,由北京林业大学研究生院承办的"纪念'五四'青年节暨中国林学会成立90周年林业青年工作者座谈会"在北京林业大学召开。

4月28~30日 由中国林学会、北京市进出口企业协会主办的"中国国际木材及木制品贸易大会"在北京举办。来自美国、俄罗斯、加拿大、英国、法国、德国、加蓬、韩国、芬兰、比利时、日本、阿联酋、津巴布韦、巴布亚新几内亚、莫桑比克等十几个国家、地区的外宾和中国内地数十家企业共近200人参加了大会。

5月下旬 中国林学会在北京鹫峰国家森林公园组织举办国家林业局2007年科技活动周宣传活动。

5月 由中国林学会、中国野生动物保护协会和中国花卉协会组织编写的科普图书《中国名树名花名鸟》出版。

5月24日 中国林学会林业科技期刊分会秘书长工作会议在北京召开。

6月1~4日 中国林学会木材科学分会第十一次学术研讨会在西南林学院召开。

6月2日 由中国林学会、国家林业局植树造林司与泗阳县人民政府共同主办的第二届中国杨树节暨中国杨树产业博览会在泗阳县开幕。中国林学会理事长江泽慧,江苏省人民政府副省长黄莉新,江苏省政协副主席吴冬华,江苏省人大常委会原副主任俞敬忠,国家林业局植树造林司司长魏殿生,宿迁市委书记、市人大主任张新实,中国林学会常务副秘书长李岩泉,江苏省人民政府副秘书长吴沛良,江苏省政协副秘书长朱慈尧,宿迁市委副书记、市长缪瑞林,市政协主席詹荫鸿,市人大常委会副主任李继业,市委常委、县委书记侍鹏等出席开幕式。北京、上海、广东等20多个省(市)及江苏省有关部门的领导、高等院校和科研院所的专家学者5000余人参加了开幕式。开幕式由泗阳县委副书记、县长赵深主持。国家文化部部长孙家正和中国工程院院士王明麻、张齐生、尹伟伦等发来了贺信。

6月28日 国家林业局决定任命赵良平为中国林学会秘书长,免去李东升中国林学会秘书长职务(林人任字〔2007〕10号)。

7月 中林集团杯第二届梁希林业科学技术奖、优秀学子奖结果揭晓。

7月12日 中国林学会成立90周年纪念大会于在人民大会堂隆重举行。中

共中央政治局委员、国务院副总理回良玉出席纪念大会并发表重要讲话。全国绿
化委员会副主任、国家林业局局长贾治邦，中国科协常务副主席、党组书记邓
楠，中国林学会名誉理事长高德占，国务院副秘书长张勇，民政部副部长姜力，
农业部副部长、中国农学会理事长危朝安，全国政协人口资源环境委员会副主
任、中国林学会理事长江泽慧，国家林业局党组成员、中央纪委驻局纪检组组长
杨继平，国家林业局副局长雷加富、祝列克、张建龙，原林业部副部长、中国林
学会第九届理事会理事长刘于鹤，全国人大常委、中国林学会第十届理事会副理
事长王涛及中国林学会副理事长李东升、尹伟伦、张守攻等出席会议。林业科技
界的院士、知名专家学者，中国林学会及省级学会和专业分会的负责人，国家林
业局各司局和直属单位的主要负责人，梁希林业科技技术奖、梁希优秀学子奖、
中国林业青年科技奖的获奖代表，中国林学会会员代表、特邀代表，兄弟学会
代表和林业企事业单位代表，以及长期以来关心和支持林业事业的新闻界人士共
700多人参加会议。国家林业局副局长李育材主持会议。

7月20日　由中国林学会联合北京林业大学、东北林业大学、南京林业大
学、西北农林科技大学林学院、中南林业科技大学、西南林学院校（院）共青团、
学生会等单位举办的首届全国大学生生态科普创意大赛启动评选。本次大赛主要
内容包括生态文化漫画作品设计、摄影、科普征文等。

8月1～2日　由中国科协学术部、中国林学会、海峡两岸学术文化交流协会、
台湾中华林学会共同主办的"第八届海峡两岸青年科学家学术研讨会"在北
京召开。中国科协书记处书记冯长根，全国政协人口资源环境委员会副主任、中
国林学会理事长江泽慧，海峡两岸学术文化交流协会荣誉理事长丁一倪，台湾中
华林学会常务理事王亚男等出席会议开幕式并致辞。中国科协学会学术部副部长
杨文志主持会议。来自两岸的青年科学家200余人参加会议。

8月19～21日　由中国林学会生物质材料科学分会主办的第一届全国生物
质材料科学与技术学术研讨会在北京召开。

8月21～26日　由人事部、国家林业局、中国科协联合主办，中国林学会
承办的"森林资源与生态环境监测技术"高级研修班在青海西宁举办。来自国家
林业局调查规划设计院、国家林业局华东、中南、西北林业调查规划设计院以及
各省（自治区、直辖市）的森林资源主管部门和调查规划设计院等单位的高级专
业技术人员和森林资源管理人员共56人参加了学习和研讨。

9月3日　国家林业局副局长李育材在科技司司长张永利、中国林业科学研究院院长张守攻的陪同下到中国林学会视察指导工作。

9月8日　2007中国科协年会在武汉隆重开幕。中国林学会联合中国水土保持学会、中国科学探险协会，共同承办了本届年会的第十分会场。该分会场会议以"环境保护及人与自然和谐发展"为主题，围绕生态环境保护与资源的高效利用、珍惜生物生态环境与和谐发展、水土保持与长江流域经济发展等议题开展学术交流。与会代表400余人，提交论文160多篇。

9月17日　中国林学会森林防火专业委员会第五次全国代表大会在加格达奇召开。会议传达了国家林业局社团工作会议精神；回顾总结了森林防火专业委员会第四届委员会5年来的工作，选举产生了森林防火专业委员会第五届委员会。武警森林指挥部原副主任朴东赫少将当选为新一届委员会主任委员。

9月25日　巴西利亚大学教授、ITTO驻南美及加勒比海地区官员、巴西教育发展基金会理事长Pastore先生，巴西阿克里州政府分管林业工作的秘书Carol先生，英国伦敦大学亚非学院副院长Feja女士对中国林学会进行了友好访问。中国林学会赵良平秘书长、尹发权副秘书长会见了来宾，并就加强相互之间的联系和合作进行了友好会谈。

9月25日　中国林学会木材工业分会在广西南宁召开第七届委员会换届选举大会，陈绪和当选为第七届木材工业分会主任委员。

11月2日　加拿大不列颠哥伦比亚大学林学院院长萨德勒教授一行3人对中国林学会进行了友好访问。中国林学会秘书长赵良平会见了来宾并介绍了学会概况。

11月7~9日　由中国林学会和广东省肇庆市人民政府主办，中国林学会桉树专业委员会、广东省肇庆市林业局和香港中肥集团承办的第四届第三次全国桉树研讨会在广东肇庆隆重召开。来自美国、澳大利亚、马来西亚、日本以及我国17个省（自治区、直辖市）的420名代表参加了会议。与会代表围绕"发展桉树产业，促进生态建设"的主题进行了学术交流，并形成了"关于发展桉树产业的建议"。

11月8~9日　由中国林学会、国家林业局森林资源管理司联合主办，中国林学会青年工作委员会、湖南省林学会共同承办的"2007中国林业青年科技论坛"在长沙召开。论坛主题是信息技术与资源环境管理。来自国家林业局森林资源管

理司、清华大学、南京大学、武汉大学、北京林业大学、中南林业科技大学等单位的 130 余名代表参加了会议。

11 月 11 ~ 14 日　中国林学会林木遗传育种分会在浙江富阳举办首届东部地区学术研讨会。来自江苏、浙江、湖南等 10 多个省市的 130 多位代表参加了会议。

11 月 13 日　中国林学会竹子分会第四次会员代表大会在浙江临安召开。浙江省林业厅楼国华厅长当选为主任委员。

11 月 13 ~ 15 日　由中国林学会、杭州市人民政府、浙江省竹产业科技创新服务平台联合主办，杭州市林水局、临安市人民政府、中国林学会竹子分会、杭州市林学会共同承办的"中国杭州竹笋产业高端论坛暨 2007 国际竹子研讨会"在浙江临安召开。来自我国 13 个省（自治区、直辖市）代表，以及美国、日本、越南等国的外宾 220 余人参加了会议。

11 月 21 ~ 22 日　中国林学会森林防火专业委员会在武警森林指挥部香山基地召开五届一次主任委员会议。

12 月 5 日　《林业科学》特邀编委、德国哥廷根大学 Klaus von Gadow 教授及夫人访问中国林学会。学会秘书长赵良平，副秘书长沈贵、尹发权会见来宾，并向 Klaus von Gadow 教授颁发了中国林学会荣誉会员证书。

12 月 8 日　第二批"全国林业科普基地"评选会议在北京召开。

12 月 12 日　中国林学会在北京组织召开第二届林学名词审定委员会第三次工作会议。

2008 年

1 月 6 ~ 9 日　由中国林学会森林昆虫分会、中国昆虫学会森林昆虫专业委员会和国家林业局森林病虫害防治总站联合主办的"全国林业有害生物无公害防治技术产业化发展及对策研讨会"在陕西杨凌召开。来自全国 20 多个省（市）67 个科研院所、高校、管理部门、森防单位和生产企业的 154 名专家参加了会议，40 名专家学者作了大会和专题发言。大会提出了"关于加快林业生物防治事业发展的意见和建议"。

1 月 8 日　中国林学会推荐论文《杉木林间伐强度实验 20 年生长效应的研究》（作者：张永松等 5 人）获"第五届中国科协期刊优秀论文"奖。

　　1月8~9日　2008年全国林学会秘书长会议在南京召开。会议的主要任务是深入学习贯彻党的十七大精神，认真贯彻落实局党组全面推进现代林业建设的总体部署，总结交流学会2007年工作，分析学会工作面临的新形势，探讨学会工作的新思路，研究部署2008年的学会工作。国家林业局党组副书记、副局长李育材在会上作了书面讲话。中国林学会秘书长赵良平在会上作了题为"紧密围绕现代林业建设，扎实推进学会事业发展，努力为林业又好又快发展作出新贡献"的工作报告。

　　1月15日　中国林学会获"科学技术普及奖"，并在中国科协七届三次全委会上受到表彰。

　　1月18~19日　中国林学会青年工作委员会2008年常委扩大会议在北京召开。会议的主要任务是总结交流青工委成立一年来的工作，研究部署2008年的重点工作。青工委主任委员尹发权、青工委各位副主任委员，以及青工委秘书长、副秘书长、常务委员、中国林学会秘书处有关人员等共40余人参加会议。中国林学会秘书长赵良平出席会议并作了讲话。会上还表彰了中国林学会青年工作委员会2007年度工作先进个人，授予刘君昂和张怀清"2007年度林业青年学术活动年度贡献奖"。

　　1月24日　中国林学会林业科技期刊分会召开2008年第一次工作会议。

　　1月29日　中国林学会在京常务理事会暨新春茶话会在国家林业局管理干部学院召开，由理事长江泽慧主持会议。

　　3月　中国林学会《林业科学》2008年第3期推出"关注雨雪冰冻灾害对我国林业的影响——专家笔谈"专栏，请深入灾区的专家学者撰写相关文章，谈灾害对林业的影响及对灾后重建的意见和建议。

　　3月　《中国林学会史》编撰工作启动，中国林学会理事长江泽慧担任主编。

　　3月1日　"生态科普暨森林碳汇"宣传活动启动仪式在北京地坛公园举行。中国林学会江泽慧理事长，北京市牛有成副市长，国家林业局张建龙副局长，中国科协书记处程东红书记出席了大会并为启动仪式剪彩，江泽慧理事长、牛有成副市长和张建龙副局长在仪式上发表了讲话，对该活动给予充分肯定和高度赞扬。

　　3月6日　中国林学会《林业科学》获中国科协精品科技期刊工程B类延续项目。

　　4月5日　由中国林学会联合有关单位举办的2008年植树节宣传活动在北

京地坛公园西门广场举行。活动主题是"弘扬生态文化，建设生态北京，迎办绿色奥运"。

4月　中国林学会编写完成《2007年主要林业有害生物发生情况及2008年发生趋势与控制对策研究报告》。此报告也是中国科协《预防与控制有害生物灾害咨询报告（2008）》中一部分。报告内容涉及2007年主要林业有害生物发生情况，林业有害生物严重发生的原因，2008年主要林业有害生物发生趋势以及预防与控制对策建议等。

4月10日　中国林学会开通《林业科学》新浪博客。

4月11～13日　中国林学会银杏分会第四届常务理事会第二次会议在河南洛阳召开。

4月25日　中国林学会副秘书长沈贵代表学会出席中日NGO在中国造林绿化活动研讨会。

4月29日　我国发生严重的雨雪冰冻灾害，中国林学会发文要求各分会（专业委员会）、省级林学会进一步加强科技救灾工作。

4月30日　首届大学生生态科普创意大赛结果揭晓，最终从2000余件参赛作品中评选出了51件获奖作品，其中一等奖2名，二等奖9名，三等奖17名，优秀奖23名。

5月13日　中国林学会秘书处积极为汶川大地震灾区人民捐款献爱心，共为灾区捐款16400元人民币。

5月12日　美国世界林业中心主席兼首席执行官Gary Hartshorn先生访问中国林学会。中国林学会副理事长兼秘书长赵良平、副秘书长沈贵等领导会见了来宾。双方会还就今后共同举办学术会议、组织人员互访和教育培训等合作方式进行了探讨。

5月17日　由中国科协资助，中国林学会承担的"湿地资源保护与湿地生态建设对策研究"课题开题，此项目与中国林业科学研究院资源信息研究所合作完成，并经过一年的项目调查研究完成了湿地资源保护与湿地生态建设对策研究报告。

5月19日　中国林学会参与"科普列车贵州行"活动，并捐赠《图画森林》《退耕还林实用技术》等科普图书（挂图）800册（套），价值达20000元。

5月20日　国际树木栽培学会执行理事长James Skiera先生访问中国林学会，

中国林学会副理事长兼秘书长赵良平、副秘书长沈贵接见来宾。

5 月 23 日　纪念中国林学会森林经理分会成立 30 周年座谈会在北京召开。原林业部副部长、分会名誉理事长刘于鹤，国家林业局森林资源管理司副司长、分会副理事长王祝雄、中国林学会秘书长赵良平、调查规划设计院院长、分会常务副理事长李忠平出席了会议并讲话。在京历届理事代表近 40 人应邀出席了座谈会。

5 月 30 日　中国林学会召开"5·12"地震及冰雪灾害林业灾后重建专家座谈会。中国林学会副理事长兼秘书长赵良平主持会议。唐守正院士、盛炜彤研究员等来自林业、国家地震局、中国科学院等系统及灾区一线的 27 位专家出席了座谈会。会议就灾后林业及生态恢复重建工作达成共识，并提出了关于高度重视并加快林业灾后重建工作的建议。该建议通过国家林业局上报中央，温家宝总理作出重要批示。

6 月 16 日　国家林业局党组成员、人教司司长孙扎根到中国林学会调研指导工作。

6 月 24 日　中国林学会组织参加中国科协防灾减灾报告会。

7 月 11 日　第二届梁希青年论文奖评选结果揭晓。本届青年论文奖共收到申报论文 132 篇，最终评选出获奖论文 70 篇。其中，一等奖 9 篇，二等奖 21 篇，三等奖 40 篇。

7 月 16~17 日　第八届中国林业青年学术年会在哈尔滨召开。本届年会由中国林学会和东北林业大学联合主办，黑龙江省林学会和中国林学会青年工作委员会联合承办，黑龙江省林业厅、黑龙江省森工总局、大兴安岭林业集团公司共同协办。年会主题是"青年科技创新与生态文明"。来自政府部门、科研机构、大专院校、林业基层单位等近 700 余名代表参加了年会。全国政协人口资源环境委员会副主任、中国林学会理事长江泽慧，全国人大常委、中国科协书记处书记冯长根，黑龙江省科协主席、黑龙江省人大常委会原副主任马淑杰，黑龙江省人民政府副秘书长金济滨等领导出席会议开幕式。本届青年学术年会首次举办了青年学术辩论赛，共提交学术论文 420 篇，各分会场有近 300 人作了专题学术报告。经过专家评审，有 137 篇学术论文被评为优秀论文，107 场报告被评为优秀报告。在年会开幕式上颁发了第二届梁希青年论文奖。

7 月 26~30 日　森林工程分会召开 2008 年年会暨学术研讨会。来自林业高

等院校、科研院所、森工集团等单位共59名代表参加会议。中国林学会森林工程分会理事长王立海作了2007—2008年度工作报告。大会共收到学术论文37篇，大会交流论文19篇，会议评选青年优秀学术论文1篇。

7月28日　树木学分会第13届年会暨换届选举大会在广州召开。华南农业大学副校长李大胜出席开幕式并致辞，中国林学会树木学分会主任委员汤庚国和华南农业大学林学院院长徐正春分别作了讲话。分会举行了换届改选大会，第六届委会主任汤庚国再次当选树木学分会主任委员。

8月18~19日　森林消防学术研讨暨相关产品、技术展示会在昆明召开。相关单位代表等共115人参加展示会。会议围绕"以水灭火技术""扑火通信保障""南方雨雪冰冻灾害和四川汶川大地震对森林防火工作的影响及对策"3个主题进行了深入的研究探讨。会议收到研讨论文60余篇，最终评选出论文一等奖、二等奖各14篇，三等奖18篇。

8月27~28日　林业机械分会第五次会员代表大会在哈尔滨召开。中国林学会常务副秘书长李岩泉出席会议并讲话。会议总结了林业机械分会第四届委员会工作，选举产生了林业机械分会第五届委员会，中国福马机械集团公司总经理吴培国当选主任委员。会议期间还举办了"林业技术装备发展战略研究"科技论坛，评选出2008年度林机分会优秀科技论文。

8月29日　中国林学会第二届大学生生态科普创意大赛启动。本届创意大赛的主题是"大熊猫·森林·人类"，参赛作品类别为文字作品、FLASH作品、漫画作品。

9月1~5日　中国林学会组织"江西省东江源区流域保护和生态补偿研究"项目组在江西开展了为期5天的实地调研。调研人员包括中国林业科学研究院首席专家侯元兆教授、江西省政协经科委副主任程德保、江西省林防局刘良源教授以及江西省社会科学院、江西省环境科学院等多名专家学者。考察内容主要是当地的社会经济发展状况、目前的森林资源现状、水资源现状以及现有的水资源保护措施。

9月9~13日　由人力资源和社会保障部、国家林业局、中国科协共同主办，中国林学会承办的"数字林业技术支撑体系高级研修班"在贵州贵阳举办。来自30个省（自治区、直辖市）林业系统的中高级专业技术人员和管理人员80多人到会学习。

9月17～19日　由中国林学会、国家林业局造林司、河南省林业厅共同主办的"森林可持续经营与生态文明学术研讨会"在郑州召开。此次研讨会也是第十届中国科协年会第十五分会场。全国政协人口资源环境委员会副主任、中国林学会理事长江泽慧教授、河南省人民政府省长助理何东成同志出席会议开幕式并讲话。近200名来自林业科研院所、高等院校的专家、林业行政主管部门的有关领导和林业基层生产单位长期从事森林经营工作的有关人员参加了研讨会。

9月27～28日　《林业科学》在东北林业大学召开审稿专家座谈会。

10月23～24日　由中国林学会和中国林业科学研究院联合主办，中国林学会木材工业分会和中国林业科学研究院木材工业研究所承办的"全国商品林木材高效利用技术研讨会"在北京召开。国内外210名专家学者参加会议。会议就我国"十一五"期间的商品林木材利用技术现状和"十二五"的重大科技需求展开研讨。国家"十一五"科技支撑计划项目30个专题分2个分会场报告交流了中期进展。共计大会报告11人、特邀报告5人、专题报告30人。

10月26日　由中国林学会理事长江泽慧教授领衔的国家林业局软科学研究项目——提高林业从业人员科学素质系统研究在北京通过验收。该项目由中国林学会牵头，国家林业局管理干部学院、中国林业科学研究院、国家林业局经济发展研究中心、北京林业大学等有关单位参加。

10月27日　由联合国粮农组织（FAO）主办，中国林学会、北京林业大学和中国林业科学研究院联合承办的第23届国际杨树大会在北京召开。来自欧洲、北美洲、拉丁美洲、亚洲等30多个国家200余名专家学者参加会议。国际杨树大会主席Stefano Bisoffi先生主持了开幕式。国家林业局副局长张建龙代表中国政府在会上致辞。联合国粮农组织林业司森林资源开发部主任Jim Carle先生，中国林学会副理事长、杨树专业委员会主任委员、北京林业大学校长尹伟伦院士，中国林学会副理事长兼秘书长赵良平出席大会开幕式。本次大会的主题是"杨树、柳树与人类生存"。大会收到论文249篇，内容涉及杨树基因工程与遗传育种、分子生物学、杨树栽培、经营管理、木材加工、杨树生态环境保护和多资源利用等各个层面。

10月28～30日　国家林业局科技司、中国林学会和中国林业科学研究院林业所共同举办了"全国油茶实用技术专题培训班"。14个油茶主产省区的林业技术推广人员、从事油茶生产的基层技术人员和油茶种植大户100余人参加

了培训。

11 月 3 日　由中国林学会、漳州市人民政府主办，中国林学会桉树委员会、漳州市林业局承办的"第四届第四次全国桉树论坛暨新技术新产品展示会"在福建漳州举行。会议主题是"提高桉树抗性，引导科学发展，促进生态文明"。中国林学会副理事长兼秘书长赵良平，福建省林业厅厅长吴志明、副厅长兰思仁，中国林业科学研究院副院长金旻，中国林业科学研究院原院长陈统爱等有关领导出席论坛开幕式。开幕式由中国林学会副秘书长尹发权主持。来自国内外 500 多名从事桉树科研、教学的专家、学者、相关企业管理人员和有关地方政府部门领导参加了此次论坛。

11 月 7~9 日　中国林学会林木遗传育种分会第六届会员代表大会暨 2008 年学术年会在浙江临安召开。来自全国 30 个省（自治区、直辖市）、香港特别行政区，以及澳大利亚、美国的遗传育种专家共 343 名正式代表参加了会议。会议审议通过了第五届中国林学会林木育种分会的工作报告，选举产生了分会第六届委员会，杨传平当选为主任委员，施季森、陈晓阳、刘红、张志毅、卢孟柱为副主任委员，苏晓华为秘书长。大会共收到论文及论文摘要 205 篇，交流报告 35 篇。

11 月 10 日　中国林学会经济林分会第六届会员代表大会暨 2008 年学术年会在湖南长沙召开。200 名代表出席会议。中国林学会常务副秘书长李岩泉出席会议并讲话。中国林学会经济林分会主任委员吴晓芙就经济林分会第五届理事会主要工作进行了回顾总结。大会选举产生了分会第六届委员会委员，选举吴晓芙为第六届委员会主任委员，谭晓风、吴坚、刘惠民、曹福亮、唐苗生、王浩杰、李芳东、樊金拴为第六届委员会副主任委员，文亚峰为第六届委员会秘书长。

11 月 12~13 日　中国林学会森林经理分会与国家林业局森林资源管理司联合主办的"林权改革与森林经营管理"主题学术研讨会在西安召开。森林经理分会名誉理事长、原林业部副部长刘于鹤，分会理事长肖兴威、分会常务副理事长李忠平在大会作主题报告。中国林学会副秘书长尹发权到会并致辞。来自全国森林资源管理、调查规划设计、教学科研等单位近 150 人参加了会议。研讨会共收到学术交流论文 57 篇，从中评选出优秀论文一等奖 3 篇、二等奖 5 篇、三等奖 11 篇。

11 月 16 日　中国林学会、北京林学会联合在北京开展会员日活动。

11 月 20 日　"林业科技期刊编排规范研讨会"在北京召开。这是林业科技期刊分会申请的标准项目"林业科技期刊编排规范"第一次全体会议。《林业科学》《林业科学研究》《北京林业大学学报》《南京林业大学学报》《东北林业大学学报》《浙江林业科技》和《江西林业科技》编辑部共 7 家期刊的主要负责人和业务骨干（起草组成员）参与研讨。

11 月 23～24 日　由中国林学会、国家林业局造林司和中国林学会造林分会主办，北京林业大学和北京林学会承办的中国林学会造林分会第九届全国森林培育学术研讨会在北京举行。来自全国森林培育科技研究、教学、行政管理和生产单位的 160 多人出席研讨会，中国工程院院士沈国舫、尹伟伦等在研讨会上作了主题报告。此次研讨会共收集论文 77 篇。与会人员分别就森林培育生理生态、种子与苗木、森林营造与抚育、森林经营与管理四个方面内容进行了交流。

11 月 28 日　《中国林学会史》出版发行。史书分为正史、大事记、人物传记、附录四个部分，共计 33 万余字。史书以详尽的史实、生动的故事、鲜活的传记、丰富的照片与图表，从多方面展现中国林学会在学术交流、科学普及、表彰奖励、决策建议、书刊编辑、技术咨询等方面取得的成就，收录了记述反映林学会重大活动情况的大事记、名人与学会发展的丰富资料和弥足珍贵的历史照片，系统总结林业科技社团的演进历程与发展规律。《中国林学会史》是由中国科协、上海交通大学出版社共同出版的"中国学会史丛书"之一。

11 月底　《林业科学》"重大雨雪冰冻灾害专刊"顺利出版。这是《林业科学》创刊以来第一个为突发的重大自然灾害而设立的专刊。征文期间共收到投稿 76 篇，专刊上发表 37 篇。

12 月 10 日　《林业科学》编辑部在南京林业大学召开专家座谈会。共有来自南京林业大学、南京森林公安高等专科学校的 30 多位专家学者参加座谈。与会的专家学者就《林业科学》走向国际化、稿源质量、发表周期、期刊特色等问题提出建议与意见。

12 月 12 日　由中国林学会与江苏省林业局共同主办，江苏省林学会与江苏省农林职业技术学院承办的"城乡林业统筹发展与生态文明建设高层论坛"在江苏举办。论坛主题是"城乡林业统筹发展与生态文明建设"。来自全国 18 个省份的代表 200 余人参加了论坛。论坛由中国林学会常务副秘书长李岩泉主持。中国林学会理事长江泽慧，中国林业科学研究院首席科学家彭镇华，江苏省林业局局

长夏春胜，中国工程院院士、浙江林学院院长张齐生，重庆市林业局副局长何平出席论坛并针对各自的研究领域作专题报告。

12月13日 中国林学会召开省级林学会工作座谈会。18个省级林学会秘书长参加了此次座谈会。中国林学会常务副秘书长李岩泉出席会议并讲话。中国林学会副秘书长尹发权在会上介绍了中国林学会2008年工作及2009年工作思路。各省林学会秘书长分别汇报了2008年学会工作情况和成功经验，并介绍了2009年度的工作设想，对学会今后的组织管理工作提出了一些建议。

12月27日 中国林学会青年工作委员会2008年总结表彰会在北京召开。30多名青年工作委员会常委以及获奖代表参加了此次总结大会。中国林学会副秘书长、青工委主任委员尹发权出席了会议并总结工作，青工委常务副主任委员卢孟柱主持会议。与会人员结合自身实际和研究领域，对如何进一步搞好青工委的工作提出了建设性意见。会议颁发了青年工作委员会2008年度贡献奖，中国科学院昆明植物研究所和爱军等11名同志获奖。

2009 年

1月15日 中国林学会常务理事会议在北京国林宾馆召开。江泽慧理事长主持会议，会议审议通过了《中国林学会2008年工作总结和2009年工作重点》《中国林学会分支机构管理办法》和第二届中国林业学术大会筹备方案。

1月21日 国家林业局党组成员、中纪委驻国家林业局纪检组组长陈述贤同志到中国林学会视察指导工作，看望慰问学会工作人员。监察部驻国家林业局监察局局长樊德新、主任陈汉蓉陪同视察。

1月 中国科协期刊第六届优秀学术论文评选结果揭晓，中国林学会《林业科学》编辑部推荐的3篇参评论文均获得优秀学术论文奖。

1~2月 根据中国科协《关于推荐、提名中国科学院、中国工程院候选人的通知》，中国林学会组织开展了"两院"院士推荐提名工作，通过初审推荐、无记名投票，上报了"两院"院士候选人。

2月28日 中国林学会林木遗传育种分会第六届委员会在北京圆山大酒店召开了第二次常务委员会扩大会议。聘请林木遗传育种分会第六届委员会顾问、荣誉主任委员和荣誉委员，增补了副主任委员、常务委员、委员，讨论了2009年工作计划。

3月4日　中国林学会副理事长兼秘书长赵良平会见了日本东京都市大学教授、日本海岸林学会常务理事吉崎真司先生。双方达成了分别以中国、日本、韩国三国为东道主轮流召开中日韩海岸林学术研讨会的合作意向。

3月6~7日　全国林学会秘书长会议在广西桂林召开。各省（自治区、直辖市）林学会和中国林学会各分会、专业委员会的秘书长共70余人参加会议。秘书长赵良平作了题为《围绕中心　服务大局　为推进现代林业建设科学发展做出新贡献》的工作报告。会议讨论了《第二届中国林业学术大会筹备方案》《中国林学会林业科普"六进"活动安排》及《关于开展全国林学会年度先进单位评选表彰活动的实施方案》。

3月17日　中国林学会组织召开了决策咨询选题专家讨论会。副秘书长尹发权主持会议，国家林业局经济发展研究中心、国家林业局速丰办、中国林业科学研究院木材工业研究所、中国林业科学研究院林业科技信息研究所、中国木材节约发展中心等单位的专家进行商讨。

3月19~20日　《林业科技期刊编排规范》标准起草组第二次会议在北京召开。会议由项目负责人、《林业科学》编辑部主任张君颖主持。10位起草组成员对规范作了初步修改，对新拟定的3个标注附录进行了修订。

3月23日　中国林学会"第二届《林业科学》优秀审稿人"评选工作完成，82名审稿专家被评为"优秀审稿人"。

3月28日　第二届大学生生态科普创意大赛参赛作品评审会议在北京召开。

3月31日　根据《梁希科普奖奖励办法》，中国林学会组织开展了第二届梁希科普奖评选活动。本次活动共收到申报项目72项，其中集体33项、个人39项。共评选出第二届梁希科普奖获奖集体17个、获奖人19人。

4月4日　由中国林学会、北京园林学会等单位联合举办的北京2009年植树节宣传活动在北京地坛公园举行。主题是"人人参与，共建我们绿色家园"。宣传活动向广大市民宣传了植树造林、森林防火、森林病虫害防治、林地保护、野生动植物保护等相关知识。免费向群众发放了《家庭常见花卉养植手册》《保护野生动物相关知识》《公园游览手册》《北京市公园管理条例》等科普资料。活动现场宣传展板30块、彩旗20面。

4月10日　由中国林学会主办的第二届大学生生态科普创意大赛评选结果揭晓，共评出一等奖4名、二等奖13名、三等奖21名、优秀奖20名。大赛优

秀作品在专题网站上刊登。

4月17日 "第二届全国林业科技期刊优秀编辑"评选结果揭晓。东北林业大学柴瑞海等18位同志被评为"第二届全国林业科技期刊优秀编辑"。

5月7日 2009年度中国科协精品科技期刊示范项目评审工作结束,《林业科学》被评为2009年度中国科协精品科技期刊工程B类项目。

5月9日 由中国科协主办,中国林学会、中国科技馆等9家单位共同承办的全国首届"防灾减灾"科普日活动在北京中国科技馆启动。中国林学会设展台,以展板、视频、实物展示等手段向公众宣传了森林防火意识。

5月12日 《中国林学会分支机构管理办法》经2009年常务理事会审议通过后,正式下发。

5月15日 由科技部、中宣部、中国科协组织开展的"全国科普工作先进集体和先进工作者评选活动"中,中国林学会荣获"全国科普工作先进集体"称号,这是继1996获"全国科普工作先进集体"称号后,中国林学会再次获此殊荣。

6月3日 应世界自然保护联盟中国办公室邀请,中国林学会常务副秘书长李岩泉参加了IUCN中国会员会议。

6月9日 中国林学会常务副秘书长李岩泉会见了世界自然保护联盟中国联络处项目官员。双方就2010年共同发起的"应对森林自然灾害国际学术研讨会"筹备情况进行了深入讨论。

6月14~15日 中国林学会、国家林业局造林绿化管理司和珠海市政府在广东共同召开了全国林业有害植物防控研讨会。来自全国40多个单位110位专家学者参加会议。国家林业局副局长李育材出席并作了主旨报告,国家林业局造林绿化管理司司长王祝雄、中国林学会常务副秘书长李岩泉、广东省林业局局长张育文、珠海常务副市长霍荣荫出席了会议。

6月19日 中国林学会与国家林业局人事司共同开展了第十届中国林业青年科技奖评选工作。共收到41个单位推荐的64名人选,通过专家评审委员会评审,王小艺等20名同志获奖。中国林业青年科技奖的前身是中国林学会青年科技奖。

6月20日 由中国林学会、国家林业森林公园管理办公室、江苏省林业局主办,江苏常熟虞山国家森林公园承办的"森林公园科学发展与生态文明建设高层论坛"在江苏常熟召开,全国各地国家森林公园代表100余人参加会议。中国林学会副理事长尹伟伦院士、中国林学会常务副秘书长李岩泉、国家林业局森林公园管理办公室副主任张健民、常熟市副市长马刚等领导出席会议，相关专家在会上进行多个主题报告。

6月24日　由国家林业局、中国科协联合开展，中国林学会承办的"长江流域防护林体系建设工程专家考察启动会"在北京召开。中国林学会理事长江泽慧教授出席会议，有关领导及国内知名专家、院士20多人参加会议，会议就考察方案提出了建议和具体要求。

6月25日　中国林学会秘书处召开全体职工会，传达学习中央林业工作会议精神。

7月　国家科学技术奖励办公室发布公告（第52号），通告了第二次社会力量设立科学技术奖考核结果。在本次考核的103个社会力量设立的科学技术奖中，中国林学会设立的梁希科学技术奖等5个奖项被考核为优秀。

7月17～20日　中国林学会、贵州省林学会在贵州省农业科学院举办了第25届林学夏令营。35名同学在专家、老师的指导下，进行了林业标本采集等生态实践活动。

7月28日～8月2日　中国林学会林业科技期刊分会在青海西宁召开了第三届全国林业科技期刊发展研讨会。来自全国34种林业科技期刊的近60位代表参加会议。会议表彰了第二届全国林业期刊优秀编辑。

8月5日　《林业科学》现刊全文网上开通。

8月24～25日　杨树专业委员会第八次学术研讨会暨换届大会在宁夏召开，来自20多个省共计50余人出席会议。大会期间进行了第七届委员会选举，讨论了委员会工作计划，8位专家作了主题发言。

8月27～29日　2009年中国林学会青年工作委员会（青工委）常委扩大会议在京召开。中国林学会副秘书长、青工委主任委员尹发权出席会议，会议的主要任务是讨论研究第九届青年学术年会筹备方案及青工委换届选举的方案。

9月4日　第二届中国林业学术大会筹备工作会议在北京召开，各相关负责同志20余人出席会议。中国林学会江泽慧理事长出席并讲话，会议就大会筹备进展情况进行了讨论和沟通。

9月7日　由中国科协、重庆市人民政府主办，中国林学会、重庆市林业局承办的"森林重庆"论坛在重庆举行。中国林学会理事长江泽慧、国家林业局副

局长张建龙、重庆市政协主席等相关领导出席并讲话,李文华院士等知名专家作了《积极推进现代林业发展大力开展城市森林建设》等学术报告。论坛以"建设森林重庆,保障生态安全,带动经济增长,促进持续发展"为主题,对森林重庆建设提出许多宝贵意见,会议收到论文58篇,并形成《森林重庆宣言》建议书。

9月8~10日　中国林学会、重庆市林业局联合主办了"长江流域生态建设与区域科学发展研讨会",该研讨会也是中国科协第十一届年会第9分会场——林业分会场,共150位专家学者参加会议。中国林学会理事长江泽慧、重庆市组织部长陈存根以及院士等知名专家学者到会讲话并作特邀报告。会议对长江中上游生态建设现状及旱灾后建设"森林重庆"等问题进行探讨,收到论文101篇。

9月15~19日　由人事部、国家林业局、中国科协联合主办,中国林学会承办的"森林经营技术高级研修班"在哈尔滨林业局丹清河实验林场举办,相关人员80余人参加培训。培训对国内外森林经营成果进行分析展示,并组织学员进行现场考察和教学。

9月18日　中国林学会与辽宁省林学会共同主办了主题为"传播科技,服务林改"的"科普服务林改制度改革试点行动"启动仪式,相关龙头企业、示范户代表100人参加活动。组织了"林改科普服务专家团"为林农举办培训及技术咨询。

10月12日　中国林学会主办的《林业科学》博客访问量过万。

10月13~14日　由中国林学会主办的第二届全国林业科普基地研讨会在西安举行,来自全国23个省的88名代表参加了研讨会。会议举行了第二批全国林业科普基地发证、授牌仪式,7个全国林业科普基地作了典型发言,开展了科普工作经验交流与探讨。

10月17日　中国林学会林产化学化工分会成立30周年纪念会暨学术研讨会在南京召开,全国从事林化的研究和生产的企业和代表300余人参加会议。中国林学会副理事长兼秘书长赵良平、国家林业局科技司司长魏殿生、中国林业科学研究院院长张守攻等出席会议。会议宣读了领导题词,颁发了获奖证书,听取了专家的特邀报告,讨论了"十二五"林产化工的发展方向。

10月18~23日　由联合国粮农组织和阿根廷政府联合举办的第13届世界林业大会在阿根廷首都布宜诺斯艾利斯召开。中国林学会派出代表参加了本次大会。

10月27日 中国林学会组织开展了第二届梁希优秀学子奖的评选工作。收到全国25所高校及科研院所上报候选人66名，经过评审委员会审定，共评选出44名获奖者。

10月27日 第四届第五次全国桉树论坛暨产业展示会在重庆召开，来自国际及我国14个省的200多个林业相关机构共424人参加会议。原林业部副部长蔡延松及国家林业局有关领导出席会议，有关专家分别围绕桉树育种、良种繁育、栽培技术等方面作了主题报告。大会收到论文77篇，评选出优秀论文20篇。

10月28～29日 中国林学会竹子分会四届三次全委会暨第五届中国竹业学术大会在福建南平召开，全国12个省市的竹类专家、管理者、企业共190余人参加会议。竹子分会主任委员楼国华主持会议，大会总结去年工作，新增补了部分常委和委员，进行了学术交流活动。会议收到论文146篇，专家报告5个。

11月 《林业科学》荣获中国科学技术信息研究所颁发的2008年"百种中国杰出学术期刊"称号。据中国科学技术信息研究所发布的2009年版《中国科技期刊引证报告（核心版）》统计，《林业科学》2008年综合评价总分在1868种核心科技期刊中位列第9名。

11月2日 中国林学会组织开展了第三届梁希林业科学技术奖的评选工作。收到林业系统及林学会各分支机构的申报项目98项。经过评审委员会审定，共评选出获奖项目65项，其中一等奖2项、二等奖21项、三等奖42项。

11月7～9日 由中国林学会、国家林业局、广西壮族自治区人民政府主办的第二届中国林业学术大会在广西南宁召开，全国2100多位领导、专家、学者参加。国家林业局副局长李育材、中国林学会理事长江泽慧、原江西省委书记舒惠国、中纪委驻国家林业局纪检组组长陈述贤、中国科协副主席齐让、中国科学院副院长李家洋、广西壮族自治区党委副书记陈际瓦、广西壮族自治区副主席陈章良以及院士等出席会议。大会以"创新、引领现代林业"为主题，江泽慧作了《深入推进科技创新，支撑引领现代林业》的主题报告，其他专家领导分别作了特邀报告。大会设置了1个分会场和集体林权制度改革等15个分会场，330多位专家在会上作了学术报告。会议还颁发了第三届梁希科学技术奖、第十届中国林业青年科技奖等。大会层次高、规模大，《人民日报》等数十家媒体进行报道。

11月15～24日 应中国林学会邀请，美国世界林业中心生态教育专家RICK先生、奥地利农林环境及水源管理部山洪及雪崩防控局局长MARIA女士

来访，中国林学会副秘书长沈贵会见了来宾，并就生态教育和灾害防治方面搭建了交流的桥梁。邀请外宾进行了学术报告并对中国云南等省进行了实地考察。

11月18~19日　由中国林学会主办、安陆市委市政府、银杏分会承办的"首届中国银杏节"在湖北安陆市召开，来自全国的1000多名代表参加了会议。会议由中国林学会常务副秘书长李岩泉主持，国家林业局总工程师卓榕生、湖北省人大常委会副主任、河北政协副主席及国家林业局有关领导出席。会议期间进行了学术交流、成果展示、参观考察等内容，召开了中国林学会银杏分会第十八次学术研讨会，搭建了产学研新平台。

11月22日　《林业科学》被中国期刊协会和中国出版科学研究所联合评为"新中国60年有影响力的期刊"，张君颖被评为"新中国60年有影响力的期刊人"。

11月27日　中国林学会在江西铜鼓举行了南方"科普服务林改试点行动"启动仪式，政府负责同志和农民代表100多人参加。活动围绕苗木繁育、森林培育等，以报告、展览、培训、技术咨询等形式为活动提供支持。

2010年

1月13日　第十一届中国青年科技奖在北京揭晓，由国家林业局人事司、中国林学会共同推荐的北京林业大学许凤、四川卧龙国家级自然保护区管理局李德生获此殊荣。

2月1日　中国林学会常务理事会议在北京国林宾馆召开。会上传达学习了全国林业厅局长会议和中国科协七届五次全委会精神，审议通过了《中国林学会2009年工作总结和2010年重点工作建议》，对学会2010年重点工作安排、首届森林科学论坛、第九届中国林业青年学术年会提出了许多建设性意见和建议。会议决定增补李忠平、周鸿升、金旻3名同志为学会常务理事。

3月11~12日　全国林学会秘书长会议在海口召开。会议主要任务是贯彻落实中央林业工作会议、全国林业厅局长会议、中国科协七届五次全委会和中国林学会2010年常务理事会议精神，全面总结2009年工作，安排部署2010年工作，交流学会工作经验，总结第二届中国林业学术大会成功经验，表彰第二届中国林业学术大会优秀组织单位。并对《梁希林业科学技术奖奖励办法》等四个奖励办法提出了具体的修改意见。

3月26日　"第三届中国杨树节暨中国杨树产业博览会"新闻发布会在京召

开。宣布 5 月 28～30 日在泗阳县举办"第三届中国杨树节暨中国杨树产业博览会"。北京及江苏近 50 家新闻单位的记者出席了新闻发布会。

4 月 3 日 由中国林学会、北京园林学会、地坛公园等单位联合举办的北京 2010 年植树节宣传活动在北京地坛公园举行。今年植树节宣传活动的主题是"播撒一片绿色让世界更美，爱护千万树木让你我同行"。

4 月 13 日 首届森林科学论坛——森林应对自然灾害国际学术研讨会在北京召开。会议由中国林学会、国际林联、世界自然保护联盟共同发起，由中国林学会、中国生态学会、中国水土保持学会、中国气象学会共同主办。会议主题是"尊重把握自然规律，防御减轻灾害损失"。大会共收到学术论文共 133 篇，52 位专家分别在大会及分会场作了学术报告。来自中国、美国等 13 个国家代表近 200 人出席了论坛。

4 月 26 日 中国林学会主办的《林业科学》"审稿人、作（读）者座谈会"在福州召开。来自福建农林大学、福建省林业科学研究院、福建师范大学等单位的 14 位专家参加了座谈。

5 月 9 日 中国林学会在北京组织召开了长江流域防护林体系建设工程专家考察汇报会。项目专家指导组和实地考察组的 30 多名专家学者以及国家林业局相关司局、中国科协调宣部有关领导参加了会议。

5 月 10～13 日 中国林学会森林工程分会和林业机械分会 2010 年年会暨学术研讨会在河南洛阳召开。来自有关大学、科研院所和相关企业代表共 88 人参加会议。会议共收到学术论文 46 篇。

5 月 15 日 由科技部、中宣部、中国科协组评的全国科普工作先进集体和先进工作者颁奖仪式在 2010 年科技活动周暨北京科技周开幕式上举行。中国林学会荣获"全国科普工作先进集体"称号，这是继 1996 获"全国科普工作先进集体"后学会再次获此殊荣。

5 月 29～30 日 由中国林学会、国际林联、国际杨树委员会、江苏省泗阳县人民政府共同主办的第三届中国杨树节在江苏泗阳举办。全国政协副主席孙家正和国家林业局局长贾治邦发来贺信。节会主题为"杨树造福人类"。节会期间举办了开幕式、30 个亿元招商项目集中开工仪式、"魅力泗阳"大型文艺晚会、杨树人工林可持续经营国际研讨会、第九届中国人造板发展论坛等 13 项大型活动。200 多代表出席了节会开幕式，泗阳县干部群众近 30 万人次参加了中国杨

树博物馆、杨树产业博览会及灯会等节庆活动。

7月8日　在庆祝建党89周年之际，中国林学会秘书处党总支组织全体党员和入党积极分子到白洋淀革命传统教育基地参观学习。

7月15日　中国林学会组织召开了第三届梁希青年论文奖专家评审会议。评选出获奖入围论文112篇，其中一等奖11篇，二等奖31篇，三等奖70篇。本次评选活动自今年5月正式启动，共收到申报论文216篇。

7月20日　中国林学会组织召开了森林经营与森林质量问题专家座谈会。与会专家就我国森林经营现状、现有森林质量、森林经营需要解决的问题进行了交流和探讨，建议将森林经营如何布局、森林经营方案的编制、森林经营试点的建设以及森林经营人才队伍建设等内容作为2011年专题调研的重点。

7月30~31日　第九届中国林业青年学术年会在四川成都召开。年会主题是"推动科技创新，造就杰出人才"，共设8个专题分会场。年会共提交学术论文345篇，各分会场有188人作了专题学术报告。年会开幕式上颁发了第三届梁希青年论文奖和第三届梁希青年论文奖优秀组织单位奖。来自政府部门、科研机构、大专院校及林业基层单位等600余名代表参加了年会。

8月11~12日　中国林学会树木学分会第十四届学术年会暨BGCI珍稀濒危植物保护经验交流会于在湖北恩施湖北民族学院举行。来自全国各地树木学有关专家学者120余名代表参加了会议。年会共收到学术论文57篇，共有26位专家作了学术报告。

8月23~28日　国际林联（International Union of Forest Research Organizations，以下简称IUFRO）第23届世界大会在韩国首尔国际会议展览中心隆重召开，学会沈贵副秘书长率中国林学会代表团出席。大会宣布了新一届IUFRO主席及执委名单。中国林业科学研究院副院长刘世荣研究员继续担任IUFRO执委。

9月1~3日　中国林学会、河南省林学会共同组织的"核桃栽培技术培训班"在河南济源举办。济源市林业局机关、所属林场、乡镇林业站和果农代表120余人参加了培训。

9月2~5日　中国林学会副秘书长尹发权一行深入河南省开展了核桃等经济林调研活动。主要针对河南省核桃等经济林栽培面积、种质资源状况、产值、利用途径等方面进行调研。

9月19日　召开全国优秀科技工作者候选人评审委员会会议。会议从各单位推荐的 10 名候选人中评选出曹福亮、宋湛谦、杨传平、张启翔、费本华 5 人作为全国优秀科技工作者候选人，其中曹福亮为十佳全国优秀科技工作者提名人选。

9 月 27～28 日　由中国林学会、北京林学会联合举办的"倡导低碳生活，共建绿色森林"科普展览活动在北京凯迪克格兰云天大酒店举办。

10 月 9～10 日　中国林学会经济林分会 2010 年学术年会在陕西杨凌召开。与会代表针对经济林产业升级的内容与发展需求、经济林产业升级的关键技术创新、经济林优良品种培育及高效优质栽培新技术、经济林加工技术及新产品开发、经济林学科建设及发展方向等方面进行交流及研讨。

10 月 9～12 日　由中国林学会造林分会主办的第十一届全国森林培育学术研讨会暨沈国舫森林培育基金成立大会在四川雅安召开。会议的主题是"森林培育——应对全球气候变化"。会议征集论文 84 篇，与会代表 200 多名。

10 月 14～16 日　中国林学会第十一届森林土壤专业委员会扩大会议暨森林土壤可持续发展及应对全球气候变化学术研讨会在浙江农林大学举行。会议达成共识：人工林的研究以往大多注重森林生态系统的地上部分，而忽视了对地下土壤部分的研究，今后应加强人工林土壤碳储量部分的研究。56 名代表参加会议。

10 月 21 日　全国科学技术名词审定委员会在北京召开第六届全国委员会全体会议。《林学名词》（第二版）的审定工作被列入全国科技名词委第六届全国委员会未来五年的工作计划。第二届林学名词审定委员会主任尹伟伦院士当选为全国科技名词委第六届全国委员。

10 月 22 日　第九届中国林业青年学术年会分会场总结表彰会在北京召开。表彰奖励了年会最佳组织奖和优秀组织奖。会上还讨论了中国林学会青年工作委员会学组建设等。

10 月 22～26 日　由中国林学会主办、中国林业科学研究院林产化学工业研究所和南京林业大学承办的"生物质资源化学利用国际学术研讨会"[International Conference on Chemical and Biological Utilization of Biomass Resources 2010（ICCUB 2010）] 在南京成功召开。此次会议旨在探讨生物质资源化学利用相关领域的研究动态与发展趋势，开发绿色能源，发展循环经济。大会共收到论文摘要 138 篇，论文全文 127 篇，170 多位代表参加会议。

10 月 27～31 日　由中国林学会树木引种驯化专业委员会和中国林学会林木遗传育种分会共同主办的林木遗传育种分会（南方）学术研讨会暨树木引种驯

化专业委员会换届会在广东东莞中堂召开。来自 49 个科研单位、高校、国家级良种基地的 200 多名专家学者参加会议。重点探讨在生物多样性和气候变化背景下，树木遗传资源、引种驯化和遗传改良领域的研究如何针对这些新的挑战，在理论和方法、生产与实践上，寻求保护生物多样性、减缓和适应气候变化的技术方案。会议期间，中国林学会树木引种驯化专业委员会进行了换届选举，产生了新一届专业委员会。

10 月 31 日 由中国林学会、福建省林业厅共同主办的"森林福建"论坛在福州举行。与会专家从不同角度对福建林业建设和生态环境保护提出了一系列的构想和建议。福建省委、省政府对院士、专家的建议高度重视，吸取了专家意见，于 11 月 22 日下发了《关于加快造林绿化推进森林福建建设的通知》。

11 月 《林业科学》荣获中国科学技术信息研究所颁发的 2009 年"百种中国杰出学术期刊"称号。据中国科学技术信息研究所发布的 2010 年版《中国科技期刊引证报告（核心版）》统计，《林业科学》2009 年综合评价总分在全国 1946 种核心科技期刊中位列第 7 名。

11 月 2 日 由中国林学会、福建省林业厅承办的第 12 届中国科协年会第 5 分会场"全球气候变化与碳汇林业学术研讨会"在福州顺利召开。本次学术研讨会共收到学术论文 70 多篇，来自国内高校、科研院所和相关部门近 200 位专家学者参加了会议。

11 月 10～11 日 由中国林学会竹子分会和赤水市人民政府联合主办的 2010 中国赤水首届竹文化节暨中国竹产业发展论坛在贵州赤水举行。来自全国 16 个省市各界代表 200 余人参加了会议。

11 月 8～11 日 由中国林学会、湖南省林业厅主办，中国林学会桉树专业委员会承办的"第五届一次桉树论坛暨新产品展示会"在湖南长沙举办。

11 月 15 日 中国林学会在北京组织召开林业科普资源共建共享座谈会。来自河北、山西、内蒙古、吉林、黑龙江、四川 6 省（自治区）林学会，以及西北农林科技大学等有关单位负责林业科普资源共建共享工作的负责人、科技专家参加了座谈会。中国科普研究所、科学普及出版社的有关同志应邀参加了会议。

11 月 25～26 日 由国家林业局主办，中国林学会承办的"林源中药开发与利用研讨会"在四川成都召开。

12 月 《林业科学》编辑部主任张君颖荣获新闻出版总署颁发的"第二届中

国出版政府奖优秀出版人物奖（优秀编辑）"。

12 月 7～10 日　由人力资源和社会保障部、国家林业局、中国科协共同主办，中国林学会承办的"人工林可持续经营高级研修班"在广西南宁举办。

12 月　由中国林学会委托北京林业大学开展的"中国木材安全问题研究"课题，经过近一年的调查研究，完成了"木材安全实现的政策保障"调研报告与建议。

本年　世界自然保护联盟（以下简称 IUCN）致函我会，正式接受中国林学会成为 IUCN 团体会员，会员号为 NG/25184。

2011 年

1 月 13 日　中国林学会常务理事会议在北京国际竹藤大厦召开。会议审议通过了《中国林学会 2010 年工作总结和 2011 年重点工作建议》和《中国林学会"十二五"发展规划》，原则同意设立"全国优秀林业科技工作者"奖，审议通过了森林经理分会等 11 家分支机构换届改选结果，一致赞同 2011 年举办现代林业高层论坛。

1 月 17 日　中国林学会青年学术工作座谈会暨 2011 年青工委常委扩大会议在北京林业大学举行。会议表彰了 2011 年林业青年学术活动年度贡献奖，中国林业科学研究院资源信息研究所永永富、北京林业大学贾黎明、中国林业科学研究院林业研究所胡建军、中国林业科学研究院湿地研究所李胜男四位同志获奖。

2 月 23 日　国家林业局科技司组织召开专家审定会，由中国林学会林业科技期刊分会承担的"林业科技期刊编排规范"项目顺利通过审定。

3 月 18～19 日　全国林学会秘书长会议暨分会（专业委员会）主任委员座谈会在浙江杭州召开，会议总结了 2010 年及"十一五"期间学会工作，研究了学会"十二五"发展思路，部署了 2011 年工作，表彰了学术交流、科学普及、决策咨询和组织建设工作 2010 年度先进集体。

4 月 1～4 日　中国林学会与河北省林学会在河北邢台临城共同举办了"核桃高效栽培技术培训班"，共有 130 多人参加了培训。

4 月 19～21 日　中国林学会组织召开加拿大林业专家座谈会，并向加拿大林学会原理事长、安大略省自然资源部项目主任、多伦多大学教授 Fred Pinto 先生率加拿大林学会代表团一行 20 人全面介绍了学会开展组织建设、学术交流、

科学普及和咨询服务等情况。

4月26日　由世界自然保护联盟（IUCN）、中国林学会共同主办的2011森林大讲堂揭幕仪式暨第一讲在北京林业大学图书馆报告厅举行。中国林学会副秘书长沈贵、北京林业大学党委副书记全海出席活动并讲话。中国林学会副秘书长沈贵、世界自然保护联盟（IUCN）森林保护项目主任Stwuart Maginnis先生为森林大讲堂开讲揭幕。北京林业大学的师生、《中国绿色时报》、新浪网等新闻单位记者200多人参加活动。

5月2日　中国林学会常务副秘书长李岩泉率代表团出席了澳大利亚新西兰林学会2011年联合年会，并应邀在会上致辞。年会期间，李岩泉还分别与澳大利亚林学会理事长、秘书长，新西兰林学会理事长，本届年会主席就今后进一步合作交流等问题进行了会谈。

5月17日　中国林学会与中国植保学会等5个单位共同报送的"预防与控制生物灾害咨询报告（2010）"在中国科协召开的"2011年中国科协优秀调研报告评选颁奖"大会中获优秀调研报告特等奖，中国林学会报送的"关于加强长江流域防护林体系三期工程建设的建议"获优秀调研报告一等奖，"湿地资源保护与湿地生态建设对策建议"获优秀调研报告二等奖，同时中国林学会还获得了优秀组织奖。

5月24日　《林业科学》编辑部成员走访《植物学报》（英文版）编辑部，了解其国际化办刊理念、学习先进的办刊经验。

5月27日　中国林学会组织职工参观了"科学重建、伟大壮举"——汶川地震灾后恢复重建主题展览。

6月9~10日　由中国林学会、国家油茶科学中心共同主办，江西省林学会、江西省宜春市林业局承办的"油茶实用技术培训班"在江西宜春举办。

6月15日　中国林学会秘书处召开了党总支部换届选举大会。在职及退休党员共26人参加了选举大会。赵良平、李岩泉、尹发权、刘合胜、张君颖、曾祥谓、郭丽萍7名同志光荣当选党总支委员。

6月26~28日　2011国际生物经济大会在天津梅江国际会展中心隆重举行。

7月1日　中国林学会党总支召开全体党员大会，举办"七一"主题党日活动，隆重纪念中国共产党成立90周年。

7月4~5日　中国林学会森林食品科学技术专业委员会成立大会暨首届森

林食品学术研讨会在浙江杭州隆重召开。选举产生了森林食品科学技术专业委员会第一届委员会。浙江省林业厅副厅长吴鸿教授当选为第一届主任委员，中国林业科学研究院林业研究所王贵禧研究员、浙江大学科学研究院副院长陈昆松教授、黑龙江省林业厅副厅长杨国亭教授、北京林业大学张柏林教授、东北林业大学王振宇教授、南京林业大学吴彩娥教授当选为第一届副主任委员，浙江省林产品质量检测站站长江波研究员当选为秘书长。

7月12～14日　中国林学会林业机械分会2011年年会暨学术研讨会在吉林长春召开。

7月13～14日　由中国科协主办、中国农学会承办、中国林学会等14个全国学会协办的农产品质量安全与现代农业发展专家论坛在北京举行。

7月18日　中国林学会荣获2011年度国家林业局直属机关工会财务工作一等奖，学会已连续多年荣获工会财务工作一等奖。

7月19日　中国林学会决策咨询工作座谈会在北京召开。中国林学会部分分会、专业委员会秘书长和部分省（自治区、直辖市）林学会秘书长共20余人参加了会议。会议由中国林学会副秘书长尹发权主持。

7月19日　由中国林学会、北京林学会、贵州省林学会、贵州省绿化委员会等单位共同组织举办的第27届林学夏令营活动在北京八达岭国家森林公园启动。

7月22～27日　中国林学会副秘书长沈贵率代表团出席在悉尼隆重召开的第87届国际树木栽培学会年会及贸易展览大会。

7月29日　近日公布的万方数据中国期刊引证研究报告中，中国林学会主办的《林业科学》2009年总被引频次4268、影响因子1.197、引用刊数580、基金论文比0.944，各项指标再创新高。

7月29～31日　由第二届林学名词审定委员会林产化工学科组组织的林产化工学术名词释义初稿审定会在哈尔滨召开。

8月1～2日　第二届林学名词审定委员会木材科学与技术学名词第二次专家审定会在南京林业大学召开。

8月4～5日　中国林学会林业科技期刊分会换届会议暨第四届全国林业科技期刊发展研讨会在锡林浩特召开。

8月4～5日　全国省（自治区、直辖市）林学会秘书长座谈会在内蒙古锡

林浩特召开。

8月5日　中国林学会林业科技期刊分会二届一次常委会议在锡林郭勒盟召开。

8月15~19日　中国林学会在吉林开展了为期5天的森林经营专题调研活动。

8月21~24日　中国林学会杨树专业委员会全国第九次学术研讨会在郑州召开。

8月22~23日　中国林学会副理事长兼秘书长赵良平、办公室主任刘合胜到贵州就林学会发展进行了专题调研。

9月1日　由中国林学会森林防火专业委员会举办的"森林扑火安全研讨会"在甘肃兰州召开。

9月5日　国家林业局人事司与中国林学会联合召开了第十一届中国林业青年科技奖专家评审会。

9月13~18日　中国林学会森林质量与森林经营调研组赴黑龙江省开展森林质量与森林经营调研。

9月15~17日　由中国林学会、广东省林业局主办，中国林学会桉树专业委员会、广东省林学会等单位承办的第五届第二次全国桉树论坛暨产业展示会在广州召开。

9月21~22日　由中国科协和天津市人民政府主办，中国林学会和天津市林业局承办，天津市林学会协办的第十三届中国科协年会16分会场沿海生态建设与城乡人居环境学术研讨会在天津成功举办。

9月22~23日　由中国林学会主办、新疆艾比湖湿地国家级自然保护区管理局承办的全国林业科普基地座谈会在新疆博乐召开。

9月26~28日　中国林学会竹子分会四届五次全委会暨第七届中国竹业学术大会在安徽霍山顺利召开。

10月22~24日　中国林学会与浙江省林业厅、浙江省生态文化协会共同主办了第二届中国银杏节暨第十一届中国·太湖明珠——长兴国际投资贸易洽谈会。同时举办了"银杏之乡·大美印象"摄影展，评出一等奖3名、二等奖10名、三等奖20名及优秀奖22名，63幅作品参展。

12月23日　由中国林学会举办的"2011年现代林业发展高层论坛"在北京召开。此次论坛主题为"森林质量与绿色增长"，从事森林经营研究、教学、管理的专家、学者和管理人员共 200 多人参加了会议。

12 月 《林业科学》荣获中国科学技术信息研究所颁发的 2010 年"百种中国杰出学术期刊"称号。据中国科学技术信息研究所发布的 2011 年版《中国科技期刊引证报告（核心版）》统计，《林业科学》2010 年综合评价总分在 1998 种核心科技期刊中位列第 6 名。

2012 年

1 月 9 日 2012 年青年学术工作座谈会暨中国林学会青工委常委扩大会在北京召开。中国林学会青年工作委员会主任委员尹发权主持会议，20 余名委员参加了会议。会议总结了 2011 年青年学术工作，表彰 2011 年青年学术活动先进个人，研究了 2012 年青年学术活动。

1 月 10 日 中国林学会联合北京林学会共同举办了 2012 年新春联欢会。联欢会节目自编自导自演，形式多样，有舞蹈、小品、诗朗诵、民乐联奏、独唱、合唱、民族歌舞、趣味游戏等十多个节目。

1 月 11 日 2012 年《林业科学》主编座谈会在北京召开。中国林学会常务副秘书长李岩泉、期刊主编沈国舫、常务副主编唐守正、盛炜彤，副主编张守攻、尹发权、王礼先、李镇宇、姜笑梅、张君颖参加会议。会议总结了近 3 年来《林业科学》的工作。

2 月 24 日 中国林学会全体常务理事会议在北京召开，理事长江泽慧主持会议。会议认真学习了中国科协第八次全国代表大会、八届二次全委会和全国林业厅局长会议精神，听取了学会 2011 年工作和 2012 年重点工作建议，2011 年分支机构新增及换届改选，第二届森林科学论坛——森林可持续经营国际学术研讨会的筹备进展及第十届中国林业青年学术年会的筹备方案等情况汇报，研究部署了 2012 年学会工作。

3 月 1 日 中国林学会 2011 年专项工作（学术、科普、咨询、组织）先进单位评选结束。桉树专业委员会等 10 个单位被评为 2011 年度学术交流工作先进单位；北京林学会等 10 个单位被评为 2011 年度科学普及工作先进单位；北京林学会等 4 个单位被评为 2011 年度决策咨询工作先进单位；湖北省林学会等 7 个单位被评为 2011 年度组织建设工作先进单位。

3 月 8～9 日 2012 年全国林学会秘书长会议在湖北武汉召开。中国林学会

副理事长兼秘书长赵良平主持会议，会议传达学习了中国科协"八大"、八届二次全委会和全国林业厅局长会议精神，全面总结了 2011 年学会工作，分析了学会当前面临的新形势、新任务，安排部署了 2012 年工作。会上还表彰了 2011 年度学会专项工作（学术、科普、咨询、组织）先进单位，北京林学会等 4 个学会在会上作了典型发言。

3 月 9 日　中国林学会《林业科学》座谈会在湖北省林业科学研究院召开。中国林学会常务副秘书长李岩泉主持会议，来自湖北省林业科学研究院、华中农业大学等有关单位的 20 余名科研人员参加了座谈。这也是自 2008 年以来，《林业科学》召开的第 6 次座谈会。

3 月 11 日　中国林学会林木遗传育种分会第六届委员会第四次常务委员会扩大会议在北京召开。共 60 人出席会议，会议总结了 2011 年分会工作，商讨了 2012 年工作计划，就"新形势下林木遗传育种学科发展问题及学科与生产结合问题"进行讨论。

3 月 12 ～ 15 日　林业机械分会等单位共同主办的 2012 北京国际现代林业技术装备展览会在北京召开。

3 月 21 ～ 23 日　期刊分会二届二次常委会议在广西凭祥中国林业科学研究院热带林业中心召开，中国林学会常务副秘书长、分会主任委员李岩泉主持会议，21 位常委参加了会议。会议研究了期刊分会工作，并就期刊改革提出了《非法人非时政类期刊的改革之路该怎么走——从林业角度看中国科技期刊体制改革》上报中国科协。

3 月 31 日　中国林学会被中国科协评为"2011 年度科普工作优秀学会"。

4 月 1 日　由中国林学会、东城区园林绿化局和东城园林学会联合举办的"北京第 28 个全民义务植树日宣传活动"在北京地坛公园举行。活动期间，举办了《森林为民》科普展览，发放了《森林防火知识》《森林为民》宣传折页，《家庭花卉及健康生活手册》《北京市绿化条例》《常见陆生野生动物野外识别手册》等科普宣传资料。

4 月 7 ～ 9 日　中国林学会主办的"促进绿色增长和林农增收的科技创新机制"学术沙龙暨中国林学会青工委常委扩大会议在浙江召开。中国林学会副理事长赵良平主持会议，共 70 余人出席。会议围绕绿色增长与林农增收等议题进行讨论，并就第十届中国林业青年学术年会筹备方案、分会场设置以及青工委组织管理与换届事宜等问题展开讨论。

4 月 25 日　中国林学会竹藤资源利用分会成立大会在国际竹藤中心安徽太平试验中心召开。中国林学会理事长江泽慧出席会议，副理事长兼秘书长赵良平主持会议，60 余人参会。会议选举产生了竹藤资源利用分会第一届委员会委员，主任委员江泽慧，副主任委员费本华、李智勇、王正、王慷林，秘书长刘杏娥。

4 月 27～28 日　中国林学会木材科学分会第十三次学术研讨会在成都召开。350 余人参会，会议收到论文 156 篇，分 6 个分会场进行了 71 场论文宣读和学术交流。

5 月 12 日　由中国科协主办、北京市科学技术协会和北京市丰台区人民政府承办，中国林学会等 9 家全国学（协）会协办的 2012 年“防灾减灾日”主题科普活动暨丰台区科技周启动仪式在北京丰台莲花池公园隆重举行。

5 月 21 日　中国林学会第三届梁希科普奖评选结束，16 个作品被评为科普作品类奖（其中一等奖 3 项、二等奖 4 项、三等奖 9 项），8 项活动被评为科普活动类奖，3 人被评为科普人物（类）奖。

6 月 14～20 日　应台湾中华科技大学的邀请，以中国林学会常务副秘书长李岩泉为团长，一行 8 人赴台湾进行了交流考察。在台期间，代表团先后会见了台湾中华林学会、林业试验所、中华科技大学、宜兰大学、台湾大学生物资源暨农学院试验林管理处的负责人及有关人员。参观了阿里山林区、内茅埔营林区、台一生态农场、桃园大溪花海农场、中华科技大学树木病虫害诊断中心和宜兰大学森林暨自然资源学系实验室，并赴宜兰头城镇观摩了榕树树木外科手术成果。

6 月 16 日　根据中国科协文件精神，中国林学会组织开展了第五届全国优秀科技工作者候选人评选工作。决定推荐唐守正、岳永德、李坚、张金池为候选人。

6 月 29 日　为迎接中国共产党成立 91 周年，中国林学会秘书处党总支书记、秘书长赵良平作了题为《保持党的纯洁性，迎接党的十八大》的专题党课，学会秘书处全体党员出席。

7 月 1 日　由中国林学会林业科技期刊分会编制的《林业科技期刊编排规范》，通过国家林业局批准，2012 年第 5 号公告公布，自 2012 年 7 月 1 日起实施。这是我国林业科技期刊的第一个行业性规范。

7 月 3 日　中国林学会第三届梁希优秀学子奖评选结束，共收到全国 25 所

大学上报的 66 名候选人，最终评选出 41 名获奖者。

7 月 3~6 日　中国林学会秘书处党总支组织全体党员和部分职工赴革命圣地、爱国主义教育基地井冈山开展了"我自豪，我是一名共产党员"主题党日活动。

7 月 10 日　由中国林学会等单位负责起草的《全国林业科普基地评选规范》标准在北京通过审定。

7 月 11 日　由中国林学会主办的林产化工学术名词审定会在南京召开。本次审定会由中国工程院院士张齐生任组长，共 30 多名专家出席会议。全体专家对林产化工学术名词释义审定稿（第二稿）进行了审定。

7 月 16 日　第二届林学名词审定委员会第四次全体扩大会议在北京召开。第二届林学名词审定委员会主任尹伟伦院士、副主任张守攻、施季森、尹发权以及各学科组召集人和主要编写人员共计 30 多人参加了会议，全国科学技术名词审定委员会刘青副主任、高素婷副编审出席会议并讲话。会议由审定委员会副主任、中国林学会副秘书长尹发权主持。

8 月 3 日　由中国林学会副秘书长沈贵带队，中国林学会代表团共 7 人赴巴西参加国际林联第 12 次国际木材干燥会议。

8 月 3~5 日　由中国林学会主办的第四届中国森林保护学术大会在哈尔滨召开。中国林学会常务副秘书长李岩泉、东北林业大学校长杨传平、国家林业局造林绿化管理司总工吴坚、中国林学会森林病理分会主任委员张星耀、国家林业局森防总站总工宋玉双、黑龙江省林学会常务副理事长杨国亭等有关领导以及来自全国各地近 400 人参加了大会。大会主题是"绿色森保——实现森林有害生物的可持续控制"。会议开幕式由中国林学会副秘书长尹发权主持。

8 月 11~15 日　森林土壤专业委员会第十二届委员会扩大会议暨森林土壤质量演变过程与管理多尺度研究学术研讨会在辽宁召开。共 70 余人参会，提交论文 40 余篇。

8 月 16~17 日　中国林学会林业机械分会第六届委员会代表大会暨林业机械装备高峰论坛于贵州黎平召开，共 22 个单位的近百人参加。中国林学会副理事长兼秘书长赵良平出席并讲话。会议选举产生陈幸良为主任委员，杜鹏东、曹军、杜官本、傅万四、姜恩来、李文达、林思祖、马启升、谭益民、王立海、徐克生、岳群飞、赵茂程等 13 人为副主任委员，徐克生为秘书长。

8月20~24日　树木生理生化专业委员会主办的森林与水国际学术交流会暨树木生理生化专业委员会学术年会在山西召开，国内外共80余人参加。

8月22~24日　森林生态分会主办的森林与人居环境学术研讨会在浙江召开。来自国际及国内50余人参会，收到论文20篇。

8月30日　中国林学会第四届梁希青年论文奖评选结束。共收到申报论文313篇，最终评选出获奖论文201篇，其中15篇论文荣获一等奖，48篇论文荣获二等奖，138篇论文荣获三等奖。

9月2~3日　由中国林学会、南京林业大学主办，中国林学会青年工作委员会、江苏省林学会承办的第十届中国林业青年学术年会在南京召开。年会主题为"锐意创新 改善生态 造福民生"。900多名林业青年科技工作者参加了年会，南京林业大学1000多名研究生也参加听会。全国政协人口资源环境委员会副主任、中国林学会理事长江泽慧致开幕词。国家林业局党组成员、副局长孙扎根，江苏省人民政府副省长徐鸣，全国人大常委、中国科协副主席冯长根出席会议并讲话。

9月3日　中国林学会青年工作委员会换届暨二届一次全委会会议在南京召开。中国林学会副理事长兼秘书长赵良平、中国林学会常务副秘书长李岩泉、南京林业大学副校长薛建辉、中国林学会首届青年工作委员会主任委员尹发权等有关领导出席会议并讲话。会议选举产生了第二届青年工作委员会。尹发权为主任委员，崔丽娟为常务副主任委员，贾黎明、勇强等10人为副主任委员，曾祥谓为秘书长。

9月8~10日　林业新兴产业科技创新与绿色增长学术研讨会在河北石家庄召开。本次会议也是第十四届中国科协年会的第6分会场。会议由中国林学会、河北省林业厅、河北农业大学共同主办。中国林学会理事长江泽慧，河北省人民政府副省长杨汭，中国林学会副理事长、中国工程院院士尹伟伦教授，中国林学会副理事长兼秘书长赵良平，河北省人民政府副秘书长李璞，河北省林业厅厅长王海洋，中国林学会常务副秘书长李岩泉，河北农业大学副校长申书兴教授等有关领导出席会议。会议共征集到学术论文100余篇，近200位专家参会。

9月15~17日　中国林学会森林工程分会2012年年会暨学术研讨会在山西太原召开。共56人出席会议，收到论文31篇。

9月18日　主题为"舌尖上的植物园——植物饮食文化"的科普展览在北

京植物园科普馆向公众开放。此次展览是在全国科普日活动期间，由中国林学会联合北京植物园，按照中国科协《关于举办 2012 年全国科普日活动的通知》要求，紧密围绕"食品安全与公众健康"主题，结合学会工作特色和植物园资源而开展的。

9 月 18 日　中国林学会木材工业分会第八届理事会第一次全体会议在山东临沂召开，中国林学会常务副秘书长李岩泉、副秘书长沈贵、中国林学会木材工业分会第七届理事会理事长陈绪和、常务副理事长叶克林、秘书长傅峰等 137 人出席了会议。选举产生了新一届委员会，叶克林为主任委员，沈贵、傅峰、费本华、肖小兵、李建章、沈隽、周捍东、吴义强、杜官本、石峰、刘能文为副主任委员，傅峰为秘书长。

9 月 24～27 日　中国林学会在浙江省开展了为期 4 天的林业科技成果转化优化模式与机制创新专题调研活动。

10 月 8 日　中国林学会青年工作委员会在北京召开了第十届中国林业学术大会分会场总结表彰会议。会议根据各分会场在提交论文、会议报告、人员组织、会务工作等方面完成任务的实际情况进行了打分与现场评定，对相关单位进行了表彰。

10 月 8～12 日　林木遗传育种分会、北京林业大学共同主办的森林生态系统基因调控国际研讨会在北京召开。来自国际及国内 100 余人参会，就如何利用基因作图法来研究生态系统展开讨论。

10 月 14～16 日　由中国林学会、国际林联、世界自然保护联盟共同发起的第二届森林科学论坛——森林可持续经营国际学术研讨会在北京召开。来自世界 20 多个国家约 300 名林业专家以"气候变化下的森林可持续经营"为主题进行交流。国家林业局党组成员、副局长孙扎根，全国政协人口资源环境委员会副主任、中国林学会理事长江泽慧，中国科协书记处书记王春法均出席并讲话。国际林联主席尼尔森·科克（Niels Elers Koch），中国工程院院士尹伟伦等作大会学术报告。

10 月 23～25 日　树木引种驯化专业委员会、灌木分会主办的第 14 届全国树木引种驯化暨第 3 届全国灌木学术研讨会在云南召开。共 55 家单位 128 人参加会议，会议围绕生物经济时代树木遗传资源评价及灌木栽培利用展开交流。

10 月 24～25 日　《林业科学》编辑部分别在沈阳农业大学林学院和北华大

学林学院召开了期刊座谈会。

10月29日 中国林学会对2011年以前命名的全国林业科普基地审验工作结束，共有31个全国林业科普基地通过2012年度审验，继续授予全国林业科普基地称号。

10月29日 中国林学会第三批全国林业科普基地申报评选工作结束，对通过评审的35个单位授予第三批全国林业科普基地称号，有效期4年。

11月1～2日 由中国林学会、浙江省林业厅主办，中国林学会森林食品科学技术专业委员会、浙江省林产品质量监测站和义乌市林业局承办的"森林食品安全标准与技术培训班"在浙江义乌举办。中国林学会副秘书长尹发权，浙江省林业厅副厅长吴鸿出席了开班仪式并讲话。来自全国21个省（直辖市）森林食品行业的130多名科研、管理及企业人员参加了培训班。

11月8日 中国共产党第十八次全国代表大会在北京隆重开幕。中国林学会秘书处认真组织全体职工集体收看了党的十八大开幕式现场直播盛况，聆听了胡锦涛总书记代表十七届中央委员会向大会所作的报告。

11月15～17日 2012年全国桉树论坛暨中澳合作东门项目30周年成就展示会在南宁召开。论坛由中国林学会、广西壮族自治区林业厅主办。原林业部副部长、中国绿色碳汇基金会主席刘于鹤、中国林学会副理事长兼秘书长赵良平、广西壮族自治区林业厅厅长陈秋华、国家林业局造林绿化管理司副司长吴秀丽、中国林学会副秘书长尹发权，中国林业科学研究院副院长孟平等领导出席了论坛开幕式。来自国内外桉树产业技术领域的专家、学者和企业界的代表共500余人参加会议。

11月23～24日 中国林学会竹子分会成立20周年暨第五次会员代表大会、第八届中国竹业学术大会在浙江诸暨召开。来自国家林业局、国际竹藤组织、各大专院校和科研机构、全国17个省（自治区、直辖市）和西班牙马德里自治大学的会议代表和特邀嘉宾计340余名参加了会议。会议选举产生了新一届委员会。楼国华为主任委员会，傅懋毅、吴志民、王浩杰、费本华、兰思仁、王玉魁、丁雨龙、方伟、谢再钟、魏运华、蓝晓光、汪奎宏为副主任委员，傅懋毅为秘书长。

11月23～25日 中国林学会经济林分会2012年学术年会在浙江临安召开。中国林学会副秘书长尹发权，国家林业局场圃总站副站长尹刚强，中国林学会经

济林分会名誉理事长胡芳名、理事长吴晓芙、常务副理事长谭晓风，南京林业大学校长曹福亮，西南林业大学校长刘惠民，浙江省林业厅副厅长吴鸿，湖南省林业厅副厅长姚先铭和浙江农林大学校长周国模等有关领导以及来自全国20多个省（自治区、直辖市）的300余名领导、专家代表出席了大会。

11月27~28日　全国林业科普工作经验交流会在广东湛江召开。中国林学会常务副秘书长李岩泉出席开幕式并讲话，中国林业科学研究院副院长黄坚、广东省林业厅副巡视员兼省林学会副理事长丘国栋、国家林业局桉树研究开发中心党委书记谢耀坚出席会议并在开幕式致词。来自全国26个省（自治区、直辖市）林学会的代表，第三届梁希科普奖获奖代表，全国林业科普基地的代表和中国林学会"科普服务林改试点"县（市）的代表共110余人参加了会议。会议开幕式由中国林学会副秘书长沈贵主持。

11月28日　由中国科协、重庆市人民政府联合主办的山地城镇可持续发展专家论坛在重庆举行。论坛由中国城市规划学会承办，中国林学会、中国地震学会、中国地质学会等10余家单位共同协办。

12月3~4日　中国林学会森林水文及流域治理分会主办的"森林与水"学术研讨会及换届大会在三亚召开。近70余人参会，共16位专家作报告。会议投票选举余新晓为新一届主任委员，张金池、王玉杰、王彦辉、王兵、于静洁为副主任委员会，毕华兴为秘书长。

12月4日　中国科协第二届中国湖泊论坛在湖南长沙举行。中国林学会、中国环境科学学会、中国水利学会、中国海洋湖沼学会等十几家单位协办。

12月7日　科技部中国科技信息研究所发布了2011年中国科技期刊引证报告（核心版）。在1998种中国科技核心期刊中，《林业科学》以综合评价总分92.4列第9位，连续4年进入前10名，再度被评为2011年"百种中国杰出学术期刊"。

12月7日　中国科技论文统计结果发布会在北京召开，中国科学技术信息研究所公布了"领跑者5000——中国精品科技期刊顶尖论文"，林学类论文共计42篇获得提名，其中《林业科学》刊载的论文20篇，所占比例近50%。

12月7~8日　中国林学会学术工作座谈会在四川成都召开。中国林学会副秘书长尹发权、四川省林业厅总工骆建国出席会议并讲话。来自各省级林学会、中国林学会各分会、专业委员会分管领导及从事学术工作的专（兼）职人员共

55 位代表参加了座谈会。

12 月 10 日　由中国林学会推荐的国际竹藤中心岳永德、东北林业大学李坚、南京林业大学张金池、中国林业科学研究院唐守正获得第五届全国优秀科技工作者称号。

12 月 25 日　中国林学会秘书处召开领导干部 2012 年度考核和党员领导干部民主生活会，国家林业局年度考核暨民主生活会工作组组长、人事司副司长郝育军一行 4 人出席会议指导。

12 月 26 日　清华大学图书馆、中国学术期刊（光盘版）电子杂志社、中国科学文献计量评价研究中心联合发布了《中国学术期刊国际引证报告（2012）版》，《林业科学》国内主要评价指标为：复合总被引 9309，复合影响因子 1.607，在 71 种林学类期刊中排名均第 1。

12 月 28 ~ 29 日　林业气象专业委员会主办的林业气象青年学术研讨会在北京召开，共 30 余人参会。

2013 年

1 月 18 日　中国林学会全体常务理事会议在北京国际竹藤大厦举行，江泽慧理事长主持会议。会议听取了学会秘书处关于学会 2012 年工作和 2013 年重点工作建议的情况汇报、关于 2012 年分支机构换届改选的有关情况汇报和关于第三届中国林业学术大会的筹备方案的情况汇报。

1 月　中国林学会科普工作被中国科协评为"2012 年度科普工作优秀学会"，"舌尖上的植物园"科普活动荣获"2012 年全国科普日活动优秀特色活动"称号。

1 月 21 日　中国林学会青年工作委员会在北京召开青年学术工作座谈会。

1 月 14 日　2013 年《林业科学》在京编委会议在北京召开。期刊主编沈国舫，常务副主编唐守正、盛炜彤，副主编张守攻、尹发权、李镇宇、姜笑梅、张君颖，编委王金林、杨忠岐、沈瑞祥、沈熙环、李周参加会议。

2 月 28 日　中国林学会秘书处召开全体职工会议。江泽慧理事长、国家林业局人事司谭光明司长、王常青处长出席会议。会上，王常青处长宣读了国家林业局的任免通知。经国家林业局研究，决定任命陈幸良为中国林学会秘书长（正司级），免去赵良平中国林学会秘书长职务，另有任用；免去李岩泉中国林学会常务副秘书长职务，另有任用。

3月　接 S & T Information Ltd. Elsevier 二次文献数据部（EI 中国办事处）通知，《林产化学与工业》自 2013 起被美国《工程索引》（Engineering Index，EI）数据库列为收录源期刊。

3月23日　2013 年全国林学会秘书长会议在江西南昌顺利召开。会议全面总结了 2012 年学会工作，分析了学会当前面临的新形势、新任务，安排部署了 2013 年工作。

4月11日　中国科协书记处书记、党组成员王春法到中国林学会调研、指导工作，中国科协调研宣传部周大亚处长、马晓琨主任科员陪同调研。王春法书记此次来学会，主要是了解学会近年来学会在承接政府职能转移、促进产学研结合、推动创新发展等方面的情况。中国林学会副理事长兼秘书长陈幸良，副秘书长沈贵、尹发权，以及学会秘书处各部室主要负责人参加了调研座谈会。

4月22日　中国林学会、中国地质学会、中国地球物理学会、中国气象学会、中国地震学会联合在北京紫竹院公园举办第 44 个"世界地球日"主题科普宣传活动。

4月24～25日　中国林学会生物质材料科学分会"第五届全国生物质材料科学与技术学术研讨会"在福建福州举行。

5月14日　中国林学会森林公园分会第三次会员代表大会暨森林公园与生态文明建设学术研讨会在福建农林大学顺利召开。

5月14～15日　山核桃产业转型升级（国际）研讨会在浙江农林大学召开。会议由中国林学会森林食品科学技术专业委员会与临安市人民政府共同主办。来自国际树木坚果及干果协会，美国碧根果种植者协会，国内相关风险投资公司、担保公司和贸易商，以及山核桃管理部门和相关企业等单位的 200 多位专家和代表参加了会议，浙江省林业厅副厅长吴鸿、美国驻上海总领事馆农业参赞 Keith Schneller、中国林学会学术部主任曾祥谓出席研讨会并讲话。

5月19～20日　中国林学会竹藤资源利用分会第一届学术研讨会在安徽霍山召开，中国林学会副理事长兼秘书长陈幸良主持会议开幕式。

5月　中国科协精品科技期刊工程项目正式下达，《林业科学》被列为 2013 年度精品科技期刊工程延续项目，这也是期刊第 8 次获得精品期刊资助项目。

5月24日　由中国林学会举办的科普报告会在北京四中隆重举行，北京植物园科普馆馆长王康高工应邀作了题为《神奇的植物世界》的科普报告，中国林学会副秘书长沈贵出席科普报告会，北京四中近100名师生聆听报告。

5月25~27日　中国西部生态林业和民生林业发展与科技创新学术研讨会在贵阳召开。本次研讨会是第15届中国科协年会第19分会场。由中国林学会、贵州省林业厅和贵州大学共同承办。中国林学会副理事长兼秘书长陈幸良、贵州省林业厅厅长金小麒出席会议并讲话。蒋有绪院士作了题为"世纪警示与我们的时代任务"的特邀报告。尹伟伦院士代表第19分会场提交了《贵州石漠化地区生态恢复的问题及建议》。全体与会专家学者围绕石漠化治理、林下经济发展、生态旅游等生态林业民生林业发展的重点问题进行了深入交流与探讨，对我国西部生态民生林业发展提出了许多有益的技术对策与政策建议。

5月26~30日　中国林学会副秘书长沈贵教授率团出席了由捷克共和国农业部主办、在捷克第二大工业城市布尔诺蒙得尔大学召开的国际林联木材技术与环境国际学术研讨会。

5月28日　在"六一"儿童节即将到来之际，由中国林学会举办的2013年科技周精品科普讲座走进北京光爱学校，邀请北京植物园科普馆馆长王康作了题为《神奇的植物世界》的讲座，为在校的近60名师生奉上了一场生动有趣、精彩纷呈的科普盛宴。

6月7日　第二届林学名词审定委员会第五次全体扩大会议在北京召开。全国科学技术名词审定委员会刘青副主任、高素婷编审和第二届林学名词审定委员会主任尹伟伦院士出席会议并讲话，第二届林学名词审定委员会副主任杨传平校长、施季森副校长、尹发权副秘书长以及各学科组牵头人和主要编写人员共计30余人参加了会议。

6月13~14日　受全国绿化委员会办公室的委托，中国林学会在北京杏林山庄组织召开了古树名木保护专家座谈会。来自中国林业科学研究院、北京林业大学、南京林业大学、建设部城市建设研究院等单位的有关专家，北京市、江西省、湖北省、陕西省林业厅（园林绿化局）负责古树名木保护工作的负责同志，全国古树名木保护情况调研组部分成员出席了座谈会，全国绿化委员会常务副秘书长、国家林业局造林司副司长赵良平出席会议并作讲话。全国绿化委员会办公室部门绿化处李达处长主持座谈会。

7月3~5日　2013年中国林业青年科技论坛在江西南昌隆重召开。本次论坛以"生态恢复技术与生态文明"为主题。中国林学会副秘书长、青年工作委员

会主任委员尹发权、江西省林业厅巡视员魏运华、江西农业大学副校长陈金印、江西省科协副主席梁纯平出席论坛开幕式并讲话,江西农业大学原副校长杜天真、江西农业大学林学院院长张露、北京林业大学教授贾黎明、北京市园林绿化局教授级高工陈峻崎作特邀报告。与会青年科技工作者和专家围绕生态文明的概念与内涵,生态恢复技术与实践,生态恢复与生态文明的政策与应用等议题作专题报告,并开展了广泛的学术研讨和交流。

7月8日 中国林学会主办的《林业科学》被国家新闻出版广电总局推荐为"百强报刊"。

7月9日 中国林学会秘书处秘书长、党总支书记陈幸良为秘书处全体党员作了题为《党的群众路线与新时期工作》的专题党课。

7月12日 第三届中国林业学术大会分会场组织工作对接会在福州召开。中国林学会副理事长兼秘书长陈幸良出席会议并作动员讲话。学术大会20个分会场的主席或秘书长、福建省林业厅和福建农林大学的有关领导和专家共计60余人参加了会议。会议由中国林学会副秘书长尹发权主持。

7月26日 国家林业局科技司司长彭有冬一行到中国林学会调研,听取学会工作汇报及意见和建议。科技司处长吕光辉、宋红竹陪同调研。中国林学会副理事长兼秘书长陈幸良代表学会汇报了学会基本情况、近年来工作情况,以及希望科技司支持帮助的事项。

7月26~28日 长江流域防护林建设技术与生态服务变化学术研讨会在湖北宜昌召开。本次研讨会由中国林学会森林生态分会、中国林业科学研究院森林生态环境与保护研究所、"十二五"国家科技支撑计划项目课题"长江流域防护林体系整体优化及调控技术研究"课题组联合主办。

7月28日 中国林学会副秘书长沈贵一行到内蒙古自治区调研林业科普工作,重点就林业科普基地基础设施建设、科普产品和科普活动开展情况进行调研。

8月7日 中国林学会秘书长陈幸良、副秘书长沈贵会见了来华访问的国际林联主席、丹麦哥本哈根大学森林景观规划中心主任尼尔森·科克教授。

8月9~12日 由中国林学会主办的"人工林经营技术学术沙龙"在河北围场召开。中国林学会副秘书长、青年工作委员会主任委员尹发权、河北省林业厅科技处处长、河北省林学会副理事长封新国、中国林学会青年工作委员会常务副主任委员崔丽娟、河北省林业科学研究院党委书记王玉忠等30余人参加了会议。

8 月 12～16 日　由中国林学会、北京四中、河北省林学会联合主办的第 29 届林学夏令营暨青少年科学考察营活动在河北塞罕坝机械林场举办。

8 月 29 日　国际林联副主席 Michael. J. Wingfield 访问学会。中国林学会副理事长兼秘书长陈幸良出席座谈并致欢迎词。中国林学会副秘书长沈贵主持会议并介绍学会情况。

9 月　《林业科学》荣获中国科学技术信息研究所颁发的 2012 年"百种中国杰出学术期刊"称号。

9 月 15 日　由中国林学会、北京四中主办，八达岭国家森林公园承办的 2013 年中国林学会"走进森林"全国科普日活动在八达岭国家森林公园举行。

9 月 25～27 日　"2013 年全国桉树研讨会"在成都召开。中国工程院院士尹伟伦，中国林学会副秘书长尹发权，国家林业局气候办常务副主任、中国绿色碳汇基金会秘书长李怒云，四川省林业厅副厅长马平等出席研讨会。

10 月 31 日　中国林学会秘书处召开党的群众路线教育实践活动领导班子专题民主生活会，围绕为民务实清廉，按照"照镜子、正衣冠、洗洗澡、治治病"的总要求，聚焦"四风"突出问题，以整风精神开展批评与自我批评。国家林业局第 4 督导组组长柳学军等到会指导。

11 月 3～4 日　中国林学会副秘书长沈贵一行到浙江省龙泉科普服务林改试点市调研指导试点工作。

11 月 8 日　科技部发布 2013 年度国家产业技术创新战略试点联盟和重点培育联盟的名单，由中国林学会组织推荐的中国桉树产业技术创新联盟被列为 41 个"重点培育联盟"之一。

11 月 9 日　由中国林学会银杏分会、山东省林业厅主办的全国第二十次银杏学术研讨会暨中国（郯城）首届银杏产品交易会在山东郯城举办。来自全国 16 个省（自治区、直辖市）从事银杏科研、管理及生产加工等单位的 300 余人参加了活动。中国林学会秘书长陈幸良出席会议并在开幕式上致辞。陈秘书长与南京林业大学校长、银杏分会主任委员曹福亮、山东省林业厅厅长燕翔等共同为活动启幕。

11 月 18～22 日　中国林学会副秘书长尹发权带队在广东湛江开展产学研会协同创新的组织模式和运行机制调研。此次调研旨在总结分析我国桉树领域科技成果转化的组织模式和运行机制，探讨促林业科技创新和成果转化的有效措

施和办法。

11月 林业有害生物防控与生态民生安全学术研讨会在贵阳顺利召开。会议由中国林学会森林昆虫分会、中国昆虫学会林业昆虫专业委员会和中国昆虫学会资源昆虫专业委员会共同主办。

12月12~14日 中国林学会副秘书长沈贵一行对吉林省林业科普工作情况进行了调研。

2014年

1月1日 中国林学会组织开展的先进学会工作者、先进学会和先进挂靠单位评选活动结果公布，经形式审查、评选，李立华等15名同志被评为先进学会工作者，北京林学会等12个学会被评为先进学会，浙江省林业厅等11个单位被评为先进挂靠单位。

1月16~17日 中国林学会第十一次全国会员代表大会暨第三届中国林业学术大会在北京召开，大会选举产生中国林学会第十一届理事会。国家林业局局长赵树丛当选为中国林学会第十一届理事会理事长。

大会审议并通过了第十届理事会工作报告，通过了《中国林学会章程（修正案）》。大会对江泽慧担任中国林学会理事长期间的工作给予充分肯定和高度评价，授予江泽慧为中国林学会名誉理事长。大会还选举170位同志为第十一届理事会理事、54位同志为常务理事。张建龙、陈章良、尹伟伦、彭有冬、谭光明、张守攻、吴斌、杨传平、曹福亮、陈幸良、费本华当选为中国林学会第十一届理事会副理事长。陈幸良兼秘书长，沈贵、尹发权被聘为副秘书长。

此外，大会颁发了第五届梁希林业科学技术奖、第四届梁希科普奖和第十二届林业青年科技奖；表彰了优秀学会干部、先进学会、先进挂靠单位；并召开了第三届中国林业学术大会特邀学术报告会，中国科学院院士傅伯杰等3位专家应邀作特邀报告。

2月21日 中国林学会秘书处组织召开理论学习中心组（扩大）学习活动，专题研讨学会工作新思路、新目标与新举措。

3月11~12日 全国林学会秘书长会议在辽宁沈阳成功召开。与会人员认真学习了贯彻党的十八大和十八届三中全会精神，传达了学习贯彻中央书记处对科协工作的指示精神和全国林业厅局长会议精神，学习了贯彻赵树丛理事长在第十一次全国会员代表大会上的重要讲话精神，总结了2013年学会工作，安排部署了2014年工作，并交流了学会工作经验，表彰了学术交流、科学普及、决策咨询、组织建设工作年度先进集体。

3月30日　中国林学会为来自上地实验小学的一年级学生开展了森林抚育体验暨植树节科普宣传活动。

4月25日　第四届梁希优秀学子奖结果公布，经形式审查、专家初审和评审会严格评选，共评出卢芸等获奖者39名。

4月28日　中国林学会常务理事会议在北京召开，赵树丛理事长出席会议并讲话。张建龙副理事长主持会议。陈章良、彭有冬、谭光明、吴斌、杨传平、曹福亮、陈幸良、费本华副理事长和第十一届常务理事出席会议，学会秘书处各部室负责人列席会议。赵树丛理事长在会上作了重要讲话，并提出学会要牢固树立服务理念、研究制定学会发展规划、全力推进林业科技创新、主动承接政府转移职能、着力打造学会活动品牌、全面加强学会自身建设等六点要求。

会议审议通过了第十一届理事会学术、奖励、组织、咨询、科普、继续教育、国际交流与合作、宣传与联络、青年9个工作委员会主任委员、副主任委员名单和《林业科学》编委会组成名单。会议还审议通过了设立古树名木分会、杉木专业委员会、珍贵树种分会、林下经济分会4个分支机构，同意上述4个分支机构分别挂靠在西南林业大学、福建农林大学、中国林业科学研究院热带林业研究所、中国林学会秘书处。

4月　创办《林业专家建议》专刊，重点围绕国家林业局中心工作和政府关心、社会关注的林业重点、热点和难点问题提出专家建议。

5月5日　中国林学会秘书处召开青年座谈会。

5月17～18日　中国林学会组织培星小学的学生、家长及老师共60名，以及网络征集的60名家庭参与者，在首都首家森林体验馆开展科普活动。

5月24～26日　由中国科协、云南省人民政府联合主办，中国林学会、云南省林业厅等共同承办，中国林学会造林分会、云南省林学会协办等联办的森林培育技术创新与特色资源产业发展学术研讨会在云南昆明召开。本次研讨会是第十六届中国科协年会第11分会场。中国林学会第八届理事长沈国舫院士出席大会开幕式并作特邀报告，会议交流论文120余篇，近150位专家学者参加了会议。

5月26日　国家林业局办公室下发了《关于中国林学会内设处室和处级领

导干部职数调整的批复》（办人字〔2014〕71号）。文件同意中国林学会成立组织联络部，办公室更名为综合部，咨询开发部更名为研究咨询部。调整后，学会设综合部、组织联络部、学术部、科普部、研究咨询部、国际部、《林业科学》编辑部7个处室。核定学会处级干部职数7正7副。

5月27～28日　全国林业科普工作经验交流会在江西南昌顺利召开。会议研究了今后一个时期林业科普工作的主要任务，国内科普专家作报告，梁希科普奖获奖者和部分全国林业科普基地、省级林学会代表进行了经验交流，并就如何提升林业科普能力进行研究。

6月4日　国家林业局局长、中国林学会理事长赵树丛在北京会见了国际林联（IUFRO）主席Niels Elers Koch教授。国家林业局国际合作司司长苏春雨、国家林业局对外项目合作中心常务副主任吴志明、中国林学会副理事长兼秘书长陈幸良、中国林学会副秘书长沈贵陪同会见。

6月5日　由中国林学会与国际林联（IUFRO）共同发起，中国林学会主办，中国林学会木材工业分会、中国林业科学研究院木材工业研究所等共同承办的第三届森林科学论坛暨第十二届泛太平洋地区生物基复合材料学术研讨会在北京召开。来自中国、加拿大、美国、智利、德国、丹麦、葡萄牙、马来西亚、日本、韩国、印度尼西亚11个国家，200多名专家学者出席会议。

本次会议以"绿色材料 美好生活"为主题，集中展示世界各深入研讨生物基复合材料的新工艺、新技术和新方法，促进环境保护、推动绿色发展。国际林联主席Niels Elers Koch教授出席大会并致辞，中国工程院院士、南京林业大学张齐生教授，加拿大林产品创新研究院戴春平研究员，美国康奈尔大学Anil N. Netravali教授等作主题报告。另外，37位与会专家围绕竹藤和秸秆复合材料、木材改性和材性、复合材料与胶粘剂、功能材料与纳米材料、木塑复合材料、定向刨花板/胶合板/交叉层积材等作专题报告。

6月27日　中国林学会全国优秀科技工作者候选人评审委员会在北京召开，由中国林学会副理事长张建龙副局长主持会议。评审委员会对14名候选人经过评审，最终选出张齐生、范少辉、唐明、蒋剑春4人作为第六届全国优秀科技工作者候选人。

7月4日　中国林学会党总支在陈幸良秘书长的带领下，组织学会秘书处全体党员和职工参观了中国人民抗日战争纪念馆，进行革命传统教育。

7月25~31日　由中国林学会主办的第30届林学夏令营暨青少年森林科学营开营仪式在陕西洋县隆重举行。

8月7~8日　古树名木保护管理相关规范起草工作研讨会在贵阳召开。

8月13日　第五届梁希青年论文奖结果公布，经形式审查、专家初审和召开专家评审委员会会议，在申报的508篇论文中共评选出获奖论文236篇，其中，一等奖12篇，二等奖52篇，三等奖172篇。

8月15~17日　由中国林学会灌木分会主办，内蒙古自治区林学会与内蒙古农业大学承办的第二届委员会成立大会暨第五届全国灌木学术研讨会在呼和浩特召开。来自全国各地近100名各界人士参加了会议。大会还选举产生了中国林学会灌木分会第二届委员会委员。陈晓阳教授继续当选为分会主任委员，江泽平、杨俊平、贺康宁、李昆、徐双民、李健、赵明、宁虎森当选为副主任委员，李清河当选为秘书长。

8月26~27日　2014年全国桉树研讨会在贵阳召开。来自全国10多个省（自治区），还有澳大利亚、美国等的代表，共200余人参加了研讨会。中国林学会副理事长兼秘书长陈幸良出席会议并致辞，贵州省林业厅厅长金小麒出席并致辞。颁发了2014年度"中国桉树发展突出贡献奖"。

9月　《林业科学》荣获中国科学技术信息研究所颁发的2013年"百种中国杰出学术期刊"称号。

9月3日　第十一届中国林业青年学术年会召开期间，中国林学会青年工作委员会二届二次全委会在陕西杨凌召开。会议总结了青工委近两年的工作，研究了今后的工作计划，举行了中国林学会青工委2013—2014年度林业青年学术活动突出贡献奖颁奖仪式。

9月4~5日　由中国林学会、西北农林科技大学联合主办的第十一届中国林业青年学术年会在陕西杨凌召开。国家林业局党组成员、科技司司长彭有冬出席会议并讲话，西北农林科技大学党委书记梁桂致欢迎词。中国林学会副理事长兼秘书长陈幸良主持大会开幕式。开幕式上颁发了第五届梁希青年论文奖和第四届梁希优秀学子奖。年会举办了特邀学术报告会，中国工程院院士山仑等专家学者作大会特邀学术报告。年会设美丽中国与森林培育、全球气候变化背景下的林木遗传育种、野生动植物与湿地景观设计、智慧林业与森林经营管理、林业生物质高效综合利用、森林灾害的发生规律与治理新技术、和谐林业发展、竹子科技创

新与产业升级 8 个专题分会场，参会代表 600 余人，交流学术论文近 1000 篇。

9 月 11～17 日　中国林学会秘书长陈幸良应中华林学会邀请，赴台湾参加首届海峡两岸林业论坛。

9 月 12 日　中国林学会国际交流与合作工作委员会第一次会议在北京召开。

9 月 21 日　由中国林学会主办的 2014 林业科普日活动在野鸭湖国家湿地公园举行。

10 月 17 日　第十一届中国林业青年学术年会分会场总结表彰会在北京召开。

10 月 20 日　桉树科学发展与木材安全专题调研工作座谈会在广西南宁召开。

10 月 20～23 日　中国林学会联合中国生态学学会、中国环境科学学会、中国水土保持学会等多家学会，组织多学科专家赴广西开展了为期 4 天的桉树科学发展与木材安全问题专题调研活动。本次调研由中国林学会副理事长兼秘书长陈幸良带队，中国生态学学会理事长、国际竹藤中心党委书记刘世荣担任调研专家组组长，中国林学会副秘书长尹发权、中国林业科学研究院林业科技信息研究所首席专家侯元兆、国家林业局桉树中心主任谢耀坚、广西壮族自治区林业科学研究院副院长项东云、广西大学林学院院长温远光、广西壮族自治区环境监测中心站黄良美等 11 位专家参加了调研。

10 月 25～26 日　由中国林学会和中国林业科学研究院联合主办，中国林业科学研究院亚热带林业研究所和中国林学会青年工作委员会共同承办的中国林业青年科学家成长与创新研讨会在浙江富阳顺利召开。林业部原副部长、中国林学会第九届理事长刘于鹤，国家林业局党组成员、科技司司长彭有冬等领导专家出席会议。中国工程院院士尹伟伦等 6 位专家分别以自身成长经历和科研感悟在大会作特邀报告。与会人员就青年人才成长经验，青年科学家成长环境与条件，青年科技创新，科研经历与成就，林业学科发展历程与趋势，学科前沿与林业热点问题，林业重大生态工程和产业发展思考等展开深入交流。

10 月 26 日　由南京林业大学校长曹福亮教授领衔创作、曾于 2012 年被中国林学会授予梁希科普作品一等奖的《听伯伯讲银杏故事》荣获中国科普作家协会第三届中国科普作家协会优秀科普作品金奖。同时，中国林业科学研究院湿地研究所崔丽娟研究员获得金奖，该作品也是科普作品一等奖。

10 月 27～29 日　中国林学会竹子分会五届三次全委会暨第十届中国竹业学术大会在浙江丽水顺利召开。来自中国科学院、中国林业科学研究院、国际竹藤中心、台湾中央研究院、有关大专院校和科研机构、全国 14 个省（自治区、直辖市）的会议代表和特邀嘉宾共计 250 余位代表以及丽水学院生态学院 200 余名学生参加了会议。竹子分会五届三次全委会总结回顾了分会过去一年的工作，增补了 8 名委员、4 名常务委员和 1 名副主任委员。

10 月 28～30 日 第五届中国森林保护学术大会暨林业有害生物绿色防控国际研讨会日前在浙江杭州隆重召开。来自全国各地 300 余名代表参加了本次大会。大会主题是"森林健康——林业有害生物绿色防控"。大会设立 3 个大会主题报告、5 个国际报告、34 个专题报告、38 个青年学术沙龙学术报告。学术报告聚焦林业有害生物流行与生态控制，林业有害生物监测、预警及检疫，生物农药与绿色防控，林业有害生物基础理论等研究。会议期间，举行了中国林学会森林病理分会理事换届选举，南京林业大学副校长叶建仁当选为分会第八届理事会主任委员，梁军当选为分会第八届理事会秘书长，并评选了 2 名一等奖，4 名二等奖，9 名三等奖共 15 个优秀学术报告。

10 月 29～31 日 中国林学会森林公园分会 2014 年会在陕西商洛隆重召开。来自全国 26 个省（自治区、直辖市）227 家森林公园、高等院校及科研院所的 300 多名专家、学者、管理人员参加会议。

10 月 30 日 中国林学会第十一届理事会咨询工作委员会第一次会议暨咨询工作座谈会在京召开。咨询工作委员会主任尹伟伦院士、副主任委员唐守正院士、李坚院士等 10 余位专家、领导参加了会议。会议总结了第十届理事会咨询工作的情况，对第十一届理事会咨询工作进行了讨论和布置，并明确了 2015 年学会咨询工作的任务与决策咨询选题。

11 月 7～9 日 由中国林学会与西南林业大学主办，中国林学会古树名木分会成立大会暨首届中国古树名木学术研讨会在云南昆明顺利召开。大会选举产生了古树名木分会主任委员、副主任委员、常务委员、秘书长、副秘书长。西南林业大学校长刘惠民教授当选为主任委员。与会人员就古树名木资源调查与评价、古树名木与风景资源遗产、古树名木历史与森林文化、古树名木保护与生态文化建设、古树名木养护管理与利用等进行了深入研讨。

11 月 16 日 中国林学会林业科技期刊分会二届三次常委（扩大）会议在四川成都召开。中国林学会副理事长兼秘书长、期刊分会主任委员陈幸良，四川省林业厅党组成员、总工程师骆建国出席会议并讲话。中国林业出版社副总编辑、

期刊分会副主任委员邵权熙，南京林业大学副校长李萍萍等32人参加了会议。

会议集中讨论了全国林业科技优秀期刊、林业科技期刊专项奖及优秀期刊编辑评比办法，林业期刊编辑沙龙的设计方案，成立中国林业科技期刊联盟的倡议等议题，与会代表对2015年的林业科技期刊分会换届会暨第五届全国林业科技期刊发展研讨会的召开也提出了很好的意见和建议。会上，通报了林业科技期刊分会变更主任委员的批示。因为工作变动，李岩泉同志不再担任期刊分会主任委员，由陈幸良同志担任期刊分会主任委员。

11月17日 由世界自然保护联盟（IUCN）和中国林学会共同主办的"生态系统帮助降低自然灾害风险"培训研讨会在北京召开。来自中国、美国、加拿大、法国及澳大利亚的60多位代表参加了培训研讨会。余新晓教授、王彦辉研究员、IUCN刘静女士、法国农业科学研究院Alexia Stokes博士、加拿大不列颠哥伦比亚省土地侵蚀控制有限公司Pierre Raymond博士、美国佐治亚州环境保护局Roy C Sidle教授、美国卡德诺咨询公司Andrew Simon博士、英国格拉斯哥卡里多尼亚大学Slobodan Mickovski博士等分别围绕水土保持防御水灾害作用分析，森林的水土调节功能与管理，生态减灾及IUCN"生态系统保护基础设施和社区"项目，土壤及坡面稳定性及退耕环境项目点研究成果，土壤生物工程技术在陡坡和河岸稳定中的应用，滑坡和侵蚀对山区公路和道路的影响，河岸植被与河流形态的关系，植物根系促进土壤保持的物理和数量模型作报告。

11月27~28日 第二届林学名词审定委员会第六次全体扩大会议在北京召开，全国科学技术名词审定委员会副主任刘青、第二届林学名词审定委员会主任尹伟伦院士等30余人参加了会议。会议对《林学名词》（第二版）初稿进行了审定，形成了《林学名词》（第二版）预公布版。

11月28~30日 由中国林学会森林生态分会主办，中南林业科技大学等单位承办的"全球变化下森林生态学长期研究"学术研讨会在湖南长沙顺利召开。中国林学会副理事长兼秘书长陈幸良研究员、中南林业科技大学校长周先雁教授、中国林学会森林生态分会主任委员刘世荣研究员出席研讨会开幕式并致辞。研讨会围绕"全球变化下森林生态学长期研究"的主题进行了深入交流。加拿大魁北克大学彭长辉教授、肖文发研究员、中国科学院华南植物园周国逸研究员、项文化教授等应邀作大会报告。大会共设置了全球气候变化对森林生物多样性的影响、森林生态系统碳氮水循环及其对气候变化的响应、森林生态系统长期定位观测与数据整合分析 3 个专题分会场，37 位中青年专家和研究生作了分会场口头报告。

12 月　《林业科学》第十届编委会成立。名誉主任：江泽慧；名誉主编：沈国舫；顾问：王礼先、王明庥、马建章、冯宗炜、李镇宇、张齐生、姜笑梅、顾正平、蒋有绪；主编：尹伟伦；副主编：王金林、王彦辉、方精云、卢孟柱（常务）、李坚、李凤日、杨忠岐（常务）、余新晓、宋湛谦、张守攻、张君颖、陈幸良、俞国胜、施季森、费本华、骆有庆、唐守正（常务）、盛炜彤（常务）、傅峰。编委 61 人，特邀外籍编委 4 人。

12 月 12 日　中国科协发布《关于表彰第六届全国优秀科技工作者的决定》（科协发组字〔2014〕92 号），中国林学会推荐的张齐生、范少辉、唐明、蒋剑春 4 人获得此殊荣。

12 月 19～21 日　由中国林学会、广西林业厅联合主办，北海市林业局、广西林学会共同承办的中国林学会林下经济分会成立大会暨 2014 林下经济发展学术研讨会在广西北海成功召开。中国工程院院士李文华，中国林学会副理事长兼秘书长陈幸良，国家林业局农村林改司巡视员安丰杰等有关领导和专家出席会议并讲话。会议选举产生了林下经济分会第一届委员会，李文华院士任分会第一届委员会主任委员，陈幸良任常务副主任委员，邓三龙、王秀忠、王慧敏、许绠、杨超、杨传平、陈晓鸣、周瑄、赵章光、唐忠、谭晓风任副主任委员，曾祥谓任秘书长。李文华院士、安丰杰巡视员、陈幸良秘书长等应邀作特邀报告，13 位专家在会上作专题报告。

12 月 22 日、29 日　学会组织召开了理论学习中心组（扩大）会议，传达贯彻习近平总书记系列重要讲话和十八届四中全会精神，学习《中国科协关于实施学会创新和服务能力提升工程的意见》《民政部、财政部关于加强社会组织反腐倡廉工作的意见》，结合修订《中国林学会第十一届理事会期间发展规划（草案）》，重点围绕学会长远发展与能力提升进行交流讨论。

12 月 26 日　应中国林学会邀请，在中国林学会副理事长兼秘书长、中国林业科学研究院副院长陈幸良的陪同下，广西壮族自治区副主席黄日波一行 5 人到中国林学会、中国林业科学研究院调研考察。黄日波副主席一行重点考察了国家遗传育种重点实验室，并就加强广西与中国林业科学研究院的林业合作等事宜与中国林业科学研究院院长张守攻交换了意见。

12 月 27～29 日　由中国林学会经济林分会主办，中南林业科技大学承办的中国林学会经济林分会第七次全国会员代表大会暨 2014 年学术年会在湖南长沙举行。200 余名代表参加了会议。会议学术交流阶段，美国农业部南方农业研究所曹和平教授、河北农业大学李保国教授、中南林业科技大学谭晓风教授等 19 位专家作了大会报告。随后，会议进行了委员会的换届改选，副校长曹福祥当选为第七届委员会主任委员。

2015 年

1 月 13 日　《林业科学》连续第 4 次被评为"RCCSE 中国权威学术期刊（A+）"。

1 月 15 日　中国林学会第十一届理事会科普工作委员会第一次会议在北京召开。会议总结学会 2014 年科普工作情况并研究 2015 年科普工作要点。会议由科普工作委员会主任委员胡章翠主持。

1 月 30 日　中国林学会组织召开国家林业科普基地建设暨林业科普工作专家座谈会，来自国家林业局、科技部、国家民委、国土资源部、环保部、农业部、中科院、地震局、气象局、中国科协 10 个部委领导、专家出席会议。会议由陈幸良秘书长主持。

3 月 8～11 日　中国林学会站点在全国 504 个调查站点中脱颖而出，被中国科协评为全国科技工作者状况调查 A 级优秀站点，是全国学会站点 2014 年度唯一获得 A 级优秀调查站点的单位。

3 月 17 日　由林学名词审定委员会审定完成的《林学名词》（第二版）经全国科学技术名词审定委员会批准预公布，期限一年。

3 月 26～27 日　全国林学会秘书长会议在西安召开。各省（自治区、直辖市）林学会和学会各分会、专业委员会，以及学会秘书处各部室主要负责人共 80 余人参加会议。会议还表彰了 2014 年度学会专项工作（学术、科普、组织、咨询）先进单位。

5 月 18～20 日　陈幸良秘书长带队组织专家赴福建省南平市、永安市、仙游县、秀屿区开展创新驱动助力工程调研活动，并与当地企业对接，签订合作意向书。

6 月 1～4 日　陈幸良秘书长带队赴河南省开展天然林全面保育的科学内涵、风险与对策项目实地调研。

6月5日　由中国林学会和中国科学院地理所联合主办、学会林下经济分会承办的林农复合经营与林下经济发展学术研讨会在北京召开。李文华院士、束怀瑞院士、陈幸良秘书长以及来自全国多所高校、科研机构的近80位学者参会。

6月15~16日　陈幸良秘书长带领学会秘书处有关人员以及中国林业科学研究院、北京中医药大学、中国农业大学等专家，赴漳州华安参加林下经济对接会。学会和华安县政府现场签订多项合作意向书。

6月16日　《林业科学》连续第4次被列入"中国科协精品科技期刊学术质量提升项目"。

6月17日　国家林业局局长赵树丛到中国林学会秘书处调研考察。副局长张建龙，党组成员彭有冬司长陪同调研考察。陈幸良秘书长汇报了学会2015年上半年工作情况和下半年工作安排，并就学会改革发展中亟待解决的重要问题提出请求建议，赵树丛对学会下一步工作作出了重要指示。

6月28日　学会协办的"森林中国·首届生态英雄"大型公益活动在北京举行。揭晓仪式上，共产生10个中国生态英雄个人、3个团体和1个国际友人奖。活动得到汪洋副总理批示。

7月6日　由中国林学会与东北林业大学共同主办的天然林保护与林下经济发展学术论坛在东北林业大学召开。中国林学会秘书长陈幸良，东北林业大学校长杨传平及黑龙江省森工总局局长魏殿生出席论坛并分别作了学术报告。

7月21日　《林业科学》创刊60周年纪念座谈会在北京隆重召开。赵树丛理事长、江泽慧名誉理事长、王春法书记、彭有冬副局长、沈国舫院士、尹伟伦院士等出席会议并发表重要讲话。中国科协学会学术部、国家林业局有关司局和直属单位负责人，《林业科学》编委、作者、审稿人和兄弟期刊代表等100余人参加了座谈会。

7月21日　由学会主办的第31届林学夏令营暨2015年暑期青少年沙漠生态科学实践活动在内蒙古自治区磴口县开营。北京百余名中学生参加了本次夏令营活动，活动为期5天。沈贵副秘书长出席开幕式。

7月27日　陈幸良秘书长代表学会参加全国科协系统在乌鲁木齐召开的对口援疆工作，并与新疆相关部门和专家商议对口援疆工作事宜。

7月30日　学会主题党日活动第2次获局直属机关优秀主题党日品牌称号。

8月7日　由中国林学会主办的2015两岸林业论坛在哈尔滨召开。来自全

国林业类高校、科研院所、协会及台湾林业试验所、台湾大学等单位近 90 名专家，围绕林业发展与生态文明进行了广泛交流与互动。学会理事长赵树丛、台湾两岸渔业合作发展基金会董事长沙志一出席论坛开幕式并致词。

8 月 26 日　应内蒙古林业厅邀请，学会组织专家赴内蒙古清水河开展创新驱动助力工程调研活动。陈幸良秘书长带队参加。

8 月 31 日　中国科协书记处书记、党组成员王春法到学会调研学会承接政府转移职能情况。陈幸良秘书长汇报了学会有关情况。王春法书记、赵树丛理事长在听取汇报后对学会有序承接政府转移职能工作作出重要指示。国家林业局人事司、科技司、计资司等有关部门领导出席会议。

9 月 15 ~ 17 日　由中国林学会与中国林业科学研究院联合主办的珍贵树种分会成立大会暨首届中国珍贵树种学术研讨会在广州召开。相关管理、科研、教学和生产实践的领导、专家、企业代表等 200 余人参加会议。陈幸良秘书长出席会议。

9 月 17 日　学会获得中国科协颁发的学会创新和服务能力提升工程"全国优秀科技社团"称号，并获中国科协"以奖代建"经费支持，连续 3 年每年 100 万元。

10 月 11 日　陈幸良秘书长与宁波市林业园艺学会秘书长陆志敏签署了建设"中国林学会宁波服务站"协议。宁波市委书记和市长及有关领导出席签字仪式。

10 月 16 ~ 18 日　由中国林学会、中国林业科学研究院、国际竹藤中心主办国家林业局竹子研究开发中心和学会竹藤资源利用分会承办的竹业创新发展与"一带一路"建设高层学术研讨会在杭州召开。相关领域 270 余人参加了会议。科技部人才中心副主任郝强、学会陈幸良秘书长出席会议并讲话。

10 月 21 日　赵树丛理事长、彭有冬副局长在广东湛江会见国际林联主席、南非比勒陀利亚大学教授迈克·温菲尔德等外国专家，共商加强合作事宜。

10 月 21 日　由中国林学会与中国林业科学研究院主办的 2015 桉树国际学术研讨会在广东湛江召开。会议以"科学栽培与绿色发展：可持续的桉树商品林"为主题，围绕桉树商品林可持续发展展开学术交流。来自 24 个国家的专家学者360 余人参加了会议。赵树丛理事长、国际林联主席迈克·温菲尔德出席开幕式并分别致辞，彭有冬副局长主持开幕式。

10 月 21 日　《林业科学》被评为"2014 年百种中国杰出学术期刊"，这是自

2002 年设立此奖以来第 13 次获此殊荣。《林业科学》影响因子、总被引频次等指标居林学期刊前列，综合排名第 1 位。

10 月 21~23 日　由中国林学会等主办、学会竹子分会等承办的竹子分会五届四次全委会暨第十一届中国竹业学术大会在湖南桃江顺利召开。海峡两岸有关单位共计 270 余人参加了会议。会议期间，还召开了竹子分会五届四次全委会。刘合胜副秘书长出席会议并讲话。

10 月 26 日　中国林学会召开第六届梁希林业科学技术奖评审委员会会议。经形式审查、专家初评、专业组评审和评审委员会评审，最终评出获奖项目 66 项。其中，一等奖 4 项，二等奖 30 项，三等奖 32 项。会议由江泽慧名誉理事长主持。

11 月 1~2 日　由中国林学会主办、学会林下经济分会等单位承办的中国林下经济发展高端论坛在浙江义乌成功举办。论坛以"林下经济可持续发展"为主题，围绕着林下经济发展理论、模式等方面进行研讨。全国各地专家、代表等 130 余人参加了会议。陈幸良秘书长出席会议并作学术报告。

11 月 2 日　中国林学会组织专家参加中国科协福建（泉州）创新驱动助力工程调研座谈会，并与参加会议的泉州企业负责人、技术总监等进行对接洽谈。

11 月 3 日　中国林学会和国家林业局天保中心在北京共同举办中国天然林示范区栎类经营讨论会。来自德国、法国的多位栎类经营专家和国内天然林保护及栎类资源经营的专家学者参与了研讨。

11 月 6 日　第五届梁希科普奖评审会在北京召开。经评选，此次获奖项目（人物）共 16 项（名），其中梁希科普作品（类）奖 8 项，梁希科普活动（类）奖 6 项，梁希科普人物（类）奖 2 名。

11 月 8~9 日　由中国林学会等单位主办、学会银杏分会等承办的第三届中国（郯城）银杏节暨银杏产品交易会在山东郯城开幕。山东省政协副主席张传林、林业部原副部长刘于鹤、全国工商联副主席何俊明、陈幸良秘书长等领导出席开幕式。

11 月 11 日　中国林学会与国家林业局人事司联合召开第十三届林业青年科技奖评审委员会会议。经评审和无记名投票，共产生 20 名获奖者，并从中推选 9 名同志作为第十四届中国青年科技奖候选人。

11 月 16~18 日　由中国林学会林业科技期刊分会主办的林业科技期刊分会

换届会议暨第五届全国林业科技期刊发展研讨会在南昌召开。陈幸良秘书长、刘合胜副秘书长出席会议。

11月26日 由中国林学会主办的2015现代林业发展高层论坛在北京隆重召开。论坛以"新常态新路径：'十三五'林业新发展"为主题。张建龙局长，赵树丛理事长，中央财经领导小组办公室副主任、农村工作领导小组办公室副主任韩俊，中国科协书记处书记、党组成员王春法，彭有冬副局长等领导出席论坛。论坛开幕式由陈幸良秘书长主持。

11月26日 中国林业智库建设正式启动。首批专家团队由林业、农业、环境、水利、生态领域的14位院士和50多名知名、资深专家组成。

11月27日 中国林学会林下经济创新团队成功申请获得中国科协学科发展引领与资源整合集成工程项目，项目为期3年，资助金额100万元。

11月29日 第一届《森林与环境学报》编辑委员会第一次会议在福建农林大学召开。尹伟伦院士、陈幸良秘书长出席会议并致辞。

12月5日 接EI Compendex Editorial Office通知，《林业科学》将于2016年1月起被EI Compendex收录。

12月8日 中国林学会参加国家科学技术工作奖励办公室组织的社会科技奖励第三方评价现场答辩会，陈幸良秘书长亲自答辩并取得良好效果。

12月19~21日 中国林学会组织专家赴江西吉安、漳州开展创新驱动助力工程调研，并召开木材加工利用与家具产业发展座谈会。

12月29日 《林业科学》连续第4年入选"中国国际影响力优秀学术期刊"。在本年度《中国学术期刊国际引证年报》3500种科技期刊中有175种期刊，《林业科学》位列第63位，是唯一入选的林业科技期刊。

12月29日 中国林学会组织专家在北京召开第五届梁希优秀学子奖评审会，经形式审查、专家初审和评审会严格评选，共评选出43名获奖者。陈幸良秘书长主持评审会。

2016 年

1月6日 中国林学会邀请《林业科学》编委就如何撰写科研文章的结论与讨论，为编辑部作专题讲座。

1月16~21日 由中国林学会主办的第32届林业科学冬令营暨2016青少

年海南科学实践活动在海南举办，央视全程跟拍并于 2 月 17 日在 CCTV-13《新闻直播间》播出。北京 9 所中小学 46 名学生参营。沈贵副秘书长参加开营仪式并讲话。

2 月 2 日　安徽省芜湖市科协副主席闻平率团来访，洽谈创新驱动助力工程合作事宜。刘合胜副秘书长参加座谈。

2 月 11 日　从 2016 年第 1 期起《林业科学》被 EI 收录，成为唯一被收录的林业类中文科技期刊。

2 月 23～26 日　中国林学会派员参加在菲律宾召开的"亚太林业周"。

3 月 2 日　中国林学会在北京召开常务理事会议，总结 2015 年工作，并部署 2016 年重点工作。会议听取和审议了学会"十三五"发展规划，研究讨论了分支机构相关事宜，选举产生科协九大代表和科协第九届全国委员会委员候选人。中国林学会理事长赵树丛出席会议并讲话。国家林业局副局长彭有冬主持会议。

3 月 3 日　宁波市林业局副局长朱永伟率团来访，协商宁波服务站建设等有关事宜，双方就创新驱动助力工程进行交流并提出了下一步合作安排，陈幸良秘书长参加座谈。

3 月 7 日　中国林学会举办"学习与实践"活动，邀请北京林学会有关人员到学会秘书处交流学会改革发展经验。

3 月 10 日　中国林学会副理事长兼秘书长陈幸良教授会见了赫尔辛基大学森林科学系教授米卡（Mika Rekola）先生，双方就共同关心的话题进行的讨论，并在森林经营、森林健康及林业经济等领域加强合作达成了共识。

3 月 15 日　中国林学会在四川成都召开全国林学会秘书长会议暨部分省级林学会、分支机构理事长（主任委员）座谈会。会上表彰了 2015 年度优秀省级学会与分支机构和 2015 年度学会专项工作先进单位。学会理事长赵树丛、国家林业局副局长彭有冬出席会议并讲话。

3 月 17 日　中国林学会国际合作与交流工作委员会第二次会议于 2016 年 3 月 17 日在中国人民大学苏州校区召开。会议由中国林学会副理事长、国际合作与交流工作委员会主任委员张守攻主持。会议听取并审议了中国林学会 2015 年国际合作与交流工作情况和 2016 年重点工作计划，会议提议并通过了增补工作委员会副主任委员、顾问及中国林学会国际咨询专家的决议。

3月25日　中国林学会在北京林业大学召开青年人才托举工程签字仪式暨座谈会。来自中国林业科学研究院、北京林业大学、东北林业大学等有关领导、科研处长及青年人才托举对象参加座谈。陈幸良秘书长出席会议并讲话，刘合胜副秘书长主持会议。

3月27日　中国林学会首次成功申请到国家外专局引进境外技术、管理人才项目"竹材生物质能源研究、天然栎类资源保护及非木质林产品认证"项目（编号：20160327002）

3月28～30日　陈幸良秘书长带队组织专家赴山东日照开展创新驱动助力工程调研活动。

3月28日　中国科协学术部副部长刘兴平赴学会宁波服务站调研。

3月30日　中国林学会在北京召开了全国优秀科技工作者候选人评审委员会会议，评选出施季森等3名全国优秀科技工作者。国家林业局副局长彭有冬担任评委会主任并主持会议，陈幸良秘书长、刘合胜副秘书长参加会议。

4月12日　国家林业局科技司司长胡章翠一行4人到中国林学会调研。陈幸良秘书长代表秘书处作汇报并就学会改革转型中遇到的问题希望科技司给予支持帮助。沈贵副秘书长、刘合胜副秘书长参加座谈。

4月13～16日　刘合胜副秘书长带队组织专家赴贵州开展"天然林全面保育的科学内涵、风险与对策"项目实地调研。

4月20日　中国林学会与北京林学会在北京林学会密云"长峪沟自然休养林"基地联合开展植树活动。赵树丛理事长参加植树活动。

5月4日　江西省赣州市南康区林业局局长曹五生等人来访，商谈2016全国家具产业创新发展学术研讨会对接工作，陈幸良秘书长参加座谈会。

5月13日　中国林学会与中国药学会联合举办林药与医药健康发展学术研讨会。全国从事林下经济、医药研究和生产的60余名有关人员，围绕林药产业培育、中医药及林药发展前景分析、林药质量标准体系建设等内容展开交流。陈幸良秘书长主持会议。

5月16日　安徽省芜湖市副市长张志宏率团来访，进一步商谈开展创新驱动助力工程合作事宜，陈幸良秘书长参加座谈会。

5月24～26日　中国林学会组织林业智库专家赴广西开展"非国有企业在人工林经营中的政策问题"调研活动。刘合胜副秘书长参加调研。

5月25～27日　中国林学会组织专家赴宁波开展技术服务，就乡土专家网络平台建设与当地乡土专家、网络运营商进行座谈，提出了改进建议。

5月27～29日　由中国林学会主办的2016全国家具产业创新发展学术研讨会在江西南康召开，来自全国家具行业相关专家及企业代表100余人参加研讨。陈幸良秘书长参加会议并讲话。

5月30日～6月2日　陈幸良秘书长率学会代表团参加中国科协第九次全国代表大会。会上，胡章翠、陈幸良当选为中国科协第九届全国委员会委员。

6月6～8日　由学会主办的湿地保护与绿色发展学术研讨会在黑龙江抚远召开，会议以"湿地保护与绿色发展"为主题，来自全国各地从事湿地科研、保护和管理的科研人员80余人参加研讨。刘合胖副秘书长出席会议并讲话。

6月12日　《林业科学》被Scopus数据库收录，是经中国科技信息研究所第一批推荐的35种期刊中首批被收录的7种期刊之一。

6月13日　中国林学会在北京召开在京常务理事及分支机构主要负责人会议，传达科协九大会议精神，安排部署学会百年系列纪念活动，商议《中国林学会百年史》编撰事宜。赵树丛理事长主持会议，彭有冬副局长出席会议并讲话。

6月18日　国家林业局科技司组织有关专家在北京召开行业标准专家审定会，对学会负责起草的《古树名木鉴定规范》和《古树名木普查技术规范》行业标准项目进行评审。

6月18日　中国林学会派人出席第十四届中国·海峡项目成果交易会项目签约授牌仪式，并与福建省南平市科协正式签约共建中国林学会福建活性炭产业会企协作创新联盟。

6月19～21日　陈幸良秘书长率团赴韩国济州岛参加IUCN首届东北亚三国会员会议。

6月21日　由中国林学会与光明日报社共同主办的"2016森林中国大型公益系列活动"在北京启动。活动设"绘美家园""寻找生态英雄""发现森林文化小镇"等活动。《光明日报》《绿色时报》等100多家新闻媒体参加启动仪式。赵树丛理事长，彭有冬副局长出席启动仪式并讲话。

7月2～4日　陈幸良秘书长带队组织专家赴山西调研栎类资源经营情况。

7月9～10日　学会组织专家赴山东日照现代林业科技园考察，落实学会与东港区政府签署的合作框架协议。

7月11～14日　赵树丛理事长到浙江调研林业工作，并考察了梁希纪念馆、安吉竹博园及竹产业基地、浙江农林大学等。陈幸良秘书长陪同调研。

7月15～17日　由中国林学会主办的中国林下经济发展高峰论坛在黑龙江伊春召开，会议与2016中国（东北亚）森林博览会一道举行。东北林业大学校长杨传平、伊春市委书记高环等领导专家以及来自全国从事有关林下经济科研、教学、生产等200余人参加会议。陈幸良秘书长出席开幕式并讲话。

7月15～19日　中国林学会组织林业智库专家赴陕西开展"秦岭国家公园建设与秦岭立法保护"专题调研。尹伟伦院士担任专家组组长，刘合胜副秘书长参加调研。

7月20～24日　由中国林学会主办的第33届林学夏令营暨2016年青少年林业科学营在四川都江堰开营。北京70余名中学生参加了本次夏令营活动。

7月27～30日　应宁波市林业局邀请，陈幸良秘书长带队组织专家赴浙江宁波开展四明山区域生态修复与产业发展学术考察。

7月29日　经中国科协批示（科协办函学字〔2016〕178号），中国林学会正式成为中国科协2016年度创新驱动助力工程"链"状试点学会。

8月1日　由中国林学会联合主办的"2016—2017生态影像公益行"在内蒙古呼伦贝尔举行。活动采用"摄影＋公益"的形式，通过探寻我国自然保护区、森林公园、湿地等生态建设成果，结合社会公益和生态文化体验，集中展示美丽中国的动人画面。来自政府部门、科研院所、企业、金融机构、媒体、社会组织等100多位代表参加活动。陈幸良秘书长出席启动仪式。

8月1～3日　由中国林学会主办的2016学术工作座谈会在重庆召开。来自全国林业类高校、科研院所及各省（自治区、直辖市）林学会，各分会、专业委员会等单位80余人交流学术工作经验，探讨学术工作创新发展。刘合胜副秘书长出席会议并讲话。

8月14～23日　中国林学会组织中外栎类研究专家赴甘肃小陇山和山西太岳山调研栎类资源及经营现状，现场实地指导栎类经营技术。

8月16～18日　由中国林学会主办的经济林产业创新发展与"一带一路"建设高层学术研讨会在新疆乌鲁木齐召开。会议旨在促进经济林产业创新发展，推动新疆特色林果产业发展和沙漠绿洲生态建设。来自国家林业局有关部门及各省（自治区、直辖市）林业厅（局）、科研院校、企业等180余人参加了会议。

赵树丛理事长出席开幕式并讲话，陈幸良秘书长主持会议。

8月22~26日　受中国科协创新战略研究院委托，学会组织专家赴黑龙江省大兴安岭林区调研森林病虫害情况。调研为撰写2016年林业生物灾害状况和2017年生物灾害防控建议提供了实际案例。

8月23日　中国林学会副理事长兼秘书长陈幸良会见了法国巴黎高科农业学院的栎类经营专家（Yves Ehrhart）教授和澳大利亚林学会前理事长大卫（David Wettenhall）先生，与两位专家就中国栎类经营的情况进行了探讨，希望今后继续加强合作，进一步推动中国天然栎类经营事业。

8月24~27日　刘合胜副秘书长带队组织林业智库专家赴吉林白山开展森林生态系统修复专题调研。

8月25日　奥地利自然资源与应用生命科学大学造林学研究所 Alfred Pitterle 教授来访，与学会就今后在栎类经营方面合作达成共识。

8月27~28日　由中国林学会主办的2016林业科普工作经验交流会在云南昆明举行。来自20个省（自治区、直辖市）的近100名代表参加交流。沈贵副秘书长出席会议并讲话。

8月28日~9月1日　赵树丛理事长率团参加第五届世界生态高峰会。代表团与大会主席阿丽莎·斯多克等交流了学会和工作经验。70多名中国学者参加了本次峰会。期间，代表团访问法国蒙特利埃农业研究中心（CIRAD）。陈幸良秘书长随同访问。

9月1~11日　刘合胜副秘书长一行2人赴夏威夷参加2016世界自然保护大会。中国林学会作为IUCN的会员参加。

9月7日　中国林学会组织专家在北京召开林下经济术语标准研讨会。国家林业局、中国林业科学研究院等20余人参加研讨。陈幸良秘书长主持会议。

9月12~16日　中国林学会申请经费资助卢孟柱研究员赴德国都柏林参加了国际杨树委员会（IPC）第48届执委会及26届国际杨树大会，会上卢孟柱在大会发言并连任为执委。

9月20日　中国林学会召开迎新暨青年干部成长成才座谈会。陈幸良秘书长参加座谈并讲话，刘合胜副秘书长主持会议。

9月24日　由中国林学会主办的2016年林业科普日活动在中国林业科学研究院华林中心举行。活动旨在加强森林防火宣传。北京部分中学及媒体记者近

150人参加了活动。沈贵副秘书长参加活动。

9月25日 中国林学会林业智库专家在第十八届中国科协年会陕西省党政领导与院士专家座谈会上，汇报"秦岭国家公园建设与立法保护"调研报告。

9月26日 中国林学会松树分会成立大会暨首届中国松树学术研讨会在浙江杭州召开。赵树丛理事长出席开幕式并为分会揭牌。来自全国有关科研、教学、生产单位的150多名代表参加会议。张守攻、陈幸良、李岩泉、吴鸿、刘合胜等领导出席会议。

9月26日 中国林学会科普部获"全国生态建设突出贡献先进集体"称号。

9月27~29日 由中国林学会主办的第四届中国林业学术大会暨第十二届中国林业青年学术年会在浙江农林大学举行。大会主题为"创新引领 绿色发展"。中国林学会理事长赵树丛、国家林业局副局长张永利、时任全国政协常委陈章良副理事长、浙江省人大常委会程渭山副主任、李文华院士等出席大会。本次大会共设12个分会场，共有1300余名代表参加。陈幸良秘书长主持开幕式，沈贵副秘书长、刘合胜副秘书长参加会议。

9月27~28日 由中国林学会主办的优秀青年科技人才培养与成长座谈会在浙江临安成功召开。刘合胜副秘书长参加座谈。

10月10日 由中国林学会主办的首届全国毛梾产业发展学术研讨会在山东新泰举办。会议旨在加强毛梾树种的学术交流，推动毛梾产业发展。赵树丛理事长出席开幕式并讲话，山东省副省长赵润田、林业厅厅长刘均刚、泰安市委书记王云鹏等领导以及全国从事经济林、林下经济、木本油料及毛梾专业技术研究的近150位代表参加研讨。陈幸良秘书长主持会议。

10月10日 林业科普专题节目《科学之旅——尖峰岭》在CCTV-14少儿频道播出，节目对学会第32届青少年林业科学营活动进行专题报道。

10月11日 中国林学会在北京召开"古树名木保护标准制定与寻找最美树王活动"咨询座谈会，刘合胜副秘书长主持会议。

10月12~14日 由中国林学会主办的林业大数据学术研讨会在湖南长沙召开，会议以"促进林业大数据应用、共赢物联网时代机遇"为主题，全国林业大数据科研、应用领域的170多位专家学者参加会议。陈幸良秘书长出席开幕式并讲话。

10月13~15日 由中国林学会、四川省林业厅、四川农业大学、青神县人民政府联合主办，中国林学会竹子分会、青神县林业局、四川农业大学风景园林学院、中国林业科学研究院亚热带林业研究所共同承办中国林学会竹子分会五届五次全委会暨第十二届中国竹业学术大会在四川青神召开。来自有关大专院校和科研机构以及全国 17 个省（自治区、直辖市）的会议代表和特邀嘉宾共计 240 余人参加了会议。

10 月 18 ~ 20 日　由中国林学会主办的林业科技期刊分会三届二次常委会暨期刊新媒体应用学术沙龙在江苏南京召开。期刊分会三届委员会常委及会员单位代表等 50 人参加了会议。刘合胜副秘书长出席会议并讲话。

10 月 19 日　赵树丛理事长带队赴宁波考察学会服务站与林业乡土专家森林公园建设和竹材加工龙头企业，并为宁波服务站、宁波市中林竹产业研究院揭牌。

10 月 20 日　由中国林学会联合主办的 2016 森林中国·绘美家园儿童艺术作品公益巡展在北京开幕。近 500 幅作品在本次巡展上展出。

10 月 21 日　中国林学会在北京召开林业科普信息化建设座谈会。会议旨在研究林业科普信息化专项试点项目实施方案，做好全国科普信息化建设试点工作。沈贵副秘书长参加座谈。

10 月 22 ~ 23 日　由中国林学会经济林分会主办的 2016 年学术年会暨成立 30 周年庆祝活动在四川召开，全国从事经济林产业工作 400 余人参加了会议。陈幸良秘书长出席开幕式并讲话。开幕式期间还颁发了"经济林事业突出贡献奖"，追授李保国教授"经济林事业特别贡献奖"。

10 月 23 日　赵树丛理事长在北京会见国际林联迈克尔主席、法国农业科学研究院米歇尔所长等人。陈幸良秘书长陪同会见。

10 月 24 日　由中国林学会协办的国际林联亚洲和大洋洲区域大会在北京开幕。来自世界各国 300 名贵宾、800 名代表出席大会。陈章良副理事长出席大会并代表学会致辞，陈幸良秘书长参加开幕式。

10 月 24 ~ 27 日　"第四届森林科学论坛"作为国际林联亚洲大洋洲区域大会的一个分会场在京召开。本次论坛由中国林学会主办，南京林业大学承办，主题是"森林的多目标服务"，共设 6 个分会场。中国林学会理事长、APFNet 董事会主席赵树丛，国际林联主席迈克及中国工程院院士、南京林业大学校长曹福亮出席并致辞。中国林业科学研究院侯元兆教授、德国弗莱堡大学海因里

希·斯皮克（Heinrich Spiecker）教授、芬兰赫尔辛基大学佛瑞德·阿西亚布（Fred Asiegbu）教授、美国北卡罗莱纳州立大学史迪夫·迈凯恩（Steven Mckeand）教授分别为论坛作了主题报告。来自 13 个国家 40 位著名专家学家作了专题报告，参与论坛的人数达 200 人以上。副理事长兼秘书长陈幸良主持开幕式并在论坛学会分会场作主题报告。

10 月 24～26 日　由中国林学会联合主办的栎类经营研讨会在北京举行，来自德国、奥地利、美国、韩国等国内外从事栎类经营的 20 余名专家学者参加研讨，陈幸良秘书长主持会议。

10 月 25 日　赵树丛理事长在北京会见澳大利亚、韩国、加拿大、日本四国林学会代表。期间，陈幸良秘书长与四国林学会代表分别签署了合作备忘录。理事长赵树丛见证了签署仪式。会后，澳大利亚林学会有关媒体进行广泛报道，并称与中国林学会合作备忘录的签署是中澳林业合作的历史新起点。

10 月 27～29 日　由中国林学会联合主办的林木基因组技术发展高端学术研讨会在山东泰安召开。研讨会以"林木基因组学领域研究进展和技术进步"为主题，来自全国 20 余所有关大专院校和科研机构 120 余名专家学者代表参加会议。

10 月 28 日～11 月 3 日　中国林学会申请经费资助中国林业科学研究院副院长刘世荣赴加拿大多伦多大学、环境与气候变化部、国际发展研究中心及英属哥伦比亚大学，与加拿大各方讨论研究在 2017 年国际林联 125 周年大会上联合举办森林应对气候变化会议等重要活动问题并探讨合办国际林联学术杂志的相关事宜。

10 月 29 日～11 月 1 日　中国林学会组织国内外专家赴宁夏六盘山调研栎类天然林资源及经营情况，应邀为宁夏林业绿色大讲坛作专题报告。

10 月 30～31 日　中国林学会在北京召开中国生态英雄和森林文化小镇评审会。经评审，选出 20 名入围中国生态英雄和 30 个入围森林文化小镇。

11 月 1 日　杉木专业委员会成立大会在福州召开。会议研讨了《中国林学会杉木专业委员会五年工作计划（2017—2021）》，并举办了首届中国杉木学术研讨会。来自全国各地高等院校、科研单位和基层单位的 120 余名代表参加会议。刘合胜副秘书长出席会议并讲话。

11 月 2 日　中国林学会开展了"寻找十大最美古银杏"活动并召开专家评审会，最终湖北恩施土家族苗族自治州巴东县清太坪镇郑家园村等 10 棵古银杏被评为"十大最美古银杏"。

11 月 3～4 日　由中国林学会主办的 2016 年全国桉树研讨会在福建厦门召开，会议以"科技创新催生桉树发展新模式"为主题，来自国内 12 个省（自治区、直辖市），以及瑞典、老挝等国家的 87 个单位机构 200 余名代表参会。期间，刘合胜副秘书长主持了第五届桉树专业委员会换届选举工作。

11 月 8～9 日　由中国林学会主办的第四届中国（邳州）银杏节在江苏邳州开幕。赵树丛理事长出席开幕式，陈幸良秘书长出席会议讲话。刘合胜副秘书长宣读了《中国林学会关于"寻找十大最美古银杏"活动结果的通报》。银杏节期间，还举办了中国林学会银杏分会理事会会议，银杏产业高峰论坛、银杏盆景展、银杏摄影展等活动。

11 月 9～12 日　由中国林学会主办的第六届中国森林保护学术大会在湖南长沙召开。会议以"新形势下森林保护学发展的机遇与挑战"为主题，讨论并通过了《第六届中国森林保护学术大会长沙共识》。来自各省（自治区、直辖市）从事森林保护及相关领域的专家学者 300 余人参加会议。吴斌副理事长代表中国林学会出席会议。

11 月 10～12 日　由中国林学会主办的 2016 学科发展研究座谈会在云南昆明召开。赵树丛理事长出席会议并就如何推进和强化学科研究和建设提出 5 点要求。陈幸良秘书长主持会议。

11 月 10～11 日　由中国林学会森林经理分会主办的 2016 年学术研讨会暨分会换届选举大会在贵阳成功召开，会议以"森林经理与森林质量精准提升"为主题，围绕森林经理学科发展和技术创新服务开展学术交流研讨。国家林业局副局长刘东生、原林业部副部长刘于鹤出席会议，刘合胜副秘书长参加会议并讲话。

11 月 13～19 日　刘合胜副秘书长率团赴台参加了"2016 两岸林业论坛"，本次论坛的主题为"森林疗愈与环境教育"。

11 月 14～16 日　由中国林学会联合主办的 2016 年中国（宁波）竹产业高层论坛暨科技成果对接会在浙江奉化召开，来自国内科研机构、大专院校及企业代表 80 余人参加论坛。陈幸良秘书长出席论坛，并与宁波市林业局就联合共建宁波市中林竹产业研究院签约。

11 月 16～18 日　由中国林学会森林培育分会主办的森林培育分会第六届会员代表大会暨第十六届全国森林培育学术研讨会在安徽合肥召开。会议以"森林

质量精准提升"为主题，全国 29 个高校、16 个科研单位 315 名代表参会。陈幸良秘书长出席会议并讲话。

11 月 18 日 《林业科学》荣获中国科学技术信息研究所颁发的 2015 年"百种中国杰出学术期刊"称号，这是《林业科学》第 14 次获得该荣誉。

11 月 21～23 日 由中国林学会主办的中国珍贵树种人工林培育学术研讨会在广西凭祥召开，会议旨在推动我国珍贵树种事业发展，研讨新形势下的珍贵树种工作。全国有关科研院所及企业代表 180 人参加会议。

11 月 24 日 中国林学会召开 2016 年《林业科学》在京编委会议。会议由《林业科学》主编尹伟伦院士主持，沈贵副秘书长出席会议并致辞。

11 月 24～25 日 由中国林学会主办的大数据林业应用高级研讨班在安徽合肥开班。研讨班旨在进一步研讨交流大数据最新应用成果，拓宽大数据在林业技术创新和产业发展中的应用。全国林业科研院校、林业大数据相关企业的代表 120 多人参加研讨班。

11 月 25 日 中国科协党组成员、书记处书记项昌乐调研学会宁波服务站创新驱动助力工程，并肯定了学会宁波服务站"在精准上下了功夫，在机制上作了创新"。

11 月 28 日～12 月 1 日 中国林学会组织中外专家赴宁夏六盘山调研栎类天然林资源及经营情况。

11 月 29 日～12 月 1 日 由中国林学会主办的首届森林防火论坛暨森林消防新技术新装备展示研讨会在福建厦门召开，全国从事森林防火事业的科技工作者和企业家代表等 700 余人参加论坛。陈幸良秘书长出席开幕式并致辞。

12 月 2 日 中国林学会获"2016 年全国科普日特色活动优秀单位"称号。

12 月 2 日 中国林学会在北京召开林下经济发展暨林下经济术语标准专家研讨会，国家林业局、中国科学院、中国林业科学研究院等 20 余名专家参加会议。陈幸良秘书长主持会议。

12 月 5 日 中国林学会召开天然林示范区栎类项目总结咨询会，对我国栎类资源的现状、经营情况、经营技术以及未来的经营导向等进行了讨论，总结了我国栎类经营的历史经验，并为今后我国栎类经营提出了建议。

12 月 8 日 《林业科学》连续 5 年入选"中国国际影响力优秀学术期刊"。

12 月 9 日 由中国科协主办的第六届中国湖泊论坛在南昌举行。中国林学会等 10 余家全国学会及部分省科协协办。中国林学会作为协办方之一，积极协助中国科协组织有关专家参会和投稿，本届论坛共收集并汇编学术论文 58 篇。

12 月 10 日　中国林学会组织国家林业局、中国林业科学研究院、北京林业大学等 200 余名科技工作者在北京汽车博物馆开展以"用'互联网＋'建起我们会员的'家'"为主题的会员日活动。

12 月 12～14 日　赵树丛理事长赴山东日照就林业生态建设和林水会战工作进行实地调研，看望慰问林业战线劳动模范，并为在日照市设立的中国林学会现代林业科技示范园、山东省林业高科技创新园揭牌，山东省林业厅厅长刘均刚、国家林业局资源管理司副司长丁晓华、日照市委书记刘星泰等先后陪同活动，陈幸良秘书长陪同调研。

12 月 13 日　中国林学会连续 6 年获中国科协颁发的"全国学会科普工作优秀单位"称号。

12 月 15～17 日　中国林学会组织奥地利森林经营专家赴山东调研栎类资源及经营情况，期间考察了万路达毛栎文化产业园。

12 月 17～23 日　中国林学会与中华林学会共同发起的两岸林业基层交流项目在北京和四川成功执行。12 月 19 日在北京召开"两岸森林疗养与森林管护研讨会"，12 月 18 日、20～23 日在北京和四川进行实地学术调研与交流。

12 月 18 日　中国林学会召开"寻找最美树王"活动专家评审会。72 棵不同树种的古树被评为 72 个树种的"最美树王"。

12 月 27 日　中国林学会与广西人工林种植协会联合在广西钦州农校设立现代林业实用技术人才培训基地，并举行了挂牌仪式。

附录二 历届理事长简介

凌道扬（1887—?）　林学家。广东新安（今深圳市）人。早年留学美国，获耶鲁大学林学硕士学位。1913 年回国后，在北京政府农商部任职。对我国规定清明节为植树节促进甚力。后转到上海在中华基督教青年会全国协会主持讲演部森林科工作，致力于林业科普宣传。1916 年任金陵大学林科主任，1920 年任山东省长公署顾问、济南林务局专员、青岛农林事务所所长等职。1930 年起先后在农矿部、实业部、中央模范林区管理局任技正、局长等职。1932 年 5 月代表我国参加泛太平洋科学协会第五次会议，并被选为林业组主任。1936 年任广东省农林

凌道扬（1887—?）
中华森林会理事长

局局长。1937—1945 年在黄河水利委员会林垦委员会任职。1945 年 4 月任善后救济总署广东分署署长。1949 年赴香港，后移居美国，其后情况不详。

　　1917 年凌道扬在上海参与创建中华森林会，与中华农学会合编《中华农林会报》。1921 年 3 月创办季刊《森林》，出版 7 期。后因军阀混战，中华森林会解体，杂志停刊。1928 年与姚传法等在南京重建中华林学会，自 1929 年起多次担任理事长之职，并主持了《林学》杂志的出版工作。

　　1912 年起，凌道扬通过演讲和写文章等形式呼吁发展林业。提出：发展林业，一可以减少木材进口，减少资金外流；二可以使荒山荒地创造大量财富；三可以提供就业机会，减少失业；四可以防止水旱等自然灾害。主张发展林业教育，在小学教科书中应加入有关林业的知识；办高等林业教育必须考虑中国国情，课程内容必须适用，并注重实验，各地区林业学校应办出特色。

　　凌道扬主要论文有《振兴林业为中国今日之急务》《水灾根本救治方法》等，主要著作有《森林学大意》《森林要览》等。

姚传法（1893—1959 年） 林学家。浙江鄞县
（今宁波）人。1914 年毕业于上海沪江大学，同年
赴美国留学，1919 年获美国俄亥俄州但尼生大学科
学硕士学位，1921 年获美国耶鲁大学林学硕士学位。
1921 年加入中国国民党。曾任北京农业大学生物系
系主任、教授，江苏第一农业学校林科主任，复旦
大学教授，东南大学教授，沪江大学教授。1928 年
与凌道扬等人共同发起创建中华林学会，1928 年和
1941 年两次当选为中华林学会理事长。1929 年创办
《林学》杂志。1930 年任江苏省农林局局长。从 1932
年起任国民政府立法委员长达 15 年之久。期间，他

姚传法（1893—1959 年）
中华林学会理事长

参与《土地法》和《森林法》的起草制定。1947 年后转任浙赣铁路局农林顾问技师，
1949 年在南昌大学森林系任教授，1952 年随该系并入华中农学院森林系，1955
年又随该系并入南京林学院。

1928 年，姚传法与凌道扬、陈嵘、李寅恭等发起恢复林学会组织活动，并于
当年 8 月成立中华林学会，被选为第一届理事会理事长。筹划出版《林学》杂志。
抗日战争爆发后学会活动一时停顿，1941 年姚传法等出面邀集在重庆部分理事与
会员，协商选举组成新的理事会，被选为理事长。1941 年 10 月促成《林学》复刊，
直到抗日战争胜利前夕。

姚传法发表的论文有《江苏太湖造林场计划》《兵工植树计划》《三种美国白
蜡条与一种中国白蜡条木材组织之比较》等。

梁希（1883—1958 年） 林学家、林业教育家。浙江乌程（今湖州）人。
清末秀才。1905 年考入浙江武备学堂，1906 年赴日本士官学校学习，1907 年加
入中国同盟会。1912 年回国，参加辛亥革命，在浙江从事新军训练工作。1913
年重返日本，入东京帝国大学农学部攻读森林利用学科。1916 年回国任教于北
京农业专门学校。1923 年赴德国萨克森德累斯顿高等林业专门学校研究林产制
造化学。1927 年回国，任北平农业大学教授兼森林系主任，次年任浙江省建设
厅技正。1932 年起任南京中央大学农学院教授、森林系主任、院长，并创建森
林化学室。1935 年当选为中华农学会理事长。抗日战争时期，与许德珩等共同

发起组织九三学社。1946 年后任中国科协总会理事长。1949 年任南京大学校务委员会主席。新中国成立后，历任政务院财经委员会委员、中央人民政府林垦部部长、林业部部长、中华人民共和国林业部部长，中国科学院生物学部委员，并任中国林学会第一届理事长，中华全国科学普及协会主席、中国科协副主席，九三学社中央第二、三、四、五届副主席，第一届全国人大代表，第一、二届全国政协常务委员，中国人民保卫世界和平委员会常务委员。

梁希（1883—1958 年）
中国林学会第一届理事长

梁希少年时就立志救国，投笔从戎，参加了辛亥革命。留学归国后，怀着发展中国林业的抱负，潜心研究林业和教书育人。其学识渊博，诲人不倦，在林产化学和木材学实验方面，取得丰硕成果。20 世纪 30 年代初考察华东山区，著有《两浙看山记》等文，发出"地燥土干，来日大难"的警告。曾两度赴台湾考察林业，促成中华农学会、林学会台湾省分会的建立。20 世纪 40 年代是中国科学工作者协会发起人之一，还联合英美法澳等国科协发起筹建世界科协。1945 年，积极参加以郭沫若为首的爱国人士联名在《新华日报》发表《陪都文化界对时局进言》，反内战、反独裁，要求成立包括中国共产党在内的民主联合政府。1947 年，积极奔走营救南京"五·二〇"惨案中被国民党宪警逮捕的学生。新中国成立后，虽已年近古稀，但老当益壮，勇于挑起领导全国林业建设的重任，怀着"为人民服务，万死不辞"的信念，奔走于神州大地，擘划祖国绿化蓝图，把全部心血倾注于林业事业上。1951 年在《新中国的林业》一文中，提出"普遍护林，重点造林，森林经理，森林利用"四大任务，对于林业建设具有重要指导作用。他的"黄河流碧水，赤地变青山"的美好愿望，激励着一代又一代人为之奋斗。

梁希著有《林产制造化学》《木材防腐学》《木材菌害》等教材；译著有《木材制糖工业》等；主编《新华日报》科学副刊、《林学》杂志等。

张克侠（1900—1984 年） 直隶（今河北）献县人。少年时就读于北京汇文小学、汇文中学。1915 年，考入北京清河陆军军官预备学校，从此开始了戎马生涯。1923 年加入冯玉祥的国民军。1925 年参加北伐战争，任营长。1927 年春至1928年秋，在莫斯科中山大学学习。1929年重返西北军，不久秘密加入中国共产党。任西北军师参谋长，察绥抗日同盟军高级参谋，第六战区司令部副参谋长，国民党第五十九军参谋长，第三十三集团军参谋长、副总司令，第三绥靖区副司令官。1948年11月8日，张克侠与何基沣一起，率五十九军两个师、七十七军一个半师共32000余官兵，在贾旺、台儿庄防地举行起义，后参加了渡江战役、上海战役，曾任解放军第三十三军军长，并兼任上海淞沪警备区参谋长。1949年起历任中国人民解放军第三野战军第三十三军军长、中国人民解放军上海淞沪警备区参谋

张克侠（1900—1984年）
中国林学会第二届理事长、
第四届名誉理事长

长、华东军政委员会农林部部长、华东行政委员会森林工业管理局局长。1955年获一级解放勋章。1956年任中华人民共和国林业部副部长，后兼任中国林业科学研究院院长。第四届全国人大代表，第五届全国政协常务委员。

1957年任中国林学会第二届理事会理事长，任职到1962年。1978～1982年任第四届理事会名誉理事长。

李相符（1904—1963年） 安徽湖东（今枞阳）人。1924年毕业于山东农业专门学校。1925年赴日本留学。1928年在日本东京加入中国共产党。1929年毕业于日本东京帝国大学林科，1931年回国。曾任上海劳动大学、浙江大学、武汉大学、四川大学教授，中共陕西省委宣传部长，上海左翼文化总同盟执行委员。抗日战争时期任平汉铁路农林总场场长，豫南民运专员办事处专员，第五战区豫鄂边区抗日工作委员会委员兼抗敌工作委员会政治指导部副主任，并创办《大洪报》宣传中国共产党的抗日方针、政策。1944年加入中国民主同盟。1949年出

李相符（1904—1963年）
中国林学会第三届理事长

席中国人民政治协商会议第一届全体会议。中华人民共和国成立后，历任中央人民政府林垦部副部长、林业部副部长，1953年起任北京林学院院长、党委书记，

中国林业科学研究院副院长。1962 年 12 月被选为中国林学会第三届理事会理事长。是第二、三届全国政协委员。

李相符著有《小规模造林法》。

陈嵘（1888—1971 年） 林学家、林业教育家。浙江安吉人。是我国近代林业开拓者之一。1913 年毕业于日本北海道帝国大学林科。1923 年在美国哈佛大学进修树木学，获硕士学位。1924 年在德国萨克逊大学从事研究，1925 年回国。1913 年曾任浙江省甲种农业学校校长，后任江苏省第一农业学校林科主任，金陵大学农学院森林系教授、系主任。是中华农学会的发起人之一，并当选为中华农学会第一届会长兼总干事长。新中国成立后，历任中央林业部林业科学研究所所长、中国林业科学研究院林业研究所所长。1953 年加入九三学社。是第三届全

陈嵘（1888—1971 年）
中国林学会第三届代理事长

国政协委员，九三学社科技文教委员会委员，中国林学会第一、二、三届副理事长、第三届代理事长。毕生致力于树木分类学、造林学、林业史的教学与研究。临终前将 2 万卷珍贵藏书献给中国林业科学研究院，78 000 元稿费捐给中国林学会，作为科研奖励基金。

陈嵘著作颇丰，从 1917 年《中华农学会会报》第一期开始，陆续发表《中国树木志略》，连载 7 年，前后约 30 期。1933 年出版《造林学概要》与《造林学各论》；1934 年出版《中国森林史略及民国林政史料》（此书于 1951 年及 1952 年两次再版，更名为《中国森林史料》）；1934 年出版《中国树木分类学》；1953 年出版《造林学特论》。1984 年出版了陈嵘遗著《竹的种类及栽培利用》。

郑万钧（1904—1983 年） 林学家、林业教育家。江苏徐州人。是我国近代林业开拓者之一。1923 年毕业于江苏第一农业学校林科。1939 年获法国图卢兹大学科学博士学位。回国后，曾任中国科学社生物研究所研究员，云南大学农学院教授兼云南农林植物研究所研究员、副所长，中央大学农学院教授。新中国成立后，历任南京大学农学院教授兼森林系主任，南京林学院教授、副院长、

郑万钧（1904—1983 年）
中国林学会第四届理事长

院长，中国林业科学研究院研究员、副院长、院长、名誉院长。1950 年加入九三学社。1956 年加入中国共产党。1955 年被选为中国科学院生物学部委员。是中国林学会第一届理事，第二、三届副理事长，第四届理事长，国务院学位委员会第一届农学评议组成员，九三学社第五、六届中央委员，第三届全国人大代表，第四、五届全国政协委员。

毕生从事林学、树木学的教学与研究，尤擅长裸子植物分类。发现和命名了 100 余个树木新种和 3 个新属。1948 年与胡先骕共同发表《水杉新种及生存之水杉新种》，“活化石”——水杉新种的发现与研究，获得了国内外植物界及古生物学界的高度评价，被世界植物学界誉为近一个世纪以来最大的科学贡献之一。

郑万钧一生著作颇丰，组织编写了《中国植物志》第七卷、《中国树木志》等重要学术专著。

吴中伦（1913—1995 年）
中国林学会第五、六届理事长，第七、八届名誉理事长

吴中伦（1913—1995 年） 林学家。浙江诸暨人。1940 年毕业于金陵大学农学院森林系。1947 年获美国耶鲁大学林学硕士学位。1950 年获美国杜克大学林学院林学博士学位。回国后，历任中华人民共和国林业部造林司总工程师，中国林业科学研究副院长、研究员，国家林业总局副局长。1957 年加入中国共产党。1980 年当选为中国科学院学部委员（院士）。是第三届全国人大代表，第六届全国政协委员，国务院学位委员会第一、二届农学评议组成员。

吴中伦长期深入我国主要林区和造林区进行广泛的考察，对重要用材树种的分类、地理分布、生态习性进行了研究，对中国西南部林区和大兴安岭林区的区划、林型分类、采伐方式、更新和育林技术进行了深入的探讨，从而对国土绿化、园林化、保护水源

林、发展薪炭林等提出了积极的建议。在树木引种驯化的理论和实践上，促进了
中国引进国外松和其他优良树种的工作。专长造林、森林植物和森林地理。曾领
导组织了西南高山林区、大兴安岭林区的多学科综合考察。研究制定的大兴安岭
林区的森林区划、林型分类、采伐方式、更新方法和育林技术等方案，被国家科
委列为 1965 年全国重点科技成果。

吴中伦是中国林学会第二届常务理事、第三届秘书长、第四届副理事长，
1982 年 12 月、1985 年 12 月当选为中国林学会第五届和第六届理事会理事长。
任《林业科学》主编，《中国农业百科全书》林业卷编委会主任。

吴中伦主编《杉木》《国外树种引种概论》；译有 H·J·欧斯汀著《植物群落
的研究》。

董智勇（1927— ） 河北滦县人。1952 年毕业
于东北农学院森林系。1956 年加入中国共产党。历
任中华人民共和国林业部政策研究室科长、工程师，
林业部森林保护局副局长，山西省雁北行政公署副专
员。1982 年起任中华人民共和国林业部副部长、党组
成员、科学技术委员会主任委员，中国野生动物保护
协会副会长，中国林学会第七届理事会理事长。

董智勇学养深湛，博洽广识，襟怀坦荡，平易
近人，在国内外交往广泛，结识并联系了大批专家、
学者、新闻界人士及基层干部和科技工作者，共同
致力于保护林业资源工作。多年来，他坚持运用各

董智勇
中国林学会第七届理事长

种宣传形式，通过多种有效途径，努力宣传国家的林业、野生动物保护政策和法
律、法规，提高人们对森林的保护意识；组织有关教学实习和科学研究，积极开
展国际交流与合作，产生了良好的社会影响，博得国内外同行的赞誉和拥戴。

40 多年来，董智勇投身于新中国的林业建设，认真贯彻执行党和国家的林
业方针政策，在绿化祖国、科技兴林和保护野生动物、维护生态平衡等方面，做
了大量的卓有成效的工作，积累了丰富的实践经验；先后共发表论文 50 多篇，
主持编写了《世界林业发展道路》《生态林业理论与实践》《当代中国林业》《中
国科技专家·林业卷第一卷》及《中国林业人名词典》等著作。

沈国舫（1933—　）浙江嘉善人。中国工程院院士，原副院长。1956 年毕业于苏联列宁格勒林业工程学院林业系，获林业工程师职称。历任北京林学院（1985 年改称北京林业大学）助教、讲师、副教授、教授、副教务长、副院长、校长。沈国舫自1984 年中国林学会造林分会成立起，一直担任该分会的主任委员，对组织全国造林科技工作者开展学术活动、促进造林科技进步发挥了重要作用。他曾连续担任两届北京林学会理事长，并兼任北京市人民政府专业顾问（林业顾问组组长），对北京市的林业科技工作发展作出了积极贡献。1989 年担任中国林学会副理事长（分管学术工作），1993 年担任中国

沈国舫
中国林学会第八届理事长

林学会第八届理事会理事长，兼任《林业科学》和《森林与人类》主编，为在新时期更好地开展学会工作发挥了重要作用。沈国舫曾获国家级及部委级科技进步奖多项，为国家级有突出贡献的中青年专家。

沈国舫长期从事造林学和森林生态学方面的教学和科研工作，主编造林学教材及教学参考书，培养了大批造林学方面的高级专门人才。在科研方面涉及领域较广，特别在林木速生丰产、适地适树及石质山地造林技术方面有较多成就。他首先提出并论证了全国各地区的林木速生丰产的生产力指标，主持起草了《发展速生丰产用材林技术政策》，对推进我国速生丰产林工作起了积极作用。他对华北石质山地适地适树的研究，开了同类研究的先河。他与他的学生们在主要树种耐旱生理生态的研究及混交林中树种间相互关系的机制的研究等方面都取得了高水平的研究成果。他共发表中英文学术论文 70 多篇，编写教材及专著 5 部，译作多篇（部）。

刘于鹤（1937—　）湖北武汉人。中共十三大、十四大代表，第九届全国政协委员。1956 年毕业于北京俄语学院留苏预备部。1956 年留学苏联林业工程学院林学系，1961 年毕业回国。1974 年加入中国共产党。历任中华人民共和国林业部调查规划局技术员，农林部林业局副处长，国家林业总局副处长，林业部经营局副处长，林业部调查规划局处长、工程师，国家农委区划办

处长、工程师，林业部资源司副司长、高级工程师，西北林学院院长、党委副书记。1986 年起任中国林业科学研究院院长、分党组书记。1992 年任林业部科技司司长、部党组成员。1994—1998 年任林业部副部长。1996—2007 年任中国林业教育学会理事长。1997—2002 年任中国林学会第九届理事会理事长。2000—2003 年任国务院重点大中型国有企业监事会主席。

刘于鹤与他人合译有［苏］H·H·斯瓦洛夫著《林分生产力的数学模型和森林利用理论》。

刘于鹤
中国林学会第九届理事长

江泽慧（1938-　）　江苏扬州人。现任全国政协人口资源环境委员会副主任，国家林业局科技委员会常务副主任，中国科协荣誉委员，国际竹藤组织(INBAR) 董事会联合主席，中国花卉协会会长。国际木材科学院院士，加拿大 Alberta 大学法学名誉博士，俄罗斯圣彼得堡国立林业技术大学名誉博士，中国林业科学研究院和国际竹藤中心首席科学家、教授、博士生导师，木材科学与技术学科带头人。历任安徽农业大学副校长、校长和校党委书记。1962 年加入中国共产党。1993 年 2 月当选安徽省人大常委会副主任。1996 年 1 月调入林业部。任国家林业局党组

江泽慧（1938-　）
中国林学会第十届理事长

成员、中国林业科学研究院院长和分党组书记。2002-2014 年任中国林学会第十届理事长。担任梁希林业科学技术奖评审委员会主任委员等多个兼职。

江泽慧长期从事森林利用学、林业工程、木材科学与技术等学科领域的教学、科研、管理工作，先后主持和参加国家攀登计划项目、国家科技支撑计划项目、国家"973"项目、国家自然基金重点项目、国家"863"项目和国际合作 ITTO 项目、GEF 项目和 CFC 项目等。研究成果获国家科技进步一等奖 1 项，二等奖 3 项，省部级奖 8 项。出版专著 30 余部，发表学术论文 200 余篇。培养林业工程学科研究生、博士后 70 余人。1992 年享受国务院特殊津贴，1995 年被

国家教委授予"巾帼建功标兵"光荣称号,2001年被评为"全国优秀科技工作者",2002年6月,获全球环境领导奖。2011年获"十一五国家科技计划执行优秀团队奖",2013年获"国际木材科学院(IAWS)杰出贡献奖",2014年获国际园艺生产者协会(AIPH)的个人最高奖项——"金玫瑰奖"。2016年加拿大英属哥伦比亚大学(UBC)授予杰出贡献奖。

　　赵树丛（1955— ） 山东诸城人。中国林学会理事长,亚太森林恢复与可持续管理组织(APFNet)董事会主席,医学学士,毕业于山东医学院,工商管理硕士,攻读于大连理工大学。曾在山东医学院从教工作十年,先后在山东、安徽做过县、市、省的政府领导工作。2011—2015年就职于国家林业局,任副局长、局长。先后在《人民日报》《求是》《学习时报》《经济日报》《光明日报》《领导科学》《中国绿色时报》等报刊就林业与生态、林业改革、农村农业经济管理、医药卫生改革发表过多篇文章。多次参加中美战略对话,亚太林业部长级会议。在国

赵树丛（1955— ）
中国林学会第十一届理事长

家行政学院、山东大学作过多次演讲。2015年,被WWF授予自然保护领导者卓越贡献奖。他在任国家林业局局长期间大力倡导的"生态林业 民生林业"理念得到学界和林业系统的广泛关注和认同。

附录三　历届理事会组成

中华林学会时期

第一届理事会（1928 年 8 月 ~ 1929 年 12 月）

理事长：姚传法

理　事：陈　嵘　凌道扬　梁　希　黄希周　陈雪尘　陈　植　邵　均
　　　　康　瀚　吴恒如　李寅恭　姚传法

第二届理事会（1929 年 12 月 ~ 1931 年 1 月）

理事长：凌道扬

理　事：邵　均　陈　嵘　康　瀚　陈雪尘　高秉坊　梁　希　姚传法
　　　　林　刚　凌道扬

第三届理事会（1931 年 1 月 ~ 1936 年 2 月）

理事长：凌道扬

理　事：姚传法　陈雪尘　梁　希　康　瀚　陈　嵘　黄希周　高秉坊
　　　　李　蓉　凌道扬

第四届理事会（1936 年 2 月 ~ 1941 年）

理事长：凌道扬

理　事：李寅恭　胡　铎　高秉坊　陈　嵘　林　刚　梁　希　蒋蕙荪
　　　　康　瀚　凌道扬

第五届理事会（1941 年 ~ ）

理事长：姚传法

常务理事：梁　希　凌道扬　李顺卿　朱惠方　姚传法

理　　事：傅焕光　康　瀚　白荫元　郑万钧　程复新　程跻云　李德毅

　　　　　　林祜光　李寅恭　唐　燿　皮作琼　张楚宝

中国林学会时期

第一届理事会（1951年2月~1960年2月）

理事长：梁　希

副理事长：陈　嵘

秘书长：张楚宝

副秘书长：唐　燿

常务理事：王　恺　邓叔群　乐天宇　陈　嵘　沈鹏飞　张　昭　张楚宝

　　　　　周慧明　郝景盛　梁　希　唐　燿　殷良弼　黄范孝

理　　事：王　恺　王　林　王全茂　邓叔群　乐天宇　叶雅各　李范五

　　　　　刘成栋　刘精一　江福利　邵　均　陈　嵘　陈焕镛　佘季可

　　　　　张　昭　张克侠　张楚宝　范济洲　范学圣　郑万钧　杨衔晋

　　　　　林汉民　金树源　周慧明　梁　希　郝景盛　唐　燿　唐子奇

　　　　　殷良弼　袁义生　袁述之　黄　枢　程崇德　程复新

　　　　　杰尔格勒　黄范孝

第二届理事会（1960年2月~1962年12月）

理事长：张克侠

副理事长：张　昭　朱济凡　陈　嵘　郑万钧

秘书长：陶东岱

副秘书长：李万新

常务理事：于　甦　王　恺　李万新　刘学恩　朱济凡　吕　韵　许映辉

　　　　　江福利　沈鹏飞　陈　嵘　陈致生　邵　均　汪　滨　汪菊渊

　　　　　吴中伦　张　昭　张　翼　张克侠　金树源　郑万钧　林一夫

　　　　　荀昌五　侯治溥　赵宗哲　赵星三　唐子奇　唐亚子　殷良弼

　　　　　陶东岱　徐纬英　黄　枢

理　　事：于甡　　王林　　王恺　　王战　　王全茂　王振堂　牛春山

邓叔群　邓宗文　乐天宇　叶雅各　申宗圻　石玉殿　成俊卿

刘成栋　刘学恩　刘慎谔　刘精一　关君蔚　朱介子　朱济凡

朱慧方　许映辉　江福利　邵均　佘季可　齐坚如　李霆

李继书　李万新　吕韵　汪滨　汪振儒　汪菊渊　吴中伦

肖刚柔　陈嵘　陈陆圻　陈桂升　陈致生　陈焕镛　沈鹏飞

陆含章　林刚　林一夫　范济洲　范立滨　张昭　张翼

张克侠　张启恩　张福廷　金树源　郑万钧　杨衔晋　杨云阶

荀昌五　侯治溥　赵宗哲　赵星三　唐子奇　唐亚子　殷良弼

袁义生　陶东岱　徐纬英　涂光涵　秦仁昌　聂皓　黄枢

黄中立　章锡琪　程崇德　傅伯达　彭尔宁　韩麟凤　魏辛

第三届理事会（1962 年 12 月 ~ 1978 年 12 月）

理事长：李相符（1963 年李相符逝世，陈嵘任代理事长）

副理事长：陈嵘　乐天宇　郑万钧　朱济凡　朱惠方

秘书长：吴中伦

副秘书长：陈陆圻　侯治溥

常务理事：王恺　　牛春山　叶雅各　乐天宇　朱济凡　朱惠方　刘永良

刘慎谔　沈鹏飞　邵均　陈嵘　陈陆圻　陈桂升　吴中伦

李相符　宋莹　张克侠　张瑞林　范济洲　杨衔晋　郑万钧

荀昌五　侯治溥　殷良弼　徐纬英　程崇德

理　　事：王林　　王恺　　王战　　王长富　王启智　牛春山　叶雅各

乐天宇　申宗圻　石惠轩　朱济凡　朱惠方　朱介子　刘永良

刘成训　刘慎谔　江福利　华践　危炯　孙章鼎　李万新

李含英　李相符　李荫桢　肖光　吴中伦　吴志曾　宋莹

沈鹏飞　邵均　陈嵘　陈陆圻　陈桂升　张士修　张克侠

范济洲　杨正昌　杨衔晋　郑万钧　荀昌五　侯治溥　赵仰夫

徐永椿　徐纬英　党怀瑾　袁义生　殷良弼　陶东岱　董南勋

傅焕光　蔡学周　葛明裕　韩麟凤　雷震　熊文愈

第四届理事会（1978 年 12 月～1982 年 12 月）

名誉理事长：张克侠　沈鹏飞

理事长：郑万钧

副理事长：陶东岱　朱济凡　李万新　刘永良　吴中伦　杨衔晋　马大浦
　　　　　陈陆圻　王　恺　张东明

秘书长：吴中伦（兼）

副秘书长：陈陆圻（兼）　范济洲　王　恺（兼）　王云樵

常务理事：马大浦　王　恺　王云樵　刘永良　朱济凡　吴中伦　李万新
　　　　　陈陆圻　范济洲　郑万钧　杨衔晋　张东明　陶东岱

理　　事：丁　方　于溪山　于晓心　马大浦　马佃友　王　恺　王　战
　　　　　王凤翔　王凤翥　王云樵　王庆波　王长富　王启智　王继贵
　　　　　牛春山　方建初　刘　榕　刘永良　刘兰田　刘成训　刘松龄
　　　　　刘振东　卢志富　白　崑　白云祥　乐承三　龙庄如　申宗圻
　　　　　阳含熙　朱志淞　朱济凡　邢劭朋　江福利　华　践　成俊卿
　　　　　关伯钧　危　炯　孙丕文　吴中伦　吴志曾　吴厚扬　李三益
　　　　　李万新　李云章　李永庆　李金升　李明鹤　李荫桢　李耀阶
　　　　　汪振儒　肖刚柔　严赓雪　沈　流　邵荫堂　陈陆圻　陈桂升
　　　　　陈致生　范济洲　郑万钧　郑止善　杨子争　杨正昌　杨玉波
　　　　　杨衔晋　周重光　周家骏　周蓄源　林　密　尚久视　张汉豪
　　　　　张东明　张英伯　张锦波　荀昌五　赵师抃　赵忠仁　赵树森
　　　　　娄匡人　贺近恪　侯治溥　欧炳荣　柯病凡　俞新妥　陶东岱
　　　　　徐　捷　徐永椿　徐任侠　徐纬英　涂光涵　高　呼　高长辉
　　　　　顾之高　聂　皓　殷良弼　梁昌武　曹裕民　曹新孙　黄希坝
　　　　　黄家彬　黄毓彦　常紫钟　莫若行　钱德骏　程崇德　彭建文
　　　　　彭德纯　程跻云　程　芝　韩师休　韩麟凤　鄂育智　葛明裕
　　　　　蒋建平　蔡学周　蔡灿星　蔡霖生　熊文愈　廖　桢

第五届理事会（1982 年 12 月～1985 年 12 月）

理事长：吴中伦

副理事长：李万新　陈陆圻　王　恺　吴　博　陈致生

秘书长：陈致生（兼）

副秘书长：杨　静

常务理事：王　恺　王明麻　任　玮　冯宗炜　吴　博　吴中伦　李万新
　　　　　陈陆圻　陈致生　张观礼　周以良　范济洲　高长辉

顾　　问：荀昌五　陶东岱　杨衔晋　朱济凡　程崇德　刘成训

理　　事：于溪山　王　恺　王　战　王九龄　王凤翔　王业遽　王希蒙
　　　　　王明麻　王景祥　尹秉高　方建初　布　彦　白　崑　白云祥
　　　　　龙庄如　冯宗炜　邝炳朝　任　玮　华　践　刘　榕　刘兰田
　　　　　刘守绳　刘振东　刘清泉　关文安　关君蔚　孙丕文　邢劭朋
　　　　　朱志淞　朱维新　陆　平　陈　威　陈平安　陈陆圻　陈致生
　　　　　陈统爱　沈　流　沈照仁　吴　博　吴广勋　吴中伦　吴志曾
　　　　　吴维垣　吴德山　李　霆　李万新　李文杰　李幼蓁　李含英
　　　　　李金升　李家佐　李耀阶　辛业江　杨正昌　杨玉波　杨芳华
　　　　　张汉豪　张观礼　严赓雪　林　密　周以良　周重光　周乾峰
　　　　　范济洲　郑树萱　娄匡人　赵师抃　赵树森　胡芳名　贺近恪
　　　　　柯病凡　俞新妥　高　呼　高长辉　徐　捷　徐永椿　聂　皓
　　　　　唐广仪　涂光涵　莫若行　黄中立　黄家彬　黄毓彦　梁昌武
　　　　　阎树文　曹裕民　韩师休　傅圭璧　蒋建平　程绪柯　彭德纯
　　　　　詹　昭　宁廖桢　熊文愈　蔡灿星　蔡学周　蔡霖生

第六届理事会（1985 年 12 月～1989 年 1 月）

理事长：吴中伦

副理事长：王　恺（常务副理事长）　王庆波　冯宗炜　陈陆圻　吴　博
　　　　　周　正　陈统爱

秘书长：唐午庆

常务理事：马联春　王　恺　王庆波　王明麻　冯宗炜　阎树文　陈陆圻
　　　　　陈统爱　吴　博　吴中伦　周　正　周以良　张观礼　唐午庆
　　　　　高长辉　袁有德

顾　　问：王　战　汪振儒　范济洲　阳含熙　徐燕千

理　　事：马忠良　马联春　王　恺　王九龄　王沙生　王庆波　王希蒙

王明麻	王贺春	王清泉	王景祥	王镇兴	毛子沟	尹秉高
牛树元	冯 林	冯宗炜	龙庄如	史济彦	那木全复	
朱 容	华 践	孙丕文	刘永龙	刘玉萃	刘守绳	刘清泉
阎吉哲	阎树文	邢劭朋	陈 威	陈陆圻	陈统爱	宋 增
宋喜观	李 蓬	李文杰	李幼蓁	李延生	李宽胜	吴 博
吴广勋	吴中伦	吴天栋	吴国蓁	吴维坦	邹年根	沈国舫
杨芳华	周 正	周以良	周政贤	林 密	张万儒	张汉豪
张观礼	张华龄	张昌兴	张重忱	屈金声	金祥根	范福生
赵 林	赵师抃	赵树森	施天锡	娄匡人	欧阳绍仪	钟伟华
贺近恪	胡芳名	郑世锴	郑树萱	柯病凡	俞新妥	唐午庆
容汉诠	高长辉	袁有德	徐纬英	涂忠虞	曹宁湘	曹再新
黄宝龙	鲁一同	蒋有绪	蒋祖辉	彭德纯	詹昭宁	管中天
潘文斗	樊 俊					

第七届理事会（1989 年 1 月 ~ 1993 年 5 月）

名誉理事长：吴中伦

理事长：董智勇

副理事长：吴 博（常务副理事长） 刘于鹤 沈国舫 周 正 王明麻
　　　　冯宗炜 朱国玺

秘书长：唐午庆（1989 年 1 月 ~ 1991 年 12 月）

　　　　孙庆民（1991 年 12 月 ~ 1993 年 5 月）

副秘书长：马忠良（1989 年 10 月 ~ 1991 年 12 月）

　　　　李葆珍（1993 年 2 月起任）

常务理事：于志民 马联春 王明麻 王志宝 王性炎 刘于鹤 刘永龙
　　　　冯宗炜 朱国玺 沈国舫 吴 博 周 正 张观礼 贺庆棠
　　　　赵士洞 唐午庆 董智勇

顾　　问：汪振儒 范济洲 王 战 阳含熙 徐燕千 王 恺 陈陆圻
　　　　周以良 张楚宝 王庆波

理　　事：于志民 么凤居 马常耕 马联春 王九龄 王沙生 王金生
　　　　王世绩 王性炎 王志宝 王明麻 王春林 王贺春 王庭训

毛子均	尹秉高	龙庄如	刘于鹤	刘玉萃	刘永龙	刘世骐
刘用伟	刘清泉	刘墨林	田荆祥	邝炳朝	兰泽松	史济彦
白云祥	卢广第	冯宗炜	冯菊玲	乌仁高娃	那 木	阎吉喆
朱政德	朱国玺	师 敏	江祖森	孙丕文	孙力行	邢邵朋
李兴源	李正柯	李丽莎	李明鹤	李宽胜	李康球	李 蓬
何乃彰	宋喜观	陈平安	陈昌洁	沈国舫	沈瑞祥	严玲璋
邹年根	吕赞韶	吴广勋	吴天栋	吴 博	吴德山	吴榜华
邱凤扬	周 正	杨玉坡	杨世逸	杨芳华	杨培寿	金佩华
金祥根	林 密	屈金声	郑龙喆	郑国辉	罗又青	罗富和
张义昌	张汉豪	张华龄	张万儒	张昌兴	张观礼	张钧成
张德民	范福生	胡芳名	俞新妥	贺近恪	贺庆棠	赵万明
赵士洞	赵 林	赵瑞麟	赵树森	奚福生	欧阳绍仪	唐午庆
容汉诠	高志义	梁淑群	徐纬英	顾正平	钱彧镜	涂忠虞
黄宝龙	黄维廉	曹再新	曾继明	董智勇	董绪曾	傅道政
程厚印	詹昭宁	赖纪锐	潘文斗	黎向东	霍 璞	蒋有绪
管中天	戴秀章					

第八届理事会（1993 年 5 月 ~ 1997 年 9 月）

名誉理事长：吴中伦

理事长：沈国舫

副理事长：刘于鹤（常务） 陈统爱 张新时 朱元鼎

秘书长：甄仁德（1993 年 5 月 ~ 1994 年 12 月）

副秘书长：李葆珍

常务理事：于志民 王永安 刘于鹤 刘永龙 刘效林 孙丕文 朱元鼎
李葆珍 李 坚 张新时 沈国舫 陈统爱 周昌祥 欧阳绍仪
贺庆棠 赵奇僧 姜凤歧 洪菊生 顾正平 傅道政 兰泽松
甄仁德

理　　事：于志民 于铁树 么凤居 马联春 马良清 王世绩 王九龄
王家祥 王宪成 王维祥 王长福 王永安 王礼先 王沙生
王金生 王豁然 王树清 尹秉高 尹祚栋 田荆祥 龙庄如

冯菊玲	邝炳朝	兰泽松	史济彦	刘于鹤	刘学勤	刘墨林
刘仲基	刘永龙	刘效林	刘雅荣	孙丕文	孙力行	孙庆民
吕赞韶	朱元鼎	朱国玺	朱政德	朱正昌	伍聚奎	祁述雄
许云龙	杜天真	李兴源	李东李	康 球	李宏开	李明鹤
李荣伟	李葆珍	李 珪	李广毅	李玉鼎	李泽兴	李 坚
沈国舫	沈熙环	沈瑞祥	沈 璇	邱凤扬	何乃彰	宋喜观
宋兆民	吴旦人	吴有昌	吴榜华	吴烈继	邵树云	严玲璋
陈益泰	陈洪健	陈德懋	陈统爱	陈昌洁	邹立杰	邹年根
陆文正	杨永康	杨世逸	张玉石	张玉良	张玉明	张水松
张德民	张宗福	张义昌	张新时	张钧成	张观礼	张华龄
张万儒	周冰冰	周维明	周 正	周昌祥	周尔正	金连成
金祥根	欧阳绍仪	郑文忠	罗富和	林依明	贺庆棠	贺近恪
赵毓桂	赵万明	赵志强	赵 林	赵奇僧	姜凤歧	施天锡
施斌祥	钟国华	姚昌恬	洪菊生	胡汉斌	胡芳名	奚福生
顾正平	贾广和	贾 颖	高 岩	高志义	涂忠虞	栾学纯
徐长波	曹再新	黄国瑞	黄鹤羽	符毓秦	盛炜彤	蒋建平
粟显才	董乃钧	董成玉	傅道政	赖纪锐	詹昭宁	甄仁德
蔡静娟						

第九届理事会（1997 年 10 月～2002 年 8 月）

名誉理事长：高德占

理事长：刘于鹤

第一副理事长：江泽慧

副理事长：施斌祥（常务副理事长） 张久荣 寇文正 尹伟伦

秘书长：施斌祥（兼）

副秘书长：宋长义 程美瑾 李岩泉

常务理事：于志民 马 福 王长福 王庆礼 尹伟伦 刘于鹤 刘永龙
江泽慧 朱元鼎 何发理 陈继海 宋长义 宋文和 张久荣
张守攻 张宗辉 张柏涛 李岩泉 李葆珍 李满盈 李 坚
林 进 施季森 施斌祥 祝列克 赵爱群 寇文正 程美瑾

理　　事：丁美蓉　于志民　马　心　马　福　马良清　方　胜　王九龄
　　　　　王长福　王玉田　王世绩　王礼先　王兴国　王庆礼　王伟英
　　　　　王志刚　王家祥　王宪成　王斌瑞　王福宗　王豁然　王　涛
　　　　　尹伟伦　尹伟国　尹秉高　冯晓光　甘　敬　白顺江　刘于鹤
　　　　　刘永龙　江泽慧　朱元鼎　朱春云　朱春全　朱俊凤　孙宝贵
　　　　　孙秋烨　孙丕文　孙明高　买合木提·买买提　孙长春　华网坤
　　　　　吕月良　余学友　何发理　陈天民　陈文泉　陈北光　陈年华
　　　　　陈昌洁　陈俊勤　陈继海　陈耀仁　陆乃勇　陆文正　邹立杰
　　　　　沈　璇　沈兆邦　沈熙环　宋长义　宋文和　宋兆民　宋墨禄
　　　　　苏忠明　吴有昌　吴志清　张久荣　张玉良　张玉明　张华龄
　　　　　张江陵　张守印　张守攻　张宝恕　张宗辉　张金凯　张柏涛
　　　　　张钧成　张　凯　张　锁　杜士才　杜天真　李广毅　李文江
　　　　　李玉鼎　李兆邦　李岩泉　李荣伟　李葆珍　李满盈　李　宏
　　　　　李　坚　辛云岩　杨民胜　杨传平　杨克杰　杨宝君　杨承栋
　　　　　杨保庆　杨福成　郎南军　金小麒　金祥根　范金绥　周冰冰
　　　　　周维明　周淑芷　周国模　林永凯　林　进　欧阳绍仪　郭志中
　　　　　洪　伟　施季森　施昆山　施斌祥　贺庆棠　祝列克　胡芳名
　　　　　赵万明　赵向东　赵奇僧　赵爱群　姜国栋　唐守正　韩连生
　　　　　夏国华　顾正平　涂先喜　奚福生　黄书生　盛炜彤　粟显才
　　　　　寇文正　曹正其　曹振声　符毓秦　龚德云　童新旺　曾祥福
　　　　　傅懋毅　葛明宏　董成玉　蒋厚镇　蒋湘宁　彭远森　彭镇华
　　　　　韩　永　程美瑾　詹昭宁　翟明普　潘仕明　魏连生

第十届理事会（2002 年 8 月～2014 年 1 月）

名誉理事长：曲格平　高德占

理事长：江泽慧

副理事长：关松林（常务副理事长）　李东升（常务副理事长）　舒惠国
　　　　　杨雍哲　张建龙　王　涛　李文华　尹伟伦　张守攻　赵良平

秘书长：关松林（兼）（2002 年 8 月～2004 年 2 月）
　　　　李东升（兼）（2004 年 3 月～2007 年 6 月）

赵良平（2007 年 6 月～2013 年 1 月）

陈幸良（2013 年 1 月～2014 年 1 月）

常务副秘书长：李岩泉（2002 年 8 月～ 2013 年 1 月）

副秘书长：沈　贵　尹发权

常务理事：于建亚　王建子　王　涛　王晓方　尹发权　尹伟伦　甘　敬

白顺江　刘　拓　刘延春　关松林　江泽慧　严金亮　李东升

李岩泉　李文华　杨传平　杨雍哲　何　平　何发理　何兴元

余学友　沈　贵　张永利　张守攻　张志达　张希武　张建龙

张柏涛　张鸿文　张锦林　张樟德　邵树云　岳永德　林　进

卓榕生　封加平　赵爱群　胡恒洋　施季森　姚昌恬　夏春胜

唐守正　彭镇华　舒惠国　蒋有绪　褚利明　潘迎珍　魏殿生

李忠平　周鸿升　金　旻

理　　事：丁美蓉　于志民　于建亚　马建章　马春元　马履一　王建子

王　涛　王　浩　王　谦　王　鹰　王小平　王双贵　卫玉田

王立海　王伟英　王庆礼　王志刚　王忠林　王绍棠　王宪成

王晓方　王豁然　尹发权　尹伟伦　甘　敬　石国新　石鹏皋

田大伦　田志勇　叶功富　白顺江　朱金兆　刘　拓　刘世荣

刘务林　刘永川　刘延春　刘国强　刘明国　刘惠民　关松林

江泽慧　汤庚国　买买提·阿不都拉　孙升辉　孙长春　孙吉山

孙庆传　毕忠镇　严金亮　严效寿　杜士才　杜鹏东　李　坚

李　健　李三旦　李万江　李东升　李全海　李岩泉　李文华

李忠平　李智勇　杨开才　杨民胜　杨传平　杨克杰　杨宝君

杨承栋　杨保庆　杨俊平　杨雍哲　杨灌英　束庆龙　肖　河

何　平　何发理　何兴元　佟以凡　余学友　余新晓　邹学忠

冷　华　宋兆民　宋湛谦　汪晓萍　沈　贵　沈兆邦　沈熙环

张　锁　张永利　张齐生　张守印　张守攻　张志达　张希武

张宝恕　张宗辉　张建龙　张建国　张柏涛　张桂荣　张鸿文

张绮纹　张锦林　张煜星　张樟德　陈文泉　陈昌洁　陈国富

陈建华　陈俊勤　邵树云　邵惠增　苗　普　岳永德　林　进

林永凯　卓榕生　竺肇华　金　旻　周心澄　周光辉　周国模

第十一届理事会（2014年1月至今）

名誉理事长：江泽慧

理事长：赵树丛

副理事长：张建龙　彭有冬（2014年1月~2016年5月）　陈章良
　　　　　尹伟伦（2014年1月~2017年2月）　谭光明　张守攻　吴　斌
　　　　　杨传平　曹福亮　陈幸良　费本华

秘书长：陈幸良（兼）

副秘书长：沈　贵（2014年1月~2017年2月）
　　　　　尹发权（2014年1月~2015年2月）
　　　　　刘合胜（2015年9月至今）

常务理事：王志刚　王秀忠　王祝雄　尹发权　尹伟伦　甘　敬　平学智
　　　　　叶克林　兰思仁　刘国强　胡章翠　苏春雨　杜士才　李　坚
　　　　　李延芝　李向阳　杨传平　吴　鸿　吴　斌　吴晓松　沈　贵
　　　　　宋权礼　张守攻　魏殿生　张希武　张学勤　张建龙　张高文
　　　　　陈幸良　陈晓阳　陈章良　金　旻　孟　平　封加平　赵　忠
　　　　　赵树丛　郝燕湘　柏广新　费本华　骆有庆　聂朝俊　高锡林
　　　　　郭志伟　郭青俊　曹福亮　阎钢军　蒋　勇　刘合胜　程　鹏
　　　　　曾业松　曾思齐　褚利明　谭光明

附录四　历届工作委员会

中华森林会第五届理事会各工作委员会名单
（1941—1951 年）

总务部正、副主任：程跻云　张楚宝

编辑部正、副主任：李寅恭　郝景盛

编辑委员会委员：程复新　朱惠方　邓叔群　唐　耀　郑万钧　康　瀚　徐　盈
李德毅　贾成章　李鲁航　向荫元　傅焕光　邵　均　乔荣升
张楚宝　杨靖孚　林祐光

林业施政方案委员会委员：姚传法　傅焕光　凌道扬　李德毅　唐　耀　梁　希
郑万钧　李寅恭　邵　均　郝景盛　朱惠方　林祐光
张远峰　任承统

林业政策研究委员会委员：李顺卿　韩　安　傅焕光　贾成章　朱惠方　李寅恭
梁　希　皮作琼　陈大宁　李荫桢　佘季可

基金保管委员会委员：韩　安　高秉坊　鲁佩璋　姚传法　吴觉民

奖学金保管委员会委员：李顺卿　梁　希　姚传法

茶叶研究委员会委员：姚传法　刘　轸　蔡昌銮　李　造　叶知水　陈龙馨
郑兆崧　吴志增

油桐研究委员会委员：李德毅　林　刚　梁　希　程跻云　焦启源　吴清泉
蒋孝淑

药材研究委员会委员：裴　监　郭质良　于远准　谭炳杰　周太炎　吴中伦

水土保持研究委员会委员：凌道扬　姚传法　傅焕光　任承统　黄瑞采
葛晓东　叶　培　忠万晋　徐善根

中国林学会第一届理事会各工作委员会名单
（1951 年 2 月～1960 年 2 月）

暂缺

中国林学会第二届理事会各工作委员会名单
（1960 年 2 月～1962 年 12 月）

《林业科学》编委会（1956 年 3 月～1962 年 12 月）

编　委：陈　嵘　周慧明　范济洲　侯治溥　唐　燿　殷良弼　陶东岱
　　　　张楚宝　黄范孝

中国林学会第三届理事会各工作委员会名单
（1962 年 12 月～1978 年 12 月）

《林业科学》编委会（1963—1966 年）

北京地区：陈　嵘　郑万钧　陶东岱　丁　方　吴中伦　侯治溥　阳含熙
　　　　　张英伯　徐纬英　汪振儒　张正昆　关君蔚　范济洲　黄中立
　　　　　孙德恭　邓叔群　朱惠方　成俊卿　申宗圻　陈陆圻　宋　莹
　　　　　肖刚柔　袁嗣令　陈致生　乐天宇　程崇德　黄　枢　袁义生
　　　　　王　恺　赵宗哲　朱介子　殷良弼　张海泉　王兆凤　杨润时
　　　　　章锡谦

林业委员会
主　任：陈　嵘

森工委员会
主　任：朱惠方

普及委员会

　　主　任：李相符

中国林学会第四届理事会各工作委员会名单
（1978 年 12 月 ~ 1982 年 12 月）

《林业科学》编委会（1979 年 3 月 ~ 1983 年 2 月）

　　主　编：郑万钧

　　副主编：丁　方　　王　恺　　王云樵　　申宗圻　　关君蔚　　成俊卿
　　　　　　阳含熙　　吴中伦　　肖刚柔　　陈陆圻　　张英伯　　汪振儒
　　　　　　贺近恪　　范济洲　　侯治溥　　陶东岱　　徐纬英　　黄中立
　　　　　　黄希坝

科普工作委员会

　　主　任：陈陆圻

　　副主任：程崇德　　常紫钟　　李　莉　　高尚武

评奖工作委员会

　　主　任：陈陆圻

　　副主任：王　恺

中国林学会第五届理事会各工作委员会名单
（1982 年 12 月 ~ 1985 年 12 月）

《林业科学》编委会（1983 年 3 月 ~ 1986 年 1 月）

　　主　编：吴中伦

　　副主编：王　恺　　申宗圻　　成俊卿　　肖刚柔　　沈国舫　　李继书　　徐光涵
　　　　　　黄中立　　鲁一同　　蒋有绪

科普工作委员会

主　任：陈陆圻

副主任：汪振儒　张观礼　李　霆　高尚武　马忠良

《森林与人类》编委会

主　任：汪振儒

副主任：张重忱

评奖工作委员会

主　任：陈陆圻

副主任：王　恺

组织工作委员会

主　任：陈致生

副主任：赵树森　詹昭宁　曹再新　王贺春

学术工作委员会

主　任：王　恺

副主任：熊文愈　蒋有绪　朱　容　黄伯璿

中国林学会第六届理事会各工作委员会名单
（1985 年 12 月～1989 年 1 月）

组织工作委员会

主　任：王庆波

副主任：詹昭宁　曹再新　王贺春

学术工作委员会

主　任：王　恺

副主任：蒋有绪　沈国舫　陈统爱　唐午庆　朱　容

科普工作委员会

主　任：陈陆圻

副主任：高尚武　袁有德　阎树文　钱彧镜　马忠良

《林业科学》编委会（1986年2月～1989年6月）

主　编：吴中伦

常务副主编：鲁一同

副主编：王　恺　申宗圻　成俊卿　肖刚柔　沈国舫　李继书　蒋有绪

《森林与人类》编委会

主　任：汪振儒

副主任：张重忱

评奖工作委员会

主　任：张观礼

副主任：阎树文　高长辉　洪菊生　黄伯璿

国际工作委员会

主　任：王　恺

副主任：吴　博　杨禹畴　陈平安　钱道明

林学名词审定委员会

主　任：陈陆圻

副主任：侯治溥　阎树文　王明庥　周以良

中国林学会第七届理事会各工作委员会名单
（1989年1月～1993年5月）

组织工作委员会

主　任：刘于鹤

副主任：于志民　曹再新　詹昭宁　王贺春

学术工作委员会

主　　任：沈国舫

副主任：冯宗炜　洪菊生　孙肇凤

科普工作委员会

主　　任：张观礼

副主任：贺庆棠　高尚武　马忠良

奖励工作委员会

名誉主任：吴中伦

主　　任：刘永龙

副　主　任：刘效章　贺庆棠　王培元　李岩泉

国际工作委员会

主　　任：董智勇

副主任：吴　博　杨禹畴　陈平安　钱道明

《林业科学》编委会（1989 年 7 月～1993 年 7 月）

主　　编：吴中伦

副主编：王　恺　刘于鹤　申宗圻　冯宗炜　成俊卿　肖刚柔　沈国舫

　　　　李继书　栾学纯　鲁一同　蒋有绪

《森林与人类》编委会

主　　任：董智勇

副主任：唐午庆　刘东来

咨询工作委员会

主　　任：王志宝

副主任：吴　博　刘于鹤　张华龄　詹昭宁　马忠良　王贺春

中国林学会第八届理事会各工作委员会名单
（1993 年 5 月～1997 年 9 月）

组织工作委员会

主　任：甄仁德

副主任：于志民　胡汉斌　曹再新　何　捷

学术工作委员会

主　任：洪菊生

副主任：顾正平　冯宗炜　宋会川　孙肇凤

科普工作委员会

主　任：刘永龙

副主任：龚金铃　黄鹤羽　张国柱　邱守华

评奖工作委员会

主　任：周昌祥

副主任：刘效章　王永安　王　琰　李岩泉

咨询工作委员会

主　任：刘效林

副主任：傅金观　韩国祥　王贺春　马忠良

外事工作委员会

主　任：沈国舫

副主任：刘于鹤　杨禹畴　甄仁德

继续教育工作委员会

名誉主任：刘于鹤

主　　任：贺庆棠

副主任：朱堃元　王志荣　赵仕平

《林业科学》编委会（1993年8月～1997年）

主　　编：吴中伦（1995年9月起沈国舫任主编）

常务副主编：沈国舫

副主编：王　恺　申宗圻　刘于鹤　肖刚柔　陈统爱　顾正平　唐守正
　　　　栾学纯　鲁一同　蒋有绪

《森林与人类》编委会

主　　任：沈国舫

副主任：刘永龙　刘效林　李葆珍　王左军

中国林学会第九届理事会各工作委员会名单
（1997年9月～2002年8月）

学术工作委员会

主　　任：刘于鹤

副主任：寇文正　黄鹤羽　李　坚　朱金兆　施季森　宋长义　孙肇凤

科普工作委员会

主　　任：张久荣

副主任：张柏涛　祝列克　封加平　吕焕卿　程美瑾　邱守华

组织工作委员会

主　　任：施斌祥

副主任：刘永龙　于志民　胡汉斌　熊耀国　何　捷

评奖工作委员会

主　任：尹伟伦

副主任：林　进　黎云昆　王　琰　程美瑾　李岩泉

咨询开发工作委员会

主　任：马福

副主任：李满盈　朱元鼎　姚昌恬　刘合胜

外事工作委员会

主　任：刘于鹤

副主任：刘效章　曲桂林　程美瑾　李小平

继续教育工作委员会

主　任：李葆珍

副主任：尹伟伦　王志荣　宋长义

《森林与人类》编委会

主　任：寇文正　黎祖交

副主任：宋长义　万以诚

编　委：李葆珍　何淑筠　宋朝枢　黄传惕

《林业科学》编委会（1997年11月~2003年2月）

主　编：沈国舫

常务副主编：唐守正　洪菊生

副主编：王　恺　刘于鹤　申宗圻　肖刚柔　陈统爱　郑槐明　顾正平

　　　　蒋有绪　鲍甫成

中国林学会第十届理事会各工作委员会名单
（2002 年 8 月～2014 年 1 月）

学术工作委员会

主　　任：江泽慧

常务副主任：张守攻

副主任：朱金兆　胡章翠　施季森　杨传平　尹发权　刘合胜

评奖工作委员会

主　　任：江泽慧

副主任：王明麻　尹伟伦　杨传平　李东升　岳永德　孟　平　尹发权
　　　　刘合胜

组织工作委员会

主　　任：关松林

副主任：胡汉斌　李岩泉　陈幸良　甘　敬　官秀玲

咨询工作委员会

主　　任：张樟德

副主任：姚昌恬　张　蕾　于建亚　贾　骞　钱能志　刘永川　沈　贵　张　锐

科普工作委员会

主　　任：王　涛

副主任：封加平　张柏涛　胡章翠　李　兴　沈　贵　秦向华

继续教育工作委员会

主　　任：尹伟伦

副主任：余世袁　张希武　张志达　张鸿文　杨连清　付跃钦　张星耀　张　锐

外事工作委员会

主　任：张建龙

副主任：金普春　李明琪　吴志民　陆文明　沈　贵　曾祥谓

《林业科学》编委会

主　任：江泽慧

副主任：张建龙　张守攻　李　坚　尹伟伦　施季森　尹发权

主　编：沈国舫

常务副主编：唐守正　盛炜彤

副主编：张守攻　尹伟伦　蒋有绪　冯宗炜　彭镇华　洪菊生　顾正平
　　　　姜笑梅　李镇宇　王礼先　李智勇　尹发权　张君颖

《森林与人类》编委会

主　任：张建龙

副主任：李岩泉　蔡登谷

青年工作委员会

主　任：尹发权

常务副主任：卢孟柱

副主任：赵秀海　迟德富　方升佐　杨国亭　杨锋伟　胡远满　周建华
　　　　章滨森

中国林学会第十一届理事会各工作委员会名单
（2014 年 1 月至今）

学术工作委员会

主　任：江泽慧　彭有冬

副主任：杨传平　曹福亮　宋维明　费本华　兰思仁　孟　平　尹发权
　　　　曾祥谓

奖励工作委员会

主　任：谭光明

副主任：陈幸良　曾思齐　刘惠民　赵　忠　曹　军　薛建辉　王常青
　　　　曾祥谓

组织工作委员会

主　任：陈幸良

副主任：刘国强　丁立新　甘　敬　杜纪山　李凤波　吴　鸿　张建国
　　　　谢耀坚　段兆刚　刘合胜

咨询工作委员会

主　任：尹伟伦

副主任：唐守正　张齐生　李　坚　盛炜彤　封加平　尹发权　张　锐

科普工作委员会

主　任：胡章翠

副主任：赵良平　沈　贵　张连友　黄　坚　邵权熙　骆有庆　吕光辉
　　　　李天送　任福君　王小平　秦向华

继续教育工作委员会

主　任：吴　斌

副主任：李向阳　李岩泉　文世峰　尹发权　吴有苗　王立海　吕建雄
　　　　吴义强　李晓华　张　锐

国际交流与合作工作委员会

主　任：张守攻

副主任：沈　贵　吴志民　刘世荣　张启翔　官秀玲

宣传与联络工作委员会

主　任：沈　贵

副主任：柳维河　李金华　樊喜斌　尹刚强　郭丽萍

青年工作委员会

主　　任：尹发权

副主任：崔丽娟　杨锋伟　贾黎明　勇　强　吴义强　周永红

　　　　刘守新　金爱武　张怀清　何承忠　吴家胜　曹光球

　　　　汪阳东　曾祥谓

《林业科学》编委会

名誉主任：江泽慧

名誉主编：沈国舫

主　　编：尹伟伦

副主编：（按姓氏笔画为序）

　　　　王金林　王彦辉　方精云　卢孟柱（常务）　李　坚

　　　　李凤日　杨忠岐（常务）　余新晓　宋湛谦　张守攻

　　　　张君颖　陈幸良　余国胜　施季森　费本华　骆有庆

　　　　唐守正（常务）　盛炜彤（常务）　傅　峰

《森林与人类》编委会

名誉主编：沈国舫

主　　编：张连友

编　　委：厉建祝　柳维河　陈幸良　柏章良　赵良平　李岩泉　张连友

　　　　刘　宁　沈　贵　尹发权　曾联盟

附录五　中国林学会各奖项获奖名单

中国林学会基金奖（1982 年）

学术奖

等级	初审单位	项目名称	受奖单位或个人	
二等奖	青海省林学会	杨干透翅蛾的防治研究	青海省农业科学院林业科学研究所 西宁市园林局 青海省农林厅林业局	徐振国 李建民 余新民 蔡英豪 吴洪源 顾心源
二等奖	江苏省林学会	中国竹种资源的分类研究	南京林学院	赵奇僧 朱政德 熊文愈
二等奖	四川省林学会	四川松杉植物地理	四川省林业勘察设计院	管中天
二等奖	中国林学会树木引种驯化专业委员会	中国国外树种引种概论	中国林业科学研究院	吴中伦
二等奖	中国林学会树木遗传育种专业委员会	杨树有性杂交新品种的研究	中国林业科学研究院林业研究所	徐纬英 黄东森 佟永昌 梁　彦 马长耕
二等奖	中国林学会木材工业学会	木材电磁振动刨削工艺与设备的研究	新疆维吾尔自治区巴音郭楞蒙古自治州 21 团 北京市木材工业研究所 中国科技大学	曹培生 秦骏伦 张景中
三等奖	甘肃省林学会	洮河林区森林合理经营永续利用的生产试验成果	甘肃省林学会 甘肃省洮河林业局	
三等奖	陕西省林学会	垒球软木心研制	国营西安林产化学工厂	李大年
三等奖	安徽省林学会	大别山五针松、华东黄杉生态特性及繁殖技术的调查研究	安徽省林业科学研究所 安徽农学院 安徽省徽州地区林业科学研究所	孙光新 黄映泉 卫广扬 王基福
三等奖	安徽省林学会	抓好山区林业建设，促进淠史杭灌区高产稳产		刘盛邦

（续）

等级	初审单位	项目名称	受奖单位或个人	
三等奖	江西省林学会	杉木数量化地位指数预测表的编制和立地类型划分的研究	江西省杉木立地研究类型调查组	
	河南省林学会	森林与火灾		方 艾 陈 晓 王炳华 江景周
	湖北省林学会	泡桐属的解剖学研究	华中农学院	万云先 王灶安
	云南省林学会	应用航空遥感图像进行森林定量分析	林业部调查规划设计院 云南林学院 云南省森林资源调查管理处	李克谓 李芝喜 张裕农
	中国林学会木材采运专业委员会	我国林业现代化的关键是提高林业生产率和发挥森林的多种效益	黑龙江省木材采用研究所	莫若行
	中国林学会森林土壤专业委员会	中国森林土壤分布规律	中国林业科学研究院	张万儒 杨继镐 刘寿坡 李贻铨
	辽宁省林学会	松干蚧防治技术的研究	辽宁省林业科学研究所	李桂和 庄良友 韩瑞兴 刘钖雅 夏瑞芯
	黑龙江省林学会	小兴安岭伊春林区森林永续问题	东北林学院	陈伯贤 陈霖生
四等奖	吉林省林学会	从对森林认识的发展来看林业现代化		邢劭朋
	广东省林学会	乙烯利刺激马尾松泌脂提高产脂量的研究	广东省林业科学研究所	冯敏斋 古佛政 谢 铿
	广西壮族自治区林学会	拯救大明山水源林——山区丘陵建设和生态平衡考察报告	广西壮族自治区林学会大明山林区生态平衡考察队	
	广西壮族自治区林学会	森林生态环境与松毛虫发生消长关系的综合考察报告	广西壮族自治区昆虫学会、林学会森林昆虫生态考察队	
	山西省林学会	山西北部华北落叶松抚育密度控制表的试编	山西省林业科学研究所经营室 山西省管涔森林经营局马家庄林场	

科普奖

等级	推荐单位	得奖作品或得奖单位（个人）总结材料的名称	受奖单位或个人	
二等奖	中国林学会科学普及工作委员会	科普丛书三套：林业技术知识丛书、森林工业知识丛书、林业经济知识丛书	中国林学会科学普及工作委员会	
	山东林学会	科普著作《条林栽培》《嫁接的原理与应用》2本和文章5种	山东林学会科学普及工作委员会	李继华
三等奖	上海市林学会	科普著作《园林花卉》		陈俊愉刘师汉
	山西省林学会	工作总结材料《我们是怎样开展科普工作为促进林业生产发展服务的》	山西省林学会	
	湖南省林学会	科普著作《绿色的杠杠》	湖南省林业厅	周国林
	贵州省林学会	科普工作总结"群策群力科普美术结硕果"	贵州省林学会科学普及工作委员会	
	新疆维吾尔自治区林学会	有关胡杨繁育的科普著作：①《胡杨与灰杨》；②《盐碱地造林技术》等	新疆维吾尔自治区农垦总局	
四等奖	中国林学会科学普及工作委员会	个人事迹材料		周树华

建议奖

等级	初审单位	项目名称	受奖单位或个人
二等奖	北京林学会	关于加强北京市林业工作的建议	北京林学会
三等奖	中国林学会森林经理专业委员会	关于加强森林经营管理工作的建议	中国林学会森林经理专业委员会

学会工作奖

等级	推荐单位	得奖单位或个人材料的名称	受奖单位或个人	
二等奖	中国林学会常务理事会	工作总结	中国林学会原办公室和《林业科学》编辑部	
	四川省林学会	四川省林学会工作汇报	四川省林学会办事机构	
三等奖	浙江省林学会	推荐材料	浙江省林学会	史忠礼
	湖南省林学会	工作总结	湖南省林学会办事机构	
	中国林学会常务理事会	个人先进事迹材料	中国林学会	朱 容
四等奖	北京林学会	个人先进事迹材料	北京林学会	王九龄
	内蒙古自治区林学会	内蒙古自治区林学会1年来的工作和体会	内蒙古自治区林学会办事机构	
	甘肃省林学会	紧紧围绕"四化"中心广泛开展学术交流	甘肃省林学会办事机构	
	湖北省林学会	湖北省林学会恢复活动以来的工作简要总结	湖北省林学会办事机构	
	广东省林学会	广东省林学会在珠江三角洲农田防护林体系中的组织和协调的经验	广东省林学会办事机构	
	中国林学会森林生态专业委员会	个人先进事迹材料		蒋有绪
	宁夏回族自治区林学会	我们是怎样开展学会工作的	宁夏回族自治区林学会	周 克唐麓君季予康朱永元
	贵州省林学会	努力办好学会当好参谋助手	贵州省林学会办事机构	

中国林学会基金奖（1985 年）

学术论文奖

等级	题 目	推荐单位	受奖单位或个人	
二等奖	宣纸燎草浆工艺研究报告	安徽省林学会		潘祖耀
	西双版纳自然保护区综合考察报告集	云南省林学会	西双版纳自然保护区考察团	
	黄土高原立地条件类型划分和适地适树的研究	中国林学会水土保持专业委员会	北京林学院	高志义等6人
三等奖	上海市佘山地区自然资源综合科学考察	上海市林学会	上海市林学会	
	干旱黄土丘陵造林技术的研究	内蒙古自治区林学会		张 凤
	非洲木材害虫杀灭方法的研究	中国林学会木材工业学会		唐祖庭 金重为 周之江 王传槐 李宗硕
	人工驯养灰喜鹊防治松毛虫	山东林学会	山东省日照市林业局	
	江苏省里下河地区"人工林复合经营体系"学术考察	江苏省林学会	江苏省林学会里下河地区滩地造林学术考察组	
	速生杨树定向刨花板的研究	江苏省林学会木材工业学会	南京林学院木材工业系人造板室	
	我国山地森林土壤情况及其合理利用	中国林学会森林土壤专业委员会		张万儒 刘寿坡 李贻铨 杨继镐 李昌华

科普奖

等级	受奖项目	单位及作者	
一等奖	森林之歌	《黑龙江林业》杂志社	赵林红
二等奖	森林旅行记	贵州省林业干部学校	蒋天华
	树木趣谈	天津市园林局	魏德保
	森林知识	吉林省林业厅	董旭东
	中国漆史话	西北林学院	王性炎
	家具纵横谈	《黑龙江林业》杂志社	姜长清
	丹顶鹤的故乡	《黑龙江林业》杂志社	赵圣铁
	泡桐栽培技术	河南农学院	蒋建平
	林木良种繁育中的几个问题	西北林学院	邱明光
	沿着密林的小径	云南省林业科学研究所	刘景岳
	森林的历史功绩	四川省林学会	马联春
	保卫森林的"防线"	四川省林业科学研究所	陈守常
	森林，我们的母亲	中央人民广播电台	孔德庸
	九寨沟你秀越天下	四川省科学技术出版社	闵未儒
	珍禽——朱鹮	林业部宣传司	张丛密
	绿满平原	安徽省宿县林学会	张道引等
	大熊猫来我家	中国少儿读物出版社	刘谦等
	木材采运安全生产	四川省林产公司劳资处劳保组	
	马尾松毛虫	南京林学院	朱江等
	核桃低产林改造	河南省林业科学研究所	罗秀钧
	木材装车、木材运送、木材伐运生产安全规范	四川省大渡河水运局	梁志华
三等奖	五倍子	四川省林业科学研究所	王荣璋
	木材采运基本知识	林业部林业工业局	王士一
	林木病虫防治	林业部森林保护局	邱守思等
	林副产品生产加工技术问答	福建省林业厅	张和谐
	林海拾贝	湖南省林业厅	陈平等
	园林病虫害防治	宁夏农学院	荣汉诠
	树木净化大气	四川省林业科学研究所	张万国
	干旱草原造林	内蒙古自治区锡林郭勒盟科研处	李细勇

（续）

等级	受奖项目	单位及作者	
三等奖	棕榈	安徽省歙县林业科学研究所	张茂谦
	漫谈栽树的学问	"三北"防护林建设局	黄品根
	植树造林基础知识	江苏省林业科学研究所	
	制材修锯技术	黑龙江省木材工业研究所	傅朝臣
	科学种树	上海市园林局	刘师汉等
	观赏中国名花	云南省林业厅	吴彧等
	贮木场	林业部林产工业局	王维章
	竹笋培育与加工	四川省林业科学研究所	吴 萌
	池杉	江苏省林业科学研究所	邱宗谓
	造林技术手册	黑龙江省林业厅	郭叔庆等
	怎样选择树种	北京林学院	王九龄
	松香生产技术问答	广西壮族自治区梧州市松脂厂	李齐贤
	神秘的泸沽湖自然保护区	云南省林业勘察五大队	钱德仁
	让城市绿树成荫风景如画	中南林学院	谢朝柱
	把沙漠改造成绿洲	北京林学院	李滨生
	树木的分身术	黑龙江省林业厅	姜长清
	漫话云南古树	云南省林业勘察五大队	刘德隅
	我国珍贵的稀有树种	中国林业科学研究院	宋朝枢
	怎样营造速生丰产林	陕西省林业科学研究所	罗伟祥
	擅长"地道战"的穿山甲	江西省高安县林业科学研究所	史有青
	黑熊是怎样种稠李树的	内蒙古自治区《林海日报》	孙若泉
	木本油料新秀——岑溪软枝油茶	广西壮族自治区林业厅	陈培栋
	翠柏	云南省林业科学研究所	张茂钦
	棚架绿化好处多	成都市园林局	潘传瑞
	以子之矛攻子之盾		王国胜
	宁夏枸杞的栽培管理	宁夏农林科学院	钟元胜
	森林——抗洪的绿色屏障	四川省林业科学研究所	凌 峻
	抗癌奇树——三尖杉	湖南省林业厅	邓双文
	造福于人类的森林	河南省林业厅	马金生
	神奇的孢子植物——真菌	湖南省林业厅	陈 平
	给树木输液	江西省靖安县林业科学研究所	姜增杭
	猕猴王国	中央人民广播电台	邹新炎

（续）

等级	受奖项目	单位及作者	
三等奖	热带绿宝	广西壮族自治区林业厅	牟礼忠
	配乐广播"绿云之歌"	辽宁大连人民广播电台	魏文东
	"楠木香魂"之谜	杭州市林业水利局	何永年
	绿色的宝库	河南人民广播电台	李润生
	福建珍奇古树	福建省林业厅	高长福
	今日塞罕坝	《河北林业》杂志社	范德元
	民勤沙生植物园	甘肃日报社	刘影等
	南岳树木园	南岳树木园	刘承刚
	樱	林业部宣传司	刘培桐
	保护珍稀动物	林业部宣传司	张丛密
	要爱鸟护鸟	贵州省林业厅	陈丁生
	北国风光	黑龙江省海龙县科委	傅作仁等
	农村宅房绿化	湖南省林业厅	周国林等
	涂毒环防治松毛虫	锦州市森林保护站	孙玉武等
	铁核桃树改造	中国林业科学研究院	孙毅平等
鼓励奖	植树造林 100 问	内蒙古自治区林业厅造林处	
	安徽木材识别与用途	安徽农学院	卫广杨
	爱鸟问答	辽宁省林业厅	王健民
	树木育苗	宁夏回族自治区林业厅	李树荣
	林果技术	河南省林业厅	王庭训
	保土防风林	陕西省林业科学研究所	王修齐
	原条量材设计讲义	吉林省林业工业联合公司	王景昌
	带锯精度与带锯机	黑龙江省木材工业研究所	邓先诚等
	带锯制材的合理下锯	黑龙江省木材工业研究所	邓先诚等
	伐区作业技术问答 500 题	东京城林业局	张庆明
	绿化好处多	上海市行知中学	黄冶
	现代实用家具	安徽农学院	邱树德
	汽车运材	黑龙江省伊春市木材生产局	郑宝成
	人造板装饰	北京林学院	赵立
	五倍子	贵州省林业厅	朱宁
	制材工业技术问答	黑龙江省森林工业总局	朱晋生
	酸刺薪碳林营造技术	黄河治理委员会水土保持站	于倬德等

（续）

等级	受奖项目	单位及作者	
鼓励奖	林业公路养护管理	伊春市木材生产局	郑宝成
	营林整地机械	带岭林业科学研究所	陈瑞贤
	北方林业大学待生记	黑龙江省林业厅	倪万华
	称绝于世的花榈木	《湖南林业》编辑部	许又宴
	炼山十害	福建省林业厅	傅圭壁
	树木在城市环境保护中的作用	中南林学院	朱忠保
	山山水水话森林	贵州省林业厅	钱震元
	保护杂木林　发展杂木林	福建省林业厅	唐景琨
	大家都来保护鸟类	江西省林业科学研究所	姜景峰
	森林的卫士——大山雀	南宁地区林业局	阮甘棣
	植树造林三字经	甘肃省静宁县绿化委员会	
	幽篁森林名竹荟萃	四川省林业勘察设计院	岳春恩
	树上的荷花	湖南省林业厅	谢正卓
	云南榧树	云南省林业科学研究所	祁振声
	森林生态学讲义	内蒙古林学院	穆天民
	森林火灾与气象	甘孜气象局	潘家震
	品性优异数杨树	中南林学院	陈永密
	追踪大熊猫信息	中央人民广播电台	杨时光
	让祖国处处变绿洲	黑龙江省森林工业总局	于学纲
	黄鹂	云南省林业厅	李广联
	踏遍青山	中南林学院	王钖忠
	空地姐妹的欢乐	《大连日报》社	李树满
	古水松群	江西省上饶地区林业站	叶新年
	沙田柚	广西壮族自治区林业厅	牟礼忠
	探索大自然的奥秘	贵州省林业厅	陈志强
	山柳夹岸水源清	四川省林业勘察设计院	朱鹏飞
	杜仲	贵州省群众艺术馆	高先贵等
	竹螟的综合防治	浙江省余杭县林业科学研究所	陈致中等

重大建议奖

等级	题目	推荐单位	受奖单位或个人	
二等奖	如何组织林木良种选育课题 加强木材保护工作的建议	中国林学会树木遗传育种专业委员会 中国林学会木材工业学会	树木遗传育种专业委员会 中国林学会木材工业学会	
三等奖	淮北平原绿化树种选择	安徽省林学会		于光明

学会工作奖（以报来先后为序）

序号	受奖单位或个人	推荐单位
1	王炳勋	中国林学会林业区划研究会
2	秦养之	天津市林学会
3	马心	上海市林学会
4	陈莲琴	上海市林学会
5	贾忠斌	吉林省林学会
6	樊俊	吉林省林学会
7	孙秋烨	吉林省林学会
8	山东林学会造林专业委员会	山东林学会
9	李永新	山东林学会
10	葛起贤	宁夏回族自治区林学会
11	唐麓君	宁夏回族自治区林学会
12	潘志刚	中国林学会树木引种驯化专业委员会
13	王义文	中国林学会林业情报专业委员会
14	乌仁高娃	内蒙古自治区林学会
15	内蒙古自治区林学会	内蒙古自治区林学会
16	赤峰市林学会	内蒙古自治区林学会
17	李义久	辽宁省林学会
18	孙自福	辽宁省林学会
19	浙江省林学会	浙江省林学会
20	浙江省丽水地区林学会	浙江省林学会
21	朱灵益	中国林学会杨树委员会
22	郭洪	中国林学会林产化学化工学会
23	程芝	中国林学会林产化学化工学会

（续）

序号	受奖单位或个人	推荐单位
24	甘肃省林学会	甘肃省林学会
25	张掖地区学会组	甘肃省林学会
26	丁美蓉	中国林学会木材工业学会
27	华践	河北省林学会
28	杜柏珩	河北省林学会
29	杨式慈	河北省林学会
30	曾大鹏	中国林学会森林病害专业委员会
31	陈秀颜	中国林学会林业经济学会
32	杜璞	中国林学会林业经济学会
33	林业机械分科学会办公室	中国林学会林业机械学会
34	贵州省林学会森林保护专业组	贵州省林学会
35	贵州省林学会	贵州省林学会
36	江苏省林学会办公室	江苏省林学会
37	高祖德	江苏省林学会
38	高嘉驹	江苏省林学会
39	佟景阳	黑龙江省林学会
40	薛增战	黑龙江省林学会
41	刘世坤	黑龙江省林学会
42	青海省大通县林学会	青海省林学会
43	青海省湟中县林学会	青海省林学会
44	洛阳地区林学会	河南省林学会
45	河南省林学会办公室	河南省林学会
46	卢成林	福建省林学会
47	安徽省林学会办公室	安徽省林学会
48	安徽省徽州地区林学会办公室	安徽省林学会
49	刘澍芹	黑龙江省林学会
50	《陕西省林业科技》编委会	陕西省林学会
51	陕西省经济林专业组	陕西省林学会
52	广东省林学会办事小组	广东省林学会
53	广东省韶关市林学会	广东省林学会
54	湖南省益阳地区林学会	湖南省林学会
55	谢以锦	广西壮族自治区林学会
56	毛子沟	广西壮族自治区林学会
57	陈希荣	福建省林学会

（续）

序号	受奖单位或个人	推荐单位
58	福建省建阳地区林学会	福建省林学会
59	江西省林学会	江西省林学会
60	江西省宜春地区林学会	江西省林学会
61	江西省泰和县林学会	江西省林学会
62	徐本彤	中国林学会森林土壤专业委员会
63	甘斯佑	云南省林学会
64	云南省楚雄彝族自治州林学会	云南省林学会
65	冯承珠	中国林学会《林业科学》编委会
66	四川省巴县林学会	四川省林学会
67	四川省达县地区林学会	四川省林学会
68	四川省林学会办公室	四川省林学会
69	山西省林学会杨树委员会	山西省林学会
70	山西省雁北地区林学会	山西省林学会
71	山西省林学会	山西省林学会
72	《森林与人类》编辑部	中国林学会《森林与人类》编委会
73	曹再新	中国林学会森林经理专业委员会
74	王永安	中国林学会森林经理专业委员会
75	黄伯璿	中国林学会学术工作委员会
76	詹昭宁	北京林学会
77	李永庆	北京林学会
78	李荫秀	北京林学会
79	辛业江	中国林学会林业教育研究会
80	张雯英	中国林学会科学普及工作委员会
81	云南省昆明市林学会工作班子	云南省林学会
82	赵仕平	中国林学会评奖工作委员会
83	中国林学会办事机构	中国林学会办公室
84	中国林学会组织工作委员会	中国林学会组织工作委员会
85	中国林学会水土保持专业委员会	中国林学会水土保持专业委员会
86	蒋有绪	中国林学会森林生态专业委员会
87	陈昌洁	中国林学会森林昆虫专业委员会
88	梅大高	湖北省林学会
89	危冬云	湖北省林学会
90	吕昌仁	湖北省林学会

中国林学会梁希奖

中国林学会第一届梁希奖授予项目名单（1987 年 12 月）

1. 项目名称：公元 2000 年我国森林资源发展趋势研究

主要完成人：黄伯璇　华网坤　王永安　徐国桢　曹再新　王松龄

2. 项目名称：《木材学》

主要完成人：成俊卿　李正理　吴中禄　鲍甫成　柯病凡　李源哲　申宗圻

3. 项目名称：宁夏西吉黄土高原水土流失综合治理的研究

主要完成人：阎树文　关君蔚　孙立达　孙保平　姜仕鑫　王秉升

中国林学会第二届梁希奖授予项目名单（1993 年 5 月）

1. 项目名称：《云南树木图志》

主要完成人：徐永椿　毛品一　李文政　陈　介　易培同

申报单位：云南省林学会

2. 项目名称：东北内蒙古四省（区）主要造林树种种源试验的研究

主要完成人：张培杲　杨书文　杨传平　王秋玉　夏德安

申报单位：东北林业大学

3. 项目名称：刨花流变性能与刨花板比重及尺寸稳定性关系

主要完成人：王培元　施建平　管　宁　陆熙娴　郭继红　姜笑梅

申报单位：中国林学会木材工业学会

中国林学会第三届梁希奖授予项目名单（1997 年 5 月）

1. 项目名称：毛竹林养分循环规律及其应用的研究

主要完成人：傅懋毅　方敏瑜　谢锦忠　刘仲君　李岱一　李龙有
　　　　　　曹群根　胡正坚　李旭明

申报单位：中国林学会竹子分会

2. 项目名称：黄土高原抗旱造林技术

主要完成人：王斌瑞　王百田　杨维西　何孝超　张府娥　丁学儒
　　　　　　余清珠　邹厚远　郭孝明

申报单位：北京林业大学

3. 项目名称：引进花角蚜小蜂防治松突圆蚧的研究与应用

主要完成人：潘务耀　谢国林　唐子颖　丁德诚　连俊和　邱鸿铮

　　　　　　翁锦泗　梁承丰　邹德靖

申报单位：广东省林学会

第四届中国林学会梁希奖授予项目名单（2002 年 6 月）

1. 项目名称：林木抗旱机理及"三北"地区抗逆良种园建立的研究

主要完成单位：北京林业大学吉林省林业科学研究院"三北"局北方荒漠林业试验

　　　　　　　研究中心

主要完成人：尹伟伦　李　悦　蒋湘宁　申晓晖　王沙生　夏新莉

　　　　　　魏延波　陈少良　杜和平

2. 项目名称：酸雨（酸沉降）对生态环境的影响及其经济损失研究

主要完成单位：中国科学院生态环境研究中心　中国环科院生态所

　　　　　　　中科院沈阳应用生态所　国家环保总局南京环科所

　　　　　　　中科院南京土壤所

主要完成人：冯宗炜　曹洪法　周修平　张福珠　季国亮　陈楚莹

　　　　　　沈英娃　庄德辉　戴昭华

3. 项目名称：陕西省经济林木菌根研究

主要完成单位：西北农林科技大学

主要完成人：唐　明　陈　辉　朱小强　张晓妮　郭　渊　张博勇

　　　　　　刘　占　李晓明　赵嘉平

4. 项目名称：水源保护林培育、经营、管理与效益监测评价综合配套技术

主要完成单位：北京林业大学　北京市水源保护试验工作站　北京市农林

　　　　　　　科技学院林业果树研究所

主要完成人：余新晓　王礼先　于志民　王玉柱　谢宝元　马履一

　　　　　　蔡宝军　蔡永茂　李亚光

5. 项目名称：五倍子单宁深加工技术

主要完成单位：中国林业科学研究院林产化学工业研究所　重庆丰都康乐华工有限

　　　　　　　公司　四川彭州天龙化工有限公司　老河口市林产化工总厂

主要完成人：张宗和　黄嘉玲　秦　清　王　琰　李丙菊　徐　浩

　　　　　　　王连珠　陈文文　李东兴

6. 项目名称：白桦强化育种技术的研究

主要完成单位：东北林业大学

主要完成人：杨传平　刘桂丰　王秋玉　刘关君　金永岩　刘雪梅

　　　　　　　詹亚光　姜　静　夏德安

7. 项目名称：防护林杨树天牛灾害持续控制技术研究

主要完成单位：宁夏回族自治区林业局　北京林业大学　日本国农林水产省
　　　　　　　　森林综合研究所　宁夏农业项目开发办公室　南京林业大学

主要完成人：骆有庆　刘荣光　许志春　孙长春　温俊宝　王卫东

　　　　　　　严　敖　金宝山　李德家

8. 项目名称：太行山不同类型区生态林业工程综合配套技术研究与示范

主要完成单位：山西省林业科学研究院　河北省林业科学研究院　河南省林
　　　　　　　　业科学研究所　山西省平顺县林业局　河北省平山县林业局

主要完成人：李新平　王　棣　李永生　奥小平　李林英　毛静琴　吕　皎

　　　　　　　张晋英　郑智礼

9. 项目名称：杨树新品种定向选育和推广

主要完成单位：中国林业科学研究院林业研究所　北京市林业种子苗木管
　　　　　　　　理站　山东省林木种子苗站　黑龙江省防护林研究所
　　　　　　　　安徽农业大学

主要完成人：张绮纹　苏晓华　李金花　归　复　解荷峰　王福森　卢宝明

　　　　　　　邢有华　郑自成

10. 项目名称：马尾松建筑材林优化栽培模式研究

主要完成单位：贵州大学　中国林业科学研究院热带林业试验中心　广西派
　　　　　　　　阳山林场　福建明溪县林业技术推广中心　广西壮族自治区
　　　　　　　　林业科学研究院

主要完成人：丁贵杰　周政贤　温佐吾　杨章旗　周运超　蒙福祥

　　　　　　　谌红辉　庄尔奇　余能健

11. 项目名称：油松、华北落叶松良种繁育理论与技术研究

主要完成单位：北京林业大学　河北省林业科学研究院

主要完成人：沈熙环　张华新　李　悦　杨俊明　贾桂霞　张　冬　温俊宝

　　　　　　杨晓红　张春晓

12. 项目名称：马尾松材性遗传变异与制浆造纸材优良种源选择

主要完成单位：南京林业大学　中国林业科学研究院林产化学工业研究所

　　　　　　　南平造纸营林总公司　福建省林木种苗站　广东韶关市林

　　　　　　　业科学研究所

主要完成人：王章荣　秦国峰　陈天华　李光荣　徐立安　周志春

　　　　　　李建民　黄光霖　张大同

13. 项目名称：刺槐良种选育研究

主要完成单位：山东省林业科学研究院　河南省林业科学研究院　北京市农业科

　　　　　　　学院果研究所　中国林业科学研究院林业研究所　河北省林业科

　　　　　　　学研究院

主要完成人：张敦伦　张振芬　朱延林　白　金　顾万春　曹子安

　　　　　　王　斐　王延敞　田志和

14. 项目名称：大熊猫主食竹研究

主要完成单位：四川省林业科学研究院　四川省卧龙自然保护区管理局　四川省

　　　　　　　平武县林业局　四川省平武县王郎自然保护区管理所　四川省夹

　　　　　　　金山林业局

主要完成人：李承彪　王金锡　史立新　刘兴良　廖志琴　杨道贵

　　　　　　向性明　牟克华　马志贵

中国林学会陈嵘奖

中国林学会第一届陈嵘奖授予项目名单（1989 年 1 月）

一、学术类

1. 项目名称：当前影响我国林业发展的主要矛盾及其对策

主要完成人：论文编写组　陈统爱等 6 人

2. 项目名称：无性系育种及无性系林业

主要完成人：马常耕　朱之悌　张敦伦

3. 项目名称：森林资源管理信息系统的研建

主要完成人：陈谋询　董乃钧　朱振家　崔寨华　刘震亚　熊奎山

4. 项目名称：日本赤松毛虫质型多角体病毒的引进与利用研究

主要完成人：陈昌洁　王志贤　陈世雄　刘清浪　黄冠辉

二、科普类

1. 项目名称《灰喜鹊的故事》

作者：李继华

2. 项目名称：《徽州古树》

作者：全诗珊　徐能贵　赵德铭　王基福　程明伦

3. 项目名称："林业生产技术丛书"

作者：王　谦　张水松　丘金兴　廖寿春　何　沛　叶新年

三、建议类

1. 项目名称：林纸结合的建议

建议单位：中国林学会　中国造纸学会

2. 项目名称：海南岛大农业建设与生态平衡学术考察及建议

建议者：建议编写组　蒋有绪等 6 人

3. 项目名称：关于征收水资源费按比例还林的建议

建议者：王建民

四、学会工作类

山西省林学会办事机构	黑龙江省林学会办公室	云南省林学会办事机构
四川省林学会办公室	吉林省林学会秘书处	安徽省林学会方介人
福建省林学会办公室	湖南省林学会办公室	河北省林学会杨式慈
贵州省林学会办公室	内蒙古自治区林学会办公室	北京林学会李荫秀
森林经理分会曹再新	木材工业分会秘书处	林产化学化工分会办公室
林业史分会张钧成	林业机械分会张天宇	林业教育分会罗又青
中国林学会学术部	中国林学会陈致生	

中国林学会第二届陈嵘奖授予项目名单（1993 年 5 月）

一、学术类

1. 项目名称：湖南省 2000 年林业发展规划研究

主要完成人：成瑞湘　彭秋成　李正柯　谢正卓　郑建杰　欧阳硕龙

申报单位：湖南省林学会

2. 项目名称：关于解决吉林省国有林区森林资源危机、企业经济危困对策和
发展战略研究

主要完成人：王宪成　王玉山　孙秋烨　金德友　赵振全　邱玉英

申报单位：吉林省林学会

3. 项目名称：西峡模式—南方集体林区森林经理理论与实践

主要完成人：王中奎　杜大华　张国柱　詹昭宁　徐国桢　颜文希

申报单位：河南省林学会

4. 项目名称：湿强剂 PAELT 的开发和应用

主要完成人：吴佩琛　毕松林　彭毓秀　陈焙章　李忠正　汤衡军

申报单位：中国林学会林产化学化工分会

二、建议类

1. 项目名称：在上海建立欧美杨用材林生产基地的建议

主要完成人：娄匡人　金国培

申报单位：上海市林学会

2. 项目名称：关于加强河北省山区生态经济沟建设的建议

主要完成单位：河北省林学会

申报单位：河北省林学会

3. 项目名称：关于沂蒙山区造林绿化工程

主要完成人：梁玉堂　赵萍舒　刘兰田　李永新　刘锡彭　刘炳英

申报单位：山东林学会

三、科普类

1. 项目名称：电视系列科教片《绿色之路》

主要完成人：王玉龙　宋晓琪　谢池石　陈炳林　谢声信　刘俊岭

申报单位：广东省林学会

2. 项目名称：山区多种经营致富丛书

主要完成人：伍怀北　黎向东　唐丽明　罗　励　黄宝灵　黄宗全

申报单位：广西林学会

3. 项目名称：《树木嫁接图说》

主要完成人：齐宗庆　宗维诚　张若江

申报单位：中国林学会造林分会

四、学会工作类

山东林学会办公室　　　山西省林学会办公室　黑龙江省林学会办公室

湖南省林学会办公室　　吉林省林学会秘书处　安徽省林学会方介人

江西省林学会办公室王谦　浙江省林学会办公室　广东省林学会办事小组

天津市林学会办事机构　江苏省林学会科普工作委员会

中国林学会森林经理分会　中国林学会林产化学化工分会

中国林学会森林防火专业委员会　　　　　中国林学会木材工业分会

中国林学会林业史分会　中国林学会森林生态分会

中国林学会经济林分会　中国林学会森林土壤专业委员会

中国林学会森林采运分会　中国林学会王贺春　《林业科学》编辑部

中国林学会第三届陈嵘奖授予项目名单（1997 年 5 月）

一、学术类

1. 项目名称：《中国林业科学技术史》

主要完成人：熊大桐　李　霆　黄　枢　徐国忠　李继书　沈守恩

　　　　　　李贵令　李维绩　常铁余

申报单位：中国林学会林业史分会

2. 项目名称：四川盆地主要土壤类型抗侵蚀能力研究

主要完成人：张立恭

申请单位：四川省林学会

3. 项目名称：中国主要竹材微观构造

主要完成人：腰希申　梁景森　马乃训　麻左力　徐红

申报单位：中国林学会木材科学分会

二、建议类

1.项目名称：关于保留森林经理二级学科、专业目录的建议

主要完成单位：中国林学会森林经理分会

申报单位：中国林学会森林经理分会

2.项目名称：关于建立南岭国家级自然保护区和开展南岭科学研究的建议

主要完成人：林　密　张宏达　徐燕千　曾天勋　庞雄飞　梁启燊

　　　　　　张金泉　古炎坤　邓巨燮

申报单位：广东省林学会

3.项目名称：将特别干旱瘠薄荒山辟为封山育草地的建议

主要完成人：刘炳英　贾福功　周长瑞

申报单位：山东林学会

三、科普类

1.项目名称：《大森林的未来——21世纪的林业》

主要完成人：宋朝枢　张清华　赵宝瑄　黄鹤羽

申报单位：中国林学会林业科技管理专业委员会

2.项目名称《云南名木古树》

主要完成人：李乡旺　庞金虎　冯志舟　朱宝华　郭仕钦　刘德隅

　　　　　　全　复　张源瑾　何芳葵

申报单位：云南省林学会

3.项目名称：高效吸水生根增肥剂的研究及其应用

主要完成人：冯晓光　王明光　刘清玉　胡长群　李凤鸣　隋　颖

　　　　　　白景旭　王玉生　陈　兵

申报单位：吉林省林学会

四、学会工作奖

（一）省级学会办事机构

河北省林学会办公室　辽宁省林学会办公室　吉林省林学会秘书处

黑龙江林学会办公室　浙江省林学会办公室　江西省林学会办公室

山东林学会办公室　　贵州省林学会办公室　云南省林学会甘斯祜

（二）二级分会

森林经理分会秘书组　森林病理分会秘书组　林产化学化工分会秘书组

木材工业分会秘书处　造林分会秘书组　　　经济林分会秘书组

（三）中国林学会办事机构及个人

李葆珍　　科普部

第四届中国林学会陈嵘奖授予项目名单（2002年6月）

一、学术类

1. 项目名称：成就、问题、构想—甘肃省农业生态环境建设调研报告

主要完成人：潘仕明　白建军　潘鑫　戚新和　王花兰　江永清　赵克昌

柴发熹　王俊杰

申报单位：甘肃省林学会

2. 项目名称：对我国天然林资源保护工程的认识

主要完成人：王伟英

申报单位　黑龙江省林学会

3. 项目名称：黄土高原的林草资源和适宜覆盖率的研究

主要完成人：吴钦孝

申报单位：陕西省林学会

二、建议类

1. 项目名称：关于加快全省花卉产业发展的意见和甘肃省经济林结构优化

调整意见

主要完成单位（人）：甘肃省林学会经济林专业委员会、花卉专业委员会

（赵建林　刘丛　丁学德　连雪斌　牛希奎　薛高文

申俊林　梅建波　马兰）

申报单位：甘肃省林学会

2. 项目名称：关于我国森林虫灾控制对策的建议

主要完成单位：中国林学会森林昆虫分会

申报单位：中国林学会森林昆虫分会

3. 项目名称：关于跨世纪陕西生态环境建设的建议

主要完成单位：陕西省林学会　陕西省林业厅　陕西省绿化委员会

陕西省省委政研室

申报单位：陕西省林学会

4.项目名称：安徽省森林生态网络建设与可持续发展建议

主要完成单位：安徽省林学会

申报单位：安徽省林学会

三、学会工作类

（一）省级学会办事机构

山西省林学会办公室　江西省林学会办公室　福建省林学会办公室

贵州省林学会办公室　河北省林学会办公室　浙江省林学会办公室

江苏省林学会办公室　黑龙江省林学会办公室　吉林省林学会秘书处

张佩云（山东林学会办公室主任）　唐丽影（安徽省林学会常务副秘书长）

（二）二级分会

林化分会办公室　森林生态分会秘书处　金明铁（森林工程分会）

文亚峰（经济林分会）　陈昌洁（森林昆虫分会主任）

（三）中国林学会办事机构

中国林学会学术部　施斌祥（中国林学会秘书长）

从事林业工作50年以上科技工作者奖

表彰从事林业工作50年以上科技工作者名单（1985年底）

北京：吴中伦　赵宗哲　王兆凤　王长富　范济洲　汪正儒　张正昆

河北：于溪山　王北人

山西：吴觉民　赵书福　申长琪

内蒙古：王九阳　阎瑞符　李有山

辽宁：章荷生　曹新孙　王　战　宋达泉　韩麟凤　张延福　刘景瑜
　　　刘德香

吉林：赵洛川　赵家诚　初兴三　赵金帮　黄树林　邢劭朋　王思海
　　　孙同春　韩国治　范济川　白金熙　罗继本　万培荣

黑龙江：葛明裕　迟金声　薛德崑　陶　庸　宋嘉仁　徐占仁　李守龙
　　　　刘恒心　高宪斌　常永禄　周陞勳　任德全

江苏：张楚宝　周慧明　李德毅　王心田　陈桂升　朱济凡　马大浦
　　　陈应时　陈　植　吴敬立　王承鼎　赵儒林

浙江：周重光　吴锦荣　沈待春　章绍尧　郑止善

安徽：徐文静　李　德　韩达先

福建：袁同功　曾守光　邵良培　卢成林

江西：吴世游　周蓄源　邱开祥　刘家英　揭庭献　严为椿

山东：魏世贤　程跻云　袁义田

河南：冯钟粒　张守先　穆象吉　李兴邦　齐本治　肖位贤

湖北：方建初

湖南：杨镇衡　栗蔚歧　熊志奇　肖家庚　刘松龄

广东：侯铭昌　李冠英　徐燕千　黄　群　罗浘鉴　梁宝汉　罗柏友
　　　丁衍畴　朱志凇　黄维炎　郑光壁

广西：叶　湘　蔡灿星　刘成训

四川：谢开明　于晓心　李荫桢　蒋临轩　张小留

贵州：朱源林　刘文芝

云南：许绍楠　徐永椿　唐　耀

陕西：孙林夫　李含章　付锡珍　牛春山　吴中禄　李天笃　赵师扑
　　　杨士俊　赵长庚

甘肃：袁述之　郭　晋　李守经　刘亚之

宁夏：蔡学周

新疆：杜为惠　严赓雪

表彰从事林业工作 50 年以上科技工作者名单（1988 年底）

北京：易淮清　王　权　杨润时　吴绪昆　敖匡之　程崇德　王　恺
　　　肖刚柔　徐纬英　高尚武　关君蔚　陈陆圻　阳含熙

河北：陈安吉

山西：曹裕民

内蒙古：王峰源　辛镇寰　吴凤生　林　立　黄自善　朱国祯　盛蓬山
　　　博和吉雅

黑龙江：马永顺　王凤翥　王治忠　邓先诚　杨魁忱　傅德星　魏砚田
　　　孙学广　张凤岐　胡田运　宫殿臣　于世海

辽宁：王建民　韩师宣　卢广勋　齐人礼　徐文洲

吉林：于泳清　太元燮　牛　觉　王庭富　冯际凯　宋延福　李真宪
　　　张嘉伦　林书勤　宫见非
陕西：董日乾　薛鸿雄　魏　辛
甘肃：王　见　曾汉煲　乔魁利　张汉豪　赵瓒统　高廷选　龚得福
青海：李含英
宁夏：李树荣　宫运多　梅　林
四川：杨文纲　胡　韶
贵州：李永康　黄守型
云南：任　玮　曹诚一
江苏：贾铭钰　梁世镇　熊文愈　景　雷
安徽：邓延祚　吕自煌　吴茂清　张　曾　郝纪鹤　柯病凡　曹永太
　　　徐怀文　周　平
江西：王　藩　乐承三
湖南：刘承泽　李贻格　黄景尧　蒋　骥　解奇声　陈贻琼　郭荫人　石明章
广东：刘炎骏
广西：李治基　黄道年　谢福惠

表彰从事林业工作 50 年以上科技工作者名单（1992 年底）

北京：袁嗣令　李启基　孙景伟　吴秉信　田绍先　王子峥　申宗圻
　　　李继书　黄　枢　何定华　孙时轩　朱江户
天津：李忠恕
河北：张启恩
内蒙古：郑文卓
黑龙江：宋喜滨　李成烈　莫若行　邓中维　赵元植　韩树光　李振明
　　　　王业遽　张德义　陈兴厚　迟　朗　武　元　吴宝林　姜春起
上海：程绪珂　庄茂长　王瑞灿　金国培　陈克立　刘馨文
江苏：程　芝　李传道　姚庆渭　方有清　黄律先　贾铭钰　郝文荣
浙江：常曾儒　姚继衡
安徽：刘世骐　陈　章　石炳文　张明轩
福建：唐景琨　林文芳

山东：陈子澜　解福泉

河南：刘永祥　崔世证　张振中　安大化　王志忠　付崙坡　魏泽圃
　　　王子衡　史作宪　杜心莲　苌哲新　刘元本

湖南：潘先芬　李健民　谢伯纯

广东：林　密　李东生　何天相　谢国仁　陈其猷　李　洸

广西：郑元通　罗捷馨　杨迺庄　党树业

贵州：吴维垣

云南：尚久视　薛纪如　肖敏源

甘肃：袁士钾

宁夏：张震龙　孟庆芳

表彰从事林业工作 50 年以上科技工作者名单（1996 年底）

北京：刘　杰　赵燮武　徐国忠　关德海　周如松　关重尧　刘家声
　　　陈学文　赵　棨　李维绩　张美祥　王伯心　范立宾　李树义
　　　沈守恩　马杏绵　鲁一同　陈致生　黄伯璇　周光化　徐连魁
　　　陶章安　刘景芳　潘志刚　关毓秀　董世仁　王九龄　张家麟
　　　孙伯茗

河北：华　践　张慕栻

辽宁：裴志超　张立中　李钟琪　孙自福　李延生　陈云岫　苏思普
　　　许国璋　石　山　蒋学良　刘长江　石　镞　陶振邦　吴绍君
　　　关庆如

黑龙江：邵力平　李景文　周以良　陈大珂　孙月晨

江苏：孙家禄　牛霞嘏　林文棣

浙江：蒋仲庆　王世京　王景祥　周家骏

安徽：赵德铭

江西：杨亚民　刘庚汉　闵朝章

山东：林　平　谢凌虚　彭树勋　曹荣富　朱桂楫

河南：韩廉溪　张友彬　张修文　杨景春　白易简　李育湛　蒋绍曾
　　　于春云　张振清

湖北：郭尹白

湖南：董成望

广东：梁子超

广西：来家学　谢以锦　王克建

陕西：毛绳绪　邱明光　曲式曾　云立峰　穆可培　张仰渠　张岂凡
　　　郑在琏

甘肃：刘　榕　魏克勤

新疆：樊　逵

表彰从事林业工作 50 年以上科技工作者名单（2001 年底）

北京：张华龄　韩起江　黄志成　常　昆　周昌祥　汪祥森　赵克升
　　　关允瑜　凌　云　袁东岩　马常耕　李荫秀　张恒利　侯昌隆
　　　贺国枢　邢北任　张德成　沈熙环　沈国舫　朱之悌　李天庆
　　　韩熙春　火树华　阎树文　齐宗唐　齐宗庆　高志义　杨　旺
　　　陈燕芬　王沙生　罗又青　董乃钧　鲍甫成　张毅萍　李国猷
　　　郑世锴　彭镇华　朱　容　王贺春　关百钧　陈炳浩　李溪林
　　　阙秀如　邱守思　侯陶谦　刘友樵　张广学　李中达　窦作贤
　　　王志民　王鼎芳　吴继周　董延枢　李式樵　王士一　徐长久
　　　萧纪六　杨正平　廖士义　刘纪昌　周仲铭　黄竟芳　张执中
　　　袁嘉祖　张万儒　魏宝麟　徐国镒　杨秀元　宋朝枢　孙锡麟
　　　李文钿　蒋有绪　秦锡祥　高文呈　袁运昌　詹昭宁　王玉清
　　　李贻铨　吴帼英　金开璇　李兆麟　李毅功　徐士格　周鸿岐
　　　戴于龙　夏英芳　杨家驹　陈平安　陈章水　曹惠娟　梁崇岐
　　　洪　涛　林惠斌　李留瑜　孙庆民　吴国蓁　袁天银　赵志欧
　　　葛仁滋　朱先智　宋宗水　刘守纲

河北：许达川　张天成

山西：翟　旺　王国祥

内蒙古：张承彬

辽宁：徐振邦　吕　航　刘用伟　荆玉范　李继纲　李德臣　刘荫轩　陈玉文
　　　庞振国　潘会廷　李贵武　李明学　赵泉润　王辅泉

黑龙江：史济彦　刘培相　汪太振　聂绍荃　毛玉琪　刘培林　张福祯

　　　　　杨　育　宋献之　郑文忠　汪毓峰　赵树森　葛明裕　蔡纯生

　　　　　雷恩达　吕继光　姜孟霞　王廷富　林伯群

江苏：于肇华　张寿慈　翟其骅　孙侠凤　陆宝瑛　吕时铎　郑国菜

　　　张健端　木　炘　王宗力　王定选　肖尊琰　周淑贤　粟子安

　　　贺近恪　张晋康　姚光裕　彭淑静　陈国仁　曹若媗　胡圣楚

　　　郝庆恺　陆彦直　孙祖德　陆兆苏　关励巧　周之江　夏元洲

　　　马志琦　祁济棠　姚家熹　荣佩珠　黄宝龙　叶镜中　姜志林

　　　黄鹏成　吕士行　陈文和　涂怡云　蔡之权　胡慰苍　吴崇义

　　　刘忠传　缪印华　刘　增　刘　瀛　孙达旺

浙江：唐时一　曹静倩　杨培寿　吴正明　刘芳渊　周兆祥　李文彪

　　　黎章矩　田荆祥　林少韩　毛应跃　徐启元　王成霖

安徽：李书春　卫广扬　蔡其武　徐国宇　舒裕国　朱锡春　章平澜

　　　孙天任　张益清　李家龙

福建：傅圭璧　林大家　黄平江　陈开信　林　杰　李玉科　张建国

　　　俞新妥

江西：袁勋洋　蓝伟雄　皱垣　尹节礼　李企明　扬子江　姜树德

　　　刘仁和　张新文　简根源　王　俀　刘焯章　英　奇　冼自强

　　　马养俊　刘本才　施兴华　王华缄　傅登毫　向坚成

山东：华颖姿　范　迪　王永孝　赵萍舒　刘兰田　杨式瑄　白锦涛

　　　牛继荃　邵先倬　孙怀锦　朱元枚　李世光　梁玉堂　陈一山

　　　许慕农　龙庄如　林志忠　梁书宾　贾象斌　侯九川　李必华

　　　庞金宣　方德齐　卢秀新　吴星衍　郭善基

河南：蔺海亮　冯　滔　杨有乾　刘玉萃　蒋建平　王广钦　马金生

　　　谭永润　张雪敏　张廷龄　王庭训　张企曾　石长荣　吴瑞秋

　　　宋建学

湖北：彭志祥　金玉成　周心铁

湖南：彭秋成　骆期邦　王永安　何　方　胡芳名　周佑勋　彭宏经

　　　彭幼芬　徐国祯　沈中瀚　何家伟　刘先立　秦建宇　陈永密

　　　祁承经　王逮纲　刘修村　宋醒秋　文佩之　张全仁　刘仲基

　　　刘洪恩　刘明义　邹学宽　彭德纯

广东：范小澄　钟伟华　周　达　颜文希　梁　标　陈　亮　祁述雄
　　　谭曦光　何昭珩　容炳燊
贵州：周政贤　王永树　刘盛洲　李廷蛟　马　力　史筱麟　文　烈
　　　曾登华　魏绍初
陕西：周士尊　蒲立德　高水田　杨靖北　许树华　陈　信　郭养儒
　　　罗荫堂　温克力　宋长印　李家骏　李万杰　范在格　唐子伟
　　　陈由天
甘肃：王见曾　张万成　宋克让　任文林　薛德一　尹祚栋　丁学儒
　　　段郁华　张景武　边宇民　赵国仁
新疆：杨昌友

中国林业青年科技奖

（"※"为受到中组部、人事部、中国科协表彰的中国青年科技奖获得者）

第一、二届中国林学会青年科技奖（中国林业青年科技奖前身）

※梁一池　福建林学院

※李智勇　中国林业科学研究院

※胡兴平　山东农业大学

※范少辉　福建林学院

※王凤友　东北林业大学

（以上分别为1988、1990、1992年获奖者）

第三届中国林学会青年科技奖获得者（1994）

李吉跃　北京林业大学

方　伟　浙江林学院

巴特达尔　新疆阿瓦提县林管站

刘　静　山东泰安市林业科学研究所

孟祥彬　黑龙江省林学会

陈晓阳　北京林业大学

徐宏远　中国林业科学研究院

温秀军　河北省林业科学研究所

※张守攻　中国林业科学研究院

王述洋　东北林业大学

李来庚　中南林学院

孟　平　中国林业科学研究院

苏晓华　中国林业科学研究院

赵　明　甘肃省治沙站

曹绪英　吉林敦化林业局纤维板厂

第四届中国林业青年科技奖获得者（1996）

※张志毅　北京林业大学

※张灿明　湖南省林业科学研究所

张和民　卧龙自然保护区管理局

刘世荣　中国林业科学研究院

王多胜　甘肃省酒泉地区林业处

唐小明　中国林业科学研究院

杜国兴　南京林业大学

郑郁善　福建林学院

王万金　福建武平林产化工厂

刘　勇　北京林业大学

张永安　中国林业科学研究院

蔡友铭　上海市林业站

王立海　东北林业大学

朱延林　河南省林业科学研究所

宋义林　林业部哈尔滨林业机械研究所

杜长城　天津林业工作站

第五届中国林业青年科技奖（1998 年 2 月）

※张方秋　中国林业科学研究院

※魏美才　中南林学院

申世斌　黑龙江省林副特产研究所

田玉柱　北京市延庆县中德合作造林项目办

彭长清　林业部西北调查规划设计院

范国强　河南农业大学

毕　君　河北省林业科学研究院

徐年梓　苏州林机厂

方升佐　南京林业大学

江香梅（女）　江西省林业科学院

邱建生　贵州省林业科学研究院

苑增武　黑龙江省防护林研究所

潘　辉　福建省林业科学研究院

刘少刚　林业部哈尔滨林业机械研究所

贺康宁　北京林业大学

胥耀平　西北林学院

第六届中国林业青年科技奖（2000 年 10 月）

于文喜　黑龙江省森林保护研究所

李连芳　云南省林业科学院

赵克昌　甘肃省林业科技推广总站

刘伟泽　宁夏回族自治区盐池县林业局

赵秀海　北华大学

周国模　浙江林学院

※尹光天　中国林业科学研究院

储富祥　中国林业科学研究院

房桂干　中国林业科学研究院

段新芳　中国林业科学研究院

康向阳　北京林业大学

迟德富　东北林业大学

吴智慧　南京林业大学

陈　辉　西北农林科技大学

杜红岩　国家林业局泡桐研究中心

唐芳林　国家林业局昆明勘查设计院

第七届中国林业青年科技奖（2003 年 10 月）

吕建雄　中国林业科学研究院

※唐　明（女）西北农林科技大学

冯仲科　北京林业大学

冉景丞　贵州茂兰国家级自然保护区管理局

季孔庶　南京林业大学

肖文发　中国林业科学研究院

苏虎奎　新疆维吾尔自治区森林病虫害防治检疫总站

叶功富　福建省林业科学研究院

梁万君　吉林省林业科学研究院

孙宝刚　黑龙江省林业科学院

黄清麟　中国林业科学研究院

张劲松　中国林业科学研究院

舒立福　中国林业科学研究院

薛建辉　南京林业大学

温俊宝　北京林业大学

王太明　山东省林业科学研究院

郭明辉（女）　东北林业大学

第八届中国林业青年科技奖（2006 年 1 月）

※卢孟柱　中国林业科学研究院

※韩烈保　北京林业大学

马祥庆　福建农林大学

王小平　北京市林业国际合作项目管理办公室

刘守新　东北林业大学

任海青（女）　中国林业科学研究院

张小全　中国林业科学研究院

陈永忠　湖南省林业科学院

张会儒　中国林业科学研究院

吴学谦　浙江省林业科学研究院

李显玉　内蒙古敖汉旗林业局

张煜星　国家林业局调查规划设计院

周宏平　南京林业大学

罗治建　湖北省林业科学研究院

陶　晶（女）吉林省林业科学研究院

曹金珍（女）北京林业大学

曾伟生　国家林业局中南调查规划设计院

傅光华　国家林业局林产工业规划设计院

第九届中国林业青年科技奖（2007年4月）

马全林　甘肃省治沙研究所

王　敦　西北农林科技大学

王玉成　东北林业大学

刘兴明　甘肃祁连山国家级自然保护区管理局

刘盛全　安徽农业大学

汤玉喜　湖南省林业科学院

吴　波　中国林业科学研究院

吴承祯　福建农林大学

张晓丽（女）北京林业大学

李永良　青海大通县林业局项目办

李淑君（女）东北林业大学

陈少良　北京林业大学

金　崑　中国林业科学研究院

※勇　强　南京林业大学

胡英成　东北林业大学

崔丽娟（女）中国林业科学研究院

黄立新　中国林业科学研究院

韩爱惠（女）　国家林业局调查规划设计院

第十届中国林业青年科技奖（2009 年 8 月）

王小艺　中国林业科学研究院

王立娟（女）　东北林业大学

王春鹏　中国林业科学研究院

叶金盛　广东省林业调查规划院

闫文德　中南林业科技大学

闫家河　山东省商河县林业局

※许　凤（女）　北京林业大学

汪贵斌　南京林业大学

张怀清　中国林业科学研究院

张凌云（女）　北京林业大学

吴家胜　浙江林学院

※李德生　四川卧龙国家级自然保护区管理局

余　雁　国际竹藤网络中心

陈　鹏　云南省林业科学院

郑仁华　福建省林业科学研究院

姜英淑（女）　北京市林业种子苗木管理总站

郭文静（女）　中国林业科学研究院

夏朝宗　国家林业局调查规划设计院

蔡会德　广西壮族自治区林业勘测设计院

戴绍军　东北林业大学

第十一届中国林业青年科技奖（2011 年 9 月）

丁　珌（女）　福建省林业科学研究院

孔祥波　中国林业科学研究院森林生态环境与保护研究所

王军辉　中国林业科学研究院林业研究所

王毅力　北京林业大学

刘高强　中南林业科技大学

张仲凤（女）　中南林业科技大学

肖复明　江西省林业科学院

张忠辉　吉林省林业科学研究院

张忠涛　国家林业局林产工业规划设计院

周金星　中国林业科学研究院荒漠化研究所

周海宾　中国林业科学研究院木材工业研究所

欧阳君祥　国家林业局调查规划设计院

※饶小平　中国林业科学研究院林产化学工业研究所

哈地尔依沙克　新疆林业科学院

※郭洪英（女）　四川省林业科学研究院

殷亚方（女）　中国林业科学研究院木材工业研究所

徐　勇　南京林业大学

高志民　国际竹藤网络中心

解春霞（女）　江苏省林业科学研究院

魏安世　广东省林业调查规划院

第十二届中国林业青年科技奖（2013 年 9 月）

于海鹏　东北林业大学

王伟宏　东北林业大学

王明玉　中国林业科学研究院森林环境与保护研究所

邓立斌　国家林业局调查规划设计院

宁德鲁　云南省林业科学院

向左甫　中南林业科技大学

何奇江　浙江省杭州市林业科学研究院

何彩云　中国林业科学研究院林业研究所

张江涛　河南省林业科学研究院

※张德强　北京林业大学

杨汉奇　中国林业科学研究院资源昆虫所

陈金慧　南京林业大学

周晓燕　南京林业大学

庞　勇　中国林业科学研究院资源信息研究所

罗志斌　西北农林科技大学

金丽华　东北林业大学

胡兴宜　湖北省林业科学研究院

柴守权　国家林业局森林病虫害防治总站

曹石林　福建农林大学

黄晓凤　江西省林业科学院

第十三届中国林业青年科技奖（2016 年 1 月）

于澎涛　中国林业科学研究院森林生态环境与保护研究所

方国飞　国家林业局森林病虫害防治总站

王雪军　国家林业局调查规划设计院

王翠丽　内蒙古阿里河林业局

牛健植　北京林业大学

石　娟　北京林业大学

李雪平　国际竹藤中心

吕爱华　浙江省林产品质量检测站

朱求安　西北农林科技大学

宋新章　浙江农林大学

陈文业　甘肃省林业科学研究院

单延龙　北华大学

彭　锋　北京林业大学

高彩球　东北林业大学

徐俊明　中国林业科学研究院林产化学工业研究所

曹传旺　东北林业大学

谢延军　东北林业大学

彭邵锋　湖南省林业科学院

褚建民　中国林业科学研究院林业研究所

翟晓巧　河南省林业科学研究院

梁希林业科学技术奖

"中林集团杯首届梁希林业科学技术奖"获奖项目（2005 年 11 月）

获奖等级	获奖项目名称	项目主要完成人	项目主要完成单位
一等奖	绿色江苏现代林业发展研究	彭镇华、葛明宏、王成、李荣锦、张纪林、刘斌、储富祥、贺善安、李智勇、钟伟宏、李增元、彭方仁、崔丽娟、孙启祥、邱尔发	中国林业科学研究院、江苏省林业科学研究院、江苏省森林资源监测中心、南京林业大学、南京大学生命科学院、江苏省中国科学院植物研究所
	牡丹品种分类、选育及栽培新技术	王莲英、袁涛、冉东亚、秦魁杰、高志民、李清道、张秀新、陈新露、赵效金、王福	北京林业大学牡丹芍药科技开发有限公司、山东省曹州牡丹园实业有限公司、河南洛阳牡丹研究所
二等奖	木质环境品质与居住质量的研究	李坚、刘一星、段新芳、赵荣军、于海鹏、姚永明、李雨红、刘迎涛、王立娟、崔永志等	东北林业大学
	青檀人工林的栽培机理及定向培育技术的研究	方升佐、虞木奎、邱辉、汣香香、李成元、林高兴、李光友、吕家驹、李同顺、许治平等	安徽省林业科学研究院、南京林业大学、中德财政合作皖南生态造林扶贫项目办公室
	农林废弃物生物降解制备低聚木糖技术	余世袁、勇强、徐勇、陈牧、朱汉静、宋向阳、江华	南京林业大学化学工程学院
	名优花卉矮化分子调控机制与微型化生产技术研究	王华芳、尹伟伦、罗晓芳、段留生、徐兴友、吴敬需、彭彪、韩碧文、高荣孚、刘改秀等	北京林业大学
	电子化学品高纯没食子酸制造技术	张宗和、黄嘉玲、秦清、徐浩、仲崇茂、陶林、李丙菊、覃华中、孙先玉、王于霞等	南京龙源天然多酚合成厂、中国林业科学研究院林产化学工业研究所
	毛竹笋竹林高效经营关键技术集成与示范推广	金爱武、吴鸿、方伟、何志华、李雪涛、赖学舜、傅秋华、吴继林、董晨玲、高刚峰等	浙江林学院、浙江省林业科技推广中心、安吉县林业局、福建省林业厅造林处、遂昌县林业林局、永安市林业局、丽水市林业局等
	沙尘暴监测技术	鞠洪波、陈永富、罗敬宁、张怀清、郑新江、黄建文、张光武、赵峰、方翔、王韵晟等	中国林业科学研究院资源信息研究所、国家卫星气象中心

（续）

获奖等级	获奖项目名称	项目主要完成人	项目主要完成单位
二等奖	重大外来侵入性害虫－美国白蛾生物防治技术研究	杨忠岐、张永安、魏建荣、谢恩魁、王小艺、王传珍、乔秀荣、庞建军、李占鹏、苏智等	中国林业科学研究院森林环境与保护研究所、山东省烟台市森林保护站
	退化喀斯特森林自然恢复的生态学过程及恢复技术	喻理飞、祝小科、朱守谦、何纪星、李援越、朱军、魏鲁明、陈正仁、韦小丽、高华端等	贵州大学、贵州省林业调查规划院、茂兰国家级自然保护区管理局
	资源一号卫星在西藏森林资源调查中的示范应用	苏春雨、王庆杰、陈雪峰、黄国胜、周光辉、张敏、徐茂松、龙晶、曾伟生、赵有贤等	国家林业局调查规划设计院、国家林业局中南调查规划设计院、西藏自治区林业勘察设计院
	南方紫色页岩地区综合改造技术	葛汉栋、唐苗生、汪晓萍、薛萍、李锡泉、唐春元、廖玉良、颜七连、杨臣坤、刘跃进等	湖南省林业科技推广总站
	竹类植物根际联合固氮菌的开发与应用研究	顾小平、吴晓丽、汪阳东、吕丰旻、吴发荣、奚金荣	中国林业科学研究院亚热带林业研究所、浙江省富阳市林业局
三等奖	桉树优良无性系选育与推广应用研究	莫晓勇、彭仕尧、龙腾、杨国清、陈文平等	国营雷州林业局林业科学研究所
	红脂大小蠹防治技术研究	苗振旺、周维民、范俊秀、霍履远、王晓俪等	山西省森林病虫害防治检疫站
	竹子种质资源异地保存、评价与利用研究	萧江华、邹跃国、邹国明、吴良如、陈双林等	福建省华安县林业局、中国林业科学研究院亚热带林业研究所
	观光木杉木混交林的枯落物碳、养分和能量动态研究	陈光水、杨玉盛、何宗明、邹双全、林如青等	福建师范大学、福建农林大学
	松材线虫病控制对策与技术研究	汤坚、石进、蒋丽雅、武红敢、朋金和等	安徽省森林病虫防治总站
	2,3,4-三甲氧基苯甲醛新工艺	张宗和、黄嘉玲、徐浩、李丙菊、秦清等	南京龙源天然多酚合成厂、中国林业科学研究院林产化学工业研究所
	锥形流化床生物质气化技术	蒋剑春、应浩、戴伟娣、刘石彩、许玉等	中国林业科学研究院林产化学工业研究所
	功能型森林野菜有机栽培和加工技术	何志华、钱华、高立旦、柳新红、王国英等	浙江省林业科技推广中心、浙江省林业科学研究院、丽水市林业科学研究所、天台县林特局、永康市林业科学研究所

（续）

获奖等级	获奖项目名称	项目主要完成人	项目主要完成单位
三等奖	仁用杏良种引进试验示范推广	董天海、何振荣、冉雄林、常韧、康和平等	甘肃省定西市林业技术推广站
	祁连山东端林区中华鼢鼠综合防治试验研究	马有忠、杨国宗、刘勋才、张毅、张宏林等	甘肃省天祝藏族自治县林业局、天祝县华隆林场、天祝县哈溪林场、天祝县夏玛林场、天祝县祁连林场等
	宁夏枸杞标准化生产技术体系研究示范与推广	赵世华、杜相革、唐慧锋、李润淮、刘廷俊等	宁夏回族自治区林业局果树技术工作站、中国农业大学农学与技术学院、宁夏农林科学院枸杞研究所、农业部枸杞产品质量监督检验测试中心、中宁县林业局等
	宁夏主要造林树种工厂化育苗和造林技术研究	孙长春、沈效东、余治家、王自新、赵江涛等	宁夏林业研究所、宁夏回族自治区林业局、宁夏六盘山林业管理局、宁夏新华桥种苗场
	防护林体系建设工程管理信息系统（FHLMI2.0）	防护林体系建设工程管理信息系统（FHLMI2.0）徐泽鸿、杨雪清、黎云昆、李冰、曾宪芷等	国家林业局调查规划设计院、国家林业局长江流域防护林体系建设管理办公室
	用材林基地可持续林业综合技术的研究	王伟英、马阿滨、张成林、李梦、孙宝刚等	黑龙江省林业科学院
	绿化树种山新杨快速繁殖技术研究	赵凌泉、王福森、史绍林、李晶、徐连峰等	黑龙江省森林与环境科学研究院
	吉林省日本松干蚧疫情预防封锁及综合治理技术研究	山广茂、高峻崇、吴学贵、高力军、姜敏华等	吉林省森林病虫防治检疫总站、梅河口市森林病虫害防治检疫站、长春市森林病虫害防治检疫站
	辽东山区森林多资源开发利用技术推广及推广模式的研究	姜海燕、董明水、方勇、陈正芬、张月华等	辽宁省林业技术推广站
	南滚河国家级自然保护区综合科学考察	杨宇明、杜凡、刘宁、薛嘉榕、郭光、周远、杨为民等	西南林学院
	秦岭中山地带主要森林群落演替规律及稳定性机理	雷瑞德、陈存根、张硕新、刘建军、王得祥等	西北农林科技大学林学院

"中林集团杯第二届梁希林业科学技术奖"获奖项目（2007 年 7 月）

编号	项目名称	主要完成单位	主要完成人	获奖等级
2007-KJ-1-01	松香松节油结构稳定化及深加工利用技术研究与开发	中国林业科学研究院林产化学工业研究所	宋湛谦、赵振东、孔振武、商士斌、陈玉湘、高宏、王占军、李冬梅、王振洪、毕良武、黄焕、周浩、周永红、王婧、陈健	一等奖
2007-KJ-1-02	银杏资源高效利用技术	南京林业大学、山东永春堂生物科技有限公司	曹福亮、颜廷和、张往祥、汪贵斌、陈颖、赵林果、祝遵凌、王峰、王建伟、潘静霞、周统建、杨小虎	一等奖
2007-KJ-1-03	全国森林资源和生态状况综合监测体系建设框架研究	国家林业局森林资源管理司、国家林业局中南林业调查规划设计院、国家林业局调查规划设计院、国家林业局西北林业调查规划设计院、国家林业局华东林业调查规划设计院、中国林业科学研究院、北京林业大学	肖兴威、张煜星、周光辉、陈雪峰、曾伟生、聂祥永、彭长清、黄国胜、陈永富、张敏、熊泽斌、马克西、夏朝宗、姚顺彬、董乃钧	一等奖
2007-KJ-2-01	松材线虫 SCAR 标记与系列分子检测技术及试剂盒研制	南京林业大学森林资源与环境学院、安徽省林业有害生物防治检疫局（原安徽省森林病虫防治总站）	叶建仁、陈凤毛、汤坚、吴小芹、潘宏阳、叶学斌、黄任娥、谈家金、黄长春、黄麟	二等奖
2007-KJ-2-02	6HW-50 高射程喷雾机	南京林业大学机电工程学院、南通市广益机电有限责任公司	周宏平、郑加强、崔业民、张沂泉、许林云、茹煜、商庆清、唐进根、徐幼林	二等奖
2007-KJ-2-03	广州城市林业发展研究与规划	中国林业科学研究院林业研究所、中国林业科学研究院热带林业研究所、北京林业大学、华南农业大学、中国林业科学研究院科技信息所、广东省林业科学研究院、广州市林业局	彭镇华、谢左章、王成、粟娟、张志强、李意德、胡月明、李智勇、贾宝全、邱尔发	二等奖
2007-KJ-2-04	毛竹林养分管理及平衡施肥技术效应研究	江西农业大学林学院、奉新县林业局、铜鼓县林业局、靖安县林业局、中科院武汉植物园	郭晓敏、牛德奎、杜天真、刘苑秋、陈友根、陈防、胡瑞牯、严伍明、熊国辉、张露	二等奖
2007-KJ-2-05	山核桃新品种选育及高效培育技术研究	浙江林学院、临安市林业局、淳安县林业局、宁国市科技局、杭州临安人长久食品有限公司、浙江林学院天则山核桃科技开发有限公司	章滨森、黄坚钦、郭传友、裘丽珍、黄有军、夏国华、胡国良、徐惠琴、王正加、张秋月	二等奖

（续）

编号	项目名称	主要完成单位	主要完成人	获奖等级
2007-KJ-2-06	马尾松优质工业用材林持续稳定发展的机理及技术研究	贵州大学、中国林业科学研究院热带林业实验中心	丁贵杰、谵红辉、夏玉芳、周运超、周志春、杨章旗、齐新民、谢双喜、温佐吾、施积炎	二等奖
2007-KJ-2-07	牡丹新品种选育与产业化开发	北京林业大学	成仿云、何桂梅、于晓南、赵孝庆、李云飞、李萍	二等奖
2007-KJ-2-08	四种主要经济林产品贮藏保鲜及加工技术	中国林业科学研究院林业研究所、中南林业科技大学	王贵禧、谢碧霞、梁丽松、钟海雁、李鹏霞、李安平、王亚萍、杨小胡、张树青、肖珂宁	二等奖
2007-KJ-2-09	华仲6—9号杜仲高产胶优良无性系选育	中国林业科学研究院经济林研究开发中心、河南省林木种质资源保护与良种选育重点实验室、中南林业科技大学、洛阳市林业科学研究所、三门峡市林业技术推广站、河南省林业学校、安阳市林业局	李芳东、杜红岩、乌云塔娜、杜兰英、杨绍彬、傅建敏、彭兴龙、郭玉生、刘智勇、王光军	二等奖
2007-KJ-2-10	木材-SiO$_2$气凝胶纳米复合材料的研究	东北林业大学、西南林学院	李坚、邱坚、刘一星、隋淑娟、姚永明、李斌、王立娟、苏润洲、于海鹏、崔永志	二等奖
2007-KJ-2-11	森林旅游区生态环境资源评价研究	中南林业科技大学	吴章文、吴楚材、吴敏、曹铁如、杨道德、石强、黄蓉、谭益民、吴新宇、邓金阳	二等奖
2007-KJ-2-12	江苏下蜀城市森林生态系统定位研究	南京林业大学森林资源与环境学院	姜志林、阮宏华、吴力立、胡海波、张金池、叶镜中、屠六邦、栾以玲、唐荣南、张武兆	二等奖
2007-KJ-2-13	CDM退化土地再造林方法学	中国林业科学研究院森林生态环境与保护研究所、广西林业勘测设计院、广西速生丰产林管理站	张小全、莫祝平、黄永、李富福、吴支民、韦启忠、李桂经、黄道京、岑巨延、朱建华	二等奖
2007-KJ-2-14	人工林木材增值利用加工技术	中国林业科学研究院木材工业研究所	张久荣、吕建雄、吴玉章、孙振鸢、周永东、骆秀琴	二等奖
2007-KJ-2-15	蓟县山区综合技术开发与示范	天津市蓟县山区综合开发有限责任公司	赵国明、杜长城、付立红、吕宝山、裴秀荣、贾爱军、金宝玉、张景新、高玉娟、刘玉书	二等奖
2007-KJ-2-16	北京地区森林资源损失计量研究	北京市园林绿化局、北京林业大学	冀捷、朱国城、王武魁、米锋、李吉跃、张彩虹、张大红、姜国华、靳珂珂、徐燕	二等奖

（续）

编号	项目名称	主要完成单位	主要完成人	获奖等级
2007-KJ-2-17	森林草原火灾辨识、预测与火行为	中国林业科学研究院森林生态环境与保护研究所、中国科学技术大学火灾科学国家重点实验室、清华大学工程力学系、北京师范大学	舒立福、刘乃安、吴子牛、田晓瑞、王明玉、朱霁平、宋卫国、寇晓军、李华、宋光辉	二等奖
2007-KJ-2-18	四倍体刺槐引种推广及其饲料林高效栽培和加工利用技术研究	北京林业大学	李云、田砚亭、罗晓芳、张国君、姜金仲、高永伟、徐虎智、刘书文、王淑琴、刘俊生	二等奖
2007-KJ-2-19	柳树种质资源的引进与创新	江苏省林业科学研究院、安徽省长江河道管理局、北京市房山区复兴苗圃、江苏省金湖县林业站、南京市林业站	施士争、葛明宏、王宝松、韩杰峰、孙体如、张珏、潘明建、郭群、董德友、丁友全	二等奖
2007-KJ-2-20	基于"3S"技术的森林资源空间信息获取方法及其监测管理系统	国家林业局西北林业调查规划设计院	黄生、马胜利、王照利、黄勇超、王志红、王义贵、张敏中、王得军、徐干君、冯小华	二等奖
2007-KJ-3-01	超高产人工三倍体新桑品种嘉陵20号选育推广	西南大学、中国林业科学研究院林业研究所	余茂德、周金星、吴存容、张旭东、张开建	三等奖
2007-KJ-3-02	宽阔水自然保护区生物多样性及其环境背景研究	贵州大学、贵州省绥阳宽阔水省级自然保护区管理局	喻理飞、谢双喜、吴太伦、熊源新、周运超	三等奖
2007-KJ-3-03	复合沙障治理流沙技术研究	内蒙古敖汉旗林业局	李显玉、王玉、王晓东、李晓明、李景武	三等奖
2007-KJ-3-04	濒危物种格氏栲生态学保护研究	福建农林大学	刘金福、洪伟、李俊清、吴承祯、樊后保	三等奖
2007-KJ-3-05	固沙型柠条饲料林对退化沙地的改良及饲料开发利用研究	宁夏回族自治区林业局、宁夏农林科学院荒漠化治理研究所	王峰、张浩、蒋齐、韩陕宁、李生宝	三等奖
2007-KJ-3-06	树莓优良品种高效种植和加工技术及产业化推广应用	中国林业科学研究院森林生态环境与保护研究所、中国林业科学研究院林业研究所、北京电子科技职业学院、河北省林业科学研究院、北京东方夏都树莓科技发展有限公司	王彦辉、王贵禧、张清华、辛秀兰、张均营	三等奖
2007-KJ-3-07	自走式苗木换床技术及设备研究	国家林业局哈尔滨林业机械研究所	刘明刚、吴兆迁、牛晓华、刘瑞林、王德柱	三等奖

（续）

编号	项目名称	主要完成单位	主要完成人	获奖等级
2007-KJ-3-08	甘肃洮河自然保护区科学考察	国家林业局西北林业调查规划设计院	薄乖民、杨永林、王育周、何录德、李继瓒	三等奖
2007-KJ-3-09	牛肝菌仿生栽培技术研究	浙江省丽水市林业科学研究所、丽水市食用菌研究开发中心、中国林业科学研究院亚热带林业研究所、中国林业科学研究院热带林业研究所、庆元林场	应国华、吴学谦、吕明亮、陈连庆、陈奕良	三等奖
2007-KJ-3-10	花椒优良品种选引及产业化配套技术研究	河北省林业科学研究院	毕君、赵京献、王春荣、郭伟珍、林艳	三等奖
2007-KJ-3-11	落叶松球果害虫综合治理的研究	东北林业大学	严善春、胡隐月、迟德富、姜兴林、赵启凯	三等奖
2007-KJ-3-12	湿地松×加勒比松杂交育种研究及优良杂种推广	广东省林业科学研究院、台山市红岭种子园、广东省林业种苗与基地管理总站、广东省林业局科技与对外合作处、广东省乐昌市龙山林场	赵奋成、张应中、李福明、蔡坚、钟岁英	三等奖
2007-KJ-3-13	廊坊杨新品种选育、配套栽培技术及产业化体系研究	河北省廊坊市农林科学院	王恭祎、武惠肖、宋玉山、刘晓杰、王俊山	三等奖
2007-KJ-3-14	杨树溃疡病类生态控制技术研究	东北林业大学	宋瑞清、张杰、计红芳、冀瑞卿、崔磊	三等奖
2007-KJ-3-15	杉木大径材培育技术研究	江西省林业科学院、江西省铜鼓县林业局、国营永丰县官山林场、江西省德兴市林业局、江西省林业科技推广总站	曾志光、黄小春、罗坤水、陈友根、聂煜	三等奖
2007-KJ-3-16	松墨天牛病原微生物资源和优良菌株的筛选及防治技术的研究	浙江林学院、宁波市森林病虫防治检疫站、浙江平阳白僵菌厂	张立钦、马良进、吴鸿、徐华潮、林海萍	三等奖
2007-KJ-3-17	环保型阻燃中密度竹木复合板的研制和开发	浙江省林业科学研究院、北京林业大学、浙江省德清县莫干山竹胶板厂、安吉恒丰竹木产品有限公司	汪奎宏、李琴、华锡奇、何奇江、杨伟明	三等奖
2007-KJ-3-18	台湾青枣系列品种（毛叶枣栽培品种群）的引进	北京林业大学	续九如、李颖岳、孙浩元、史良、胡伟娟	三等奖

（续）

编号	项目名称	主要完成单位	主要完成人	获奖等级
2007-KJ-3-19	多技术协同的森林资源联动监管研究与信息平台应用	浙江林学院、杭州感知软件科技有限公司、浙江省森林资源监测中心、建德市林业局、新昌县林业局、临安市林业局	方陆明、徐爱俊、唐丽华、吴达胜、葛宏立	三等奖
2007-KJ-3-20	木本景观攀缘植物的应用推广	浙江省林业技术推广总站、浙江天润园林有限公司、浙江省林业科学研究院、浙江元成园林工程有限公司、浙江龙丽丽龙高速公路建设指挥部	何志华、高立旦、章滨森、钱华、张建和	三等奖
2007-KJ-3-21	木材加工粉尘治理技术与综合利用研究	广东省林业调查规划院	周玉申、潘淑清、刘志武、陈雄伟、彭福坦	三等奖
2007-KJ-3-22	林业专业合作经济组织的作用与发展对策研究	浙江林学院、临安市林业局	沈月琴、徐秀英、吴伟光、程云行、刘微	三等奖
2007-KJ-3-23	北京市风沙源治理技术推广与模式建设	北京市园林绿化局防沙治沙办公室、北京林业大学水土保持学院、密云县林业局、平谷区林业局、延庆县林业局	李金海、甘敬、丁国栋、胡俊、刘松	三等奖
2007-KJ-3-24	矿区废弃地植被综合恢复技术研究	中国林业科学研究院森林生态环境与保护研究所、抚顺矿业集团有限责任公司林业处、抚顺市环境监测站	王兵、赵广东、苏铁成、白秀兰、李刚	三等奖
2007-KJ-3-25	集约经营雷竹林土壤竹笋质量演变特征及其控制技术研究	浙江林学院、临安市林业局	姜培坤、周国模、徐秋芳、俞益武、张立钦	三等奖
2007-KJ-3-26	几种沿阶草族耐荫地被植物的筛选与推广应用	北京天天绿园林绿化公司、中国林业科学研究院林业研究所、北京绿化事务服务中心、北京花卉协会	毛泉炳、毛建明、姚春良、孙振元、韩蕾	三等奖
2007-KJ-3-27	拉氏栲栽培生物学特性及人工造林技术研究	福建农林大学莘口教学林场、福建省林业科学技术推广总站、福建农林大学林学院	刘春华、潘标志、刘爱琴、沈宝贵、陈德叶	三等奖
2007-KJ-3-28	早竹笋用林退化地改造与规范生产技术示范推广	德清县林业局、杭州市余杭区林业局、国家林业局竹子研究开发中心、浙江林学院	丁兴萃、周云娥、刘军、应叶青、白洪青	三等奖

（续）

编号	项目名称	主要完成单位	主要完成人	获奖等级
2007-KJ-3-29	优良灌木柠条利用技术试验示范研究	内蒙古鄂尔多斯市林业治沙科学研究所	刘朝霞、林霞、李维向、贺占有、赵雨兴	三等奖
2007-KJ-3-30	西双版纳国家级自然保护区植物多样性调查研究	云南省林业调查规划院	李宏伟、赵元藩、郭贤明、刘林云、徐伦先	三等奖
2007-KJ-3-31	南昌市城市林业研究	江西省南昌市林学会	王道吉、樊三宝、万承永、熊冬平、欧小青	三等奖
2007-KJ-3-32	核桃良种繁育及丰产栽培技术推广	辽宁省林业技术推广站	姜海燕、于德复、方勇、金丽丽、谢君	三等奖
2007-KJ-3-33	抗干旱观赏植物在园林绿化中的应用研究与示范	宁夏林业研究所（有限公司）	沈效东、王立英、白永强、李永华、叶小曲	三等奖
2007-KJ-3-34	河南小秦岭自然保护区生物多样性本底研究	国有三门峡河西林场、河南农业大学、河南省教育学院、河南省野生动物救护中心、三门峡市林业局林技站	叶永忠、李合申、杨新生、王海亮、韩军旺	三等奖

"中林集团杯第三届梁希林业科学技术奖"获奖项目（2009年11月）

编号	项目名称	主要完成人	主要完成单位	获奖等级
2009-KJ-1-01	东北天然林生态采伐更新技术	唐守正、张会儒、赵秀海、代力民、王立海、亢新刚、陆元昌、郑小贤、雷相东、罗传文、汤孟平、孙玉军、洪玲霞、于大炮、李春明	中国林业科学研究院资源信息研究所、北京林业大学、中国科学院沈阳应用生态研究所、东北林业大学	一等奖
2009-KJ-1-02	麋鹿与丹顶鹤保护及栖息地恢复技术研究	薛建辉、丁玉华、孙明、张银龙、吴永波、王会、吕士成、徐安宏、任义军、张国斌、沈华、王立波、陈浩、苏继申、孙春华	南京林业大学森林资源与环境学院、江苏省大丰麋鹿国家级自然保护区管理处、江苏盐城国家级珍禽自然保护区管理处	一等奖
2009-KJ-2-01	木结构建筑材料开发与应用	费本华、吕建雄、王正、傅峰、于文吉、任海青、王戈、林利民、赵荣军、周海宾	中国林业科学研究院木材工业研究所、国家林业局北京林业机械研究所、国际竹藤网络中心、黑龙江木材科学研究所	二等奖

（续）

编号	项目名称	主要完成人	主要完成单位	获奖等级
2009-KJ-2-02	松材线虫病病原群体变异及在中国流行的时空动态研究	叶建仁、吴小芹、潘宏阳、陈凤毛、黄任娥、陈蔚诗、刘雪莲、胡学兵、谈家金、黄麟	南京林业大学森林资源与环境学院、国家林业局森林病虫害防治总站	二等奖
2009-KJ-2-03	四川主要丛生竹定向培育关键技术集成与产业化示范推广	陈其兵、高素萍、胡尚连、董文渊、江明艳、罗正华、刘光立、黄丛德、蔡仕珍、刘应高	四川农业大学、西南科技大学、西南林学院	二等奖
2009-KJ-2-04	南方地区杨树人工林定向培育技术体系的研究与应用	方升佐、陈金林、卢克成、杨鹏、唐罗忠、徐宏强、张焕朝、袁成、薛同良、汪宏林	南京林业大学	二等奖
2009-KJ-2-05	北方耐寒型彩色树种引种选育与推广应用	王宪成、陶晶、陈士刚、李青梅、孙长彬、秦彩云、王臣、孙伟、张连才、才巨峰	吉林省林业科学研究院	二等奖
2009-KJ-2-06	观赏草资源收集、选育与开发应用	武菊英、滕文军、徐佳、袁小环、杨学军、王淑琴、左海涛、王庆海、温海峰、李晓娜	北京草业与环境研究发展中心、北京市园林绿化局、延庆县林业局	二等奖
2009-KJ-2-07	竹木复合结构理论及应用	张齐生、孙丰文、蒋身学、朱一辛、许斌、朱其孟、徐善平、关雪梅、李柏忠、黄河浪	南京林业大学竹材工程研究中心、诸暨市光裕竹业有限公司、嘉善新华昌木业有限公司、南车二七车辆有限公司、中国林业科学研究院	二等奖
2009-KJ-2-08	森林经营优化技术和决策支持系统	唐小平、赵有贤、欧阳君祥、王志臣、程小玲、翁国庆、刘国强、周洁敏、李云、李晖	国家林业局调查规划设计院	二等奖
2009-KJ-2-09	国家林业重点工程社会经济效益监测	张蕾、姚昌恬、周少舟、汤晓文、谢晨、刘建杰、李天送、王月华、赵金成、夏郁芳	国家林业局经济发展研究中心、国家林业局发展计划与资金管理司	二等奖
2009-KJ-2-10	造林再造林碳汇项目优先发展区域选择与评价技术试验	李怒云、徐泽鸿、王春峰、张爽、杨雪清、陈健、侯瑞萍、章升东、高金萍	国家林业局调查规划设计院、国家林业局造林绿化管理司、国家林业局碳汇管理办公室、美国大自然保护协会北京办事处	二等奖
2009-KJ-2-11	上海市林业重大病虫害监测预警和无公害综合防治技术研究	王焱、马凤林、叶建仁、冯琛、季镭、朱建华、郝德君、张岳峰、吴广超、李玉秀	上海市林业病虫防治检疫站、南京林业大学	二等奖

（续）

编号	项目名称	主要完成人	主要完成单位	获奖等级
2009-KJ-2-12	油茶高产新品种推广与高效栽培技术示范	陈永忠、彭邵锋、刘跃进、王湘南、杨小胡、薛萍、粟粒果、刘欲晓、王瑞、刘益兴	湖南省林业科学院、湖南省林业科技推广总站、浏阳市林业局、攸县林业局	二等奖
2009-KJ-2-13	农林废弃生物质清洁高效分离及高值化利用基础科学问题	许凤、孙润仓、刘传富、任俊莉、耿增超、苏印泉、彭锋、彭湃、佘雕、张学铭	北京林业大学、华南理工大学、西北农林科技大学	二等奖
2009-KJ-2-14	防火林带阻火机理和营造技术研究	舒立福、田晓瑞、王明玉、刘晓东、邸雪颖、赵凤君、李晓川、单延龙、李世友、王秋华	中国林业科学研究院森林生态环境与保护研究所、北京林业大学、东北林业大学、广东省林业科学研究院	二等奖
2009-KJ-2-15	空穴化过程的物理分析和栓塞修复的新机制	沈繁宜、刘文吉、高荣孚、沈应柏、郭锐、孙青、张文杰、程艳霞	北京林业大学	二等奖
2009-KJ-2-16	落羽杉资源引进及培育技术的研究与推广	曹福亮、汪贵斌、张往祥、汪企明、孙羊林、陈颖、王学武、叶信华、顾万海、骆敏	南京林业大学森林资源与环境学院	二等奖
2009-KJ-2-17	我国林业及相关产业分类研究	姚昌恬、刘俊昌、汤晓文、胡明形、刘建杰、杨小刚、陈文汇、于百川、巴运红、金笙	国家林业局发展规划与资金管理司、北京林业大学	二等奖
2009-KJ-2-18	森林资源安全监管新模式及其信息系统研究与应用	方陆明、徐爱俊、唐丽华、楼雄伟、张步光、吴达胜、赵国平、蒋小凡、翁卫松、李光辉	浙江林学院、杭州感知软件科技有限公司、丽水市林业局、杭州市林水局、湖州市林业局、温州市林业局	二等奖
2009-KJ-2-19	中国古北区林木钻蛀害虫天敌姬蜂分类研究	盛茂领、孙淑萍、潘宏阳、陈国发、李永成、郭志红、常国彬、李海燕、杨奋勇、栾树森	国家林业局森林病虫害防治总站、内蒙古鄂尔多斯市森林病虫害防治检疫站	二等奖
2009-KJ-2-20	绿竹良种选育及高效经营技术研究与推广	余学军、张立钦、吴寿国、许加意、黎茂彪、高培军、池万银、林焕忠、杨万利	浙江林学院、瑞安市林业局、苍南县林业局、永安市林业局	二等奖
2009-KJ-2-21	林纸一体化速生材制浆性能及其评估体系的研究	李忠正、房桂干、尤纪雪、施英乔、蒋华松、李萍、刘学斌、邓拥军、曹云峰、刘明山	南京林业大学轻工科学与工程学院、中国林业科学研究院林产化学工业研究所	二等奖
2009-KJ-3-01	窄冠黑杨、窄冠黑白杨的选育及推广	刘国兴、李际红、张友朋、庞金宣、刘振廷	山东农业大学	三等奖

（续）

编号	项目名称	主要完成人	主要完成单位	获奖等级
2009-KJ-3-02	闽江流域常绿阔叶林理水保土与培肥地力作用机制研究	杨玉盛、谢锦升、何宗明、陈光水、邹双全	福建师范大学、福建农林大学	三等奖
2009-KJ-3-03	四川省秦巴区绿色食品开发	慕长龙、韩华柏、孙鹏、罗成荣、周建华	四川省林业科学研究院、南江县林业局、广元市利州区林业局、南江县林产品公司、通江县林业科学技术研究所	三等奖
2009-KJ-3-04	木质废料中密度纤维板工艺技术	周玉申、陈雄伟、丁丹、何莹泉、房仕钢	广东省林业调查规划院	三等奖
2009-KJ-3-05	神农架金丝猴行为学研究及人工补食技术	杨敬元、瞿定远、廖明尧、钟然、王大兴	湖北神农架国家级自然保护区管理局	三等奖
2009-KJ-3-06	木材生物矿物形成机理与其在木材-无机质复合材制备中的应用	邱坚、杜官本、杨燕、王昌命、李君	西南林学院	三等奖
2009-KJ-3-07	生态垫在京津风沙源治理工程中的应用研究与示范	王小平、施海、秦永胜、周彩贤、马红	北京市园林绿化国际合作项目管理办公室、北京市林业科技推广站、北京林业大学、中国林业科学研究院林业研究所	三等奖
2009-KJ-3-08	红豆杉中紫杉烷类活性成分高效诱导、分离纯化和多西紫杉醇半合成	付玉杰、祖元刚、顾成波、罗猛、王文杰	东北林业大学	三等奖
2009-KJ-3-09	优良地锦新品种培育及其在特殊立地绿化中应用技术研究	孙振元、巨关升、赵梁军、韩蕾、张毅功	中国林业科学研究院林业研究所	三等奖
2009-KJ-3-10	天目山古柳杉群衰退机理和综合调控技术研究	蒋平、杜晴洲、张立钦、朱云峰、陈小勇	浙江省林业有害生物防治检疫局、天目山国家级自然保护区管理局、浙江林学院、华东师范大学、南京林业大学	三等奖
2009-KJ-3-11	三北地区退化森林植被生态恢复（CRRM）的理论与技术	李景文、宋国华、刘艳红、李俊清、张昊	北京林业大学、北京建筑工程学院	三等奖

（续）

编号	项目名称	主要完成人	主要完成单位	获奖等级
2009-KJ-3-12	松叶蜂性信息素鉴定合成和应用技术	张真、王鸿斌、周淑芷、陈国发、陈立功	中国林业科学研究院森林生态环境与保护研究所、国家林业局森林病虫害防治总站、天津大学化工学院精细化工系、厦门大学化学化工学院、山西省林业有害生物防治检疫局	三等奖
2009-KJ-3-13	凋落物源有机酸及其地下生态效应	崔晓阳、宋金凤、张韫、郝敬梅、娄鑫	东北林业大学	三等奖
2009-KJ-3-14	植物蒸腾抑制剂的研制与开发应用	李新平、程丽芬、郑智礼、梁爱军、段自安	山西省林业科学研究院	三等奖
2009-KJ-3-15	喀斯特山地退耕还林工程技术研究	张喜、刘延惠、周红、丁访军、崔迎春	贵州省林业科学研究院、贵州省退耕还林工程管理中心	三等奖
2009-KJ-3-16	油料树种光皮树遗传改良及其资源利用技术	李昌珠、蒋丽娟、李培旺、张良波、李力	湖南省林业科学院、湖南省生物柴油工程技术研究中心、中南林业科技大学	三等奖
2009-KJ-3-17	农林复合杨树速生丰产林高效栽培模式研究	王迎、王华田、孙增富、孔令刚、宋承东	山东省泰安市泰山林业科学研究院	三等奖
2009-KJ-3-18	农林用地产权制度创新与价格评估研究	单胜道、徐秀英、程云行、蔡细平、黄祖辉	浙江林学院、浙江大学、同济大学	三等奖
2009-KJ-3-19	甘肃白水江大熊猫研究	黄华梨、魏秀元、张可荣、王洪建、杨文赟	甘肃白水江国家级自然保护区管理局	三等奖
2009-KJ-3-20	翅荚木遗传多样性及引种培育研究	柳新红、何小勇、袁德义、李因刚、童方平	丽水市林业科学研究院、浙江省林业科学研究院、中南林业科技大学、湖南省林业科学院、广西壮族自治区林业科学研究院	三等奖
2009-KJ-3-21	浙江省重要生态地区昆虫资源研究	吴鸿、王义平、徐华潮、杨淑贞、赵明水	浙江林学院、浙江天目山国家级自然保护区管理局、浙江凤阳山——百山祖国家级自然保护区百山祖管理处、湖州市林业局、浙江古田山国家级自然保护区管理局	三等奖

（续）

编号	项目名称	主要完成人	主要完成单位	获奖等级
2009-KJ-3-22	普陀鹅耳枥等海岛特有珍稀树种保存和繁育利用技术研究	俞慈英、李修鹏、黄丽春、王国明、赵慈良	浙江省舟山市林业科学研究所、浙江林学院、浙江省舟山市普陀山园林管理处	三等奖
2009-KJ-3-23	绿僵菌生物杀虫剂研究及推广应用	秦长生、徐金柱、何雪香、殷凤鸣、牛勇	广东省林业科学研究院、广东省林业局森林病虫害防治与检疫总站、海南省林业局森林病虫害防治总站、广东省广宁县林业局	三等奖
2009-KJ-3-24	黑龙江省林区低产林改造技术示范	马阿滨、邓晓华、孙宝刚、白化奎、徐娟	黑龙江省林业科学院	三等奖
2009-KJ-3-25	BSG2626 系列、BSG2726 系列八呎宽幅砂光机	沈文荣、刘艳丽、徐迎军、杨志林、李玲	苏州苏福马机械有限公司	三等奖
2009-KJ-3-26	森林火灾生物控制技术研究与应用	丰炳财、余树全、刘世勤、汪建敏、姜维瑞	浙江省淳安县千岛湖国家森林公园、浙江林学院、森林国际旅行社、浙江省林业科学研究院、浙江省淳安县林业局	三等奖
2009-KJ-3-27	焦性没食子酸制备新技术产业化	陈笳鸿、汪咏梅、汤先赤、陈学勇、吴冬梅	中国林业科学研究院林产化学工业研究所、湖南省张家界贸源化工有限公司	三等奖
2009-KJ-3-28	农村小城镇园林绿化工程综合集成技术应用与示范	范义荣、蔡建国、徐文辉、陈楚文、尤依妮	浙江林学院、临海市杜桥镇人民政府、湖州市吴兴区八里店镇人民政府、诸暨市五泄镇人民政府、玉环县大麦屿经济开发区	三等奖
2009-KJ-3-29	环境与栽培因子影响银杏叶黄酮积累的分子机理及其调控研究	程水源、王燕、许锋、李琳玲、程述汉	长江大学、黄冈师范学院	三等奖
2009-KJ-3-30	主要干果树种育种技术创新与新品种推广应用	王玉柱、郝艳宾、黄武刚、孙浩元、齐建勋	北京市农林科学院林业果树研究所	三等奖
2009-KJ-3-31	柳窿桉优良无性系选育与区域试验	项东云、王以红、吴幼媚、陈健波、蔡玲	广西壮族自治区林业科学研究院	三等奖
2009-KJ-3-32	滨海滩涂互花米草治理及其红树林恢复技术研究	谭芳林、潘辉、丁珌、林永源、林捷	福建省林业科学研究院、泉州市林业局	三等奖

（续）

编号	项目名称	主要完成人	主要完成单位	获奖等级
2009-KJ-3-33	福建集体林权制度改革理论与实践	聂影、沈文星、张智光、贾卫国、俞小平	南京林业大学	三等奖
2009-KJ-3-34	杨树天牛可持续生态控制关键技术及灾变规律研究与应用	徐福元、安榆林、夏春胜、唐进根、徐克勤	江苏省林业科学研究院、江苏省林业局、江苏出入境检验检疫局、南京林业大学、江苏省林业有害生物防治检疫站	三等奖
2009-KJ-3-35	河南省锈色粒肩天牛灾变规律及综合治理技术研究	吴国新、孙丹萍、刘玉卿、徐睿、赵化奇	河南省林业学校、河南省林业科学研究院、河南省野生动物救护中心	三等奖
2009-KJ-3-36	喷蒸-真空热压厚型中密度纤维板制造及产业化	徐咏兰、周定国、周晓燕、金菊婉、梅长彤	南京林业大学木材工业学院	三等奖
2009-KJ-3-37	1P65F汽油机的研制	孙朋山、袁晓春、张荣山、贾德欣、李崧	江苏林海动力机械集团公司、江苏苏美达林海动力机械有限公司	三等奖
2009-KJ-3-38	青藏高原乡土难繁树种祁连圆柏快繁及产业化	朱春云、杨占武、刘小利、陈武生、赵越	青海省农林科学研究院	三等奖
2009-KJ-3-39	仙客来工厂新品种选育及其制种体系研究	郑勇平、俞继英、张明霞、王春、梁永红	浙江森禾种业股份有限公司	三等奖
2009-KJ-3-40	人工林立木质量的应力波无损评估技术	姜笑梅、殷亚方、周玉成、罗彬、王春明	中国林业科学研究院木材工业研究所、黑龙江省木材科学研究所	三等奖
2009-KJ-3-41	茶籽色拉油、化妆品油研究	陆顺忠、曾辉、李秋庭、李开祥、张英	广西壮族自治区林业科学研究院	三等奖
2009-KJ-3-42	沟系森林生态经济工程与可持续经营	孙文生、王志新、郑国仲、任军、刘馨阳	吉林省林业科学研究院	三等奖

"中林集团杯第四届梁希林业科学技术奖"获奖项目（2011 年 12 月）

编号	项目名称	主要完成人	主要完成单位	获奖等级
2011-KJ-1-01	森林资源综合监测技术体系研究	鞠洪波、张怀清、唐小明、彭道黎、陆元昌、邸雪颖、庄大方、陈永富、武红敢、张煜星、唐小平、张会儒、曾伟生、刘华、黄建文	中国林业科学研究院资源信息研究所、北京林业大学、东北林业大学、国家林业局调查规划设计院、中国科学院地理科学与资源研究所、中国科学院遥感应用研究所、内蒙古自治区林业科学研究院	一等奖
2011-KJ-1-02	木竹材性光谱速测及品质鉴别关键技术与应用	江泽慧、费本华、傅峰、王戈、余雁、黄安民、赵荣军、杨忠、刘杏娥、王小青、李岚、覃道春、虞华强、汪佑宏、吕文华	国际竹藤网络中心、中国林业科学研究院木材工业研究所	一等奖
2011-KJ-1-03	杨树种质资源创新与利用及功能分子标记开发	苏晓华、黄秦军、张冰玉、王胜东、李爱平、蔺胜军、樊军锋、姜英淑、沈应柏、张香华、姜岳忠、滕文飞、褚延广、丁昌俊、王福森	中国林业科学研究院林业研究所、辽宁省杨树研究所、内蒙古自治区林业科学研究院、西北农林科技大学、北京市林业种子苗木管理总站、北京林业大学、山东省林业科学研究院、大连市林业科学研究所、黑龙江省森林与环境科学研究院	一等奖
2011-KJ-1-04	北京山区生态公益林高效经营关键技术与示范	马履一、贾黎明、王希群、贾忠奎、刘勇、翟明普、校建民、徐军亮、李国雷、徐程扬、甘敬、蔡宝军、杜鹏志、王继兴、王小平	北京林业大学	一等奖
2011-KJ-2-01	库姆塔格沙漠综合科学考察及其主要科学发现	卢琦、董治宝、吴波、鹿化煜、王继和、肖洪浪、李迪强、严平、杨文斌、王式功	中国林业科学研究院、中国科学院寒区旱区环境与工程研究所、南京大学、甘肃省治沙研究所、中国林业科学研究院生态环境与森林保护研究所、北京师范大学、兰州大学	二等奖
2011-KJ-2-02	中国森林生态服务功能评估	王兵、鲁绍伟、赵广东、丁访军、胡文、白秀兰、杨锋伟、杨振寅、陈列、夏良放	中国林业科学研究院森林生态环境与保护研究所	二等奖

（续）

编号	项目名称	主要完成人	主要完成单位	获奖等级
2011-KJ-2-03	松毛虫复杂性动态变化规律及性信息素监测技术	张真、孔祥波、李典谟、王玉玲、王鸿斌、方国飞、张旭东、赵铁良、丁强、童清	中国林业科学研究院森林生态环境与保护研究所、中国科学院动物研究所、国家林业局森林病虫害防治总站、湖北孝感市野生动物和植物保护站、云南省普洱市林业科学研究所	二等奖
2011-KJ-2-04	木本多糖结构性质与制备应用技术	蒋建新、孙润仓、张卫明、孙达峰、菅红磊、王堃、彭锋、冯月、宋先亮、朱莉伟	北京林业大学、中华全国供销合作总社南京野生植物综合利用研究院	二等奖
2011-KJ-2-05	结构化森林经营	惠刚盈、胡艳波、赵中华、戚继忠、林天喜、徐海、袁士云、刘文桢、陈伯望、盛炜彤	中国林业科学研究院林业研究所、北华大学林学院、吉林省蛟河林业实验区管理局、甘肃省小陇山林业实验局	二等奖
2011-KJ-2-06	环境安全型木塑复合人造板及工程材料制造技术	王正、郭文静、常亮、高黎、任一萍、范留芬、陈正坤、王志玲、吴健身	中国林业科学研究院木材工业研究所	二等奖
2011-KJ-2-07	林业重点工程与消除贫困问题研究	刘璨、王焕良、刘浩、李周、黎家远、温亚利、褚利明、董妍、高玉英、朱文清	国家林业局经济发展研究中心、中国社科院农村发展研究所、北京林业大学、财政部农业司、国家林业局发展规划与资金管理司、四川省财政厅	二等奖
2011-KJ-2-08	长江三峡库区森林植物群落水土保持功能及其营建技术	张洪江、杜士才、程金花、王海燕、程云、王伟、陈引珍、何萍、李根平、古德洪	北京林业大学、重庆市林业局	二等奖
2011-KJ-2-09	森林火灾致灾机理与综合防控技术	舒立福、邸雪颖、王明玉、周汝良、刘晓东、赵凤君、田晓瑞、刘乃安、朱霁平、王秋华	中国林业科学研究院森林生态环境与保护研究所、东北林业大学、西南林业大学、北京林业大学、中国科学技术大学	二等奖
2011-KJ-2-10	爆炸型林区用菌粉灭虫弹及发射系统推广	尤德康、柴守权、方国飞、杨德敏、苗振旺、罗基同、漆波、闵水发、黄向东、唐志强	国家林业局森林病虫害防治总站、重庆市森林病虫害防治检疫站、山西省林业有害生物防治检疫局、广西壮族自治区森林病虫害防治检疫站、湖北省森林病虫害防治检疫总站、湖南省森林病虫害防治检疫总站	二等奖

（续）

编号	项目名称	主要完成人	主要完成单位	获奖等级
2011-KJ-2-11	美国白蛾周氏啮小蜂生物防治美国白蛾应用技术的研究	范俊岗、邹立亚、顾宇书、陈军、高军、魏香君、战怀利、魏忠平、马冬菁、黄晓冬	辽宁省林业科学研究院、凤城市林业有害生物防治检疫局	二等奖
2011-KJ-2-12	松节油基萜类农药的合成、筛选、活性规律及构效关系研究	王宗德、陈金珠、宋杰、宋湛谦、姜志宽、韩招久、范国荣、陈尚钘、尹延柏、饶小平	江西农业大学、美国密歇根大学（弗林特）、中国林业科学研究院林产化学工业研究所、南京军区军事医学研究所	二等奖
2011-KJ-2-13	枣优良资源创新利用与栽培关键技术研究	卢桂宾、赵雨明、贺义才、王巨成、刘英翠、雍鹏、杨飞、杨延青、刘鑫、李春燕	山西省林业科学研究院	二等奖
2011-KJ-2-14	毛竹林高效生态培育关键技术集成创新与推广	金爱武、谢锦忠、何奇江、吴鸿、何志华、蒋平、桂仁意、李雪涛、邱永华、李国栋	浙江农林大学、中国林业科学研究院亚热带林业研究所、浙江省林业科学研究院、丽水学院、浙江省林业有害生物防治检疫局、浙江省林业技术推广总站、安吉县林业局	二等奖
2011-KJ-2-15	城市绿地规划设计的理论与实践	王浩、徐雁南、谷康、苏同向、汪辉、孙新旺、赵岩、李晓颖、费文君	南京林业大学风景园林学院	二等奖
2011-KJ-2-16	承载型竹基复合材料制造关键技术与装备开发应用	傅万四、张齐生、丁定安、沈毅、张占宽、蒋身学、朱志强、周建波、王检忠、许斌	国家林业局北京林业机械研究所、南京林业大学、湖南省林业科学院、镇江中福马机械有限公司、中国林业科学研究院木材工业研究所	二等奖
2011-KJ-2-17	茶油加工关键技术与新产品研发	王亚萍、姚小华、夏根清、陈水文、王开良、费学谦、胡水华、张志清、郑松俊、祝洪刚	中国林业科学研究院亚热带林业研究所、建德市霞雾农业开发中心、常山县山神油茶开发有限公司、浙江茶之语科技开发有限公司、缙云县石笕茶油加工厂、浙江腾鹤农特产品有限公司、浙江常发粮油食品有限公司	二等奖
2011-KJ-2-18	辽宁省林木良种基地建设的研究	贾斌、李宪臣、郑世昌、丁士富、姚飞、石文平、李振国、张洪生、贾斌英、金传玲	辽宁省林业种苗管理总站	二等奖

（续）

编号	项目名称	主要完成人	主要完成单位	获奖等级
2011-KJ-2-19	密云水库流域保护与森林可持续经营技术研究与示范	甘敬、王小平、余新晓、蔡永茂、李金海、秦永胜、陈峻崎、刘晶岚、周彩贤、孙莹	北京市园林绿化国际合作项目管理办公室	二等奖
2011-KJ-2-20	森林消防技术设备系列化研制与开发	丛静华、汪东、冯斌、周宏平、盛平、叶士芳、盛志行、王立伟、方彦、赵新华	南京森林警察学院	二等奖
2011-KJ-2-21	南方特色商品林土壤质量退化机理与修复技术研究	徐秋芳、吴家森、姜培坤、李永夫、秦华、沈振明	浙江农林大学	二等奖
2011-KJ-2-22	耐寒桉树种质资源改良及培育技术	谢耀坚、罗建中、杨民胜、项东云、蒋云东、丘进清、李天会、林睦就、陈少雄、陈建波	国家林业局桉树研究开发中心、云南林业科学院、广西壮族自治区林业科学研究院、福建省林木种苗总站、湖南省林业科技推广总站	二等奖
2011-KJ-2-23	特种工业原料林培育技术	汪贵斌、张燕平、杜红岩、曹福亮、张往祥、吴家胜、朱景乐、郁万文、游庆方、郑益兴	南京林业大学、中国林业科学研究院资源昆虫研究所、国家林业局泡桐研究开发中心	二等奖
2011-KJ-2-24	速生材人造板技术和产品的集成创新与产业化	周定国、张洋、魏孝新、梅长彤、徐信武、周晓燕、徐咏兰、沈鸣生、申黎明、王卫东	南京林业大学、山东新港企业集团有限公司、江苏洛基木业有限公司、安徽管仲木业有限公司、宜兴市凯旋木业有限公司、南星家居科技（湖州）有限公司	二等奖
2011-KJ-2-25	云南重要自然保护区综合科学考察成果集成及应用	杨宇明、杜凡、田昆、王娟、周伟、和世钧、陈宝昆、徐正会、陆树刚、张庆	西南林业大学	二等奖
2011-KJ-2-26	濒危新树种华木莲保育研究	俞志雄、裘利洪、施建敏、林新春、肖国民、李曙我、李志强、廖军、张志勇、肖德兴	江西农业大学、宜春市林业科学研究所	二等奖
2011-KJ-2-27	基于DBISAM和3S集成技术的江苏营造林信息管理系统研建与推广应用	卢兆庆、王国洪、刘斌、李思刚、程小义、蒋婷婷、岳金平、曹国华、倪健忠、王奕	江苏省森林资源监测中心	二等奖

（续）

编号	项目名称	主要完成人	主要完成单位	获奖等级
2011-KJ-2-28	沿海盐碱地绿化技术研究及示范推广	许基全、温国胜、郑苗松、何小广、张云生、黄海珍、阮光忠、张婷芳、许丽敏、郭亮	台州市沿海盐碱地绿化研究所、浙江农林大学、浙江松茵园林工程有限公司、台州市林业技术推广总站、台州市椒江区林业特产总站、浙江钱塘江海塘物业管理有限公司、余姚市阮艺种业有限公司	二等奖
2011-KJ-2-29	主要毛皮动物优良种源培育及规模化养殖技术研究	张伟、刘志平、刘伟石、华彦、杨淑慧、徐艳春、白玉妍、邹琦、周学红、张彦龙	东北林业大学	二等奖
2011-KJ-2-30	油茶平衡施肥关键技术及效应研究	郭晓敏、胡冬南、涂淑萍、张文元、郭圣茂、刘亮英、郑小春、牛德奎、游美红、熊锦林	江西农业大学、江西省鹰潭市林业局、江西省新余市渝水区林业局、江西省宜春市袁州区油茶局、江西春源绿色食品有限公司、江西省吉安市林业科学研究所、江西省农业科学院土壤肥料与资源环境研究所	二等奖
2011-KJ-2-31	镇江滨江湿地植物群落结构、功能及修复技术研究	李萍萍、吴春笃、吴沿友、付为国、卞新民、刘继展、韩建刚、王纪章、屈永标、张军	江苏大学、南京林业大学、南京农业大学、扬州环境资源职业技术学院	二等奖
2011-KJ-2-32	中国兰属植物资源保护及开发利用	刘仲健、陈心启、陈利君、李利强、茹正忠、雷嗣鹏、张建勇	深圳市兰科植物保护研究中心	二等奖
2011-KJ-2-33	高性能竹基复合材料制造技术	于文吉、余养伦、祝荣先、周月、任丁华、张亚慧、苏志英、洪敏雄	中国林业科学研究院木材工业研究所、廊坊市双安结构胶合板研究所、福建篁城竹业科技有限公司	二等奖
2011-KJ-2-34	环保智能太阳能灭虫器	梁朝巍、潘宏阳、曲涛、赵瑞兴、张天栋、黄向东、邱立新、李斌、孙德莹、黄维正	深圳市富巍盛科技有限公司、国家林业局森林病虫害防治总站、辽宁省林业有害生物防治检疫局、湖南省森林病虫害防治检疫总站、四川省森林病虫害防治检疫总站、河南省森林病虫害防治检疫站	二等奖
2011-KJ-2-35	森林植物生态适应的理论与应用	于景华、杨逢建、李德文、郭晓瑞、祖元刚	东北林业大学	二等奖

（续）

编号	项目名称	主要完成人	主要完成单位	获奖等级
2011-KJ-2-36	杉木高世代遗传改良和良种繁育技术研究	郑仁华、施季森、翁玉榛、肖石海、曹汉洋、欧阳磊、余荣卓、杨立伟、陈孝丑、李林源	福建省林业科学研究院、南京林业大学、福建省洋口国有林场、福建省林木种苗总站、福建省沙县官庄国有林场	二等奖
2011-KJ-3-01	半干旱地区华北落叶松人工林可持续经营技术应用开发与试验示范	翟洪波、刘春延、魏晓霞、李世东、李吉跃	国家林业局调查规划设计院	三等奖
2011-KJ-3-02	辽宁省海防林营建技术示范	张放、潘文利、吕亚军、叶景丰、白雪松	辽宁省林业技术推广站、辽宁省林业科学研究院	三等奖
2011-KJ-3-03	应用友恩蚜小蜂和黄蚜小蜂控制松突圆蚧技术研究	林绪平、陈瑞屏、许少嫦、谢伟忠、黄泽坤	广东省森林病虫害防治与检疫总站、广东省林业科学研究院、信宜市林业局、罗定市林业局、惠东县林业局	三等奖
2011-KJ-3-04	松材线虫病持续控制技术的研究与应用	黄金水、何学友、汤陈生、杨希、黄炳荣	福建省林业科学研究院、福建省森林病虫害防治检疫站、福州市绿田园农业科技服务部	三等奖
2011-KJ-3-05	高效利用土壤磷杉木基因型的筛选研究	马祥庆、李建民、吴鹏飞、侯晓龙、黄云鹏	福建农林大学、福建省林业科学研究院	三等奖
2011-KJ-3-06	浙江省森林健康经营关键技术研究与示范	严晓素、余树全、赵文霞、包春泉、屠永海	浙江省林业有害生物防治检疫局、浙江农林大学、中国林业科学研究院、桐庐县森林病虫害防治站、湖州市林业技术推广站	三等奖
2011-KJ-3-07	2010年上海世博会绿化植物有害生物监测预警及控制技术集成应用	鞠瑞亭、罗卿权、印丽萍、王凤、徐颖	上海市园林科学研究所、上海出入境检验检疫局	三等奖
2011-KJ-3-08	竹提取物杀虫、抗菌活性高效筛选与制剂制备技术	岳永德、汤锋、花日茂、操海群、王进	国际竹藤网络中心、安徽农业大学	三等奖
2011-KJ-3-09	木结构构件连接关键技术研究	费本华、赵荣军、任海青、周海宾、王朝晖	国际竹藤网络中心、国家林业局北京林业机械研究所、中国林业科学研究院木材工业研究所	三等奖
2011-KJ-3-10	山西省优良乡土灌木树种筛选与繁殖栽培利用研究	于吉祥、郝向春、尉文龙、张复兴、邰慧萍	山西省林业科学研究院	三等奖

（续）

编号	项目名称	主要完成人	主要完成单位	获奖等级
2011-KJ-3-11	速生抗逆杨树、柳树新品种及增益技术推广	王保松、梁珍海、施士争、孙体如、解春霞	江苏省林业科学研究院、江苏绿宝林业发展有限公司	三等奖
2011-KJ-3-12	萎蔫病致病新理论及应用	赵博光、李荣贵、巨云为、郭道森、林峰	南京林业大学、青岛大学	三等奖
2011-KJ-3-13	银杏精深加工应用基础的研究	赵林果、吴彩娥、汪贵斌、王佳宏、杨小虎	南京林业大学	三等奖
2011-KJ-3-14	森林绿色核算和绿色政策研究	张颖、温亚利、金笙	北京林业大学	三等奖
2011-KJ-3-15	安徽省林农复合经营技术研究	方建民、虞木奎、唐丽影、王劲松、刘洪剑	安徽省林业科学研究院、中国林业科学研究院亚热带林业研究所	三等奖
2011-KJ-3-16	高产脂马尾松良种选育	曾令海、罗敏、何波祥、王以珊、连辉明	广东省林业科学研究院、信宜市林业科学研究所、广东省林业种苗与基地管理总站、广东省郁南县林业科学研究所、河源市源城区林业技术推广站	三等奖
2011-KJ-3-17	福建省非豆科共生固氮菌 Frankia 菌株多样性及应用研究	李志真、陈启锋、谢一青、杨宗武、肖祥希	福建省林业科学研究院、福建农林大学、福建省惠安赤湖国有防护林场、福建省长汀县林业局	三等奖
2011-KJ-3-18	泉州湾河口湿地红树林生态修复原理与技术	吴沿友、刘荣成、叶功富、付为国、李萍萍	江苏大学、惠安县林业科技推广站、中国科学院地球化学研究所、福建省林业科学研究院	三等奖
2011-KJ-3-19	冬青属植物资源的收集、保存与配套技术研究	章建红、王正加、何云芳、张蕊、张春桃	宁波市农业科学研究院、浙江农林大学、浙江省林业种苗管理总站、中国林业科学研究院亚热带林业研究所、宁波城市职业技术学院	三等奖
2011-KJ-3-20	大樱桃莱州脆(Hardy Giant）引种试验栽培	焦凤洲、滕瑞海、杨鲁光、宋永果、张兴泽	山东莱州市小草沟园艺场	三等奖
2011-KJ-3-21	岑软2号、3号油茶无性系繁育与示范推广	张乃燕、马锦林、陈国臣、李开祥、谢少义	广西壮族自治区林业科学研究院、广西岑溪市软枝油茶种子园、三江侗族自治县林业局、广西金木林业科技有限公司	三等奖

（续）

编号	项目名称	主要完成人	主要完成单位	获奖等级
2011-KJ-3-22	旱区机械化集雨整地造林技术	王军厚、赵有贤、武健伟、王国胜、李锋	国家林业局调查规划设计院、内蒙古林业厅、赤峰市林业局、内蒙古巴林左旗林业局、内蒙古巴林左旗石棚沟林场	三等奖
2011-KJ-3-23	天津北部防风阻沙水源保护及治理综合技术应用	李银、刘涛、李旭颖、王会文、王涛	天津蓟县林业局、中国林业科学研究院林业研究所	三等奖
2011-KJ-3-24	黑果腺肋花楸果酒加工关键技术的研究	韩文忠、王鹏、马兴华、姜镇荣、孙文生	辽宁省干旱地区造林研究所	三等奖
2011-KJ-3-25	东部白松、班克松抗逆性良种选育及优化栽培技术	林永启、于世河、冯健、陆爱君、王骞春	辽宁省林业科学研究院	三等奖
2011-KJ-3-26	寒地彩叶花木引种鉴定及产业化试验示范	杨广乐、李文、张文修、吴建慧、丁岩	黑龙江省农垦科学院哈尔滨特产研究所	三等奖
2011-KJ-3-27	毛竹增产剂与竹腔施肥技术	彭九生、程平、阙龙善、李江、曾庆南	江西省林业科学院、江西省林业科技推广总站	三等奖
2011-KJ-3-28	厚壁毛竹种质性状与适应性研究	杨光耀、施建敏、郭起荣、杨清培、杜天真	江西农业大学、国际竹藤网络中心、宜丰县林业局	三等奖
2011-KJ-3-29	特色榧良种选育与高效栽培技术研究与示范	戴文圣、黎章矩、程晓建、喻卫武、符庆功	浙江农林大学、浙江盛美园艺有限公司、诸暨市林业局、绍兴县林业局、嵊州市林业局	三等奖
2011-KJ-3-30	林木促生抗逆优良菌根真菌的作用机制及应用技术	吴小芹、叶建仁、何荣庆、孙民琴、宋微	南京林业大学、江苏省镇江市林业技术指导站	三等奖
2011-KJ-3-31	浙江省大型野生真菌资源研究及良种选育与产业化推广	林海萍、张立钦、应国华、毛胜凤、吕明亮	浙江农林大学、浙江省丽水市林业科学研究院	三等奖
2011-KJ-3-32	浙江乡土珍贵用材树种木材性质及加工利用适应性研究	徐漫平、杨云芳、杨伟明、郭飞燕、于海霞	浙江省林产品质量检测站、浙江理工大学、浙江省林业科学研究院、淳安县林业局、浙江德生木业有限公司	三等奖
2011-KJ-3-33	花木泥炭基质生产技术研究与应用	孙向阳、栾亚宁、李素艳、王勇、陈建武	北京林业大学	三等奖
2011-KJ-3-34	木塑复合材料的挤出成型及产品开发	秦特夫、黄洛华、郭焰明、段新芳、李改云	中国林业科学研究院木材工业研究所	三等奖

（续）

编号	项目名称	主要完成人	主要完成单位	获奖等级
2011-KJ-3-35	基于3S的森林资源调查与监测关键技术研究	李春干、代华兵、谭必增、陈琦、潘黄儒	广西壮族自治区林业勘测设计院、广西壮族自治区国营高峰林场	三等奖
2011-KJ-3-36	苗圃机械化精细作业关键技术装备	吴兆迁、刘明刚、牛晓华、樊涛、王德柱	国家林业局哈尔滨林业机械研究所	三等奖
2011-KJ-3-37	植物单宁加工业标准化研究与林业行业标准制定修订	陈笳鸿、汪咏梅、吴冬梅、吴在嵩	中国林业科学研究院林产化学工业研究所	三等奖
2011-KJ-3-38	典型困难立地造林工程化技术	张纪林、郑阿宝、秦飞、芮雯奕、胥东	江苏省林业科学研究院、徐州市林业技术指导站、南京市林业站、无锡市林业总站	三等奖
2011-KJ-3-39	荒漠区优质樟子松苗木培育及农防林营造技术研究与示范	刘世增、康才周、严子柱、张德魁、吴春荣	甘肃省治沙研究所、甘肃省民勤治沙综合试验站、甘肃省民勤治沙试验示范林场	三等奖
2011-KJ-3-40	城市游憩林保健因子综合评价（AHI）与健康生活应用	王成、郄光发、郭二果、张晓萍、邱尔发	中国林业科学研究院林业研究所、福州国家森林公园	三等奖
2011-KJ-3-41	杨树杂交新品种黑青杨选育与示范	王福森、李晶、李树森、孙长刚、赵鹏舟	黑龙江省森林与环境科学研究院	三等奖
2011-KJ-3-42	华南厚皮香苗木繁育和造林技术示范推广	朱恒、俞方洪、徐福华、杨森兴、张衍传	江西上饶市林业科学研究所、德兴市林业局	三等奖
2011-KJ-3-43	浙江省森林火灾的预警和防控技术研究	周国模、余树全、江洪、汤孟平、贾伟江	浙江农林大学、浙江省人民政府森林消防指挥部办公室、浙江大学、浙江省气象科学研究所、永康市林业局	三等奖
2011-KJ-3-44	湖南杜鹃属植物新品种选育及其繁育技术研究	廖菊阳、彭春良、彭信海、刘艳、朱颖芳	湖南省森林植物园	三等奖
2011-KJ-3-45	石羊河下游白刺资源调查与繁育技术研究	马存世、李进军、赵多明、张有佳、闫好原	甘肃民勤连古城国家级自然保护区管理局	三等奖
2011-KJ-3-46	青海省东部旱区适宜树种引育及其综合配套技术研究	王占林、贺康宁、郑淑霞、耿生莲、马玉林	青海省农林科学院、北京林业大学、西宁南北山绿化指挥部办公室、青海省平安县林业技术推广中心	三等奖

（续）

编号	项目名称	主要完成人	主要完成单位	获奖等级
2011-KJ-3-47	桉树无性快繁技术产业化	王以红、蔡玲、韦大器、周国福、吴幼媚	广西壮族自治区林业科学研究院、广西钦州市林业科学研究所、广西壮族自治区国营东门林场、广西壮族自治区国营博白林场、广西林木种苗示范基地	三等奖
2011-KJ-3-48	松材线虫等病疫木检疫除害处理设备及远程监控系统	甘英俊、贾志成、周宏平、黄建军、牛磊	南京林业大学、南京贺林科技有限公司	三等奖
2011-KJ-3-49	城市林业结构调整及优化技术研究	范义荣、蔡建国、杜国坚、徐文辉、陈楚文	浙江农林大学、浙江省林业科学研究院	三等奖

"中林集团杯第五届梁希林业科学技术奖"获奖项目（2014年1月）

编号	申报项目	申报人	主要完成单位	获奖等级
2013-KJ-1-01	县级森林火灾扑救应急指挥系统研发与应用	舒立福、周汝良、王明玉、赵凤君、李勇、田晓瑞、文东新、刘晓东、孙龙、杨光、王秋华、高仲亮、王立中、单延龙、周荣武	中国林业科学研究院森林生态环境与保护研究所、西南林业大学、中南林业科技大学、北京林业大学、东北林业大学、北华大学、黑龙江大兴安岭地区农林科学研究院、北京市西山试验林场、大兴安岭林业集团公司森林经营部技术推广站	一等奖
2013-KJ-1-02	竹资源保育关键技术研究与创新	彭镇华、范少辉、高健、高志民、郭起荣、官凤英、丁雨龙、王浩杰、顾小平、刘健、刘广路、牟少华、李雪平、蔡春菊、苏文会	国际竹藤中心、南京林业大学、中国林业科学研究院亚热带林业研究所	一等奖
2013-KJ-1-03	毛竹现代高效经营技术集成创新与产业化应用	金爱武、谢锦忠、桂仁意、何志华、高立旦、何奇江、戴俊强、张爱良、翁益明、王意锟、朱强根、黄海泳、邱永华、李国栋	丽水学院、浙江农林大学、中国林业科学研究院亚热带林业研究所、浙江省林业技术推广总站、杭州市林业科学研究院、安吉县林业局、遂昌县林业局、龙泉市林业局	一等奖

（续）

编号	申报项目	申报人	主要完成单位	获奖等级
2013-KJ-1-04	森林食品种植环节质量安全生态控制技术体系的建立与应用	江波、吕爱华、钟哲科、姜培坤、柴振林、黄茜斌、徐秋芳、尚素微、曹件生、杨慧敏、陈余钊、刘高平、杜克镛、吴家森、余鑫辉	浙江省林业科学研究院、浙江省林产品质量检测站、国家林业局竹子开发研究中心、浙江农林大学、黄岩区果树技术推广站、浙江布莱蒙农业科技股份有限公司、温州市林业局、杭州新东林食品有限公司、浙江冠军食品有限公司	一等奖
2013-KJ-2-01	东北天然林生长模型系与多目标经营规划技术	张会儒、雷相东、李凤日、贾炜玮、李春明、洪玲霞、刘兆刚、郎璞玫、王海燕、卢军	中国林业科学研究院资源信息研究所、东北林业大学	二等奖
2013-KJ-2-02	华南主要速生阔叶树种种良种选育及高效培育技术	徐大平、谢耀坚、徐建民、曾杰、黄烈健、康丽华、焦如珍、陈少雄、曾炳山、杨曾奖	中国林业科学研究院热带林业研究所、国家林业局桉树研究开发中心、中国林业科学研究院林业研究所	二等奖
2013-KJ-2-03	马尾松二代遗传改良和良种繁育技术研究及应用	周志春、季孔庶、金国庆、张任好、秦国峰、张一、杨章旗、刘青华、谭小梅、储德裕	中国林业科学研究院亚热带林业研究所、南京林业大学、广西壮族自治区林业科学研究院、福建省南平市林业局种苗站、福建省林业科学研究院	二等奖
2013-KJ-2-04	松香改性木本油脂基环氧固化剂制备技术与产业化开发	夏建陵、聂小安、杨小华、李梅、黄坤、张燕、万厉、诸进华、陈瑶	中国林业科学研究院林产化学工业研究所、中国林业科学研究院林产化工研究所南京科技开发总公司	二等奖
2013-KJ-2-05	人工林杨树木材改性技术研究与示范	刘君良、吕建雄、吴玉章、黄荣凤、周永东、柴宇博、吕文华、孙柏玲、张玉萍、李彦廷	中国林业科学研究院木材工业研究所、中国林业科学研究院林业新技术研究所、河南省瑞丰木业有限公司、湖南万森木业有限公司、浙江锯丰源防腐工程技术有限公司、久盛地板有限公司	二等奖
2013-KJ-2-06	美国白蛾核型多角体病毒生产与应用技术	张永安、曲良建、王玉珠、王青华、徐保泯、段彦丽、乔鲁芹、克热曼·赛米、温发园、赵同海	中国林业科学研究院森林生态环境与保护研究所、北京中林恩多威生物工程技术有限公司	一等奖

（续）

编号	申报项目	申报人	主要完成单位	获奖等级
2013-KJ-2-07	中国荒漠植物资源调查与图鉴编撰	褚建民、卢琦、王继和、李昌龙、陈彬、赵明、李得禄、段士民、蓝登明、崔向慧	中国林业科学研究院荒漠化研究所、中国林业科学研究院林业研究所、甘肃省治沙研究所、中国科学院植物研究所、中国科学院新疆生态与地理研究所、内蒙古农业大学、甘肃省林业科学研究院	二等奖
2013-KJ-2-08	基于三维集成管理理论的绿色中国战略、模式与运作技术研究	张智光、杨加猛、谢煜、王妹、张浩、郭承龙、陈岩、姚惠芳、刘俊、丁胜	南京林业大学	二等奖
2013-KJ-2-09	长三角城镇退化生境生态修复技术研究与应用	薛建辉、吴永波、张银龙、方炎明、郑思俊、张庆费、赵兵、田如男、李川	南京林业大学、上海市园林科学研究所	二等奖
2013-KJ-2-10	无甲醛豆胶耐水胶合板的制造技术和产品创新与产业化	张洋、周定国、杨光、雷礼纲、贾翀、周兆兵、杨波、周培生、崔举庆、黄润州	南京林业大学、上海泓涵化工科技有限公司、江苏洛基木业有限公司、江苏舜天苏迈克斯木业有限公司、上海黎众木业有限公司、连云港华林木业有限公司	二等奖
2013-KJ-2-11	银杏等重要经济生态树种快繁技术研究及推广	曹福亮、陈颖、张往祥、郁万文、毕君、王凌晖、章广兴、董丽娜、王春荣、李广平	南京林业大学	二等奖
2013-KJ-2-12	中国北方退耕还林工程建设效益评价研究	李育材、孙保平、张鸿文、吴礼军、赵廷宁、孔忠东、赵岩、郭建英、丁国栋、史常青	北京林业大学、国家林业局退耕还林办公室	二等奖
2013-KJ-2-13	山核桃良种快繁关键技术及其产业化	黄坚钦、郑炳松、张启香、何德汀、黄有军、宣子灿、金松恒、丁立忠、夏国华、张秋月	浙江农林大学、杭州市林业水利科技推广总站、浙江农林大学天则山核桃科技开发有限公司、临安成蹊农业科技开发有限公司、杭州市林业科学研究院、嵊州市林业技术推广中心、临安市林业技术推广站	二等奖
2013-KJ-2-14	人工林培育措施对木质资源高效利用的影响机制研究	陈广胜、朱晓冬、刘玉、沈静、范金凤	东北林业大学	二等奖

（续）

编号	申报项目	申报人	主要完成单位	获奖等级
2013-KJ-2-15	喜树定向培育及喜树碱衍生物水溶性制备工艺创新	祖元刚、赵修华、赵春建、于景华、唐中华、祖述冲、李庆勇、姚丽萍、孟祥东、王慧梅	东北林业大学	二等奖
2013-KJ-2-16	江西人工公益林的关键生态过程与调控技术研究	张露、陈伏生、刘苑秋、李凤英、毕连松、杜天真、胡小飞、余明泉、高培演、季春峰	江西农业大学、彭泽县林业技术推广站	二等奖
2013-KJ-2-17	国际珍稀濒危动物——白颈长尾雉就地保护关键技术与应用	黄晓凤、廖为明、顾署生、汪玉如、欧阳勋志、宋玉赞、蔡学林、李立、余泽平、陈俊豪	江西省林业科学院、江西农业大学	二等奖
2013-KJ-2-18	紫花含笑优良观赏品系筛选及高效无性繁殖技术研究	江香梅、曾宪荣、肖复明、宋晓琛、程强强、田径、温强、曾秀	江西省林业科学院、龙南县东江荣华苗圃	二等奖
2013-KJ-2-19	桉树中大径材良种与高产栽培模式研究	项东云、陈健波、莫继有、周维、申文辉、陈剑成、张照远、唐庆兰、李昌荣、叶露	广西壮族自治区林业科学研究院、广西壮族自治区国有东门林场、广西玉林市林业科学研究所	二等奖
2013-KJ-2-20	马尾松工业用材林良种选育及高产栽培关键技术研究与示范	杨章旗、黄永利、谌红辉、谭健晖、零天旺、王胤、郭飞、覃开展、颜培栋、舒文波	广西壮族自治区林业科学研究院、南宁市林业科学研究所、中国林业科学研究院热带林业实验中心	二等奖
2013-KJ-2-21	公益林监管技术与效益评估研究及应用	李土生、邱瑶德、寿韬、袁位高、高洪娣、江波、余树全、莫路锋、应宝根、鲁小珍	浙江省林业生态工程管理中心、浙江省林业科学研究院、浙江农林大学、南京林业大学、浙江理工大学、中国林业科学研究院亚热带林业研究所	二等奖
2013-KJ-2-22	银杏大棚高效栽培与新种质创造及产业化开发	冯殿齐、王玉山、赵进红、刘静、赵洪亮、罗磊、黄艳艳、周光锋、冯丽花、田坤	泰安市泰山林业科学研究院	二等奖
2013-KJ-2-23	云南竹亚科种质资源及大型丛生竹开发利用基础性研究	杨宇明、杜凡、辉朝茂、王娟、周远、徐田、毕玮、陈剑、石明、王泾	云南省林业科学院、西南林业大学、中国林业科学研究院资源昆虫研究所	二等奖
2013-KJ-2-24	华北土石山区森林健康经营关键技术研究与示范	王小平、甘敬、余新晓、谷建才、陈峻崎、刘晶岚、杨晓晖、张国祯、常祥祯、南海龙	北京市园林绿化国际合作项目管理办公室、北京林学会、北京林业大学、河北农业大学、中关村绿色碳汇研究院	二等奖

（续）

编号	申报项目	申报人	主要完成单位	获奖等级
2013-KJ-2-25	菌根技术在上海云锦杜鹃和春鹃品种引种栽培中的应用基础研究	张春英、尹丽娟、徐忠、黄芳、魏翔莺、杨兵、黄军华、高建红、严晓、谢军峰	上海市园林科学研究所、上海滨江森林公园	二等奖
2013-KJ-2-26	灰斑古毒蛾综合控制技术试验与应用	盛茂领、特木钦、陈国发、杨奋勇、李海燕、孙淑萍、栾树森、李涛、许胜利、熊自成	国家林业局森林病虫害防治总站	二等奖
2013-KJ-2-27	油茶副产物综合利用集成与示范	钟海雁、李文林、夏建陵、周波、龚吉军、李昔卫、杨雪清、郁正辉	中南林业科技大学、中国农业科学院油料作物研究所、中国林业科学研究院林产化学工业研究所、郴州邦尔泰苏仙油脂有限公司、湖南京西祥隆化工有限公司、沅江市正辉饲料有限公司	二等奖
2013-KJ-2-28	提高银杏叶萜内酯含量的调控技术研究与示范	程水源、许锋、王燕、程华、程亚兰、廖咏玲、光翠娥、李琳玲、朱桂才、黄小花	黄冈师范学院、长江大学	二等奖
2013-KJ-2-29	美国白蜡抗逆性良种选育及滨海盐碱地土壤改良技术	范俊岗、潘文利、魏杰、魏忠平、叶景丰、陈罡、马冬菁、王玉涛、魏香君、田永霞	辽宁省林业科学研究院	二等奖
2013-KJ-2-30	油茶遗传改良与良种推广应用	李志真、姚小华、黄勇、谢一青、徐永兴、鲍晓红、齐清琳、刘国敏、赖文胜、熊年康	福建省林业科学研究院、中国林业科学研究院亚热带林业研究所、福建省闽侯桐口国有林场、福建省林木种苗总站、福建省沙县水南国有林场	二等奖
2013-KJ-2-31	利用三聚磷酸钠提高氧脱木素的脱除率及白度和粘度的方法	黄六莲、陈礼辉、曹石林、苗庆显、马晓娟、罗小林、刘凯	福建农林大学	二等奖
2013-KJ-2-32	重要食用林产品农药残留检测与风险评估技术	岳永德、汤锋、操海群、姚曦、王进、花日茂、李学德、唐俊、张蓉、孙嘏	国际竹藤中心、安徽农业大学	二等奖
2013-KJ-2-33	中国近现代林业经济史研究	王爱民、祝列克、戴芳、陈雁青、李冰、刘冬蕾、贾琳、王立磊	河北农业大学	二等奖

（续）

编号	申报项目	申报人	主要完成单位	获奖等级
2013-KJ-2-34	萧氏松茎象系统控制技术研究与推广	温小遂、沈彩周、唐艳龙、郭正福、施明清、陈秋荣、伊宏堪、温德才、肖海雷、陈亮	江西省林业有害生物防治检疫局、江西农业大学、江西环境工程职业学院、都昌县林业局生物防治实验站、信丰县森林病虫害防治检疫站	二等奖
2013-KJ-2-35	林业生态保护与发展的政策效应及选择	田淑英、朱凤琴、刘璨、余建安、程建华、贺文慧、林高兴、马永春、储小感、许文立	安徽大学、合肥学院、国家林业局经济发展研究中心、安徽省造林经营总站	二等奖
2013-KJ-3-01	优质石蒜资源生态经济型培育及现代提取工艺制备加兰他敏关键技术	杨志玲、杨旭、谭梓峰、欧阳彤、甘光标	中国林业科学研究院亚热带林业研究所、浙江一新制药股份有限公司	三等奖
2013-KJ-3-02	海棠新品种人工选育	沈永宝、史锋厚、仲磊、陈欣、游小英	南京林业大学、江苏省林木种苗管理站	三等奖
2013-KJ-3-03	C12-14烷基缩水甘油醚清洁生产工艺关键技术及产业化	朱新宝、程振朔、朱凯、王芳、周孜	南京林业大学、安徽新远化工有限公司	三等奖
2013-KJ-3-04	竹林生物量碳储量遥感定量估算技术研究	杜华强、周国模、徐小军、沈振明、施拥军	浙江农林大学、安吉县林业局、浙江省临安市林业科技推广总站	三等奖
2013-KJ-3-05	温室植物生产中的新型人工光环境调控技术研究	周国泉、崔永一、赵道木、潘菊明、储修祥	浙江农林大学、浙江大学、嘉兴碧云花园有限公司	三等奖
2013-KJ-3-06	天然竹纤维高效加工成套技术装备研究与开发	姚文斌、张蔚、俞伟鹏、徐云杰、许晓峰	浙江农林大学、浙江华江科技发展有限公司、四川长江造林局（四川林业集团）、浙江绿卿竹业科技有限公司、杭州立德竹制品有限公司	三等奖
2013-KJ-3-07	高性能竹层积材生产技术与应用	李延军、刘红征、章卫钢、毛胜凤、林海	浙江农林大学、浙江大庄实业集团有限公司、国家木质资源综合利用工程技术研究中心、杭州强生圣威装饰材料有限公司、杭州和恩竹材有限公司	三等奖
2013-KJ-3-08	国有林区林权改革后续配套政策与制度研究	曹玉昆、仲维维、雷礼纲、纪海娟、万志芳	东北林业大学	三等奖
2013-KJ-3-09	黑龙江省优质杨树纤维用材树种筛选与栽培技术研究	王福森、李晶、李树森、张剑斌、李险峰	黑龙江省森林与环境科学研究院、哈尔滨市林业科学研究院	三等奖

（续）

编号	申报项目	申报人	主要完成单位	获奖等级
2013-KJ-3-10	俄罗斯蓝靛果忍冬引种繁育	房敏杰、王纯、吴胜军、李守忠、徐福成	黑河市林业科学院、黑河市中俄林业科技合作园区	三等奖
2013-KJ-3-11	广东紫珠规范化种植技术研究与示范	林小凡、朱培林、刘江华、罗坤水、黄丽莉	江西省林业科学院、萍乡市林业科学研究所	三等奖
2013-KJ-3-12	果用南酸枣嫁接繁育与矮化栽培关键技术研究	林朝楷、吴南生、刘洪生、吴治明、林席跃	崇义县林业技术推广站、江西农业大学林学院、崇义县生产力促进中心	三等奖
2013-KJ-3-13	GLS赣州油1号油茶优良新品种繁育及栽培技术示范	邝先松、刘建昌、王兰英、谢再成、魏本柱	赣州市林业科学研究所	三等奖
2013-KJ-3-14	杉木系统改良与无性系选择	胡德活、王润辉、韦如萍、古定球、植毓永	广东省林业科学研究院、广东省林木种苗管理总站、乐昌市龙山林场、肇庆市国有林业总场大坑山林场、韶关市曲江区国营小坑林场	三等奖
2013-KJ-3-15	油茶高油酸优良品系选育	张乃燕、陈国臣、黄开顺、王东雪、马锦林	广西壮族自治区林业科学研究院	三等奖
2013-KJ-3-16	天目山植物多样性与珍稀濒危物种保育关键技术研究	杨淑贞、傅承新、陈征海、吴家森、李根有	浙江天目山国家级自然保护区管理局、浙江大学、浙江农林大学、浙江省森林资源监测中心	三等奖
2013-KJ-3-17	黑杨良种选育与示范利用研究	许兴华、李霞、黄启伦、宁方强、许兴成	宁阳县国有高桥林场、宁阳县林业局	三等奖
2013-KJ-3-18	核桃新品种元林、青林、绿香、日丽选育与应用	侯立群、赵登超、韩传明、王钧毅、张文越	山东省林业科学研究院	三等奖
2013-KJ-3-19	红叶石楠良种选育及沙冬青抗寒基因克隆与新种质创制	王迎、孙海伟、黄艳艳、罗磊、孔令刚	泰安市泰山林业科学研究院	三等奖
2013-KJ-3-20	吉林省工业用材林定向培育技术研究与示范	任军、李凤明、林玉梅、范丽颖、魏红旭	吉林省林业科学研究院	三等奖
2013-KJ-3-21	南黄海湿地恢复麋鹿野生种群的研究	丁玉华、徐惠强、任义军、姚志刚、丁晶晶	江苏省大丰麋鹿国家级自然保护区管理处、江苏省野生动植物保护管理站	三等奖
2013-KJ-3-22	黄土丘陵区植被恢复与生态经济林经营集成技术	邝立刚、赵雨明、雍鹏、葛寒英、刘辉	山西省林业科学研究院	三等奖

（续）

编号	申报项目	申报人	主要完成单位	获奖等级
2013-KJ-3-23	茶籽油品质快速鉴定及全值化利用加工关键技术	王成章、周昊、陈虹霞、原姣姣、叶建中	中国林业科学研究院林产化学工业研究所	三等奖
2013-KJ-3-24	牡丹优良品种引种及新品种培育研究	何丽霞、李睿、张延东、李建强、梁洪军	甘肃省林业科学技术推广总站、兰州诺克牡丹园艺有限公司	三等奖
2013-KJ-3-25	黄河首曲高寒草原沙化科学考察	徐先英、唐进年、魏怀东、金红喜、柴成武	甘肃省治沙研究所	三等奖
2013-KJ-3-26	宁夏罗山植物、昆虫及植被恢复研究	曹兵、张永祥、王新谱、李涛、仇智虎	宁夏大学、宁夏罗山国家级自然保护区管理局	三等奖
2013-KJ-3-27	新疆干旱区砾石戈壁集水保墒造林技术研究与示范	鲁天平、田云峰、史征、刘仕光、刘永萍	新疆林业科学院、新疆塔城地区林业科学研究所	三等奖
2013-KJ-3-28	航空静电喷雾系统的关键技术创新及推广应用	舒朝然、周宏平、茹煜、潘宏阳、李永成	国家林业局森林病虫害防治总站、南京林业大学、河北省廊坊市林业局森林病虫害防治检疫站、海南环球飞行俱乐部有限公司、通辽市神鹰通用航空有限公司	三等奖
2013-KJ-3-29	高紫杉醇红豆杉品种选育、苗木繁殖与丰产栽培技术研究	饶红欣、陈灵、龚范武、彭静、王萍	湖南省森林植物园、洪江市红豆紫杉有限责任公司	三等奖
2013-KJ-3-30	灵芝等真菌关键产物的合成调控与抗肿瘤的量子化学基础	刘高强、王晓玲、杨海龙、丁重阳、周国英	中南林业科技大学、江南大学、温州大学	三等奖
2013-KJ-3-31	楸木人工林生态系统可持续经营及定向培育关键技术	文仕知、吴际友、何功秀、杨丽丽、李铁华	中南林业科技大学、湖南省林业科学院	三等奖
2013-KJ-3-32	樟子松人工林衰退病生态控制技术研究	宋晓东、徐贵军、梁军、陈江燕、张日升	辽宁省固沙造林研究所、中国林业科学研究院森林生态环境与保护研究所	三等奖
2013-KJ-3-33	辽宁省外生菌根真菌多样性及其种质资源的繁殖保护研究	栾庆书、赵瑞兴、王琴、金若忠、云丽丽	辽宁省林业科学研究院	三等奖
2013-KJ-3-34	主要生物柴油树种种质资源评价与筛选	肖祥希、万泉、曾瑞金、王志洁、黄勇	福建省林业科学研究院、福建大青实业有限公司、福建省平和天马国有林场	三等奖

（续）

编号	申报项目	申报人	主要完成单位	获奖等级
2013-KJ-3-35	圆齿野鸦椿苗木繁育技术及产业化开发	邹双全、何碧珠、吴艳华、刘宇、胡敏杰	福建农林大学	三等奖
2013-KJ-3-36	河北省坝上地区退耕还林关键技术	黄选瑞、张志东、许中旗、李永宁、姚清亮	河北农业大学	三等奖
2013-KJ-3-37	纺织用竹纤维制取及鉴别技术	王戈、王越平、程海涛、费本华、刘政	国际竹藤中心、北京服装学院、湖南华升株洲雪松有限公司	三等奖
2013-KJ-3-38	低木素/高纤维竹资源挖掘与关键酶基因克隆和高附加值产品开发	胡尚连、罗学刚、杨丽娟、林晓艳、马光良	西南科技大学、四川农业大学、泸州市林业科学研究所	三等奖
2013-KJ-3-39	植被雷达遥感方法与应用	徐茂松、夏忠胜、张风丽、谢酬、李坤	国家林业局调查规划设计院、中国科学院遥感与数字地球研究所、贵州省森林资源管理站	三等奖
2013-KJ-3-40	竹材定向刨花板防腐防霉技术研究	覃道春、江泽慧、费本华、金菊婉、蒋明亮	国际竹藤中心、南京林业大学	三等奖

"中林集团杯第六届梁希林业科学技术奖"获奖项目（2015年11月）

序号	申报题目	申报人	主要完成单位	获奖等级
2015-KJ-1-01	铁皮石斛良种选育与高效栽培技术研究	斯金平、俞巧仙、朱玉球、叶智根、刘京晶、高燕会、张新凤、诸燕、徐翠霞、杨根元、张爱莲、吴令上、王林华、汪玲娟、史小娟	浙江农林大学、浙江森宇实业有限公司、浙江森宇药业有限公司、杭州震亨生物科技有限公司、浙江佳诚生物工程有限公司	一等奖
2015-KJ-1-02	长江上游岷江流域森林植被生态水文过程耦合与长期演变机制	刘世荣、孙鹏森、安树青、张远东、何兴元、江洪、徐庆、温远光、史作民、罗传文、马姜明、李崇巍、林勇、刘京涛、吕瑞良	中国林业科学研究院森林生态环境与保护研究所、南京大学、沈阳应用生态研究所、东北林业大学	一等奖
2015-KJ-1-03	云杉属种质资源收集评价优化创新与繁殖体系的构建	王军辉、张守攻、马建伟、罗建勋、周显昌、安三平、孙晓梅、贾子瑞、欧阳芳群、蒋明、祁万宜、祁生秀、杜彦昌、张正刚、刘林英	中国林业科学研究院林业研究所、甘肃省小陇山林业实验局林业科学研究所、四川省林业科学研究院、黑龙江省林业科学研究所	一等奖

（续）

序号	申报题目	申报人	主要完成单位	获奖等级
2015-KJ-1-04	油茶主要病虫害无公害防治技术	刘君昂、何苑皞、李河、宋光桃、周国英、周刚、李密、袁德义、袁军、王慧敏、董文统、王晓玲、李红军、邓小军、苟志辉	中南林业科技大学、湖南省林业科学院	一等奖
2015-KJ-2-01	重大林木蛀干害虫——栗山天牛无公害综合防治技术研究	杨忠岐、王小艺、唐桦、唐艳龙、曹亮明、张翌楠、于艳萍、吕军、马喜英、姜静	中国林业科学研究院森林生态环境与保护研究所、吉林省森林病虫防治检疫总站、辽宁省林业有害生物防治检疫局、内蒙古自治区宁城县森林病虫害防治检疫站、辽宁省宽甸满族自治县森林病虫防治检疫站	二等奖
2015-KJ-2-02	卡特兰属类系统分类、培育与整合利用	王雁、郑宝强、周琳、李奎、缪崑、郭欣、陈振皇	中国林业科学研究院林业研究所、昆明真善美兰业有限公司	二等奖
2015-KJ-2-03	重组竹材制备新技术及应用	汪奎宏、李琴、杜官本、张建、胡波、袁少飞、于海霞、雷洪、曾樟清、周庆荣	浙江省林业科学研究院、西南林业大学、安吉恒丰竹木产品有限公司、浙江腾龙竹业集团有限公司、浙江永裕竹业股份有限公司	二等奖
2015-KJ-2-04	红锥遗传改良与高效培育研究及应用	朱积余、蒋燚、申文辉、卢立华、龙定建、郝海坤、秦武明、刘海龙、曹艳云、刘秀	广西壮族自治区林业科学研究院、中国林业科学研究院热带林业实验中心、广西大学、广西壮族自治区国有博白林场	二等奖
2015-KJ-2-05	胶合竹的设计和制造	孙正军、江泽慧、刘焕荣、张秀标、严彦、倪林、宋光楠、杨利梅	国际竹藤中心	二等奖
2015-KJ-2-06	侧柏重大蛀干害虫植物源引诱剂及应用研究	尤德康、王新花、柴守权、庞献伟、郭一妹、郭文辉、于海英、吴旭东、梁丽珺、马喜英	国家林业局森林病虫害防治总站、泰安市泰山林业科学研究院、北京市林业保护站、山西省林业有害生物防治检疫局、丹东市森林病虫害防治检疫站	二等奖
2015-KJ-2-07	生态防火秸秆复合材料制造关键技术集成创新与产业化	吴义强、李新功、杨光伟、张新荔、李洪华、孙坚、刘春明、马开永、卿彦、左迎峰	中南林业科技大学、江苏木易阻燃科技股份有限公司、福仕德（苏州）板业科技有限公司、连云港保丽森实业有限公司、信阳合众人造板机械有限公司	二等奖

（续）

序号	申报题目	申报人	主要完成单位	获奖等级
2015-KJ-2-08	经营单位级森林多目标经营空间规划技术	张会儒、卢军、李春明、郎璞玫、杨英军、雷相东、张宋智、徐光、张晓红、刘文桢	中国林业科学研究院资源信息研究所、吉林省汪清林业局、甘肃省小陇山林业实验局林业科学研究所	二等奖
2015-KJ-2-09	油松人工林生长动态模拟及应用研究	范俊岗、刘平、魏忠平、王玉涛、叶景丰、陈罡、田永霞、单志田、王志为、纪鹰翔	辽宁省林业科学研究院、沈阳农业大学	二等奖
2015-KJ-2-10	道路边坡及裸露山体植被恢复与生态防护技术	朱兆华、徐国钢、周庆、刘杰、叶建军、陈晓蓉、高敏化、孙吉雄、程睿、彭冲	深圳市万信达生态环境股份有限公司	二等奖
2015-KJ-2-11	银中杨选育及优质高产定向培育配套技术	张剑斌、沈清越、温宝阳、王福森、赵岭、张含国、任广英、司海忠、徐连峰、戴玉伟	黑龙江省森林与环境科学研究院、黑龙江省森林与环境科学研究院新江实验林场、东北林业大学、齐齐哈尔绿源林业科技示范基地、黑龙江省林业技术推广站	二等奖
2015-KJ-2-12	竹资源调查3S技术集成应用关键技术研究	官凤英、范少辉、刘健、余坤勇、郑凌峰、涂年旺、苏玉梅、黄永南、刘广路漆良华	国际竹藤中心、福建农林大学、永安市林业局、三明学院	二等奖
2015-KJ-2-13	彩叶树种新品种选育及其快繁关键技术研究	俞卫东、巫建华、黄利斌、邱国金、蒋泽平、周兴元、曹仁勇、嵇召勋、史云光、张敏	江苏农林职业技术学院、江苏省林业科学研究院、江苏绿苑园林建设有限公司	二等奖
2015-KJ-2-14	松脂基功能衍生物的合成与作用机制研究	王宗德、王鹏、赵振东、宋杰、范国荣、陈金珠、陈尚钘、卢平英、李新俊、吴丽芳	江西农业大学、中国林业科学研究院林产化学工业研究所、美国密歇根大学（弗林特）、江西麻山化工有限公司	二等奖
2015-KJ-2-15	森林火灾发生、蔓延和扑救危险性预警技术研究与应用	舒立福、周汝良、王明玉、赵凤君、田晓瑞、文东新、刘晓东、杨光、赵璠、叶江霞	中国林业科学研究院森林生态环境与保护研究所、西南林业大学、中南林业科技大学、北京林业大学、东北林业大学、北京大陆康腾科技有限公司	二等奖
2015-KJ-2-16	林木叶蜂天敌姬蜂及对寄主的生理适应性研究	盛茂领、孙淑萍、李涛、陈国发、章英、于海英、郭文辉、曹川健、赫传杰、常国彬	国家林业局森林病虫害防治总站	二等奖

（续）

序号	申报题目	申报人	主要完成单位	获奖等级
2015-KJ-2-17	非洲菊新品种选育及产业化开发	孙强、林大为、陈洪、顾梅俏、褚可龙、郁春柳、姚红军、吴瑾、薛菊、竺唯杰	上海市林业总站、上海市奉贤区林业署	二等奖
2015-KJ-2-18	泡核桃品种资源创新及提质增效技术研究与示范	陆斌、施彬、刘金凤、黄佳聪、李仙兰、聂艳丽、苏为耿、蒋志东、马骏、熊新武	云南省林业技术推广总站、保山市林业技术推广总站、云南省林业有害生物防治检疫局、大理白族自治州林业技术推广总站、玉溪市林业科技推广站	二等奖
2015-KJ-2-19	集体林产权制度改革及其配套改革相关政策问题研究	刘璨、刘浩、王焕良、姚顺波、黎家远、张敏新、温亚利、鹿永华、孙小兵、董妍	国家林业局经济发展研究中心、西北农林科技大学、北京林业大学、南京林业大学、青岛农业大学、四川省财政厅、财政部农业司、国家林业局发展规划与资金管理司	二等奖
2015-KJ-2-20	漆树活性提取物高效加工关键技术与应用	王成章、周昊、叶建中、陈虹霞、张宇思、陶冉	中国林业科学研究院林产化学工业研究所	二等奖
2015-KJ-2-21	集体林权改革综合监测评价技术体系研究	陈幸良、陈巧、吴海龙、赵荣、李勇、陈杰、李红、夏本刘、周庆、张海燕	中国林业科学研究院、中国林业科学研究院资源信息研究所、江西省林业科学院、福建省林业科学研究院、江西省武宁县林业局、福建省邵武市林业局、浙江省江山市林业局	二等奖
2015-KJ-2-22	松材线虫病病原确立和防控新技术研究与推广	叶建仁、吴小芹、陈凤毛、胡林、黄麟、朱丽华、郝德君、柴忠心、丁晓磊、邱秀文	南京林业大学、杭州优思达生物技术有限公司、南京生兴有害生物防治技术有限公司	二等奖
2015-KJ-2-23	杭州湾优势水果产业提升支撑技术集成应用与示范	沈立铭、柴春燕、孙志栋、李共国、沈炳法、黄土文、徐绍清、应铁进、张方刚、林波	余姚市林业特产技术推广总站、宁波市农业科学研究院、慈溪市林特技术推广中心、慈溪市紫来山庄、杨梅开发有限公司、浙江万里学院	二等奖
2015-KJ-2-24	山东省木瓜种质资源收集评价与创新利用	曹帮华、公庆党、王相来、梁东田、石宏、王显福、魏效德、贾波、张彤、邵伟	山东农业大学、山东省经济林管理站、泰安市泰山林场	二等奖

（续）

序号	申报题目	申报人	主要完成单位	获奖等级
2015-KJ-2-25	雷竹可持续经营利用研究与示范推广	桂仁意、方伟、徐慧琴、刘军、张有珍、刘振勇、庄舜尧、李国栋、林新春、金德宝	浙江农林大学、宁国市林业局、杭州市余杭区林业水利局、临安市林业局、德清县林业局	二等奖
2015-KJ-2-26	油茶幼林立体高效复合经营技术	陈永忠、陈隆升、杨小胡、彭邵锋、彭映赫、王瑞、马力、王湘南、唐炜、罗健	湖南省林业科学院、湖南省中林油茶科技有限责任公司、浏阳市林业技术推广站	二等奖
2015-KJ-2-27	南方特色木本植物油料全资源高效利用新技术与产品	李昌珠、林琳、刘汝宽、李辉、崔海英、李培旺、周建宏、蒋丽娟、张爱华、吴红	湖南省林业科学院、江苏大学、中南林业科技大学、湖南省生物柴油工程技术研究中心	二等奖
2015-KJ-2-28	银杏复合经营系统研究与推广	汪贵斌、曹林、郁万文、曹福亮、田亚玲、蔡金峰、常伟明、王峰、陈兴忠、孙晓东	南京林业大学	二等奖
2015-KJ-2-29	第二次全国湿地资源调查	马广仁、鲍达明、唐小平、熊智平、王志臣、但新球、马洪兵、张阳武、王侠、姬文元	国家林业局湿地保护管理中心、国家林业局调查规划设计院、国家林业局中南林业调查规划设计院、清华大学	二等奖
2015-KJ-2-30	竹材原态重组材料制造关键技术与设备开发应用	傅万四、周建波、余颖、丁定安、张占宽、朱志强、孙晓东、卜海坤、赵章荣、陈忠加	国家林业局北京林业机械研究所、湖南省林业科学院、中国林业科学研究院林业科技信息研究所、中国林业科学研究院木材工业研究所、益阳海利宏竹业有限公司	二等奖
2015-KJ-3-01	浙西南夏秋季菜用竹笋高效栽培关键技术研究与推广	刘跃钧、周成敏、何林、宋艳冬、王光剑	丽水市林业科学研究院、泸州市林业科学研究、景宁县科技开发服务部、丽水市林业技术推广总站	三等奖
2015-KJ-3-02	我国林业疫害生物防控标准体系研究	马爱国、宋玉双、赵宇翔、崔永三、董振辉	国家林业局森林病虫害防治总站、内蒙古农业大学、中国科学院沈阳应用生态研究所	三等奖
2015-KJ-3-03	竹林资源遥感综合监测技术研究	杜华强、徐小军、韩凝、周国模、吕玉龙	浙江农林大学、浙江省安吉县林业局、浙江省临安市林业科技推广总站	三等奖
2015-KJ-3-04	海岛松材线虫病灾后森林生态系统恢复技术	吴初平、贺位忠、王国明、沈爱华、陈斌	浙江省林业科学研究院、舟山市农林与渔农村委员会、舟山市农林科学研究院	三等奖

（续）

序号	申报题目	申报人	主要完成单位	获奖等级
2015-KJ-3-05	浙南山地油茶产业化关键技术集成示范及推广	朱国华、葛永金、倪荣新、林昌礼、麻秀新	丽水市林业技术推广总站、丽水市林业科学研究院、中国林业科学研究院亚热带林业科学研究所、青田中野天然植物科技有限公司、云和县农业综合开发有限公司	三等奖
2015-KJ-3-06	樟树药用、香料、油用品系定向选育及精深加工利用研究	江香梅、肖复明、罗丽萍、章挺、胡文杰	江西省林业科学院、南昌大学、江西思派思香料化工有限公司	三等奖
2015-KJ-3-07	主要阔叶树种高效培育关键技术研究	黄小春、朱培林、叶金山、龚斌、谷振军	江西省林业科学院、国营永丰县官山林场、上饶市林业科学研究所、丰城市天缘花木药材有限公司、国营信丰县金盆山营林林场	三等奖
2015-KJ-3-08	麻竹加工剩余物综合利用技术创新与示范	吕玉奎、李月文、王玲、包传彬、陈能威	荣昌县林业科学技术推广站、重庆市林业科学研究院、重庆市包黑子食品有限公司、荣昌县林业局、重庆市能威食用菌开发有限公司	三等奖
2015-KJ-3-09	浙江省森林消防队伍配置规范与火灾应急响应机制研究	茅史亮、舒立福、姚树人、潘颖瑛、王明玉	浙江省林火监测中心、中国林业科学研究院森林生态环境与保护研究所、南京森林警察学院、湖州市人民政府森林消防指挥部办公室	三等奖
2015-KJ-3-10	城乡森林氮磷削减理论与群落构建技术	陈伏生、季春峰、胡小飞、袁平成、曹金成	江西农业大学、南昌大学	三等奖
2015-KJ-3-11	毛竹材用林下多花黄精复合经营技术	陈双林、杨清平、樊艳荣、郭子武、李迎春	中国林业科学研究院亚热带林业研究所、江山市林业技术推广站	三等奖
2015-KJ-3-12	绿洲边缘林业防护体系生态效益及其对沙尘暴减灾效能研究	杨自辉、方峨天、詹科杰、王强强、郭树江	甘肃省治沙研究所、甘肃民勤荒漠草地生态系统国家野外科学观测研究站	三等奖
2015-KJ-3-13	木竹材高温热处理关键技术与应用	李延军、顾炼百、丁涛、涂登云、姜志宏	南京林业大学、浙江农林大学、华南农业大学、江苏星楠干燥设备有限公司、浙江世友木业有限公司	三等奖

（续）

序号	申报题目	申报人	主要完成单位	获奖等级
2015-KJ-3-14	高含油互叶白千层产业化栽培与加工利用	吴丽君、邱安彬、陈碧华、黄金龙、翁秋媛	福建省林业科学研究院、福建森美达生物科技有限公司、福建美菰林生物科技有限公司	三等奖
2015-KJ-3-15	中国黑戈壁研究	冯益明、王学全、曹晓明、董治宝、郑新江	中国林业科学研究院荒漠化研究所、中国科学院寒区旱区环境与工程研究所、中国气象局国家气候中心、北京林业大学、国家林业局调查规划设计院	三等奖
2015-KJ-3-16	山茶属和木瓜属新品种选育及推广应用	奉树成、张亚利、秦俊、毕庆泗、宋垚	上海植物园	三等奖
2015-KJ-3-17	林木剩余物快速热解与热解油制备酚醛树脂技术及应用	常建民、任学勇、司慧、王文亮、王大张	北京林业大学、北京太尔化工有限公司、国家林业局林产工业规划设计院、中国林业科学研究院木材工业研究所、廊坊华日家具股份有限公司	三等奖
2015-KJ-3-18	油橄榄良种繁育及丰产栽培技术研究	姜成英、吴文俊、苏瑾、邹天福、陈炜青	甘肃省林业科学研究院	三等奖
2015-KJ-3-19	江苏沿海盐碱地造林新技术研究与推广	施士争、卢克成、隋德宗、何旭东、王学东	江苏省林业科学研究院、江苏省林木种苗管理站、江苏省盐城市林业站、江苏省南通市林果指导站、连云港市林业技术指导站	三等奖
2015-KJ-3-20	长江中下游地区杨树主要食叶害虫暴发机制研究及可持续防控技术示范	徐福元、陈京元、郭同斌、郝德君、汤方	江苏省林业科学研究院、湖北省林业科学研究院、徐州市森林病虫防治检疫站、南京林业大学、江苏省林业有害生物检疫防治站	三等奖
2015-KJ-3-21	干旱区直播密植枣林高效培育技术集成应用	陈奇凌、郑强卿、花东来、王晶晶、姜继元	新疆兵团林业科学技术研究院	三等奖
2015-KJ-3-22	低湿滩地适生树种良种繁育及造林新技术推广	殷亚南、叶军、毛锁云、言燕华、黄源	镇江市林业和蚕桑工作站、江苏省林业科学研究院、泰州市林业技术指导站	三等奖
2015-KJ-3-23	亚热带地区枣树坐果剂的研发与应用	王森、沈燕、何功秀、吕芳德、陈建华	中南林业科技大学	三等奖

（续）

序号	申报题目	申报人	主要完成单位	获奖等级
2015-KJ-3-24	功能森林化学成分高效分离利用理论与关键技术	赵修华、赵春建、路祺、付玉杰、祖元刚	东北林业大学	三等奖
2015-KJ-3-25	八角专用型良种选育及山地高效栽培关键技术研究与示范	宁德鲁、张雨、李勇杰、廖永坚、耿树香	云南省林业科学院、富宁县八角研究所、屏边苗族自治县林业科学研究所	三等奖
2015-KJ-3-26	热区主要造林树种无土育苗技术引进	李娅、庞静、赵永红、景跃波、李翠萍	云南省林业科学院	三等奖
2015-KJ-3-27	云南哀牢山珍稀濒危雉类生态生物学研究	周伟、李伟、张庆、刘钊、李宁	西南林业大学	三等奖
2015-KJ-3-28	黑龙江省优质工业原料林良种选育及定向培育技术研究	郭树平、沈海龙、祁永会、宋魁彦、苏喜廷	黑龙江省林业科学研究所、东北林业大学、黑龙江省牡丹江林业科学研究所、黑龙江省带岭林业科学研究所	三等奖
2015-KJ-3-29	小气候条件对林蛙生长发育的调控	佟庆、崔立勇、王闯、王长平、杨名赫	黑龙江省合江林业科学研究所	三等奖
2015-KJ-3-30	黑茶镳子、西伯利亚花楸等珍贵经济树种集约栽培技术研究	周志权、高军、叶景丰、宋光、宁苓	辽宁省林业科学研究院	三等奖
2015-KJ-3-31	竹材液化发泡材料制备技术研发与示范	刘乐群、钱华、张文福、方晶、刘贤淼	浙江省林业科学研究院、杭州国立工贸集团有限公司、浙江亮月板业有限公司	三等奖
2015-KJ-3-32	新疆荒漠林监测技术及方法研究与应用	李霞、高亚琪、谢军、张绘芳、师戈里	新疆林业科学院、新疆农业大学、新疆维吾尔自治区林业厅	三等奖

"中林集团杯第七届梁希林业科学技术奖"获奖项目（2016年9月）

序号	申报项目	完成人	主要完成单位	获奖等级
2016-KJ-1-01	低等级木材高得率制浆清洁生产关键技术	房桂干、邓拥军、沈葵忠、耿光林、张凤山、施英乔、范刚华、丁来保、盘爱享、李萍、韩善明、焦健、李红斌	中国林业科学研究院林产化学工业研究所、山东晨鸣纸业集团股份有限公司、山东华泰纸业股份有限公司、江苏金沃机械有限公司	一等奖
2016-KJ-1-02	林木根际高效解磷微生物促生抗逆机理与效应研究	吴小芹、叶建仁、樊奔、陈凤毛、林司曦、刘辉、盛江梅、朱丽华、侯亮亮、范克胜、李冠喜、李桂娥、王进杰、周爱东、赵柳	南京林业大学	一等奖
2016-KJ-1-03	竹资源高效培育关键技术研究与示范	范少辉、王浩杰、杨宇明、丁雨龙、顾小平、官凤英、刘广路、苏文会、蔡春菊、漆良华、刘健、辉朝茂、王福升、舒金平、余坤勇	国际竹藤中心、中国林业科学研究院亚热带林业研究所、西南林业大学、南京林业大学、福建农林科技大学	一等奖
2016-KJ-1-04	适应集体林权改革的森林资源可持续经营管理与优化技术及应用	宋维明、徐基良、程宝栋、孙玉军、胡明形、张颖、赵天忠	北京林业大学	一等奖
2016-KJ-2-01	南方型杨树优质高效栽培技术体系的研究与推广	方升佐、马永春、田野、袁成、唐罗忠、任百林、李孝良、程龙飞、蔡卫兵、杨万霞	南京林业大学、安徽省林业科技推广总站	二等奖
2016-KJ-2-02	国产木材在轻型木结构中应用关键技术	任海青、周海宾、赵荣军、殷亚方、王朝晖、江京辉、邢新婷、钟永、王玉荣、武国芳	中国林业科学研究院木材工业研究所、国家林业局北京林业机械研究所、北京海德木屋有限公司、苏州昆仑绿建木结构科技股份有限公司、大连双华木业有限公司、山东新港企业集团有限公司	二等奖
2016-KJ-2-03	西北干旱缺水地区森林植被的水文影响及林水协调管理技术	王彦辉、刘广全、于澎涛、程积民、熊伟、王小平、刘贤德、余治家、徐丽宏、田瑛	中国林业科学研究院森林生态环境与保护研究所、中国水利水电科学研究院、中国科学院水利部水土保持研究所、甘肃省祁连山水源涵养林研究院、北京林学会、宁夏农林科学院固原分院、固原市六盘山林业局、西北农林科技大学、固原市林业局	二等奖

（续）

序号	申报项目	完成人	主要完成单位	获奖等级
2016-KJ-2-04	节能环保竹质复合材料高效制造关键技术及产业化	吴义强、李新功、李贤军、赵星、丁定安、薛志成、吴金保、伍朝阳、卿彦、左迎峰	中南林业科技大学、湖南省林业科学院、湖南桃花江竹材科技股份有限公司、益阳桃花江竹业发展有限公司、湖南长笛龙吟竹业有限公司	二等奖
2016-KJ-2-05	基于小流域尺度的森林水资源调控与水土保持生态建设技术	张金池、庄家尧、林杰、刘霞、王良杰、胡海波、尤禄祥、张水锋、初磊、刘敏昊	南京林业大学	二等奖
2016-KJ-2-06	油茶幼林高效生态经营技术	李建安、孙颖、何志祥、刘儒、马英、谷战英、熊利、吴玲利、柯镔峰、王金凤	中南林业科技大学、江西省林业科学院	二等奖
2016-KJ-2-07	中国森林碳计量方法与应用	肖文发、朱建华、白彦锋、曾立雄、田耀武、黄志霖、张国斌、李金良、姜春前、雷静品	中国林业科学研究院森林生态环境与保护研究所、中国林业科学研究院林业研究所、国家林业局调查规划设计院、河南科技大学、中国绿色碳汇基金会	二等奖
2016-KJ-2-08	毛白杨基因标记辅助育种技术与新品种创制	张德强、杜庆章、宋跃朋、张有慧、张志毅、程武、李百炼、杨晓慧、谢剑波、田佳星	北京林业大学、山东冠县国有苗圃	二等奖
2016-KJ-2-09	山茶花新品种选育及产业化关键技术	李纪元、刘信凯、倪穗、邵生富、李辛雷、钟乃盛、范正琪、殷恒福、何丽波、楼君	中国林业科学研究院亚热带林业研究所、棕榈生态城镇发展股份有限公司、宁波大学、金华市国际山茶物种园、湖南农业大学、金华市林业种苗管理站、杭州市富阳区农业技术推广中心林业站	二等奖
2016-KJ-2-10	北美冬青优新品种引进及产业化关键技术研究与应用	余有祥、刘军、查琳、郑炳松、吴光洪、陈丽华、何卿、袁紫倩、董建华、徐昱昱	杭州润土园艺科技有限公司、杭州市林业科学研究院、杭州市园林绿化股份有限公司、浙江农林大学、杭州市余杭区林业工作站	二等奖
2016-KJ-2-11	抗裂果枣新品种选育及栽培技术创新与应用	王振亮、李开森、孙文元、刘满光、徐振华、李梦钗、侯军铭、李秀文、高素梅、李如纲	河北省林业科学研究院	二等奖

（续）

序号	申报项目	完成人	主要完成单位	获奖等级
2016-KJ-2-12	国际林产品贸易中的碳转移计量与监测研究	陈幸良、陈勇、吴水荣、于天飞、何友均、杨红强、原磊磊、林子清、宿海颖、林昆仑	中国林业科学研究院林业科技信息研究所	二等奖
2016-KJ-2-13	杨树防护林主要害虫高效安全持续控制技术	迟德富、董希文、严善春、宇佳、李晓灿、冉亚丽、关桦楠、张剑斌、闫敦梁、王广利	东北林业大学	二等奖
2016-KJ-2-14	抑烟型阻燃中(高)密度纤维板生产技术与应用	陈志林、傅峰、梁善庆、吕斌、彭立民、林国利、詹满军、樊茂祥、纪良	中国林业科学研究院木材工业研究所、广西丰林木业集团股份有限公司、东营正和木业有限公司	二等奖
2016-KJ-2-15	短周期工业用毛竹大径材的培育技术集成与示范	谢锦忠、张玮、金爱武、高培军、雷海清、李雪涛、童品璋、吴柏林、高志勤、汤华勤	中国林业科学研究院亚热带林业研究所、浙江农林大学、亚热带作物研究所、安吉县林业局、诸暨市农林局、龙游县林业局、杭州市富阳区农业技术推广中心	二等奖
2016-KJ-2-16	林木枝梢及果类蛀虫寄生天敌研究	盛茂领、孙淑萍、李涛、王涛、崔振强、常国彬、陈秀娟、武文昊、陈国发、董振辉	国家林业局森林病虫害防治总站	二等奖
2016-KJ-2-17	耐盐柳树育种关键技术创新与应用	李敏、张健、杨庆山、魏海霞、唐季云、李玉娟、王莹、马祥建、刘德玺、张远	江苏沿江地区农业科学研究所、山东省林业科学研究院、南通市通州区林业技术指导站	二等奖
2016-KJ-2-18	福建山樱花良种选育与快繁技术研究	郑郁善、张迎辉、陈凌艳、何天友、陈礼光、付影、荣俊冬、郑林、黄宇、廖鹏辉	福建农林大学	二等奖
2016-KJ-2-19	山东省5个主要造林树种种质资源收集评价及良种选育	徐金光、李景涛、段春玲、周继磊、解荷锋、王玮、黄启伦、唐国梁、张才、张有慧	山东省林木种苗和花卉站、金乡县国有白洼林场、宁阳县国有高桥林场、国有冠县苗圃、费县国有大青山林场、乳山市国有垛山林场	二等奖
2016-KJ-2-20	油茶配方施肥缓释多功能新技术与应用	曹继钊、唐健、王会利、邓秀汕、覃其云、石媛媛、潘波、唐芳玉、邓小军、宋贤冲	广西壮族自治区林业科学研究院、广西力源宝科技有限公司、广西金茶王油脂有限公司	二等奖
2016-KJ-2-21	无花果、果桑优新品种选育与应用	孙蕾、韩传明、贾明、赵登超、孙锐、王小芳、王丹、曲永贾、王翠香、刘丙花	山东省林业科学研究院	二等奖

（续）

序号	申报项目	完成人	主要完成单位	获奖等级
2016-KJ-2-22	人工林多功能经营技术体系	陆元昌、刘宪钊、雷相东、蔡道雄、王宏、谢阳生、国红、贾宏炎、张文辉、洪玲霞	中国林业科学研究院资源信息研究所、中国林业科学研究院热带林业实验中心、西北农林科技大学	二等奖
2016-KJ-2-23	枇杷优异种质利用及产业化关键技术	秦巧平、姜帆、陈俊伟、徐翠霞、徐红霞、高慧颖、李晓颖、邓朝军、张岚岚、冯健君	浙江农林大学、浙江省农业科学院、福建省农业科学院果树研究所	二等奖
2016-KJ-2-24	萜类木本植物资源的筛选、培育与高效高值加工利用	陈尚钘、王宗德、范国荣、陈金珠、王鹏、杨光耀、姜漾、李祥林、余港生、黄喜根	江西农业大学、江西天香林业开发有限公司、江西思派思香料化工有限公司、江西兴泰化工有限公司	二等奖
2016-KJ-2-25	竹材及其人造板环保高效防腐防霉技术	覃道春、蒋明亮、刘君良、马星霞、任海青、赵荣军、李志强、张融、金菊婉、刘红征	国际竹藤中心、中国林业科学研究院	二等奖
2016-KJ-2-26	森林防火预警关键技术研究及系统应用	唐丽华、方陆明、徐爱俊、董越勇、楼雄伟、徐肇友、罗煦钦、吕贤良、汤华勤、季景勇	浙江农林大学、杭州感知科技有限公司	二等奖
2016-KJ-2-27	矿山废弃地植被恢复土壤水文效应研究及应用	范俊岗、吕刚、魏忠平、刘红民、叶景丰、马冬菁、高英旭、杨鹤、武文昊、张浩洋	辽宁省林业科学研究院、辽宁工程技术大学	二等奖
2016-KJ-2-28	华北杨树速生丰产林精准水养调控机理与技术	贾黎明、席本野、王小平、李广德、闫小莉、王烨、刘诗琦、戴腾飞、邢长山	北京林业大学、北京市园林绿化国际合作项目管理办公室、北京市共青林场	二等奖
2016-KJ-2-29	木材加工高速电主轴制造技术与应用	张伟、金征、张前卫、傅万四、闫荣庭、杨建华、姚遥、闫承琳、丁文华	国家林业局北京林业机械研究所、天津市海斯特电机有限公司、上海跃通木工机械设备有限公司	二等奖
2016-KJ-2-30	基于不同侵蚀驱动力的退耕还林工程生态连清技术研究与应用	王兵、周鸿升、牛香、敖安强、刘再清、李保玉、汪金松、张英豪、宋庆丰、王红霞	中国林业科学研究院森林生态环境与保护研究所、国家林业局退耕还林（草）工程管理中心、内蒙古自治区林业厅、北京农学院、辽宁省森林经营研究所、贵州省林业科学研究院、辽宁省林业科学研究院	二等奖

（续）

序号	申报项目	完成人	主要完成单位	获奖等级
2016-KJ-2-31	牡丹新品种培育及产业化关键技术与应用	成仿云、钟原、成信云、袁军辉、蔡长福、刘改秀、吴静、文书生、周华、陶熙文	北京林业大学、北京国色牡丹科技有限公司、洛阳国家牡丹园	二等奖
2016-KJ-2-32	重要森林叶蜂生态学及综合调控技术	张真、王鸿斌、陈国发、陈立功、黄培强、刘随存、梁丽珺、运虎、孔祥波、张苏芳	中国林业科学研究院森林生态环境与保护研究所、国家林业局森林病虫害防治总站、天津大学、厦门大学、山西省林业有害生物防治检疫局、甘肃省林业有害生物防治检疫局、山西省林业科学研究院、甘肃靖远县哈思山林场	二等奖
2016-KJ-2-33	集体林权制度改革监测研究	戴广翠、张升、文彩云、刘伟平、曾玉林、朱述斌、贺超、王见、李周岐、陈秉谱	国家林业局经济发展研究中心、北京林业大学、福建农林大学、江西农业大学、湖南理工学院、西南林业大学、西北农林科技大学、甘肃农业大学	二等奖
2016-KJ-3-01	南洋楹良种选育与高效栽培技术	晏姝、韦如萍、梁仕威、陈海、曾建雄	广东省林业科学研究院	三等奖
2016-KJ-3-02	紫穗槐丛枝菌根（AM）的研究	宋福强、周丹、郭昭滨、范晓旭、常伟	黑龙江大学、黑龙江省森林植物园	三等奖
2016-KJ-3-03	祁连山典型流域青海云杉林水文特征与生态因子关系研究	刘贤德、牛赟、成彩霞、金铭、敬文茂	甘肃张掖生态科学研究院	三等奖
2016-KJ-3-04	干旱沙地机械化深栽造林技术	俞国胜、陈劭、刘玉军、袁湘月、陈忠加	北京林业大学	三等奖
2016-KJ-3-05	生物防火林带营建技术研究与示范	李修鹏、余树全、江晓东、章建红、万健勇	宁波市林火监测信息中心、浙江农林大学、宁波市森林防火指挥部办公室、宁波市鄞州区林业技术管理服务站	三等奖
2016-KJ-3-06	树木微枝试管外生根育苗技术	沈海龙、张鹏、杨玲、王爱芝、李玉花	东北林业大学	三等奖
2016-KJ-3-07	多重土壤逆境下长白落叶松根系分泌的有机酸及其生态适应意义	宋金凤、刘永、崔晓阳、郭亚芬、桑英	东北林业大学、黑龙江出入境检验检疫局检验检疫技术中心	三等奖

（续）

序号	申报项目	完成人	主要完成单位	获奖等级
2016-KJ-3-08	干旱瘠薄山地造林关键技术创新与应用	刘方春、马海林、马丙尧、杜振宇、李丽	山东省林业科学研究院、莱芜市金雨达塑胶有限公司	三等奖
2016-KJ-3-09	环境友好型生物基酚醛树脂结构胶合板研究	时君友、李翔宇、段喜鑫、柴瑜、麻馨月	北华大学	三等奖
2016-KJ-3-10	珍稀濒危植物巴东木莲繁育技术推广示范	王玉兵、周鸿升、王希群、陈发菊、郭保香	三峡大学、国家林业局林产工业规划设计院、湖北省宜昌市林业局、湖北省宜昌市林业科学研究所	三等奖
2016-KJ-3-11	长白山杜鹃花菌根化种苗工厂化和速生关键技术及其推广应用	顾地周、冯颖、赵云龙、刘伟、王慧	通化师范学院、通化县金斗乡康特种养殖繁育基地、通化县学军中药材开发有限公司	三等奖
2016-KJ-3-12	珍稀观赏竹产业化开发关键技术研究与推广	余学军、郑蓉、应叶青、周昌平、高培军	浙江农林大学、福建省林业科学研究院、安吉竹子博览园有限公司、杭州临安太湖源观赏竹种园有限公司	三等奖
2016-KJ-3-13	基于 FSC 森林认证的毛竹林经营关键技术研究与应用	汤华勤、谢锦忠、张玮、马乃训、陆兴龙	杭州市富阳区森林和野生动植物保护管理总站、中国林业科学研究院亚热带林业研究所、杭州大禾志业竹木有限公司、杭州市富阳区环境保护监测站、富阳市永昌镇竹产业协会	三等奖
2016-KJ-3-14	覆盖雷竹林劣变土壤生态恢复技术研究与示范	郭子武、陈双林、王安国、李迎春、俞文仙	中国林业科学研究院亚热带林业研究所、临安市现代林业科技服务中心、杭州市富阳区农业技术推广中心	三等奖
2016-KJ-3-15	平榛优良品种选育与丰产技术	梁国儒、曾庆杰、盛淑艳、胡跃华、卞婧	铁岭市林业科学研究院	三等奖
2016-KJ-3-16	木质材料表面高效阻燃技术及应用	吴玉章、屈伟、蒋明亮、马星霞、罗文圣	中国林业科学研究院木材工业研究所、北京盛大华源科技有限公司、久盛地板有限公司	三等奖
2016-KJ-3-17	有机／无机协同技术在竹材加工中的应用	沈哲红、于红卫、鲍滨福、方群、陈浩	浙江农林大学、浙江安吉永生胶粘剂有限公司、安吉仕强制胶有限公司	三等奖

（续）

序号	申报项目	完成人	主要完成单位	获奖等级
2016-KJ-3-18	两种生态高效林菌共育模式关键技术	应国华、薛振文、吕明亮、李伶俐、梁俊峰	丽水市林业科学研究院、中国林业科学研究院热带林业研究所、丽水市林业技术推广总站	三等奖
2016-KJ-3-19	杉木优良家系选育及三代种子园分步式高效营建技术	徐清乾、许忠坤、殷元良、张勰、顾扬传	湖南省林业科学院、湖南省林木种苗管理站、会同县林业科学研究所、攸县林业科学研究所	三等奖
2016-KJ-3-20	北缘地区油茶良种应用和高效栽培技术集成示范	邓先珍、杜红岩、肖正东、周席华、程军勇	湖北省林业科学研究院、国家林业局泡桐研究开发中心、安徽省林业科学研究院	三等奖
2016-KJ-3-21	速生丰产林生产经营过程信息化关键技术研究与应用	吴保国、张旭、李昀、王霓虹、黄心渊	北京林业大学、中国林业科学研究院资源信息研究所、东北林业大学	三等奖
2016-KJ-3-22	森林资源保护无线监测关键技术	李文彬、韩宁、阚江明、王国柱、寿大云	北京林业大学	三等奖
2016-KJ-3-23	云南高原湖泊湿地生物多样性研究	王娟、王四海、杨宇明、李伟、张汉尧	云南省林业科学院，西南林业大学	三等奖
2016-KJ-3-24	典型高寒沙区植被恢复技术体系研究与示范	贾志清、王学全、杨德福、李清雪、刘涛	中国林业科学研究院、青海省治沙试验站、中国林业科学研究院林业研究所	三等奖
2016-KJ-3-25	干旱半干旱区退化植被恢复及可持续经营技术研究	张文军、王晓江、海龙、杨跃文、王美珍	内蒙古自治区林业科学研究院、内蒙古自治区水利科学研究院	三等奖
2016-KJ-3-26	木麻黄等3个沿海常绿树种耐寒种质引选与应用	张晓勉、江志标、郭亮、高智慧、陈斌	浙江省林业科学研究院、舟山市农林与渔农村委员会、慈溪市林特技术推广中心、桐庐县农业和林业技术推广中心、中国林业科学研究院热带林业研究所	三等奖
2016-KJ-3-27	黄精资源培育及深加工关键技术	汤锋、胡一民、操海群、王进、项艳	国际竹藤中心、安徽农业大学、安徽省林业科学研究院	三等奖
2016-KJ-3-28	毛竹种子特性及实生容器苗培育关键技术研究与应用	高健、蔡春菊、侯成林、申小叶、杨廷富	国际竹藤中心、首都师范大学、安徽省林业科学研究院	三等奖
2016-KJ-3-29	福建三明林改试验区配套支撑技术及保障制度集成与示范	温亚利、王新杰、李小勇、李红勋、李云	北京林业大学、福建省三明市林业局	三等奖

（续）

序号	申报项目	完成人	主要完成单位	获奖等级
2016-KJ-3-30	菌草生态循环产业关键技术的研究与应用	林占熺、林冬梅、林辉、林兴生、黄国勇	福建农林大学	三等奖
2016-KJ-3-31	亚热带人工林经营的生态化学计量学原理与应用	陈伏生、汪思龙、王辉民、肖复明、方向民	江西农业大学、中国科学院沈阳应用生态研究所、中国科学院地理科学与资源研究所、江西省林业科学院	三等奖
2016-KJ-3-32	茶油生产过程中质量安全控制	王亚萍、费学谦、罗凡、姚小华、王开良	中国林业科学研究院亚热带林业研究所、天台山康能保健食品有限公司、江西春源绿色食品有限公司、建德市霞雾农业开发中心、浙江茶之语科技开发有限公司	三等奖
2016-KJ-3-33	河南省丹江口库区生态安全与产业发展研究	杨朝兴、李周、曹庭珠、丁向阳、曹霞	河南省林业科学研究院、中国社科院农发所、郑州大学、信阳农林学院、南阳理工学院、南阳市南水北调中线工程建设办公室、河南省科学院地理所	三等奖
2016-KJ-3-34	山茶优良种质培育与应用关键技术	彭邵锋、陈永忠、王湘南、马力、陈隆升	湖南省林业科学院、湖南省中林油茶科技有限责任公司	三等奖

梁希科普奖

首届梁希科普奖获奖集体或个人（2005 年 11 月）

获奖集体或个人	推荐单位
中国中央电视台社教中心科技专题部	国家林业局宣传办公室
人民日报教科文部	国家林业局宣传办公室
贵州省林业科学研究院	贵州省林学会
浙江省林业厅	浙江省林学会
湖南省森林植物园	湖南省林学会
中国林业科学研究院林业研究所城市林业室	中国林学会城市森林分会
陕西佛坪国家级自然保护区管理局	陕西省林学会

（续）

获奖集体或个人	推荐单位
安吉竹子博览园	浙江省林学会
中国科学院植物研究所植物园	中国科学院科技政策局
吉林省林学会	吉林省林学会
丁广师（中国中央电视台社教中心科技专题部）	国家林业局宣传办公室
高保生（人民日报社）	国家林业局宣传办公室
常青（贵州省林业厅科技处）	贵州省林学会
张贵麟（南京林业大学）	南京林业大学
金爱武（浙江林学院竹类研究所）	浙江省林学会
杨月珍（湖南芷江侗族自治县林业局科教站）	湖南省林学会
孟祥彬（黑龙江省森林工业总局科技处）	黑龙江省林学会
彭春生（北京林业大学园林学院）	北京林业大学
杨志忠（内蒙古鄂尔多斯市退耕还林工程管理中心）	内蒙古林学会

第二届梁希科普奖获奖集体（2009 年 3 月）

序号	获奖集体	序号	获奖集体
1	东北林业大学环保宣教团队	10	南方国家级林木种苗示范基地
2	北京林学会	11	武威市石羊河林业总场
3	国家林业局宣传办公室	12	永州市冷水滩区林学会
4	中国科学院植物研究所植物园	13	甘肃祁连山国家级自然保护区管理局
5	江西省林学会办公室	14	东北林业大学帽儿山教学区
6	黑龙江省森林植物园	15	广西壮族自治区林业科学研究院
7	国际竹藤网络中心	16	贵州省龙里林场
8	南京林业大学森环院生态系	17	广州市林业科技推广站
9	吉林龙湾国家级自然保护区管理局		

第二届梁希科普奖获奖个人（2009 年 3 月）

获奖个人	工作单位
刘良源	江西省林业有害生物防治检疫局
孟庆武	中国林业出版社
胡德平	中共中央统战部
崔丽娟	中国林业科学研究院林业研究所

（续）

获奖个人	工作单位
张丽君	河南省林业科学研究院
胡一民	安徽省林业科学研究院
王　谦	江西省林学会办公室
曹福亮	南京林业大学
徐天森	中国林业科学研究院亚热带林业研究所
丁玉华	江苏大丰麋鹿国家级自然保护区
赵青儒	中国林业科学研究院
俞文君	南京森林公安高等专科学校侦查系
潘标志	福建省林业科学技术推广总站
杜纪山	国家林业局退耕还林（草）工程管理中心
马锦林	广西壮族自治区林业科学研究院
周三白	山西林业厅记者站
董建林	内蒙古自治区三北防护林工作站
常　璐	新疆林业厅科技处
王志新	吉林省林学会

第三届梁希科普奖（2012年5月）

科普作品（类）奖

序号	作品名称	作者	作者工作单位	获奖等级
1	《蝴蝶文化与鉴赏》	顾茂彬、陈仁利、周铁烽、陈佩珍等	中国林业科学研究院热带林业研究所试验站	一等奖
2	《听伯伯讲银杏的故事》	曹福亮、卫欣、郁万文、周吉林等	南京林业大学	一等奖
3	《油茶实用技术图解丛书》	余江帆、吕芳德、钟秋平、王森等	江西省林业科技培训中心、中南林业科技大学、中国林业科学研究院亚热带林业实验中心	一等奖
4	《植物"活化石"——中国银杏》	林协等	浙江省林业科学研究院等	二等奖
5	《熊猫家园　生命长青》	陕西长青国家级自然保护区管理局	陕西长青国家级自然保护区管理局	二等奖

（续）

序号	作品名称	作者	作者工作单位	获奖等级
6	《麋鹿的故事》	丁玉华	江苏大丰麋鹿国家级自然保护区	二等奖
7	《古典家具收藏与鉴赏》	吕九芳、刘文佳	南京林业大学家具与工业设计学院、南京视觉艺术职业学院	二等奖
8	《浙江野菜100种精选图谱》	李根有等	浙江农林大学等	三等奖
9	《麻竹栽培实用技术》	黄大勇等	广西壮族自治区林业科学研究院	三等奖
10	《油茶栽培实用技术》	袁铁象等	广西壮族自治区林业科学研究院	三等奖
11	《林业知识大讲堂》速丰林系列讲座MP3	姜晓装等	江西省林业科技推广总站	三等奖
12	《果树嫁接与扦插繁殖技术》	黄应钦等	广西壮族自治区林业科学研究院	三等奖
13	《农牧交错带生态修复技术》	王志新等	吉林省林学会	三等奖
14	《新型农村干部暨大学生村官培训丛书》	王有年等	北京农学院	三等奖
15	《林业有害生物防治药剂药械使用指南》	张灿峰等	重庆中邦药业（集团）有限公司等	三等奖
16	《中国特有能源树—文冠果利用与栽培》	白彤	内蒙古自治区林业厅	三等奖

科普活动（类）奖

序号	活动名称	主要完成单位	主要完成人
1	"请进来，走出去"创新科普活动模式	中国科学院武汉植物园	刘宏涛、梅林、刘颖、张晓慧、韩丽、李俊皞、王畅、赵兴华、陈漱飞等
2	湖南世界名花生态文化节	湖南省森林植物园	王明旭、彭春良、蒋利洪、何友军、喻尚平、康用权、颜立红、陈政颐、曾桂梅等
3	"绿色　阳光　健康"真情系列活动	中国科学院植物研究所植物园、北京植物学会、北京联合大学特殊教育学院	韩小燕、冀连生、鲍平秋、王英伟、李敬涛、王湜
4	中法（湖南.长沙）森林主题活动周	湖南省林业科学院、湖南省林学会、法国驻武汉总领事馆	张炳生、黄忠良、董春英、钟武洪、陈家法、熊四清、刘礼芳、梁军生、JacquesFLECK 等
5	油茶实用技术培训	江西省林业科技培训中心、中南林业科技大学、中国林业科学研究院亚热带林业实验中心	余江帆、吕芳德、钟秋平、王森、李桂香
6	了解森林碳汇，倡导绿色生活主题科普活动	黑龙江省森林植物园、黑龙江省林业厅、东北林业大学园林学院等	翁国盛、赵群、王晓冬、邵正辉、张鹏、柴汝松、李蕴峰、高晓晖、李欣等
7	与大秦岭一起向上	陕西牛背梁国家级自然保护区管理局、西安紫薇地产开发有限公司	赵德怀、左英、王惠英、强晓鸣、刘凤利、刘明、郭朋勃、袁立志、赵文超
8	速生丰产林良种繁育与丰产栽培技术培训	江西省林业科技推广总站、宜春市林业技术推广站、抚州市林业技术推广站等	龚兆文、姜晓装、陈亚立、李方兴、秦爱文、周玲

科普人物（类）奖

序号	获奖人	工作单位	推荐单位
1	冯殿齐	泰安市泰山林业科学研究院	山东林学会
2	金爱武	丽水学院	浙江省林学会
3	韩小燕	中国科学院植物研究所植物园	中国科学院植物研究所植物园

第四届梁希科普奖（2014 年 1 月）

梁希科普作品（类）奖

奖项等级	作品名称	作者（单位 / 个人）	申报单位
一等奖	《认识湿地》	崔丽娟、马牧源、毛旭锋、张曼胤	中国林业科学研究院湿地研究所
	《奇妙的森林》	张清华、郭浩	中国林业科学研究院
二等奖	《水土保持读本》（小学版）	毕华兴、宋如华	北京林业大学
	《物种保护之旅—世界野生生物保护故事》	中国科学院动物研究所、中国野生动物保护协会	中国野生动物保护协会
三等奖	《国外引进树种栽培与利用》	陈德照等	云南省老科技工作者协会林业分会
	《江苏主要林木病害防治技术手册》	陈志银	江苏省林业有害生物检疫防治站
	《毛竹栽培实用技术》	黄大勇等	广西壮族自治区林业科学研究院
	《德宏州特色林业产业树种育苗及栽培技术图解》	杨正华等	德宏州林业局营林、种苗站
	《广西珍贵树种高效栽培技术》	蒋桂雄等	广西壮族自治区林业科学研究院
	林业科普系列手机游戏——《植物点点看》和《植物连连看》	韩静华等	北京林业大学

梁希科普活动（类）奖

序号	活动名称	主要完成单位	主要完成人
1	湖南首届百万花 . 蝴蝶文化节	湖南省森林植物园	王明旭、蒋利洪、牟村、邱德英、向光锋、陈白冰、陈永安、颜立红、陈政颐等
2	全国青少年绿色长征活动	共青团北京林业大学委员会	辛永全、黄鑫、杨实权、姚莉、马樱宁、姜斌、辛航、罗杨
3	迎全运 爱家乡 低碳环保我先行	辽宁林业职业技术学院宣传统战部、沈阳市苏家屯区教育局、沈阳市苏家屯区文明办	陈育林、雷庆峰、段婷婷、方伟、刁立峰、陈士奇、董辉、李小舟
4	"走进森林、感知文化"森林文化系列活动	北京林学会、北京市林业碳汇工作办公室	王小平、周彩贤、马红、邵丹、董夏琰
5	严防林业有害生物——建设美丽中国	抚顺满族民间蛾蝶博物馆	黎薇、黎明、梁德贤、生兆海、王喜林、黄凤玉、沈世杰

（续）

序号	活动名称	主要完成单位	主要完成人
6	野生动植物标本展出与宣传	国有济源市蟒河林场、河南师范大学生命科学学院、济源市科技馆	李剑侠、韦天雨、王慧君、党明浩、范明亮、李妍霞、马原、张伟伟、王慧敏
7	全国林业科普基地之博物馆科普活动	宜春市林业科学研究所、宜春市自然博物馆、宜春市竹文化博物馆	徐光辉、林惠、熊本仁、邓敏、周元武、李峰、吕丹、黄水桃、徐燕
8	关爱生态环境之跨越千年活动	中国科学院植物研究所植物园	韩小燕、李敬涛、张齐兵、刘政安、许心、王湜、王英伟、刘永刚
9	"体验科学、走进自然、低碳生活"科普活动	中国林业科学研究院、国家林业局科技司	黄坚、吕光辉、唐红英、王秋丽、马林涛、李广武、何晓琦、马勇
10	"植物王国之旅"科技夏令营	南京中山植物园、南京老山国家森林公园、扬子晚报社	汤诗杰、李梅、王雁、田松沪、杨娟
11	弘扬森林文化，谱写绿色篇章	黑龙江省森林植物园、黑龙江省林业厅	翁国盛、赵群、王晓冬、邵正辉、张鹏、柴汝松、李蕴峰、高晓晖、李欣
12	笋竹集约经营及加工利用关键技术培训	江西省林业科技培训中心	余江帆、吕芳德、王森、钟秋平、李江、曾经雨、吴长飞、李桂香

梁希科普人物（类）奖

序号	获奖人姓名	工作单位	推荐单位
1	李 梅	南京中山植物园	南京中山植物园
2	刘建泉	甘肃祁连山国家级自然保护区管理局	甘肃省林学会
3	王开良	中国林业科学研究院亚热带林业研究所	中国林业科学研究院

第五届梁希科普奖（2015 年 11 月）

梁希科普作品（类）奖

奖项等级	作品名称	作者（单位／个人）	申报单位或个人
一等奖	《西域寻金雕》	赵序茅	赵序茅
二等奖	《世界珍禽朱鹮》	赵纳勋、任勇智等	陕西汉中朱鹮国家级自然保护区管理局
	《天赐之华：一部茶油文化的本土传奇》	陈永忠、王瑞等	湖南省林业科学院

（续）

奖项等级	作品名称	作者（单位/个人）	申报单位或个人
三等奖	《植物界——基于二维码的植物科普项目》	韩静华等	韩静华
	《森林·人类·家园》	姚甲宝等	中国林业科学研究院亚热带林业实验中心
	《秦岭自然观察手册》	赵纳勋等	陕西长青国家级自然保护区
	《鸡公山鸟类》	周克勤等	河南鸡公山国家级自然保护区
	《金刚台野生木本植物图鉴》	王齐瑞等	河南省林业科学研究院

梁希科普活动（类）奖

序号	活动名称	主要参与单位	主要参加人
1	牛背梁森林体验活动	陕西牛背梁国家级自然保护区管理局	赵德怀、王惠英、强晓鸣、马宇、王晓亮、郭朋勃、刘凤利、解振锋、于占成
2	"开启自然的梦想，保护动植物王国"——云南青少年生物多样性保护意识培养系列科普活动	西南林业大学	陈远书、李旦、张媛、曾洁、管振华、李璐、向建英、董文渊
3	"3.19"森林消防宣传日活动	浙江省森林公安局、浙江省航空护林管理站	贾伟江、袁婵、陈顺进、李少虹、李秀雷
4	江西省林业科技下乡活动	江西省林业科技推广总站	龚兆文、陈亚立、金晓鹏
5	西单科普画廊——认识湿地科普展	中国林业科学研究院、北京科普发展中心	崔丽娟、严俊、张曼胤、李伟、杨思、赵国智、刘冰、肖红叶、雷茵茹
6	中高级干部党性修养专题培训之生态文明教育	中国林业科学研究院亚热带林业实验中心	姚甲宝、李江南、夏良放、李凤岐、袁小军、邓宗付、邓文清、陈家堂、钟文斌

梁希科普人物（类）奖

序号	获奖人姓名	工作单位	推荐单位
1	陈远书	西南林业大学	西南林业大学
2	王康	北京市植物园	北京林学会

梁希青年论文奖

首届梁希青年论文奖（2006年11月）

等级	作者	工作单位	论文题目
一等奖（7项）	吕建雄	中国林业科学研究院木材工业研究所	Evaluation of Pettys nonlinear model in wood permeability measurement
	崔丽娟	中国林业科学研究院林业研究所	鄱阳湖湿地生态能值分析研究
	张德强	北京林业大学	Genetic mapping in (*Populus tomentosa* × *P. bolleana*) and *P. tomentosa* Carr. using AFLP markers
	刘守新	东北林业大学	A Mechanism for Enhanced Photocatalytic Activity of Silver-Loaded Titanium Dioxide
	王义飞	中国林业科学研究院林业研究所	两种共存网蛱蝶的不同集合种群结构及动态
	侯智霞	北京林业大学	Immunohistochemical localization of IAA in developing strawberry fruit
	雷相东	中国林业科学研究院资源信息研究所	抚育间伐对落叶松云冷杉混交林的影响
二等奖（18项）	靳爱仙	国家林业局调查规划设计院	全国主要经济林产品市场分析与预测
	季孔庶	南京林业大学	马尾松纸浆材无性系选育和多地点试种
	陈军	中国林业科学研究院林业研究所	The cry3Aa gene of Bacillus thuringiensis Bt886 encodes a toxin against long-horned beetles
	邹红菲	东北林业大学	扎龙湿地丹顶鹤与白枕鹤求偶期觅食生境对比分析
	何东进	福建农林大学	毛竹林生态系统经济阈值模型的研究
	王希群	北京林业大学	湖北利川水杉原生种群及其生境1948—2003年间变化分析
	陈少良	北京林业大学	Salt, nutrient uptake and transport and ABA of populus euphratica，a hybrid in response to increasing soil NaCl
	刘滨辉	东北林业大学	A spatial analysis of pan evaporation trends in China
	史玉虎	湖北省林业科学研究院	长江三峡花岗岩区降雨特性对管流的影响研究
	蒋建新	北京林业大学	NMR法研究我国主要植物胶资源的多糖化学结构

（续）

等级	作者	工作单位	论文题目
二等奖 (18 项)	米 锋	北京林业大学	北京地区林木损失额的价值计量研究——有关古树名木科学文化价值损失额计量方法的探讨
	肖复明	江西省林业科学院	湖南会同林区杉木人工林呼吸量测定
	李贤军	中南林业科技大学	Research on the effect of microwave pretreatment on moisture diffusion coefficient of wood
	程瑞香	东北林业大学	Improvement on Softening-treatment Technology of Bamboo
	金 森	东北林业大学	Computer classification of four major components of Surface fuel in Northeast China by image: the first step towards describing spatial heterogeneity of surface fuels by images
	杜华强	浙江林学院环境科技学院	基于 Matlab 遥感数据分形及地统计分析软件实现
	宗世祥	北京林业大学	沙棘主要蛀干害虫种群生态位
	冯益明	中国林业科学研究院资源信息研究所	Application of improved sequential indicator simulation to spatial distribution of forest types
三等奖 (29 项)	程 强	南京林业大学	Expression profiles of two novel lipoxygenase genes in *Populus deltoids*
	董文渊	西南林学院	密度调节与轮闲制采笋对筇竹林竹笋——幼竹生长的影响
	范正琪	中国林业科学研究院亚热带林业研究所	三个山茶花种（品种）香气成分初探
	何炎红	内蒙古农业大学	7 种针阔叶树种不同光照强度下叶绿素荧光猝灭特征
	季梦成	浙江林学院	Neckera noguchii (Neckeraceae, Bryopsida), a new species from Nepal
	柳新红	丽水市林业科学研究所	浙西南速生工业原料林阔叶树种评价与选择研究
	饶良懿	北京林业大学	重庆四面山森林枯落物和土壤水文特性研究
	宋丛文	湖北省林业科学研究院	珙桐种质资源保存样本策略的研究
	宋金凤	东北林业大学	毛细管气相色谱法测定森林凋落物中的有机酸
	田如男	南京林业大学	4 种常绿阔叶乔木树种幼苗抗铅胁迫能力的比较
	王德炉	贵州大学林学院	贵州喀斯特石漠化类型及程度评价
	王开良	中国林业科学研究院亚热带林业研究所	余甘子果实发育进程形态与内含物变化分析
	王玉成	东北林业大学	Generation and analysis of expressed sequence tags from a cDNA library of Tamarix androssowii

（续）

等级	作者	工作单位	论文题目
三等奖 (29项)	姚洪军	北京林业大学生物科学与技术学院	Isolation of lipids from photosystem I complex and its characterization with high performance liquid chromatography/electrospray ionization mass spectrometry
	王春鹏	中国林业科学研究院林产化学工业研究所	Hybrid Polymer Latexes: Acrylics-Polyurethane from Miniemulsion Polymerization:Properties of Hybrid Latexes Versus Blends
	沈 杰	南京林业大学	面向中小企业信贷配给的经济分析
	但新球	国家林业局中南调查规划设计院	森林文化的社会、经济及系统特征
	郭文静	中国林业科学研究院木材工业研究所	LLDPE/PS塑料合金及其与木纤维形成复合材料的研究
	胡传双	华南农业大学	On-line determination of the grain angle using ellipse analysis of the laser light scattering pattern image
	刘盛全	安徽农业大学	Modeling wood properties in relation to cambium age and ring width of plantation poplar in China
	张飞萍	福建农林大学林学院	毛竹林冠层与林下层节肢体动物类群的关系
	齐艳萍	东北林业大学	马鹿卵母细胞体外培养与体外受精的超微结构
	池玉杰	东北林业大学林学院	6种白腐菌对山杨材木质素分解能力的研究
	舒立福	中国林业科学研究院森林生态环境与保护研究所	气候变化背景下的黑龙江省扎龙湿地火形成机制及燃烧
	石 娟	北京林业大学	松材线虫入侵后实施不同伐倒干扰强度对马尾松林植物多样性的影响
	曾伟生	国家林业局中南林业调查规划设计院	论一元立木材积模型的研建方法
	铁 牛	内蒙古农业大学林学院	天然林林分结构可视化研究——以长白山云冷杉针阔混交林为例
	殷爱华	广东佛山市林业科学研究所	18种豆科树种染色体数目与结瘤关系的研究
	谢寿安	西北农林科技大学林学院	火地塘生态定位站不同植物群落与小蠹类群多样性

第二届梁希青年论文奖（2008年）

编号	作者	工作单位	论文题目	获奖等级
2008-LW-1-01	许 凤	北京林业大学材料科学技术学院	Determination of cell wall ferulic and p-coumaric acids in sugarcane bagasse	一等奖
2008-LW-1-02	高彩球	东北林业大学	Expression profiling of salinity-alkali stress responses by large-scale expressed sequence tag analysis in Tamarix hispid	一等奖
2008-LW-1-03	周旭东	国家林业局桉树研究开发中心 & 南非比勒陀利亚大学	High inter-continental migration rates and population admixture in the sapstain fungus Ophiostoma ips	一等奖
2008-LW-1-04	杜 娟	中国林业科学研究院林业研究所	Regeneration of the secondary vascular system in poplar as a novel system to investigate gene expression by a proteomic approach	一等奖
2008-LW-1-05	吴义强	中南林业科技大学材料科学与工程学院	Relationships of anatomical characteristics versus shrinkage and collapse properties in plantation-grown eucalypt wood from China	一等奖
2008-LW-1-06	史作民	中国林业科学研究院森林生态环境与保护研究所	Altitudinal variation in photosynthetic capacity, diffusional conductance and $\delta 13C$ of butterfly bush (Buddleja davidii) plants growing at high elevations	一等奖
2008-LW-1-07	赵莉蔺	中国科学院动物研究所	A novel rapid sampling method for pinewood nematode, Bursaphelenchus xylophilus (Nematoda: Parasitaphelenchidae)	一等奖
2008-LW-1-08	曹 兵	宁夏大学农学院	Relationship between photosynthesis and leaf nitrogen concentration in ambient and elevated $[CO_2]$ in white birch seedlings	一等奖
2008-LW-1-09	杜华强	浙江林学院	天目山物种多样性尺度依赖及其与空间格局关系多重分形	一等奖
2008-LW-2-01	张凌云	北京林业大学	Evidence for apoplasmic phloem unloading in developing apple fruit	二等奖
2008-LW-2-02	王玉成	东北林业大学	Identification of expressed sequence tags in an alkali grass (Puccinellia tenuiflora) cDNA library	二等奖
2008-LW-2-03	王小青	中国林业科学研究院木材工业研究所	Distribution of wet heartwood in stems of *Populus* xiaohei from a spacing trial	二等奖

（续）

编号	作者	工作单位	论文题目	获奖等级
2008-LW-2-04	曹金珍	北京林业大学	Tensile stress relaxation of copper-ethanolamine (Cu-EA) treated wood	二等奖
2008-LW-2-05	牛健值	北京林业大学	贡嘎山暗针叶林生态系统基于KDW运动－弥散波模型的优先流研究	二等奖
2008-LW-2-06	陈少良	北京林业大学	Effects of NaCl on shoot growth, transpiration,ion compartmentation and transport in regenerated plants of *Populus euphratica* and *Populus tomentosa*	二等奖
2008-LW-2-07	胡中民	中国科学院地理科学与资源研究所	Effects of vegetation control on ecosystem water use efficiency within and among four grassland ecosystems in China	二等奖
2008-LW-2-08	吴家胜	浙江林学院	Genetic Mapping of Developmental Instability: Design, Model and Algorithm	二等奖
2008-LW-2-09	饶小平	中国林业科学研究院林产化学工业研究所	Synthesis and Biological Activity of Schiff Bases Derived from Dehydroabietylamine and Benzaldehyde Derivatives	二等奖
2008-LW-2-10	张德强	北京林业大学	QTL analysis of growth and wood chemical content traits in an interspecific backcross family of white poplar(*Populus tomentosa* × *P. bolleana*) × *P.tomentosa*	二等奖
2008-LW-2-11	孔凡斌	江西财经大学资源与环境管理学院	基于Porter理论的中国林业产业国际竞争力评价	二等奖
2008-LW-2-12	孔祥波	中国林业科学研究院森林生态环境与保护研究所	Female Sex Pheromone of the Yunnan Pine CaterpillarMoth Dendrolimus Houi: First (E,Z)-Isomers in Pheromone Components of Dendrolimus spp	二等奖
2008-LW-2-13	李锋	国家林业局调查规划设计院	中国北方沙尘源区铅同位素分布特征及其示踪意义的初步研究	二等奖
2008-LW-2-14	胡艳波	中国林业科学研究院林业研究所	优化林分空间结构的森林经营方法探讨	二等奖
2008-LW-2-15	余雁	国际竹藤网络中心	Cell wall mechanical properties of bamboo investigated by in-situ imaging nanoindentation	二等奖

（续）

编号	作者	工作单位	论文题目	获奖等级
2008-LW-2-16	李火根	南京林业大学	Comparison of phenotype and combined index selection at optimal breeding population size considering gain and gene diversity	二等奖
2008-LW-2-17	卓仁英	中国林业科学研究院亚热带林业研究所	Transgene expression in Chinese sweetgum driven by the salt induced expressed promoter	二等奖
2008-LW-2-18	刘滨辉	东北林业大学	Taking China's temperature: Daily range, warming trends, and regional variations, 1955-2000	二等奖
2008-LW-2-19	徐艳春	东北林业大学	Individualization of Tiger by Using Microsatellites	二等奖
2008-LW-2-20	石 娟	北京林业大学	Traits of Masson Pine Affecting Attack of Pine Wood Nematode	二等奖
2008-LW-2-21	张冰玉	中国林业科学研究院林业研究所	A MADS-box gene of Populus deltoides expressed during flower development and in vegetative organs	二等奖
2008-LW-3-01	赵 昕	东北林业大学	Effects of arbuscular mycorrhizal fungi and phosphorus on camptothecin content in Camptotheca acuminata seedlings	三等奖
2008-LW-3-02	王伟宏	东北林业大学	Water sorption characteristics of two wood-plastic composites	三等奖
2008-LW-3-03	刘旭升	国家林业局调查规划设计院	Artificial Neural Network Classification for Forest Vegetation Mapping with Combination of Remote Sensing and GIS	三等奖
2008-LW-3-04	李 鹏	东北林业大学	A three-dimensional solid model for OSB mat	三等奖
2008-LW-3-05	肖复明	江西省林业科学院	毛竹林地土壤团聚体稳定性及其对碳贮量影响研究	三等奖
2008-LW-3-06	何跃军	贵州大学林学院	构树幼苗氮、磷吸收对接种 AM 真菌的响应	三等奖
2008-LW-3-07	谢寿安	西北农林科技大学林学院	Changes of anatomical characteristics and cellulose activity in Xylem tissue of European spruce (Picea spp.) after inoculation with the blue-stain fungus Ceratocystis polonica and Ips typographus	三等奖

（续）

编号	作者	工作单位	论文题目	获奖等级
2008-LW-3-08	姜广顺	东北林业大学	Spatial Distribution of Ungulate Responses to Habitat Factors in Wandashan Forest Region, Northeastern China	三等奖
2008-LW-3-09	武健伟	国家林业局调查规划设计院	中世纪暖期的中国东部沙地	三等奖
2008-LW-3-10	唐罗忠	南京林业大学环境学院	Dynamics of ferrous iron, redox potential and pH of forested wetland soils	三等奖
2008-LW-3-11	蔡照胜	中国林业科学研究院林产化学工业研究所	Study on the flocculating properties of quaternized carboxymethyl chitosan	三等奖
2008-LW-3-12	杨小胡	湖南省林业科学院	次氯酸钠水浴处理对板栗呼吸和几种酶活性的影响	三等奖
2008-LW-3-13	刘雪梅	东北林业大学生命科学学院	东北地区白桦雌配子体的形成与胚胎发育研究	三等奖
2008-LW-3-14	黄华国	北京林业大学	基于三维曲面元胞自动机模型的林火蔓延模拟	三等奖
2008-LW-3-15	乔玉洋	南京林业大学	森林生态价值会计核算原则	三等奖
2008-LW-3-16	季梦成	浙江林学院	The identity of Neckera tjibodensis	三等奖
2008-LW-3-17	金光泽	东北林业大学	Effect of Gaps on Species Diversity in the Naturally Regenerated Mixed Broadleaved-Korean Pine Forest of the Xiaoxing'an Mountains, China	三等奖
2008-LW-3-18	黄占华	东北林业大学	柱层析法纯化落叶松木材中的阿拉伯半乳聚糖	三等奖
2008-LW-3-19	宋金凤	东北林业大学	柠檬酸／柠檬酸盐对暗棕壤磷的释放效应及机制	三等奖
2008-LW-3-20	侯智霞	北京林业大学	Immunohistochemical localization of IAA and ABP1 in strawberry shoot apexes during floral induction	三等奖
2008-LW-3-21	戴全厚	贵州大学林学院	侵蚀环境小流域生态经济系统健康定量评价	三等奖

（续）

编号	作者	工作单位	论文题目	获奖等级
2008-LW-3-22	吴家森	浙江林学院	不同年份毛竹营养元素的空间分布及与土壤养分的关系	三等奖
2008-LW-3-23	赵宇翔	国家林业局森林病虫害防治总站	拟松材线虫媒介昆虫报道	三等奖
2008-LW-3-24	马雪红	中国林业科学研究院亚热带林业研究所	杉木不同家系对异质养分环境的适应性反应差异	三等奖
2008-LW-3-25	王蕾	北京林业大学	基于知识规则的马尾松林遥感信息提取技术研究	三等奖
2008-LW-3-26	刘建	广西壮族自治区林业科学研究院	夜间低温对两种桉树幼苗光合特性的影响	三等奖
2008-LW-3-27	孙守家	南京林业大学	断根处理和抑制蒸腾措施对银杏树体水分状况的影响	三等奖
2008-LW-3-28	毕华兴	北京林业大学	基于DEM的数字地形分析	三等奖
2008-LW-3-29	杨忠	中国林业科学研究院木材工业研究所	SIMCA法判别分析木材生物腐朽的研究	三等奖
2008-LW-3-30	符韵林	广西大学林学院	Dielectric properties of silicon dioxide/wood composite	三等奖
2008-LW-3-31	何奇江	浙江省林业科学研究院	雷竹开花期内源激素、氨基酸和营养成分含量变化	三等奖
2008-LW-3-32	刘振生	东北林业大学	人工饲养东北虎幼虎的行为时间分配	三等奖
2008-LW-3-33	王得军	国家林业局西北林业调查规划设计院	基于"3S"技术的森林资源管理信息系统建设	三等奖
2008-LW-3-34	田明华	北京林业大学	我国生态林业运作制度框架研究	三等奖
2008-LW-3-35	刘九庆	东北林业大学	基于线阵CCD植物微根系图像监测分析系统	三等奖

（续）

编号	作者	工作单位	论文题目	获奖等级
2008-LW-3-36	尤文忠	辽宁省林业科学研究院	黄土丘陵区林草景观界面雨后土壤水分空间变异规律	三等奖
2008-LW-3-37	郭子武	中国林业科学研究院亚热带林业研究所	浙江省商品竹林土壤有机农药污染评价	三等奖
2008-LW-3-38	钱明惠	广东省林业科学研究院	双斑恩蚜小蜂的生殖方式及其在烟粉虱体内的发育	三等奖
2008-LW-3-39	黎燕琼	四川省林业科学研究院生态研究所	岷江上游干旱河谷四种灌木的抗旱生理动态变化	三等奖
2008-LW-3-40	王立娟	东北林业大学材料学院	化学镀法制备电磁屏蔽木材 -Ni-P 复合材料研究	三等奖

第三届梁希青年论文奖（2010 年）

编号	作者	工作单位	论文题目	获奖等级
2010-LW-1-01	景天忠	东北林业大学	Molecular characterization of diapause hormone and pheromone biosynthesis activating neuropeptide from the black-back prominent moth, Clostera anastomosis (L.) (Lepidoptera, Notodontidae)	一等奖
2010-LW-1-02	史胜青	中国林业科学研究院林业研究所	Effects of exogenous GABA on gene expression of Caragana intermedia roots under NaCl stress: regulatory roles for H_2O_2 and ethylene production	一等奖
2010-LW-1-03	雷相东	中国林业科学研究院资源信息所	Relationships between stand growth and structural diversity in spruce-dominated forests in New Brunswick, Canada	一等奖
2010-LW-1-04	徐俊明	中国林业科学研究院林产化学工业研究所	Biofuel production from catalytic cracking of woody oils	一等奖
2010-LW-1-05	兰　婷	中国科学院植物研究所	Extensive Functional Diversification of the Populus Glutathione Transferase Supergene Family	一等奖
2010-LW-1-06	张盼月	北京林业大学	Ultrasonic treatment of biological sludge: Floc disintegration, cell lysis and inactivation	一等奖

（续）

编号	作者	工作单位	论文题目	获奖等级
2010-LW-1-07	王利军	中国科学院植物研究所	Salicylic acid alleviates decreases in photosynthesis under heat stress and accelerates recovery in grapevine leaves	一等奖
2010-LW-1-08	王敏杰	中国林业科学研究院林业研究所	Dynamic changes in transcripts during regeneration of the secondary vascular system in *Populus tomentosa* Carr. revealed by cDNA microarrays	一等奖
2010-LW-1-09	陈丹维	华中农业大学园艺林学学院	The first intraspecific genetic linkage maps of wintersweet [Chimonanthus praecox (L.) Link] based on AFLP and ISSR markers	一等奖
2010-LW-1-10	苌姗姗	中南林业科技大学	Mesoporosity as a new parameter for understanding tension stress generation in trees	一等奖
2010-LW-1-11	王明玉	中国林业科学研究院森林生态环境与保护研究所	林火在空间上的波动性及其区域化行为	一等奖
2010-LW-2-01	余雁	国际竹藤网络中心	Growth of ZnO nanofilms on wood with improved photostability	二等奖
2010-LW-2-02	骆耀峰	北京林业大学经济管理学院	Role of traditional beliefs of Baima Tibetans in biodiversity conservation in China	二等奖
2010-LW-2-03	曹兵	宁夏大学农学院	Effects of [CO$_2$] and nitrogen on morphological and biomass traits of white birch (*Betula papyrifera*) seedlings	二等奖
2010-LW-2-04	张于光	中国林业科学研究院森林生态环境与保护研究所	Microarray-based analysis of changes in diversity of microbial genes involved in organic carbon decomposition following land use/cover changes	二等奖
2010-LW-2-05	张龙娃	安徽农业大学	Effects of Verbenone Dose and Enantiomer on the Interruption of Response of the Red Turpentine Beetle, Dendroctonus valens LeConte(Coleoptera: Scolytidae), to Its Kariomones	二等奖
2010-LW-2-06	易志刚	福建农林大学	Partitioning soil respiration of subtropical forests with different successional stages in south China	二等奖
2010-LW-2-07	吴水荣	中国林业科学研究院林业科技信息研究所	Valuation of forest ecosystem goods and services and forest natural capital of the Beijing municipality, China	二等奖

（续）

编号	作者	工作单位	论文题目	获奖等级
2010-LW-2-08	毕华兴	北京林业大学	Spatial Dynamics of Soil Moisture in a Complex Terrain in the Semiarid Loess Plateau Region, China	二等奖
2010-LW-2-09	冯益明	中国林业科学研究院荒漠化研究所	Estimation of stand mean crown diameter from high-spatial-resolutionimagery based on a geostatistical method	二等奖
2010-LW-2-10	杜华强	浙江林学院	Spatial heterogeneity and carbon contribution of aboveground Biomass of moso bamboo by using geostatistical theory	二等奖
2010-LW-2-11	孙 健	北京林业大学生物科学与技术学院	NaCl-induced Alternations of Cellular and Tissue Ion Fluxes in Roots of Salt-resistant and Salt-sensitive Poplar Sepecies	二等奖
2010-LW-2-12	金松恒	浙江林学院	Response of Photosynthesis and Antioxidant System to High temperature Stress in Euonymus japonicus Seedlings	二等奖
2010-LW-2-13	梅 莉	华中农业大学	Response of fine root production and turnover to soil nitrogen fertilization in Larix gmelinii and Fraxinus mandshurica stands.	二等奖
2010-LW-2-14	吴家兵	中国科学院沈阳应用生态研究所	Year-round soil and ecosystem respiration in a temperate broad-leaved Korean Pine forest	二等奖
2010-LW-2-15	李明诗	南京林业大学	Use of remote sensing coupled with a vegetation change tracker model to assess rates of forest change and fragmentation in Mississippi, USA	二等奖
2010-LW-2-16	蒋佳荔	中国林业科学研究院木材工业研究所	Effects of time and temperature on the viscoelastic properties of Chinese fir wood	二等奖
2010-LW-2-17	吴伟光	浙江林学院	中国生物柴油原料树种麻疯树种植土地潜力分析	二等奖
2010-LW-2-18	张晓云	国家林业局调查规划设计院	Multiple Criteria Evaluation of Ecosystem Services for the Ruoergai Plateau Marshes in Southwest China	二等奖
2010-LW-2-19	张军国	北京林业大学工学院	基于 ZigBee 无线传感器网络的森林火灾监测系统的研究	二等奖
2010-LW-2-20	李慧玉	东北林业大学	Identification of genes responsive to salt stress on *Tamarix hispida* roots	二等奖

（续）

编号	作者	工作单位	论文题目	获奖等级
2010-LW-2-21	吴庆明	东北林业大学	扎龙湿地白枕鹤孵化期觅食生境选择	二等奖
2010-LW-2-22	刘滨辉	东北林业大学	Observed trends of precipitation amount, frequency, and intensity in China	二等奖
2010-LW-2-23	孙洪刚	中国林业科学研究院亚热带林业研究所	数据点选择与参数估计方法对杉木人工林自疏边界线的影响	二等奖
2010-LW-2-24	饶小平	中国林业科学研究院林产化学工业研究所	Synthesis, Structure Analysis and Cytotoxicity Studies of Novel Unsymmetrically N,N′-Substituted Ureas from Dehydroabietic Acid	二等奖
2010-LW-2-25	田敏	中国林业科学研究院亚热带林业研究所	基于 ITS 序列的红山茶组植物系统发育关系的研究	二等奖
2010-LW-2-26	程强	南京林业大学	Identifying secreted proteins of Marssonina brunnea by degenerate PCR	二等奖
2010-LW-2-27	陈光水	福建师范大学	杉木林年龄序列地下碳分配变化	二等奖
2010-LW-2-28	杨金艳	东北林业大学	东北东部森林生态系统土壤碳贮量和碳通量	二等奖
2010-LW-2-29	罗志斌	西北农林科技大学	Upgrading Root Physiology for Stress Tolerance by Ectomycorrhizas: Insights from Metabolite and Transcriptional Profiling into Reprogramming for Stress Anticipation	二等奖
2010-LW-2-30	党宏忠	中国林业科学研究院荒漠化研究所	应用热扩散技术对柠条锦鸡儿主根液流速率的研究	二等奖
2010-LW-2-31	戴绍军	东北林业大学	Proteomic identification of differentially expressed proteins associated with pollen germination and tube growth reveals characteristics of germinated Oryza sativa pollen	二等奖
2010-LW-3-01	何友均	中国林业科学研究院林业科技信息研究所	Sustainable Management of Planted forests in China: Comprehensive Evaluation, Development Recommendation and Action Framework	三等奖

（续）

编号	作者	工作单位	论文题目	获奖等级
2010-LW-3-02	王小青	中国林业科学研究院木材工业研究所	Surface deterioration of moso bamboo (*Phyllostachys pubescens*) induced by exposure to artificial sunlight	三等奖
2010-LW-3-03	陈科灶	福建省林业厅	福建省林业灾后木竹销售相关政策分析	三等奖
2010-LW-3-04	吴统贵	中国林业科学研究院亚热带林业研究所	杭州湾滨海湿地3种草本植物叶片N、P化学计量学的季节变化	三等奖
2010-LW-3-05	杨立学	东北林业大学	Effect of larch (*Larix gmelini* Rupr.) root exudates on Manchurian walnut (*Juglans mandshurica* Maxim.) growth and soil juglone in a mixed-species plantation	三等奖
2010-LW-3-06	吴国民	中国林业科学研究院林产化学工业研究所	Synthesis,Characterization, and Properties of Polyols from Hydrogenated Terpinene-maleic Ester Type Epoxy Resin	三等奖
2010-LW-3-07	何天明	新疆农业大学林学与园艺学院	Using SSR Markers to study population genetic structure of wild apricot (*Prunus armrniaca* L.) in the Ily valley of west China	三等奖
2010-LW-3-08	彭华正	浙江省林业科学研究院	Molecular cloning, expression analyses and primary evolution studies of REV- and TB1-like genes in bamboo	三等奖
2010-LW-3-09	宋福强	黑龙江大学生命科学学院	川西亚高山带森林生态系统外生菌根的形成	三等奖
2010-LW-3-10	张文博	北京林业大学材料科学与技术学院	Effects of Temperature on Mechano-sorptiveCreeo of Delignified Wood	三等奖
2010-LW-3-11	梁俊峰	中国林业科学研究院热带林业研究所	Divergence, dispersal and recombination in Lepiota cristata from China	三等奖
2010-LW-3-12	郑会全	北京林业大学	Functional analysis of 5′ untranslated region of a TIR-NBS-encoding gene from triploid white poplar	三等奖
2010-LW-3-13	石 娟	北京林业大学	Impact of the invasion by Bursaphelenchus xylophilus on forest growth and related growth models of *Pinus massoniana* population	三等奖

（续）

编号	作者	工作单位	论文题目	获奖等级
2010-LW-3-14	沈 静	东北林业大学	Modification of precipitated calcium carbonate filler using sodium silicate/zinc chloride based modifiers to improve acid-resistance and use of the modified filler in papermaking	三等奖
2010-LW-3-15	王 冰	内蒙古农业大学林学院	Comparison of net primary productivity in karst and non-karst areas: a case study in Guizhou Province, China	三等奖
2010-LW-3-16	潘明珠	南京林业大学	Effects of thermomechanical refining conditions on the morphology and thermal properties of wheat straw fibre	三等奖
2010-LW-3-17	刘恩斌	浙江林学院	混交林测树因子概率分布模型的构建及应用	三等奖
2010-LW-3-18	徐信武	南京林业大学	The influence of wax-sizing on dimension stability and mechanical properties of bagasse particleboard	三等奖
2010-LW-3-19	王雪军	国家林业局调查规划设计院	侧视角和 DEM 精度对 SPOT5 正射影像的影响分析	三等奖
2010-LW-3-20	黄安民	中国林业科学研究院木材工业研究所	Distinction of three wood species by Fourier transform infrared spectroscopy and two-dimensional correlation IR spectroscopy	三等奖
2010-LW-3-21	郑炳松	浙江林学院	cDNA-AFLP analysis of gene expression in hickory(Carya cathayensis)during graft process	三等奖
2010-LW-3-22	刘广福	中国林业科学研究院森林生态环境与保护研究所	海南霸王岭不同森林类型附生兰科植物的多样性和分布	三等奖
2010-LW-3-23	王瑞刚	北京林业大学生物科学与技术学院	Leaf photosynthesis, fluorescence response to salinity and the relevance to chloroplast salt compartmentation and anti-oxidative stress in two poplars	三等奖
2010-LW-3-24	孙 康	中国林业科学研究院林产化学工业研究所	Preparation and characterization of activated carbon from rubber-seed shell by physical activation with steam	三等奖
2010-LW-3-25	陈文汇	北京林业大学经济管理学院	Design of Statistic Indices System on Wildlife Protection and Utilization Industries	三等奖

（续）

编号	作者	工作单位	论文题目	获奖等级
2010-LW-3-26	王珠娜	河南郑州市林业局	三峡库区秭归县退耕还林工程水土保持效益研究	三等奖
2010-LW-3-27	谢屹	北京林业大学	集体林权制度改革中农户流转收益和理性分析——以江西省遂川县为例	三等奖
2010-LW-3-28	褚延广	中国林业科学研究院林业研究所	Patterns of DNA sequence variation at candidate gene loci in black poplar (Populus nigra L.) as revealed by single nucleotide polymorphisms	三等奖
2010-LW-3-29	龚明昊	国家林业局调查规划设计院	荒漠地区野生动物调查方法探讨——一种新的调查方法介绍	三等奖
2010-LW-3-30	吴家胜	浙江林学院	Functional mapping of reaction norms to multiple environmental signals	三等奖
2010-LW-3-31	郭福涛	东北林业大学	基于负二项和零膨胀负二项回归模型的大兴安岭地区林火发生与气象因素的关系	三等奖
2010-LW-3-32	周洲	河南科技大学林学院	Improve freezing tolerance in transgenic poplar by overexpressing a ω-3 fatty acid desaturase gene	三等奖
2010-LW-3-33	伍仁芳	江西省林业科学院	Responses to copper by the moss Plagiomnium cuspidatum: Hydrogen peroxide accumulation and the antioxidant defense system	三等奖
2010-LW-3-34	牛健植	北京林业大学	Classification and Types of Preferential Flow for a Dark Coniferous Forest Ecosystem in the Upper Reach Area of the Yangtze River	三等奖
2010-LW-3-35	秦涛	北京林业大学	基于资本形成机制的林业金融支持体系构建研究	三等奖
2010-LW-3-36	王超	东北林业大学	Cloning and expression analysis of 14 lipid transfer protein genes from Tamarix hispida responding to different abiotic stress	三等奖
2010-LW-3-37	何茜	华南农业大学林学院	2008年初特大冰雪灾害对粤北地区杉木人工林树木损害的类型及程度	三等奖
2010-LW-3-38	张增信	南京林业大学	Atmospheric moisture budget and floods in the Yangtze River Basin, China	三等奖

（续）

编号	作者	工作单位	论文题目	获奖等级
2010-LW-3-39	汤 方	南京林业大学	In vitro Inhibition of Carboxylesterases by Insecticides and Allelochemicals in Micromelalopha troglodyta (Graeser) (Lepidoptera: Notodontidae) and Clostera anastomosis (L.) (Lepidoptera: Notodontidae)	三等奖
2010-LW-3-40	林新春	浙江林学院	Genetic similarity among cultivars of Phyllostachys pubescens	三等奖
2010-LW-3-41	丁明全	北京林业大学生物科学与技术学院	Salt-induced expression of genes related to Na^+/K^+ and ROS homeostasis in leaves of salt-resistant and salt-sensitive poplar species	三等奖
2010-LW-3-42	宋新章	浙江林学院	中国东部气候带凋落物分解特征——气候和基质质量的综合影响	三等奖
2010-LW-3-43	朱洪革	东北林业大学	中国森林自然资本指数的构建及其实证研究	三等奖
2010-LW-3-44	高俊峰	国家林业局调查规划设计院	Coupling effects of altitude and human disturbance on landscape and plant diversity in the vicinity of mountain villages of Beijing, China	三等奖
2010-LW-3-45	李国雷	北京林业大学	间伐强度对油松人工林植被发育的影响	三等奖
2010-LW-3-46	高彩球	东北林业大学	Cloning of ten peroxidase (POD) Genes from Tamarix Hispida and characterization of their responses to abiotic stress	三等奖
2010-LW-3-47	赵 颖	舟山市林业科学研究所	马尾松苗木生长和根系性状的GCA/SCA及磷素环境影响	三等奖
2010-LW-3-48	张 博	南京林业大学	Detection of quantitative trait loci influencing growth trajectories of adventitious roots in Populus using functional mapping	三等奖
2010-LW-3-49	李 河	中南林业科技大学	Isolation and identification of endophytic bacteria antagonistic to Camellia oleifera anthracnose	三等奖
2010-LW-3-50	刘昌财	东北林业大学	Phosphoproteomic identification and phylogenetic analysis of ribosomal P-proteins in Populus dormant terminal buds	三等奖

（续）

编号	作者	工作单位	论文题目	获奖等级
2010-LW-3-51	赵宏波	浙江林学院	Molecular phylogeny of Chrysanthemum, Ajania and its allies (Anthemideae, Asteraceae) as inferred from nuclear ribosomal ITS and chloroplast trnL-F IGS sequences	三等奖
2010-LW-3-52	袁建琼	中南林业科技大学	State-Led Ecotourism Development and Nature Conservation: a Case Study of the Changbai Mountain Biosphere Reserve, China	三等奖
2010-LW-3-53	程玉祥	东北林业大学	A cytosolic NADP-malic enzyme gene from rice (Oryza sativa L.) confers salt tolerance in transgenic Arabidopsis	三等奖
2010-LW-3-54	杨秀艳	中国林业科学研究院林业研究所	Geographic variation and provenance selection for bamboo wood properties in Bambusa chungii	三等奖
2010-LW-3-55	姚瑞玲	广西壮族自治区林业科学研究院	Cytochemical localization of H^+-ATPase and sub-cellular variation in mesophyll cells of salt-treated cyclocarya paliurus seedlings	三等奖
2010-LW-3-56	孙龙	东北林业大学	应用热扩散技术对红松人工林树干液流通量的研究	三等奖
2010-LW-3-57	杨加猛	南京林业大学	林业产业链绩效测度体系构建及应用研究	三等奖
2010-LW-3-58	谢锦升	福建师范大学	植被恢复对退化红壤团聚体稳定性及碳分配的影响	三等奖
2010-LW-3-59	王进	国际竹藤网络中心	Development and Validation of an HPTLC Method for Simultaneous Quantitationof Isoorientin, Isovitexin, Orientin and Vitexin in Bamboo-Leaf Flavonoids	三等奖
2010-LW-3-60	曹玉星	南通博物苑	南通博物苑绿地系统规划设计与景观功能	三等奖
2010-LW-3-61	田明华	北京林业大学经济管理学院	我国国有林场分类经营改革探索	三等奖
2010-LW-3-62	成向荣	中国林业科学研究院亚热带林业研究所	黄土高原农牧交错带人工乔灌木林冠截留	三等奖

（续）

编号	作者	工作单位	论文题目	获奖等级
2010-LW-3-63	黄华国	北京林业大学	A realistic structure model for large-scale surface leaving radiance simulation of forest canopy and accuracy assessment	三等奖
2010-LW-3-64	郭利平	中国科学院沈阳应用生态研究所	长白山西坡风灾区森林恢复状况	三等奖
2010-LW-3-65	李强	北京林业大学	Unexpected C=C Bond Formation via Doubly Dehydrogenative Coupling of Two Saturated sp3 C-H Bonds Activated with a Polymolybdate	三等奖
2010-LW-3-66	伊松林	北京林业大学	Experimental Equilibrium Moisture Content of Wood Under Vacuum	三等奖
2010-LW-3-67	郭雪峰	国际竹藤网络中心	Flavonoids from the leaves of Pleioblastus argenteastriatus	三等奖
2010-LW-3-68	彭邵锋	湖南省林业科学院	不同育苗基质对油茶良种容器苗生长的影响	三等奖
2010-LW-3-69	肖复明	江西省林业科学院	湖南会同毛竹林土壤碳循环特征	三等奖
2010-LW-3-70	魏强	甘肃省林业科学研究院	大青山不同植被下的地表径流和土壤侵蚀	三等奖

第四届梁希青年论文奖（2012年）

编号	作者	工作单位	论文题目	获奖等级
2012-LW-1-01	马庆华	中国林业科学研究院林业研究所	Development and characterization of SSR markers in Chinese jujube (*Ziziphus jujuba* Mill.) and its related species	一等奖
2012-LW-1-02	崔凯	中国林业科学研究院资源昆虫研究所	Temporal and spatial profiling of internode elongation-associated protein expression in rapidly growing culms of bamboo	一等奖
2012-LW-1-03	金松恒	浙江农林大学	Effects of potassium supply on limitations of photosynthesis by mesophyll diffusion conductance in Carya cathayensis	一等奖

（续）

编号	作者	工作单位	论文题目	获奖等级
2012-LW-1-04	王　辉	北京林业大学	Electrochemical degradation of 4-chlorophenol using a new Gas diffusion electrode	一等奖
2012-LW-1-05	姜　杰	北京林业大学	Kinetics of Microbial and Chemical Reduction of Humic Substances: Implications for Electron Shuttling	一等奖
2012-LW-1-06	刘恩斌	浙江农林大学	测树因子二元概率分布：以毛竹为例	一等奖
2012-LW-1-07	刘昌财	东北林业大学	Identification and analysis of phosphorylation status of proteins in dormant terminal buds of poplar	一等奖
2012-LW-1-08	王　晖	中国林业科学研究院森林生态环境与保护研究所	Correlation between leaf litter and fine root decomposition among subtropical tree species	一等奖
2012-LW-1-09	廖成章	国家林业局调查规划设计院	Altered ecosystem carbon and nitrogen cycles by plant invasion: A meta-analysis	一等奖
2012-LW-1-10	宋金凤	东北林业大学	低分子有机酸／盐对复合污染土壤中 Pb、Zn、As 有效性的影响	一等奖
2012-LW-1-11	李淑娴	南京林业大学	Map and analysis of microsatellites in the genome of Populus: the first sequenced perennial plant	一等奖
2012-LW-1-12	王基夫	中国林业科学研究院林产化学工业研究所	Robust antimicrobial compounds and polymers derived from natural resin acids	一等奖
2012-LW-1-13	柯水发	中国人民大学农业与农村发展学院	中国造林行动的就业效应分析	一等奖
2012-LW-1-14	殷亚方	中国林业科学研究院木材工业研究所	Effect of Steam Treatment on the Properties of Wood Cell Walls	一等奖
2012-LW-1-15	鲁　敏	中国科学院动物研究所	Do novel genotypes drive the success of an invasive bark beetle - fungus complex? Implications for potential reinvasion	一等奖
2012-LW-2-01	符利勇	中国林业科学研究院资源信息研究所	Using linear mixed model and dummy variable model approaches to construct compatible single-tree biomass equations at different scales-A case study for Masson pine in Southern China	二等奖

编号	作者	工作单位	论文题目	获奖等级
2012-LW-2-02	杨模华	中南林业科技大学林学院	马尾松幼胚体细胞胚胎发生研究	二等奖
2012-LW-2-03	李博生	北京林业大学	Genome-wide characterization of new and drought stress responsive microRNAs in Populus euphratica	二等奖
2012-LW-2-04	曹新	北京林业大学	圆明园遗址公园保护和利用现状调查研究	二等奖
2012-LW-2-05	罗猛	东北林业大学	Cajanol, a novel anticancer agent from Pigeonpea [Cajanus cajan (L.) Millsp.] roots, induces apoptosis in human breast cancer cells through a ROS-mediated mitochondrial pathway	一等奖
2012-LW-2-06	梁丽松	中国林业科学研究院林业研究所	板栗淀粉糊化特性与淀粉粒粒径及直链淀粉含量的关系	二等奖
2012-LW-2-07	高露双	北京林业大学	Gender-erlated climate response of radial growth in dioecious fraxinus mandshurica trees.	二等奖
2012-LW-2-08	杨玲	东北林业大学	花楸树体细胞胚与合子胚的发生发育	二等奖
2012-LW-2-09	马洪双	北京林业大学	The salt- and drought-inducible poplar GRAS protein SCL7 confers salt and drought tolerance in Arabidopsis thaliana	二等奖
2012-LW-2-10	黄红兰	江西农业大学	毛红椿天然林种子雨、种子库与天然更新	二等奖
2012-LW-2-11	宋照亮	浙江农林大学	Plant Impact on CO_2 Consumption by Silicate Weathering: The Role of Bamboo	二等奖
2012-LW-2-12	黄艳	西南大学生命科学学院	Molecular Cloning and Characterization of Two Genes Encoding Dihydroflavonol-4-Reductase from Populus trichocarpa	二等奖
2012-LW-2-13	董文攀	东北林业大学	Highly variable chloroplast markers for evaluating plant phylogeny at low taxonomic levels and for DNA barcoding	二等奖
2012-LW-2-14	郑炳松	浙江农林大学	Arabidopsis sterol carrier protein-2 is required for normal development of seeds and seedlings	二等奖

（续）

编号	作者	工作单位	论文题目	获奖等级
2012-LW-2-15	樊 奔	南京林业大学	Efficient colonization of plant roots by the plant growth promoting bacterium Bacillus amyloliquefaciens FZB42, engineered to express green fluorescent protein.	二等奖
2012-LW-2-16	孙守家	中国林业科学研究院林业研究所	Variation in soil water uptake and its effect on plant water status in *Juglans regia* L. during dry and wet seasons	二等奖
2012-LW-2-17	赵修华	东北林业大学	Preparation and characterization of camptothecin powder micronized by asupercriticalantisolvent (SAS) process	二等奖
2012-LW-2-18	庞秋颖	东北林业大学	Comparative Proteomics of Salt Tolerance in Arabidopsis thaliana and Thellungiella halophila	二等奖
2012-LW-2-19	黄 鑫	烟台毓璜顶医院	The involvement of mitochondrial phosphate transporter in accelerating bud dormancy release during chilling treatment of tree peony (Paeonia suffruticosa)	二等奖
2012-LW-2-20	乔桂荣	中国林业科学研究院亚热带林业研究所	Transformation of Liquidambar formosana L. via Agrobacterium tumefaciens using a mannose selection system and recovery of salt tolerant lines	二等奖
2012-LW-2-21	郭丽丽	北京林业大学	Identification and functional characterisation of the promoter of the calcium sensor gene CBL1 from the xerophyte Ammopiptanthus mongolicus	二等奖
2012-LW-2-22	郝 爽	北京林业大学	Genome-wide comparison of two poplar genotypes with different growth rates	二等奖
2012-LW-2-23	胥 猛	南京林业大学	Reference gene selection for quantitative real-time polymerase chain reaction in Populus	二等奖
2012-LW-2-24	甄 艳	南京林业大学	Proteomic analysis of early seed development in *Pinus massoniana* L.	二等奖
2012-LW-2-25	李义良	广东省林业科学研究院	Expression of jasmonic ethylene responsive factor gene in transgenic poplar tree leads to increased salt tolerance	二等奖
2012-LW-2-26	龙文兴	海南大学	Within- and among-species variation in specific leaf area drive community assembly in a tropical cloud forest	二等奖

（续）

编号	作者	工作单位	论文题目	获奖等级
2012-LW-2-27	顾大形	中国林业科学研究院亚热带林业研究所	土壤氮磷对四季竹叶片氮磷化学计量特征和叶绿素含量的影响	二等奖
2012-LW-2-28	田 斌	西南林业大学	Phylogeographic analyses suggest that a deciduous species (Ostryopsis davidiana Decne., Betulaceae) survived in northernChina during the Last Glacial Maximum	二等奖
2012-LW-2-29	王国兵	南京林业大学	北亚热带次生栎林与火炬松人工林土壤微生物生物量碳的季节动态	二等奖
2012-LW-2-30	李永夫	浙江农林大学	Organic mulch and fertilization affect soil carbon pools and forms under intensively managed bamboo	二等奖
2012-LW-2-31	王 锋	中国林业科学研究院荒漠化研究所	A stochastic model of tree architecture and biomass partitioning: application to Mongolian Scots pines	二等奖
2012-LW-2-32	刘滨辉	东北林业大学	Spatiotemporal change in China frost days and frost-free season	二等奖
2012-LW-2-33	蒋 玲	南京林业大学	Development of 1.5 THz waveguide NbTiN superconducting hot electron bolometer mixers	二等奖
2012-LW-2-34	徐俊明	中国林业科学研究院林产化学工业研究所	Bio-oil upgrading by means of ethyl ester production in reactive distillation to remove water and to improve storage and fuel characteristics	二等奖
2012-LW-2-35	王成毓	东北林业大学	Synthesis and Characterization of Superhydrophobic Wood Surfaces	二等奖
2012-LW-2-36	李 鑫	南京林业大学	Optimization of culture conditions for production of yeast biomass using bamboo wastewater by response surface methodology	二等奖
2012-LW-2-37	米 锋	北京林业大学	林木生态价值损失额计量方法研究	二等奖
2012-LW-2-38	印中华	北京林业大学	中国木材产业资源基础转换探析	二等奖
2012-LW-2-39	杨红强	南京林业大学	Study on China's Timber Resource Shortage and Import Structure: National Forest Protection Program Outlook, 1998 to 2008	二等奖

（续）

编号	作者	工作单位	论文题目	获奖等级
2012-LW-2-40	孙庆丰	东北林业大学	Improvement of water resistance and dimensional stability of wood through titanium dioxide coating	二等奖
2012-LW-2-41	沈　静	东北林业大学	Recovery of lignocelluloses from pre-hydrolysis liquor in the lime kiln of kraft-based dissolving pulp production process by adsorption to lime mud	二等奖
2012-LW-2-42	陈文帅	东北林业大学	Individualization of cellulose nanofibers from wood using high-intensity ultrasonication combined with chemical pretreatments	二等奖
2012-LW-2-43	吴　燕	南京林业大学	Evaluation of elastic modulus and hardness of crop stalks cell walls by nanoindentation	二等奖
2012-LW-2-44	宋丽文	吉林省林业科学研究院	Field responses of the Asian larch bark beetle, Ips subelongatus, to potential aggregation pheromone components: disparity between two populations in northeastern China	二等奖
2012-LW-2-45	朱家颖	西南林业大学	Global transcriptome profiling of the pine shoot beetle, Tomicus yunnanensis (Coleoptera: Scolytinae)	二等奖
2012-LW-2-46	曹传旺	东北林业大学	Response of the gypsy moth, Lymantria dispar to transgenic poplar, Populus simonii × P. nigra, expressing fusion protein gene of the spider insecticidal peptide and Bt-toxin C-peptide	二等奖
2012-LW-2-47	华　彦	东北林业大学	传热系数测试平台在毛皮学研究中的应用	二等奖
2012-LW-2-48	陈文汇	北京林业大学	The dynamic economic equilibrium model and uncertainty applied study about forest resources sustainable utilization	二等奖
2012-LW-3-01	杨洪一	东北林业大学	Studies on the molecular variations and PCR detection of Strawberry mottle virus	三等奖
2012-LW-3-02	岳晓光	西南林业大学	Analysis of the Combination of Natural Language Processing and Search Engine Technology	三等奖
2012-LW-3-03	官凤英	国际竹藤中心	毛竹林光谱特征及其与典型植被光谱差异分析	三等奖

（续）

编号	作者	工作单位	论文题目	获奖等级
2012-LW-3-04	田萱	北京林业大学	语义查询扩展中词语－概念相关度的计算	三等奖
2012-LW-3-05	韩静华	北京林业大学	Application of Gaming Technology in Forest Knowledge Education	三等奖
2012-LW-3-06	张军国	北京林业大学	Research and construction of a sensing forest system based on the internet of things	三等奖
2012-LW-3-07	李明诗	南京林业大学	Assessing rates of forest change and fragmentation in Alabama, USA, using the vegetation change tracker model	三等奖
2012-LW-3-08	陈永刚	浙江农林大学	基于 Mann-Whitney 非参数检验和 SVM 的竹类高光谱识别	三等奖
2012-LW-3-09	董德进	浙江农林大学	6 种地形校正方法对雷竹林地上生物量遥感估算的影响	三等奖
2012-LW-3-10	王秀荣	贵州大学林学院	麻疯树花的形态和解剖结构	三等奖
2012-LW-3-11	丁国泉	辽宁省森林经营研究所	施肥对日本落叶松细根形态的影响	三等奖
2012-LW-3-12	刘久俊	国家林业局昆明勘察设计院	生物覆盖对杨树人工林根际土壤微生物、酶活性及林木生长的影响	三等奖
2012-LW-3-13	胡青素	庆元县林业局	去袋时期对"富有"柿果实品质的影响	三等奖
2012-LW-3-14	陈秋夏	浙江省亚热带作物研究所	光照强度对青冈栎容器苗生长和生理特征影响	三等奖
2012-LW-3-15	孙洪刚	中国林业科学研究院亚热带林业研究所	Estimation of the self-thinning boundary line within even-aged Chinese fir (Cunninghamia lanceolata (Lamb.) Hook.) stands: Onset of self-thinning	三等奖
2012-LW-3-16	杨柳	浙江省林产品质量检测站	4 种植物对毛竹笋林地重金属污染土壤的修复作用研究	三等奖
2012-LW-3-17	张鹏	东北林业大学	温度对经层积处理解除休眠的水曲柳种子萌发的影响	三等奖

（续）

编号	作者	工作单位	论文题目	获奖等级
2012-LW-3-18	谷加存	东北林业大学	Influence of root structure on root survivorship: an analysis of 18 tree species using a minirizotron method	三等奖
2012-LW-3-19	蔡春菊	国际竹藤中心	毛竹种子种质保存对含水量的响应	三等奖
2012-LW-3-20	李国雷	北京林业大学	Influence of initial age and size on the field performance of *Larix olgensis* seedlings	三等奖
2012-LW-3-21	陈琳	中国林业科学研究院热带林业实验中心	氮素营养对西南桦幼苗生长及叶片养分状况的影响	三等奖
2012-LW-3-22	林新春	浙江农林大学	Understanding bamboo flowering based on large-scale analysis of expressed sequence tags	三等奖
2012-LW-3-23	刘智军	国家林业局昆明勘察设计院	基于 RS 和 GIS 的安宁市景观格局动态变化分析	三等奖
2012-LW-3-24	王健	海南大学园艺园林学院	Plant regeneration of pansy (Viola wittrockiana) 'Caidie' via petiole-derived callus.	三等奖
2012-LW-3-25	袁丽	西南大学生命科学学院	Molecular cloning and characterization of PtrLAR3, a gene encoding leucoanthocyanidin reductase from Populus trichocarpa, and its constitutive expression enhances fungal resistance in transgenic plants	三等奖
2012-LW-3-26	王鹏	辽宁省干旱地区造林研究所	SO_2 对黑果腺肋花楸果酒的抑菌规律及发酵启动的影响	三等奖
2012-LW-3-27	徐晓薇	浙江省亚热带作物研究所	寒兰株系间遗传多样性和亲缘关系的 SSR 分子标记分析	三等奖
2012-LW-3-28	袁志林	中国林业科学研究院亚热带林业研究所	Diverse non-mycorrhizal fungal endophytes inhabiting an epiphytic, medicinal orchid (Dendrobium nobile): estimation and characterization	三等奖
2012-LW-3-29	梁俊峰	中国林业科学研究院热带林业研究所	Two new unusual Leucoagaricus species (Agaricaceae) from tropical China with blue-green staining reactions	三等奖
2012-LW-3-30	柴振林	浙江省林产品质量检测站	浙江省食用菌重金属背景值及质量安全评价	三等奖

（续）

编号	作者	工作单位	论文题目	获奖等级
2012-LW-3-31	屈 燕	西南林业大学	Genetic diversity and population structure of the endangered species Psammosilene tunicoides revealed by DALP analysis	三等奖
2012-LW-3-32	李向红	西南林业大学	Inhibition by Jasminum nudiflorum Lindl. leaves extract of the corrosion of cold rolled steel in hydrochloric acid solution	三等奖
2012-LW-3-33	邓书端	西南林业大学	Inhibition by Ginkgo leaves extract of the corrosion of steel in HCl and H_2SO_4 solutions	三等奖
2012-LW-3-34	张 莹	东北林业大学	Oxidative stability of sunflower oil supplemented with carnosic acid compared with synthetic antioxidants during accelerated storage	三等奖
2012-LW-3-35	陈小强	东北林业大学	Composition and biological activities of the essential oil from Schisandra chinensis obtained by solvent-free microwave extraction	三等奖
2012-LW-3-36	杨洪岩	东北林业大学	Selection and characteristics of a switchgrass-colonizing microbial community to produce extracellular cellulases and xylanases	三等奖
2012-LW-3-37	赵春建	东北林业大学	Micronization of Ginkgo biloba extract using supercritical antisolvent process	三等奖
2012-LW-3-38	张志军	东北林业大学	Catalytic upgrading of bio-oil using 1-octene and 1-butanol over sulfonic acid resin catalysts	三等奖
2012-LW-3-39	高志民	国际竹藤中心	Cloning and functional characterization of a GNA-like lectin from Chinese Narcissus (Narcissus tazetta var. chinensis Roem)	三等奖
2012-LW-3-40	刘 顿	北京林业大学	Comparative analysis of telomeric restriction fragment lengths in different tissues of Ginkgo biloba trees of different age	三等奖
2012-LW-3-41	袁军辉	北京林业大学	Genetic Structure of the Tree Peony (Paeonia rockii) and the Qinling Mountains as a Geographic Barrier Driving the Fragmentation of a Large Population	三等奖

（续）

编号	作者	工作单位	论文题目	获奖等级
2012-LW-3-42	黄 河	北京林业大学	cDNA-AFLP analysis of salt-inducible genes expression in Chrysanthemum lavandulifolium under salt treatment	三等奖
2012-LW-3-43	张 敏	江苏省林业科学研究院	Physiological and Biochemical Response of Tonoplast Vesicles Isolated from Broussonetia papyrifera to NaCl Stress	三等奖
2012-LW-3-44	张春英	上海市园林科学研究所	Diversity of root-associated fungal endophytes in Rhododendron fortunei in subtropical forests of China	三等奖
2012-LW-3-45	邵清松	浙江农林大学	Optimization of polysaccharides extraction from Tetrastigma hemsleyanum Diels et Gilg using response surface methodology	三等奖
2012-LW-3-46	张启香	浙江农林大学	Somatic embryogenesis and plant regeneration from immature hickory (Carya cathayensis Sarg.) embryos	三等奖
2012-LW-3-47	付立忠	浙江省林业科学研究院	Evaluation of genetic diversity in Lentinula edodes strains using RAPD, ISSR and SRAP markers	三等奖
2012-LW-3-48	陈 罡	辽宁省林业科学研究院	Cloning of a Novel Stearoyl-acyl Desaturase Gene from white ash (Fraxinus Americana) and Evolution Analysis with Those from Other Plant	三等奖
2012-LW-3-49	张 蕊	中国林业科学研究院亚热带林业研究所	Genetic diversity of natural populations of endangered Ormosia hosiei, endemic to China	三等奖
2012-LW-3-50	刘小珍	西南林业大学	Production of transgenic Pinus armandii plants harbouring btCryIII(A) gene	三等奖
2012-LW-3-51	曾凡锁	东北林业大学	Molecular characterization of T-DNA integration sites in transgenic birch	三等奖
2012-LW-3-52	高彩球	东北林业大学	Overexpression of a heat shock protein (ThHSP18.3) from Tamarix hispida confers stress tolerance to yeast	三等奖
2012-LW-3-53	王 超	东北林业大学	A glycine-rich RNA-binding protein can mediate physiological responses in transgenic plants under salt stress	三等奖
2012-LW-3-54	郭晓红	黑龙江八一农垦大学	ThPOD3, a truncated polypeptide from Tamarix hispida, confers drought tolerance in Escherichia coli.	三等奖

（续）

编号	作者	工作单位	论文题目	获奖等级
2012-LW-3-55	王延伟	北京林业大学	Identification and expression analysis of miRNAs from nitrogen-fixing soybean nodules	三等奖
2012-LW-3-56	陈金焕	北京林业大学	Expression profiling and functional characterization of a DREB2-type gene from Populus euphratica	三等奖
2012-LW-3-57	胡 可	国家知识产权局专利局专利 审查协作北京中心	瓜叶菊花青素合成关键结构基因的分离及表达分析	三等奖
2012-LW-3-58	马月萍	东北大学	DFL, a FLORICAULA/LEAFY homologue gene from Dendranthema lavandulifolium is expressed both in the vegetative and reproductive tissues	三等奖
2012-LW-3-59	赵 鑫	辽宁林业职业技术学院	Improvement of cold tolerance of the half-highbush Northland blueberry through transformation with the LEA gene from Tamarix androssowii	三等奖
2012-LW-3-60	陈金慧	南京林业大学	Improved protein identification using a species-specific protein/peptide database derived from expressed sequence tags	三等奖
2012-LW-3-61	王润辉	广东省林业科学研究院	杉木无性系生长和材性变异及多性状指数选择	三等奖
2012-LW-3-62	郑会全	广东省林业科学研究院	Functional identification and regulation of the PtDrl02 gene promoter from triploid white poplar	三等奖
2012-LW-3-63	郭跃东	山西农业大学林学院	文峪河上游河岸林群落环境梯度格局和演替过程	三等奖
2012-LW-3-64	刘万德	中国林业科学研究院资源昆虫研究所	海南岛霸王岭热带季雨林树木的死亡率	三等奖
2012-LW-3-65	郭二果	呼和浩特市环境监测站	北京西山典型游憩林空气颗粒物不同季节的日变化	三等奖
2012-LW-3-66	陈永华	中南林业科技大学林学院	处理生活污水湿地植物的筛选与净化潜力评价	三等奖
2012-LW-3-67	李小双	国家林业局昆明勘察设计院	Regeneration pattern of primary forest species across forest-field gradients in the subtropical Mountains of Southwestern China	三等奖

（续）

编号	作者	工作单位	论文题目	获奖等级
2012-LW-3-68	吴统贵	中国林业科学研究院亚热带林业研究所	Seasonal Variation in Photosynthesis in Relation to Differing Environmental Factors of Dominant Plant Species in Three Successional Communities in Hangzhou Bay wetlands, East China.	三等奖
2012-LW-3-69	郭子武	中国林业科学研究院亚热带林业研究所	Organochlorine pesticide residues in bamboo shoot	三等奖
2012-LW-3-70	张　骏	浙江省林业科学研究院	Carbon storage by ecological service forests in Zhejiang Province, subtropical China	三等奖
2012-LW-3-71	贾淑霞	中国科学院东北地理与农业生态研究所	N fertilization affects on soil respiration, microbial biomass and root respiration in Larix gmelinii and Fraxinus mandshurica plantations in China	三等奖
2012-LW-3-72	时忠杰	中国林业科学研究院荒漠化研究所	六盘山森林土壤中的砾石对渗透性和蒸发的影响	三等奖
2012-LW-3-73	闫　峰	中国林业科学研究院荒漠化研究所	基于 MODIS 数据的上海市热岛效应研究	三等奖
2012-LW-3-74	张汉尧	西南林业大学	Saccharomyces paradoxus and Saccharomyces cerevisiae resides on oak trees in New Zealand: evidence for global migration from Europe and hybrids between the species	三等奖
2012-LW-3-75	邢艳秋	东北林业大学	基于森林调查数据的长白山天然林森林生物量相容性模型	三等奖
2012-LW-3-76	孙　涛	东北林业大学	Functional relationships between morphology and respiration of fine roots in two Chinese temperate tree species	三等奖
2012-LW-3-77	同小娟	北京林业大学	Ecosystem carbon exchange over a warm-temperate mixed plantation in the lithoid hilly area of the North China	三等奖
2012-LW-3-78	孙　姢	国际竹藤中心	Simultaneous HPTLC Analysis of Flavonoids in the Leaves of Three Different Species of Bamboo	三等奖
2012-LW-3-79	王晓荣	湖北省林业科学研究院	三峡库区消落带回水区水淹初期土壤种子库特征	三等奖

（续）

编号	作者	工作单位	论文题目	获奖等级
2012-LW-3-80	高俊峰	国家林业局调查规划设计院	北京东灵山地区农耕干扰和环境梯度对植物多样性的影响	三等奖
2012-LW-3-81	涂利华	四川农业大学林学院	Short-term simulated nitrogen deposition increases carbon sequestration in a Pleioblastus amarus plantation	三等奖
2012-LW-3-82	丁晶晶	江苏省林业科学研究院	中国大陆鸟类和兽类物种多样性的空间变异	三等奖
2012-LW-3-83	鞠瑞亭	上海市园林科学研究所	城市绿地外来物种风险分析体系构建及其在上海世博会管理中的应用	三等奖
2012-LW-3-84	宋新章	浙江农林大学	Elevated UV-B radiation increased the decomposition of Cinnamomum camphora and Cyclobalanopsis glauca leaf litter in subtropical China	三等奖
2012-LW-3-85	汪春蕾	东北林业大学	Isolation and characterization of a novel Bacillus subtilis WD23 exhibiting laccase activity from forest soil	三等奖
2012-LW-3-86	梁晶	上海市园林科学研究所	绿化植物废弃物对土壤中 Cu、Zn、Pb 和 Cd 形态的影响	三等奖
2012-LW-3-87	刘娟	浙江农林大学	Seasonal soil CO_2 efflux dynamics after land use change from a natural forest to Moso bamboo plantations in subtropical China	三等奖
2012-LW-3-88	刘建忠	贵州省林业调查规划院	余庆县吴茱萸繁殖技术对比分析	三等奖
2012-LW-3-89	信忠保	北京林业大学	气候变化和人类活动对黄土高原植被覆盖变化的影响	三等奖
2012-LW-3-90	徐学锋	北京林业大学	Nanoparticle-wall collision in a laminar cylindrical liquid jet	三等奖
2012-LW-3-91	吴芳	南京林业大学	Magnetic states of zigzag graphene nanoribbons from first principles	三等奖
2012-LW-3-92	卢言菊	中国林业科学研究院林产化学工业研究所	Synthesis of rosin allyl ester and its UV-curing characteristics	三等奖

（续）

编号	作者	工作单位	论文题目	获奖等级
2012-LW-3-93	刘高强	中南林业科技大学	Optimization of critical medium components using response surface methodology for biomass and extracellular polysaccharide production by Agaricus blazei	三等奖
2012-LW-3-94	孙　康	中国林业科学研究院林产化学工业研究所	Preparation of activated carbon with highly developed mesoporous structure from Camellia oleifera shell through water vapor gasification and phosphoric acid modification	三等奖
2012-LW-3-95	杨　静	西南林业大学	Three-stage hydrolysis to enhance enzymatic saccharification of steam-exploded corn stover	三等奖
2012-LW-3-96	黄占华	东北林业大学	Equilibrium and kinetics studies on the absorption of Cu(II) from the aqueous sphase using a β-cyclodextrin-based adsorbent	三等奖
2012-LW-3-97	王　堃	北京林业大学	Structural comparison and enhanced enzymatic hydrolysis of the cellulosic preparation from Populus tomentosa Carr. by different cellulose-soluble solvent systems	三等奖
2012-LW-3-98	徐　徐	南京林业大学	Synthesis and properties of novel rosin-based water-borne polyurethane	三等奖
2012-LW-3-99	宿海颖	中国林业科学研究院林业科技信息研究所	俄罗斯原木出口关税政策调整的博弈分析	三等奖
2012-LW-3-100	陈　杰	辽宁省森林经营研究所	红松落叶松不同带状混交比例造林经济效益的研究	三等奖
2012-LW-3-101	赵锦勇	北京大学光华管理学院	公共财政对集体林改的作用实证研究	三等奖
2012-LW-3-102	朱洪革	东北林业大学	国有林权制度改革后承包户投资行为及其影响因素分析	三等奖
2012-LW-3-103	魏　华	北京林业大学	物权法视野中的林权制度	三等奖
2012-LW-3-104	秦　涛	北京林业大学	林业金融的研究进展述评与分析框架	三等奖

（续）

编号	作者	工作单位	论文题目	获奖等级
2012-LW-3-105	程宝栋	北京林业大学	广东家具产业集群竞争力分析 — 基于基础 - 企业 - 市场模型	三等奖
2012-LW-3-106	曾杰杰	南京林业大学	中国家具产业与全球家具价值链互动分析	三等奖
2012-LW-3-107	唐丽荣	福建农林大学	Manufacture of cellulose nanocrystals by cation exchange resin-catalyzed hydrolysis of cellulose	三等奖
2012-LW-3-108	徐漫平	浙江省林产品质量检测站	浙江主要乡土珍贵木材刨切加工与装饰适应性研究	三等奖
2012-LW-3-109	王小青	中国林业科学研究院木材工业研究所	Comparative study of the photo-discoloration of moso bamboo (*Phyllostachys pubescens* Mazel) and two wood species	三等奖
2012-LW-3-110	李涛洪	西南林业大学	A Computational Exploration on the Mechanism of the Acid Catalytic Urea-Formaldehyde Reaction: New Insight into the Old Topic	三等奖
2012-LW-3-111	郭秀荣	东北林业大学	Study on test instrument and filtration theory of the carbonized micron wood fiber DPF	三等奖
2012-LW-3-112	韦双颖	东北林业大学	Dynamic wettability of wood surface modified by acidic dyestuff and fixing agent	三等奖
2012-LW-3-113	李 鹏	东北林业大学	A simulation of void variation in wood-strand composites during consolidation	三等奖
2012-LW-3-114	肖鹏飞	东北林业大学	Biotransformation of the organochlorine pesticide trans-chlordane by wood-rot fungi	三等奖
2012-LW-3-115	徐金梅	中国林业科学研究院木材工业研究所	Cellulose microfibril angle variation in Picea crassifolia tree rings improves climate signals on the Tibetan plateau	三等奖
2012-LW-3-116	余 雁	国际竹藤中心	An improved microtensile technique for mechanical characterization of short plant fibers: a case study on bamboo fibers	三等奖
2012-LW-3-117	周晓燕	南京林业大学	An environment-friendly thermal insulation material from cotton stalk fibers	三等奖
2012-LW-3-118	潘明珠	南京林业大学	Improvement of straw surface characteristics via thermomechanical and chemical treatments	三等奖

（续）

编号	作者	工作单位	论文题目	获奖等级
2012-LW-3-119	金菊婉	南京林业大学	Properties of strand boards with uniform and conventional vertical density profiles	三等奖
2012-LW-3-120	谢寿安	西北农林科技大学林学院	Anatomical characteristics in xylem tissue of Pinus armandi infected by the bark beetle Dendroctonus armandi(Coleoptera: Scolytidae) and its associated blue-stain fungus Ceratocystis polonica	三等奖
2012-LW-3-121	张龙娃	安徽农业大学	Electrophysiological and Behavioral Responses of Dendroctonus valens (Coleoptera: Curculionidae: Scolytinae) to Four Bark Beetle Pheromones	三等奖
2012-LW-3-122	于海英	国家林业局森林病虫害防治总站	倒春寒与杨树烂皮病发病的关系	三等奖
2012-LW-3-123	杨 光	东北林业大学	Prediction of area burned under climatic change scenarios: A case study in the Great Xing'an Mountains boreal forest	三等奖
2012-LW-3-124	李卫春	江西农业大学	Taxonomic revision of the genus Eudonia Billberg, 1820 from China (Lepidoptera: Crambidae: Scopariinae)	三等奖
2012-LW-3-125	宗世祥	北京林业大学	Mechanisms Underlying Host Plant Selection by Holcocerus hippophaecolus Adults	三等奖
2012-LW-3-126	高 悦	江苏省林业科学研究院	6种外生菌根菌对3种松苗叶绿素含量及叶绿素荧光参数的影响	三等奖
2012-LW-3-127	郑华英	江苏省林业科学研究院	苏北杨树新造林地溃疡病病原菌的鉴定	三等奖
2012-LW-3-128	汤 方	南京林业大学	In vitro inhibition of the diphenolase activity of tyrosinase by insecticides and allelochemicals in Micromelalopha troglodyta (Lepidoptera: Notodontidae)	三等奖
2012-LW-3-129	罗卿权	上海市园林科学研究所	基于Web Service的城市绿地有害生物PDA实时监控系统的开发与应用	三等奖
2012-LW-3-130	覃雪波	天津自然博物馆	Summer bed-site selection by roe deer in a predator free area	三等奖

（续）

编号	作者	工作单位	论文题目	获奖等级
2012-LW-3-131	马国强	国家林业局昆明勘察设计院	旅游干扰对鸟类多样性及鸟类取食距离的影响评价——以普达措国家公园为例	三等奖
2012-LW-3-132	郭克疾	国家林业局中南院	A new species of Pareas (Serpentes: Colubridae: Pareatinae) from the Gaoligong Mountains, southwestern China	三等奖
2012-LW-3-133	侯志军	东北林业大学	东北虎源等孢球虫的发现	三等奖
2012-LW-3-134	周学红	东北林业大学	朱鹮游荡期对人类干扰的耐受性	三等奖
2012-LW-3-135	龚明昊	国家林业局调查规划设计院	Topographic habitat features preferred by the Endangered giant panda Ailuropoda melanoleuca: implications for reserve design and management	三等奖
2012-LW-3-136	万卉敏	河南省林业学校	蜡梅品种的花粉形态学分类	三等奖
2012-LW-3-137	彭邵锋	湖南省林业科学院	14个油茶良种遗传多样性的SRAP分析	三等奖
2012-LW-3-138	李英武	宁夏林业技术推广总站	宁南山区抗旱集流整地及树种配置技术	三等奖

第五届梁希青年论文奖（2014年）

编号	申报人	工作单位	论文题目	获奖等级
2014-LW-1-01	王小青	中国林业科学研究院木材工业研究所	Cell wall structure and formation of maturing fibres of moso bamboo (Phyllostachys pubescens) increase buckling resistance	一等奖
2014-LW-1-02	杜庆章	北京林业大学生物科学与技术学院	Polymorphic simple sequence repeat (SSR) loci within cellulose synthase (PtoCesA) genes are associated with growth and wood properties in Populus tomentosa	一等奖
2014-LW-1-03	李伟	中国林业科学研究院湿地研究所	Statistical Modeling of Phosphorus Removal in Horizontal Subsurface Constructed Wetland	一等奖

（续）

编号	申报人	工作单位	论文题目	获奖等级
2014-LW-1-04	陈 昊	中南林业科技大学林学院	基于油桐种子3个不同发育时期转录组的油脂合成代谢途径分析	一等奖
2014-LW-1-05	叶春洪	南京林业大学轻工科学与技术学院	Programmable Arrays of "Micro-Bubble" Constructs vis Self-Encapsulation	一等奖
2014-LW-1-06	何佳丽	西北农林科技大学生命科学学院	A transcriptomic network underlies microstructural and physiological responses to cadmium in *Populus × canescens*	一等奖
2014-LW-1-07	徐俊明	中国林业科学研究院林产化学工业研究所	Renewable chemical feedstocks from integrated liquefaction processing of lignocellulosic materials using microwave energy	一等奖
2014-LW-1-08	曹 林	南京林业大学森林资源与环境学院	Mapping Above- and Below-Ground Biomass Components in Subtropical Forests Using Small-Footprint LiDAR	一等奖
2014-LW-1-09	刘伯斌	中国林业科学研究院林木遗传育种国家重点实验室	A survey of Populus PIN-FORMED family genes reveals their diversified expression patterns	一等奖
2014-LW-1-10	姜雪梅	北京林业大学经济管理学院	Impacts of policy measures on the development of state-owned forests in northeast China: theoretical results and empirical evidence	一等奖
2014-LW-1-11	姜晨龙	南京森林警察学院	高效深栽造林钻孔机的研制与试验	一等奖
2014-LW-1-12	卢 芸	东北林业大学材料科学与工程学院	Fabrication of mesoporous lignocellulose aerogels from wood via cyclic liquid nitrogen freezing-thawing in ionic liquid solution	一等奖
2014-LW-2-01	许 涵	中国林业科学研究院热带林业研究所	Assessing non-parametric and area-based methods for estimating regional species richness	二等奖
2014-LW-2-02	张 进	中国林业科学研究院林业研究所	Genome-wide analysis of the Populus Hsp90 gene family reveals differential expression patterns, localization, and heat stress responses	二等奖
2014-LW-2-03	黄 坤	中国林业科学研究院林产化学工业研究所	Preparation of biobased epoxies using tung oil fatty acid-derived C21 diacid and C22 triacid and study of epoxy properties	二等奖

（续）

编号	申报人	工作单位	论文题目	获奖等级
2014-LW-2-04	马庆华	中国林业科学研究院林业研究所	质构仪穿刺试验检测冬枣质地品质方法的建立	二等奖
2014-LW-2-05	刘志龙	中国林业科学研究院热带林业实验中心	Influence of thinning time and density on sprout development, biomass production and energy stocks of sawtooth oak stumps	二等奖
2014-LW-2-06	孙守家	中国林业科学研究院林业研究所	Partitioning oak woodland evapotranspiration in the rocky mountainous area of North China was disturbed by foreign vapor, as estimated based on non-steady-state 18O isotopic composition	二等奖
2014-LW-2-07	张 玮	中国林业科学研究院亚热带林业研究所	Effects of Low Temperature Stress on resistance indices of sympodial bamboo Seedlings	二等奖
2014-LW-2-08	刘宪钊	中国林业科学研究院资源信息研究所	The influence of soil conditions on regeneration establishment for degraded secondary forest restoration, Southern China	二等奖
2014-LW-2-09	符利勇	中国林业科学研究院资源信息研究所	Parameter estimation of two-level nonlinear mixed effects models using first order conditional linearization and the EM algorithm	二等奖
2014-LW-2-10	张苏芳	中国林业科学研究院森林生态环境与保护研究所	Molecular Characterization, Expression Pattern, and Ligand-Binding Property of Three Odorant Binding Protein Genes from Dendrolimus tabulaeformis	二等奖
2014-LW-2-11	时忠杰	中国林业科学研究院荒漠化研究所	Fraction of incident rainfall within the canopy of a pure stand of Pinus armandii with revised Gash model in the Liupan Mountains of China	二等奖
2014-LW-2-12	赵凤君	中国林业科学研究院森林生态环境与保护研究所	Investigation of emissions from heated essential-oil-rich fuels at 200℃	二等奖
2014-LW-2-13	廖成章	国家林业局调查规划设计院	The effects of plantation practice on soil properties based on the comparison between natural and planted forests: a meta-analysis	二等奖
2014-LW-2-14	刘 珉	国家林业局经济发展研究中心	集体林权制度改革：农户种植意愿研究——基于 Elinor Ostrom 的 IAD 延生模型	二等奖

（续）

编号	申报人	工作单位	论文题目	获奖等级
2014-LW-2-15	陆鹏飞	北京林业大学林学院	Comparative analysis of peach and pear fruit volatiles attractive to the oriental fruit moth, Cydia molesta	二等奖
2014-LW-2-16	秦　涛	北京林业大学经济管理学院	农户森林保险需求的影响因素分析	二等奖
2014-LW-2-17	王　辉	北京林业大学环境科学与工程学院	Comparative study on electrochemical degradation of 2,4-dichlorophenol by different Pd/C gas-diffusion cathodes	二等奖
2014-LW-2-18	文甲龙	北京林业大学材料科学与技术学院	Understanding the chemical transformations of lignin during ionic liquid pretreatment	二等奖
2014-LW-2-19	漆楚生	北京林业大学材料科学与技术学院	Thermal conductivity of sorghum and sorghum-thermoplastic composite panels	二等奖
2014-LW-2-20	韩玉国	北京林业大学水土保持学院	Net anthropogenic phosphorus inputs (NAPI) index application in Mainland China	二等奖
2014-LW-2-21	宋跃朋	北京林业大学生物科学与技术学院	Sexual dimorphic floral development in dioecious plants revealed by transcriptome, phytohormone, and DNA methylation analysis in Populus tomentosa	二等奖
2014-LW-2-22	程宝栋	北京林业大学经济管理学院	Analysis on the Dynamic Relationship between the Research and Development Capacity, Net Exports, and Profits of China's Furniture Industry	二等奖
2014-LW-2-23	黄华国	北京林业大学林学院	Thermal Emission Hot-Spot Effect of Crop Canopies—Part I: Simulation	二等奖
2014-LW-2-24	孙丽丹	北京林业大学国家花卉工程技术研究中心	A model framework for identifying genes that guide the evolution of heterochrony	二等奖
2014-LW-2-25	张　璐	北京林业大学林学院	Effects of brown sugar and calcium superphosphate on the secondary fermentation of green waste	二等奖
2014-LW-2-26	王博文	北京林业大学生物科学与技术学院	Identification and characterization of nuclear genes involved in photosynthesis in Populus	二等奖
2014-LW-2-27	姜　杰	北京林业大学环境科学与工程学院	Arsenic Redox Changes by Microbially and Chemically Formed Semiquinone Radical and Hydroquinone in the Humic Substances Model Quinone	二等奖

（续）

编号	申报人	工作单位	论文题目	获奖等级
2014-LW-2-28	杨志灵	北京林业大学生物科学与技术学院	Molecular evolution and expression divergence of the Populus polygalacturonase supergene family shed light on the evolution of increasingly complex organs in plants	二等奖
2014-LW-2-29	席本野	北京林业大学林学院	Characteristics of fine root system and water uptake in a triploid *Populus tomentosa* plantation in the North China Plain: Implications for irrigation water management	二等奖
2014-LW-2-30	王 超	东北林业大学林学院	Comprehensive transcriptional profiling of NaHCO$_3$-stressed Tamarix hispida roots reveals networks of responsive genes	二等奖
2014-LW-2-31	及晓宇	东北林业大学林学院	The bZIP protein from Tamarix hispida, ThbZIP1, is ACGT elements binding factor that enhances abiotic stress signaling in transgenic Arabidopsis	二等奖
2014-LW-2-32	肖鹏飞	东北林业大学林学院	A novel metabolic pathway for biodegradation of DDT by the white rot fungi, Phlebia lindtneri and Phlebia brevispora	二等奖
2014-LW-2-33	甄 贞	东北林业大学林学院	Geographically local modeling of occurrence, count, and volume of downwood in Northeast China	二等奖
2014-LW-2-34	韩景泉	南京林业大学材料科学与工程学院	Self-Assembling Behavior of Cellulose Nanoparticles during Freeze Drying: Effect of Suspension Concentration, Particle Size, Crystal Structure, and Surface Charge	二等奖
2014-LW-2-35	孔凡明	南京林业大学森林资源与环境学院	Marker-Aided Selection of Polyploid Poplars	二等奖
2014-LW-2-36	徐 侠	南京林业大学森林资源与环境学院	Temperature sensitivity increases with soil organic carbon recalcitrance along an elevational gradient in the Wuyi Mountains, China	二等奖
2014-LW-2-37	茹 煜	南京林业大学机械电子工程学院	航空静电喷雾系统的设计及应用	二等奖
2014-LW-2-38	李玲俐	西北农林科技大学林学院	Homologous HAP5 subunit from Picea wilsonii improved tolerance to salt and decreased sensitivity to ABA in transformed Arabidopsis	二等奖

（续）

编号	申报人	工作单位	论文题目	获奖等级
2014-LW-2-39	罗 杰	西北农林科技大学生命科学学院	Nitrogen metabolism of two contrasting poplar species during acclimation to limiting nitrogen availability	二等奖
2014-LW-2-40	宋照亮	浙江农林大学环境与资源学院	The production of phytolith-occluded carbon in China's forests: implications to biogeochemical carbon sequestration	二等奖
2014-LW-2-41	宋新章	浙江农林大学林业与生物技术学院	Interactive effects of elevated UV-B radiation and N deposition on Moso bamboo litter decomposition	二等奖
2014-LW-2-42	李志强	国际竹藤中心	Comparison of bamboo green, timber and yellow in sulfite, sulfuric acid and sodium hydroxide pretreatments for enzymatic saccharification	二等奖
2014-LW-2-43	黄雪蔓	广西大学林学院	Changes of soil microbial biomass carbon and community composition through mixing nitrogen-fixing species with Eucalyptus urophylla in subtropical China	二等奖
2014-LW-2-44	刘 东	南京森林警察学院	Variation in rhizosphere soil microbial index of tree species on seasonal flooding land: An in situ rhizobox approach	二等奖
2014-LW-2-45	刘 静	北京林业大学材料科学与技术学院	Hydrotreatment of Jatropha Oil over NiMoLa/Al$_2$O$_3$ Catalyst	二等奖
2014-LW-2-46	卿 彦	中南林业科技大学材料科学与工程学院	Resin impregnation of cellulose nanofibril films facilitated by water swelling	二等奖
2014-LW-2-47	尉秋实	甘肃省治沙研究所	Interspecific delimitation and phylogenetic origin of Pugionium (Brassicaceae)	二等奖
2014-LW-2-48	袁军辉	上海辰山植物园	Independent domestications of cultivated tree peonies from different wild peony species	二等奖
2014-LW-2-49	刘丙花	山东省林业科学研究院	Influence of rootstock on drought response in young 'Gale Gala' apple (Malus domestica Borkh.) trees	二等奖
2014-LW-2-50	于 飞	西北农林科技大学林学院	Does Animal-Mediated Seed Dispersal Facilitate the Formation of Pinus armandii-Quercus aliena var. acuteserrata Forests	二等奖

（续）

编号	申报人	工作单位	论文题目	获奖等级
2014-LW-2-51	王佳宏	南京林业大学森林资源与环境学院	Improving Flavonoid Extraction from Ginkgo biloba Leaves by Prefermentation Processing	二等奖
2014-LW-2-52	黄敦元	江西环境工程职业学院	日本佳盾蜾蠃营巢生物学研究	二等奖
2014-LW-3-01	于天飞	中国林业科学研究院林业科技信息研究所	中国林业碳汇认证建设框架研究	三等奖
2014-LW-3-02	宁攸凉	中国林业科学研究院林业科技信息研究所	基于区域植被类型评估的气候变化对中国森林生态系统的影响	三等奖
2014-LW-3-03	唐国勇	中国林业科学研究院资源昆虫研究所	Accelerated nutrient cycling via leaf litter, and nor root interaction, increase growth of Eucalyptus in the mixed-species plantations with Leucaena	三等奖
2014-LW-3-04	赵英铭	中国林业科学研究院沙漠林业实验中心	绿洲林网区上层动力速度与防风效应的估算	三等奖
2014-LW-3-05	张蕊	中国林业科学研究院亚热带林业研究所	Effects of nitrogen deposition on growth and phosphate efficiency of Schima superba of different provenances grown in phosphorus-barren soil	三等奖
2014-LW-3-06	江京辉	中国林业科学研究院木材工业研究所	Optimization of processing variables during heat treatment of oak (Quercus mongolica) wood	三等奖
2014-LW-3-07	邹献武	中国林业科学研究院木材工业研究所	Synthesis and properties of polyurethane foams prepared from heavy oil modified by polyols with 4,4'-methylene-diphenylene isocyanate (MDI)	三等奖
2014-LW-3-08	赵中华	中国林业科学研究院林业研究所	小陇山锐齿栎天然林空间结构特征	三等奖
2014-LW-3-09	李生	中国林业科学研究院亚热带林业研究所	Influence of bare rocks on surrounding soil moisture in the karst rocky desertification regions under drought conditions	三等奖
2014-LW-3-10	汪金松	中国林业科学研究院森林生态环境与保护研究所	Influence of ground flora on Fraxinus mandshurica seedling growth on abandoned land and beneath forest canopy	三等奖

（续）

编号	申报人	工作单位	论文题目	获奖等级
2014-LW-3-11	郭子武	中国林业科学研究院亚热带林研究所	雷竹林土壤和叶片 N、P 化学计量特征对林地覆盖的响应	三等奖
2014-LW-3-12	魏　可	中国林业科学研究院森林生态环境与保护研究所	Effects of learning experience on behaviour of the generalist parasitoid Sclerodermus pupariae to novel hosts	三等奖
2014-LW-3-13	吴统贵	中国林业科学研究院亚热带林业研究所	Leaf nitrogen and phosphorus stoichiometry of Quercus species across China	三等奖
2014-LW-3-14	王玉荣	中国林业科学研究院木材工业研究所	Studies on the nanostructure of the cell wall of bamboo using X-ray scattering	三等奖
2014-LW-3-15	杨艳芳	中国林业科学研究院林业研究所	Genome sequencing and analysis of the paclitaxel-producing endophytic fungus Penicillium aurantiogriseum NRRL 62431	三等奖
2014-LW-3-16	周　琳	中国林业科学研究院林业研究所	Overexpression of Ps-CHI1, a homologue of the chalcone isomerase gene from tree peony (Paeonia suffruticosa), reduces the intensity of flower pigmentation in transgenic tobacco	三等奖
2014-LW-3-17	张金鑫	中国林业科学研究院林业研究所	Responses of Nitraria tangutorum to water and photosynthetic physiology in rain enrichment scenario	三等奖
2014-LW-3-18	成向荣	中国林业科学研究院亚热带林业研究所	Effect of Forest Structural Change on Carbon Storage in a Coastal Metasequoia glyptostroboides Stand	三等奖
2014-LW-3-19	俞　娟	中国林业科学研究院林产化学工业研究所	Integration of renewable cellulose and rosin towards sustainable copolymers by "grafting from" ATRP	三等奖
2014-LW-3-20	丁　易	中国林业科学研究院森林生态环境与保护研究所	Disturbance regime changes the trait distribution, phylogenetic structure and community assembly of tropical rain forests	三等奖
2014-LW-3-21	赵秀莲	中国林业科学研究院林业研究所	The evaluation of heavy metal accumulation and application of a comprehensive bio-concentration index for woody species on contaminated sites in Hunan, China	三等奖
2014-LW-3-22	李迎超	中国林业科学研究院林业研究所	中国栓皮栎资源生产燃料乙醇的潜力及其空间分布	三等奖

（续）

编号	申报人	工作单位	论文题目	获奖等级
2014-LW-3-23	焦立超	中国林业科学研究院木材工业研究所	DNA barcoding for identification of the endangered species Aquilaria sinensis: comparison of data from heated or aged wood samples	三等奖
2014-LW-3-24	崔凯	中国林业科学研究院资源昆虫研究所	Physiological and Biochemical Effects of Ultra-Dry Storage on Barbados Nut Seeds	三等奖
2014-LW-3-25	徐金梅	中国林业科学研究院木材工业研究所	Climate response of cell characteristics in tree rings of Picea crassifolia	三等奖
2014-LW-3-26	霍丹	中国林业科学研究院林产化学工业研究所	Enhancement of eucalypt chips' enzymolysis efficiency by a combination method of alkali impregnation and refining pretreatment	三等奖
2014-LW-3-27	张雄清	中国林业科学研究院林业研究所	Predicting tree recruitment with negative binomial mixture models	三等奖
2014-LW-3-28	朱建峰	中国林业科学研究院（国家林业局盐碱地研究中心）	Reference Gene Selection for Quantitative Real-time PCR Normalization in Caragana intermedia under Different Abiotic Stress Conditions	三等奖
2014-LW-3-29	张于光	中国林业科学研究院森林生态环境与保护研究所	Geochip-based analysis of microbial communities in alpine meadow soils in the Qinghai-Tibetan plateau	三等奖
2014-LW-3-30	陈帅飞	国家林业局桉树研究开发中心	Novel species of Calonectria associated with Eucalyptus leaf blight in Southeast China	三等奖
2014-LW-3-31	李宇昊	国家林业局调查规划设计院	厘米级遥感影像用于伊春地区次生林空间结构调查	三等奖
2014-LW-3-32	石焱	国家林业局管理干部学院	我国政策性森林保险的试点情况与发展对策	三等奖
2014-LW-3-33	付安民	国家林业局调查规划设计院	基于 MODIS 数据的东北亚森林时序变化分析	三等奖
2014-LW-3-34	谢屹	北京林业大学经济管理学院	Impact of property rights reform on household forest management investment: An empirical study of southern China	三等奖

（续）

编号	申报人	工作单位	论文题目	获奖等级
2014-LW-3-35	白志勇	北京林业大学艺术设计学院	Comprehensive Assessment Method of Soil and Water Conservation of Forest Ecosystems in China using Correlation Coefficient Between Interval-valued Fuzzy Sets	三等奖
2014-LW-3-36	袁同琦	北京林业大学材料科学与技术学院	Homogeneous Esterification of Poplar Wood in an Ionic Liquid under Mild Conditions: Characterization and Properties	三等奖
2014-LW-3-37	敖 妍	北京林业大学林学院	Identification and comparative profiling of microRNAs in Xanthoceras sorbifolia wild-type and its double flower mutant	三等奖
2014-LW-3-38	田佳星	北京林业大学生物科学与技术学院	Allelic Variation in PtGA20Ox Associates with Growth and Wood Properties in Populus spp.	三等奖
2014-LW-3-39	郑一力	北京林业大学工学院	Laser Scanning Measurements on Trees for Logging Harvesting Operations	三等奖
2014-LW-3-40	王 君	北京林业大学生物科学与技术学院	Induction of unreduced megaspores with high temperature during megasporogenesis in Populus	三等奖
2014-LW-3-41	刘 刚	北京林业大学自然保护区学院	Evaluating the reintroduction project of Przewalski's horse in China using genetic and pedigree data	三等奖
2014-LW-3-42	陈金辉	北京林业大学生物科学与技术学院	Genome-Wide Analysis of Gene Expression in Response to Drought Stress in Populus simonii	三等奖
2014-LW-3-43	陈文汇	北京林业大学经济管理学院	中国木材价格波动的动态均衡模型及实证分析	三等奖
2014-LW-3-44	张平冬	北京林业大学生物科学与技术学院	Genotypic variation in wood properties and growth traits of triploid hybrid clones of Populus tomentosa at three clonal trials	三等奖
2014-LW-3-45	杜 芳	北京林业大学林学院	More introgression with less gene flow: chloroplast vs. mitochondrial DNA in the Picea asperata complex in China, and comparison with other Conifers	三等奖
2014-LW-3-46	马开峰	北京林业大学生物科学与技术学院	Variation in Genomic Methylation in Natural Populations of Chinese White Poplar	三等奖

（续）

编号	申报人	工作单位	论文题目	获奖等级
2014-LW-3-47	张 东	北京林业大学自然保护区学院	Sensilla on the antennal funiculus of the horse stomach bot fly, Gasterophilus nigricornis	三等奖
2014-LW-3-48	齐 飞	北京林业大学环境科学与工程学院	Comparison of the efficiency and mechanism of catalytic ozonation of 2,4,6-trichloroanisole by iron and manganese modified bauxite	三等奖
2014-LW-3-49	王若涵	北京林业大学生物科学与技术学院	Temperature regulation of floral buds and floral thermogenicity in Magnolia denudata (Magnoliaceae)	三等奖
2014-LW-3-50	王 堃	北京林业大学材料科学与技术学院	Structural evaluation and bioethanol productionby simultaneous saccharification and fermentation with biodegraded triploid poplar	三等奖
2014-LW-3-51	王 哲	北京林业大学生物科学与技术学院	High-Level Genetic Diversity and Complex Population Structure of Siberian Apricot (Prunus sibirica L.) in China as Revealed by Nuclear SSR Markers	三等奖
2014-LW-3-52	邓 晶	北京林业大学经济管理学院	我国森林保险财政补贴政策及其对林农保险需求的影响——基于湖南省林农问卷调查的实证研究	三等奖
2014-LW-3-53	肖领平	北京林业大学材料科学与技术学院	Hydrothermal carbonization of lignocellulosic biomass	三等奖
2014-LW-3-54	张 伟	北京林业大学材料科学与技术学院	Preparation and properties of lignin-phenol-formaldehyde resins based on different biorefinery residues of agricultural biomass	三等奖
2014-LW-3-55	李 伟	东北林业大学材料科学与工程学院	Preparation of nanocrystalline cellulose via ultrasound and its reinforcement capability for poly(vinyl alcohol) composites	三等奖
2014-LW-3-56	刘艳华	东北林业大学野生动物资源学院	Mitochondrial DNA variation in eastern roe deer (Capreolus pygargus) populations from Northeastern China: implications for management and conservation	三等奖
2014-LW-3-57	杨静莉	东北林业大学林学院	Agrobacterium tumefaciens-mediated genetic transformation of Salix matsudana Koidz. using mature seeds	三等奖

（续）

编号	申报人	工作单位	论文题目	获奖等级
2014-LW-3-58	王留强	东北林业大学林学院	Characterization of a eukaryotic translation initiation factor 5A homolog from Tamarix androssowii involved in plant abiotic stress tolerance	三等奖
2014-LW-3-59	郑 磊	东北林业大学林学院	A WRKY gene from Tamarix hispida, ThWRKY4, mediates abiotic stress responses by modulating reactive oxygen species and expression of stress-responsive genes	三等奖
2014-LW-3-60	范桂枝	东北林业大学林学院	Cross-talk of polyamines and nitric oxide in endophytic fungus-induced betulin production in Betula platyphylla plantlets	三等奖
2014-LW-3-61	杨桂燕	东北林业大学林学院	Overexpression of a GST gene (ThGSTZ1) from Tamarix hispida improves drought and salinity tolerance by enhancing the ability to scavenge reactive oxygen species	三等奖
2014-LW-3-62	杨 玲	东北林业大学林学院	Somatic embryogenesis and plant regeneration from immature zygotic embryo cultures of mountain ash (Sorbus pohuashanensis)	三等奖
2014-LW-3-63	柴洪亮	东北林业大学野生动物资源学院	Entire Genome Sequence Analysis of Avian Influenza Virus Isolate A/Mallard/ZhaLong/88/04(H4N6)	三等奖
2014-LW-3-64	李 波	东北林业大学野生动物资源学院	Phylogeography of sable (Martes zibellina L. 1758) in the southeast portion of its range based on mitochondrial DNA variation: highlighting the evolutionary history of the sable	三等奖
2014-LW-3-65	董灵波	东北林业大学林学院	天然林林分空间结构综合指数的研究	三等奖
2014-LW-3-66	焦 骄	东北林业大学林学院	Biodiesel from Forsythia suspense [(Thunb.) Vahl (Oleaceae)] seed oil	三等奖
2014-LW-3-67	赵晋彤	东北林业大学林学院	Endophytic Fungi from Pigeon Pea [Cajanus cajan (L.) Millsp.] Produce Antioxidant Cajaninstilbene Acid	三等奖
2014-LW-3-68	路 祺	东北林业大学林学院	Comparative antioxidant activity of nanoscale lignin prepared by a supercritical antisolvent (SAS) process with non-nanoscale lignin	三等奖

（续）

编号	申报人	工作单位	论文题目	获奖等级
2014-LW-3-69	郭晓瑞	东北林业大学森林植物生态学教育部重点实验室	Physiological responses of Catharanthus roseus to different nitrogen forms	三等奖
2014-LW-3-70	马秋月	南京林业大学森林资源与环境学院	Identification and characterization of nucleotide variations in the genome of Ziziphus jujuba (Rhamnaceae) by next generation sequencing	三等奖
2014-LW-3-71	徐朝阳	南京林业大学材料科学与工程学院	Preparation and characteristics of cellulose nanowhisker reinforced acrylic foams synthesized by freeze-casting	三等奖
2014-LW-3-72	王立科	南京林业大学森林资源与环境学院	Isolation and Functional Analysis of the Poplar RbcS Gene Promoter	三等奖
2014-LW-3-73	高江勇	南京林业大学森林资源与环境学院	Morphological and genetic variation of the pine shoot tunnel beetle Placusa pinearum (Staphylinidae) in China	三等奖
2014-LW-3-74	王新洲	南京林业大学木材科学与工程学院	Evaluation of the effects of compression combined with heat treatment by nanoindentation (NI) of poplar cell walls	三等奖
2014-LW-3-75	郭承龙	南京林业大学经济管理学院	林业产业链的形成机制探析	三等奖
2014-LW-3-76	陈楚楚	南京林业大学材料科学与工程学院	Properties of polymethyl methacrylate-based nanocomposites: reinforced with ultra-long chitin nanofiber extracted from crab shells	三等奖
2014-LW-3-77	王海莹	南京林业大学材料科学与工程学院	Preparation of tough cellulose II nanofibers with high thermal stability from wood	三等奖
2014-LW-3-78	宋君龙	南京林业大学轻工科学与工程学院	Deposition of silver nanoparticles on cellulosic fibers via stabilization of carboxymethyl groups	三等奖
2014-LW-3-79	裴建军	南京林业大学化学工程学院	Thermoanaerobacterium thermosaccharolyticum β-glucosidase: a glucose-tolerant enzyme with high specific activity for cellobiose	三等奖
2014-LW-3-80	李海涛	南京林业大学土木工程学院	Compressive performance of laminated bamboo	三等奖

编号	申报人	工作单位	论文题目	获奖等级
2014-LW-3-81	汤 方	南京林业大学森林资源与环境学院	Communication between plants: induced resistance in poplar seedlings following herbivore infestation, mechanical wounding, and volatile treatment of the neighbors	三等奖
2014-LW-3-82	王永芳	南京林业大学化学工程学院	Role of oxidant during phosphoric acid activation of lignocellulosic material	三等奖
2014-LW-3-83	马中青	南京林业大学材料科学与工程学院	Design and experimental investigation of a 190 kWe biomass fixed bed gasification and polygeneration pilot plant using a double air stage downdraft approach	三等奖
2014-LW-3-84	游志培	南京林业大学材料科学与工程学院	Highly filled bamboo charcoal powder reinforced ultra-high molecular weight polyethylene	三等奖
2014-LW-3-85	赵 柳	南京林业大学森林资源与环境学院	Isolation and characterization of a mycorrhiza helper bacterium from rhizosphere soils of poplar stands	三等奖
2014-LW-3-86	高德民	南京林业大学信息科学技术学院	Anycast Routing Protocol for Forest Monitoring in Rechargeable Wireless Sensor Networks	三等奖
2014-LW-3-87	李媛媛	南京林业大学轻工科学与工程学院	Strong transparent magnetic nanopaper prepared by immobilization of Fe_3O_4 nanoparticles in a nanofibrillated cellulose network	三等奖
2014-LW-3-88	高翠青	南京林业大学森林资源与环境学院	A Review and Genus Arocatus from Palaearctic and Oriental Regions (Hemiptera: Heteroptera: Lygaeidae)	三等奖
2014-LW-3-89	谷 峰	南京林业大学轻工科学与工程学院	Green liquor pretreatment for improving enzymatic hydrolysis of corn stover	三等奖
2014-LW-3-90	杨林峰	南京林业大学轻工科学与工程学院	Effects of sodium carbonate pretreatment on the chemical compositions and enzymatic saccharification of rice straw	三等奖
2014-LW-3-91	何文剑	南京林业大学经济管理学院	林权改革、产权结构与农户造林行为——基于江西、福建等 5 省 7 县林改政策及 415 户农户调研数据	三等奖
2014-LW-3-92	耿文惠	南京林业大学轻工科学与工程学院	Comparison of sodium carbonate - oxygen and sodium hydroxide - oxygen pretreatments on the chemical composition and enzymatic saccharification of wheat straw	三等奖

（续）

编号	申报人	工作单位	论文题目	获奖等级
2014-LW-3-93	李桂娥	南京林业大学森林资源与环境学院	Isolation and identification of phytate-degrading rhizobacteria with activity of improving growth of poplar and Masson pine	三等奖
2014-LW-3-94	胡涛平	南京林业大学理学院	Modulation instability induced by cross-phase modulation in dispersion-decreasing fiber with high-order dispersion and high-order nonlinearity	三等奖
2014-LW-3-95	文 平	南京林业大学森林资源与环境学院	Trail Communication Regulated by Two Trail Pheromone Components in the Fungus-Growing Termite Odontotermes formosanus (Shiraki)	三等奖
2014-LW-3-96	孙丽丽	东北林业大学林学院	Transcription Profiling of 12 Asian Gypsy Moth (Lymantria dispar) Cytochrome P450 Genes in Response to Insecticides	三等奖
2014-LW-3-97	王四海	西南林业大学生态旅游学院	Six decades of changes in vascular hydrophyte and fish species in three plateau lakes in Yunnan, China	三等奖
2014-LW-3-98	巩合德	西南林业大学生态旅游学院	Post-dispersal seed predation and its relations with seed traits: a thirty-species-comparative study	三等奖
2014-LW-3-99	李晓平	西南林业大学材料工程学院	Variation in physical and mechanical properties of hemp stalk fibers along height of stem	三等奖
2014-LW-3-100	张 勇	中国林业科学研究院热带林业研究所	Improving drought tolerance of Casuarina equisetifolia seedlings by arbuscular mycorrhizas under glasshouse conditions	三等奖
2014-LW-3-101	朱家颖	西南林业大学林学院	Global Transcriptional Analysis of Olfactory Genes in the Head of Pine Shoot Beetle, Tomicus yunnanensis	三等奖
2014-LW-3-102	于金娜	西北农林科技大学经济管理学院	Designing afforestation subsidies that account for the benefits of carbon sequestration: A case study using data from China's Loess Plateau	三等奖
2014-LW-3-103	张 寒	西北农林科技大学经济管理学院	中国林产品出口增长的动因分析：1997—2008	三等奖
2014-LW-3-104	顾 丽	西北农林科技大学林学院	Recent changes (1997-2007) in landscape spatial pattern of the over-cutting region of interior northeast forests, P. R. China	三等奖

（续）

编号	申报人	工作单位	论文题目	获奖等级
2014-LW-3-105	张军华	西北农林科技大学林学院	Comparison of the synergistic action of two thermostable xylanases from GH families 10 and 11 with thermostable cellulases in lignocellulose hydrolysis	三等奖
2014-LW-3-106	张 强	西北农林科技大学林学院	An on-line normal-phase high performance liquid chromatography method for the rapid detection of radical scavengers in non-polar food matrixes	三等奖
2014-LW-3-107	胡 霞	西北农林科技大学林学院	Differences in the Structure of the Gut Bacteria Communities in Development Stages of the Chinese White Pine Beetle (*Dendroctonus armandi*)	三等奖
2014-LW-3-108	李永夫	浙江农林大学环境与资源学院	Long-term intensive management effects on soil organic carbon pools and chemical composition in Moso bamboo (*Phyllostachys pubescens*) forests in subtropical China	三等奖
2014-LW-3-109	张俊红	浙江农林大学林业与生物技术学院	Genome-wide identification of microRNAs in larch and stage-specific modulation of 11 conserved microRNAs and their targets during somatic embryogenesis	三等奖
2014-LW-3-110	徐小军	浙江农林大学环境与资源学院	一种面向下垫面不均一的森林碳通量监测方法	三等奖
2014-LW-3-111	赵光武	浙江农林大学农业与食品科学学院	Influence of exogenous IAA and GA on seed germination, vigor and their endogenous levels in *Cunninghamia lanceolata*	三等奖
2014-LW-3-112	黄华宏	浙江农林大学林业与生物技术学院	De novo characterization of the Chinese fir (*Cunninghamia lanceolata*) transcriptome and analysis of candidate genes involved in cellulose and lignin biosynthesis	三等奖
2014-LW-3-113	秦巧平	浙江农林大学风景园林与建筑学院	The Cold Awakening of Doritaenopsis 'Tinny Tender' Orchid Flowers: The Role of Leaves in Cold-induced Bud Dormancy Release	三等奖
2014-LW-3-114	朱 臻	浙江农林大学经济管理学院	碳汇经营目标下的林地期望价值变化及碳供给——基于杉木裸地造林假设研究	三等奖

（续）

编号	申报人	工作单位	论文题目	获奖等级
2014-LW-3-115	张兰怡	福建农林大学材料工程学院	基于 BPNN 的木材物流中心选址方法与实证分析	三等奖
2014-LW-3-116	刘文地	福建农林大学材料工程学院	Effect of fiber modification with 3-isopropenyl-dimethylbenzyl isocyanate (TMI) on the mechanical properties and water absorption of hemp-unsaturated polyester (UPE) composites	三等奖
2014-LW-3-117	赵韩生	国际竹藤中心	BambooGDB: a bamboo genome database with functional annotation and an analysis platform	三等奖
2014-LW-3-118	余雁	国际竹藤中心	Mechanical characterization of single bamboo fibers with nanoindentation and microtensile technique	三等奖
2014-LW-3-119	王昊	国际竹藤中心	Pull-out method for direct measuring the interfacial shear strength between short plant fibers and thermoplastic polymer composites (TPC)	三等奖
2014-LW-3-120	王汉坤	国际竹藤中心	Variation of mechanical properties of single bamboo fibers (Dendrocalamus latiflorus Munro) with respect to age and location in culms	三等奖
2014-LW-3-121	王瑞俭	北华大学林学院	Enzymatic synthesis of cyclohexyl-α and β-D-glucosides catalyzed by α- and β-glucosidase in a biphase system	三等奖
2014-LW-3-122	于丽丽	天津科技大学机械工程学院	Tensile stress relaxation of wood impregnated with different ACQ formulations at various temperatures	三等奖
2014-LW-3-123	马晓军	天津科技大学机械工程学院	Preparation of carbon fibers from liquefied wood	三等奖
2014-LW-3-124	汪丽君	西南大学生命科学学院	Isolation and Characterization of cDNAs Encoding Leucoanthocyanidin Reductase and Anthocyanidin Reductase from Populus trichocarpa	三等奖
2014-LW-3-125	代金玲	内蒙古农业大学林学院	Rapid and repetitive plant regeneration of Aralia elata Seem.via somatic embryogenesis	三等奖
2014-LW-3-126	李远发	广西大学林学院	The bivariate distribution characteristics of spatial structure in natural Korean pine broad-leaved forest	三等奖

（续）

编号	申报人	工作单位	论文题目	获奖等级
2014-LW-3-127	王力朋	梅州市林业科学研究所	指数施肥对楸树无性系生物量分配和根系形态的影响	三等奖
2014-LW-3-128	王 瑞	湖南省林业科学院	油茶扦插生根过程的生理生化基础研究	三等奖
2014-LW-3-129	李有志	湖南省林业科学院	Physiological mechanism for the reduction in soil water in poplar (*Populus deltoides*) plantations in Dongting Lake wetlands	三等奖
2014-LW-3-130	周 洁	江苏省林业科学研究院	Overexpression of PtSOS2 Enhances Salt Tolerance in Transgenic Poplars	三等奖
2014-LW-3-131	张 敏	江苏省林业科学研究院	Enhanced Expression of Vacuolar H^+-ATPase Subunit E in the Roots is Associated with the Adaptation of Broussonetia papyrifera to Salt Stress	三等奖
2014-LW-3-132	赵进红	泰安市泰山林业科学研究院	枣疯病大田防治药物筛选研究	三等奖
2014-LW-3-133	梁晓静	广西壮族自治区林业科学研究院	肉桂果实、种子形态特征的研究	三等奖
2014-LW-3-134	张 健	吉林省林业科学研究院	基于 28S rDNA 基因的天牛科部分种类的分子系统发育	三等奖
2014-LW-3-135	徐巧林	广东省林业科学研究院	Phenolic Constituents from the Roots of Mikania micrantha and Their Allelopathic Effects	三等奖
2014-LW-3-136	刘方春	山东省林业科学研究院	Cytokinin-producing, plant growth-promoting rhizobacteria that confer resistance to drought stress in Platycladus orientalis container seedlings	三等奖
2014-LW-3-137	杜振宇	山东省林业科学研究院	Effects of root pruning on the growth and rhizosphere soil characteristics of short-rotation closed-canopy poplar	三等奖
2014-LW-3-138	林冠烽	福建省林业科学研究院	Effects of Heat Pretreatment During Impregnation on the Preparation of Activated Carbon from Chinese Fir Wood by Phosphoric Acid Activation	三等奖
2014-LW-3-139	王 琴	辽宁省林业科学研究院	Ectomycorrhizal fungus communities of *Quercus liaotungensis* Koidz of different ages in a northern China temperate forest	三等奖

（续）

编号	申报人	工作单位	论文题目	获奖等级
2014-LW-3-140	杨成超	辽宁省杨树研究所	内源激素 IAA 和 ABA 含量与黑杨苗期高生长关系	三等奖
2014-LW-3-141	丁国泉	辽宁省森林经营研究所	抚育间伐对人工红松林生长效应的影响	三等奖
2014-LW-3-142	丁 磊	辽宁省森林经营研究所	近自然森林经营在辽东山区次生林恢复中的应用效果评价	三等奖
2014-LW-3-143	武 晶	辽宁林业职业技术学院	Non-linear effect of habitat fragmentation on plant diversity: Evidence from a sand dune field in a desertified grass land in northeastern China	三等奖
2014-LW-3-144	张 娜	山西省林业科学研究院	Plant Regeneration via Direct Organogenesis of Xanthoceras Sorbifolia Bunge	三等奖
2014-LW-3-145	何 茜	华南农业大学林学院	不同立地类型柳杉和柏木光合特性研究	三等奖
2014-LW-3-146	刘志佳	国际竹藤中心	The properties of pellets from mixing bamboo and rice straw	三等奖
2014-LW-3-147	杨晓慧	北京林业大学生物科学与技术学院	Identification of Genes Differentially Expressed in Shoot Apical Meristems and in Mature Xylem of Populus tomentosa	三等奖
2014-LW-3-148	孔继君	云南省林业科学院	Inflorescence and flower development in the Hedychieae(Zingiberaceae): Hedychium coccineum Smith	三等奖
2014-LW-3-149	谭 芮	云南省林业科学院	不同干扰条件下纳帕海湿地植物群落优势种群生态位	三等奖
2014-LW-3-150	乔 璐	云南林业职业技术学院	Variations in net litter nutrient input associated with tree species influence on soil nutrient contents in a subtropical evergreen broad-leaved forest	三等奖
2014-LW-3-151	李国松	云南哀牢山国家级自然保护区新平管理局	云南新平哀牢山西黑冠长臂猿分布与群体数量	三等奖
2014-LW-3-152	聂艳丽	云南省林业技术推广总站	甘蔗渣堆肥化处理及用作团花育苗基质的研究	三等奖

（续）

编号	申报人	工作单位	论文题目	获奖等级
2014-LW-3-153	韩 枫	四川省林业调查规划院	The Effect of Microwave Treatment on Germination, Vigourand Health of China Aster(*Callistephus chinensis* Nees.) Seeds	三等奖
2014-LW-3-154	刘 伟	湖北省林业调查规划院	湖北省森林碳汇现状及潜力	三等奖
2014-LW-3-155	何 诚	南京森林警察学院	Using LiDAR Data to Measure the 3D Green Biomass of Beijing Urban Forest in China	三等奖
2014-LW-3-156	张春华	南京大学国际地球系统科学研究所	China's forest biomass carbon sink based on seven inventories from 1973 to 2008	三等奖
2014-LW-3-157	袁 菲	北京市林业保护站	不同含量引诱剂对落叶松八齿小蠹及其天地红胸郭公虫的引诱	三等奖
2014-LW-3-158	牟进鹏	烟台市林业技术推广站	"烟茶 1 号"茶树新品种选育研究报告	三等奖
2014-LW-3-159	贯春雨	黑龙江省森林与环境科学研究院	Construction of Genetic Linkage Maps of Larch (*Larix kaempferi* × *Larix gmelini*) by Rapd Markers and Mapping of Qtls for Larch	三等奖
2014-LW-3-160	陈 斌	甘肃省张掖市林业科学研究院	设施延后栽培对红地球葡萄光合特性及产量的影响	三等奖
2014-LW-3-161	王付民	广东省野生动物救护中心	Spirometra (Pseudophyllidea, Diphyllobothriidae) severely infecting wild-caught snakes from food markets in Guangzhou and Shenzhen, Guangdong, China: implications for public health	三等奖
2014-LW-3-162	谢海波	中国科学院大连化学物理研究所	Capturing CO_2 for cellulose dissolution	三等奖
2014-LW-3-163	田 铃	中国科学院上海生命科学研究院植生生态所	Juvenile Hormone III Produced in Male Accessory Glands of the Longhorned Beetle, Apriona germari, is Transferred to Female Ovaries During Copulation	三等奖
2014-LW-3-164	王新英	新疆林业科学院	NaCl 胁迫对胡杨和新疆杨幼苗体内 K^+、Na^+ 和 Cl^- 分布的影响	三等奖

（续）

编号	申报人	工作单位	论文题目	获奖等级
2014-LW-3-165	白雪娇	沈阳农业大学农学院	Effects of local biotic neighbors and habitat heterogeneity on tree and shrub seedling survival in an old-growth temperate forest	三等奖
2014-LW-3-166	王延平	山东农业大学林学院	酚酸对杨树人工林土壤养分有效性及酶活性的影响	三等奖
2014-LW-3-167	杨柳	浙江省林产品质量检测站	顶空-气质联用法鉴别油茶籽油真伪	三等奖
2014-LW-3-168	曹件生	浙江省林产品质量检测站	枣树稳产栽培技术研究	三等奖
2014-LW-3-169	李建辉	衢州市农业科学研究院	Development and Characterization of Microsatellites in Torreya Jackii (Taxaceae), an Endangered Species in China	三等奖
2014-LW-3-170	费文君	南京林业大学风景园林学院	城市避震减灾绿地体系规划分析	三等奖
2014-LW-3-171	杨加猛	南京林业大学经济管理学院	Influencing Factors on Forest Biomass Carbon Storage in Eastern China - A Case Study of Jiangsu Province	三等奖
2014-LW-3-172	朱嵘	南京林业大学森林资源与环境学院	Sequencing the genome of Marssonina brunnea reveals fungus-poplar co-evolution	三等奖

第六届梁希青年论文奖（2016年）

编号	申报人	工作单位	论文题目	获奖等级
2016-LW-1-01	原伟杰	中国林业科学研究院华北林业实验中心	Use of Infrared Thermal Imaging to Diagnose Health of Ammopiptanthus mongolicus in Northwestern China	一等奖
2016-LW-1-02	田野	南京林业大学林学院	Acid deposition strongly influenced element fluxes in a forested karst watershed in the upper Yangtze River region, China	一等奖
2016-LW-1-03	金枝	中国林业科学研究院木材工业研究所	Sustainable activated carbon fibers from liquefied wood with controllable porosity for high-performance supercapacitors	一等奖

（续）

编号	申报人	工作单位	论文题目	获奖等级
2016-LW-1-04	盖庆岩	东北林业大学森林植物生态教育部重点实验室	Enzyme-assisted aqueous extraction of oil from Forsythia suspense seed and its physicochemical property and antioxidant activity	一等奖
2016-LW-1-05	陈文帅	东北林业大学	Comparative Study of Aerogels Obtained from Differently Prepared Nanocellulose Fibers	一等奖
2016-LW-1-06	张苏芳	中国林业科学研究院森林生态环境与保护研究所	Discrimination of cis-trans sex pheromone components in twosympatric Lepidopteran species	一等奖
2016-LW-1-07	杜庆章	北京林业大学	Genetic architecture of growth traits in Populus revealed by integrated quantitative trait locus (QTL) analysis and association studies	一等奖
2016-LW-1-08	晏 海	浙江农林大学	Assessing the effects of landscape design parameters on intra-urban air temperature variability: The case of Beijing, China	一等奖
2016-LW-1-09	于 洋	中国水利水电科学研究院泥沙研究所	Changes in soil organic carbon and nitrogen capacities of Salix cheilophila Schneid. along a revegetation chronosequence in semi-arid degraded sandy land of the Gonghe Basin, Tiebetan Plateau	一等奖
2016-LW-1-10	符利勇	中国林业科学研究院资源信息研究所	Comparison of seemingly unrelated regressions with error-invariable models for developing a system of nonlinear additive biomass equations	一等奖
2016-LW-1-11	戴永务	福建农林大学	Do forest producers benefit from the forest disaster insurance program? Empirical evidence in Fujian Province of China	一等奖
2016-LW-1-12	康晓明	中国林业科学研究院湿地研究所	Variability and changes in climate, phenology, and gross primary production of an Alpine wetland ecosystem	一等奖
2016-LW-1-13	任琳玲	云南农业大学	Subcellular relocalization and positive selection play key roles in the retention of duplicate genes of Populus class III peroxidase family	一等奖
2016-LW-1-14	刘 鹤	中国林业科学研究院林产化学工业研究所	Cellulose Nanocrystal/Silver Nanoparticle Composites as Bifunctional Nanofillers within Waterborne Polyurethane	一等奖

（续）

编号	申报人	工作单位	论文题目	获奖等级
2016-LW-2-01	马春慧	东北林业大学	Study on ionic liquid-based ultrasonic-assisted extraction of biphenyl cyclooctene lignans from the fruit of Schisandra chinensis Baill.	二等奖
2016-LW-2-02	李媛媛	南京林业大学轻工科学与工程学院	Hybridizing Wood Cellulose and Graphene Oxide Toward High-Performance Fibers	二等奖
2016-LW-2-03	黄兴召	安徽农业大学林学与园林学院	基于异速参数概率分布的立木地上生物量估算	二等奖
2016-LW-2-04	戴晓港	南京林业大学林学院	The willow genome and divergent evolution from poplar after the common genome duplication	二等奖
2016-LW-2-05	韩小娇	中国林业科学研究院亚热带林业研究所	Integration of small RNAs, degradome and transcriptome sequencing in hyperaccumulator Sedum alfredii uncovers a complex regulatory network and provides insights into cadmium phytoremediation	二等奖
2016-LW-2-06	曾艳飞	中国林业科学研究院林业研究所	Multiple glacial refugia for cool-temperate deciduous trees in northern East Asia: the Mongolian oak as a case study	二等奖
2016-LW-2-07	柳 丹	浙江农林大学	Effect of Zn toxicity on root morphology, ultrastructure,and the ability to accumulate Zn in Moso bamboo (Phyllostachys pubescens)	二等奖
2016-LW-2-08	张启香	浙江农林大学	A red fluorescent protein (DsRED) from Discosoma sp. as a reporter for gene expression in walnut somatic embryos	二等奖
2016-LW-2-09	袁存权	北京林业大学国家花卉工程技术研究中心	Selection occurs within linear fruit and during the early stages of reproduction in Robinia pseudoacacia	二等奖
2016-LW-2-10	赵天田	中国林业科学研究院林业科学研究所	Expression and Functional Analysis of WRKY Transcription Factors in Chinese Wild Hazel, Corylus heterophylla Fisch	二等奖
2016-LW-2-11	唐丽荣	福建农林大学材料工程学院、金山学院	Ultrasonication-assisted manufacture of cellulose nanocrystals esterified with acetic acid	二等奖

（续）

编号	申报人	工作单位	论文题目	获奖等级
2016-LW-2-12	陈登宇	南京林业大学	Effects of heating rate on slow pyrolysis behavior, kinetic parameters and products properties of moso bamboo	二等奖
2016-LW-2-13	刘玉鹏	中国林业科学研究院林产化学工业研究所	Sustainablethermoplastic elastomers derived from renewable cellulose, rosin and fatty acids	二等奖
2016-LW-2-14	宋金凤	东北林业大学	Exogenous organic acids protect Changbai Larch (Larix olgensis) seedlings against cadmium toxicity	二等奖
2016-LW-2-15	黄曹兴	南京林业大学	Facilitating the enzymatic saccharification of pulped bamboo residues by degrading the remained xylan and lignin-carbohydrates complexes	二等奖
2016-LW-2-16	孙丽丹	北京林业大学国家花卉工程技术研究中心	A unifying experimental design for dissecting trees genomes	二等奖
2016-LW-2-17	马晓军	天津科技大学	Preparation of highly developed mesoporous activated carbon fiber from liquefied wood using wood charcoal as additive and its adsorption of methylene blue from solution	二等奖
2016-LW-2-18	游庆红	淮阴工学院	Biodiesel production from jatropha oil catalyzed by immobilized Burkholderia cepacia lipase on modified attapulgite	二等奖
2016-LW-2-19	李艳菲	西北农林科技大学	Effects of lignin and surfactant on adsorption and hydrolysis of cellulases on cellulose	二等奖
2016-LW-2-20	杨 俊	北京林业大学	Mechanical and Viscoelastic Properties of Cellulose Nanocrystals Reinforced Poly(ethylene glycol) Nanocomposite Hydrogels	二等奖
2016-LW-2-21	肖辉杰	北京林业大学	Analysis of the effect of meteorological factors on dewfall	二等奖
2016-LW-2-22	刘文地	福建农林大学	N-methylol acrylamide grafting bamboo fibers and their composites	二等奖
2016-LW-2-23	杨桂燕	西北农林科技大学	Overexpression of ThVHAc1 and its potential upstream regulator, ThWRKY7, improved plant tolerance of Cadmium stress	二等奖

（续）

编号	申报人	工作单位	论文题目	获奖等级
2016-LW-2-24	冯君锋	中国林业科学研究院林产化学工业研究所	Preparation of methyl levulinate from fractionation of direct liquefied the bamboo biomass	二等奖
2016-LW-2-25	徐小军	浙江农林大学	Implications of ice storm damages on the water and carbon cycle ofbamboo forests in southeastern China	二等奖
2016-LW-2-26	刘迎春	国家林业局调查规划设计院	How temperature, precipitation and stand age control the biomass carbon density of global mature forests	二等奖
2016-LW-2-27	张 东	北京林业大学	Phylogenetic inference of calyptrates, with the first mitogenomes for Gasterophilinae (Diptera: Oestridae) and Paramacronychiinae (Diptera: Sarcophagidae)	二等奖
2016-LW-2-28	邸 楠	北京林业大学	宽窄行栽植下三倍体毛白杨根系生物量分布及其对土壤养分因子的响应	二等奖
2016-LW-2-29	刘毅华	中国林业科学研究院亚热带林业研究所	Residue levels and risk assessment of pesticides in nuts of China	二等奖
2016-LW-2-30	高 超	中南林业科技大学	Pollen Tube Growth and Double Fertilization in *Camellia oleifera*	二等奖
2016-LW-2-31	达 婷	北京林业大学园林学院	Evaluation on Functions of Urban Waterfront Redevelopment Based on Proportional 2-Tuple Linguistic	二等奖
2016-LW-2-32	刘宪钊	中国林业科学研究院资源信息研究所	Testing the importance of native plants in facilitation the restoration of coastal plant communities dominated by exotics	二等奖
2016-LW-2-33	洪 艳	北京林业大学园林学院	Transcriptomic analyses reveal species-specific light-induced anthocyanin biosynthesis in chrysanthemum	二等奖
2016-LW-2-34	李建波	中国林业科学研究院林业研究所	The Populus trichocarpa PtHSP17.8 involved in heat and salt stress tolerances	二等奖
2016-LW-2-35	陆鹏飞	北京林业大学	Sexual differences in electrophysiological and behavioral responses of Cydia molesta to peach and pear volatiles	二等奖

（续）

编号	申报人	工作单位	论文题目	获奖等级
2016-LW-2-36	张 璐	北京林业大学	Changes in physical, chemical, and microbiological properties during the two-stage co-composting of green waste with spent mushroom compost and biochar	二等奖
2016-LW-2-37	姜立波	北京林业大学	2HiGWAS: a unifying high-dimensional platform to infer the global genetic architecture of trait development	二等奖
2016-LW-2-38	文甲龙	北京林业大学	Structural elucidation of whole lignin from Eucalyptus based on preswelling and enzymatic hydrolysis	二等奖
2016-LW-2-39	时培建	南京林业大学	Capturing spiral radial growth of conifers using the superellipse to model tree-ring geometric shape	二等奖
2016-LW-2-40	才 琪	北京林业大学	中央林业投资与林业经济增长之间的互动关系	二等奖
2016-LW-2-41	田翠花	中南林业科技大学	Preparation of highly charged cellulose nanofibrils using high-pressure homogenization coupled with strong acid hydrolysis pretreatments	二等奖
2016-LW-2-42	梅 莉	华中农业大学园艺林学学院	Whole-tree dynamics of non-structural carbohydrate and nitrogen pools across different seasons and in response to girdling in two temperate trees	二等奖
2016-LW-2-43	董 燕	辽宁林业职业技术学院	A novel bHLH transcription factor PebHLH35 from *Populus euphratica* confers drought tolerance through regulating stomatal development, photosynthesis and growth in Arabidopsis	二等奖
2016-LW-2-44	张 萍	华中农业大学园艺林学学院	Effects of fragment traits, burial orientation and nutrient supply on survival and growth in *Populus deltoides* × *P. simonii*	二等奖
2016-LW-2-45	刘 浩	国家林业局经济发展研究中心	退耕还林工程对农民持久收入与消费影响的研究	二等奖
2016-LW-2-46	何文剑	南京林业大学	林权改革、林权结构与农户采伐行为——基于南方集体林区7个重点林业县（市）林改政策及415户农户调查数据	二等奖

（续）

编号	申报人	工作单位	论文题目	获奖等级
2016-LW-2-47	李国雷	北京林业大学	Influence of initial age and size on the field performance of *Larix olgensis* seedlings	二等奖
2016-LW-2-48	王秀花	浙江省庆元县实验林场	木荷人工林生长和木材基本密度	二等奖
2016-LW-2-49	曹传旺	东北林业大学	Characterization of the transcriptome of the Asian gypsy moth Lymantria dispar identifies numerous transcripts associated with insecticide resistance	二等奖
2016-LW-2-50	钮世辉	北京林业大学	A transcriptomics investigation into pine reproductive organ development	二等奖
2016-LW-2-51	刘焕荣	国际竹藤中心	Tensile behaviour and fracture mechanism of moso bamboo (*Phyllostachys pubescens*)	二等奖
2016-LW-2-52	范渭亮	浙江农林大学	GOST: A Geometric-Optical Model for Sloping Terrains	二等奖
2016-LW-2-53	薄文浩	北京林业大学	Shape mapping: genetic mapping meets geometric morphometrics	二等奖
2016-LW-2-54	张会兰	北京林业大学	The effect of watershed scale on HEC-HMS calibrated parameters: a case study in the Clear Creek watershed in Iowa, US	二等奖
2016-LW-3-01	宁攸凉	中国林业科学研究院林业科技信息研究所	林农贷款为什么难?——基于动态博弈模型的分析	三等奖
2016-LW-3-02	刘海龙	广西壮族自治区林业科学研究院	Chloroplast analysis of Zelkova schneideriana (Ulmaceae): genetic diversity, population structure, and conservation implications	三等奖
2016-LW-3-03	刘 鹏	江西省林业科学院	江西官山自然保护区四种雉类的生境选择差异	三等奖
2016-LW-3-04	黄海娇	东北林业大学林学院林木遗传育种国家重点实验室	Overexpression of BpAP1 induces early flowering and produces dwarfism in *Betula platyphylla* × *Betula pendula*	三等奖
2016-LW-3-05	饶国栋	中国林业科学研究院林业研究所	Characterization and putative post translational regulation of α- and β-tubulin gene families in *Salix arbutifolia*	三等奖

（续）

编号	申报人	工作单位	论文题目	获奖等级
2016-LW-3-06	叶梅霞	北京林业大学生物科学与技术学院	Functional mapping of seasonal transition in perennial plants	三等奖
2016-LW-3-07	张加龙	西南林业大学	Using Landsat Thematic Mapper records to map land cover change and the impacts of reforestation programmes in the borderlands of southeast Yunnan,China: 1990-2010	三等奖
2016-LW-3-08	韩玉国	北京林业大学	Net anthropogenic nitrogen inputs (NANI) index application in Mainland China	三等奖
2016-LW-3-09	董灵波	东北林业大学	A comparison of a neighborhood search technique in forest spatial harvest scheduling problems: a case study of the simulated annealing algorithm	三等奖
2016-LW-3-10	甄 贞	东北林业大学	Impact of tree-oriented growth order in marker-controlled region growing for individual tree crown delineation using airborne laser scanner (ALS) data	三等奖
2016-LW-3-11	林元震	华南农业大学林学与风景园林学院	Effect of genotype by spacing interaction on radiata pine genetic parameters for height and diameter growth	三等奖
2016-LW-3-12	漆楚生	北京林业大学	Thermal stability evaluation of sweet sorghum fiber and degradation simulation during hot pressing of sweet sorghum - thermoplastic composite panels	三等奖
2016-LW-3-13	李 涛	国家林业局森林病虫害防治总站	Parasitoids of larch sawfly, Pristiphora erichsonii (Hartig) (Hymenoptera: Tenthredinidae) in Changbai Mountains	三等奖
2016-LW-3-14	王新洲	南京林业大学	Investigating the nanomechanical behavior of thermosetting polymers using high-temperature nanoindentation	三等奖
2016-LW-3-15	边黎明	南京林业大学	Genetic parameters and genotype - environment interactions of Chinese fir (Cunninghamia lanceolata) in Fujian Province	三等奖
2016-LW-3-16	王利兵	中国林业科学研究院林业研究所	Influence of fatty acid composition of woody biodiesel plants on the fuel properties	三等奖

（续）

编号	申报人	工作单位	论文题目	获奖等级
2016-LW-3-17	黄 坤	中国林业科学研究院林产化学工业研究所	Preparation of a light color cardanol-based curing agent and epoxy resin composite: Cure-induced phase separation and its effect on properties	三等奖
2016-LW-3-18	王耀松	南京林业大学	Interactions of γ-aminobutyric acid and whey proteins/caseins during fortified milk production	三等奖
2016-LW-3-19	王建军	辽宁省林业科学研究院	The reproductive capability of Ooencyrtus kuvanae reared on eggs of the factitious host Antheraea pernyi	三等奖
2016-LW-3-20	刘 如	中国林业科学研究院木材工业研究所	Characterization of organo-montmorillonite (OMMT) modified wood flour and properties of its composites with poly (lactic acid)	三等奖
2016-LW-3-21	刘 洋	内蒙古农业大学林学院	Determining suitable selection cutting intensities based on long-term observations on aboveground forest carbon, growth, and stand structure in Changbai Mountain, Northeast China	三等奖
2016-LW-3-22	秦 华	浙江农林大学	Rapid soil fungal community response to intensive management in a bamboo forest developed from rice paddies	三等奖
2016-LW-3-23	许立新	北京林业大学林学院	Antioxidant Enzyme Activities and Gene Expressionatterns in Leaves of Kentucky Bluegrass in response to Drought and Post-drought Recovery	三等奖
2016-LW-3-24	王 奎	中国林业科学研究院林产化学工业研究所	Sulfolane Pretreatment of Shrub Willow to Improve Enzymatic Saccharification	三等奖
2016-LW-3-25	耿文惠	南京林业大学	Strategies to achieve high-solids enzymatic hydrolysis of dilute-acid pretreated corn stover	三等奖
2016-LW-3-26	陆 森	中国林业科学研究院林业研究所	Experimental investigation of subsurface soil water evaporation on soil heat flux plate measurement	三等奖
2016-LW-3-27	陈 潜	福建农林大学	毛竹生产要素配置、效率评价与制度安排——基于福建省林区 466 户农户数据	三等奖
2016-LW-3-28	薛 亮	中国林业科学研究院亚热带林业研究所	Comparative proteomic analysis in Miscanthus sinensis exposed to antimony stress	三等奖

（续）

编号	申报人	工作单位	论文题目	获奖等级
2016-LW-3-29	李 伟	中国林业科学研究院湿地研究所	Modeling total phosphorus removal in an aquatic-environment restoring horizontal subsurface flow constructed wetland based on artificial neural networks	三等奖
2016-LW-3-30	朱小静	南京林业大学经济管理学院	林权改革、产权结构与农户林地流转——基于 7 个重点林业县林改政策及 21 个村 415 户调研数据	三等奖
2016-LW-3-31	黄森慰	福建农林大学	林农专业合作社运行效率	三等奖
2016-LW-3-32	王若水	北京林业大学	Salt distribution and the growth of cotton under different drip irrigation regimes in a saline area	三等奖
2016-LW-3-33	石江涛	南京林业大学材料科学与工程学院	Metabolites and chemical group changes in the wood-forming tissue of Pinus koraiensis under inclined conditions	三等奖
2016-LW-3-34	吴伟兵	南京林业大学	Thermo-Responsive and Fluorescent Cellulose Nanocrystals Grafted with Polymer Brushes	三等奖
2016-LW-3-35	秦 涛	北京林业大学	林业企业的森林保险参与意愿与决策行为研究——基于福建省林业企业的调研	三等奖
2016-LW-3-36	及金楠	北京林业大学	Effect of spatial variation of tree root characteristics on slope stability. A case study on Black Locust (*Robinia pseudoacacia*) and Arborvitae (*Platycladus orientalis*) stands on the Loess Plateau, China	三等奖
2016-LW-3-37	高 珊	东北林业大学工程技术学院	Effect of Temperature on Acoustic Evaluation of Standing Trees and Logs: Part 2: Field Investigation	三等奖
2016-LW-3-38	夏 波	浙江农林大学暨阳学院	Solvent-Free Lipase-Catalyzed Synthesis: Unique Properties of Enantiopure D- and L- Polyaspartates and Their Complexation	三等奖
2016-LW-3-39	顾地周	通化师范学院	烈香杜鹃的离体培养和高效植株再生	三等奖
2016-LW-3-40	江锡兵	中国林业科学研究院亚热带林业研究所	基于 SSR 标记的板栗地方品种遗传多样性与关联分析	三等奖

（续）

编号	申报人	工作单位	论文题目	获奖等级
2016-LW-3-41	张平冬	北京林业大学	Chemical properties of wood are under stronger genetic control than growth traits in *Populus tomentosa* Carr.	三等奖
2016-LW-3-42	田佳星	北京林业大学	Population genomic analysis of gibberellin-responsive long non-coding RNAs in Populus	三等奖
2016-LW-3-43	宋莎	河北省林业调查规划设计院	秦岭大熊猫保护区周边社区自然资源依赖度影响因素分析	三等奖
2016-LW-3-44	范海娟	东北林业大学	Functional Analysis of a Subtilisin-like Serine Protease Gene from Biocontrol Fungus Trichoderma harzianum	三等奖
2016-LW-3-45	徐金梅	中国林业科学研究院木材工艺研究所	Climatic signal in cellulose microfibril angle and tracheid radial diameter of Picea crassifolia at different altitudes of the Tibetan plateau, northwest China	三等奖
2016-LW-3-46	张俊红	浙江农林大学	Dynamic expression of small RNA populations in larch (*Larix leptolepis*)	三等奖
2016-LW-3-47	赵龙山	贵州大学	Effect of microrelief on water erosion and their changes during rainfall	三等奖
2016-LW-3-48	黄华宏	浙江农林大学	Eight distinct cellulose synthase catalytic subunit genes from *Betula luminifera* are associated with primary and secondary cell wall biosynthesis	三等奖
2016-LW-3-49	刘东	南京森林警察学院	Seasonal and clonal variations of microbial biomass and processes in the rhizosphere of poplar plantations	三等奖
2016-LW-3-50	方向民	江西农业大学林学院	Pine caterpillar outbreak and stand density impacts on nitrogen and phosphorus dynamics and their stoichiometry in Masson pine (*Pinus massoniana*) plantations in subtropical China	三等奖
2016-LW-3-51	李向红	西南林业大学	Inhibition effect of *Dendrocalamus brandisii* leaves extract on aluminum in HCl, H_3PO_4 solutions	三等奖
2016-LW-3-52	晏姝	广东省林业科学研究院	南洋楹造林密度与施肥均匀设计试验	三等奖

（续）

编号	申报人	工作单位	论文题目	获奖等级
2016-LW-3-53	李加茹	国家林业局泡桐研究开发中心	不完全甜柿"禅寺丸"花性别分化形态学关键时期的研究	三等奖
2016-LW-3-54	谢剑波	北京林业大学生物科学与技术学院	Association genetics and transcriptome analysis reveal a gibberellin-responsive pathway involved in regulating photosynthesis	三等奖
2016-LW-3-55	虞方伯	浙江农林大学	Isolation and characterization of an endosulfan degrading strain, Stenotrophomonas sp. LD-6, and its potential in soil bioremediation	三等奖
2016-LW-3-56	王成军	浙江农林大学	农村劳动力转移与农户间林地流转——基于浙江省两个县（市）调查的研究	三等奖
2016-LW-3-57	刘再枝	东北林业大学	An approach of ionic liquids/lithium salts based microwave irradiation pretreatment followed by ultrasound-microwave synergistic extraction for two coumarins preparation from Cortex fraxini	三等奖
2016-LW-3-58	刘志佳	国际竹藤中心	Combustion characteristics of bamboo-biochars	三等奖
2016-LW-3-59	程宝栋	北京林业大学	Analysis of the log import market and demand elasticity in China	三等奖
2016-LW-3-60	董利虎	东北林业大学林学院	A compatible system of biomass equations for three conifer species in Northeast, China	三等奖
2016-LW-3-61	陈　莹	中国林业科学研究院林产化学工业研究所	Multifunctional self-fluorescent polymer nanogels for label-free imaging and drug delivery	三等奖
2016-LW-3-62	宋跃朋	北京林业大学	Stable methylation of a non-coding RNA gene regulates gene expression in response to abiotic stress in *Populus simonii*	三等奖
2016-LW-3-63	臧丹丹	东北林业大学	Tamarix hispida zinc finger protein ThZFP1 participates in salt andosmotic stress tolerance by increasing proline content and SOD and POD activities	三等奖

（续）

编号	申报人	工作单位	论文题目	获奖等级
2016-LW-3-64	王 鹏	江西农业大学林学院	Synthesis of ordered porous SiO$_2$ with pores on the border between the micropore and mesopore regions using rosin-based quaternary ammonium salt	三等奖
2016-LW-3-65	刘有军	甘肃省治沙研究所	Seed dormancy of Corispermum patelliforme Iljin (Chenopodiaceae): a wild forage desert species of North China	三等奖
2016-LW-3-66	孙丽丽	东北林业大学林学院	Role of ocular albinism type 1 (OA1) GPCR in Asian gypsy moth development and transcriptional expression of heat-shock protein genes	三等奖
2016-LW-3-67	史 琰	浙江农林大学风景园林与建筑学院	Garden waste biomass for renewable and sustainable energy production in China: Potential, challenges and development	三等奖
2016-LW-3-68	张 健	吉林省林业科学研究院	Fine structure and distribution of antennal sensilla of stink bug Arma chinensis (Heteroptera: Pentatomidae)	三等奖
2016-LW-3-69	洪燕真	福建农林大学经济学院	林业产业集群企业网络结构与创新绩效的关系——基于福建林业产业集群的调查数据	三等奖
2016-LW-3-70	任 丹	国际竹藤中心	The effect of ages on the tensile mechanical properties of elementary fibers extracted from two sympodial bamboo species	三等奖
2016-LW-3-71	张 英	中国林业科学研究院林业科技信息研究所	产权改革与资源管护——基于森林灾害的分析	三等奖
2016-LW-3-72	赵韩生	国际竹藤中心	Developing genome-wide microsatellite markers of bamboo and their applications on molecular marker assisted taxonomy for accessions in the genus Phyllostachys	三等奖
2016-LW-3-73	李成忠	江苏农牧科技职业学院	Relationship between major mineral nutrient elements contents and flower colors of herbaceous peony (Paonia lactiflora Pall.)	三等奖
2016-LW-3-74	黄春波	华中农业大学	Monitoring forest dynamics with multi-scale and time series imagery	三等奖

（续）

编号	申报人	工作单位	论文题目	获奖等级
2016-LW-3-75	侯 静	南京林业大学	Different autosomes evolved into sex chromosomes in the sister genera of *Salix* and *Populus*	三等奖
2016-LW-3-76	卜晓莉	南京林业大学	Soil organic matter in density fractions as related to vegetation changes along an altitude gradient in the Wuyi Mountains, southeastern China	三等奖
2016-LW-3-77	张衡锋	江苏农牧科技职业学院	7 种冬青对苯气体胁迫的生理响应	三等奖
2016-LW-3-78	次 东	北京林业大学生物科学与技术学院	Variation in genomic methylation in natural populations of *Populus simonii* is associated with leaf shape and photosynthetic traits	三等奖
2016-LW-3-79	同小娟	北京林业大学	Ecosystem water use efficiency in a warm-temperate mixed plantation in the North China	三等奖
2016-LW-3-80	于 兵	东北林业大学	Assessment of land cover changes and their effect on soil organic carbon and soil total nitrogen in Daqing Prefecture, China	三等奖
2016-LW-3-81	詹天翼	中国林业科学研究院木材工业研究所	Evidence of mechano-sorptive effect during moisture adsorption process under hygrothermal conditions: Characterized by static and dynamic loadings	三等奖
2016-LW-3-82	唐夫凯	中国林业科学研究院荒漠化研究所	Effects of vegetation restoration on the aggregate stability and distribution of aggregate-associated organic carbon in a typical karst gorge region	三等奖
2016-LW-3-83	李 想	北京林业大学	Process-based rainfall interception by small trees in Northern China: the effect of rainfall traits and crown structure characteristics	三等奖
2016-LW-3-84	王 峰	东北林业大学	Genome-wide survey and characterization of the small heat shock protein gene family in Bursaphelenchus xylophilus	三等奖
2016-LW-3-85	秦巧平	浙江农林大学	Isolation and characterization of a cytosolic pyruvate kinase cDNA from loquat (*Eriobotrya japonica* Lindl.)	三等奖
2016-LW-3-86	李海涛	南京林业大学	Mechanical performance of laminated bamboo column under axial compression	三等奖

（续）

编号	申报人	工作单位	论文题目	获奖等级
2016-LW-3-87	郑华英	江苏省林业科学研究院	A comparative proteomics analysis of Pinus massoniana inoculated with Bursaphelenchus xylophilus	三等奖
2016-LW-3-88	陈文业	甘肃省林业科学研究院	甘肃敦煌西湖荒漠 - 湿地生态系统土壤水分含量对植被特征的影响	三等奖
2016-LW-3-89	赵 超	浙江农林大学	Effects of compositional changes of AFEX-treated and H-AFEX-treated corn stover on enzymatic digestibility	三等奖
2016-LW-3-90	赵 曜	南京林业大学	Lead and zinc removal with storage period in porous asphalt pavement	三等奖
2016-LW-3-91	谢加封	南京林业大学	复合型林产品价值链演进的空间动力机制——一个系统论的分析框架	三等奖
2016-LW-3-92	白志勇	北京林业大学	An Interval-Valued Intuitionistic Fuzzy TOPSIS Method Based on an Improved Score Function	三等奖
2016-LW-3-93	周 波	中南林业科技大学食品科学与工程学院	The quality and volatile-profile changes of Longwangmo apricot (Prunus armeniaca L.) kernel oil prepared by different oil-producing processes	三等奖
2016-LW-3-94	齐 飞	北京林业大学	Catalytic degradation of caffeine in aqueous solutions by cobalt-MCM41 activation of peroxymonosulfate	三等奖
2016-LW-3-95	屠坤坤	中国林业科学研究院木材工业研究所	Fabrication of robust, damage-tolerant superhydrophobic coatings on naturally micro-grooved wood surfaces	三等奖
2016-LW-3-96	黄 宇	福建省林业科学研究院	脱落酸对低温下雷公藤幼苗光合作用及叶绿素荧光的影响	三等奖
2016-LW-3-97	常焕君	中国林业科学研究院木材工业研究所	Fabrication of mechanically durable superhydrophobic wood surfaces using polydimethylsiloxane and silica nanoparticles	三等奖
2016-LW-3-98	辛东林	西北农林科技大学林学院	Comparison of aqueous ammonia and dilute acid pretreatment of bamboo fractions: Structure properties and enzymatic hydrolysis	三等奖
2016-LW-3-99	卫 星	东北林业大学	农林废弃物育苗基质的保水保肥效应	三等奖

（续）

编号	申报人	工作单位	论文题目	获奖等级
2016-LW-3-100	王钦美	沈阳农业大学林学院	Leaf patterning of *Clivia miniata* var. *variegata* is associated with differential DNA methylation	三等奖
2016-LW-3-101	张军国	北京林业大学工学院	Adaptive compressed sensing for wireless image sensor networks	三等奖
2016-LW-3-102	王　鑫	北京林业大学园林学院	数据驱动的城市近郊郊野公园选址——以北京北郊森林公园为例	三等奖
2016-LW-3-103	熊福全	中国林业科学研究院木材工业研究所	Synthesis and characterization of renewable woody nanoparticles fluorescently labeled by pyrene	三等奖
2016-LW-3-104	王　君	北京林业大学生物科学与技术学院	Abnormal meiotic chromosome behavior and gametic variation induced by intersectional hybridization in *Populus* L.	三等奖
2016-LW-3-105	刘淑欣	北京林业大学	Overexpression of artificially fused bifunctional enzyme 4CL1-CCR: a method for production of secreted 4-hydroxycinnamaldehydes in Escherichia coli	三等奖
2016-LW-3-106	曾　怡	北京林业大学信息学院	An On-demand Approach to Build Reusable, Fast-responding Spatial Data Services	三等奖
2016-LW-3-107	兰　婷	中国科学院植物研究所	Structural and Functional Evolution of Positively Selected Sites in Pine Glutathione S-Transferase Enzyme Family	三等奖
2016-LW-3-108	吴海霞	中国林业科学研究院资源昆虫研究所	A reappraisal of Microthyriaceae	三等奖
2016-LW-3-109	许　涵	中国林业科学研究院热带林业研究所	Partial recovery of a tropical rain forest a half century after clear-cut and selective logging	三等奖
2016-LW-3-110	郭子武	中国林业科学研究院亚热带林业研究所	林地覆盖经营对雷竹叶片非结构性碳水化合物与氮、磷关系的影响	三等奖
2016-LW-3-111	洪　泉	浙江农林大学	三潭印月变迁图考	三等奖
2016-LW-3-112	王　行	西南林业大学	Genetic Linkage of Soil Carbon Pools and Microbial Functions in Subtropical Freshwater Wetlands in Response to Experimental Warming	三等奖

（续）

编号	申报人	工作单位	论文题目	获奖等级
2016-LW-3-113	陈楚楚	南京林业大学	A Three-Dimensionally Chitin Nanofiber/Carbon Nanotube Hydrogel Network for Foldable Conductive Paper	三等奖
2016-LW-3-114	王留强	中国林业科学研究院林业研究所	ThERF1 regulates its target genes via binding to a novel cis-acting element in response to salt stress	三等奖
2016-LW-3-115	侯可心	东北林业大学森林植物生态学教育部重点实验室	Ionic liquids - lithium salts pretreatment followed by ultrasound-assisted extraction of vitexin-4''-0-glucoside, vitexin-2''-0-rhamnoside and vitexin from Phyllostachys edulis leaves	三等奖
2016-LW-3-116	苏 蕾	东北林业大学经济管理学院	国际碳排放交易体系现状及发展趋势分析	三等奖
2016-LW-3-117	林树燕	南京林业大学	异叶苦竹大小孢子及雌雄配子体的发育	三等奖
2016-LW-3-118	张 进	中国林业科学研究院林业研究所	Hsf and Hsp gene families in Populus: genome-wide identification, organization and correlated expression during development and in stress responses	三等奖
2016-LW-3-119	郑雅楠	沈阳农业大学	栗山天牛成虫补充营养方式及所取食的寄主树液中的主要化学成分	三等奖
2016-LW-3-120	王 滑	华中农业大学	The genetic diversity and introgression of *Juglans regia* and *Juglans sigillata* in Tibet as revealed by SSR markers	三等奖
2016-LW-3-121	郝景新	中南林业科技大学	木质夹层梁横向承载挠度的预测与验证	三等奖
2016-LW-3-122	刘任涛	宁夏大学	Facilitative effects of shrubs in shifting sand on soil macro-faunal community in Horqin Sand Land of Inner Mongolia, Northern China	三等奖
2016-LW-3-123	欧光龙	西南林业大学	Incorporating topographic factors in nonlinear mixed-effects models for aboveground biomass of natural Simao pine in Yunnan, China	三等奖
2016-LW-3-124	唐国勇	中国林业科学研究院资源昆虫研究所	Soil amelioration through afforestation and self-repair in a degraded valley-type savanna	三等奖

（续）

编号	申报人	工作单位	论文题目	获奖等级
2016-LW-3-125	高 洁	中国科学院西双版纳热带植物园	Demography and speciation history of the homoploid hybrid pine *Pinus denstata* on the Tibetan Plateau	三等奖
2016-LW-3-126	王若涵	北京林业大学	Thermogenesis, Flowering and the Association with Variation in Floral Odour Attractants in Magnolia sprengeri (Magnoliaceae)	三等奖
2016-LW-3-127	佟海滨	北华大学	Polysaccharides from Bupleurum chinense impact the recruitment and migration of neutrophils by blocking fMLP chemoattractant receptor-mediated functions	三等奖
2016-LW-3-128	闫 峰	中国林业科学研究院荒漠化研究所	Estimating aboveground biomass in Mu Us Sandy Land using Landsat spectral derived vegetation indices over the past 30 years	三等奖
2016-LW-3-129	门丽娜	山西农业大学林学院	De novo characterization of *Larix gmelinii* (Rupr.) Rupr. transcriptome and analysis of its gene expression induced by jasmonates	三等奖
2016-LW-3-130	姚文静	东北林业大学	Transgenic poplar overexpressing the endogenous transcription factor ERF76 gene improves salinity tolerance	三等奖
2016-LW-3-131	杨金来	南京林业大学	Synthesis, optical properties, and cellular imaging of novel quinazolin-2-amine nopinone derivatives	三等奖
2016-LW-3-132	吴庆明	东北林业大学	Nest site selection of white-naped crane (Grus vipio) at Zhalong National Nature Reserve, Heilongjiang, China	三等奖
2016-LW-3-133	张晓林	沈阳农业大学	Differential proteome analysis of mature and germinated seeds of *Magnolia sieboldii* K. Koch	三等奖
2016-LW-3-134	于 超	北京林业大学	Filling gaps with construction of a genetic linkage map in tetraploid roses	三等奖
2016-LW-3-135	姜清彬	中国林业科学研究院热带林业研究所	Optimization of the conditions for *Casuarina cunninghamiana* Miq. genetic transformation mediated by *Agrobacterium tumefaciens*	三等奖
2016-LW-3-136	许 锋	长江大学	An R2R3-MYB transcription factor as a negative regulator of the flavonoid biosynthesis pathway in *Ginkgo biloba*	三等奖

（续）

编号	申报人	工作单位	论文题目	获奖等级
2016-LW-3-137	袁婷婷	中国林业科学研究院亚热带林业实验中心	植物生长调节剂对油茶芽苗砧嫁接愈合的影响	三等奖
2016-LW-3-138	周晨光	东北林业大学	A novel R2R3-MYB transcription factor BpMYB106 of birch (Betula platyphylla) confers increased photosynthesis and growth rate through up-regulating photosynthetic gene expression	三等奖
2016-LW-3-139	廖咏玲	长江大学	Characterization and Transcriptional Profiling of *Ginkgo biloba* Mevalonate Diphosphate Decarboxylase Gene (GbMVD) Promoter Towards Light and Exogenous Hormone Treatments	三等奖
2016-LW-3-140	马 岚	北京林业大学	The performance of grass filter strips in controlling high-concentration suspended sediment from overland flow under rainfall/non-rainfall conditions	三等奖
2016-LW-3-141	边 静	北京林业大学	Structural features and antioxidant activity of xylooligosaccharides enzymatically produced from sugarcane bagasse	三等奖
2016-LW-3-142	陈蓓蓓	北京林业大学	Dissection of allelic interactions among Pto-miR257 and its targets and their effects on growth and wood properties in *Populus*	三等奖
2016-LW-3-143	陈金焕	北京林业大学	A Putative PP2C-Encoding Gene Negatively Regulates ABA Signaling in *Populus euphratica*	三等奖
2016-LW-3-144	牛 香	中国林业科学研究院森林生态环境与保护研究所	Economical assessment of forest ecosystem services in China: Characteristics and implications	三等奖
2016-LW-3-145	赖宗锐	北京林业大学	Fine-root distribution, production, decomposition and effect on soil organic carbon of three revegetation shrub species in northwest China	三等奖
2016-LW-3-146	黄 河	北京林业大学	Transcriptome-wide survey and expression analysis of stress-responsive NAC genes in Chrysanthemum lavandulifolium	三等奖

梁希优秀学子奖

中林集团杯首届梁希优秀学子奖（2007 年）

编号	姓名	性别	推荐单位	备注
2007-XZ-01	马尔妮	女	北京林业大学	04 级硕士研究生
2007-XZ-02	邓向瑞	男	北京林业大学	05 级博士研究生
2007-XZ-03	李　娜	女	北京林业大学	本科
2007-XZ-04	陈孝云	男	东北林业大学	05 级硕士研究生
2007-XZ-05	琚存勇	男	东北林业大学	05 级博士研究生
2007-XZ-06	刘　微	女	东北林业大学	本科
2007-XZ-07	黄任娥	女	南京林业大学	04 级博士研究生
2007-XZ-08	梁　怡	女	南京林业大学	本科
2007-XZ-09	马　莉	女	南京林业大学	本科
2007-XZ-10	饶小平	男	中国林业科学研究院研究生院	04 级博士研究生
2007-XZ-11	王艳娜	女	中国林业科学研究院研究生院	04 级博士研究生
2007-XZ-12	何红艳	女	中国林业科学研究院研究生院	05 级硕士研究生
2007-XZ-13	赵蕴鋬	女	南京森林公安高等专科学校	专科
2007-XZ-14	潘　超	男	南京森林公安高等专科学校	专科
2007-XZ-15	张　琳	男	中南林业科技大学	04 级博士研究生
2007-XZ-16	彭　锋	男	西北农林科技大学林学院	04 级硕士研究生
2007-XZ-17	胡　丹	女	西南林学院	本科
2007-XZ-18	李　燕	女	华南农业大学林学院	04 级硕士研究生
2007-XZ-19	李志能	男	华中农业大学园艺林学学院	05 级博士研究生
2007-XZ-20	李会平	女	河北农业大学林学院	04 级博士研究生
2007-XZ-21	王程程	女	内蒙古农业大学林学院	本科
2007-XZ-22	高　华	男	沈阳农业大学林学院	本科
2007-XZ-23	刘生冬	男	北华大学林学院	05 级硕士研究生

（续）

编号	姓名	性别	推荐单位	备注
2007-XZ-24	刘翠玲	女	新疆农业大学林学院	06 级博士研究生
2007-XZ-25	项移娟	女	浙江林学院	本科
2007-XZ-26	张志平	男	安徽农业大学林学院	04 级硕士研究生
2007-XZ-27	刘金燕	女	福建农林大学林学院	本科
2007-XZ-28	赵文飞	男	山东农业大学林学院	04 级博士研究生
2007-XZ-29	叶 铎	男	广西大学林学院	04 级硕士研究生
2007-XZ-30	冯瑞芳	女	四川农业大学林学院	04 级硕士研究生
2007-XZ-31	付兴涛	女	贵州大学林学院	本科

中林集团杯第二届梁希优秀学子奖（2009 年）

编号	姓名	性别	推荐单位	备注
2009-XZ-01	姚 胜	男	北京林业大学	05 级硕士研究生
2009-XZ-02	陈金焕	女	北京林业大学	07 级博士研究生
2009-XZ-03	任利利	女	北京林业大学	05 级本科生
2009-XZ-04	关桦楠	男	东北林业大学	08 级博士研究生
2009-XZ-05	班巧英	女	东北林业大学	06 级硕士研究生
2009-XZ-06	杨成虎	男	东北林业大学	05 级本科生
2009-XZ-07	邓淋中	男	东北林业大学	05 级本科生
2009-XZ-08	黄 麟	男	南京林业大学	05 级博士研究生
2009-XZ-09	朱均均	男	南京林业大学	06 级博士研究生
2009-XZ-10	李晓平	女	南京林业大学	06 级博士研究生
2009-XZ-11	尹延柏	男	中国林业科学研究院	06 级博士研究生
2009-XZ-12	蒋佳荔	女	中国林业科学研究院	06 级博士研究生
2009-XZ-13	孙其宁	男	中国林业科学研究院	06 级硕士研究生
2009-XZ-14	吴 灵	女	南京森林公安高等专科学校	07 级学生
2009-XZ-15	陈臻昱	男	南京森林公安高等专科学校	07 级学生

（续）

编号	姓名	性别	推荐单位	备注
2009-XZ-16	李琳	女	中南林业科技大学	07 级博士研究生
2009-XZ-17	胡孔飞	男	中南林业科技大学	06 级硕士研究生
2009-XZ-18	侯斌	男	中南林业科技大学	06 级本科生
2009-XZ-19	刘佳	女	西北农林科技大学林学院	06 级硕士研究生
2009-XZ-20	兰光	女	西北农林科技大学林学院	06 级硕士研究生
2009-XZ-21	陈哲	男	西南林学院	06 级硕士研究生
2009-XZ-22	吴亮	女	西南林学院	06 级硕士研究生
2009-XZ-23	区余端	女	华南农业大学林学院	08 级博士研究生
2009-XZ-24	施雪萍	女	华中农业大学林学院	06 级博士研究生
2009-XZ-25	王宝辉	女	河北农业大学林学院	06 级硕士研究生
2009-XZ-26	王慧	女	山西农业大学林学院	08 级博士研究生
2009-XZ-27	包红光	男	内蒙古农业大学林学院	06 级本科生
2009-XZ-28	李小马	男	沈阳农业大学林学院	06 级硕士研究生
2009-XZ-29	王壮	男	北华大学林学院	05 级本科生
2009-XZ-30	杨远强	男	北华大学林学院	05 级本科生
2009-XZ-31	董良钜	男	浙江林学院	07 级硕士研究生
2009-XZ-32	王芳	女	浙江林学院	06 级本科生
2009-XZ-33	张大敏	女	安徽农业大学林学与园林学院	06 级本科生
2009-XZ-34	曾银花	女	福建农林大学林学院	06 级硕士研究生
2009-XZ-35	连莉娟	女	山东农大林学院	06 级本科生
2009-XZ-36	王磊	男	广西大学林学院	07 级硕士研究生
2009-XZ-37	韩珊	女	四川农业大学林学院	06 级博士研究生
2009-XZ-38	苏永生	男	贵州大学林学院	05 级本科生
2009-XZ-39	王丽华	女	甘肃农业大学林学院	05 级本科生
2009-XZ-40	路兴慧	女	新疆农业大学林学院	06 级硕士研究生
2009-XZ-41	孙丰波	男	国际竹藤网络中心	07 级博士研究生

中林集团杯第三届梁希优秀学子奖（2011年）

编号	姓名	性别	推荐单位	备注
2011-XZ-01	高广磊	男	北京林业大学	09 级硕士研究生
2011-XZ-02	张云路	男	北京林业大学	11 级博士研究生
2011-XZ-03	沈 勇	男	北京林业大学	08 级本科生
2011-XZ-04	吕多军	男	东北林业大学	08 级本科生
2011-XZ-05	刘 双	男	东北林业大学	09 级硕士研究生
2011-XZ-06	杨静莉	女	东北林业大学	11 级博士研究生
2011-XZ-07	周正伟	男	南京林业大学	08 级本科生
2011-XZ-08	胡 俊	男	南京林业大学	09 级博士研究生
2011-XZ-09	董 琛	男	南京林业大学	09 级硕士研究生
2011-XZ-10	张雄清	男	中国林业科学研究院	10 级博士研究生
2011-XZ-11	刘庆新	男	中国林业科学研究院	09 级博士研究生
2011-XZ-12	刘姗姗	女	中国林业科学研究院	09 级博士研究生
2011-XZ-13	张大鹏	男	国际竹藤中心	09 级博士研究生
2011-XZ-14	杨中辉	男	南京森林警察学院	09 级专科生
2011-XZ-15	佘华蕾	女	南京森林警察学院	10 级本科生
2011-XZ-16	牛耕耘	女	中南林业科技大学	08 级博士研究生
2011-XZ-17	吴凤娟	女	中南林业科技大学	09 级硕士研究生
2011-XZ-18	石 超	男	中南林业科技大学	08 级本科生
2011-XZ-19	李 彪	男	西南林业大学	09 级硕士研究生
2011-XZ-20	罗堵子	女	西南林业大学	09 级硕士研究生
2011-XZ-21	李 彪	男	西南林业大学	08 级本科生
2011-XZ-22	邓 蕾	男	西北农林科技大学	11 级博士研究生
2011-XZ-23	宋 颂	女	西北农林科技大学	08 级本科生
2011-XZ-24	黄 宇	女	福建农林大学	09 级博士研究生
2011-XZ-25	王 佳	女	福建农林大学	08 级本科生
2011-XZ-26	陆珠琴	女	浙江农林大学	08 级本科生

（续）

编号	姓名	性别	推荐单位	备注
2011-XZ-27	王 雎	男	内蒙古农业大学	08 级本科生
2011-XZ-28	夏 磊	男	四川农业大学	10 级硕士研究生
2011-XZ-29	李首欣	女	华南农业大学	08 级本科生
2011-XZ-30	汤芸芸	女	北华大学	09 级硕士研究生
2011-XZ-31	王 桢	女	华中农业大学	博士研究生
2011-XZ-32	裴宗阳	男	山西农业大学	09 级硕士研究生
2011-XZ-33	蔺鹏飞	男	甘肃农业大学	08 级本科生
2011-XZ-34	李文静	女	山东农业大学	08 级本科生
2011-XZ-35	吕金阳	男	广西大学	10 级硕士研究生
2011-XZ-36	刘姝琰	女	沈阳农业大学	08 级本科生
2011-XZ-37	田 超	女	河北农业大学	09 级硕士研究生
2011-XZ-38	周 洋	男	河南科技大学	08 级本科生
2011-XZ-39	邵元华	女	安徽农业大学	09 级硕士研究生
2011-XZ-40	韩 冰	女	新疆农业大学	09 级硕士研究生
2011-XZ-41	高 谦	女	贵州大学林学院	08 级本科生

中林集团杯第四届梁希优秀学子奖（2013 年）

编号	姓名	性别	推荐单位	备注
2013-XZ-01	杜庆章	男	北京林业大学	2011 级博士研究生
2013-XZ-02	常湘琦	女	北京林业大学	2010 级本科生
2013-XZ-03	肖领平	男	北京林业大学	2011 级博士研究生
2013-XZ-04	俞 娟	女	中国林业科学研究院	2011 级硕士研究生
2013-XZ-05	陈 红	女	国际竹藤网络中心	2011 级硕士研究生
2013-XZ-06	钱 鑫	男	中国林业科学研究院	2011 级硕士研究生
2013-XZ-07	方 露	女	中国林业科学研究院	2011 级硕士研究生
2013-XZ-08	卢 芸	女	东北林业大学	2011 级博士研究生
2013-XZ-09	赵健慧	女	东北林业大学	2010 级本科生

（续）

编号	姓名	性别	推荐单位	备注
2013-XZ-10	张东阳	男	东北林业大学	2011 级博士研究生
2013-XZ-11	颜 蓉	女	南京林业大学	2011 级博士研究生
2013-XZ-12	王智恒	男	南京林业大学	2010 级本科生
2013-XZ-13	唐 皞	男	南京林业大学	2011 级硕士研究生
2013-XZ-14	邓 蕾	男	西北农林科技大学林学院	2011 级博士研究生
2013-XZ-15	王 博	男	西北农林科技大学林学院	2011 级硕士研究生
2013-XZ-16	卿 彦	男	中南林业科技大学	2010 级博士研究生
2013-XZ-17	王瑞雪	女	中南林业科技大学	2010 级本科生
2013-XZ-18	傅 婷	女	西南林业大学	2011 级硕士研究生
2013-XZ-19	白青松	男	西南林业大学	2011 级硕士研究生
2013-XZ-20	徐 赫	男	南京森林警察学院	2011 级本科生
2013-XZ-21	蔡雅文	女	南京森林警察学院	2011 级本科生
2013-XZ-22	孙 成	男	浙江农林大学林业与生物技术学院	2011 级硕士研究生
2013-XZ-23	肖石红	女	福建农林大学林学院	2011 级硕士研究生
2013-XZ-24	王伟峰	男	江西农业大学林学院	2011 级博士研究生
2013-XZ-25	殷 睿	男	四川农业大学林学院	2011 级硕士研究生
2013-XZ-26	余海滨	男	沈阳农业大学林学院	2011 级硕士研究生
2013-XZ-27	王福利	女	安徽农业大学林学与园林学院	2011 级硕士研究生
2013-XZ-28	曹 玉	女	华中农业大学园艺林学学院	2010 级本科生
2013-XZ-29	徐开蒙	男	华南农业大学林学院	2011 级博士研究生
2013-XZ-30	孙 涛	男	内蒙古农业大学林学院	2010 级本科生
2013-XZ-31	李 康	男	山东农业大学林学院	2010 级本科生
2013-XZ-32	王卫军	男	河北农业大学林学院	2011 级硕士研究生
2013-XZ-33	李宗杰	男	甘肃农业大学林学院	2010 级本科生
2013-XZ-34	五金旦增	男	西藏大学农牧学院	2011 级硕士研究生
2013-XZ-35	秦 芳	女	宁夏大学农学院	2010 级本科生
2013-XZ-36	程 佳	女	北华大学林学院	2012 级硕士研究生

（续）

编号	姓名	性别	推荐单位	备注
2013-XZ-37	黄小辉	男	西南大学资源环境学院	2011 级硕士研究生
2013-XZ-38	范付华	男	贵州大学林学院	2011 级博士研究生
2013-XZ-39	苏晓琳	女	广西大学林学院	2011 级硕士研究生

中林集团杯第五届梁希优秀学子奖（2015 年）

编号	姓名	性别	专业	推荐单位	备注
2015-XZ-01	陈金辉	男	林木遗传育种	北京林业大学	2013 级博士研究生
2015-XZ-02	李方正	男	风景园林学	北京林业大学	2015 级博士研究生
2015-XZ-03	韩 煜	女	木材科学与工程	北京林业大学	2012 级本科生
2015-XZ-04	焦 骄	男	林木遗传育种	东北林业大学	2013 级博士研究生
2015-XZ-05	赵盼盼	女	生理学	东北林业大学	2013 级硕士研究生
2015-XZ-06	陈素素	女	森林资源类（英才班）	东北林业大学	2012 级本科生
2015-XZ-07	万才超	男	木材科学与技术	东北林业大学	2014 级博士研究生
2015-XZ-08	陈楚楚	女	木材科学与技术	南京林业大学	2013 级博士研究生
2015-XZ-09	王佳瑜	女	林产化工	南京林业大学	2012 级本科生
2015-XZ-10	侯 静	女	林木遗传育种	南京林业大学	2013 级博士研究生
2015-XZ-11	贾普友	男	林产化学加工工程	中国林业科学研究院	2013 级博士研究生
2015-XZ-12	胡 拉	男	木材科学与技术	中国林业科学研究院	2013 级博士研究生
2015-XZ-13	詹天翼	男	木材科学与技术	中国林业科学研究院	2013 级博士研究生
2015-XZ-14	薛屹然	女	治安学	南京森林警察学院	2013 级本科生

（续）

编号	姓名	性别	专业	推荐单位	备注
2015-XZ-15	姚庆鑫	男	林产化学加工工程	中南林业科技大学	2013级博士研究生
2015-XZ-16	高 超	男	森林培育	中南林业科技大学	2012级博士研究生
2015-XZ-17	朱铭强	男	野生动植物保护与利用	西北农林科技大学林学院	2012级博士研究生
2015-XZ-18	钟杨权威	女	生态学	西北农林科技大学林学院	2012级博士研究生
2015-XZ-19	王静兰	女	林产化工	西北农林科技大学林学院	2012级本科生
2015-XZ-20	纵 丹	女	林木遗传育种	西南林业大学	2015级博士研究生
2015-XZ-21	李 娜	女	植物学	西南林业大学	2013级硕士研究生
2015-XZ-22	陈佳妮	女	林学	浙江农林大学林业与生物技术学院	2012级本科生
2015-XZ-23	刘文地	男	林业工程	福建农林大学	2013级博士研究生
2015-XZ-24	邱 权	男	生态学	华南农业大学林学与风景园林学院	2013级博士研究生
2015-XZ-25	洪文君	女	植物学	华南农业大学林学与风景园林学院	2013级硕士研究生
2015-XZ-26	金时超	男	林学	华中农业大学园艺林学学院	2012级本科生
2015-XZ-27	吕 飞	男	森林保护	河北农业大学林学院	2013级博士研究生
2015-XZ-28	冯鑫炜	男	水土保持与荒漠化防治	山西农业大学林学院	2012级本科生
2015-XZ-29	刘怀鹏	男	森林经理	内蒙古农业大学林学院	2013级博士研究生
2015-XZ-30	朱明明	男	森林保护	沈阳农业大学林学院	2013级硕士研究生
2015-XZ-31	李学琴	女	林业工程	北华大学林学院	2013级硕士研究生
2015-XZ-32	张淑媛	女	野生动植物保护与利用	北华大学林学院	2013级硕士研究生
2015-XZ-33	吴贻军	男	木材科学与技术	安徽农业大学林学与园林学院	2013级博士研究生

（续）

编号	姓名	性别	专业	推荐单位	备注
2015-XZ-34	游 璐	女	森林培育	江西农业大学林学院	2013 级硕士研究生
2015-XZ-35	朱 琳	女	园林	山东农业大学林学院	2012 级本科生
2015-XZ-36	雷 灿	女	野生动植物保护与利用	湖北民族学院林学园艺学院	2013 级硕士研究生
2015-XZ-37	覃德文	男	生态学	广西大学林学院	2013 级博士研究生
2015-XZ-38	何 伟	男	生态学	四川农业大学林学院	2012 级博士研究生
2015-XZ-39	王军才	男	森林培育	贵州大学林学院	2013 级硕士研究生
2015-XZ-40	陈向珍	女	森林培育	西藏大学农牧学院	2013 级硕士研究生
2015-XZ-41	曲尼格桑	女	林学	西藏大学农牧学院	2012 级本科生
2015-XZ-42	李才华	女	林学	宁夏大学农学院	2012 级本科生
2015-XZ-43	胡珍珠	女	果树学	新疆农业大学林学与园艺学院	2013 级博士研究生

参考文献

中国林学会 . 中国林学会成立 70 周年纪念专集 . 北京：中国林业出版社 , 1987.

中国林学会 . 中国林学会成立 80 周年纪念专集 . 北京：中国林业出版社 , 1997.

中国林学会 . 中国林学会成立 90 周年纪念专集 . 2007.

中国林学会 . 中国林学会史 . 上海：上海交通大学出版社 , 2008.

中国林学会 . 中国林学会第五至十一次会员代表大会文件汇编 .1983 年 4 月，
  1986 年 3 月，1989 年 12 月，1993 年 12 月，1999 年 11 月，2002 年 8 月，
  2014 年 1 月 .

中国林学会 . 中国林学会通讯 .1982—2016 年 .

中华人民共和国林业部 . 中国林业的杰出开拓者——梁希 . 北京：中国林业出版社，
  1997.

上海申报 .1917 年 3 月 6 日 .

发挥纽带桥梁作用
促进林业科技进步

江泽民

一九九七年五月廿三日

祝贺中国林学会成立八十周年

发展林业科学技术
推进林业现代化建设

温家宝 一九九七年六月首

林业科技
工作者之家

李鹏

一九九七年
六月一日

001

发展林业科技
绿化祖国河山

敬颂中国林学会
成立八十周年

宋健

一九九七年三月

依靠科技进步
加快林业发展

贺中国林学会成立八十周年

姜春云 一九九七年六月题

发挥纽带桥梁作用
促进林业科技发展

陈俊生

一九九七年三月

1917—2017

改革创新 任重道远

开拓进取 再创辉煌

祝贺中国林学会成立八十周年

一九九七年二月 朱镕基

贺中国林学会成立九十周年

與時俱進

再創輝煌

韓啓德 二〇一七年三月廿日

科教興林

周光召 九七年六月

003

中国林学会第五次全国会员代表大会

中国林学会第六次全国会员代表大会

中国林学会第七次全国会员代表大会

中国林学会第八次全国会员代表大会

中国林学会第九次全国会员代表大会

中国林学会第十次全国会员代表大会

中国林学会第十一次全国会员代表大会

梁希诞辰 100 周年纪念大会

1977 年天津年会中国林学会会议代表合影

中国林学会成立 90 周年纪念大会

2016 年中国林学会常务理事会议

2016 年全国林学会秘书长会议

中国林学会院士候选人推选评审会

中国林学会理事长赵树丛与第十届理事长江泽慧在第十一次全国会员代表大会上亲切交谈

中国林学会九届理事会二次会议

中国林学会生物质材料科学分会成立大会

中国林学会古树名木分会成立大会

中国林学会林下经济分会成立大会

中国林学会松树分会成立大会

中国林学会杉木专业委员会成立大会

中国林学会连续多次被中国科协评为"先进学会"

中国林学会业务工作多次获得上级表彰

中国林学会科普工作多次受到上级单位表彰

《林业科学》多次荣获各种奖励表彰

会员日活动

1963 年在北京举办中国林学会木材水解学术会议

1963 年在郑州举办中国林学会杨树学术会议

1964 年在北京举办中国林学会林木良种选育学术研讨会

1965 年在民勤县举办中国林学会造林治沙学术讨论会

1965 年在上海举办中国林学会木材加工学术研讨会

2005 年在杭州举办首届中国林业学术大会

2009 年在南宁举办第二届中国林业学术大会

第十一届竹业学术大会

2014 年在北京举办第三届中国林业学术大会

2016 年在浙江临安举办第四届中国林业学术大会

2008年在哈尔滨举办第八届中国林业青年学术年会

2012年在南京举办第十届中国林业青年学术年会

2010年在福州举办第十二届中国科协年会第5分会场——全球气候变化与碳汇林业学术研讨会

2000 年在银川举办西北地区生态环境建设研讨会

2005 年开展林业院士江西行活动

2006 年召开第二届林学名词审定委员会第一次会议

中国林学会森林经理分会 2016 年学术研讨会

第十六届全国森林培育学术研讨会

第六届森林保护学术大会

中国林学会经济林分会 2016 年学术年会暨成立
30 周年庆祝活动

2008 年，张建龙副局长、江泽慧理事长等领导出
席生态科普暨森林碳汇科普宣传活动

2011 年全国林业科技周活动

国家林业科普基地建设暨林业科普工作专家座谈会

林业科普信息化座谈会

CCTV-13 报道林学夏令营活动　　CCTV-14 播出的《红树林 绿荫下》专题科普活动　　科普图书

林学夏令营活动　　　　　　　　青少年林业科学营活动

与汶川地震灾区青少年互动交流活动

山西吕梁科技扶贫，为希望小学建立科普图书馆

林业与园林绿化科技周宣传活动

林业科技扶贫活动

科技周组织专家答疑

防灾减灾日科普宣传活动

2015年赵树丛理事长会见国际林联主席迈克

2016年赵树丛理事长与澳大利亚、韩国、加拿大、日本四国林学会代表合影

2016年陈幸良秘书长与加拿大林学会秘书长Dana签署合作备忘录

2006年江泽慧理事长会见国际林联主席李敦求

2004年4月，中国林学会秘书长李东升（右二）率团赴日本进行学术交流和考察

2004年中国林学会常务副秘书长李岩泉率团访问美国林学会

"森林在乡村发展和环境可持续中的作用"国际学术研讨会

2010 年首届森林
科学论坛

2012 年第二届森林
科学论坛

2014 年第三届森林
科学论坛

2016 年第四届森林
科学论坛

中澳森林资源与政策学术研讨会

2008 年第 23 届国际杨树会议

第二届国际林联森林树木锈菌学术研讨会

2015 年两岸林业论坛

2015 年桉树国际学术研讨会

两岸林业基层交流活动

2016 年，陈幸良秘书长率团赴韩国济州岛参加 IUCN
中日韩三国会员会议

1985 年英国皇家学会考察

1988 年第 18 届国际杨树委员会主席等参观黑龙
江林区杨树丰产林现场

天然林示范区栎类经营示范项目调研

2011'现代林业发展高层论坛

2015'现代林业发展高层论坛

国家林业局局长张建龙出席 2015'现代林业发展
高层论坛

中国林业智库成立

"2016森林中国大型公益系列活动"启动仪式

第二届中国银杏节启动仪式

第四届中国银杏节开幕式

第三届中国杨树节开幕式

2012年全国桉树论坛暨中澳合作东门项目30周年成就展示会

2008年5月30日，"5·12"地震及冰雪灾害林业灾后重建专家座谈会

长江流域防护林体系建设工程专家考察汇报会

秦岭国家公园建设调研

森林经营与森林质量专题调研

桉树科学发展与木材安全问题调研

广西非国有林业企业人工林经营环境调研

《林业专家建议》专刊

古树名木行业标准专家审定会

"653工程"森林资源与重点林业生态工程调查监测技术培训班

核桃栽培技术培训班现场教学

油茶实用技术培训班

大数据林业应用高级研讨班

《林业科学》创刊 50 周年纪念会

《林业科学》创刊 60 周年纪念座谈会

2016 年 10 月，赵树丛理事长陪同国际林联领导
参观期刊展位

《林业科学》主编座谈会

2007 年《林业科学》主编沈国舫会见本刊特邀编
委 Klaus von Gadow 教授

在东北林业大学举办专家座谈会

与英国剑桥大学出版社交流

读者座谈会

2003 年中共中央统战部部长刘延东等出席纪念梁希诞辰 120 周年暨梁希科教基金成立大会

中国林学会理事长江泽慧代表学会接受捐款

2007 年，中共中央政治局委员、国务院副总理回良玉等在 90 周年纪念大会上颁发第二届梁希林业科学技术奖

2007 年颁发首届梁希优秀学子奖

2011 年国家林业局局长贾治邦颁发第四届梁希林业科学技术奖

2009 年，国家林业局副局长李育材和中国林学会理事长江泽慧颁发第三届梁希林业科学技术奖

2015 年颁发第五届梁希科普奖

2010 年颁发第三届梁希青年论文奖

2006 年颁发第八届中国林业青年科技奖

2011 年颁发全国优秀科技工作者奖牌

赵树丛理事长为中国林学会宁波服务站揭牌

中国林学会理事长赵树丛与山东省日照市市长齐家滨为中国林学会现代林业科技示范园揭牌

建立院士工作站

青年人才托举工程启动仪式

中国林学会优秀青年科技人才培养与成长座谈会

召开中国（宁波）竹产业高层论坛暨科技成果对接会